本书大型交互式、专业级、同步教学演示多媒体DVD说明

1.将光盘放入电脑的DVD光驱中，双击光驱盘符，双击Autorun.exe文件，即进入主播放界面。(注意：CD光驱或者家用DVD机不能播放此光盘)

主界面

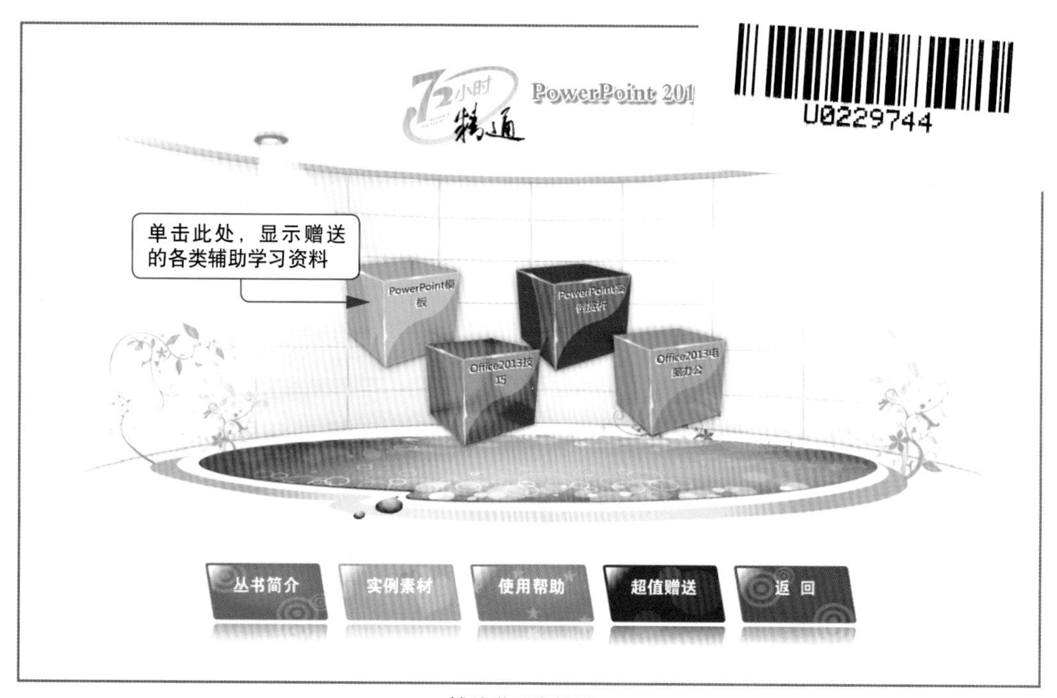

辅助学习资料界面

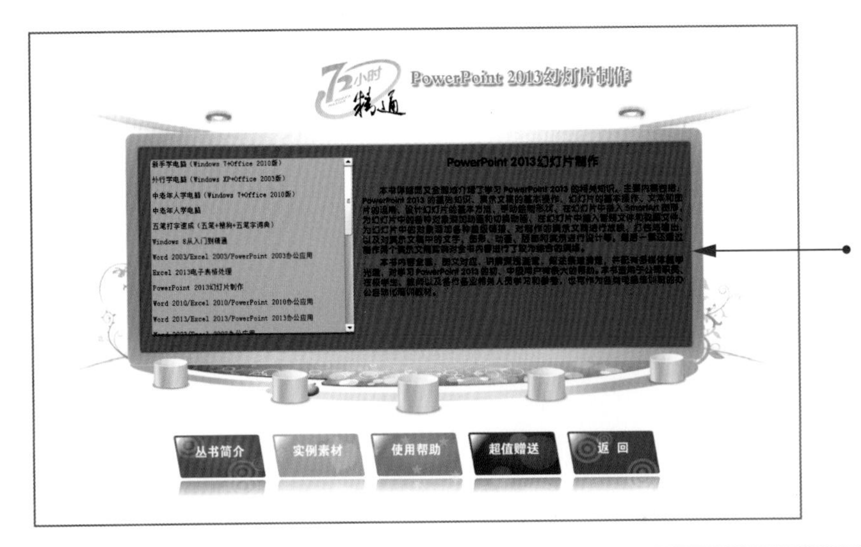

“丛书简介”显示了本丛书各个品种的相关介绍，左侧是丛书每个种类的名称，共计26种；右侧则是对应的内容简介。

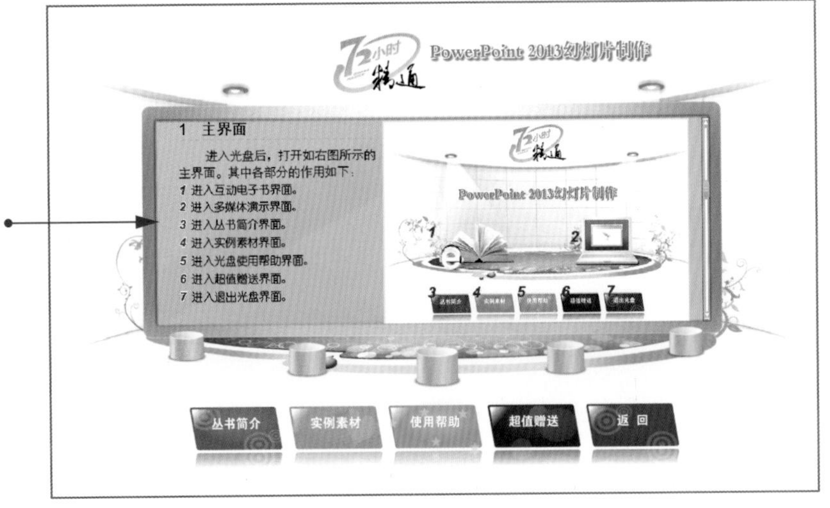

“使用帮助”是本多媒体光盘的帮助文档，详细介绍了光盘的内容和各个按钮的用途。

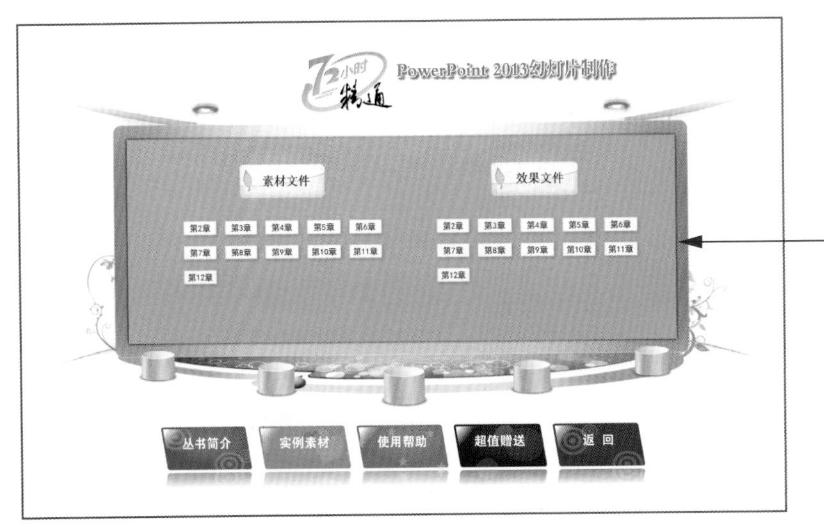

“实例素材”界面图中是各章节实例的素材、源文件或者效果图。读者在阅读过程中可按相应的操作打开，并根据书中的实例步骤进行操作。

2.单击“阅读互动电子书”按钮进入互动电子书界面。

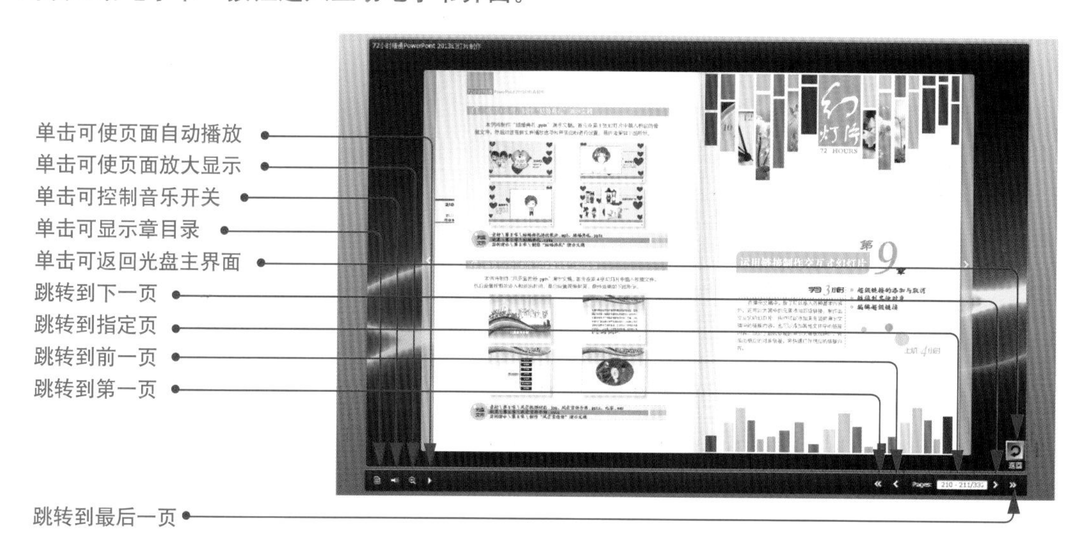

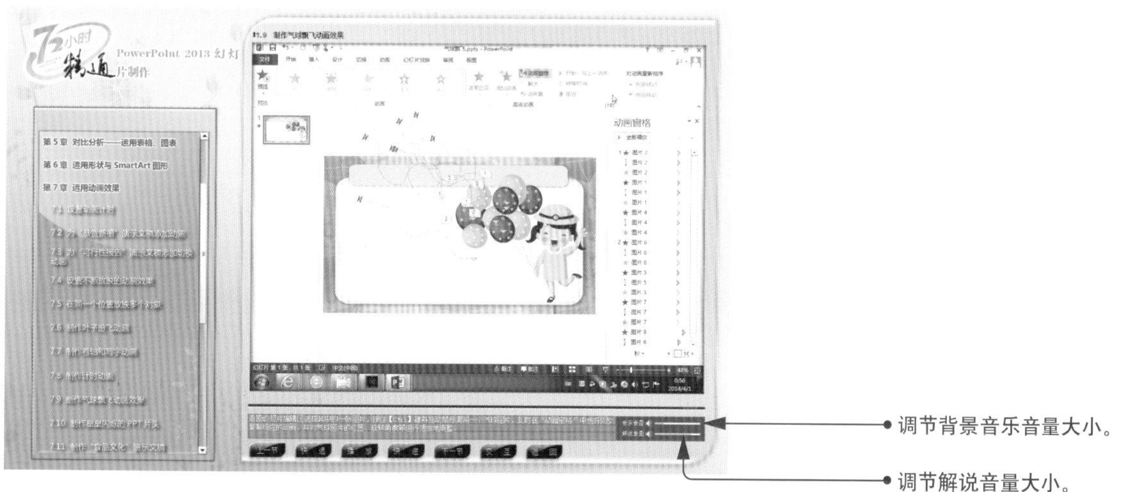

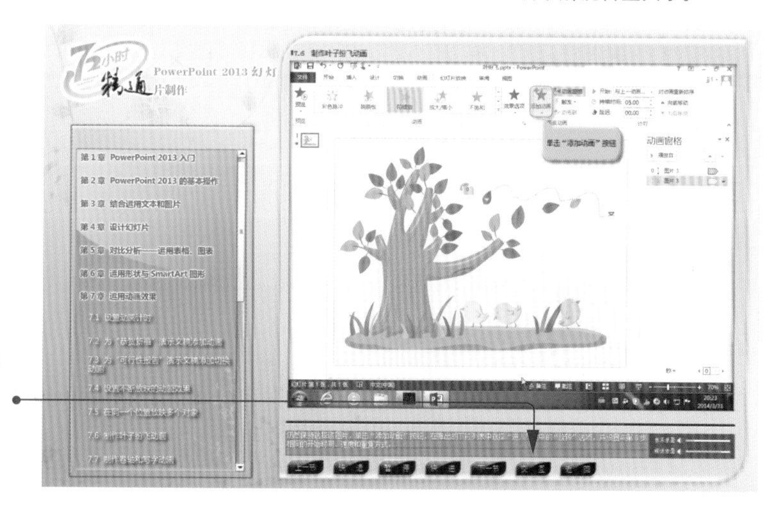

编辑文本

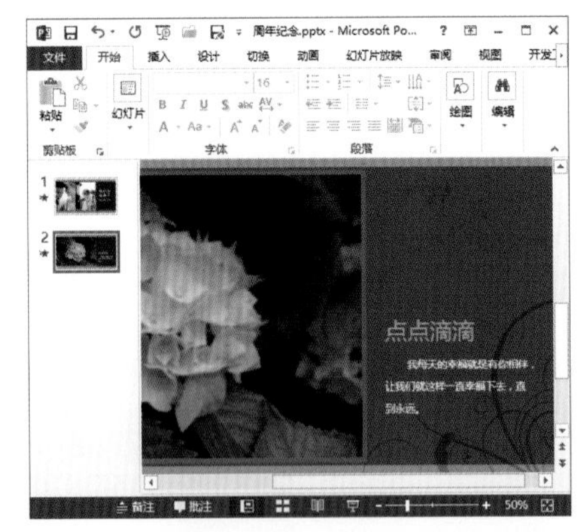

插入联机图片

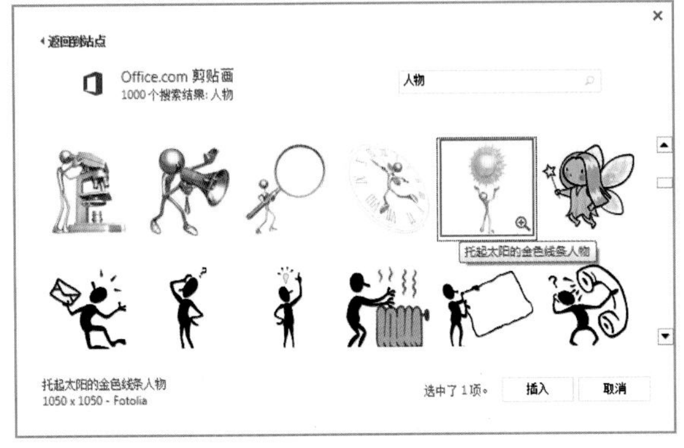

创建相册

其他艺术字效果

美食展示

个人简历

目录

个人简介

毕业生个简介
姓名：王亚
性 别：男
联系电话：1388015××××
出生日期：1984年10月29日
家庭电话： 028-8756××××
地 址：大双路晋原街121号
求职意向：技术主管

所获奖励

- 2004/06 获得为计算机学院优秀学生干部称号
- 2005/10获得为计算机学院优秀团干和个人标兵称号
- 2006/10获得为计算机学院优秀团干称号

个人网页

个人主页
邮箱：wangya1030@163.com
QQ:123******

少儿英语讲义

超市购物指南

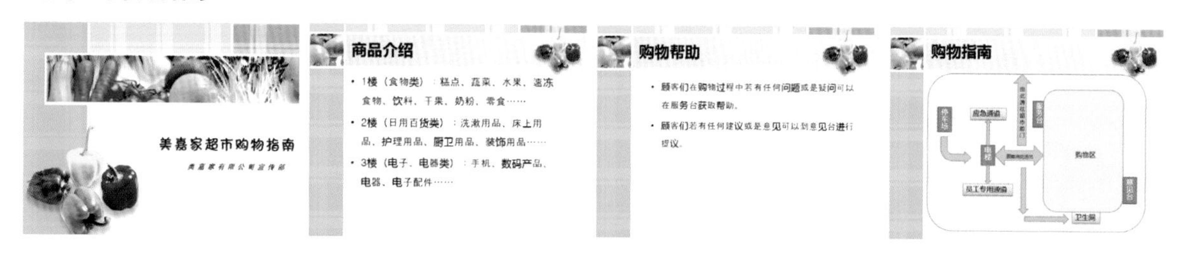

汽车销售

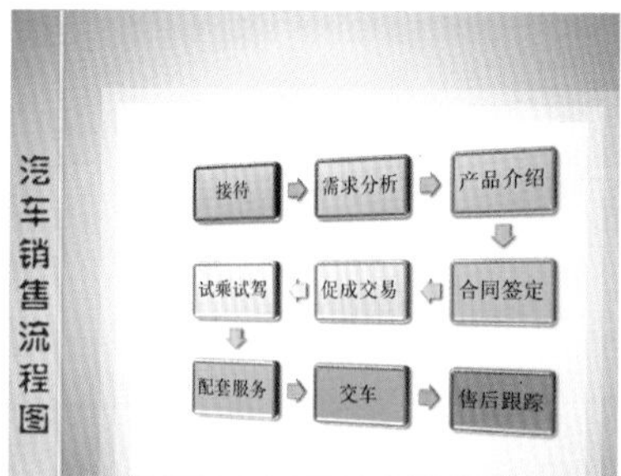

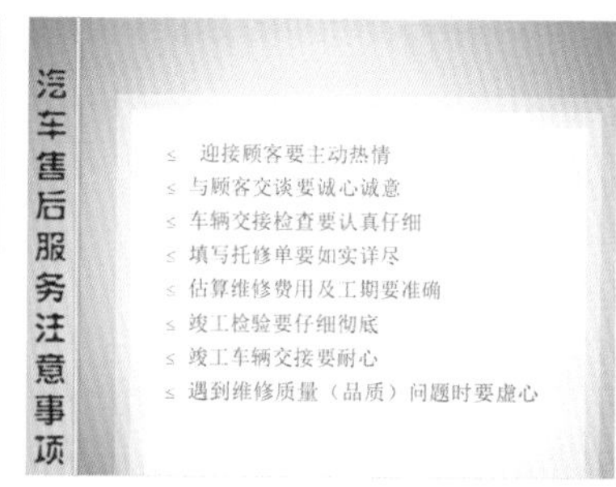

形状的应用

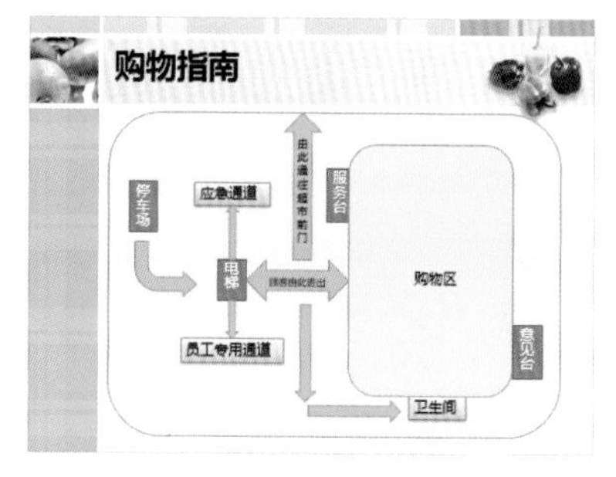

产品推广片头的动画效果

季度销售总结

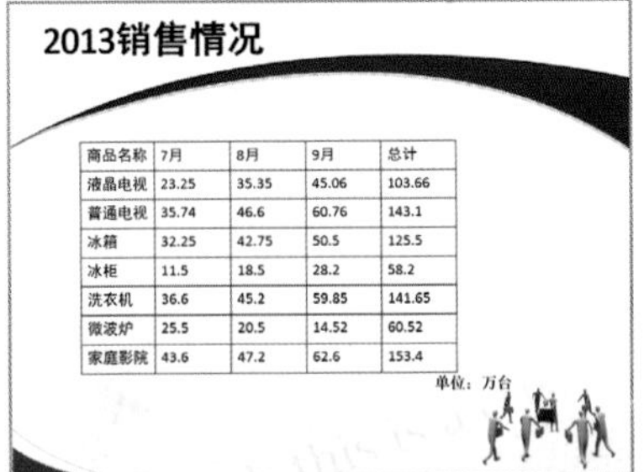

商品名称	7月	8月	9月	总计
液晶电视	23.25	35.35	45.06	103.66
普通电视	35.74	46.6	60.76	143.1
冰箱	32.25	42.75	50.5	125.5
冰柜	11.5	18.5	28.2	58.2
洗衣机	36.6	45.2	59.85	141.65
微波炉	25.5	20.5	14.52	60.52
家庭影院	43.6	47.2	62.6	153.4

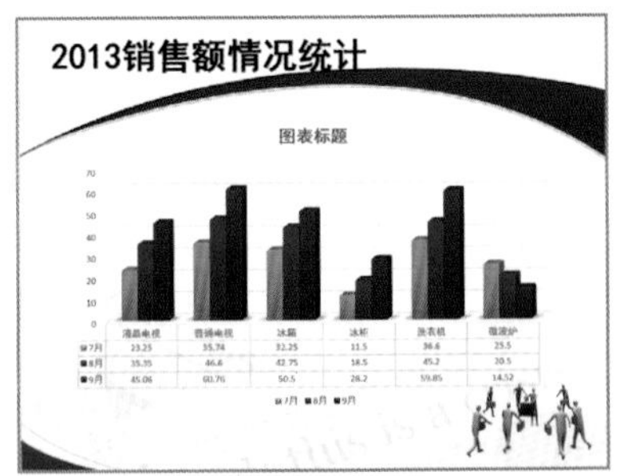

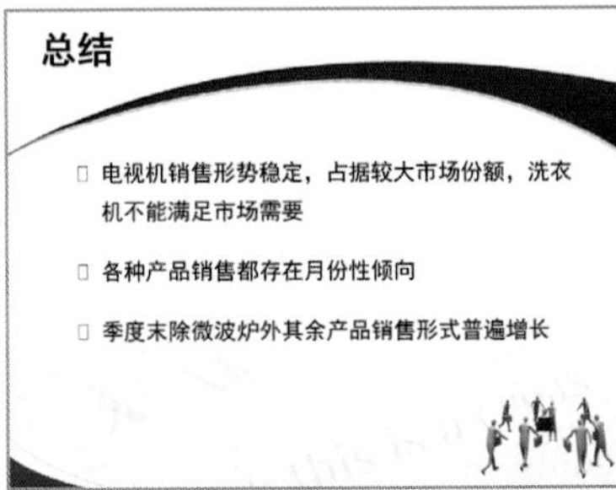

年终总结

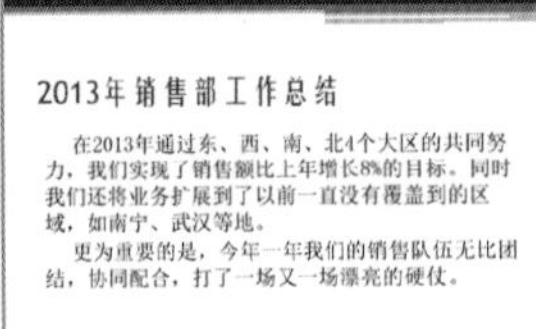

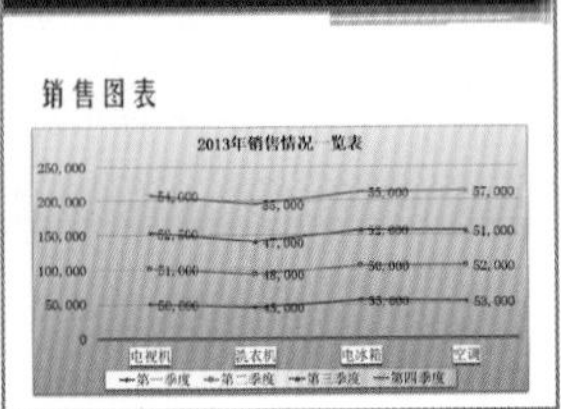

各种各样的图表

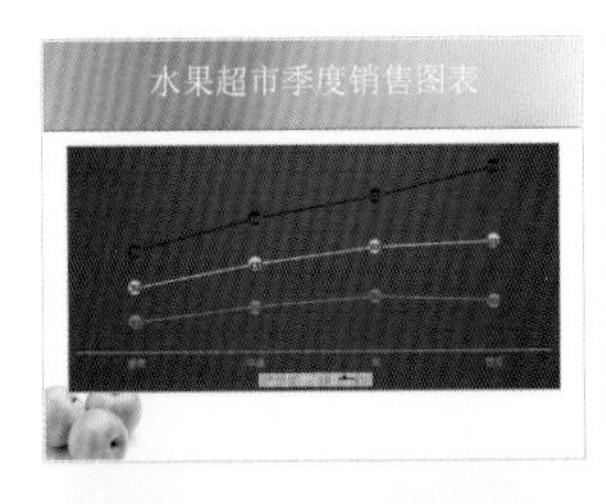

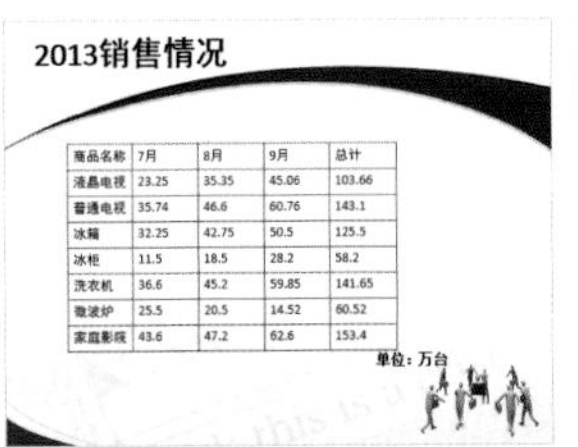

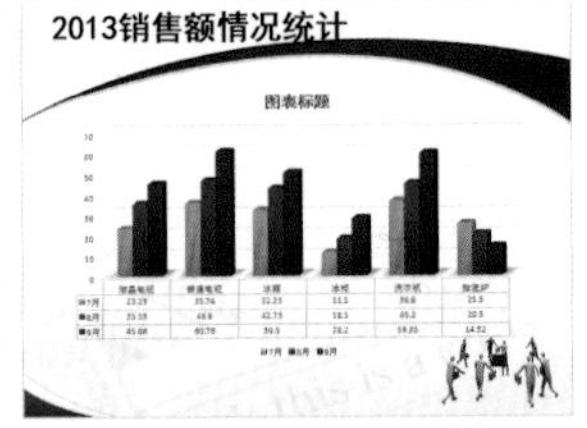

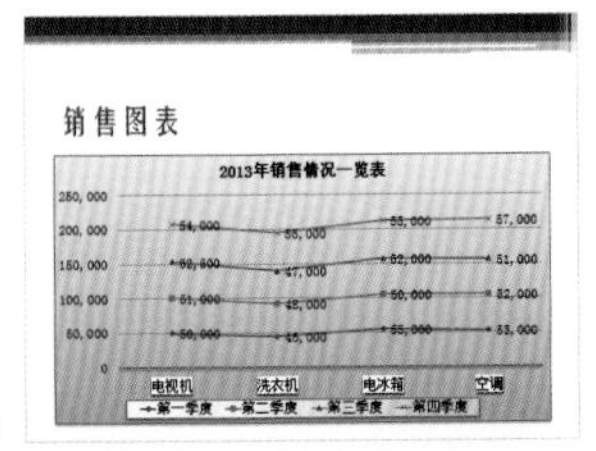

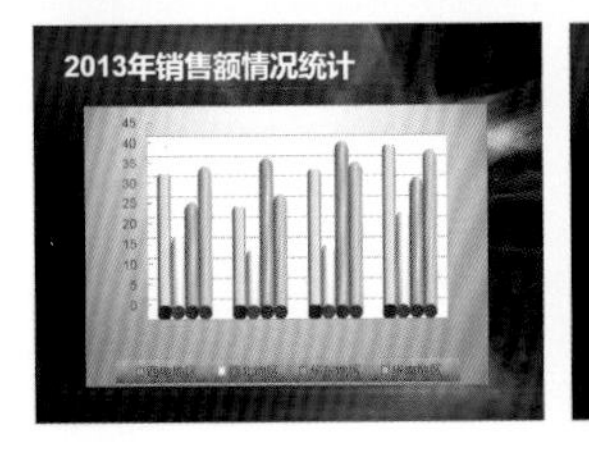

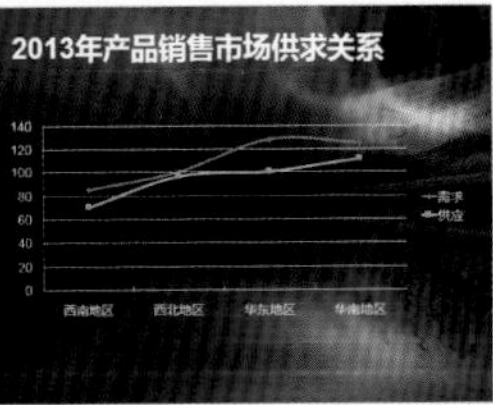

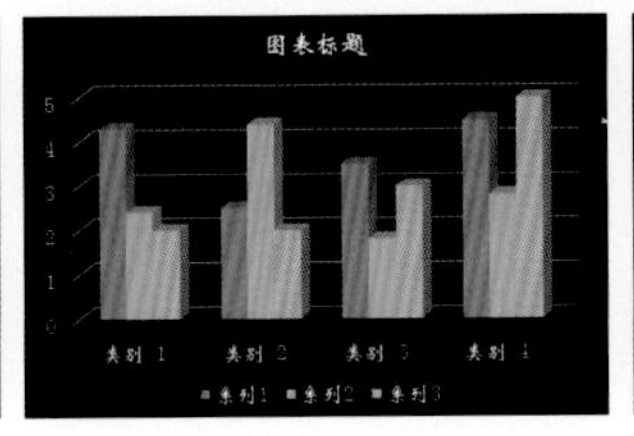

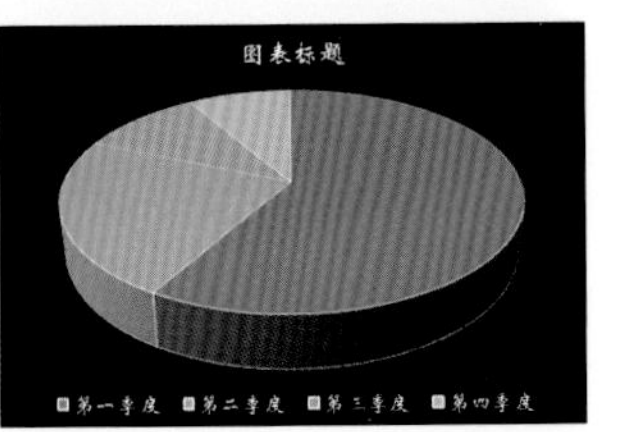

水果超市季度销售

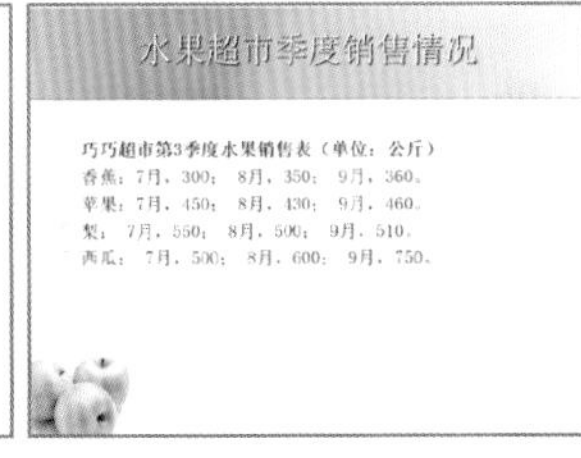

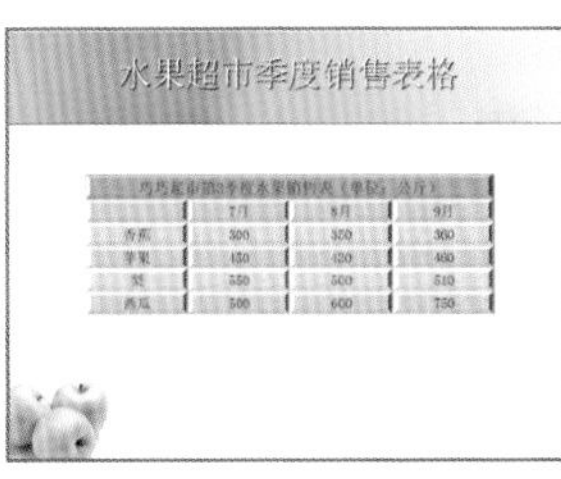

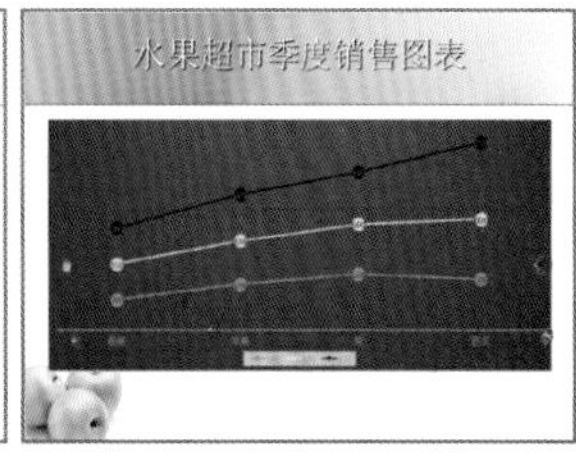

销售统计分析

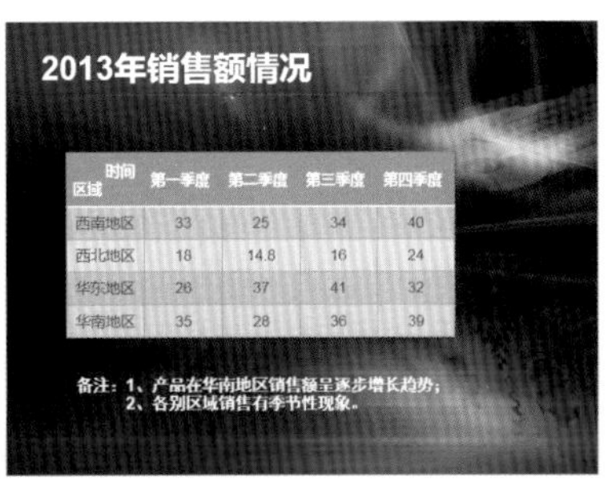

时间 区域	第一季度	第二季度	第三季度	第四季度
西南地区	33	25	34	40
西北地区	18	14.8	16	24
华东地区	26	37	41	32
华南地区	35	28	36	39

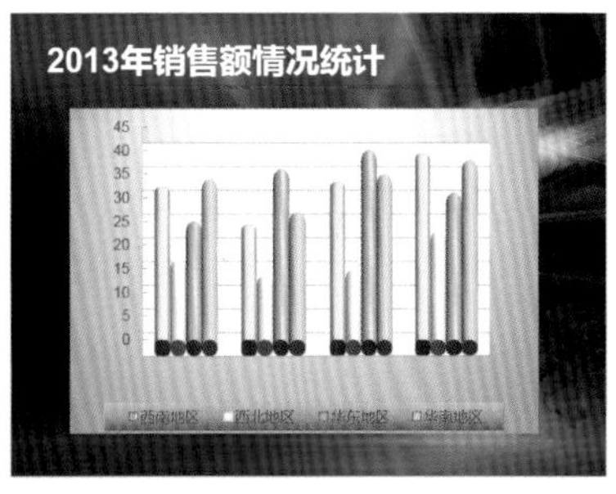

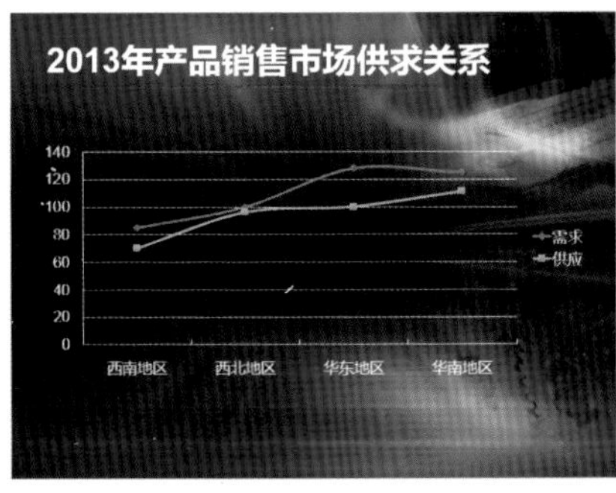

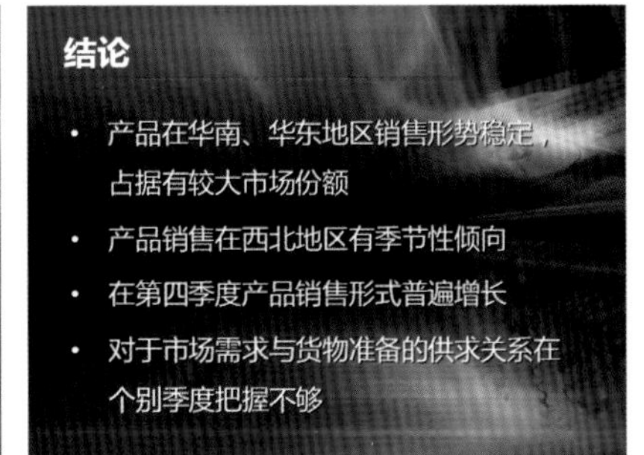

SmartArt图形的应用

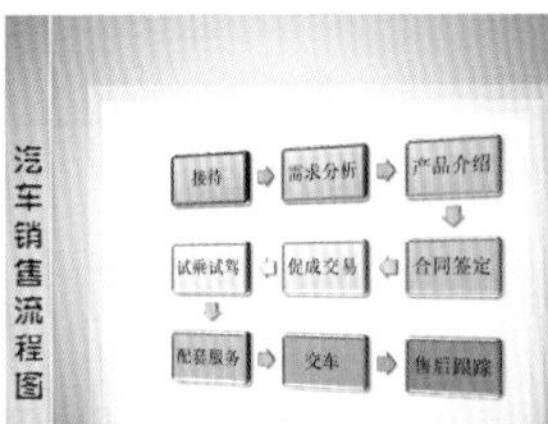

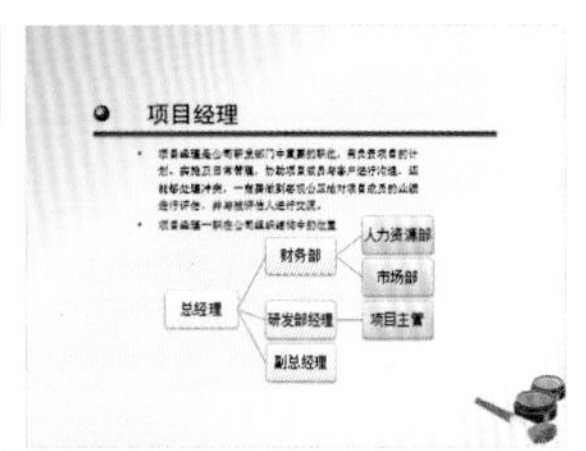

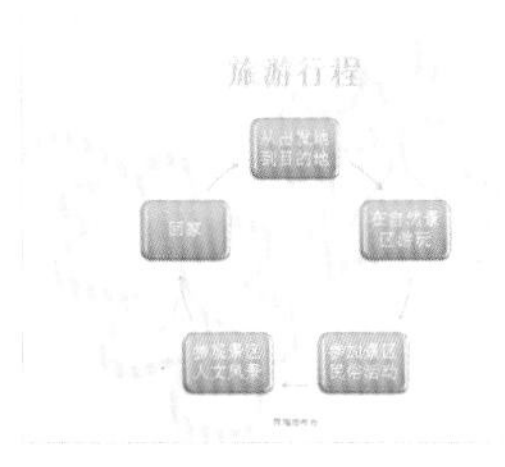

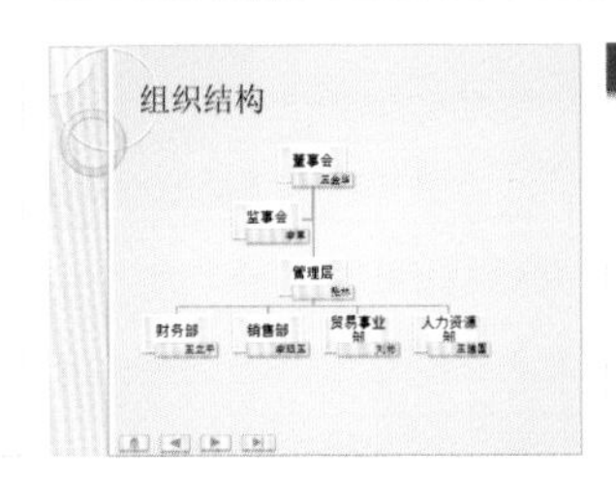

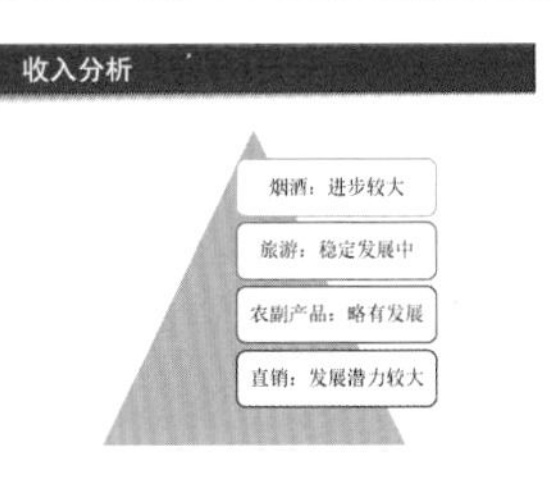

卷轴和写字动画

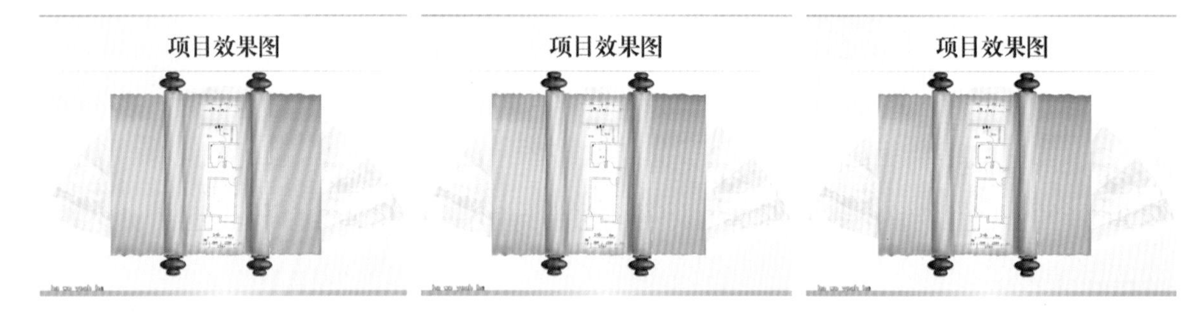

可行性报告

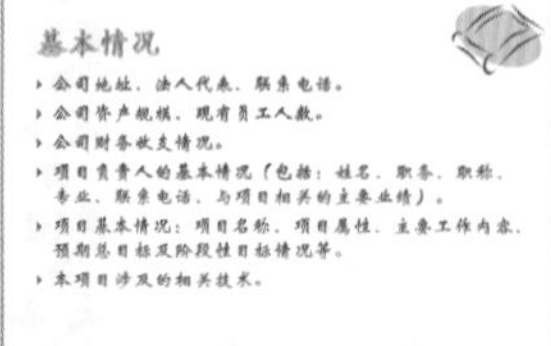

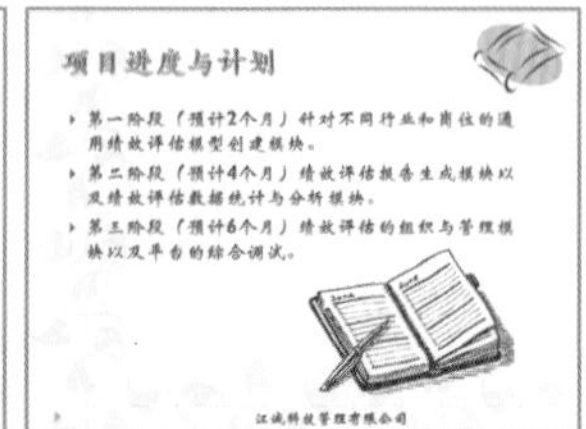

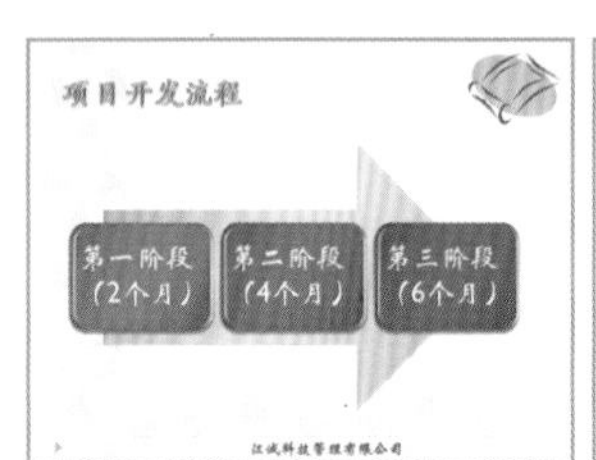

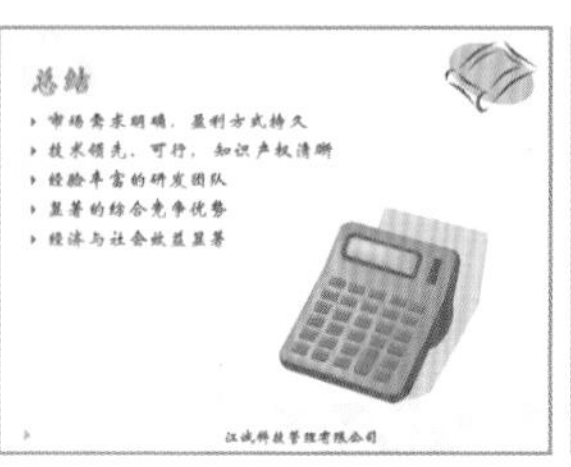

Best Design
Digital communications, the digital era

美食推荐

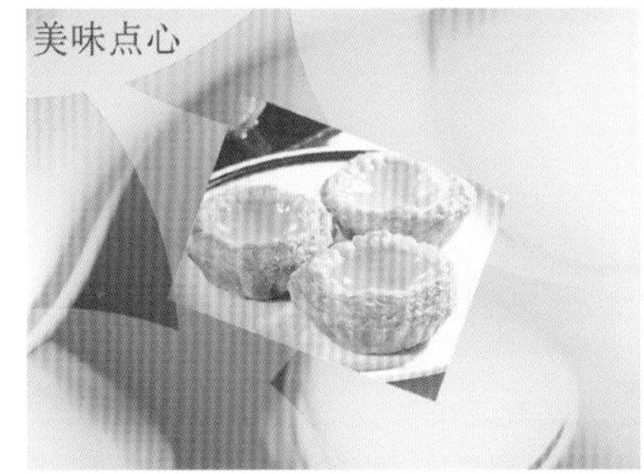
美味点心

美味点心

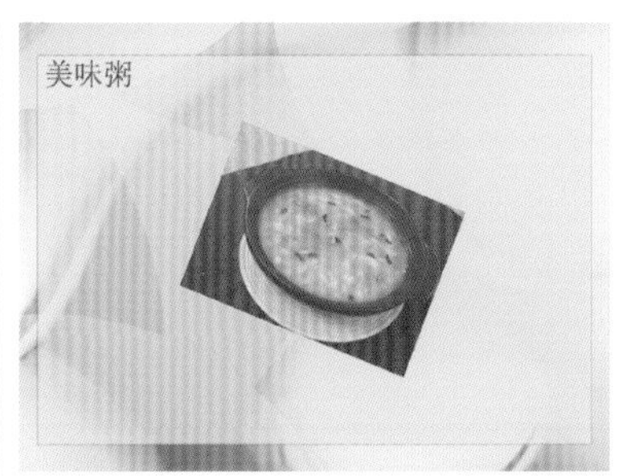
美味粥

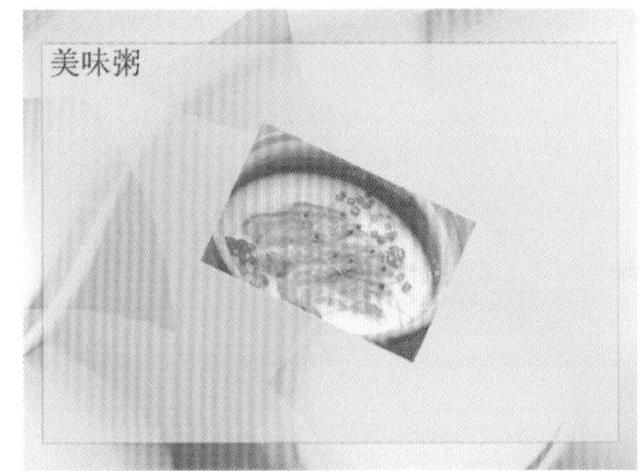
美味粥

美味粥

美味零食

美味零食

美味零食

气球飘飞

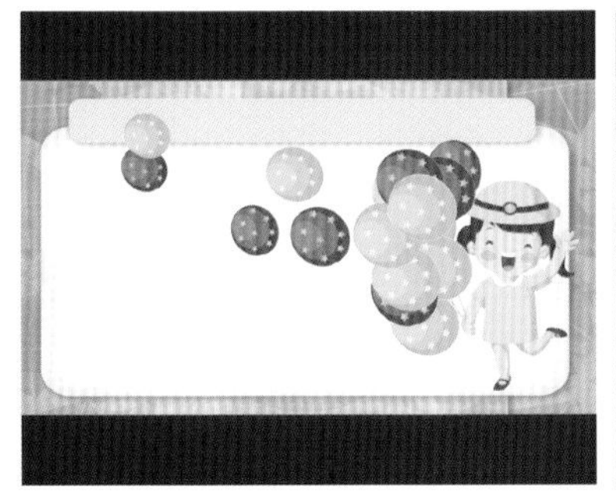

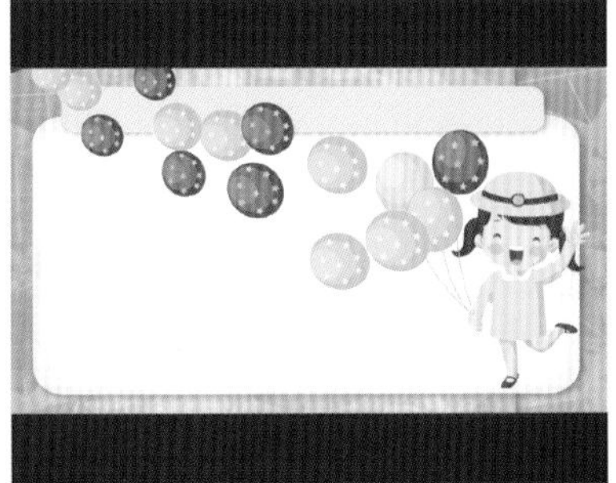

食品文化

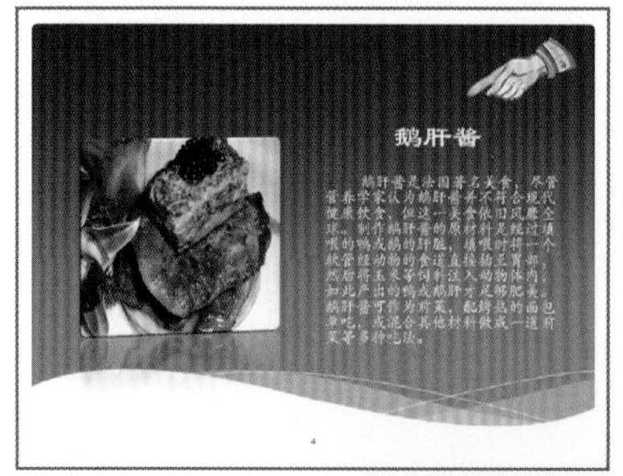

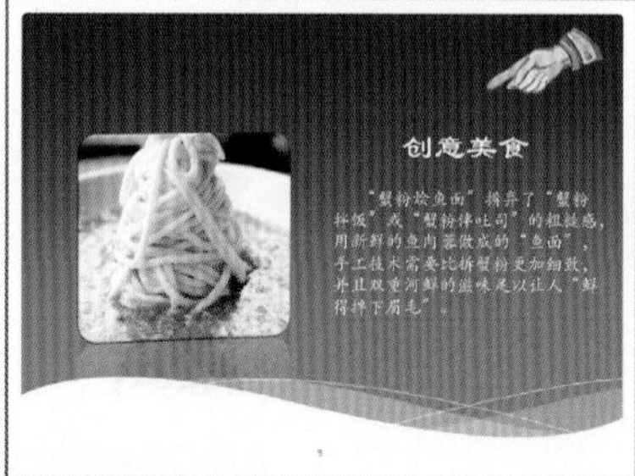

销售年终总结

个人工作总结

时间过的真快，转眼之间本年度已接近尾声市场专员是我走出“幼稚园”的第一份工作，我在大学里所说的专业是计算机科学与技术，对于单位给我安排的市场营销工作，刚开始我接触市场营销这一专业时，我都不知道做一些什么，做起来相当吃力。但凭着对市场工作的热情，以及在领导的指引下和同事的帮助下，我学会了如何做好这项工作。

部门工作总结

- 产品年度销量统计
- 产品销量分析
- 产品市场占有额
- 产品销售市场供求分析
- 明年工作计划

2013年产品年度销量统计

产品 \ 时间	一季度	二季度	三季度	四季度
苹果	25.6万吨	35.6万吨	16.5万吨	23.2万吨
香蕉	20.5万吨	18.2万吨	25.6万吨	30.6万吨
橙子	18万吨	22.6万吨	12.5万吨	22万吨
葡萄	33.5万吨	19.3万吨	18.9万吨	26.6万吨

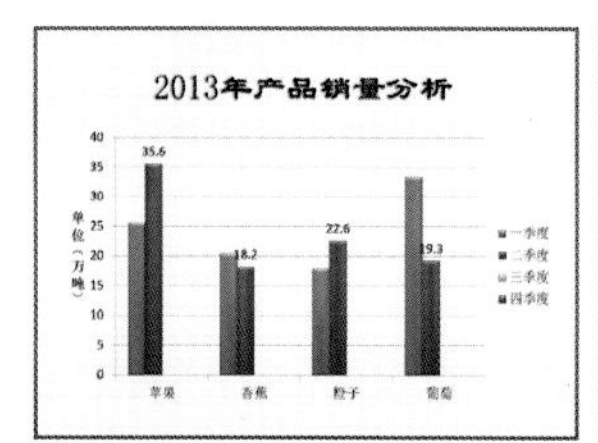

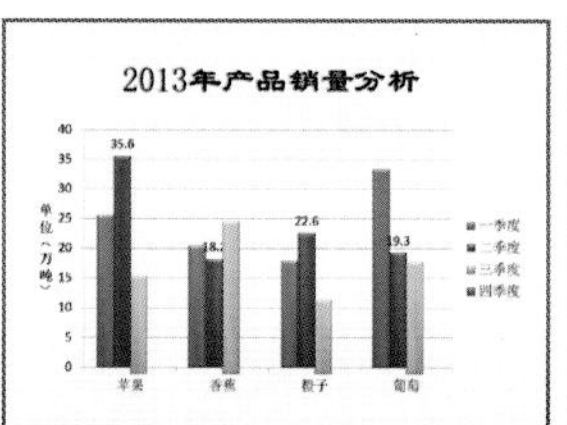

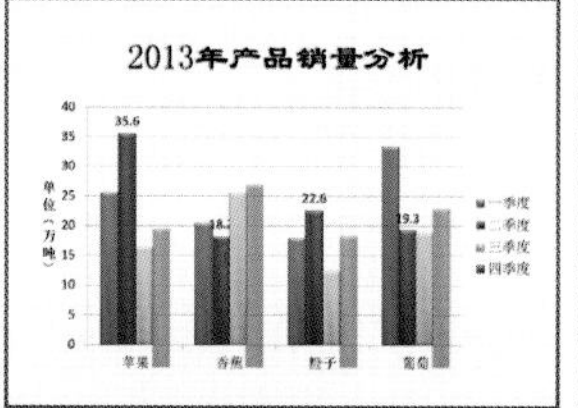

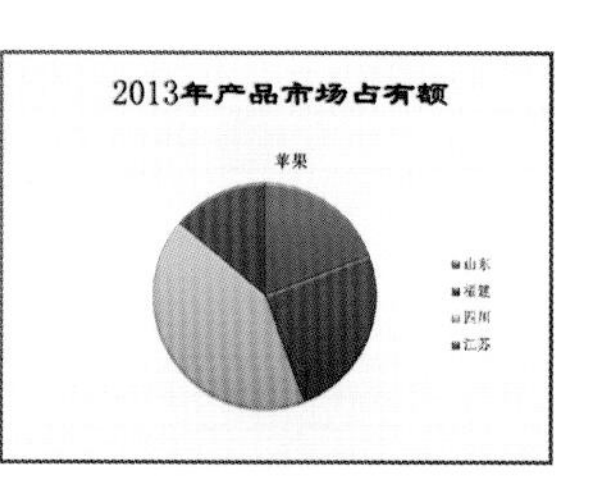

莎香面霜简介

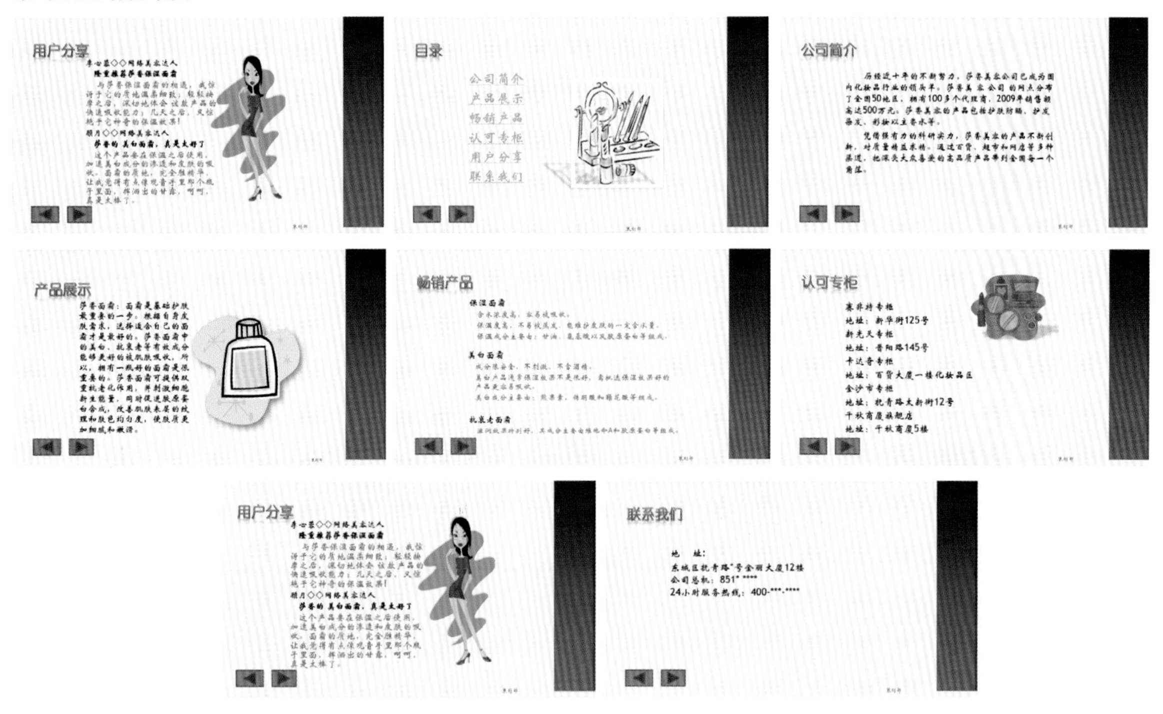

星星闪闪

各种各样的表格

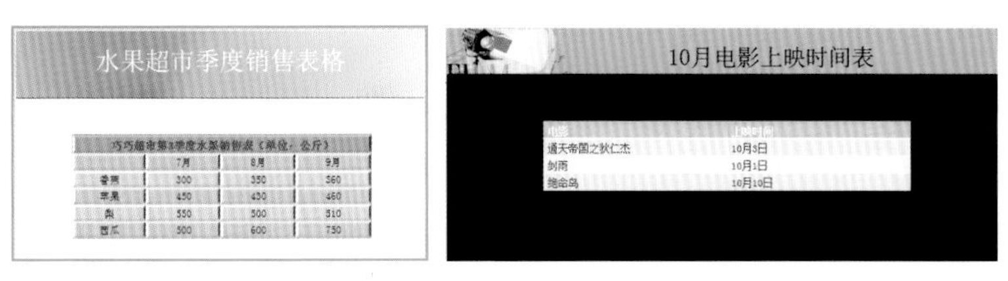

	7月	8月	9月
香蕉	300	350	360
苹果	450	430	460
梨	550	500	510
西瓜	500	600	750

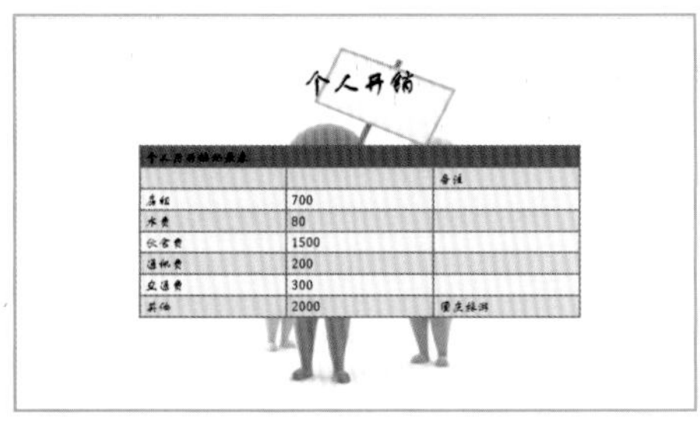

2013年 销 售 情 况

2013年销售情况一览表				
产品	第一季度	第二季度	第三季度	第四季度
电视机	50，000	51，000	52，500	54，000
洗衣机	46，000	48，000	47，000	56，000
电冰箱	55，000	50，000	52，000	55，000
空调	53，000	52，000	51，000	57，000

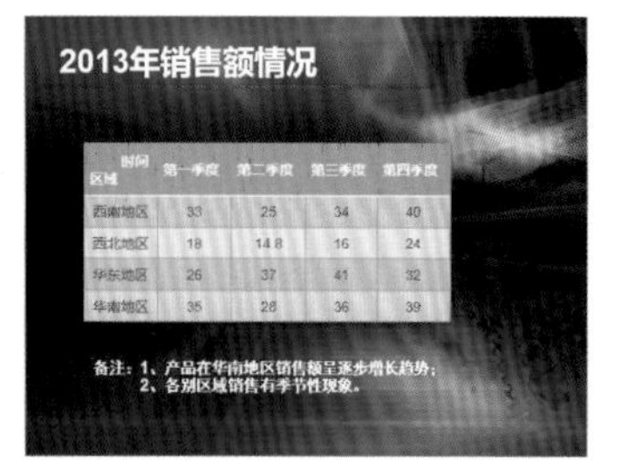

时间 区域	第一季度	第二季度	第三季度	第四季度
西南地区	33	25	34	40
西北地区	18	14.8	16	24
华东地区	26	37	41	32
华南地区	35	28	36	39

本书部分实例

结婚典礼

健康专题宣传

关爱生命！享受生活

认识水果与健康

如今的水果市场上，各种水果琳琅满目，丰富极了。红的苹果、草莓，黄的菠萝、香蕉，紫的葡萄、提子，还有桃、梨、龙眼、荔枝、西瓜、橘橙等等，一年四季延续不断供人们享用。如能有针对性地选吃一些既可健身又能防病的水果，对健康更为有益。

香蕉

吃香蕉防中风。香蕉中含有丰富的钾盐和能降血压的成分，每天吃2条香蕉，连续一周，可使血压下降10%。美国一位医学教授研究发现，常吃香蕉，可使中风发病率减少40%。另外，吃香蕉还有润肠通便功效。

草莓

吃草莓健脾生津。草莓气味芬芳，浆液丰富，富含维生素和矿物质，维C含量尤高。饭后食几颗草莓，有消化、开胃、健脾、生津的功效。近来医学发现，经常食用草莓对防治动脉硬化和冠心病也有益处。

葡萄

吃葡萄益气补血。葡萄性平味甘，含糖量高达20%，并含钙、磷、铁以及多种维生素，吃葡萄有益气补血的功效。近年来科学家发现，葡萄能产生一种植物防御素藜芦醇，具有抗癌效应。

游戏宣传片头

总经理职位职责

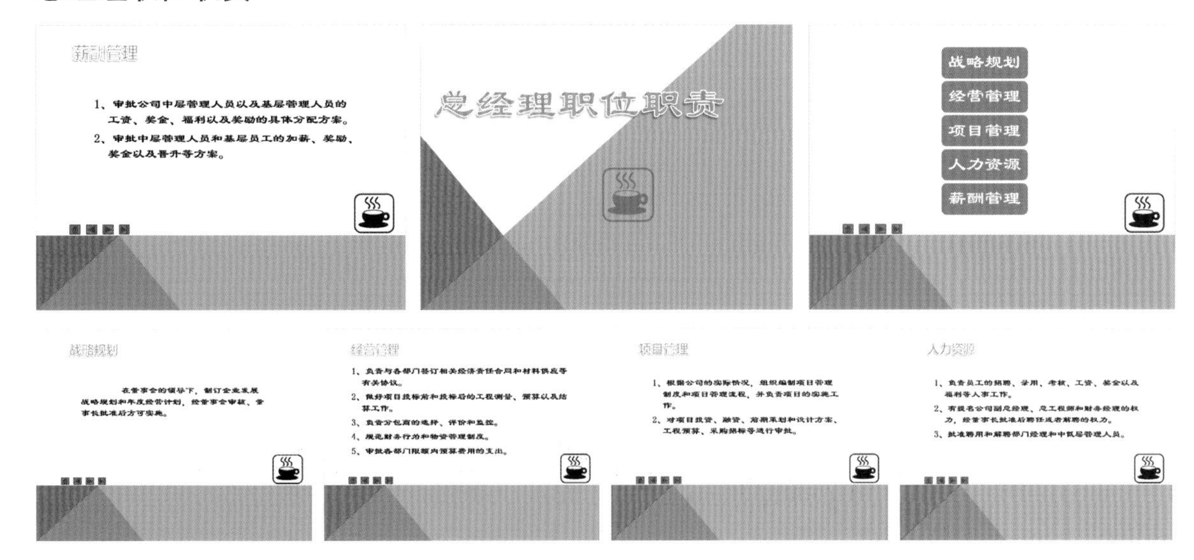

版面设计

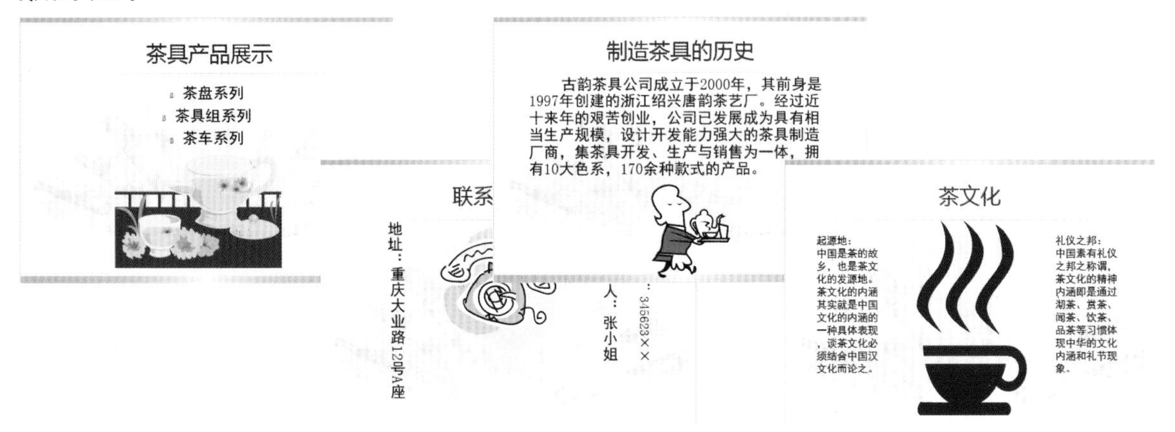

板书设计

旅游指南

目录

- 团队旅游
- 自助旅游
- 最新资讯
- 旅游行程
- 旅游景点
- 旅游心得

团队旅游

团队旅游是以旅行社为主体的集体旅游方式。旅行社提供旅游线路，游客在景区内可以选择购买自己喜欢的物品，然后游客在规定的时间、地点、景区、在导游的陪同下，乘坐交通工具，住预定的宾馆，并按照规定的线路完成食、住、行、游、购、娱等旅游项目。

自助旅游

自己设计旅行路线，安排旅途中的一切，自由、主动，并赋予诗意画意，是现在较流行的旅行方式。自助旅行的定义并非限定于一个人的旅行，即使是三两个好友同行彼此照应也可以说是自助旅行。

最新资讯

- 旅游行情
- 旅游体验
- 旅游常识
- 自驾贴士
- 火车常识
- 签证护照

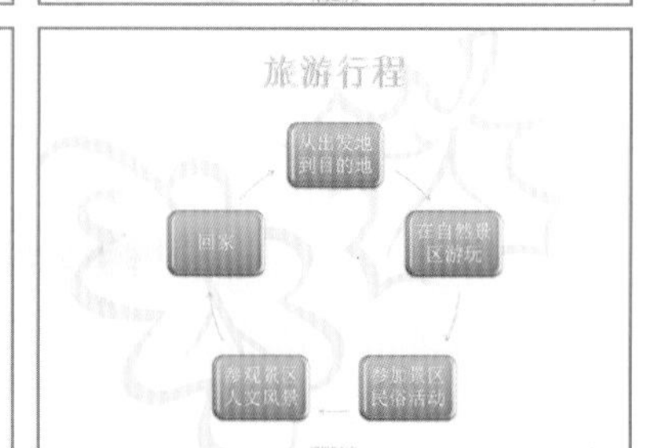

旅游景点

国内游

- 九寨沟、黄山、乌镇、云台山、周庄、雁荡山、西湖、千岛湖

出镜游

- 普吉岛、塞班岛、爱琴海、香港迪士尼乐园、卡尼岛、迪拜塔、堤岸、蒲月岛

旅游心得

不管去哪个地方旅游，都是一种在辛苦和疲惫中寻找快乐，是一种放松并增长见识的经历。古人云“读书万卷不如行万里路”，去名胜古迹可以看看古人在这块土地上留下的各种遗迹，亲身体会中华文化的博大精深。去自然风景区，则能够直接面对自然界的奇观异景，陶冶情操增长见闻。

汽车公司宣传册

目录

公司简介
组织结构
经营管理层
企业文化
发展历程
联系方式
结束

公司简介

东方汽车集团是全国五大汽车集团之一，主要从事乘用车、商用车和汽车零部件的生产、销售、开发、投资等业务。前三年集团整车销售超过500万辆，其中乘用车销售200万辆，商用车销售120万辆，在国内汽车集团排名中保持领先水平。

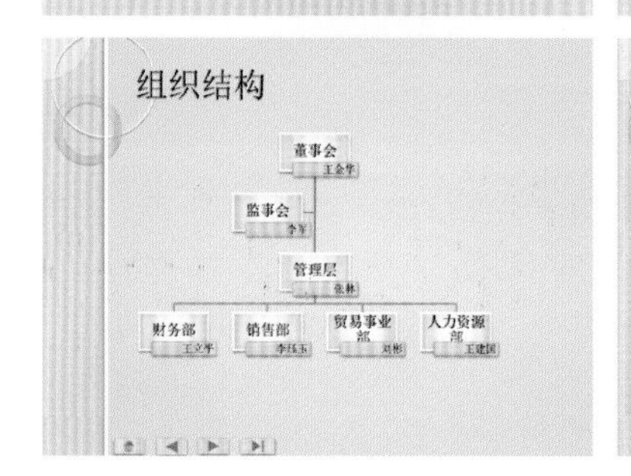

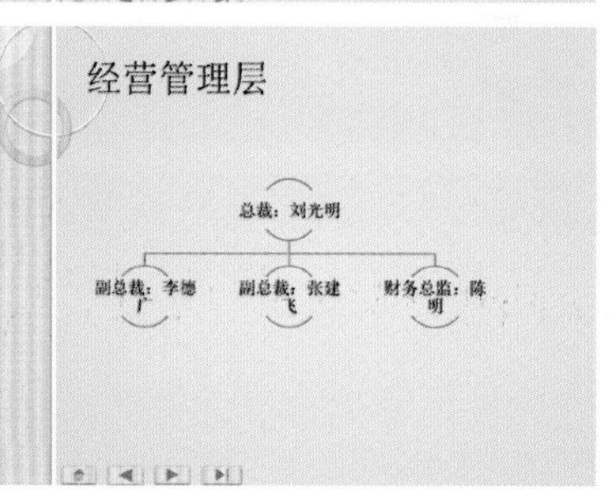

72小时精通

PowerPoint 2013 幻灯片制作

九州书源 / 编著

清华大学出版社

北　京

内容简介

《PowerPoint 2013幻灯片制作》一书详细而又全面地介绍了学习PowerPoint 2013的相关知识。主要内容包括：PowerPoint 2013的基础知识，演示文稿的基本操作，幻灯片的基本操作，文本和图片的运用，设计幻灯片的基本方法，运用表格和图表进行对比分析，绘制形状，在幻灯片中插入SmartArt图形，为幻灯片中的各种对象添加动画和切换效果，在幻灯片中插入音频文件和视频文件，为幻灯片中的对象添加各种超级链接，对制作的演示文稿进行放映、打包与输出，以及对演示文稿中的文字、图形、动画、版面和演示进行设计等。最后一章还通过制作两个演示文稿实例对全书内容进行了综合演练。

本书内容全面，图文对应，讲解深浅适宜，叙述条理清楚，并配有多媒体教学光盘，对PowerPoint 2013的初、中级用户有很大的帮助。本书适用于公司职员、在校学生、教师以及各行各业相关人员进行学习和参考，也可作为各类电脑培训班的办公自动化培训教材。

本书和光盘有以下显著特点：

95节交互式视频讲解，可模拟操作和上机练习，边学边练更快捷！

实例素材及效果文件，实例及练习操作，直接调用更方便！

全彩印刷，炫彩效果，像电视一样，摒弃“黑白”，进入“全彩”新时代！

316页数字图书，在电脑上轻松翻页阅读，不一样的感受！

图书在版编目（CIP）数据

PowerPoint 2013幻灯片制作 / 九州书源编著．—北京：清华大学出版社，2015
（72小时精通）
ISBN 978-7-302-37962-1

I. ①P… II. ①九… III. ①图形软件 IV. ①TP391.41

中国版本图书馆CIP数据核字（2014）第207780号

责任编辑：赵洛育
封面设计：李志伟
版式设计：文森时代
责任校对：马军令
责任印制：刘海龙

出版发行：清华大学出版社
网　　址：http://www.tup.com.cn，http://www.wqbook.com
地　　址：北京清华大学学研大厦A座　　邮　　编：100084
社 总 机：010-62770175　　邮　　购：010-62786544
投稿与读者服务：010-62776969，c-service@tup.tsinghua.edu.cn
质 量 反 馈：010-62772015，zhiliang@tup.tsinghua.edu.cn

印 装 者：北京天颖印刷有限公司
经　　销：全国新华书店
开　　本：185mm×260mm　印　张：20.5　插　页：8　字　　数：524千字
（附DVD光盘1张）
版　　次：2015年10月第1版　　印　　次：2015年10月第1次印刷
印　　数：1～4000
定　　价：69.80元

产品编号：052265-01

前言 PREFACE

※如果您还在为制作婚庆典礼演示文稿而发愁；
※如果您还在为不知如何制作产品展示演示文稿而烦恼；
※如果您还在为制作风景宣传册而手忙脚乱；
※如果您还在为制作教学课件而一筹莫展；
※请翻开《PowerPoint 2013 幻灯片制作》，
※这些问题都能在其中找到并得到解决的办法，
※它将带您在PowerPoint的知识海洋中畅游，
※成为您学习制作演示文稿的指明灯。

PowerPoint 是 Microsoft 办公软件中最为常用的组件之一，其强大的演示文稿制作功能，被广泛应用于各行各业，对人们生活和办公越来越重要。尽管如此，还是有很多用户并不太了解 PowerPoint 的强大之处，仅仅将其作为放映演示文稿的工具，忽略了其更实用、强大的功能。本书将针对这些情况，以目前最新的 PowerPoint 2013 版本为例，为广大 PowerPoint 初学者、PowerPoint 爱好者讲解各种演示文稿的制作方法、文本与图形的添加和设置方法、动画与超级链接的添加与设置方法，以及对演示文稿进行演示、输出和设计等知识，从全面性和实用性出发，让用户在最短的时间内达到从 PowerPoint 初学者变为 PowerPoint 使用高手的目的。

■ 本书的特点

本书以 PowerPoint 2013 为例进行演示文稿制作的讲解。当您在茫茫书海中看到本书时，不妨翻开它看看，关注一下它的特点，相信它一定会带给您惊喜。

29 小时学知识，43 小时上机：本书以实用功能讲解为核心，每章分为学习和上机两个部分，学习部分以讲解为主，讲解每个知识点的操作和用法，操作步骤详细、目标明确；上机部分相当于一个学习任务或案例制作，同时在每章最后提供有视频上机任务，书中给出操作要求和关键步骤，具体操作过程放在光盘演示中。

知识丰富，简单易学：书中讲解由浅入深，操作步骤目标明确，并分小步讲解，与图中的操作提示相对应，并穿插了“提个醒”、“问题小贴士”和“经验一箩筐”等小栏目。其中“提个醒”主要是对操作步骤中的一些方法进行补充或说明；“问题小贴士”是对用户在学习知识过程中产生疑惑的解答；而“经验一箩筐”则是对知识的总结和技巧，以提高读者对软件的掌握能力。

技巧总结与提高：本书以“秘技连连看”列出了学习 PowerPoint 的使用技巧，并以索引目录的形式指出其具体的位置，使读者能更方便地对知识进行查找。最后还在“72 小时后该如何提升”中列出了学习本书过程中应该注意的地方，以提高读者的学习效果。

书与光盘演示相结合：本书的操作部分均在光盘中提供了视频演示，并在书中指出了相对应的路径和视频文件名称，可以打开视频文件对某一个知识点进行学习。

排版美观，全彩印刷：本书采用双栏图解排版，一步一图，图文对应，并在图中添加了操作提示标注，以便于读者快速学习。

配超值多媒体教学光盘：本书配有一张多媒体教学光盘，提供有书中操作所需素材、效果和视频演示文件，同时光盘中还赠送了大量相关的教学教程。

赠电子版阅读图书：本书制作有实用、精美的电子版放置在光盘中，在光盘主界面中单击“电子书”按钮可阅读电子图书，单击“返回”按钮可返回光盘主界面，单击“观看多媒体演示”按钮可打开光盘中对应的视频演示，也可一边阅读一边进行其他上机操作。

■ 本书的内容

本书共分为 7 部分，用户在学习的过程中可循序渐进，也可根据自身的需求，选择需要的部分进行学习。各部分的主要内容介绍如下。

PowerPoint 基础操作（第 1~2 章）：主要介绍 PowerPoint 2013 的基础知识，包括认识 PowerPoint 2013 的工作界面、启动与退出该工作界面以及演示文稿和幻灯片的各种基本操作等内容。

基本对象的相关操作（第 3 章）：主要介绍文本和图片的相关操作知识，包括在幻灯片中输入和设置文本、艺术字的应用以及图片的插入与设置等内容。

幻灯片基本设计的相关操作（第 4 章）：主要介绍幻灯片基本设计的相关知识，包括模板、主题和母版的应用，以及如何设计幻灯片的外观等内容。

图表与图形的相关操作（第 5~6 章）：主要介绍在幻灯片中应用图表以及使用图形的知识，包括表格和图表的使用、形状的应用以及 SmartArt 图形的创建美化等内容。

制作形象生动、交互式的幻灯片（第 7~9 章）：主要介绍在幻灯片中添加动画、应用多媒体以及制作交互式的演示文稿等知识，包括动画和切换动画的添加与设置、音频文件和视频文件的应用以及各种超级链接的应用等内容。

演示文稿后期制作的相关操作（第 10 章）：主要介绍对制作好的演示文稿进行放映、打包和输出等知识。

PowerPoint 的设计与运用（第 11~12 章）：主要介绍完善演示文稿的制作和综合练习制作演示文稿等知识，包括演示文稿的各种完美设计方案和练习制作“市场调查报告”和“化妆品展示”演示文稿。

■ 联系我们

本书由九州书源组织编写，参加本书编写、排版和校对的工作人员有包金凤、曾福全、陈晓颖、向萍、廖宵、李星、贺丽娟、彭小霞、何晓琴、蔡雪梅、刘霞、杨怡、李冰、张丽丽、张鑫、张良军、简超、朱非、付琦、何周、董莉莉、张娟。

如果您在学习的过程中遇到了困难或疑惑，可以联系我们，我们会尽快为您解答，联系方式为：

QQ 群：122144955、120241301（注：只选择一个 QQ 群加入，不重复加入多个群）。

网址：http://www.jzbooks.com。

由于作者水平有限，书中疏漏和不足之处在所难免，欢迎读者不吝赐教。

九州书源

目录 CONTENTS

第1章 PowerPoint 2013 入门 001

1.1 初识 PowerPoint 2013 002

学习 1 小时 002

1.1.1 PowerPoint 2013 新体验 002

1. 全新的界面 002
2. 方便的新建操作 002
3. 人性化的语言 003
4. 强大的新功能 003

1.1.2 演示文稿与幻灯片之间的关系 ... 007

1.1.3 启动与退出 PowerPoint 2013 007

1. 启动 PowerPoint 2013 007
2. 退出 PowerPoint 2013 008

1.1.4 创建 PowerPoint 2013 快捷方式 008

上机 1 小时：体验 PowerPoint 2013 ... 008

1.2 认识并定义 PowerPoint 2013 工作界面 010

学习 1 小时 010

1.2.1 认识 PowerPoint 2013 的工作界面 010

1. 快速访问工具栏 010
2. 功能选项卡 011
3. 标题栏 011
4. 应用程序按钮 011
5. “文件”菜单 011
6. “登录”选项 011
7. 功能区 012
8. “幻灯片”窗格 012
9. 幻灯片编辑区 012
10. “批注”和“备注”窗格 012
11. 状态栏 012

1.2.2 PowerPoint 的视图模式 013

1.2.3 自定义工作界面 014

1. 自定义快速访问工具栏 014
2. 最小化功能区 015
3. 自定义功能区 016
4. 调整工具栏位置 017
5. 显示和隐藏标尺、网格及参考线 017

上机 1 小时：设置个性化的 PowerPoint 2013 工作界面 018

1.3 练习 1 小时 019

1. 练习自定义工作界面 020
2. 切换幻灯片视图 020

第2章 PowerPoint 2013 的基本操作 021

2.1 演示文稿的基本操作 022

学习 1 小时 022

2.1.1 创建演示文稿 022

1. 创建空白演示文稿 022
2. 根据模板和主题创建演示文稿 022
3. 使用联机模板和主题创建演示文稿 023

2.1.2 保存演示文稿 024
1. 直接保存演示文稿 024
2. 另存演示文稿 025
3. 保存为模板 025
4. 自动保存演示文稿 025
5. 保存到 SkyDrive 025
2.1.3 打开演示文稿 027
2.1.4 关闭演示文稿 028
上机 1 小时：打开并保存“礼物”演示文稿 028
2.2 幻灯片的基本操作 030
学习 1 小时 030
2.2.1 新建幻灯片 030
2.2.2 选择幻灯片 031
2.2.3 移动和复制幻灯片 032
1. 移动幻灯片 032
2. 复制幻灯片 033
2.2.4 删除幻灯片 033
2.2.5 隐藏幻灯片 033
上机 1 小时：练习幻灯片的基本操作 ... 034
2.3 练习 1 小时 035
1. 制作“欢迎制作 PowerPoint”演示文稿 036
2. 编辑“欢迎制作 PowerPoint”演示文稿 036
第 3 章 结合运用文本和图片 037
3.1 输入、设置幻灯片文本 038
学习 1 小时 038
3.1.1 认识占位符和文本框 038
1. 占位符 038
2. 文本框 038
3. 绘制文本框 038
3.1.2 编辑占位符和文本框 039
1. 调整占位符和文本框 039
2. 美化占位符和文本框 040
3.1.3 输入文本 042
1. 在占位符中输入文本 042
2. 在文本框中输入文本 043
3. 在“大纲”窗格中输入文本 043
3.1.4 编辑文本 043
3.1.5 修改文本级别 045
3.1.6 设置字体格式 045
3.1.7 设置段落格式 047
上机 1 小时：制作“周年纪念”演示文稿 048
3.2 应用艺术字 050
学习 1 小时 050
3.2.1 艺术字的应用范围 050
3.2.2 插入艺术字 051
3.2.3 调整艺术字位置和大小 051
3.2.4 设置艺术字效果 051
上机 1 小时：制作“旅途日记”演示文稿 053
3.3 插入与设置图片 055
学习 1 小时 055
3.3.1 插入图片 055
1. 认识图片 055
2. 插入图片 056
3.3.2 图片的基本编辑操作 061
3.3.3 调整图片的颜色和效果 062
3.3.4 设置图片样式 064
3.3.5 更改图片叠放次序 065
3.3.6 排列图片 066
3.3.7 组合图片 067
3.3.8 创建相册 068
1. 插入相册 068
2. 编辑相册 070
上机 1 小时：制作“亲密家人”相册 ... 071
3.4 练习 1 小时 074
制作“个性日历”演示文稿 074

第 4 章 设计幻灯片 075

4.1 模板与主题的应用 076

学习 1 小时 076

4.1.1 PowerPoint 模板与主题的区别 076

4.1.2 创建与使用模板 076

1. 创建模板 077
2. 使用创建的模板 077

4.1.3 应用主题 077

1. 在启动界面中应用主题 077
2. 在“设计”选项卡中应用主题 078

4.1.4 保存主题 080

上机 1 小时：制作“公司简介”演示文稿 081

4.2 母版的应用 082

学习 1 小时 083

4.2.1 认识母版 083

1. 幻灯片母版 083
2. 讲义母版 083
3. 备注母版 083

4.2.2 进入和退出母版 083

4.2.3 制作幻灯片母版 084

1. 设置背景 084
2. 设置占位符格式 087
3. 根据级别设置项目符号和编号 088
4. 设置页眉 / 页脚 089

4.2.4 制作讲义母版 090

4.2.5 制作备注母版 091

上机 1 小时：制作“楼盘推广”演示文稿母版 093

4.3 幻灯片外观设计 096

学习 1 小时 096

4.3.1 设置幻灯片页面大小与方向 097

4.3.2 应用配色方案 098

1. 颜色的搭配 098
2. 更改主题颜色 098
3. 自定义配色方案 098

4.3.3 设置背景 099

4.3.4 更改幻灯片版式 100

4.3.5 幻灯片布局原则 101

上机 1 小时：设计“MP3 展览会”幻灯片外观 102

4.4 练习 2 小时 104

1. 制作“美食展示”演示文稿 105
2. 制作“会议记录”幻灯片母版...105
3. 设计“少儿英语讲义”幻灯片外观 106

第 5 章 对比分析——运用表格、图表 107

5.1 表格的应用 108

学习 1 小时 108

5.1.1 创建表格 108

1. 通过占位符插入表格 108
2. 通过下拉列表插入表格 108

5.1.2 编辑表格 110

1. 选择单元格 110
2. 调整行高和列宽 111
3. 插入与删除行或列 111
4. 合并与拆分单元格 111

5.1.3 编辑表格内容 111

1. 在表格中输入文本 111
2. 修改文本 111
3. 快速删除表格内容 112

5.1.4 美化表格 112

1. 设置表格字体格式 112
2. 设置表格字体方向和对齐方式.....112
3. 应用表格样式 113
4. 设置单元格填充 113
5. 设置表格边框 114

5.1.5 链接其他表格 115

上机 1 小时：制作“年终会议”演示文稿 116

5.2 图表的应用 119

学习 1 小时 119

5.2.1 创建图表 119

5.2.2 改变图表位置和大小 120

5.2.3 改变图表类型 120

5.2.4 编辑图表数据 121

5.2.5 更改图表布局方式 122

5.2.6 自定义图表布局 122

5.2.7 应用图表样式 125

5.2.8 自定义图表样式 126

上机 1 小时：制作“季度销售总结”演示文稿 128

5.3 练习 2 小时 131

1. 练习 1 小时：制作“水果超市季度销售”演示文稿 131

2. 练习 1 小时：制作“年终总结”演示文稿................................132

第 6 章 运用形状与 SmartArt 图形 ...133

6.1 形状的应用 134

学习 1 小时 134

6.1.1 绘制形状 134

6.1.2 调整形状大小 134

6.1.3 设置填充颜色 134

6.1.4 为形状应用样式 136

6.1.5 改变形状外形 136

6.1.6 调整形状叠放次序 136

6.1.7 更改形状 137

6.1.8 编辑顶点 137

6.1.9 为形状添加文字 138

上机 1 小时：制作“超市购物指南”流程图 138

6.2 添加和编辑 SmartArt 图形............. 141

学习 1 小时 141

6.2.1 添加 SmartArt 图形...................... 141

6.2.2 编辑 SmartArt 图形...................... 141

1. 在 SmartArt 图形中输入文本 142

2. 调整 SmartArt 图形的顺序 143

3. 调整 SmartArt 图形与形状的大小和位置 143

4. 调整 SmartArt 图形的方向 143

5. 添加或删除形状 144

6. 调整形状级别 145

7. 更改布局 146

6.2.3 更改 SmartArt 形状...................... 147

6.2.4 更改 SmartArt 图形的样式和颜色 148

6.2.5 应用 SmartArt 样式...................... 148

1. 应用快速样式 148

2. 应用颜色方案 149

上机 1 小时：制作“职位简介”演示文稿 149

6.3 练习 1 小时.................................... 152

1. 制作“英语小课件”演示文稿...152

2. 制作“汽车销售”演示文稿 152

第 7 章 运用动画效果 153

7.1 设置对象动画效果 154

学习 1 小时 154

7.1.1 添加 / 删除动画效果 154

1. 添加动画效果.............................. 154

2. 删除动画效果.............................. 155

7.1.2 自定义动画路径 155

7.1.3 更改动画效果 156

7.1.4 设置动画计时 156

7.1.5 更改动画播放顺序和方向 157

1. 更改动画播放顺序 158

2. 更改动画播放方向 158

7.1.6 预览动画效果 159

上机 1 小时：为“恭贺新禧”演示文稿添加动画 160

7.2 设置幻灯片切换动画效果 162

学习 1 小时 162

7.2.1 添加切换动画效果 162
7.2.2 更改或取消切换动画 162
7.2.3 设置切换效果选项 163
7.2.4 设置切换声音 163
7.2.5 设置切换速度 164
7.2.6 设置换片方式 164
上机 1 小时：为“可行性报告”演示文稿添加切换动画 164
7.3 动画制作技巧 168
学习 1 小时 168
7.3.1 设置不断放映的动画效果 168
7.3.2 运用动画刷复制动画效果 170
7.3.3 在同一个位置放映多个对象 170
7.3.4 制作 SmartArt 图形动画............... 173
1. 添加 SmartArt 图形动画的注意事项 173
2. 为整个 SmartArt 图形添加动画 ... 174
3. 取消整个 SmartArt 图形的动画 ... 174
4. 设置添加的 SmartArt 图形动画 ... 174
5. 为 SmartArt 图形中的单个形状设置或取消动画 174
7.3.5 制作组合动画 175
1. 制作叶子纷飞动画 176
2. 制作卷轴和写字动画 179
3. 制作计时动画 182
上机 1 小时：制作气球飘飞动画效果 ... 185
7.4 练习 2 小时 188
1. 制作星星闪烁的 PPT 片头 188
2. 制作“食品文化”演示文稿 189
3. 制作“销售年终总结”演示文稿 189
4. 制作“商务礼仪”演示文稿 190
第 8 章 运用多媒体...................... 191
8.1 声音的应用 192
学习 1 小时 192
8.1.1 插入联机音频文件 192
8.1.2 插入 PC 和 CD 中的音频文件..... 193
1. 插入 PC 中的音频文件 193
2. 插入 CD 中的音频文件 193
8.1.3 插入录制的声音 194
8.1.4 设置声音 194
8.1.5 剪辑插入的音频文件 196
1. 打开“剪裁音频”对话框........... 196
2. 在“剪裁音频”对话框中的剪辑操作 197
8.1.6 编辑声音图标 198
1. 调整图标.. 198
2. 设置图标的显示方式 198
上机 1 小时：制作有声版的“语文课件”演示文稿 199
8.2 视频的应用 201
学习 1 小时 201
8.2.1 插入联机视频 201
8.2.2 插入 Flash 动画............................. 202
8.2.3 插入电脑中的视频 203
8.2.4 编辑视频 204
1. 剪裁视频.. 204
2. 设置视频播放样式 205
3. 设置视频淡化时间 206
8.2.5 编辑视频封面 206
上机 1 小时：为“自然动物介绍”演示文稿添加视频 208
8.3 练习 2 小时.................................... 209
1. 练习 1 小时：制作“结婚典礼”演示文稿.................................210
2. 练习 1 小时：制作“风景宣传册”演示文稿.................................210
第 9 章 运用链接制作交互式幻灯片..............................211
9.1 超级链接的添加与取消 212

学习 1 小时 212
9.1.1 为内容添加超级链接 212
1. 为幻灯片中的文本添加超级链接 212
2. 为幻灯片中的图片添加超级链接 213
9.1.2 取消超级链接 213
9.1.3 添加动作按钮 214
上机 1 小时：为“婚庆公司”演示文稿添加超级链接 215
9.2 链接到其他对象 217
学习 1 小时 217
9.2.1 链接到其他演示文稿 217
9.2.2 链接到电子邮件 218
9.2.3 链接到网页 218
9.2.4 链接到其他文件 219
上机 1 小时：为“旅游指南”演示文稿添加超级链接 219
9.3 编辑超级链接 221
学习 1 小时 221
9.3.1 设置超级链接 221
9.3.2 更改超级链接 223
9.3.3 删除超级链接 223
上机 1 小时：添加并设置超级链接 224
9.4 练习 1 小时 227
1. 为“莎香面霜简介 3”演示文稿添加超级链接 227
2. 为“个人简历”演示文稿添加超级链接 228
第 10 章 放映、打包与输出演示文稿 229
10.1 放映与放映设置 230
学习 1 小时 230
10.1.1 直接放映 230
10.1.2 自定义放映 231
10.1.3 设置放映方式 232
1. 设置放映类型的方法 232
2. 各种放映类型的作用和特点 232
3. 设置放映类型的注意事项 233
10.1.4 排练计时 233
10.1.5 隐藏或显示幻灯片 234
1. 隐藏幻灯片 234
2. 显示幻灯片 234
10.1.6 录制旁白 235
10.1.7 设置鼠标指针选项 236
1. 激光指针 236
2. 笔和荧光笔 237
3. 箭头 237
10.1.8 快速定位幻灯片 238
上机 1 小时：设置并放映“营销推广方案”演示文稿 238
10.2 打包、打印与输出 241
学习 1 小时 241
10.2.1 打包演示文稿 241
10.2.2 共享演示文稿 242
1. 邀请他人 242
2. 电子邮件 243
3. 联机演示 243
4. 发布幻灯片 243
10.2.3 打印演示文稿 245
1. 设置页面大小 245
2. 打印设置 245
10.2.4 输出演示文稿 246
1. 将演示文稿输出为 PDF/XPS 文件 246
2. 将演示文稿输出为图片文件 246
3. 将演示文稿创建为视频文件 246
4. 将演示文稿创建为讲义 247
5. 将演示文稿输出为其他文件 247
上机 1 小时：设置并输出“物业管理投标书”演示文稿 248
10.3 练习 1 小时 251

1. 操作“汽车公司宣传册 1”演示文稿................................251
2. 操作“个人简历 1”演示文稿....252

第 11 章 演示文稿的完美设计方案........................ 253

11.1 学习 1 小时：独特的文字设计 254
学习目标 254
11.1.1 字体使用原则............................ 254
11.1.2 字体大小.................................... 255
11.1.3 常用字体搭配............................ 255
11.1.4 字体间距和行距........................ 257
11.2 学习 1 小时：绚丽的图形和对象设计 258
学习目标 258
11.2.1 图片的搭配原则........................ 258
1. 选择图片的原则 258
2. 图片与主题的搭配原则 259
3. 图片与幻灯片的搭配原则 260
4. 图片排列原则 260
5. 演示文稿统一原则 261
11.2.2 图片与文字的设计.................... 261
11.2.3 表格中的凸显设计.................... 263
11.2.4 图表的巧用................................ 263
11.2.5 形状的设计................................ 264
1. 形状的快速绘制 264
2. 形状的完美填充 265
3. 形状的独特设计 266
11.2.6 灵活运用 SmartArt 图形............ 266
11.3 学习 1 小时：奇幻的动画设计 268
学习目标 268
11.3.1 文本动画设计............................ 268
11.3.2 图形对象动画设计.................... 268
11.3.3 切换动画设计............................ 270
11.4 学习 1 小时：协调的版面设计 270
学习目标 270
11.4.1 文字型幻灯片版面设计.............. 270
11.4.2 图文并茂型幻灯片版面设计...... 271
11.4.3 全图型幻灯片版面设计.............. 272
11.5 学习 1 小时：幻灯片的演示设计... 272
学习目标 273
11.5.1 明确的演讲目的.......................... 273
11.5.2 好的开场和结尾.......................... 273
11.5.3 吸引人的演讲技巧...................... 273
11.5.4 对演讲者的要求.......................... 273
11.6 练习 1 小时 274
1. 制作奖状 274
2. 制作循环图表.............................274

第 12 章 综合实例演练 275

12.1 上机 1 小时：制作“营销策划”演示文稿...................................... 276
12.1.1 实例目标 276
12.1.2 制作思路 276
12.1.3 制作过程 276
1. 建立演示文稿整体框架 277
2. 编辑幻灯片内容 279
3. 设置并放映动画 283
12.2 上机 1 小时：制作“板书设计”演示文稿 286
12.2.1 实例目标 287
12.2.2 制作思路 287
12.2.3 制作过程 287
1. 建立演示文稿整体框架 288
2. 制作每张幻灯片 290
3. 放映并打包演示文稿 297
12.3 练习 2 小时.................................. 299
1. 练习 1 小时：制作“市场调查报告”演示文稿...............................299
2. 练习 1 小时：制作“化妆品展示”演示文稿...............................300

附录A 秘技连连看 301
一、PowerPoint 2013 基本操作技巧 ... 301
1. 在幻灯片中添加多个占位符 301
2. 根据内容自动调整文本框 301
3. 设置演示文稿的保存格式 301
二、应用图片和图表技巧 302
1. 为幻灯片首页设置图片背景 302
2. 快速切换到“格式”选项卡 302
3. 快速将 PowerPoint 幻灯片转换为图片 302
4. 对齐图形 303
5. 将图片恢复到插入时的效果 303
6. 快速替换图片内容 303
三、添加音频和视频文件技巧 304
1. PowerPoint 2013 支持的多媒体文件类型 304
2. 在幻灯片中插入音频文件 304
3. 设置放映时隐藏声音图标 305
4. 设置声音音量 305
5. 控制视频文件的播放 305
四、版式设置技巧 305
1. 设置幻灯片母版 305
2. 更改幻灯片版式 306
3. 在母版中添加页脚和日期占位符 306
4. 在母版中添加页脚信息 306
5. 插入自动更新的日期和时间 306
6. 自定义幻灯片大小 306
五、动画设计技巧 307
1. 自定义动画效果 307
2. 逐行显示文字 307
3. 制作星星闪烁效果 307
4. 触发器的妙用 308
5. 演示时不播放动画 308
6. 将鼠标光标指向对象后发出声音 309
7. 单击对象运行特定程序 309
六、幻灯片的放映与输出技巧 310
1. 导入其他影像和图表 310
2. 设置展台前浏览幻灯片 310
3. 复制并编辑自定义放映 310
4. 隐藏不需要播放的幻灯片 310
5. 使用画笔做标记 311
6. 更改墨迹颜色 311
七、获取帮助和素材 311
1. 巧用 PowerPoint 的帮助功能 311
2. 连接到官方网站 312
3. 获取素材 312
附录B 常用快捷键 313
附录C 72 小时后该如何提升 315
1. 加强实际操作 315
2. 总结经验和教训 315
3. 加深对 PowerPoint 的学习 315
4. 吸取他人经验 315
5. 加强交流与沟通 315
6. 学习其他的办公软件 316
7. 上技术论坛进行学习 316
8. 还可以找我们 316

第1章 PowerPoint 2013 入门

学习 2小时

随着办公自动化的普及和推广，越来越多的办公人员选择使用 PowerPoint 2013 来制作各种各样的解说或展示类演示文稿。在使用 PowerPoint 2013 之前，首先需对 PowerPoint 2013 有一个大致的认识和了解，熟悉其工作界面。

- 初识 PowerPoint 2013
- 认识并定义 PowerPoint 2013 工作界面

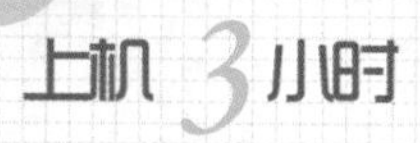

1.1 初识 PowerPoint 2013

对于初入职场的办公人员来说，能够熟练地使用 PowerPoint 制作演示文稿是十分必要的。用户可以利用 PowerPoint 来制作工作、学习或生活中的各类演示文稿，将演讲者要表达的观点、内容以及其他信息等清楚地表达出来，从而便于观众学习和接受。

PowerPoint 2013 是对 PowerPoint 旧版本的升级，当然功能也更为便捷、强大，为了帮助初入职场的办公人员迅速成为办公高手，下面将对 PowerPoint 2013 的一些新功能、新知识进行介绍。

学习 1 小时

- 为 PowerPoint 2013 创建桌面快捷图标的方法。
- 掌握启动与退出 PowerPoint 2013 的方法。
- 熟悉演示文稿与幻灯片之间的关系。
- 了解 PowerPoint 2013 新功能。

1.1.1 PowerPoint 2013 新体验

与旧版本的 PowerPoint 相比较，可发现升级后的 PowerPoint 2013 有很多优点，其全新的界面，较以前更为简洁，更为醒目；其操作更为方便，大大提高了工作效率；其介绍语言更加人性化、简易化；其功能更加强大。

1. 全新的界面

打开 PowerPoint 2013，可看到一个崭新、醒目的工作界面。PowerPoint 2013 首次利用宽屏设计，其界面的利用率更大，从而方便用户查看和进行各项操作。如下图所示分别为 PowerPoint 2010 与 PowerPoint 2013 的工作界面。

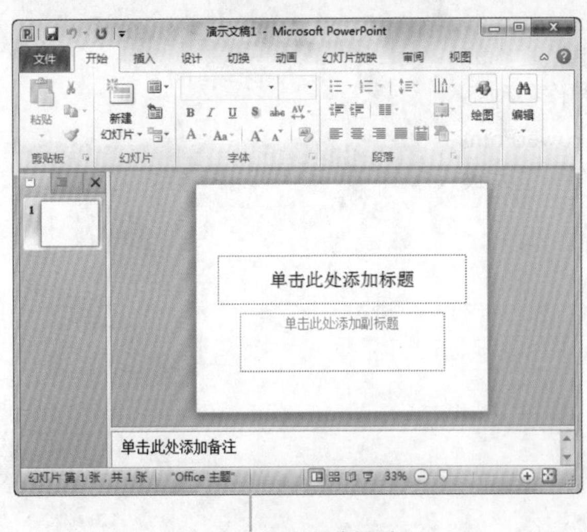

PowerPoint 2010 工作界面

PowerPoint 2013 工作界面

2. 方便的新建操作

PowerPoint 2013 提供了多种方式来新建演示文稿，包括新建模板、主题、最近的演示文稿、较旧的演示文稿和空白演示文稿等，而不是直接打开空白演示文稿。如下图所示即为

PowerPoint 2010 版本的启动界面与 PowerPoint 2013 的新建界面。

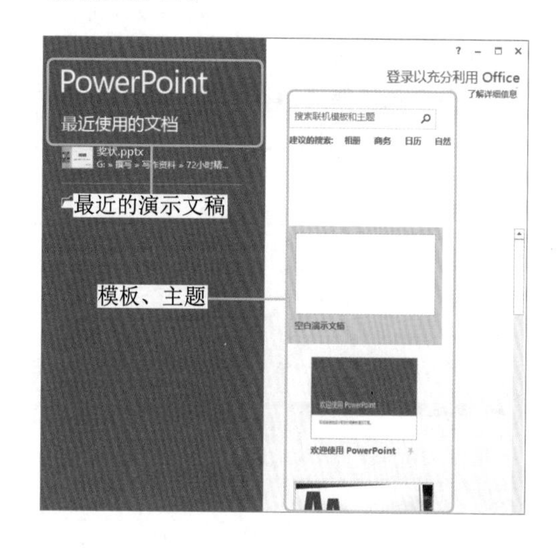

3. 人性化的语言

PowerPoint 2013 中的语言描述更加人性化，为用户提供了更加轻松和愉悦的工作环境。如下图所示，左图为 PowerPoint 2010 的语言效果图，右图为 PowerPoint 2013 的语言效果图。

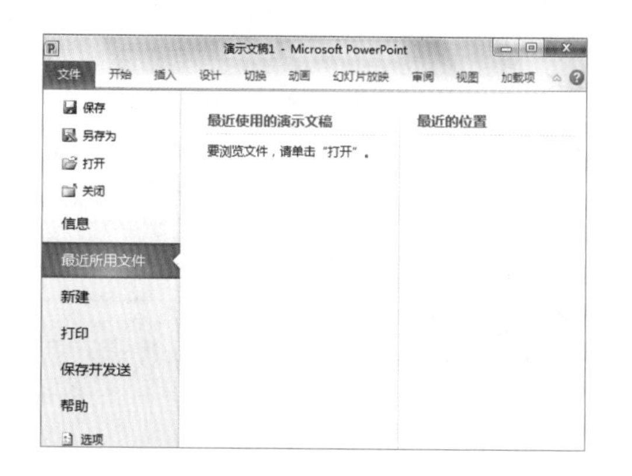

4. 强大的新功能

PowerPoint 2013 新增的功能有很多，主要有以下几种。

主题变体：PowerPoint 2013 的主题中提供了一组变体，例如不同的调色板和字体系列。此外，PowerPoint 2013 提供了新的宽屏主题以及标准大小。从启动界面或“设计”选项卡中选择任意一个主题后，将会显示与之相关联的变体，值得注意的是，变体均是在选择主题后才会显示。如下图所示即为选择不同的主题后显示的变体效果。

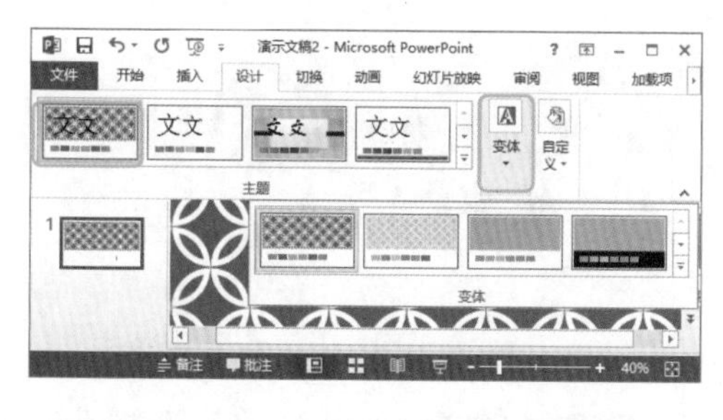

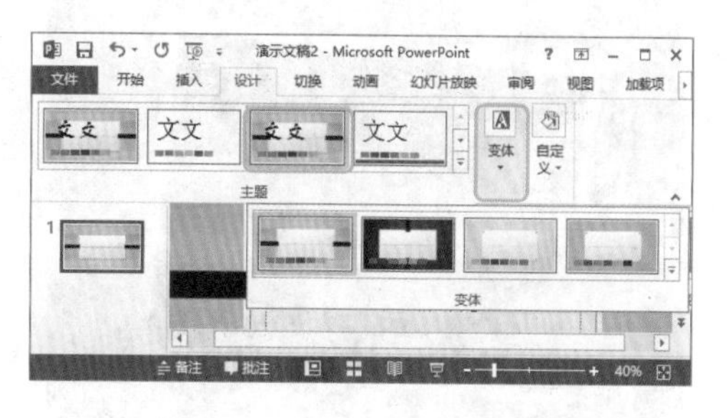

- 新的“打开”和“另存为”功能：在 PowerPoint 2013 中，用户无须在对话框中执行打开和另存为文件操作。启动 PowerPoint 2013 时就会显示最近使用的文件，也可单击“固定”按钮 将其固定在列表中，以方便以后使用。选择【文件】/【另存为】命令，即可在界面中设置文件的保存位置。如下图所示分别为“打开”和“另存为”界面。

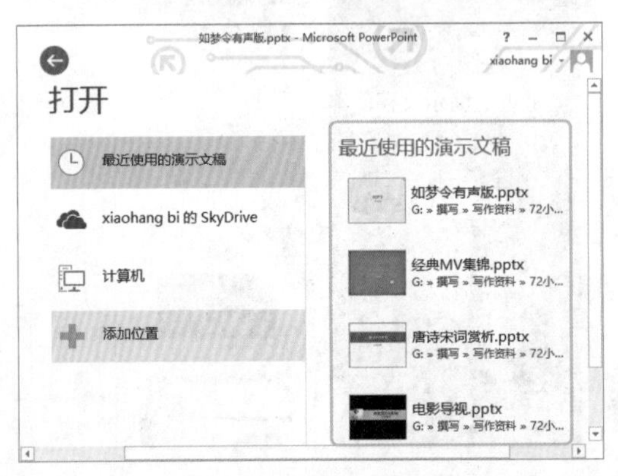

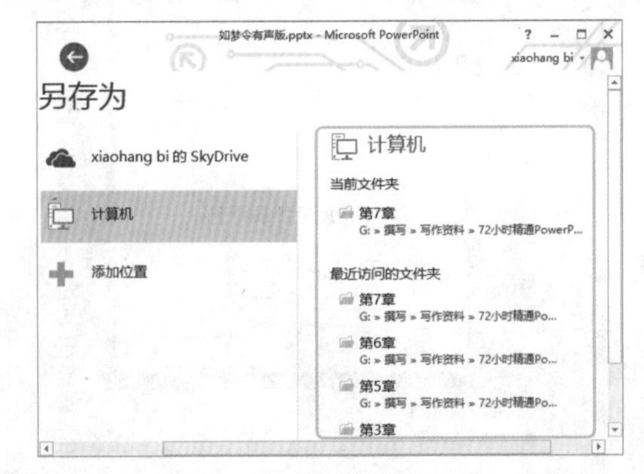

- 新的共享和保存到云功能：在 PowerPoint 2013 中，用户可以共享 Office 文件并将其保存到云。云是借助网络浏览器形成的一种文件存储方式，但只有联机时，才可以访问云。用户注册并登录 SkyDrive 账户后，可以在 PowerPoint 2013 界面中的 SkyDrive 或组织的网站中打开或保存 Office 文件。新版 Office 还可以在智能手机、平板电脑和云中使用，甚至在未安装 Office 的电脑上也能使用。

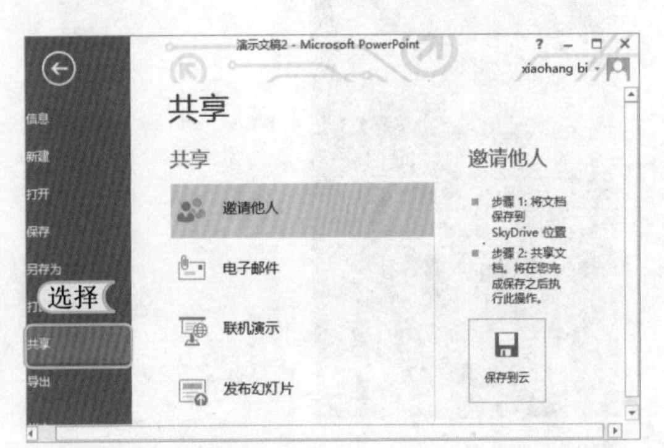

- 改进的视频和音频支持：PowerPoint 2013 支持更多的多媒体格式（如 MP4、MOV 与 H.264 视频和高级音频编码（AAC）音频）和高清晰度内容，并且添加了更多内置编解码器，使用户不必安装针对特定文件格式的软件便可正常工作。用户在查看幻灯片放映时，还可以使用“在后台播放”功能播放音乐。如下图所示分别为在 PowerPoint 2013 中播放带有视频和音频文件的演示文稿。

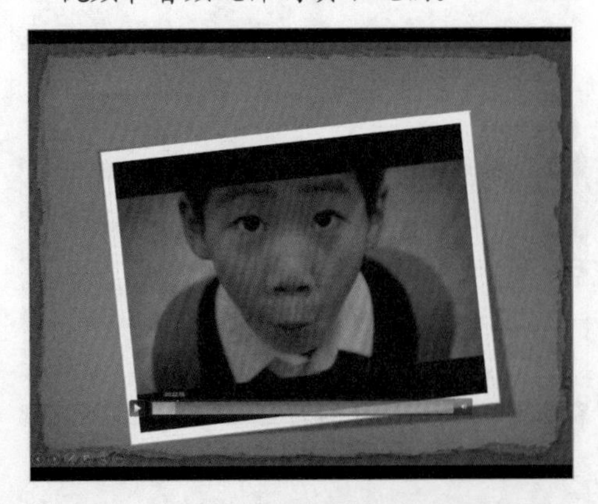

新的切换监视器：在 PowerPoint 2013 中，演示者视图会自动扩展到投影仪或外部监视器，用户可以任意切换监视器。在 PowerPoint 2013 工作界面中选择【幻灯片放映】/【监视器】组，或在演示者视图顶部的工具栏中单击“显示设置”图标，在弹出的下拉列表中选择“交换演示者视图和幻灯片放映”选项，可以手动切换演示文稿的显示模式为演示者视图或幻灯片放映视图。

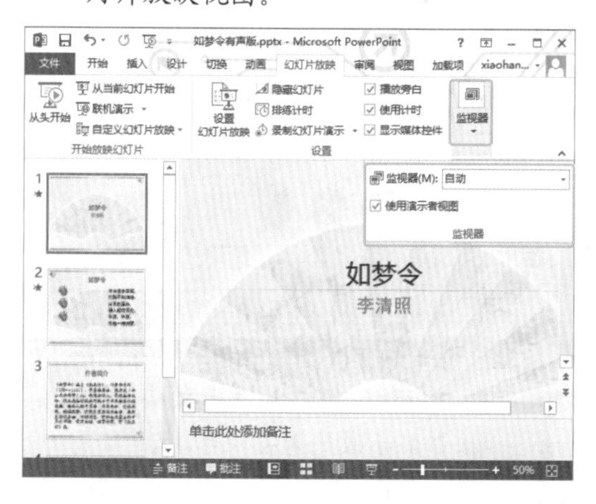

改进的对象间距调整：若需在 PowerPoint 2013 中对对象的位置和排列进行调整，无需目测幻灯片上的对象来查看它们是否已对齐，当对象（例如图片、形状等）距离较近时，智能参考线会自动显示，提示用户对象的间隔。

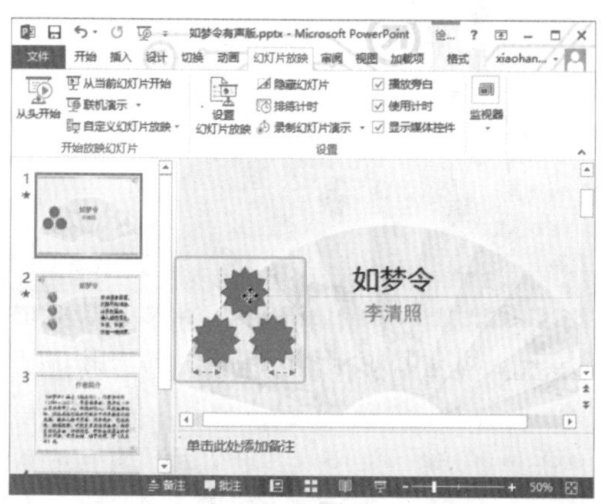

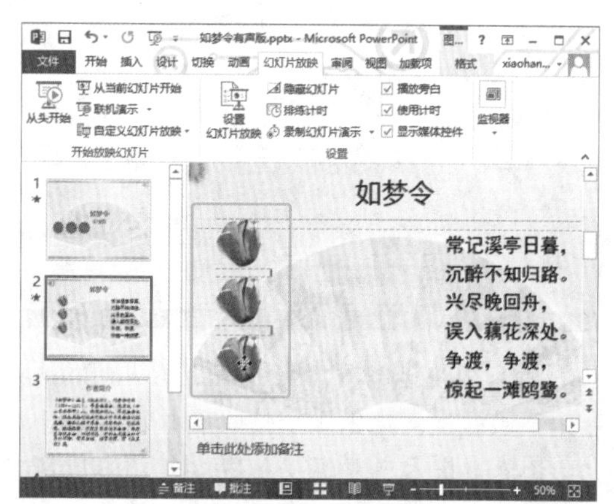

改进的动作路径：当用户为某对象创建动作路径时，PowerPoint 2013 会显示该对象的结束位置。且原始对象始终存在，而“虚影”图像会随着路径一起移动到终点。

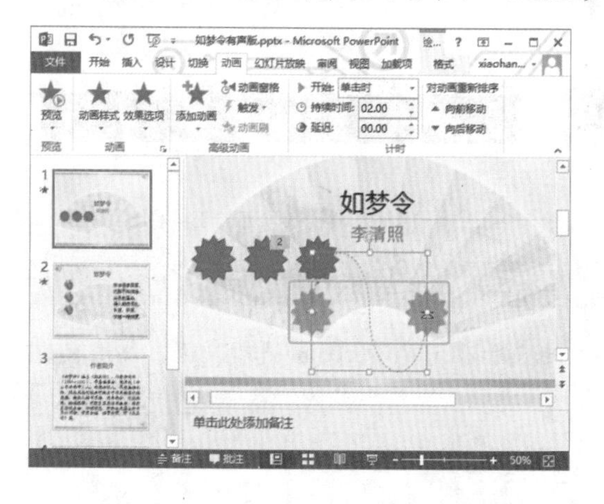

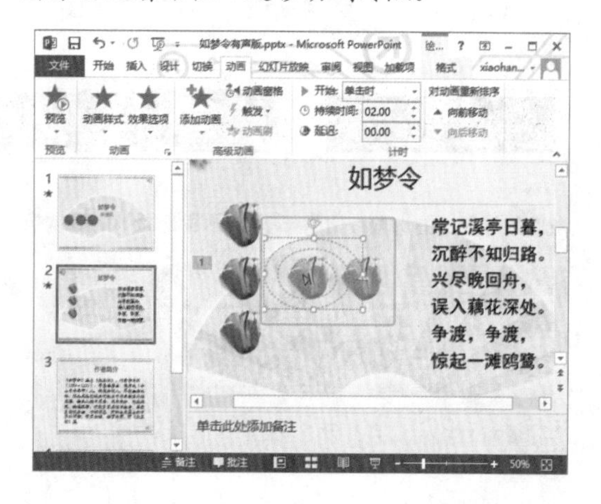

- 新的取色器：在 PowerPoint 2013 中，可以利用取色器实现颜色匹配，其方法是：从样本对象中捕获精确的颜色，然后将其应用到绘制的形状。

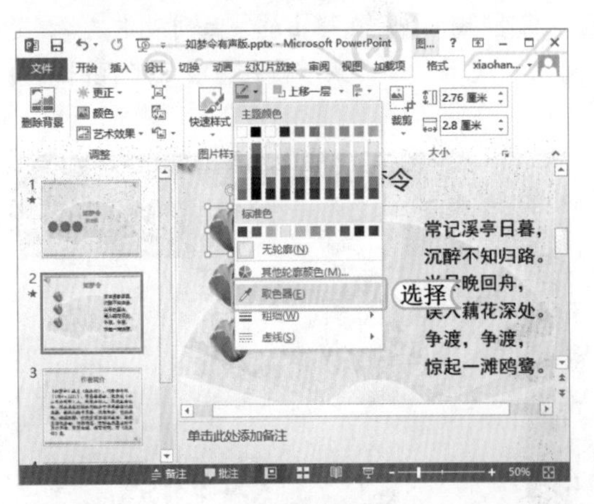

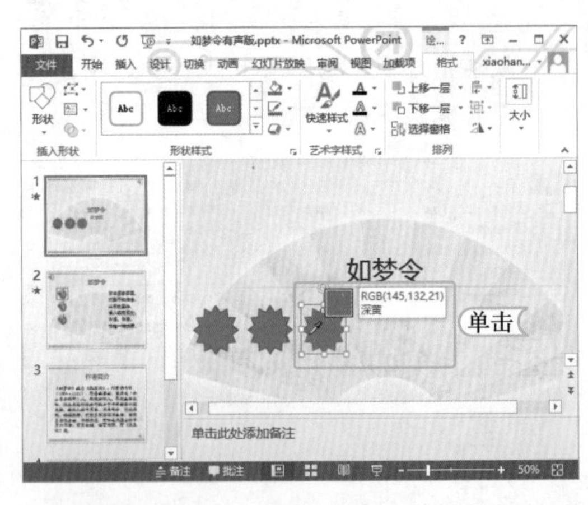

- 新的批注功能：在 PowerPoint 2013 中，可以使用新的"批注"窗格为演示文稿添加批注和备注。用户可以单击状态栏中的备注按钮和批注按钮显示或隐藏备注和批注。

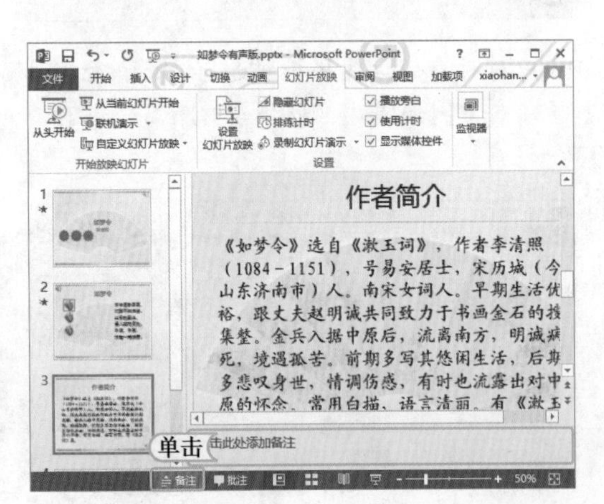

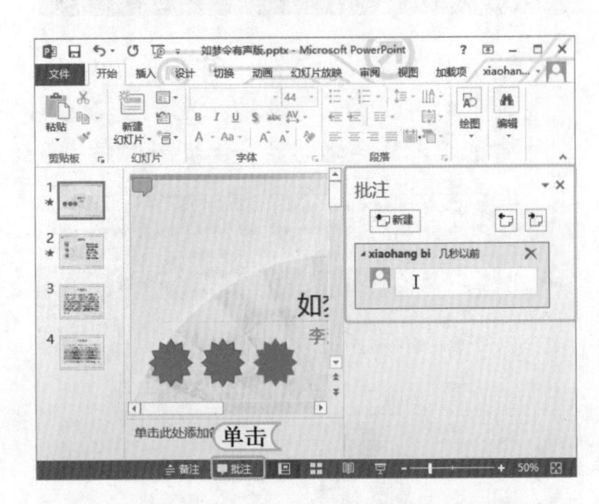

- 新增和改进的演示者工具：PowerPoint 2013 对幻灯片视图中的演示者工具进行了改进，不同的模式提供了个性化的放映工具，如在放映幻灯片时，单击"放大镜"图标可放大图表、图示或者需要对观众强调的任何内容；单击"查看所有幻灯片"图标，用户可查看演示文稿中的所有幻灯片；单击"更多幻灯片放映选项"图标，在弹出的下拉列表中选择"显示演示者视图"选项，就可在同一台监视器上使用 PowerPoint，并且显示演示者视图；单击"变黑或还原幻灯片放映"图标，将在演示文稿中隐藏或显示当前幻灯片。

经验一箩筐——新的触控操作

现在，用户几乎可在任何设备（包括 Windows 8 电脑）上与 PowerPoint 进行交互。使用典型的触控手势，就可以在幻灯片上进行轻扫、点击、滚动、缩放和平移等操作，真正地感受 PowerPoint 2013 带来的全新体验。

1.1.2 演示文稿与幻灯片之间的关系

演示文稿由“演示”和“文稿”两个词语组成。其实这已经很好地表达了它的作用，也就是为了演示某种效果而制作的文档，它主要用于会议、产品展示和教学课件等领域。演示文稿可以很好地拉近演示者和观众之间的距离，让演示者的观点更利于观众接受。

每张幻灯片是演示文稿中的一个单独的内容，它们在个体上相互独立，在内容上却又相互联系。多张幻灯片的集合就是一个完整的演示文稿，也就是说演示文稿是由多张幻灯片组成的。

演示文稿与幻灯片之间就是包含与被包含、说明与被说明的关系。如下图所示即为一个完整的演示文稿和其中的第 2 张幻灯片。

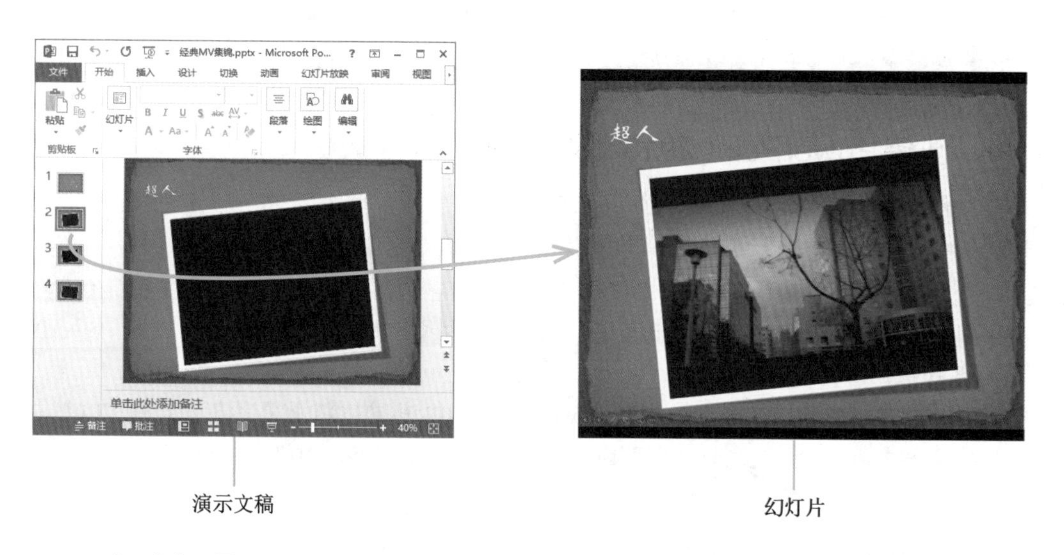

1.1.3 启动与退出 PowerPoint 2013

要想使用 PowerPoint 2013 进行演示文稿的创建，需要先了解它的基本使用方法，可先从软件的启动方面入手，了解其启动操作，再学习与之对应的退出操作。下面就来学习启动与退出 PowerPoint 2013 的方法。

1. 启动 PowerPoint 2013

与其他应用程序类似，PowerPoint 2013 的启动方法也有多种，用户可根据自己的需要进行选择，主要有如下几种。

- 通过“开始”菜单启动：单击任务栏中的“开始”按钮，在弹出的菜单中选择【所有程序】/Microsoft Office 2013/PowerPoint 2013 命令。
- 通过桌面快捷图标启动：如果为 PowerPoint 2013 建立了桌面快捷图标，在桌面上双击图标即可。
- 通过快速启动区启动：如果经常使用 PowerPoint 2013，将会在“开始”菜单的快速启动区中产生启动选项，选择该选项即可。
- 通过任务栏启动：如果将 PowerPoint 2013 固定在了桌面任务栏中，直接单击任务栏中的图标即可。
- 通过文件启动：双击如演示文稿文件 *.pptx 或模板文件 *.potx 等由 PowerPoint 2013 制作的文档，也可以启动 PowerPoint 2013，启动后将同时打开选择的演示文稿。

2. 退出 PowerPoint 2013

当不需要使用 PowerPoint 2013 编辑演示文稿时就可退出该软件。退出 PowerPoint 2013 的方法主要有如下几种。

- 通过“关闭”按钮 × 退出：单击 PowerPoint 2013 工作界面右上角的“关闭”按钮 ×。
- 通过命令退出：选择【文件】/【关闭】命令，退出 PowerPoint 2013 程序。
- 通过应用程序按钮退出：在快速访问工具栏中单击 P 按钮，在弹出的下拉列表中选择“关闭”选项。
- 通过快捷菜单退出：在标题栏空白处单击鼠标右键，在弹出的快捷菜单中选择“关闭”命令。
- 通过任务栏退出：在任务栏中的 P 图标上单击鼠标右键，在弹出的快捷菜单中选择“关闭窗口”命令，将关闭打开的所有演示文稿并退出 PowerPoint 2013 程序。

1.1.4 创建 PowerPoint 2013 快捷方式

与其他应用程序类似，为 PowerPoint 2013 创建桌面快捷图标或将其锁定到任务栏，都可以提高工作效率，达到更快速地运行 PowerPoint 2013 的目的，其具体介绍如下。

- 创建桌面快捷图标：在“开始”菜单的 PowerPoint 2013 启动选项上单击鼠标右键，在弹出的快捷菜单中选择【发送到】/【桌面快捷方式】命令，将在桌面上创建 PowerPoint 2013 的快捷图标。
- 锁定到任务栏：在“开始”菜单的 PowerPoint 2013 启动选项上单击鼠标右键，在弹出的快捷菜单中选择“锁定到任务栏”命令，即可将 PowerPoint 2013 锁定到任务栏。

上机 1 小时 体验 PowerPoint 2013

- 了解演示文稿与幻灯片之间的关系。
- 熟悉启动与退出 PowerPoint 2013 的操作方法。
- 掌握创建 PowerPoint 2013 桌面快捷图标的方法。

本例将通过对 PowerPoint 2013 进行启动、退出和创建桌面快捷图标等操作，让用户能全面感受全新的 PowerPoint 2013 办公软件，进一步熟悉 PowerPoint 2013 的新功能，并熟练掌握 PowerPoint 2013 的基本操作。创建的桌面快捷图标效果如右图所示。

光盘文件 实例演示 \ 第 1 章 \ 体验 PowerPoint 2013

STEP 01：启动 PowerPoint 2013

单击按钮，在弹出的菜单中选择【所有程序】/Microsoft Office 2013/PowerPoint 2013 命令，启动 PowerPoint 2013。

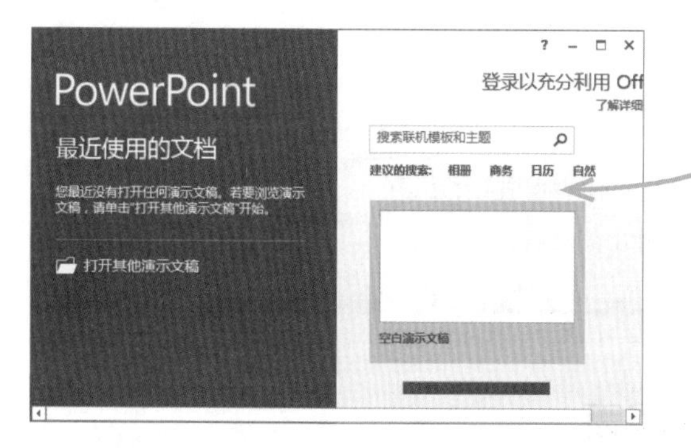

STEP 02：退出 PowerPoint 2013

在打开的 PowerPoint 2013 工作界面中，单击右上角的“关闭”按钮，关闭打开的演示文稿并退出 PowerPoint 2013 程序。

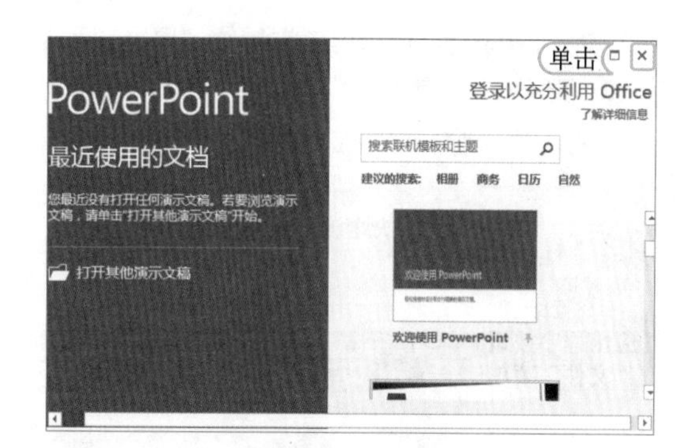

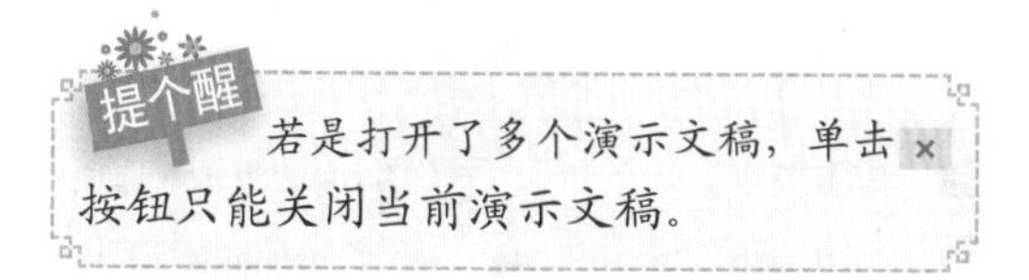

提个醒 若是打开了多个演示文稿，单击按钮只能关闭当前演示文稿。

STEP 03：创建桌面快捷图标

1. 单击按钮，在弹出的菜单中选择【所有程序】/Microsoft Office 2013 命令，在 PowerPoint 2013 选项上单击鼠标右键，在弹出的快捷菜单中选择“发送到”命令。
2. 在弹出的子菜单中选择“桌面快捷方式”命令，将快速在桌面上创建 PowerPoint 2013 的快捷图标。

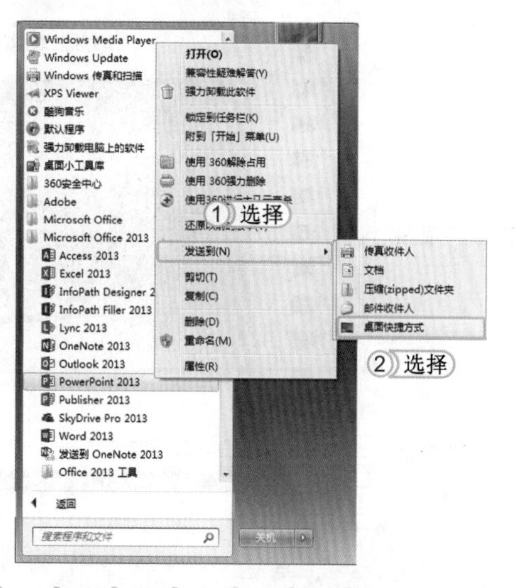

提个醒 找到 PowerPoint 2013 安装文件所在的文件夹，在其中双击软件图标，也可打开 PowerPoint 2013。

读书笔记

1.2 认识并定义 PowerPoint 2013 工作界面

对 PowerPoint 2013 工作界面的构成及各部分构成的功能都有很好的了解，并且能够根据自己的喜好自定义工作界面后，才能在以后的工作中得心应手地使用 PowerPoint 2013。下面就对 PowerPoint 2013 的工作界面以及自定义工作界面的方法进行介绍。

学习 1 小时

- 认识、熟悉并掌握自定义 PowerPoint 2013 工作界面的方法。
- 了解并熟练转换 PowerPoint 2013 各种不同视图模式的方法。

1.2.1 认识 PowerPoint 2013 的工作界面

PowerPoint 2013 的工作界面主要包括快速访问工具栏、功能选项卡、标题栏、应用程序按钮、“文件”菜单、“登录”选项、功能区、“幻灯片”窗格、幻灯片编辑区、“批注”窗格、“备注”窗格和状态栏等部分。下面将详细介绍各组成部分的作用。

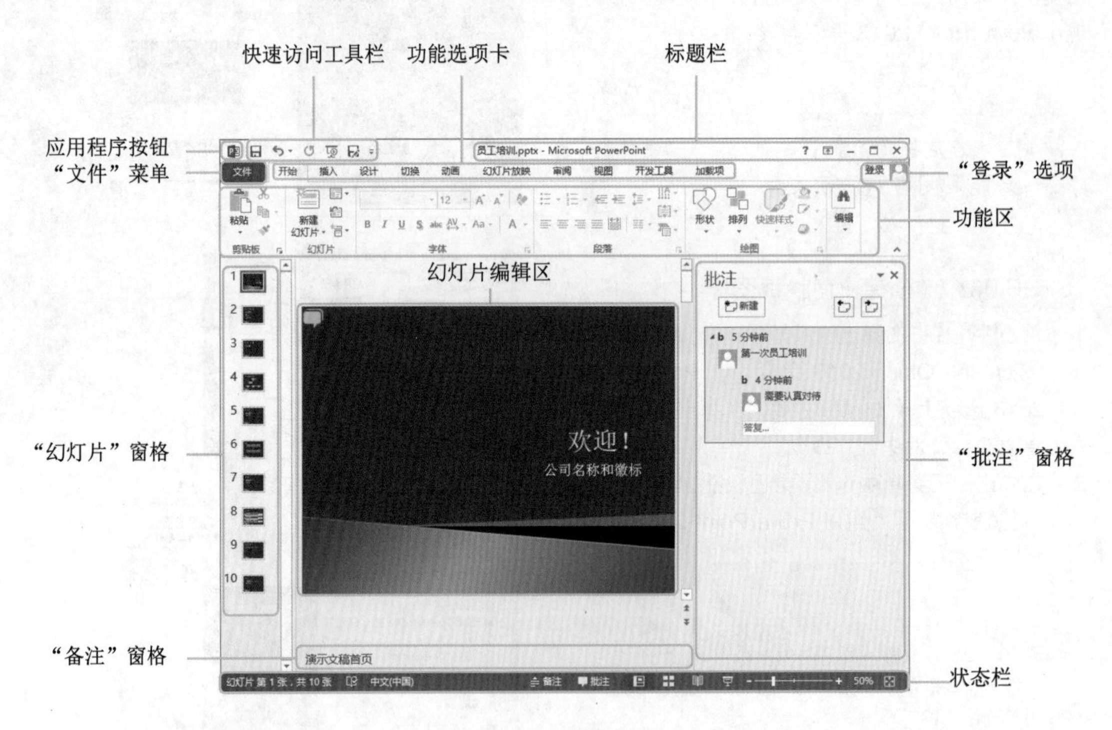

1. 快速访问工具栏

快速访问工具栏中提供了最常用的“保存”按钮、“撤销”按钮、“恢复”按钮和“从第一张幻灯片开始放映”按钮。如需在快速访问工具栏中添加其他按钮，可单击其后的按钮，在弹出的下拉列表中选择所需的选项即可。其中选择“在功能区下方显示”选项，可将快速访问工具栏调整到功能区的下方。

2. 功能选项卡

PowerPoint 2013 几乎将所有的命令集成在这几个功能选项卡中，选择任一选项卡可切换到相应的功能区。

3. 标题栏

标题栏位于 PowerPoint 2013 工作界面的右上角，它显示了演示文稿名称和程序名称，最右侧的 3 个按钮分别用于对窗口执行最小化、最大化（还原）和关闭操作。

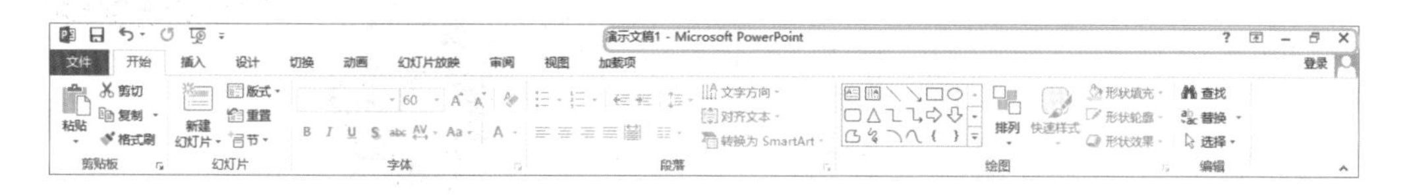

4. 应用程序按钮

单击标题栏最左端的“应用程序”按钮，通过在下拉列表中选择相关选项，可以对当前窗口进行还原、移动、最大化、最小化和关闭等操作。

5. “文件”菜单

“文件”菜单用于执行 PowerPoint 演示文稿的新建、打开、保存和关闭等基本操作。选择“文件”命令，在弹出的界面左侧列出了相关的操作命令，在其右侧列出了演示文稿的相关信息。

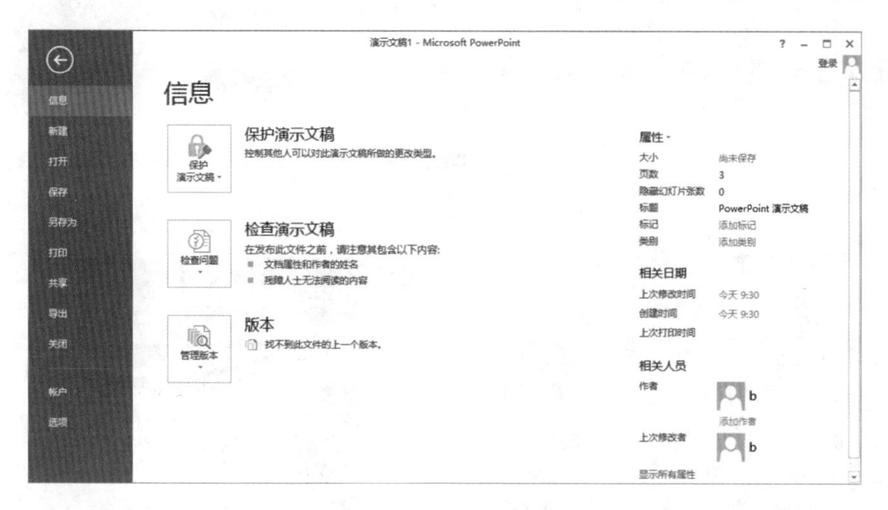

6. “登录”选项

“登录”选项是 PowerPoint 2013 提供的一项新功能，选择该选项，用户可以登录 SkyDrive 账户，将自己的演示文稿保存到 SkyDrive 中，随时随地访问或与他人共享 SkyDrive 中的演示文稿。

7. 功能区

功能区与功能选项卡相关，其中有许多自动适应窗口大小的工具栏，不同的功能区中放置了与此相关的命令按钮或列表框。

8. “幻灯片”窗格

在 PowerPoint 2013 普通视图中，系统默认打开“幻灯片”窗格并以单栏窗格显示。“幻灯片”窗格用于显示演示文稿的幻灯片数量及位置，通过它可更加方便地掌握演示文稿的结构。在“幻灯片”窗格中，将显示整个演示文稿中幻灯片的编号及缩略图。

9. 幻灯片编辑区

幻灯片编辑区用于显示和编辑幻灯片，在“幻灯片”窗格中单击某张幻灯片缩略图后，该幻灯片的内容将显示在幻灯片编辑区中，在其中可输入文字内容、插入图片和设置动画效果等。它是使用 PowerPoint 2013 制作演示文稿的操作平台。如果当前演示文稿中有多张幻灯片，其右侧将多一个滚动条，在滚动条上单击⏫或⏶按钮，可切换到第一张幻灯片或上一张幻灯片；单击⏬或⏷按钮，可切换到最后一张幻灯片或下一张幻灯片。

10. “批注”和“备注”窗格

使用“批注”和“备注”窗格能将幻灯片的说明内容及注释信息添加到“批注”和“备注”窗格中，再将其打印出来，就能达到辅助演讲的目的。

启动 PowerPoint 2013 后并不会显示“批注”和“备注”窗格，需要在状态栏中单击 备注 和 批注 按钮，才能将其显示在 PowerPoint 2013 工作界面中。

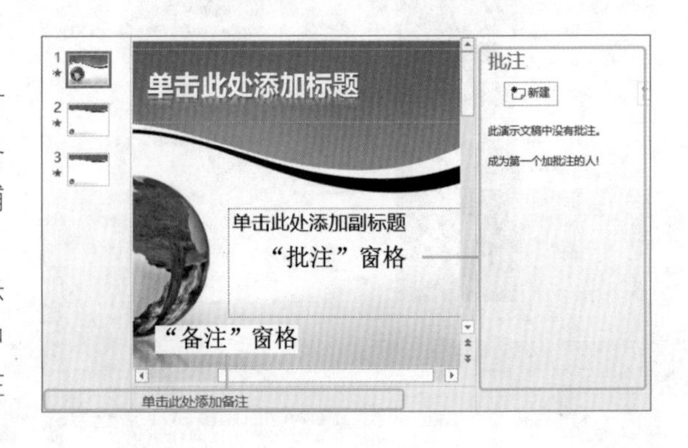

11. 状态栏

状态栏位于工作界面底端，它不起任何编辑作用，主要用于显示演示文稿中所选的当前幻灯片以及幻灯片总张数、批注与备注按钮、视图切换按钮以及页面显示比例等。

1.2.2 PowerPoint 的视图模式

为满足用户不同的需求，PowerPoint 提供了多种视图模式来编辑或查看幻灯片。选择【视图】/【演示文稿视图】组，单击任意一个按钮，即可切换到相应的视图模式中。下面分别对演示文稿中常用的视图模式进行介绍。

- 普通视图：PowerPoint 2013 默认显示普通视图，在其他视图模式中，单击“普通视图”按钮▣可切换到普通视图模式，该视图由“幻灯片”窗格、幻灯片编辑区及“备注”窗格和“批注”窗格组成。它是操作幻灯片时主要使用的视图模式。

- 幻灯片放映视图：在状态栏中单击▣按钮或在快速访问工具栏中单击▣按钮，切换到幻灯片放映视图模式。在该视图中，将按编号依次放映所有幻灯片内容，并以全屏方式显示，此时可以查看演示文稿的动画、声音以及切换等效果，但不能进行编辑。

- 幻灯片浏览视图：单击“幻灯片浏览”按钮▣可切换到该视图模式中，幻灯片浏览视图常用于演示文稿整体结构的编辑，如添加或删除幻灯片等，但是不能对幻灯片内容进行编辑。每张幻灯片左下角的数字代表该幻灯片的编号；右下角有动画图标，表示该幻灯片设置了动画效果。

- 阅读视图：单击“阅读视图”按钮▣可切换到该视图模式中，并开始自动播放演示文稿。单击状态栏中的▣或▣按钮可以切换至上一张或下一张幻灯片，单击“菜单”按钮▣，在弹出的下拉列表中选择相应的选项可控制演示文稿播放。

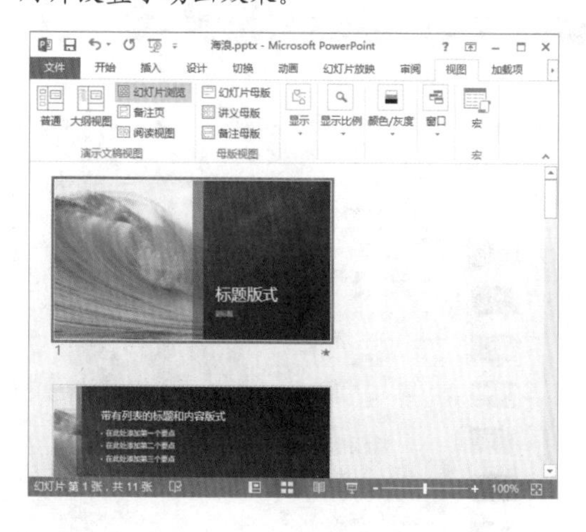

大纲视图：单击“大纲视图”按钮，切换到大纲视图模式。大纲视图是PowerPoint 2013新增的视图模式，该视图由“大纲”窗格、幻灯片编辑区及“备注”和“批注”窗格组成。大纲视图中的状态栏里没有 批注 按钮。

备注页视图：单击“备注页”按钮，切换到备注页视图模式。备注页视图与普通视图相似，但没有“幻灯片”窗格，且在幻灯片编辑区中会完全显示当前幻灯片的备注信息。

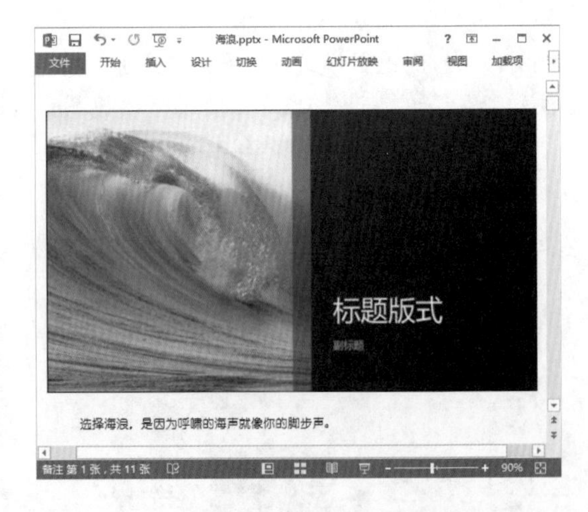

1.2.3 自定义工作界面

每个人的工作习惯都不一样，在PowerPoint 2013中可以根据自己的使用习惯将工作界面设置成自己喜欢的界面模式。自定义PowerPoint 2013工作界面包括改变工具栏中的按钮数量、最小化功能区、自定义功能区、调整工具栏位置以及显示或隐藏标尺、网格和参考线等。

1. 自定义快速访问工具栏

快速访问工具栏是一个可自定义的工具栏，它包含一组独立于当前所显示的选项卡的命令。在制作演示文稿的过程中经常用到某些命令或按钮，根据实际情况可将其添加到快速访问工具栏中，以提高制作演示文稿的速度。下面以将“触摸/鼠标模式”按钮添加到快速访问工具栏为例进行讲解，其具体操作如下：

光盘文件 实例演示\第1章\自定义快速访问工具栏

STEP 01：准备添加按钮

单击快速访问工具栏右侧的按钮，在弹出的下拉列表中选择“其他命令”选项。

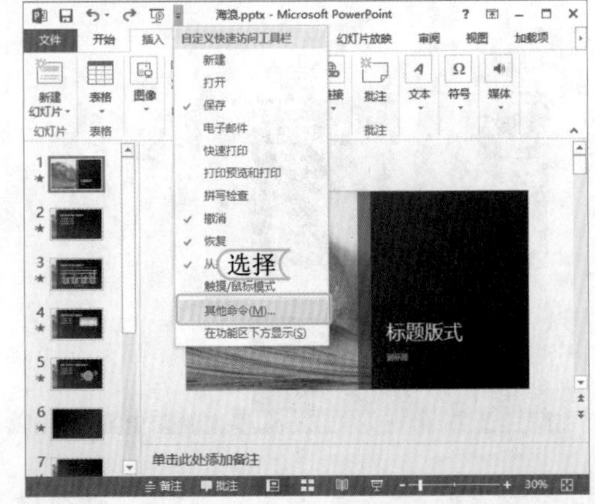

提个醒 单击按钮后，在弹出的下拉列表中，可以看到快速访问工具栏中已有的选项前面都有一个图标。其实在该下拉列表中直接选择需要显示的命令选项，即可快速在快速访问工具栏中添加所选择的选项。

STEP 02： 添加按钮

1. 打开"PowerPoint选项"对话框，在"常用命令"下的列表框中选择"触摸/鼠标模式"选项。
2. 单击添加(A) >>按钮，"触摸/鼠标模式"选项将被添加到右侧的列表框中。
3. 单击确定按钮，关闭"PowerPoint选项"对话框。

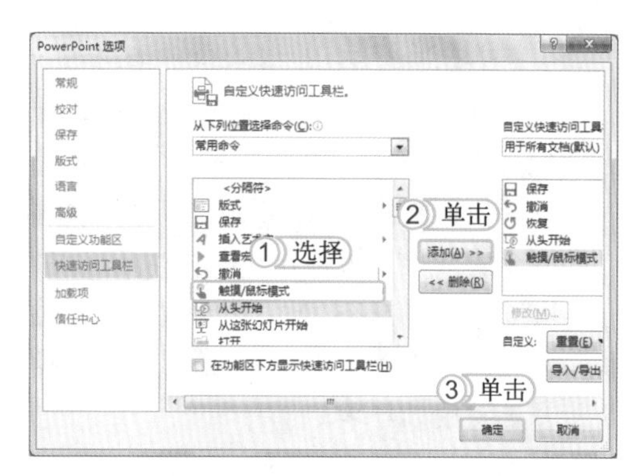

STEP 03： 完成设置

返回幻灯片编辑界面，可以查看到快速访问工具栏中添加了"触摸/鼠标模式"按钮。

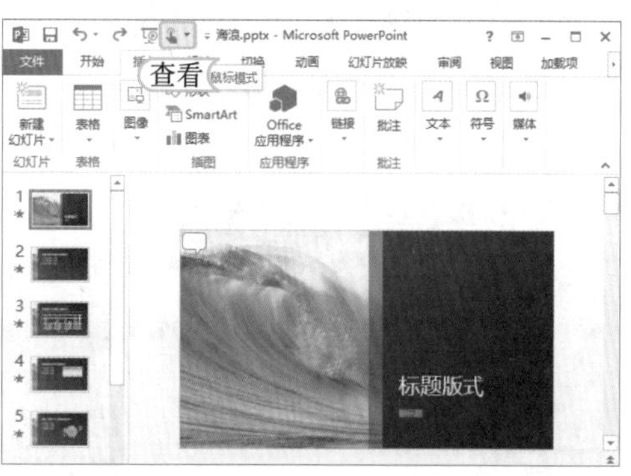

提个醒 "触摸/鼠标模式"选项的功能是优化 PowerPoint 工作界面的功能区中各命令之间的间距。若单击"触摸/鼠标模式"按钮，在弹出的下拉列表中选择"触摸"选项，将会加大各命令的间距，该选项主要是针对能使用触摸功能的设备。

2. 最小化功能区

编辑演示文稿时，为了使幻灯片的显示区域更大，可以将功能区隐藏起来，只显示出选项卡名称，当选择选项卡时才显示其中的功能按钮。其方法是：在功能选项卡上或功能选项卡空白处单击鼠标右键，在弹出的快捷菜单中选择"折叠功能区"命令，或直接双击选项卡标签即可隐藏功能区。

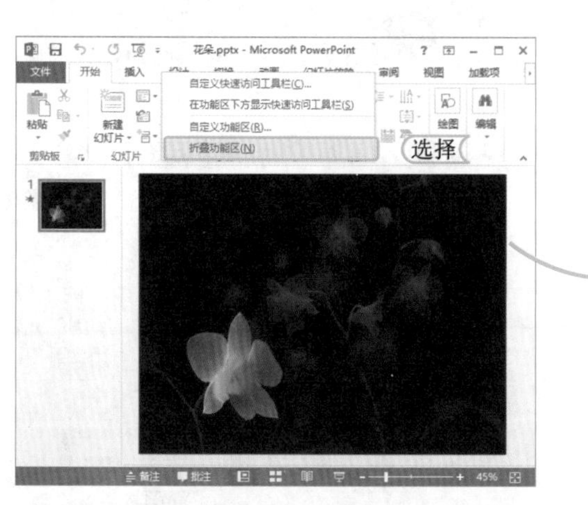

经验一箩筐——恢复隐藏的功能区

若需将隐藏的功能区显示出来，可在功能选项卡上或功能选项卡空白处单击鼠标右键，在弹出的快捷菜单中取消选择"折叠功能区"命令，或双击标题栏下方的选项卡标签，就可将其显示出来。

3. 自定义功能区

为了更高效、方便地使用 PowerPoint 中的命令，用户可以根据需要，将其他选项卡添加到功能区中，或将不常使用的功能选项卡删除，甚至还可以新建选项卡，将经常使用的命令统一放在其中。下面就对这几种自定义功能区的方法进行讲解。

- 添加功能选项卡：在功能区任一选项卡上单击鼠标右键，在弹出的快捷菜单中选择“自定义功能区”命令，打开“PowerPoint 选项”对话框，在右侧的列表框中选中需要添加的复选框，这里选中☑开发工具复选框，最后单击确定按钮返回 PowerPoint 工作界面中，即可完成选项卡的添加。

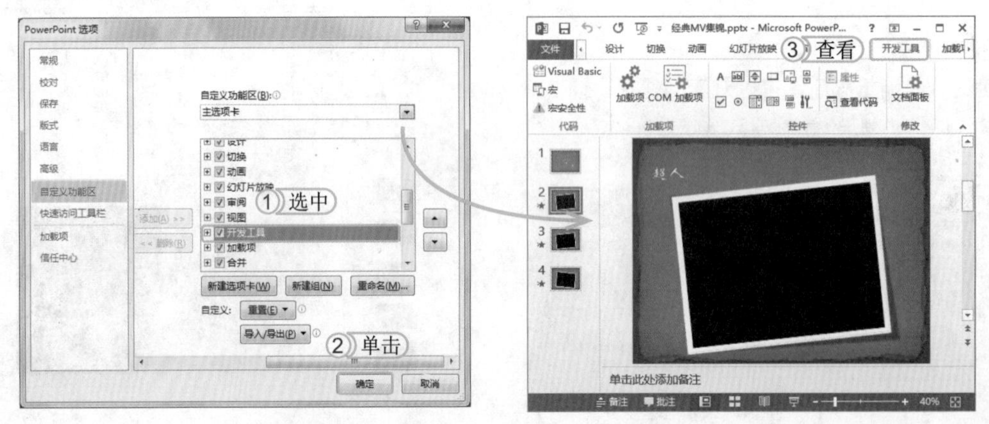

- 删除功能选项卡：删除功能选项卡的方法与添加功能选项卡的方法基本相同，只是在“PowerPoint 选项”对话框右侧的列表框中取消选中某个选项卡复选框，再单击确定按钮即可删除某选项卡。
- 新建功能选项卡：新建功能选项卡是在“PowerPoint 选项”对话框右侧的列表框下方单击新建选项卡(W)按钮，然后单击重命名(M)...按钮，在打开的“重命名”对话框中输入新建选项卡的名称；在“PowerPoint 选项”对话框中间的列表框中选择需要的命令选项，再单击添加(A) >>按钮即可将其添加到新建选项卡的新建组中。执行完所有的操作后单击确定按钮，完成选项卡的新建。

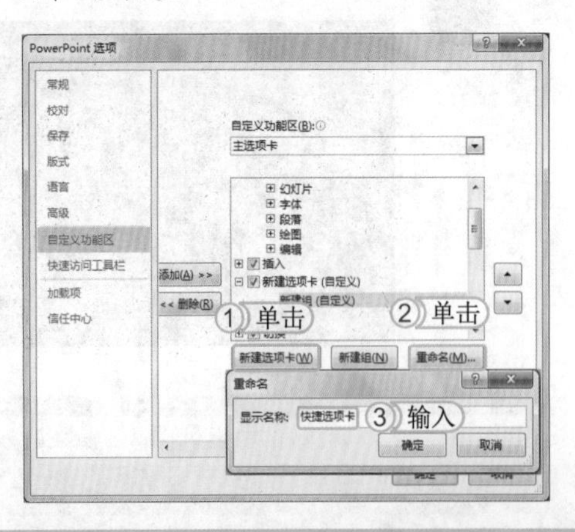

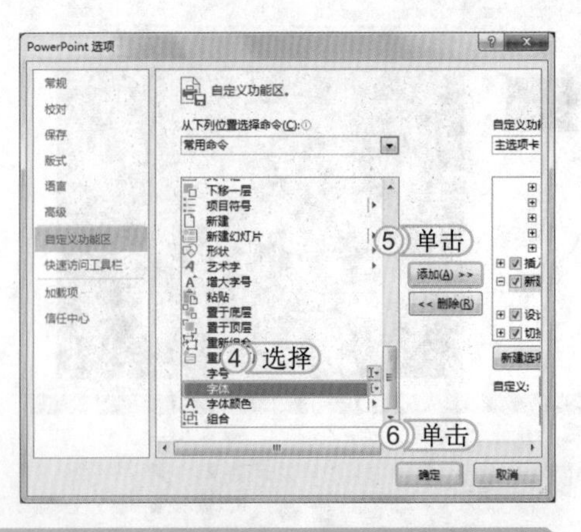

经验一箩筐——添加与设置新建命令组

在“PowerPoint 选项”对话框中选择新建的功能选项卡，单击新建组(N)按钮，将在新建的功能选项卡中添加命令组；若选择新建组后，再单击重命名(M)...按钮，在打开的“重命名”对话框中可对新建命令组的符号和名称进行设置。

4. 调整工具栏位置

除了可以根据需要设置快速访问工具栏中显示的按钮外，还可以调整快速访问工具栏的位置。单击快速访问工具栏右侧的按钮，在弹出的下拉列表中选择“在功能区下方显示”选项，即可将快速访问工具栏放置于功能区下方。

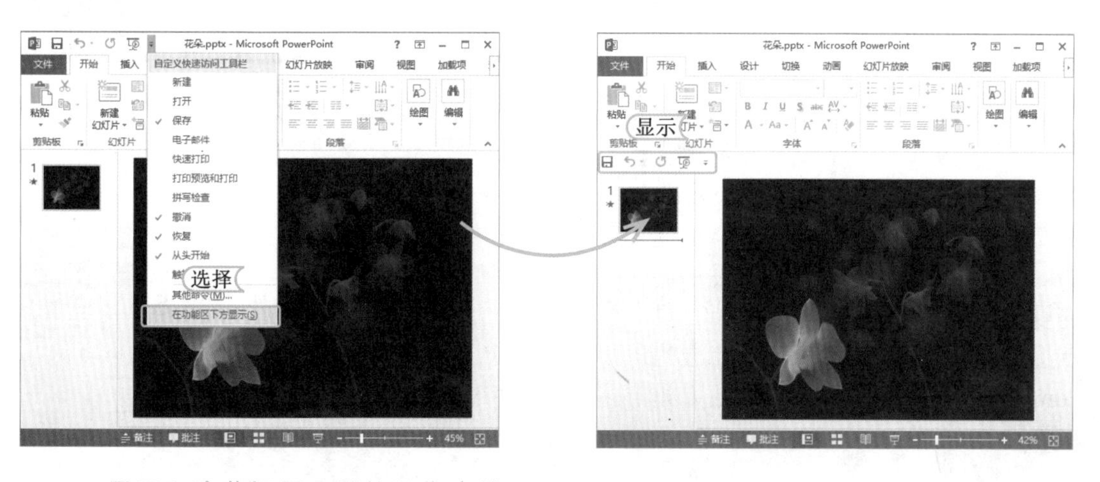

5. 显示和隐藏标尺、网格及参考线

标尺在编辑幻灯片时主要用于对齐或定位各对象，网格指幻灯片中显示的方格，每个方格之间的距离为设置的间距值，参考线是幻灯片中的水平和垂直线，使用网格和参考线可对对象进行辅助定位。下面讲解显示和隐藏标尺、网格及参考线的方法。

显示标尺、网格和参考线：选择【视图】/【显示】组，选中标尺、网格线和参考线复选框，将在幻灯片编辑区中显示标尺、网格和参考线。

隐藏标尺、网格和参考线：选择【视图】/【显示】组，在“显示”组中取消选中标尺、网格线和参考线复选框，将在幻灯片编辑区中隐藏标尺、网格和参考线。

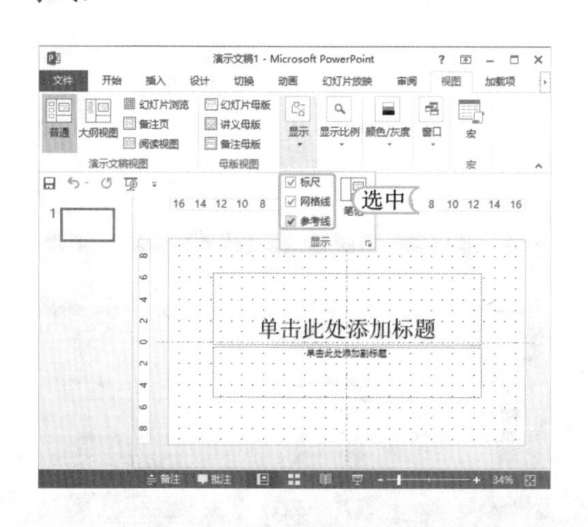

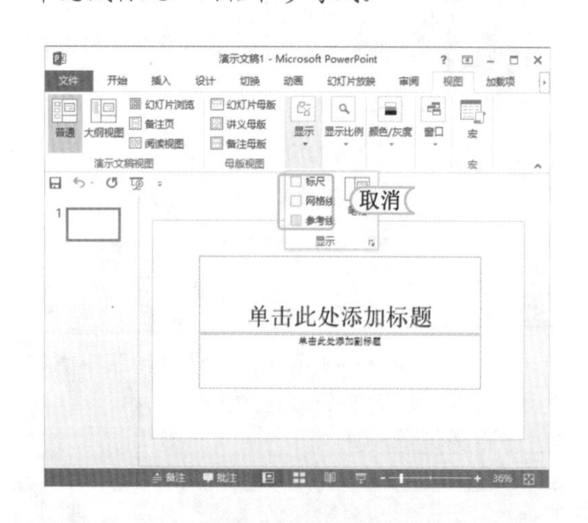

经验一箩筐——利用快捷菜单显示和隐藏标尺、网格及参考线

在幻灯片编辑区中单击鼠标右键，在弹出的快捷菜单中选择“标尺”命令，可快速启动标尺功能；选择“网格和参考线”命令，可对网格和参考线进行详细的设置；若选择“添加垂直参考线”命令，就会在显示参考线的同时添加一条垂直参考线。

上机1小时 设置个性化的 PowerPoint 2013 工作界面

- 进一步熟悉 PowerPoint 2013 的工作界面。
- 进一步掌握自定义工作界面的具体方法。

本例将对 PowerPoint 2013 的工作界面进行设置，达到让用户能根据个人喜好设计出与众不同又方便操作的工作界面的目的。首先自定义快速访问工具栏和最小化功能区，然后调整快速访问工具栏的位置，最后显示标尺、网格和参考线。设置完成的 PowerPoint 2013 工作界面最终效果如右图所示。

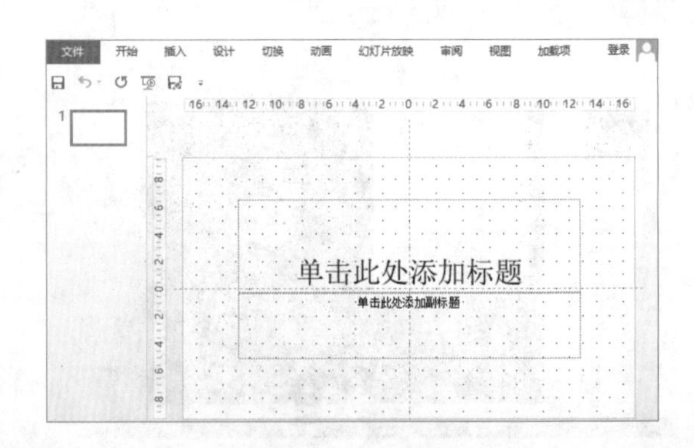

光盘文件 实例演示\第1章\设置个性化的 PowerPoint 工作界面

STEP 01：准备添加按钮

在 PowerPoint 2013 的工作界面中，单击快速访问工具栏右侧的 按钮，在弹出的下拉列表中选择“其他命令”选项。

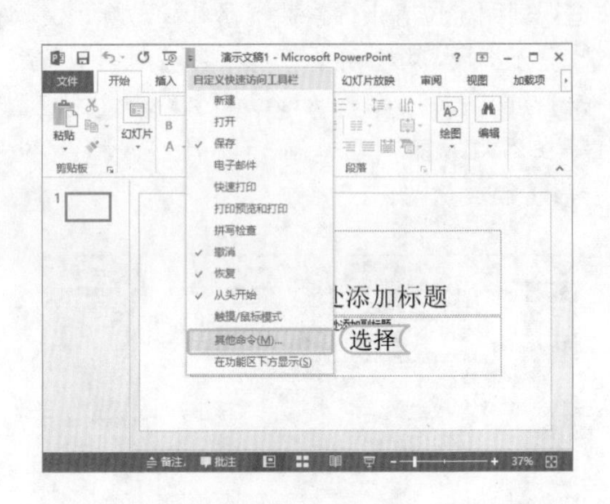

提个醒 若在弹出的下拉列表中再次选择带有 标记的选项，可快速将其从快速访问工具栏中删除。

STEP 02：添加“另存为”按钮

1. 打开“PowerPoint 选项”对话框，在中间的列表框中选择“另存为”选项。
2. 单击 添加(A) >> 按钮。
3. 单击 确定 按钮，完成按钮的添加。

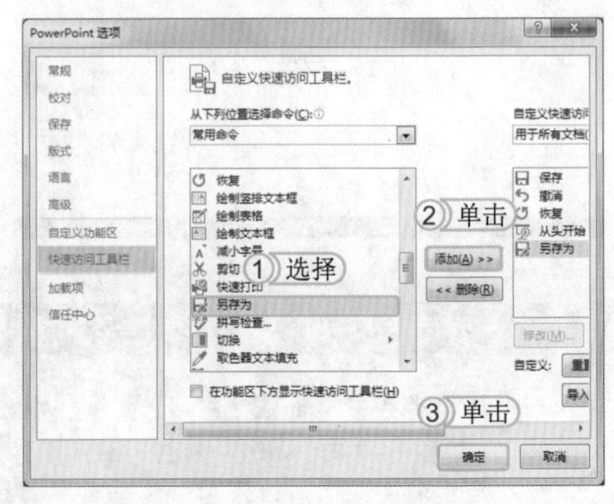

提个醒 在完成按钮的添加后，在右侧的列表框中将显示所有添加到快速访问工具栏中的命令。

STEP 03： 最小化功能区

在快速访问工具栏上单击鼠标右键，在弹出的快捷菜单中选择“折叠功能区”命令。

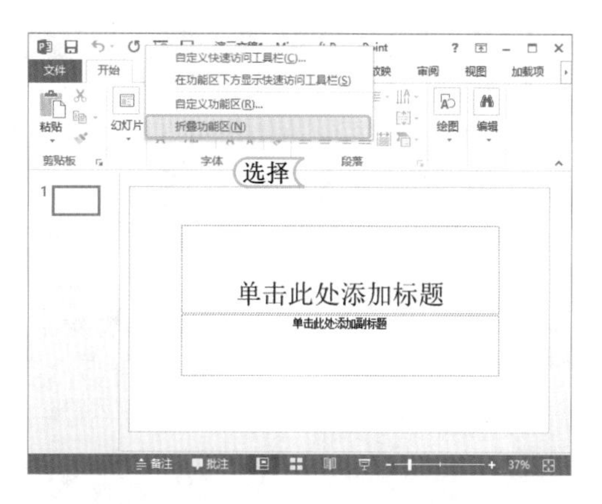

提个醒 在 PowerPoint 2013 中直接按 Ctrl+F1 组合键，或在功能区最右侧单击“折叠功能区”按钮 ^，可快速在最小化功能区和恢复功能区之间进行切换。

STEP 04： 显示标尺、网格和参考线

1. 在 PowerPoint 2013 工作界面中选择【视图】/【显示】组。
2. 选中 ☑标尺、☑网格线 和 ☑参考线 复选框，在幻灯片编辑区中显示标尺、网格和参考线。

提个醒 在操作此步骤时，如果单击“显示”组右下角的 按钮，将会打开“网格和参考线”对话框，用户可根据需要在其中对网格和参考线进行详细设置。

问题小贴士

问：在自定义快速访问工具栏时，“PowerPoint 选项”对话框中除了 添加(A)>> 按钮外，还有 <<删除(R)、重置(E)▾ 和 导入/导出(P)▾ 按钮，这 3 个按钮有什么作用呢？

答：单击 <<删除(R) 按钮，将删除已经添加到快速访问工具栏中的命令；单击 重置(E)▾ 按钮可将工具栏中的按钮恢复为系统默认状态；单击 导入/导出(P)▾ 按钮，可将当前功能区和快速访问工具栏的自定义项导出到文件中，然后可在其他电脑中导入并使用该文件。在右侧的列表框中选择任何一个选项后，单击旁边的 ▲、▼ 按钮可以调整该按钮在快速访问工具栏中的位置。

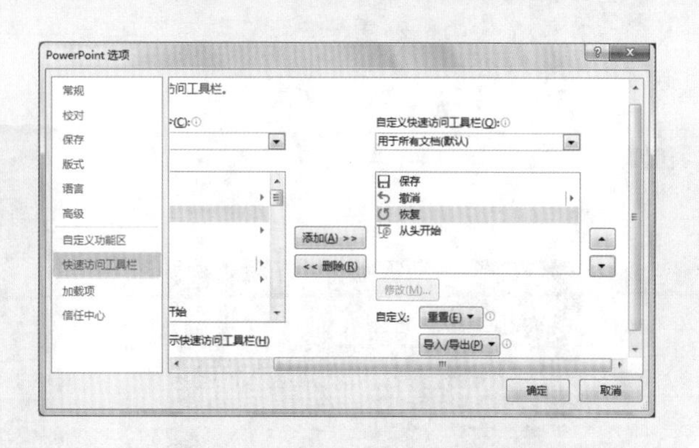

1.3 练习 1 小时

本章主要对 PowerPoint 2013 及其工作界面、视图模式等知识进行了讲解。为了帮助用户在以后的学习和工作中更加熟练和快速地使用 PowerPoint 2013。下面将继续练习在 PowerPoint 2013 中自定义工作界面以及切换其幻灯片视图模式，对本章知识进行更加深入的学习。

1. 练习自定义工作界面

本例将对 PowerPoint 2013 的工作界面进行自定义设置。通过在快速访问工具栏中添加按钮、在功能区中添加选项卡和新建选项卡等操作，巩固用户对工作界面的认识，加深对自定义工作界面的方法地掌握。如下图所示即为添加“快捷命令”和“开发工具”功能选项卡的效果。

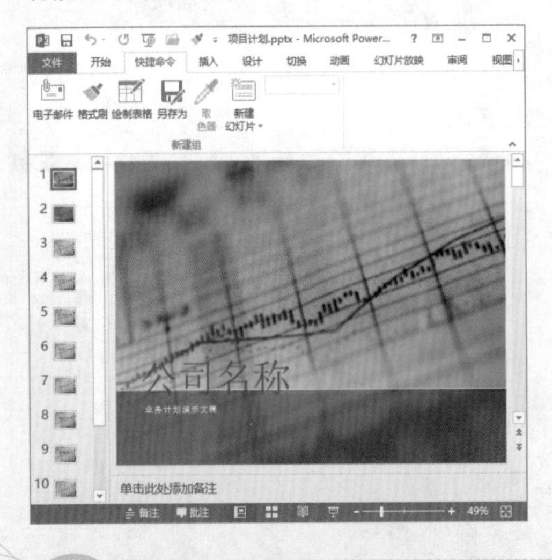

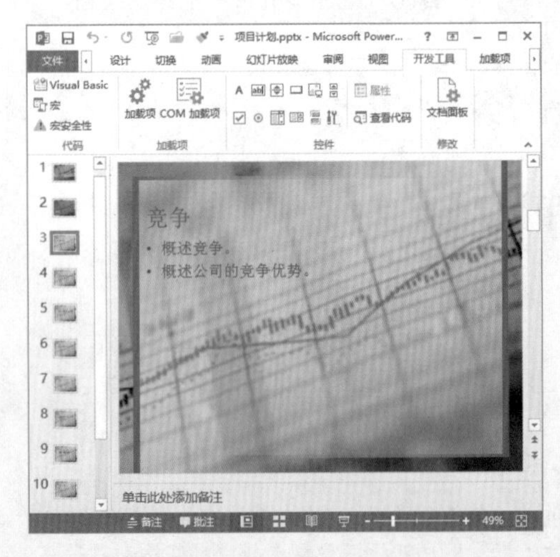

光盘文件　实例演示 \ 第 1 章 \ 练习自定义工作界面

2. 切换幻灯片视图

本例将对 PowerPoint 中的幻灯片视图进行切换，让用户熟悉各视图的显示状态与作用，特别是要熟练掌握普通视图与幻灯片放映视图之间的切换方式，这两种视图模式是平常学习和工作中最经常使用的。如下图所示，左图为普通视图效果，右图为幻灯片放映视图效果。

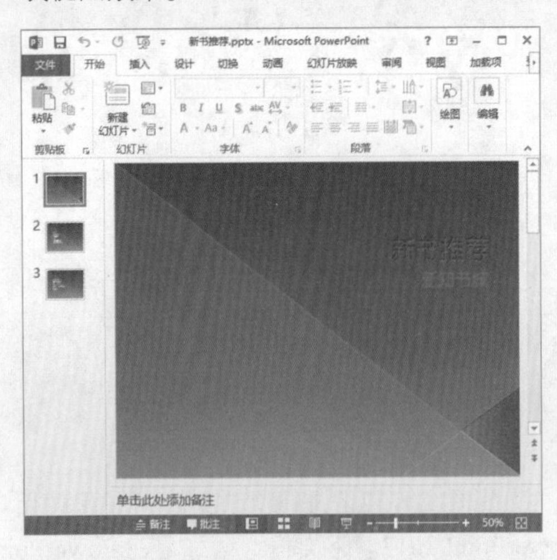

光盘文件　实例演示 \ 第 1 章 \ 切换幻灯片视图

第2章 PowerPoint 2013的基本操作

学习 2 小时

了解演示文稿和幻灯片的基本操作，是制作演示文稿的第一步，熟练掌握这些基础知识，可为以后制作各种类型的演示文稿作好铺垫。

- 演示文稿的基本操作
- 幻灯片的基本操作

上机 3 小时

2.1 演示文稿的基本操作

在制作演示文稿前，需要先掌握演示文稿的基本操作方法，包括创建演示文稿以及演示文稿的打开、保存和关闭等操作。

学习 1 小时

- 快速学会创建演示文稿的方法。
- 了解打开演示文稿的方法。
- 掌握保存演示文稿的方法。
- 熟练掌握关闭演示文稿的方法。

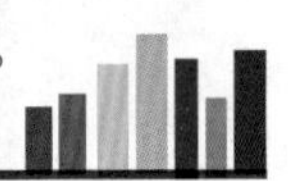

2.1.1 创建演示文稿

创建演示文稿的方法有很多，包括创建空白演示文稿、根据主题和模板创建演示文稿等。下面分别进行介绍。

1. 创建空白演示文稿

空白演示文稿是最常创建的一种演示文稿类型，是指演示文稿中没有任何背景颜色或内容。初次启动 PowerPoint 2013 后，将直接显示 10 种类型的演示文稿，其中第一种为“空白演示文稿”。下面分别对初次新建演示文稿以及在已有演示文稿的基础上新建空白演示文稿的方法进行具体介绍。

- **初次新建空白演示文稿**：双击 PowerPoint 2013 桌面快捷图标启动 PowerPoint 2013 后，在中间的列表框中选择“空白演示文稿”选项，系统将快速新建一个名为“演示文稿 1”的空白演示文稿。

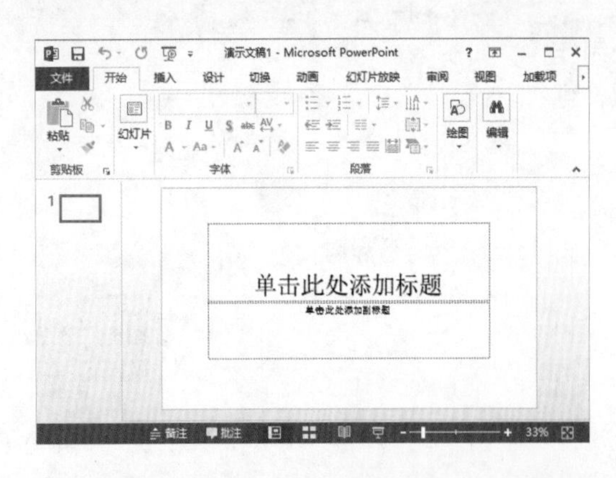

- **再次新建空白演示文稿**：若想在已有演示文稿的基础上再次新建一个空白演示文稿，可以选择【文件】/【新建】命令，在右侧的列表框中选择“空白演示文稿”选项，系统将快速创建一个新的空白演示文稿。

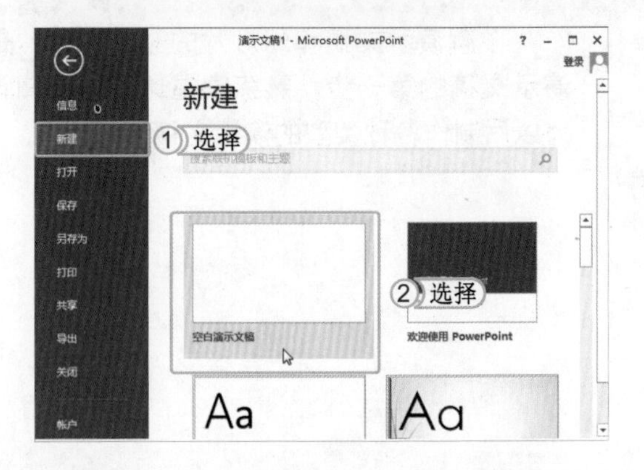

此外，在 PowerPoint 2013 工作界面中按 Ctrl+N 组合键也可快速新建一个空白演示文稿。

2. 根据模板和主题创建演示文稿

模板和主题是 PowerPoint 2013 预设的带有不同版式和风格的演示文稿。使用模板和主题可使用户设计出专业的演示文稿效果。在根据模板和主题创建演示文稿后，只需对演示文稿中的内容进行修改，即可快速地制作出需要的演示文稿。

根据模板和主题创建演示文稿的方法是：启动 PowerPoint 2013，在中间的列表框中双击鼠标选择任一模板或主题选项，系统将快速新建一个相应的带有模板或主题版式的演示文稿。如下图所示即为根据“欢迎使用 PowerPoint”模板创建的演示文稿。

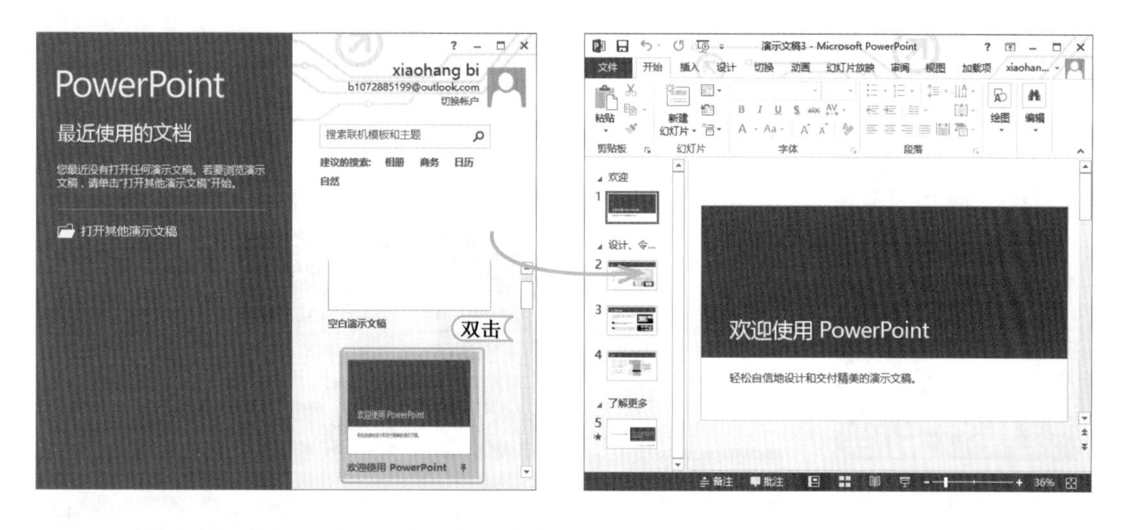

3. 使用联机模板和主题创建演示文稿

如果 PowerPoint 2013 中自带的模板不能满足用户的需要，就可使用联机模板以及主题中的模板和主题来快速创建演示文稿。使用联机模板和主题来创建演示文稿的方法与根据模板和主题创建演示文稿的方法基本相同，不同的是在使用模板和主题前需要联机进行搜索才能得到模板和主题，搜索完成后，双击搜索结果中的某个模板或主题，完成演示文稿的创建操作。

模板和主题的搜索方法有手动输入和利用快捷选项两种，分别介绍如下。

- 手动输入搜索：选择【文件】/【新建】命令，在“搜索联机模板和主题”文本框中输入需要的模板或主题关键字，如输入“奖状”，再按 Enter 键搜索出结果，如下图所示。

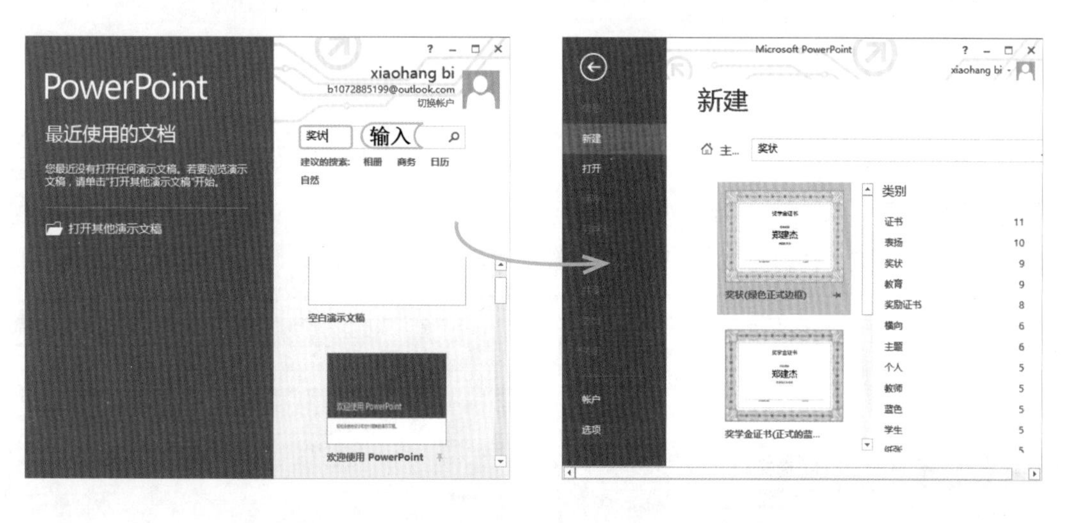

读书笔记

🔑 利用快捷选项搜索：选择【文件】/【新建】命令，在“建议的搜索”栏中提供了常用的“相册”、“商务”、“日历”和“自然”4个超级链接，基本能满足用户日常工作中所需的各种模板和主题。因此，只需在其中单击需要的超级链接即可，如单击“相册”超级链接，其搜索结果如下图所示。

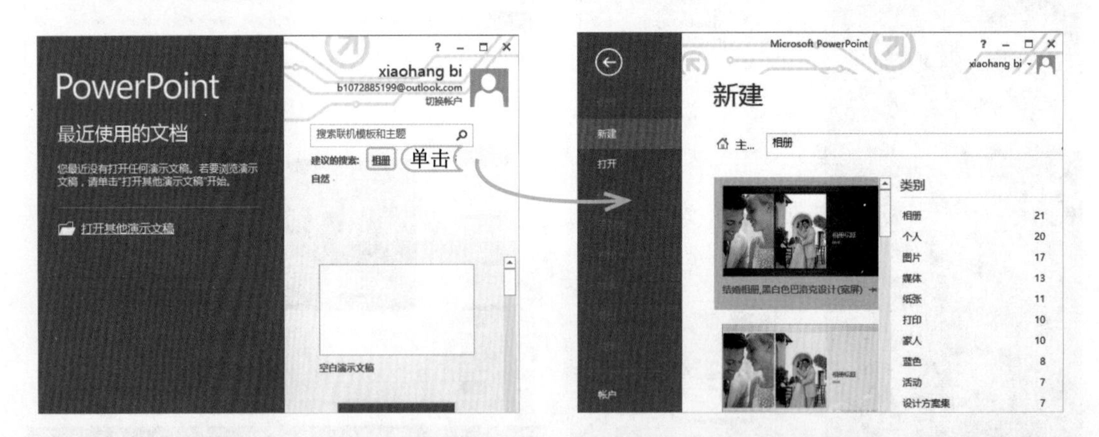

经验一箩筐——根据现有演示文稿创建演示文稿

在实际工作中常常会制作一些类似的演示文稿，如10月份做了个人总结，11月份又需要做类似的个人总结，这时可以根据已经有的10月份的演示文稿进行创建。其方法是：将原始演示文稿另存为需要的名称，再对演示文稿中的内容进行修改即可。

2.1.2 保存演示文稿

保存演示文稿就是将制作好的演示文稿保存在电脑的相应磁盘中，根据需要可以选择不同的保存方式，如直接保存演示文稿、另存演示文稿、保存为模板、自动保存演示文稿和保存到 SkyDrive 等，下面将分别进行介绍。

1. 直接保存演示文稿

直接保存演示文稿是最常用的方法，可选择【文件】/【保存】命令或单击快速访问工具栏上的“保存”按钮 。当第一次对演示文稿进行保存时，将打开“另存为”界面，在其中可选择演示文稿的保存位置。若是保存在电脑中，可选择“计算机”选项，然后单击“浏览”按钮，在打开的“另存为”对话框中进一步设置保存位置、文件名称，并单击 保存(S) 按钮即可。

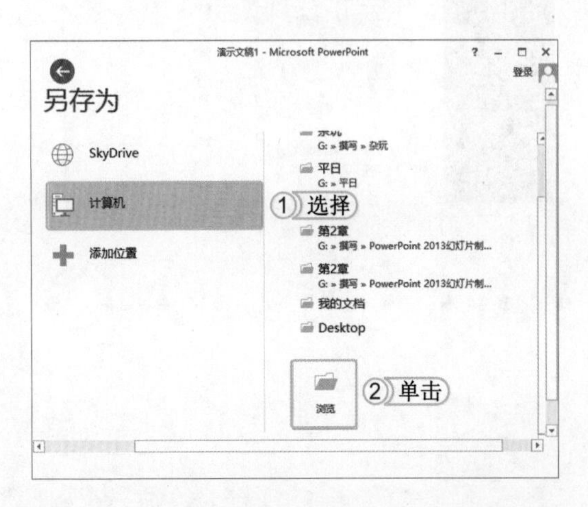

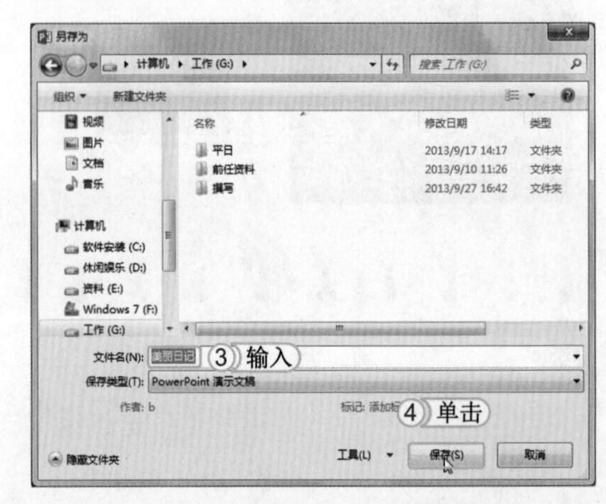

2. 另存演示文稿

另存演示文稿实际上是指在其他位置或以其他名称保存已保存过的演示文稿的操作。将演示文稿另存是为了保证编辑操作对原文档不产生影响，相当于将当前打开的演示文稿作一个备份。其方法是：选择【文件】/【另存为】命令，打开“另存为”界面，在其中选择“计算机”选项将演示文稿保存在计算机中，然后单击“浏览”按钮，在打开的“另存为”对话框中设置保存的位置和文件名称，单击保存(S)按钮即可。

3. 保存为模板

直接利用模板是一种较为快速的制作演示文稿的方式，所以，为了方便日后工作，可将制作好的演示文稿保存为模板。其方法是：选择【文件】/【另存为】命令，打开“另存为”界面，在其中选择“计算机”选项，再单击“浏览”按钮，打开“另存为”对话框，在“保存类型”下拉列表框中选择“PowerPoint 模板”选项，单击保存(S)按钮。

4. 自动保存演示文稿

在制作演示文稿时，为了减少因断电、电脑运行故障等突发事件带来的损失，可对正在编辑的演示文稿进行定时保存操作。其方法是：选择【文件】/【选项】命令，打开“PowerPoint 选项”对话框，选择“保存”选项卡，在“保存演示文稿”栏中选中☑保存自动恢复信息时间间隔(A)复选框，在其后的数值框中设置时间间隔的分钟数，单击确定按钮应用设置即可。

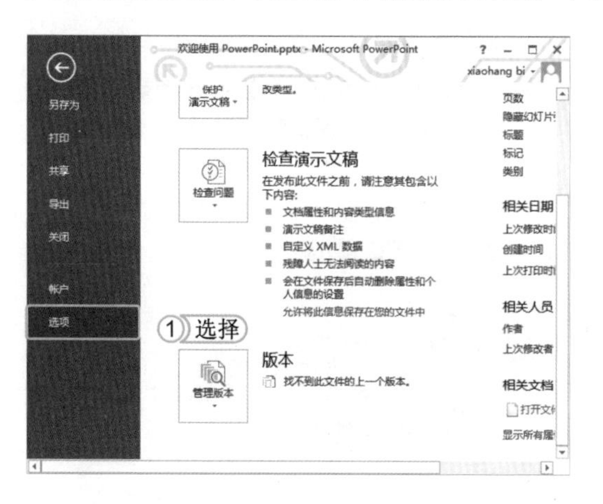

5. 保存到 SkyDrive

将文件保存到 SkyDrive，是为了方便用户以后能轻松访问和共享所保存的演示文稿。要使用 SkyDrive 保存演示文稿，首先需要创建 Microsoft 账户。下面就来介绍将演示文稿保存到 SkyDrive 的方法，其具体操作如下：

光盘文件 实例演示 \ 第 2 章 \ 保存到 SkyDrive

STEP 01: 打开"另存为"界面

打开需要保存的演示文稿，选择【文件】/【另存为】命令，打开"另存为"界面。

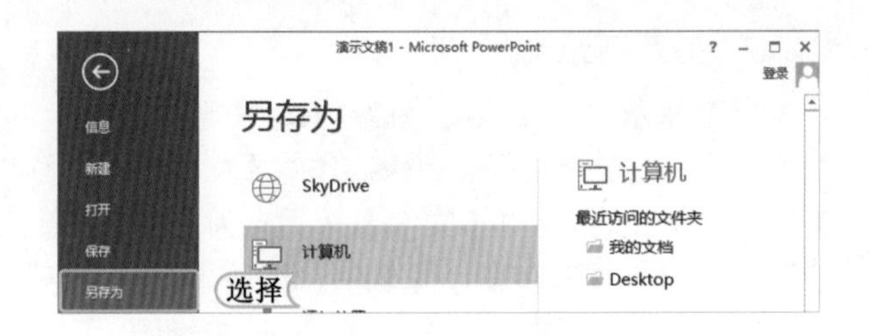

STEP 02: 注册 SkyDrive 账户

1. 在"另存为"界面中选择 SkyDrive 选项，打开 SkyDrive 界面。
2. 单击"注册"超级链接，打开 SkyDrive 网页。
3. 在打开的网页中单击"立即注册"超级链接，打开"注册——Microsoft 账户"网页，在其中输入个人信息、登录方式等信息。
4. 单击 接受 按钮，完成注册并关闭网页。

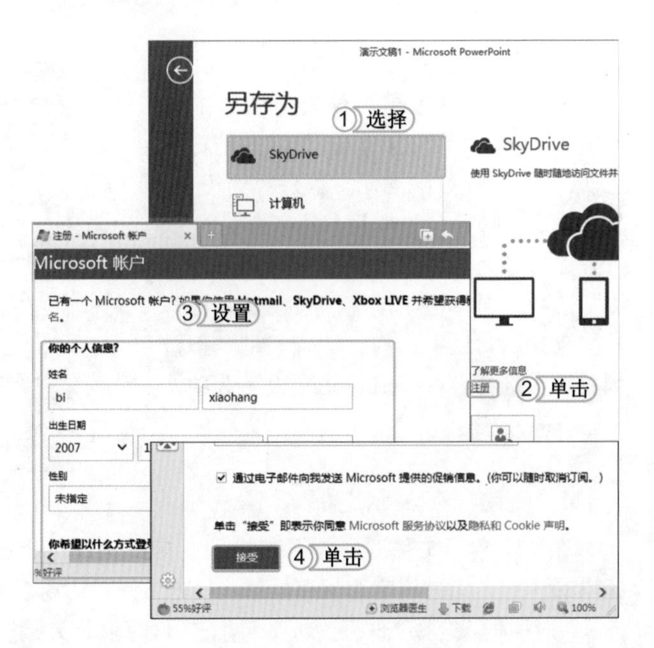

提个醒 注册 SkyDrive 账户后，无论在何时何处，用户均可登录到 Microsoft 账户，使用保存到 SkyDrive 中的演示文稿。

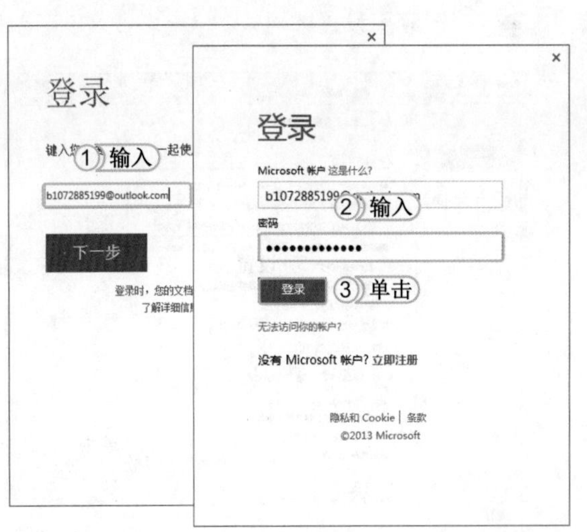

STEP 03: 登录 SkyDrive 账户

1. 返回 PowerPoint 界面，选择"账户"选项，单击 登录 按钮，在打开的"登录"界面中输入注册的电子邮件地址。
2. 单击 下一步 按钮，输入密码。
3. 单击 登录 按钮。

提个醒 用户输入的账户名和密码必须与注册的 SkyDrive 账户名和密码一致，否则将出现错误提示。

读书笔记

STEP 04：登录到账户界面

切换到 PowerPoint 2013 中的“账户登录”界面。

提个醒 登录账户后，如果直接关闭演示文稿，在下次启动 PowerPoint 2013 时，系统将自动登录到 SkyDrive 账户。如果用户不希望在下次启动 PowerPoint 2013 时自动登录 SkyDrive 账户，就需在关闭 PowerPoint 2013 前注销 SkyDrive 账户，注销的方法很简单，单击 PowerPoint 2013 右上角的图标后，在弹出的列表中选择“账户设置”选项，再在打开的“账户”界面中选择“注销”选项即可。

STEP 05：打开“另存为”对话框

双击“浏览”按钮，打开“另存为”对话框，在其中设置要保存的文件位置和文件名称，单击保存(S)按钮，完成文件的保存操作。

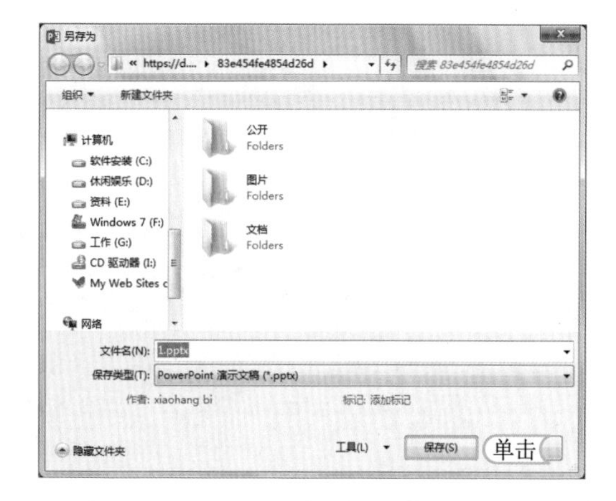

提个醒 双击“浏览”按钮时，PowerPoint 自动将保存位置切换到 SkyDrive 的默认存放位置，在“文件名”文本框中输入演示文稿的名称，完成保存操作。

2.1.3 打开演示文稿

打开演示文稿的方法较为简单，常用的方法有以下 4 种。

- 直接打开：找到要打开的演示文稿所在的文件位置，双击要打开的演示文稿即可。

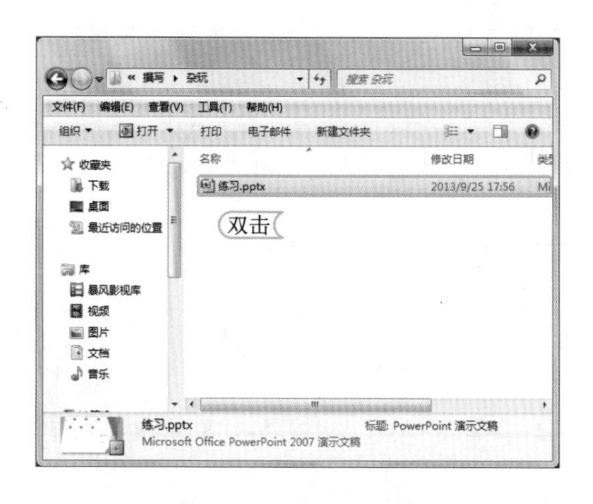

- 在启动的 PowerPoint 2013 中打开：启动 PowerPoint 2013 后，单击“打开其他演示文稿”超级链接，切换到“打开”界面，然后找到并选择要打开的文件并将其打开。

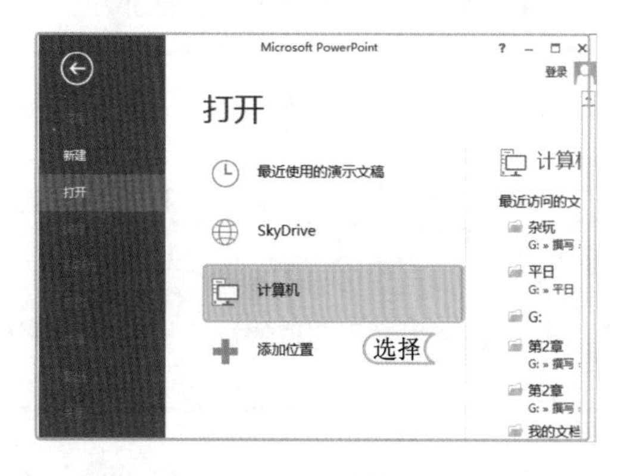

- 打开最近打开过的演示文稿：如果曾经打开过演示文稿，PowerPoint 会自动记录打开过的文件。选择【文件】/【打开】命令，在打开的界面右侧会显示 PowerPoint 2013 最近编辑过的演示文稿，选择某个文件打开该演示文稿即可。

- 打开 SkyDrive 中的演示文稿：启动 PowerPoint 2013 后，选择“打开其他演示文稿”选项，切换到“打开”界面，双击 SkyDrive 选项并登录到 SkyDrive 账户，再次双击登录后的 SkyDrive 选项，在打开的“打开”对话框中选择需要打开的文件，单击 打开(O) 按钮。

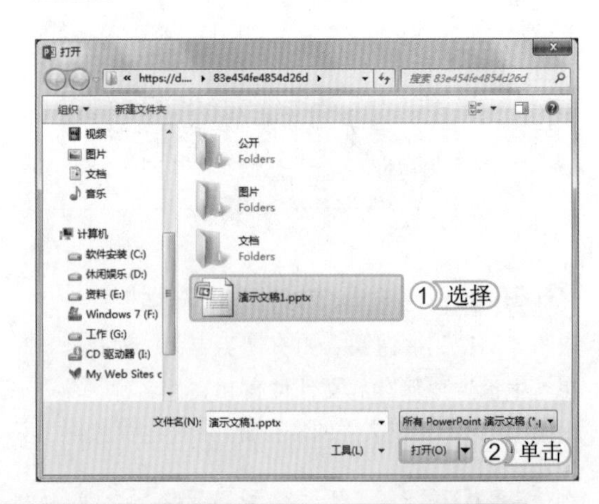

经验一箩筐——通过快捷键打开演示文稿

在 PowerPoint 2013 中按 Ctrl+O 组合键也可快速打开“打开”界面，再在其中选择需要打开的演示文稿或相应的文件夹，即可打开演示文稿。

2.1.4 关闭演示文稿

演示文稿编辑完成后，如果不再需要对演示文稿进行其他操作，就可以将其关闭。关闭演示文稿的常用方法有以下几种。

- 通过快捷菜单关闭：在 PowerPoint 2013 工作界面的标题栏上单击鼠标右键，在弹出的快捷菜单中选择“关闭”命令。
- 单击“关闭”按钮×关闭：单击 PowerPoint 2013 工作界面的标题栏右上角的×按钮，关闭演示文稿并退出 PowerPoint 程序。
- 通过命令关闭：在打开的演示文稿中选择【文件】/【关闭】命令，关闭当前演示文稿。
- 通过快捷键关闭：在 PowerPoint 2013 中按 Alt+F4 组合键也可快速关闭演示文稿。

上机 1 小时 ▶ 打开并保存“礼物”演示文稿

- 练习演示文稿的基本操作。
- 熟练掌握演示文稿的打开、保存和关闭等操作。

本例将根据现有的“我的礼物 .pptx”演示文稿另存一个演示文稿，并以“礼物”文件名称另存到磁盘“工作（G:）”中。本例主要是通过对演示文稿进行打开、另存、设置保存信息、设置自动保存与关闭等操作的练习，达到让用户熟练掌握演示文稿各种基本操作的目的。如下图所示为另存为“礼物.pptx”演示文稿的效果。

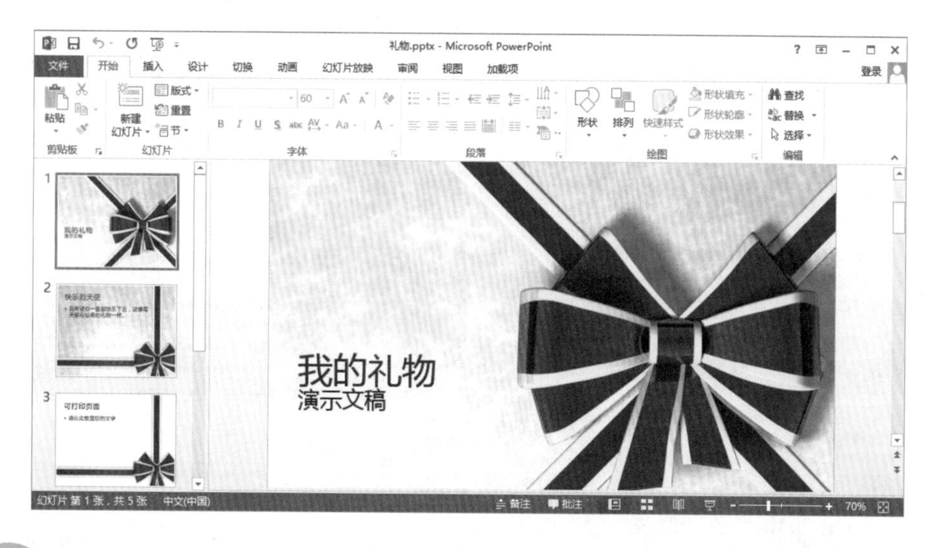

光盘文件

素材\第2章\我的礼物.pptx
效果\第2章\礼物.pptx
实例演示\第2章\打开并保存“礼物”演示文稿

STEP 01: 打开演示文稿

找到需要打开的“我的礼物.pptx”演示文稿，双击将其打开。

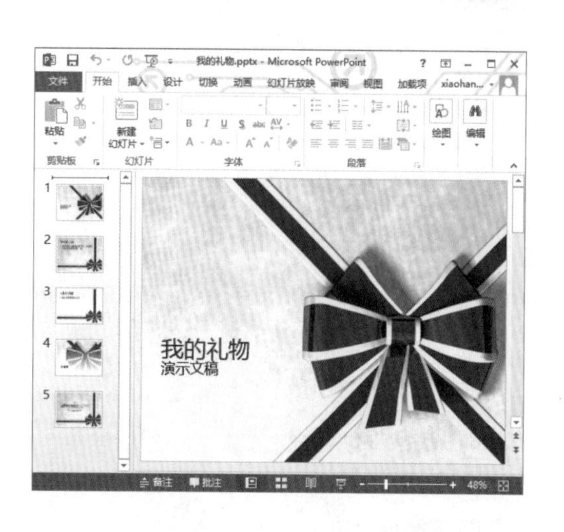

STEP 02: 设置保存信息

1. 选择【文件】/【另存为】命令，在打开的“另存为”界面中双击“计算机”选项，打开“另存为”对话框，在对话框中选择文件的保存位置为“工作(G:)”。
2. 在“文件名”文本框中输入“礼物.pptx”，在“保存类型”下拉列表框中保持默认设置。
3. 单击 保存(S) 按钮完成保存操作。

提个醒 若在“另存为”对话框中的“保存类型”下拉列表框中选择“PowerPoint 模板”选项，PowerPoint 则将“保存位置”自动切换到默认存放模板的位置。

STEP 03： 设置自动保存

1. 选择【文件】/【选项】命令，打开“PowerPoint 选项”对话框，选择“保存”选项卡。
2. 在“保存演示文稿”栏中设置“保存自动恢复信息时间间隔”为“5 分钟”。
3. 单击确定按钮。

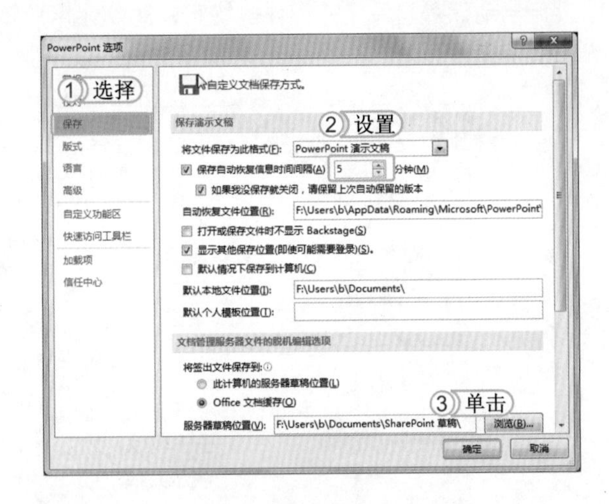

提个醒

在设置自动保存演示文稿操作时，如果觉得设置的时间太长或忘记设置自动保存，可在编辑演示文稿的同时随时按 Ctrl+S 组合键进行实时保存。

STEP 04： 关闭演示文稿

单击 PowerPoint 2013 工作界面的标题栏右上角的 × 按钮，关闭演示文稿并退出 PowerPoint 程序。

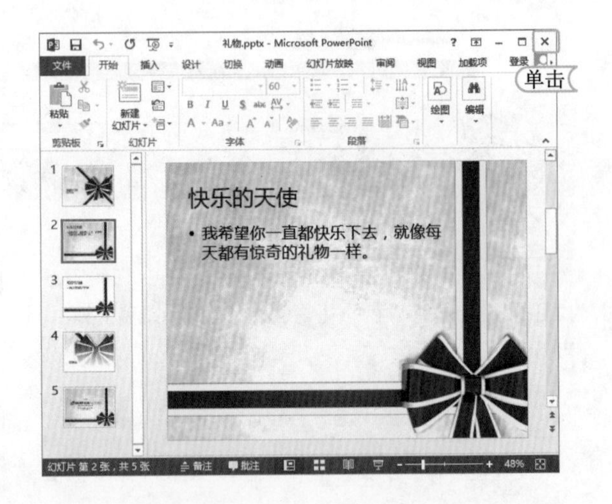

提个醒

关闭演示文稿时，若对演示文稿进行了编辑，将打开提示对话框，单击保存(S)按钮，保存对演示文稿的修改并退出 PowerPoint 2013；单击不保存(N)按钮将不保存对演示文稿的修改并退出 PowerPoint 2013；单击取消按钮将返回 PowerPoint 2013 工作界面继续进行编辑。

2.2 幻灯片的基本操作

前面介绍的都是对整个演示文稿的操作，而演示文稿是由很多张幻灯片组成的，每张幻灯片的内容又各不相同，要想制作出精美的演示文稿，还需要学会幻灯片的操作方法。下面就详细讲解幻灯片的基本操作，包括新建幻灯片、选择幻灯片、移动和复制幻灯片、删除幻灯片以及隐藏幻灯片等。

学习 1 小时

- 掌握新建幻灯片的方法。
- 掌握选择幻灯片的方法。
- 熟悉移动和复制幻灯片的方法。
- 学会删除幻灯片的方法。
- 了解隐藏幻灯片的方法。

2.2.1 新建幻灯片

演示文稿是由多张幻灯片组成的，用户可以根据需要在演示文稿的任意位置新建幻灯片。常见的新建幻灯片的方法主要有以下几种。

通过快捷菜单新建幻灯片：启动PowerPoint 2013，在"幻灯片"窗格空白处单击鼠标右键，在弹出的快捷菜单中选择"新建幻灯片"命令。

通过选择版式新建幻灯片：启动PowerPoint 2013，选择【开始】/【幻灯片】组，单击"新建幻灯片"按钮下的下拉按钮，在弹出的下拉列表框中选择新建幻灯片的版式。此时，新建的幻灯片将包含预定义的版式效果。

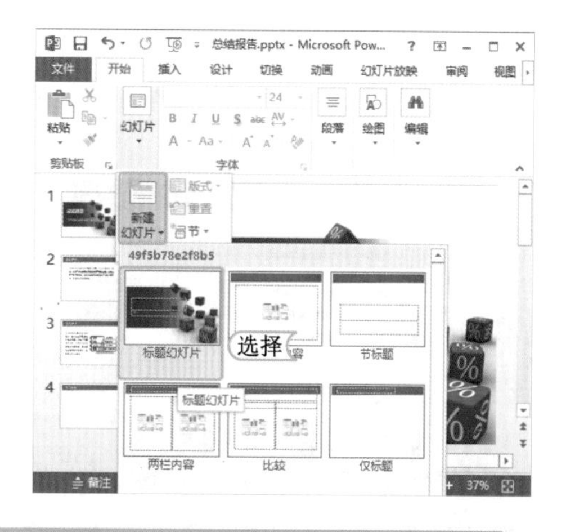

经验一箩筐——使用快捷键新建幻灯片

新建幻灯片较快速的方法是使用快捷键。在演示文稿的"幻灯片"窗格中选择1张幻灯片，按Enter键或按Ctrl+M组合键，将在选择的幻灯片后快速新建1张幻灯片。

2.2.2 选择幻灯片

在"幻灯片"窗格或幻灯片浏览视图中选择幻灯片的方法是非常类似的。选择幻灯片后，该幻灯片将以不同的颜色显示。同时，选择后的幻灯片内容将显示在幻灯片编辑区中，方便用户修改。通常选择幻灯片的方法主要有以下几种。

选择单张幻灯片：在"幻灯片"窗格或"幻灯片浏览"视图中，单击某张幻灯片的缩略图，可选择单张幻灯片。

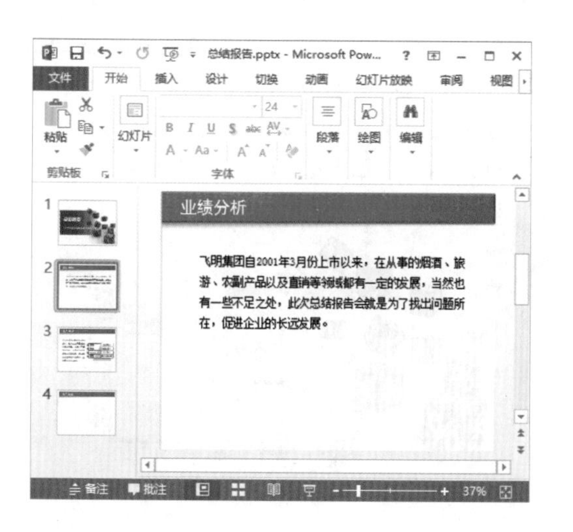

选择多张连续的幻灯片：在"幻灯片"窗格或"幻灯片浏览"视图中，单击要选择的第一张幻灯片，同时按住Shift键不放，再单击需选择的最后一张幻灯片，释放Shift键，可同时选择两张幻灯片中间连续的所有幻灯片。

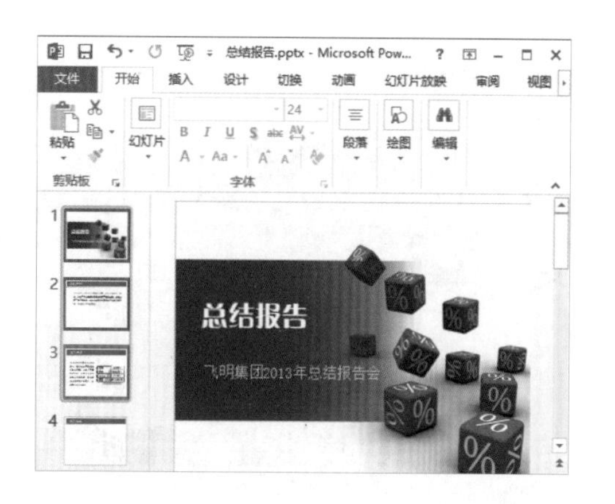

- 选择多张不连续的幻灯片：在“幻灯片”窗格或“幻灯片浏览”视图中，单击要选择的第1张幻灯片，同时按住Ctrl键不放，再依次单击需选择的幻灯片，释放Ctrl键，可选择单击的所有幻灯片。
- 选择全部幻灯片：在“幻灯片”窗格或“幻灯片浏览”视图中，按Ctrl+A组合键，将选择演示文稿中所有的幻灯片。

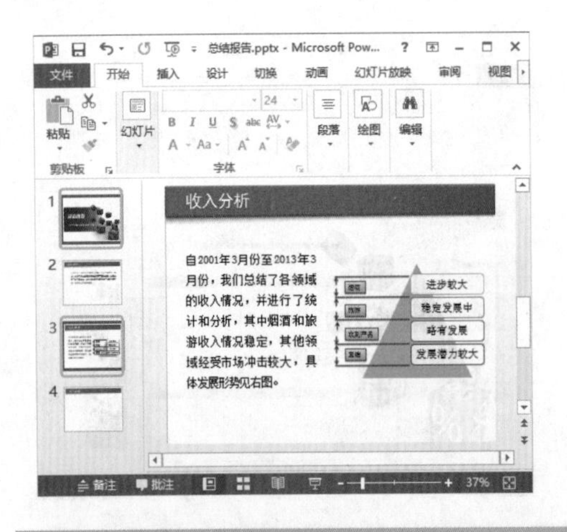

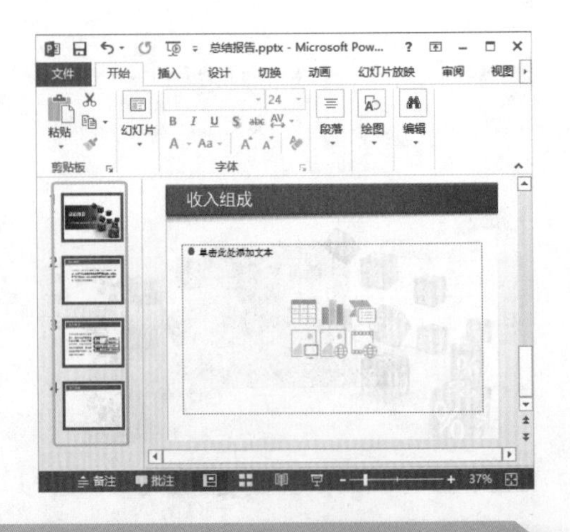

经验一箩筐——取消选择幻灯片

若是在选择多张幻灯片时，不小心选择了不需要的幻灯片，可在不取消其他幻灯片的情况下，取消选择不需要的幻灯片。其方法是：在执行选择多张幻灯片操作后，依然按住Ctrl键不放，再单击需要取消选择的幻灯片。

2.2.3 移动和复制幻灯片

有时为了让演示文稿的演示更加流畅和更具逻辑性，需对某些幻灯片的位置进行调整。在制作演示文稿的过程中，若需制作两张或多张相似的幻灯片时就可以通过复制幻灯片来完成，这样便可以高效快速地制作演示文稿了。下面就分别对移动和复制幻灯片的方法进行介绍。

1. 移动幻灯片

移动幻灯片是调整幻灯片顺序的重要手段，下面对移动幻灯片的常用方法进行介绍。

- 通过拖动鼠标移动：选择需移动的幻灯片，按住鼠标左键不放拖动到目标位置后释放鼠标，完成移动幻灯片的操作。
- 通过菜单命令移动幻灯片：选择需移动的幻灯片，在其上单击鼠标右键，在弹出的快捷菜单中选择“剪切”命令。将鼠标定位到目标位置，单击鼠标右键，在弹出的快捷菜单的“粘贴”栏中选择“保留源格式”命令。

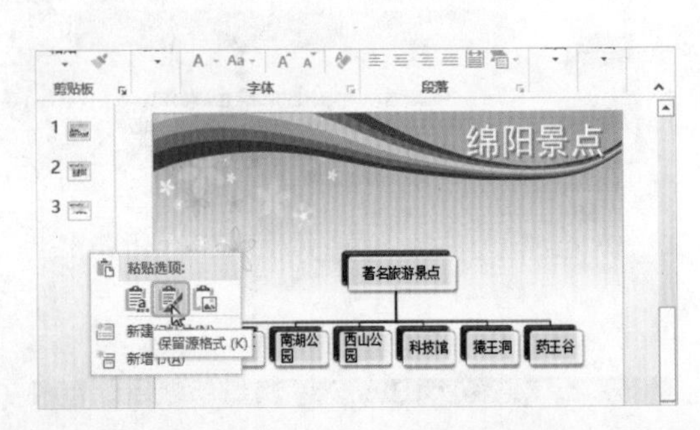

2. 复制幻灯片

与移动幻灯片不同，复制幻灯片时，将保留源幻灯片的位置不变，同时新建一张与原幻灯片一模一样的幻灯片。下面对复制幻灯片的常用方法进行介绍。

- **通过拖动鼠标复制幻灯片：** 选择需复制的幻灯片，在拖动幻灯片的同时按住 Ctrl 键，拖动到目标位置后释放鼠标与 Ctrl 键，完成幻灯片的复制操作。

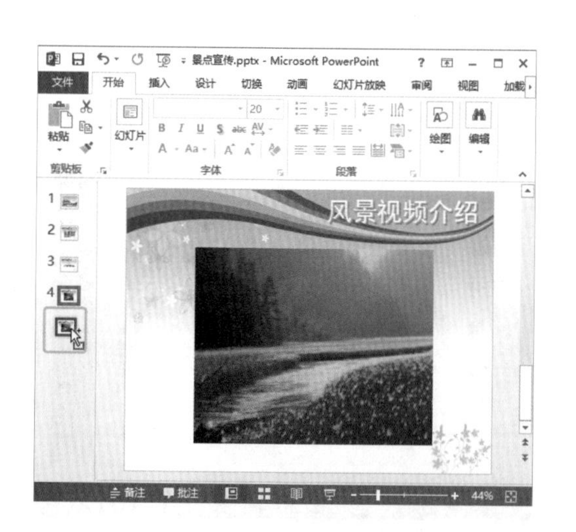

- **通过菜单命令复制幻灯片：** 选择需复制的幻灯片，在其上单击鼠标右键，在弹出的快捷菜单中选择“复制”命令。将鼠标定位到目标位置，单击鼠标右键，在弹出的快捷菜单的“粘贴”栏中选择“保留源格式”命令，完成幻灯片的复制操作。

> **经验一箩筐——通过快捷键移动和复制幻灯片**
>
> 移动和复制幻灯片除了使用上面的方法外，还可使用快捷键来进行操作，其方法是：选择需移动或复制的幻灯片，按 Ctrl+X 组合键剪切或 Ctrl+C 组合键复制，然后在目标位置按 Ctrl+V 组合键粘贴，也可移动或复制幻灯片。

2.2.4 删除幻灯片

在制作幻灯片的过程中，常会有不用或不需要的幻灯片存在，这时，就需要对将多余幻灯片进行删除。删除幻灯片的方法主要有以下两种。

- **通过快捷键删除幻灯片：** 在“幻灯片”窗格和浏览视图中，选择需要删除的幻灯片后，按 Delete 键，可完成幻灯片的删除操作。
- **通过快捷菜单删除幻灯片：** 在“幻灯片”窗格和浏览视图中，选择需要删除的幻灯片后，单击鼠标右键，在弹出的快捷菜单中选择“删除幻灯片”命令，可完成幻灯片的删除操作。

2.2.5 隐藏幻灯片

制作好的演示文稿中有的幻灯片可能不需要放映出来，此时就可以将暂时不需要放映的幻灯片隐藏起来，其方法为：在“幻灯片”窗格中选择某张幻灯片后，单击鼠标右键，在弹出的快捷菜单中选择“隐藏幻灯片”命令，隐藏该幻灯片，在幻灯片左边窗格中隐藏的幻灯片将呈 显示。

上机 1 小时 ▶ 练习幻灯片的基本操作

- 熟悉幻灯片的基本操作。
- 进一步掌握幻灯片各种操作方法的综合运用。

本例将在“奉献爱心 .pptx”演示文稿中，对幻灯片进行新建、选择、移动、复制、删除以及隐藏等操作，达到熟练掌握幻灯片的各个操作的目的，完成后的最终效果如下图所示。

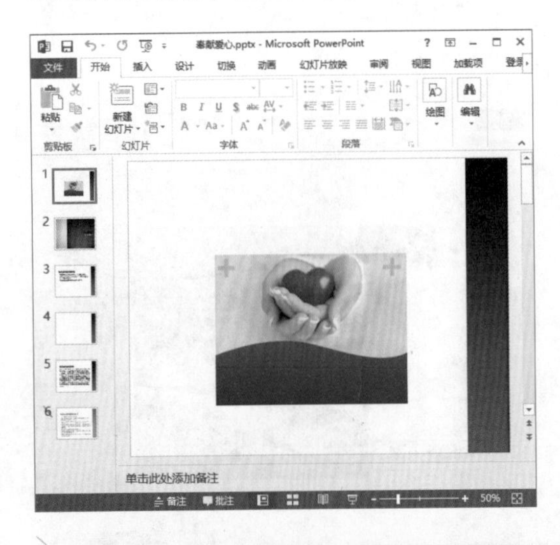

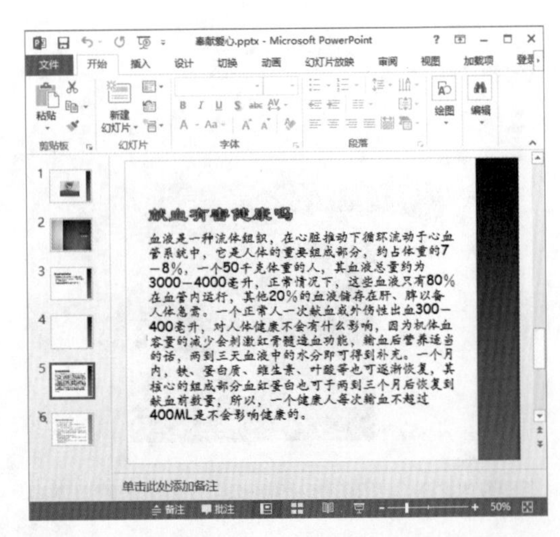

光盘文件
素材 \ 第 2 章 \ 奉献爱心 . pptx
效果 \ 第 2 章 \ 奉献爱心 . pptx
实例演示 \ 第 2 章 \ 练习幻灯片的基本操作

STEP 01：新建幻灯片

打开“奉献爱心 .pptx”演示文稿，在“幻灯片”窗格中选择第 2 张幻灯片，按 Enter 键，在第 2 张幻灯片后新建一张幻灯片。

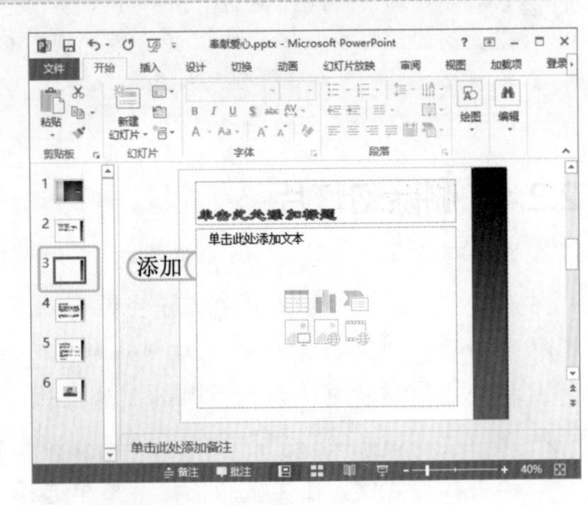

提个醒 建议多使用 Enter 键新建幻灯片，这是新建幻灯片中较为快速的一种方法。

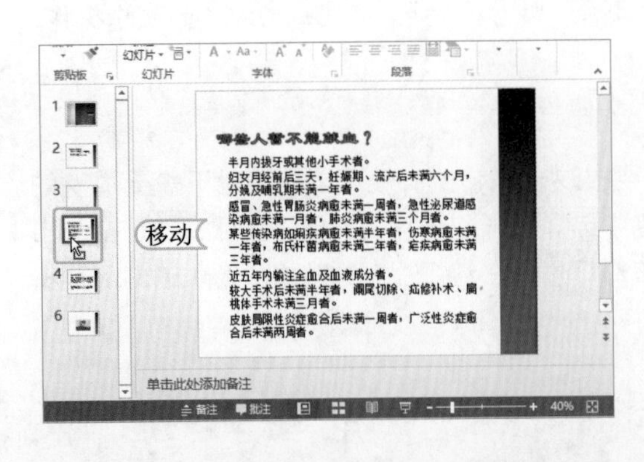

STEP 02：移动幻灯片

选择第 5 张幻灯片，同时按住鼠标不放，拖动至第 4 张幻灯片处，释放鼠标，将第 5 张幻灯片移动到第 4 张幻灯片处。

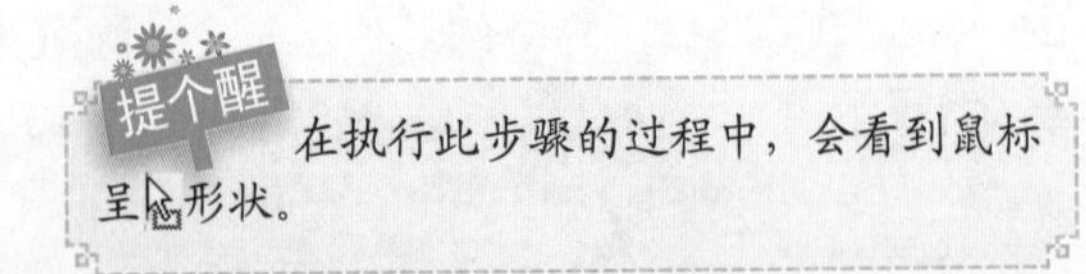

提个醒 在执行此步骤的过程中，会看到鼠标呈 形状。

STEP 03： 复制幻灯片

选择第 6 张幻灯片，按 Ctrl+C 组合键进行复制后，将鼠标定位到第 1 张幻灯片前，再按 Ctrl+V 组合键，将第 6 张幻灯片复制到第 1 张幻灯片处。

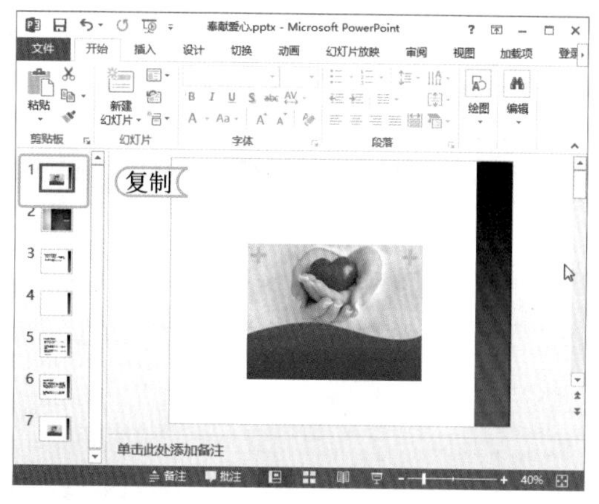

> **提个醒** 在执行此步骤时，复制后的幻灯片下方会出现(Ctrl)图标，用户可单击该图标右边的按钮，在弹出的下拉列表中选择其他粘贴选项，查看不同选项的粘贴效果。

STEP 04： 删除幻灯片

选择第 7 张幻灯片，单击鼠标右键，在弹出的快捷菜单中选择“删除”命令，删除该幻灯片。

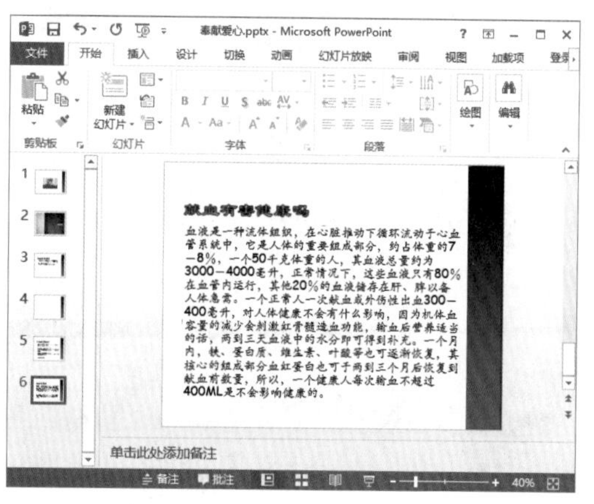

> **提个醒** 在执行此步骤时，用户还可尝试练习使用 Delete 键进行删除操作，以便选择适合自己且快速的操作方法。

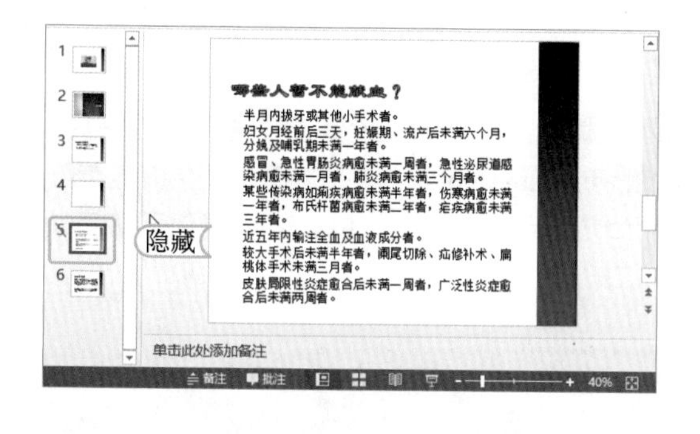

STEP 05： 隐藏幻灯片

选择第 5 张幻灯片，单击鼠标右键，在弹出的快捷菜单中选择“隐藏幻灯片”命令隐藏该幻灯片。

> **提个醒** 隐藏的幻灯片只是在放映幻灯片时不会显示，在“幻灯片编辑”窗口仍然可以选择并编辑。

经验一箩筐——撤销和恢复操作

若是在操作幻灯片过程中，发现误删或执行了其他错误操作时，就需要用到撤销操作，而在误执行了撤销操作后，还可通过恢复功能将其恢复，常用的撤销和恢复方法有以下两种。

- 使用工具栏按钮：只需单击快速访问工具栏中的“撤销”按钮，即可返回到上一步操作；单击“重做”按钮可返回到单击按钮前的操作状态。
- 使用快捷键：直接按 Ctrl+Z 键组合，返回上一步操作，按 Ctrl+Y 组合键可恢复上一个撤销操作。

2.3 练习 1 小时

本章主要介绍了演示文稿和幻灯片的基本操作方法，用户要想在日常工作中熟练使用它们，还需再进行巩固练习。下面以制作并编辑“欢迎使用 PowerPoint.pptx”演示文稿为例，进一步巩固这些知识的使用方法。

1. 制作“欢迎制作 PowerPoint”演示文稿

本例将利用模板“欢迎使用 PowerPoint”制作“欢迎制作 PowerPoint”演示文稿，然后设置其自动保存时间间隔为 3 分钟。其最终效果如下图所示。

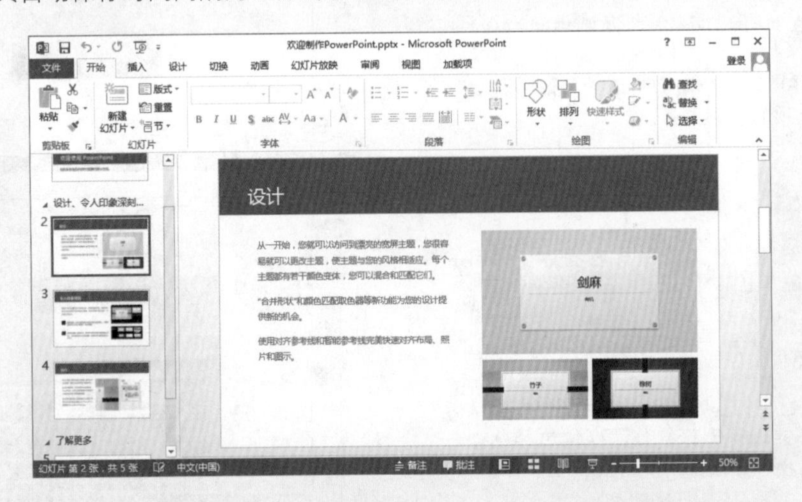

光盘文件　效果 \ 第 2 章 \ 欢迎制作 PowerPoint.pptx
实例演示 \ 第 2 章 \ 制作“欢迎制作 PowerPoint”演示文稿

2. 编辑“欢迎制作 PowerPoint”演示文稿

本例将对“欢迎制作 PowerPoint.pptx”演示文稿中的幻灯片进行新建、移动、复制、删除和隐藏等操作，并将其另存为“欢迎制作 PowerPoint1.pptx”演示文稿，使用户能够熟练掌握幻灯片的基本操作，并将这些操作很好地运用到实际工作中。其最终效果如下图所示。

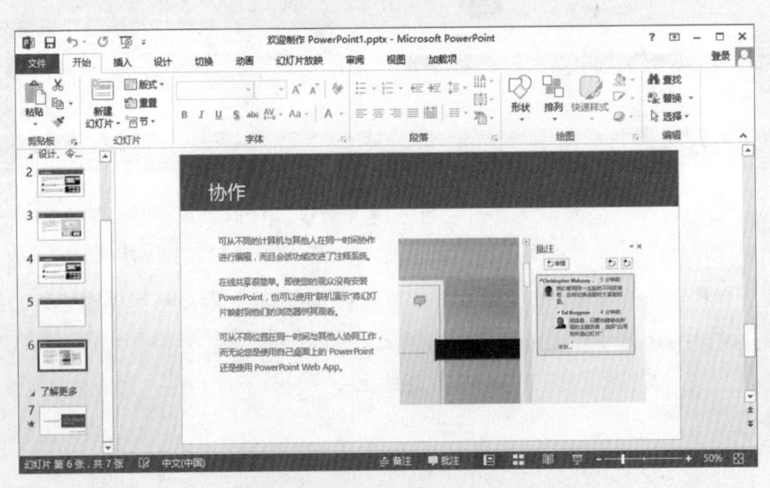

光盘文件　素材 \ 第 2 章 \ 欢迎制作 PowerPoint.pptx
效果 \ 第 2 章 \ 欢迎制作 PowerPoint1.pptx
实例演示 \ 第 2 章 \ 编辑“欢迎制作 PowerPoint”演示文稿

第3章 结合运用文本和图片

学习 3小时

在掌握了演示文稿和幻灯片的基本操作后，就要在幻灯片中编辑具体的内容以制作出具有传递信息效果的演示文稿。这里就对幻灯片中的基本内容（如文本、艺术字和图片等）的应用进行讲解。

- 输入、设置幻灯片文本
- 应用艺术字
- 插入与设置图片

3.1 输入、设置幻灯片文本

掌握演示文稿和幻灯片的基本操作后，用户可以根据需要创建基于模板的演示文稿或空白演示文稿，但要想制作出符合自己要求的演示文稿，首先要掌握在幻灯片中添加文本的方法，包括输入文本、设置文本等。下面将对文本的设置方法进行介绍，为制作各种类型的演示文稿打下基础。

学习 1 小时

- 了解占位符和文本框。
- 熟悉绘制文本框的方法。
- 掌握输入文本的方法。
- 熟悉设置文本的方法。

3.1.1 认识占位符和文本框

幻灯片中文字的输入都是在占位符和文本框中进行的。因此，在制作文本型幻灯片之前，就需要先认识占位符和文本框。

1. 占位符

占位符是 PowerPoint 所特有的对象，其中预设了文字的属性和样式，可以根据需要在其中添加文本、图片等内容。幻灯片中带有虚线边框的文本框就是占位符，包括标题占位符、副标题占位符和对象占位符，其中在标题和副标题占位符可输入幻灯片标题，在对象占位符可输入文本或插入其他对象。

标题占位符

单击此处添加标题

• 单击此处添加文本

对象占位符

2. 文本框

每张幻灯片中包括的占位符通常只有 2 个，而且呈规则分布，如果需要在幻灯片的其他位置输入文本，就需要用户自行绘制文本框，然后在文本框中输入所需的文本，文本框的使用比较灵活，它可任意移动，是制作幻灯片时经常使用的对象之一。

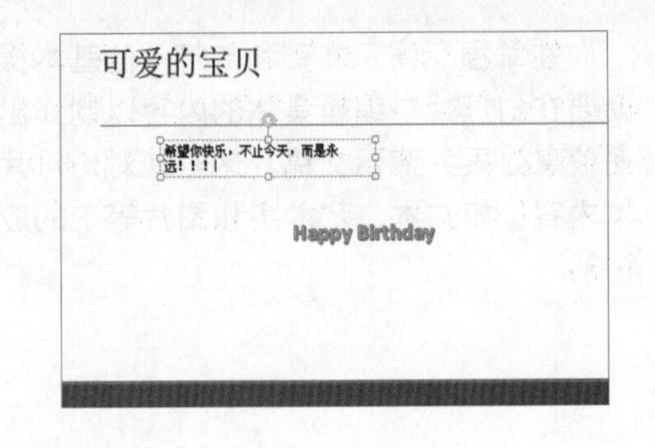

3. 绘制文本框

文本框包括横排文本框和竖排文本框，其中在横排文本框中输入的文本以横排显示，在竖排文本框中输入的文本将以竖排显示。用户可根据实际需要在制作幻灯片的过程中绘制任意大小和方向的文本框。

绘制文本框的方法比较简单，在 PowerPoint 2013 工作界面中选择【插入】/【文本】组，单击“文本框”按钮下的按钮，在弹出的下拉列表中选择“横排文本框”或“竖排文本框”选项，将鼠标光标移到需绘制文本框的位置处单击即可插入一个固定大小的文本框。用户也可按住鼠标左键进行拖动，绘制一个随意大小的灰色线框，释放鼠标后即可完成文本框的绘制。如下图所示即为绘制横排文本框的效果。

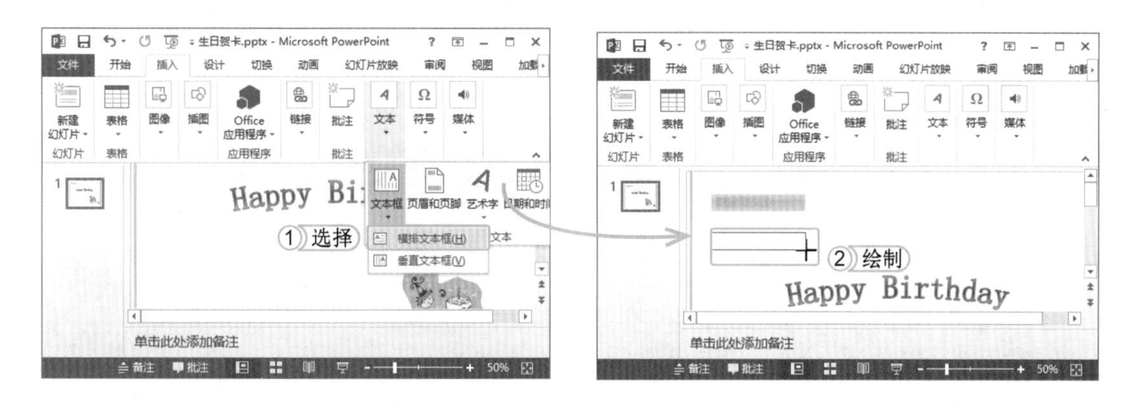

3.1.2 编辑占位符和文本框

为了使占位符和文本框能很好地表达出演示文稿的特点、内容，彰显出用户的别具匠心，可以对占位符和文本框进行调整和美化。下面就来讲解编辑占位符和文本框的具体方法。

1. 调整占位符和文本框

制作幻灯片时，占位符和文本框的大小、位置和角度并非始终满足版面的需要，这时，用户就可以根据需要对占位符和文本框进行调整。调整占位符和文本框的大小、位置和角度的方法分别介绍如下。

- 调整占位符和文本框的大小：选择占位符或文本框后，将鼠标光标定位到占位符或文本框的各个控制点上，当鼠标光标变成⟺、↕、⤢和⤡形状时，按住鼠标左键并拖动鼠标，移至适当位置处释放鼠标，即可改变占位符或文本框的大小。

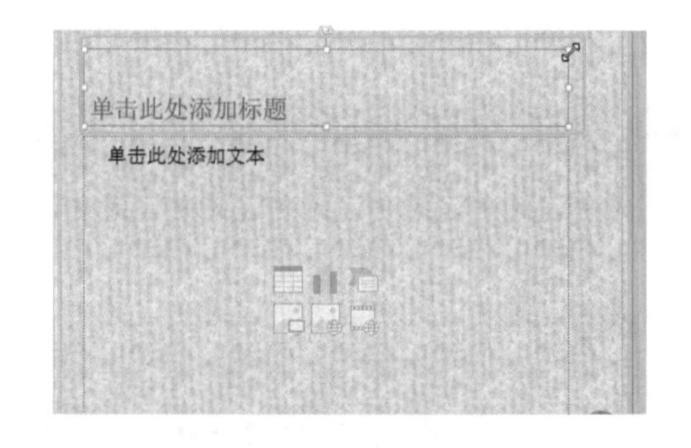

- 调整占位符和文本框的位置：选择占位符或文本框后，将鼠标光标定位到占位符或文本框的四周框线上，当鼠标光标变成✥形状时，按住并拖动鼠标，移至适当位置处释放鼠标，即可改变占位符或文本框的位置。

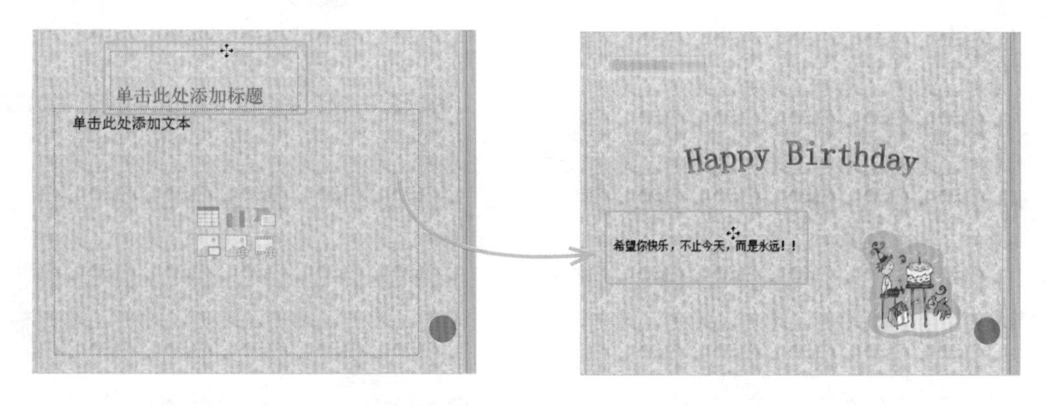

- 调整占位符和文本框的角度：选择占位符或文本框后，将鼠标光标定位到上方的◎按钮上，当鼠标光标变成↻形状时，按住鼠标左键并拖动鼠标进行旋转，移至适当位置处释放鼠标即可完成角度的旋转。

2. 美化占位符和文本框

默认状态下，占位符和文本框的样式单调且不美观，因此需要对其进行美化。包括设置占位符和文本框的边框、填充效果、形状效果以及主题样式等。占位符和文本框的美化方法都相同，都是在“格式”选项卡中进行编辑，下面就以美化文本框为例进行讲解。

（1）设置文本框边框

文本框的外形效果除了填充内容外还有轮廓线，用户也可根据自己的喜好自定义轮廓线效果，如轮廓线颜色、线型和粗细等。下面以设置“奖状.pptx”演示文稿中的文本框的轮廓颜色、线型和粗细为例进行讲解，其具体操作如下：

光盘文件
素材\第3章\奖状.pptx
效果\第3章\奖状.pptx
实例演示\第3章\设置文本框边框

STEP 01： 设置文本框轮廓颜色

1. 打开“奖状.pptx”演示文稿，选择“全勤奖”文本框后，选择【格式】/【形状样式】组。单击“形状轮廓”按钮右侧的下拉按钮。
2. 在弹出的下拉列表的“主题颜色”栏中选择“天蓝，着色1，淡色40%”选项，更改文本框轮廓线的颜色。

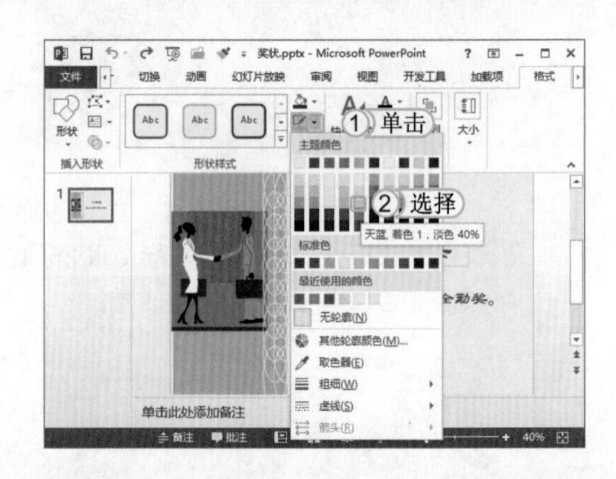

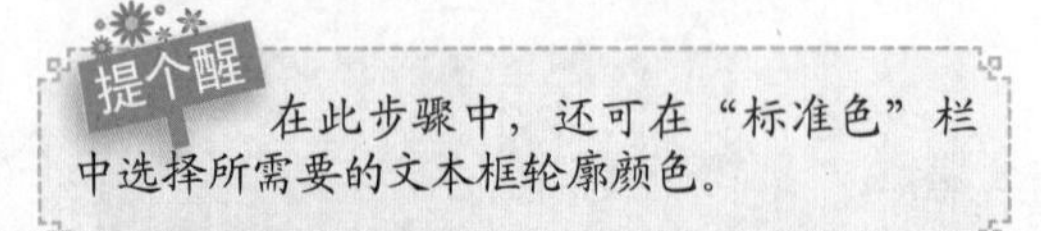
提个醒
在此步骤中，还可在“标准色”栏中选择所需要的文本框轮廓颜色。

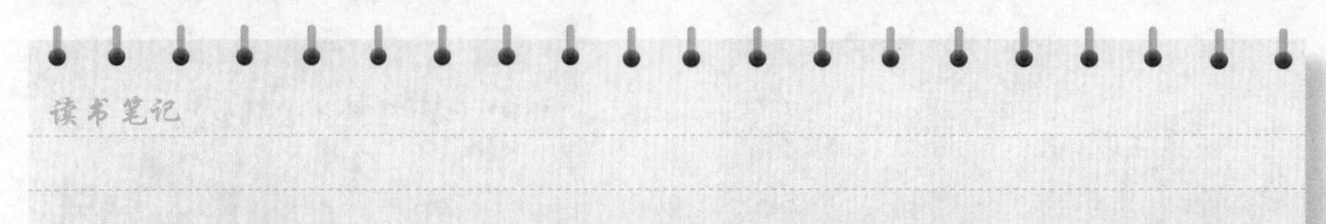

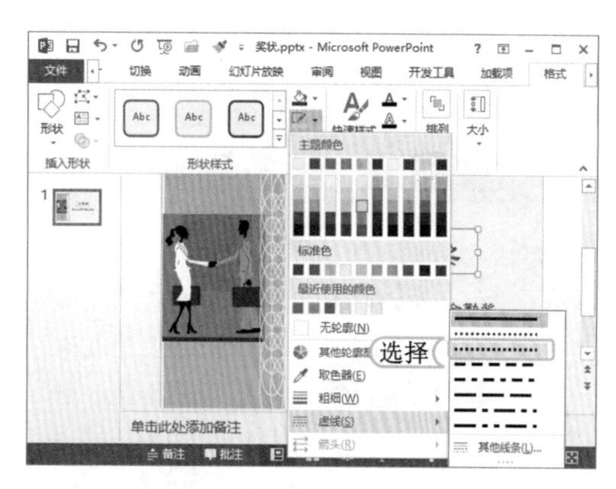

STEP 02: 设置文本框线型

再次单击“形状轮廓”按钮右侧的下拉按钮，在弹出的下拉列表中选择“虚线”选项，在弹出的子列表中选择“方点”选项。

提个醒 如果子列表中提供的线型不能满足需要，还可以选择“其他线条”选项，在打开的窗格中对线型进行详细设置。

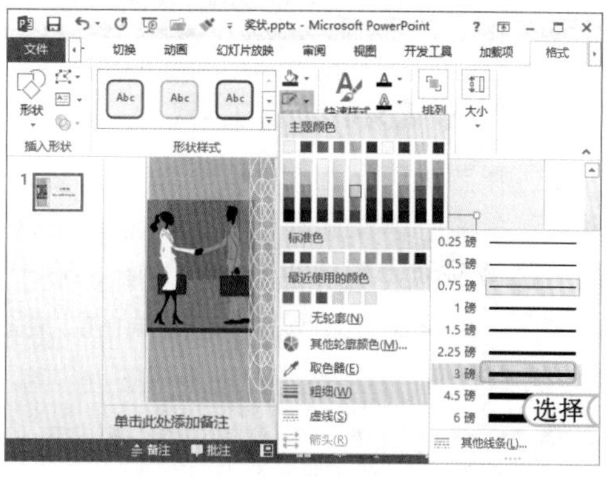

STEP 03: 设置文本框线宽

使用相同的方法，在弹出的下拉列表中选择“粗细”选项，在弹出的子列表中选择“3 磅”选项，完成文本框边框的设置。

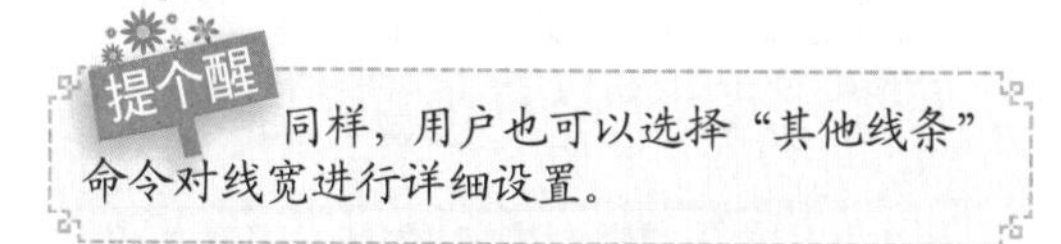

提个醒 同样，用户也可以选择“其他线条”命令对线宽进行详细设置。

（2）设置文本框的填充效果

为方便用户快速设置文本框等对象的外观，PowerPoint 2013 提供了多种主题填充效果，其边框与填充色搭配效果较好，任意选择一种即可制作出专业的效果。除了可选择主题填充效果外，还可根据需要选择文本框的填充内容，如单一颜色、电脑中保存的图片、渐变颜色和纹理填充效果等。其方法与设置文本框边框相似，选择文本框后，选择【格式】/【形状样式】组，单击“形状填充”按钮右侧的下拉按钮，在弹出的下拉列表中选择填充主题颜色、其他颜色、图片、渐变效果或预设的纹理效果等选项即可。如下图所示为选择渐变填充和纹理填充选项后弹出的面板。

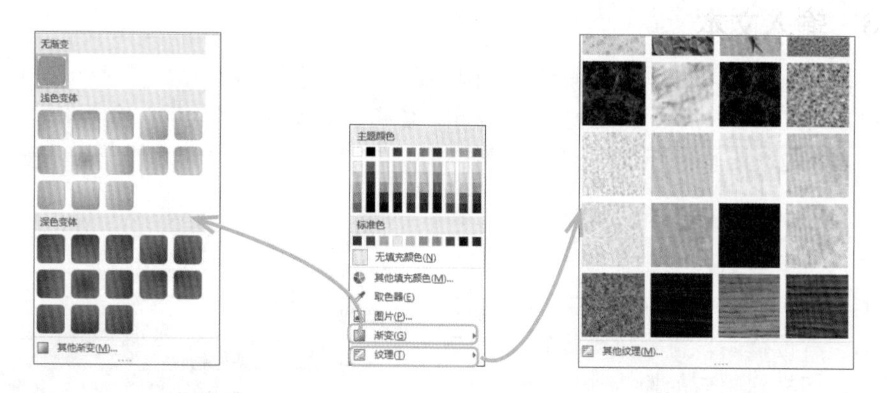

（3）设置文本框形状效果

通过设置文本框形状效果，用户可快速制作出专业的幻灯片效果，包括为文本框设置阴影、映像、发光及三维旋转等形状效果。其方法是：选择文本框，选择【格式】/【形状样式】组，单击“形状效果”按钮，在弹出的下拉列表中列出了多种特殊效果选项，选择任意一种选项，在弹出的子列表中选择相应的效果选项即可。如下图所示为应用预设形状效果的效果图。

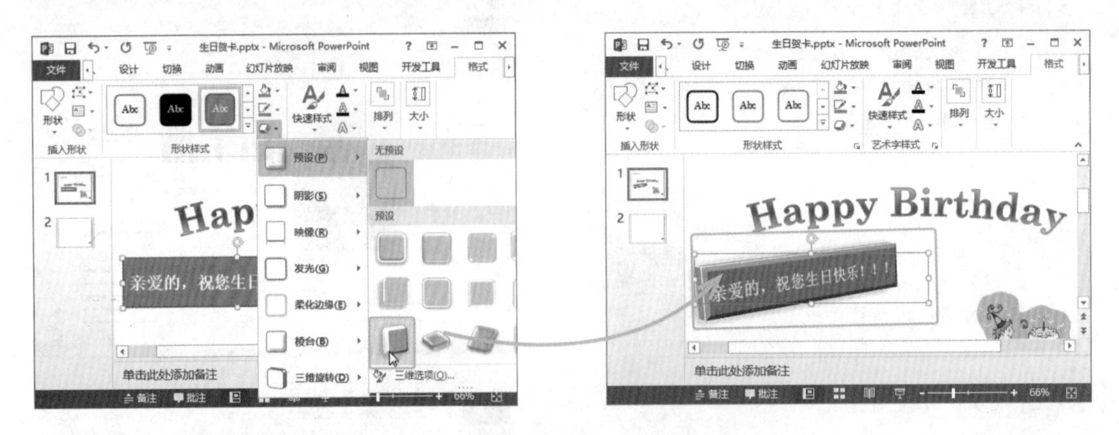

（4）设置文本框主题样式

如果要快速设置文本框等对象的外形，应用主题样式是比较常用的方法。PowerPoint 2013预设了多种主题样式效果，任意选择一种就可以制作出专业的效果。其设置方法是：选择文本框，选择【格式】/【形状样式】组，在“快速样式”列表框中选择合适的样式效果即可。如下图所示为设置文本框的主题样式的效果图。

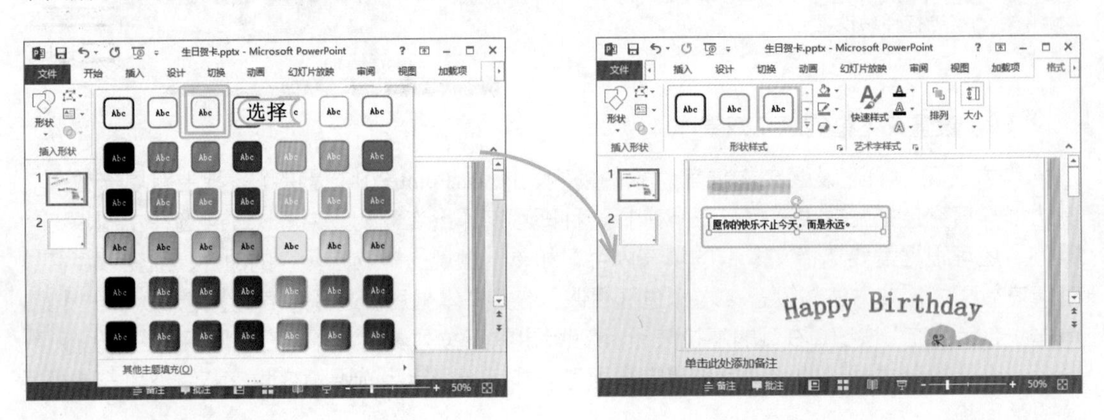

3.1.3 输入文本

文本是表达幻灯片内容和思想的基础，因此，掌握文本输入的方法是十分必要的。在幻灯片中输入文本的方法很多，通常可以使用占位符、文本框和“大纲”窗格来输入文本。下面就对这 3 种输入文本的方法进行介绍。

1. 在占位符中输入文本

在占位符中输入文本是最常用的输入文本的方法。在占位符中输入文本的方法是：选择占位符后，将鼠标光标定位到占位符中，切换到相应的输入法，输入需要的文本内容即可。由于占位符中已经预设了文本的样式，所以在占位符中输入的文本将自动应用占位符的预设样式。

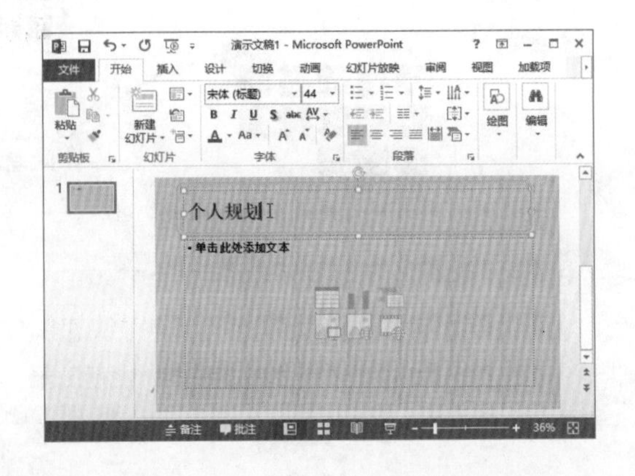

2. 在文本框中输入文本

在文本框中输入文本的方法与在占位符中输入文本的方法一样，选择绘制的文本框，在文本框中输入需要的文本内容即可。

3. 在“大纲”窗格中输入文本

在编辑演示文稿的过程中，运用“大纲”窗格可以很方便地观察到演示文稿中前后的文本内容是否连贯。在需快速输入大量文本的情况下，通过“大纲”窗格可快速完成。下面以在“英语教学.pptx”演示文稿中输入文本为例进行讲解，其具体操作如下：

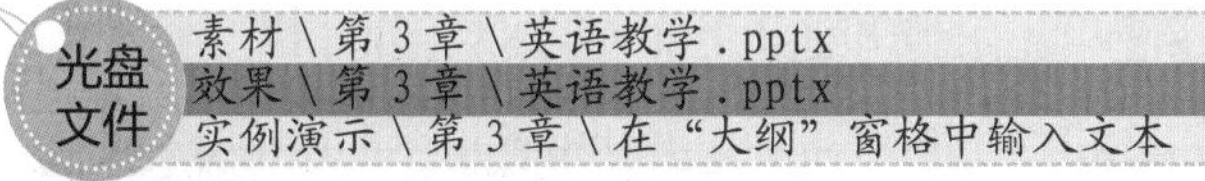

STEP 01：切换到大纲视图模式

打开“英语教学.pptx”演示文稿，选择【视图】/【大纲视图】组，切换到大纲视图模式。

> **提个醒**
> 大纲视图中，可以查看到演示文稿的所有文本内容，并且所有的内容都是按照幻灯片中编辑好的文本级别来进行排列的。

STEP 02：插入幻灯片并输入文本

在演示文稿“大纲”窗格中选择第3张幻灯片，按 Enter 键新建一张幻灯片，在出现的文本插入点后直接输入文本便可以完成在“大纲”窗格中输入文本的操作。这里输入“游戏环节”。

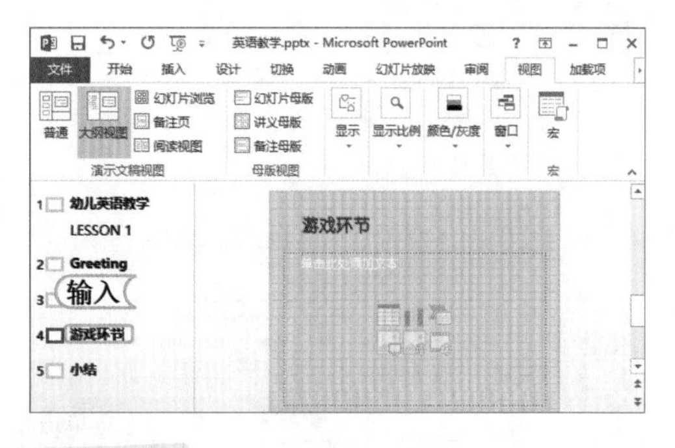

STEP 03：修改大纲级别

1. 用相同的方法输入文本“游戏 1”，并按 Tab 键，将“游戏 1”转换为第 4 张幻灯片的下一级标题。
2. 按 Enter 键添加一个与“游戏 1”同级别的段落，并输入文本“游戏 2”。

> **提个醒**
> 若再次按 Tab 键，可将该文本再降一个级别；按 Shift+Tab 组合键可将文本提升一个级别。关于文本级别的修改，将在 3.1.5 节中进行详细介绍。

3.1.4 编辑文本

完成文本的输入后，需要对输入的内容进行检查，若检查出有错误的地方，需对其进行修改。编辑文本主要包括选择、修改、移动、复制、查找和替换等。下面以在"年终会议简报.pptx"演示文稿中修改、查找和替换错误文本为例进行讲解，其具体操作如下：

光盘文件
素材\第3章\年终会议简报.pptx
效果\第3章\年终会议简报.pptx
实例演示\第3章\编辑文本

STEP 01：选择"在2010年"文本

1. 打开"年终会议简报.pptx"演示文稿，选择第2张幻灯片。
2. 在第2张幻灯片中选择"在2010年"文本。

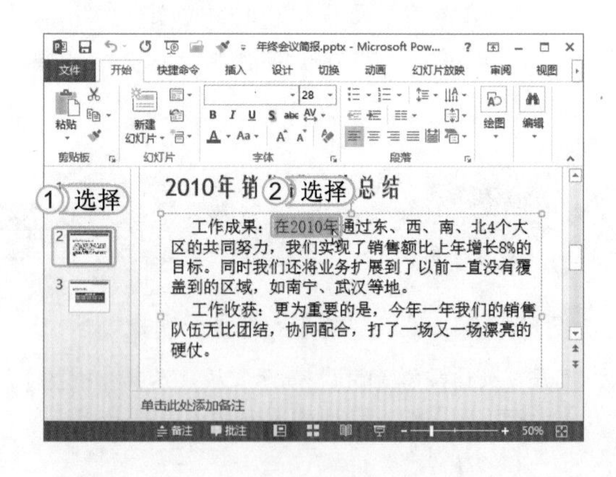

提个醒
选择文本的方法比较简单，直接将光标定位到需要选择的文本处，按住并拖动鼠标选择需要的文本即可。

STEP 02：修改文本

按Backspace键删除选择的文本，然后输入"在过去的一年里，"文本。

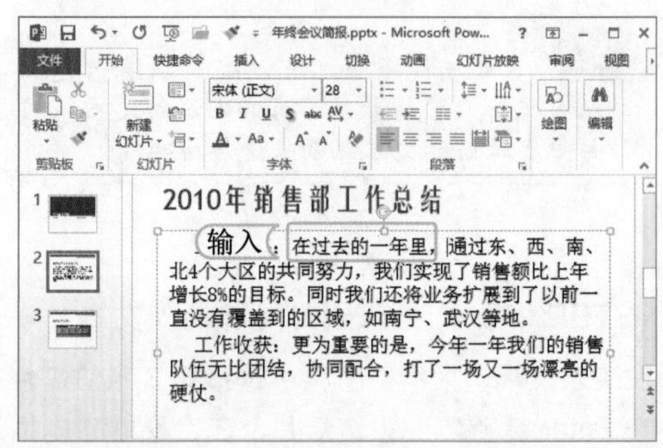

提个醒
在此步骤中，根据用户个人习惯，也可以不按Backspace键，保持选择文本，直接进行输入操作，也可删除并修改所选择的文本。

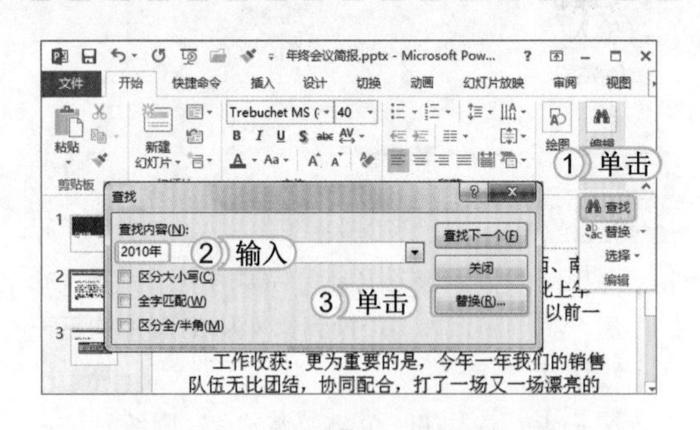

STEP 03：查找"2010年"文本

1. 将鼠标光标定位到文本占位符中，选择【开始】/【编辑】组，单击 查找 按钮。
2. 打开"查找"对话框，在"查找内容"文本框中输入"2010年"。
3. 单击 替换(R)... 按钮。

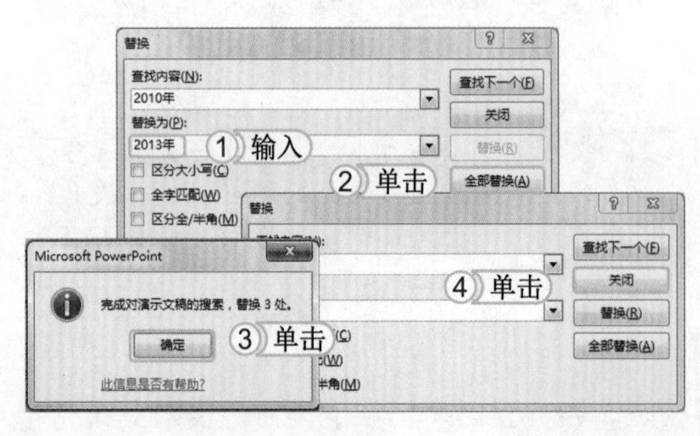

STEP 04：替换为"2013年"文本

1. 在"替换为"文本框中输入"2013年"文本。
2. 单击 全部替换(A) 按钮，打开Microsoft PowerPoint提示对话框。
3. 单击 确定 按钮，返回"替换"对话框。
4. 单击 关闭 按钮，完成对演示文稿中所有"2010年"文本的替换。

经验一箩筐——移动、复制和粘贴文本

在 PowerPoint 中移动、复制和粘贴文本等操作也比较简单。在选择需要编辑的文本后，直接拖动鼠标，或者按 Ctrl+X 组合键剪切文本，再在目标位置按 Ctrl+V 组合键，可移动文本；按 Ctrl+C 组合键可以复制文本，再在目标位置按 Ctrl+V 组合键可以粘贴文本。

3.1.5 修改文本级别

一般幻灯片中的内容都有不同的级别，但在输入文本后按 Enter 键，PowerPoint 将自动应用上一段文本属性，与上一段文本同一级别。如果需要修改文本的级别，除了通过按 Tab 键或 Shift+Tab 组合键外，还可通过以下几种方法来进行级别修改。

- 在幻灯片编辑区中修改：在幻灯片编辑区中选择需更改级别的文本，选择【开始】/【段落】组，单击“提高列表级别”按钮或“降低列表级别”按钮，可提升或降低该文本的级别。此外选择需更改的文本，在出现的浮动工具栏中单击相应的按钮也可提升或降低文本级别。如下图所示分别为在功能区和浮动工具栏中单击相应按钮。

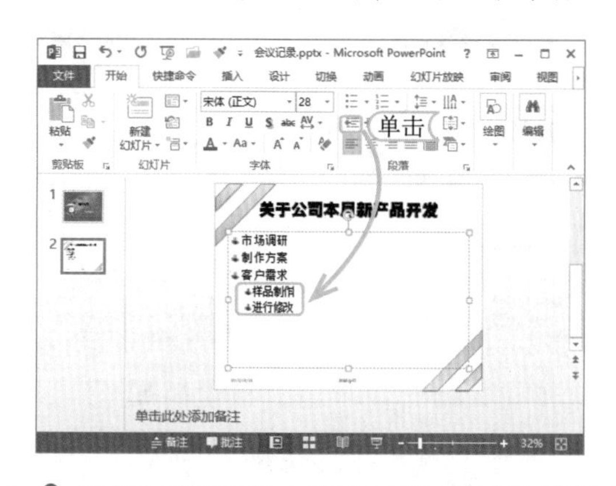

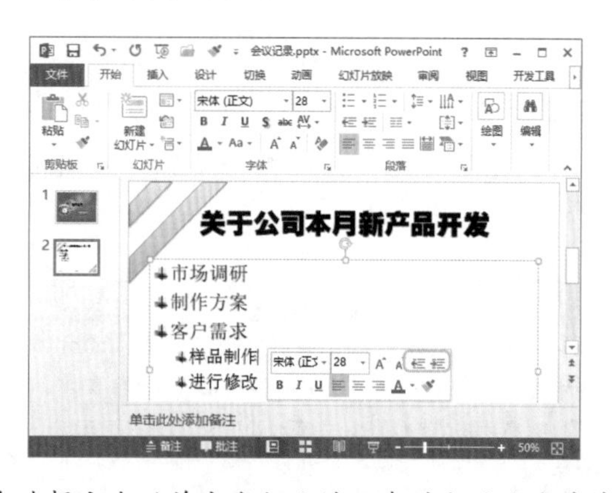

- 在“大纲”窗格中修改：在“大纲”窗格中选择文本后单击鼠标右键，在弹出的快捷菜单中选择“升级”命令可提高当前选择的文本的级别；选择“降级”命令可降低当前文本的级别；选择“上移”命令，可将当前文本移动到上段文本前；选择“下移”命令可将当前文本移动到下段文本后。如下图所示分别为选择“升级”和“下移”命令。

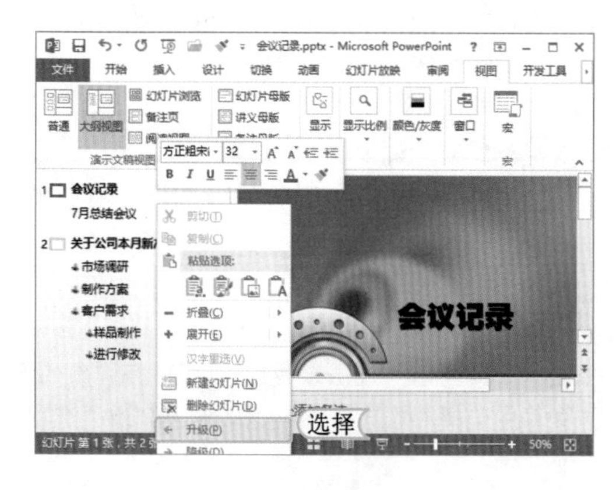

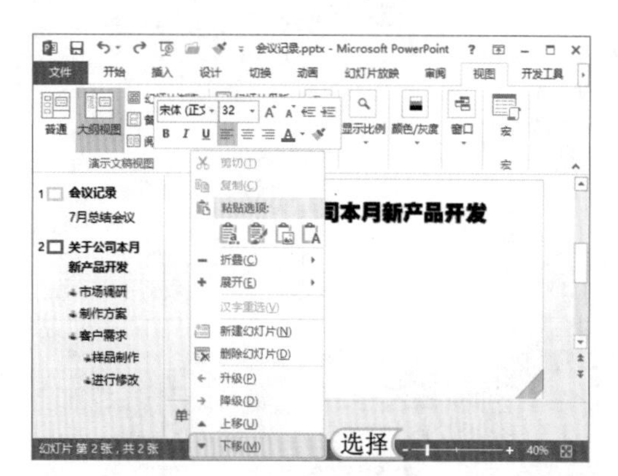

3.1.6 设置字体格式

在 PowerPoint 2013 中，默认的字体格式为宋体、黑色，这样制作出来的演示文稿显得千篇一律，可以通过设置文本的字体格式使演示文稿的面貌焕然一新。设置字体格式包括设置文本的字体、字号、颜色及特殊效果等。下面以“如梦令 .pptx”演示文稿为例进行讲解，其具体操作如下：

光盘文件

素材 \ 第 3 章 \ 如梦令 . pptx
效果 \ 第 3 章 \ 如梦令 . pptx
实例演示 \ 第 3 章 \ 设置字体格式

STEP 01：设置字体

打开“如梦令 .pptx”演示文稿，在第 1 张幻灯片中选择文本“如梦令”，选择【开始】/【字体】组，单击“字体”下拉列表框右侧的 ▾ 按钮，在弹出的下拉列表中选择“方正彩云简体”选项。

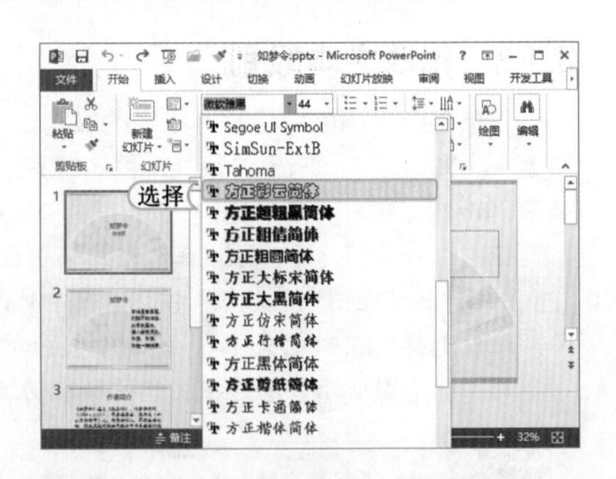

提个醒 在设置文本的字体或字号之前，一定要先选择相应的文本，若未选择文本而设定字体或字号，则只对当前文本插入点所在位置处的字符有作用。

STEP 02：设置字号

单击“字号”下拉列表框右侧的 ▾ 按钮，在弹出的下拉列表中选择“60”选项。

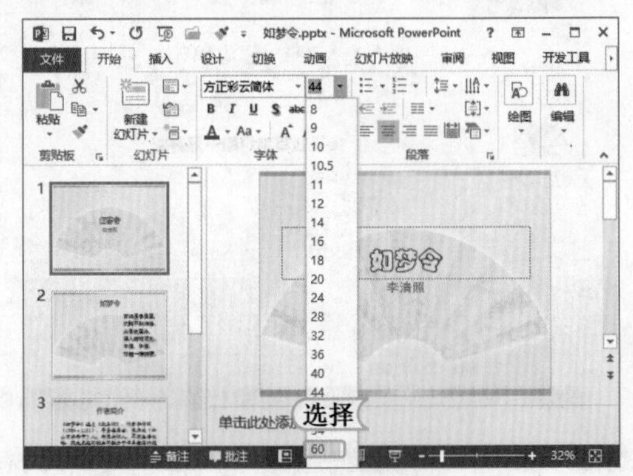

提个醒 若需设置的文本格式与其他文本的格式相同，可使用格式刷快速设置格式，其方法是：选择拥有格式的文本内容，选择【开始】/【剪贴板】组，单击“格式刷”按钮，此时鼠标光标变为形状，再选择需设置文本格式的文本内容即可。

STEP 03：设置文字效果

1. 选择“李清照”文本。
2. 在【开始】/【字体】组中单击 **B** 按钮加粗文本，单击 S 按钮添加文字阴影。

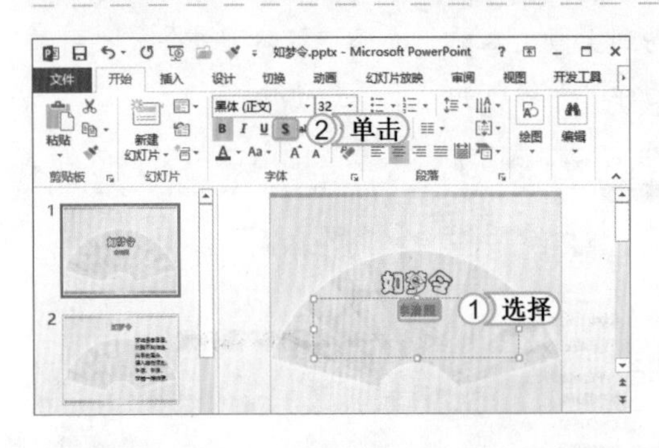

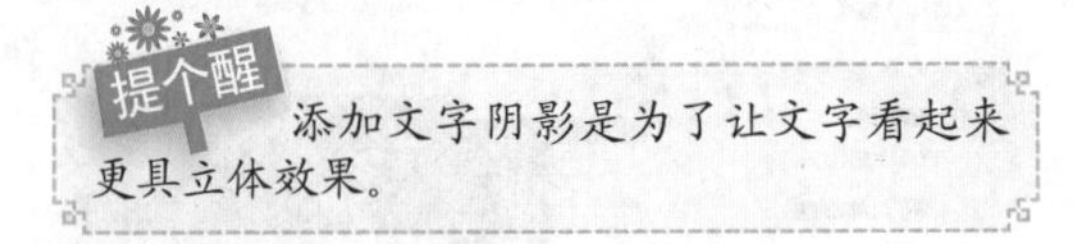

提个醒 添加文字阴影是为了让文字看起来更具立体效果。

STEP 04：设置文本颜色

单击“字体颜色”按钮 A 旁的 ▾ 按钮，在弹出的下拉列表中选择“橄榄色，着色 3，深色 25%”选项。

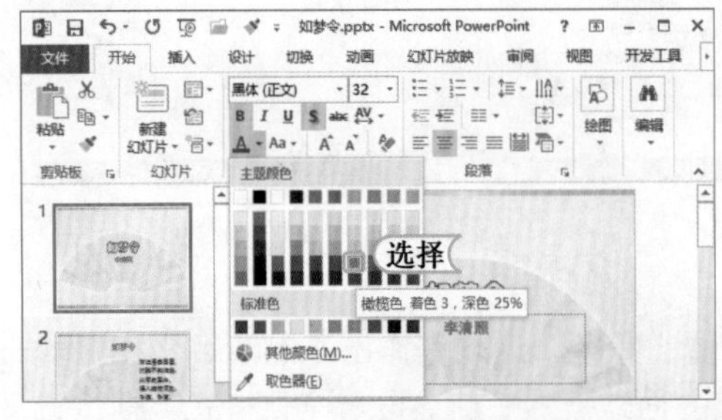

提个醒 用户也可以在弹出的下拉列表中选择“取色器”选项，在屏幕中吸取任意一种颜色来设置文本颜色。

3.1.7 设置段落格式

除了可设置文本格式外，在 PowerPoint 2013 中还可以设置段落格式，如段落的对齐方式、行间距、段间距、项目符号和编号等。下面以在“教学课件 .pptx”演示文稿中设置段落格式为例进行讲解，其具体操作如下：

光盘文件
素材 \ 第 3 章 \ 教学课件 . pptx
效果 \ 第 3 章 \ 教学课件 . pptx
实例演示 \ 第 3 章 \ 设置段落格式

STEP 01： 设置标题居中

打开“教学课件 .pptx”演示文稿，选择第 1 张幻灯片。选择标题“第一课”文本后，单击【开始】/【段落】组中的“居中”按钮使标题文本居中。

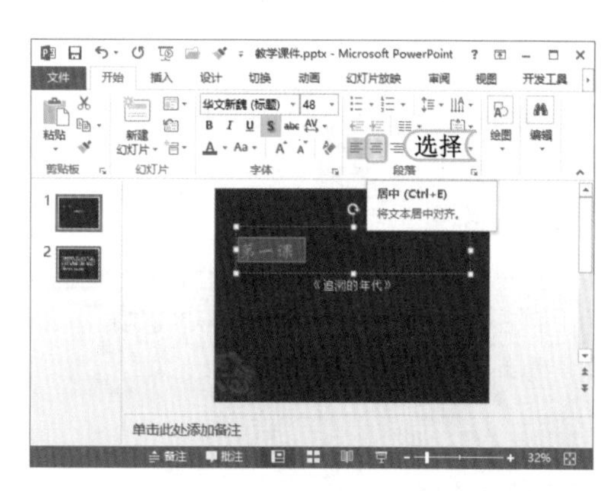

提个醒
在选择文本后，将出现浮动栏，用户也可以在该栏中单击按钮或按 Ctrl+E 组合键，将文本居中对齐。

STEP 02： 选择文本

1. 在第 2 张幻灯片中选择文本占位符中的课文文本。
2. 单击“段落”组右下角的按钮。

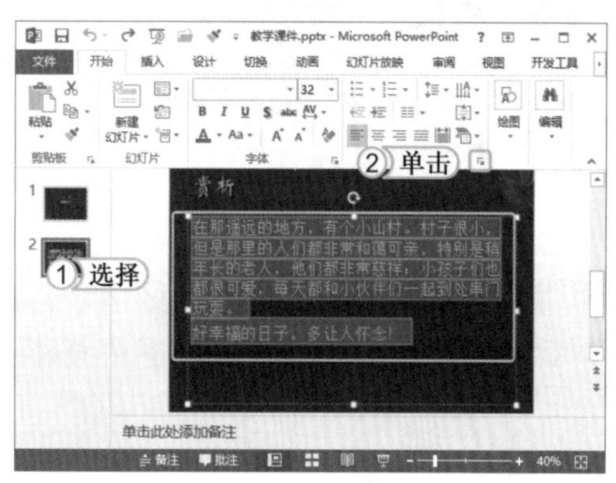

提个醒
在设置文本格式时，用户可以选择文本框或占位符中的文本后再进行设置，也可以直接选择文本框或占位符并进行设置。

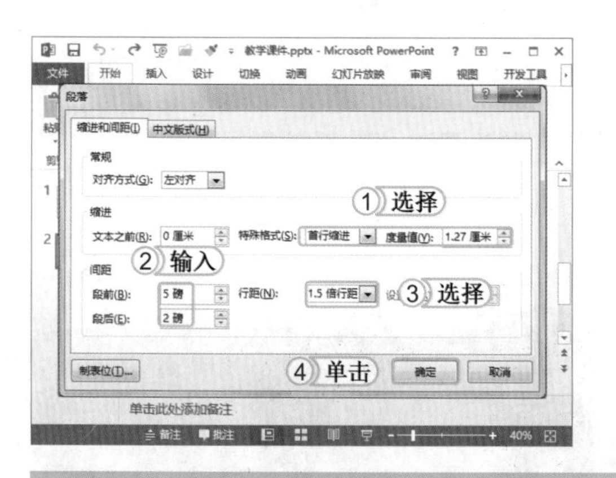

STEP 03： 设置段落格式

1. 打开“段落”对话框，在“特殊格式”下拉列表框中选择“首行缩进”选项，在“度量值”数值框中输入“1.27 厘米”。
2. 在“间距”栏的“段前”数值框中输入“5 磅”，在“段后”数值框中输入“2 磅”。
3. 在“行距”下拉列表框中选择“1.5 倍行距”选项。
4. 单击 确定 按钮完成设置。

经验一箩筐——通过浮动工具栏设置文本

在选择文本后，将会显示浮动工具栏，用户可以在浮动工具栏中对文本格式进行设置。

STEP 04： 选择添加项目符号的文本

1. 选择第 2 张幻灯片中的"赏析"文本。
2. 单击"段落"组中的"项目符号"按钮右侧的按钮。
3. 在弹出的下拉列表中选择"项目符号和编号"选项。

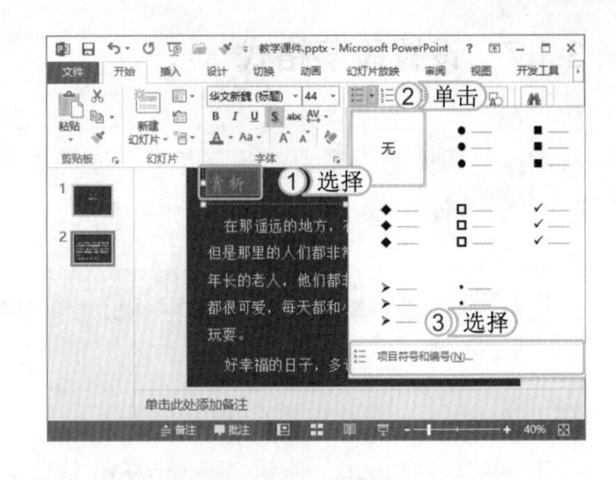

提个醒

用户也可以直接单击"项目符号"按钮为所选文本添加项目符号，此时设置的项目符号是系统默认的带填充效果的圆形项目符号或最近一次使用的项目符号。

STEP 05： 选择项目符号

1. 打开"项目符号和编号"对话框，在"项目符号"列表框中选择"箭头项目符号"选项。
2. 单击 确定 按钮。

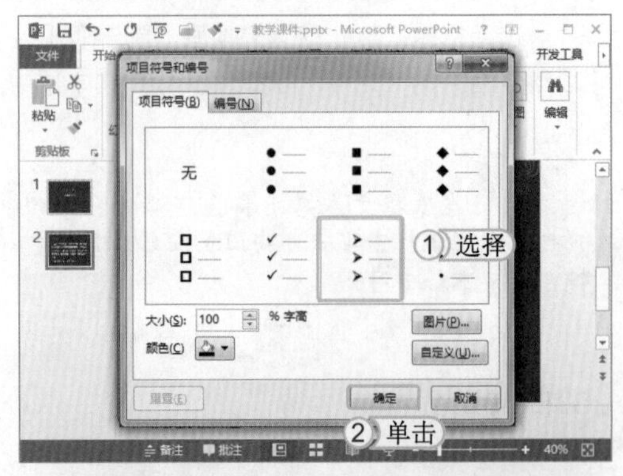

提个醒

设置编号的方法与设置项目符号的方法基本一致，单击"编号"按钮右侧的按钮，在打开的"项目符号和编号"对话框中选择"编号"选项卡，然后选择需要的编号选项即可。

STEP 06： 查看效果

返回 PowerPoint 工作界面中，查看设置段落格式后的文本效果。

查看

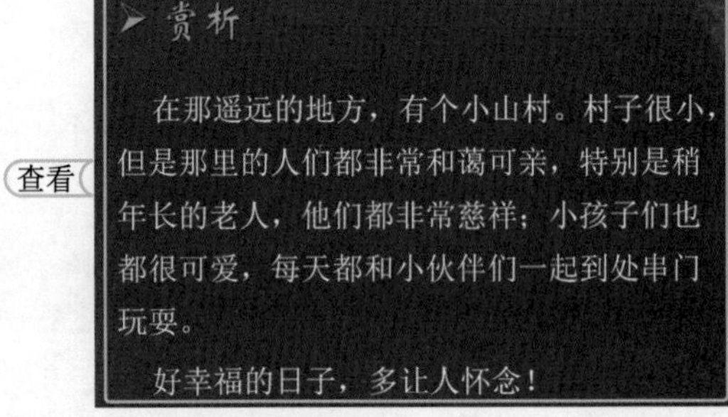

上机 1 小时 制作"周年纪念"演示文稿

巩固学习文本输入与设置的方法。

熟练掌握文本设置的基本方法。

本例将制作"周年纪念 .pptx"演示文稿，首先在幻灯片的占位符中输入文本，然后对输入的文本进行设置，最终效果如下图所示。

光盘文件
素材 \ 第 3 章 \ 周年纪念 . pptx
效果 \ 第 3 章 \ 周年纪念 . pptx
实例演示 \ 第 3 章 \ 制作“周年纪念”演示文稿

STEP 01：输入文本

1. 打开“周年纪念 .pptx”演示文稿，选择第 1 张幻灯片。
2. 在“单击此处添加标题”占位符中输入“我们的纪念日”文本。
3. 在“单击此处添加文本”占位符中输入“一个只属于我们的幸福日子”文本。

STEP 02：设置“我们的纪念日”文本

1. 选择“我们的纪念日”文本。
2. 在浮动的工具栏中设置字体为“方正瘦金书简体”。
3. 设置字号为“60”，用同样的方法将“一个只属于我们的幸福日子”文本格式设置为“微软雅黑，16”。

提个醒
浮动工具栏一定要在选择文本后立即使用，若是长时间不使用该工具栏，工具栏将自动隐藏。

STEP 03：调整文本位置

选择“我们的纪念日”文本框。将鼠标光标定位到文本框四周边线上，当鼠标呈✥形状时，按住鼠标并拖动，至合适位置处释放鼠标，调整文本框的位置。

提个醒
在移动文本框的时候，可看到有一条红色的细线，其实是智能参考线在起提示作用，表示此时已处于某对齐位置。

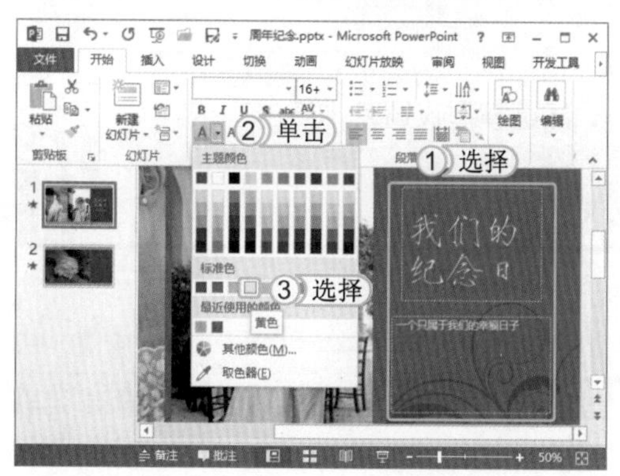

STEP 04：设置文本颜色

1. 选择“我们的纪念日”文本框后，按住 Shift 键，同时选择“一个只属于我们的幸福日子”文本框，将两个文本框同时选择。
2. 选择【开始】/【字体】组，单击“字体颜色”按钮A右侧的▾。
3. 在弹出的下拉列表中选择“标准色”栏中的“黄色”选项，将文本字体颜色设置为黄色。

STEP 05： 在第 2 张幻灯片中输入文本

选择第 2 张幻灯片，在两个占位符中分别输入“点点滴滴”和“我每天的幸福就是有你相伴，让我们就这样一直幸福下去，直到永远。”文本。

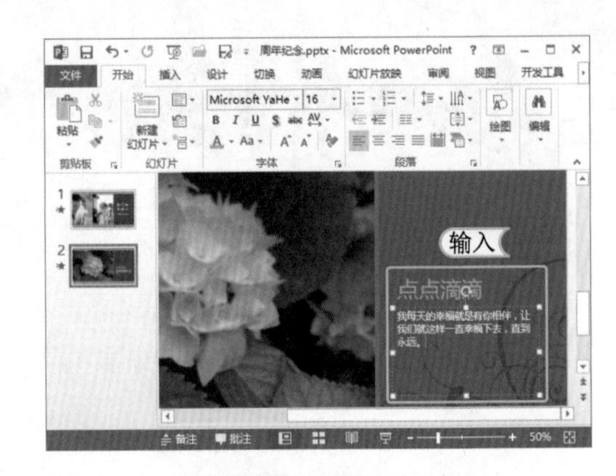

提个醒 在文本占位符中输入的文本都是使用占位符中预设的文本格式，用户可根据需要使用前面讲的知识进行修改。

STEP 06： 打开“段落”对话框

1. 选择“我每天的幸福就是有你相伴，让我们就这样一直幸福下去，直到永远。”文本段落。
2. 选择【开始】/【段落】组，单击右下角的 按钮，打开“段落”对话框。

提个醒 选择文本后单击鼠标右键，在弹出的快捷菜单中选择“段落”命令，也可打开“段落”对话框。

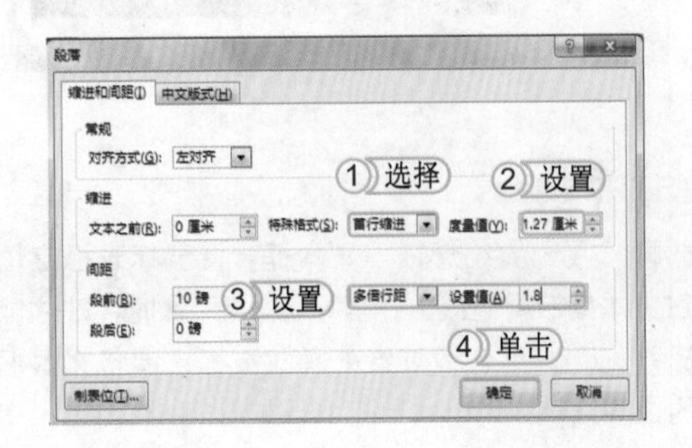

STEP 07： 设置段落格式

1. 在打开的“段落”对话框中的“特殊格式”下拉列表框中选择“首行缩进”选项。
2. 设置度量值为“1.27 厘米”。
3. 设置行距为“多倍行距”，在“设置值”数值框中输入“1.8”。
4. 单击 确定 按钮，完成段落格式的设置。

3.2 应用艺术字

艺术字就是图片与文字的结合体，应用艺术字能为演示文稿增添不少色彩。下面就来对艺术字的应用和设计等知识进行学习。

学习 1 小时

- 了解艺术字的应用范围。
- 熟练掌握设置艺术字的方法。
- 熟悉对艺术字工具栏的应用。

3.2.1 艺术字的应用范围

艺术字通常被广泛应用于幻灯片的标题和需要重点讲解的部分，以引起观众的注意并突出显示演讲的关键内容。但切记不要乱用、滥用艺术字，否则，会大大降低演示文稿的质量。如下图所示为应用的艺术字效果。

3.2.2 插入艺术字

用户可以为已有的文本设置艺术字样式，也可以直接创建艺术字。插入艺术字的方法是：选择【插入】/【文本】组，单击“艺术字”按钮，在弹出的下拉列表框中选择需要的艺术字样式，然后在出现的艺术字文本框中输入文本即可。如果要修改艺术字文本框中的文本，则可直接双击艺术字，将鼠标光标定位到其中直接修改文本即可。

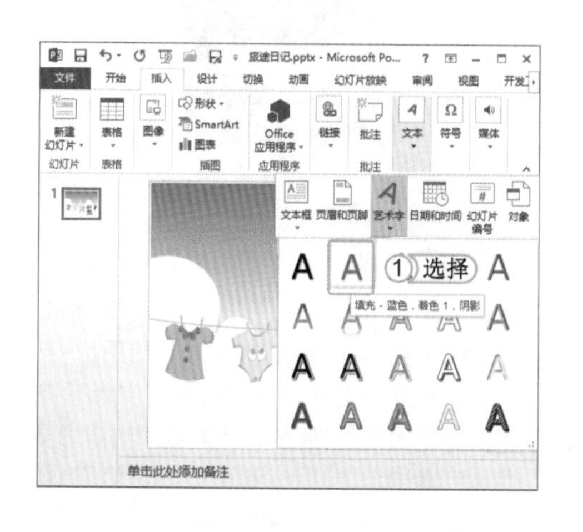

3.2.3 调整艺术字位置和大小

系统自动插入的艺术字通常是在当前幻灯片的居中位置，而且大小有时候也不能与当前幻灯片内容相匹配。所以，用户需要手动对幻灯片的位置和大小进行调整。调整艺术字位置和大小的方法与文本框一致，这里就不再赘述。

3.2.4 设置艺术字效果

在制作演示文稿的过程中，可以根据演示文稿的整体效果来设置艺术字效果，如设置阴影、扭曲、旋转或拉伸等特殊效果。下面就以在“天天美水果超市 .pptx”演示文稿中设置艺术字为例进行讲解，其具体操作如下：

光盘文件
素材 \ 第 3 章 \ 天天美水果超市 .pptx
效果 \ 第 3 章 \ 天天美水果超市 .pptx
实例演示 \ 第 3 章 \ 设置艺术字效果

STEP 01： 选择艺术字

打开“天天美水果超市 .pptx”演示文稿，选择艺术字文本框，选择【格式】/【艺术字样式】组。

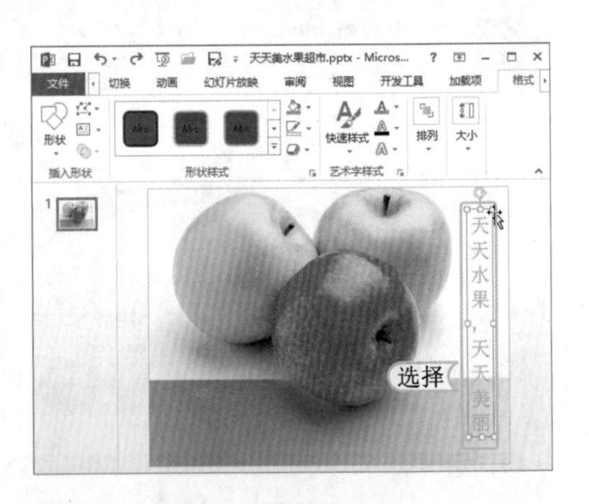

提个醒　选择【格式】/【形状样式】组，选择其下拉列表框中的任一选项，将会对艺术字文本框进行相应的设置。

STEP 02： 设置艺术字文本颜色

1. 单击“文本填充”按钮右侧的下拉按钮。
2. 在弹出的下拉列表中选择“主题颜色”栏中的“深绿，文字 1，淡色 25%”选项。

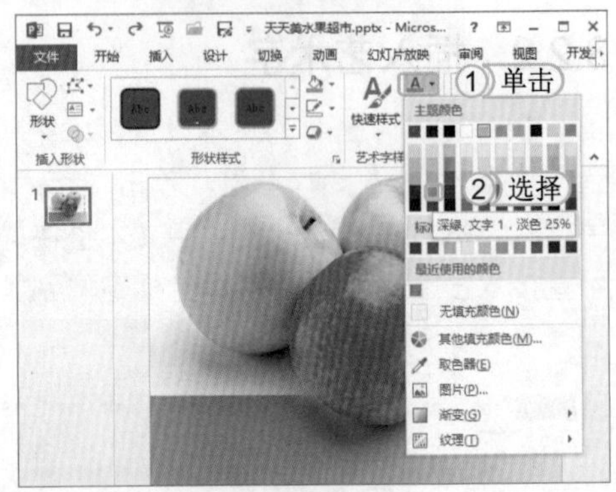

提个醒　单击“艺术字样式”右侧的按钮，将会在幻灯片中打开“设置形状格式”窗格，用户可在其中对艺术字的形状和文本进行详细的设置。

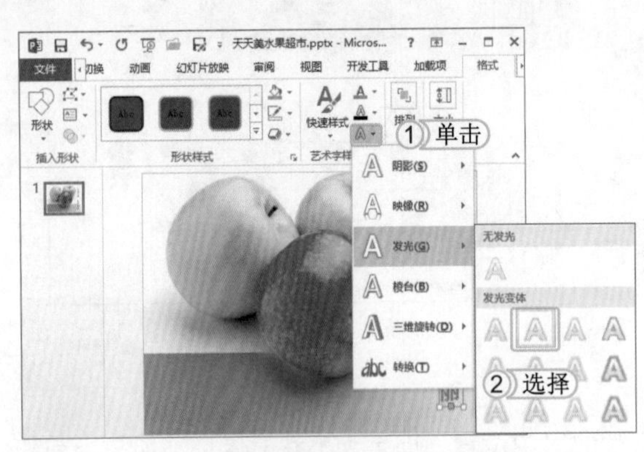

STEP 03： 设置文本发光效果

1. 单击“文本效果”按钮，在弹出的下拉列表中选择“发光”选项。
2. 在弹出的子列表中选择“发光变体”栏中的“水绿色，5pt 发光，着色 2”选项。

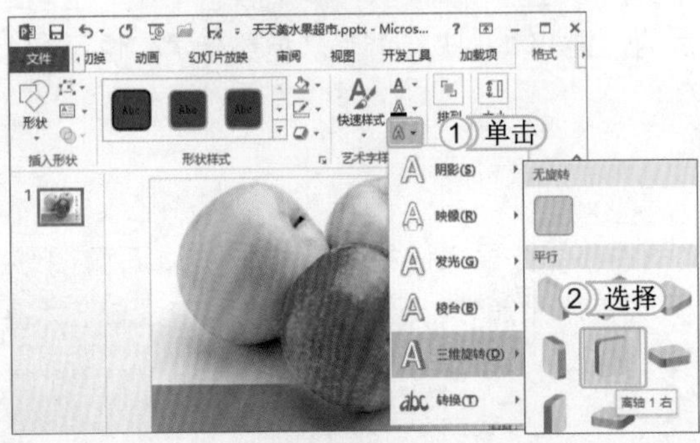

STEP 04： 设置文本三维旋转效果

1. 单击“文本效果”按钮，在弹出的下拉列表中选择“三维旋转”选项。
2. 在弹出的子列表中选择“平行”栏中的“离轴 1 右”选项。

提个醒　为艺术字设置三维旋转效果后，使具有更强的视觉冲击力，能够很好地吸引观众注意力。

STEP 05：设置弯曲效果并查看最终效果

单击“文字效果”按钮A，在弹出的下拉列表中选择“转换”选项。在弹出的子列表中选择“弯曲”栏中的“正方形”选项。设置完成后，查看其最终效果。

提个醒 选择艺术字文本框后，单击鼠标右键，在弹出的快捷菜单中选择“编辑顶点”命令，拖动艺术字文本框顶点可改变艺术字形状。

上机 1 小时 ▶ 制作“旅途日记”演示文稿

- 熟悉插入艺术字的方法。
- 巩固编辑艺术字文本的各种方法。
- 熟练掌握设置各种艺术字效果的方法。

本例将对“旅途日记 .pptx”演示文稿中的艺术字进行设置，通过对艺术字的设置方法进行巩固练习，达到让用户能够快速制作出漂亮、实用和醒目的艺术字的目的。首先调整演示文稿中艺术字的大小和位置，然后对艺术字的各种效果进行设置。其最终效果如下图所示。

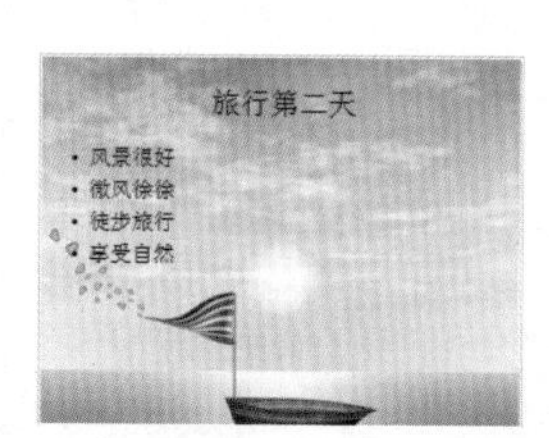

光盘文件
素材 \ 第 3 章 \ 旅途日记 . pptx
效果 \ 第 3 章 \ 旅途日记 . pptx
实例演示 \ 第 3 章 \ 制作“旅途日记”演示文稿

STEP 01：调整艺术字大小

打开“旅途日记 .pptx”演示文稿，选择艺术字“美好的旅途”文本框。将鼠标光标定位到艺术字四周边框线处，待鼠标呈⟺形状时，按住并拖动鼠标，至显示为一行文字时释放鼠标，完成调整艺术字大小的操作。

提个醒 在操作此步骤时，可看到当艺术字文本框被调整得较小时，文本框的方向自动发生了改变，此处由横排文本框变成了竖排文本框。若适当调整文本框大小，还可以控制文本框的显示行数和排数。

STEP 02：调整艺术字位置

将鼠标光标定位到艺术字文本框四周边线处，待鼠标呈✥形状时，按住并拖动鼠标，至适当位置处释放鼠标，完成艺术字的移动。

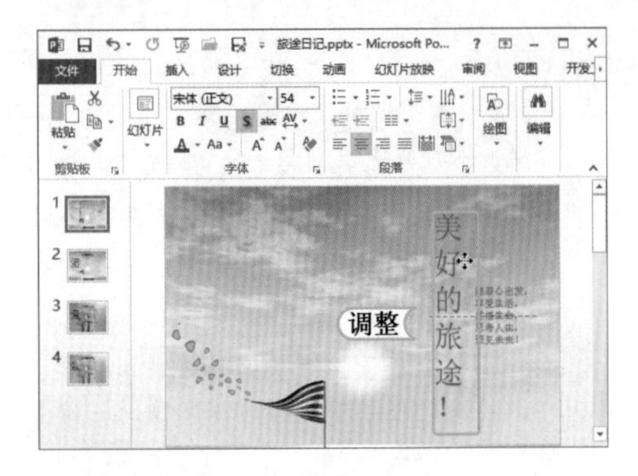

> **提个醒** 艺术字一定要放在幻灯片的合适位置，尽量不要与背景图片的颜色重叠，建议放在幻灯片正上方、左侧居中或右侧居中的位置。

STEP 03：更换艺术字样式

1. 选择【格式】/【艺术样式】组，单击“快速样式” 按钮。
2. 在弹出的下拉列表框中选择“填充 - 橄榄色，着色 3，锋利棱台”选项。

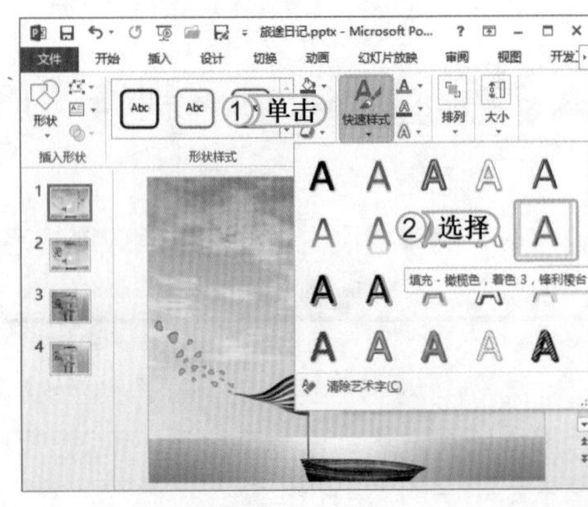

> **提个醒** 在选择艺术字样式时，一定要多试几种，查看是否与当前幻灯片内容和背景相适应，尽量选用与当前幻灯片相近的色系。

STEP 04：设置棱台效果

1. 单击“文本效果”按钮，在弹出的下拉列表中选择“棱台”选项。
2. 在弹出的子列表中选择“棱台”栏中的“斜面”选项。

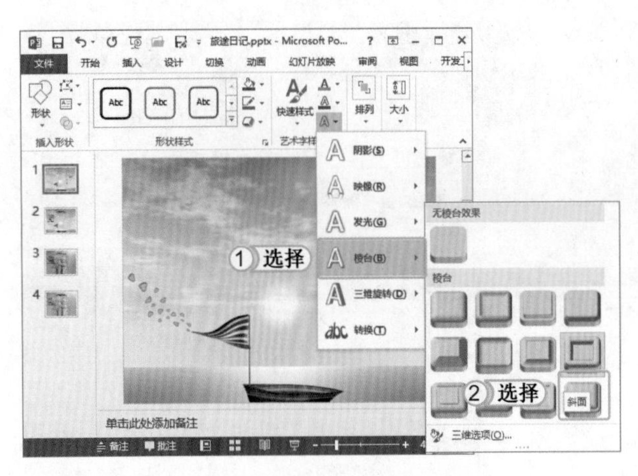

> **提个醒** 在执行此步骤时，可以单击“艺术字样式”组右侧的按钮，在打开的“艺术字样式”窗格中对棱台的宽度和高度进行设置。

STEP 05：设置三维旋转效果

1. 单击“文本效果”按钮，在弹出的下拉列表中选择“三维旋转”选项。
2. 在弹出的子列表中选择“透视”栏中的“右向对比透视”选项。

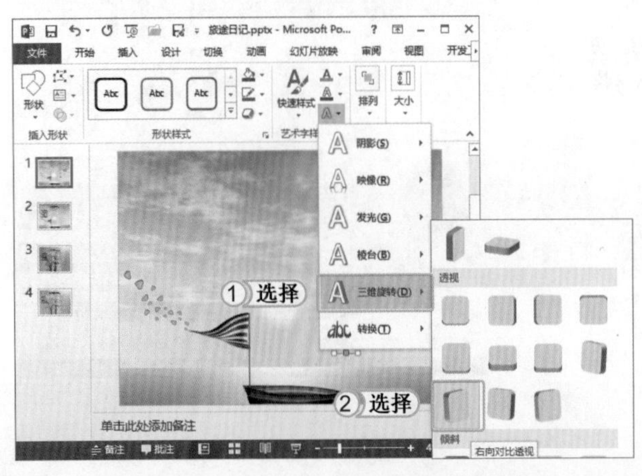

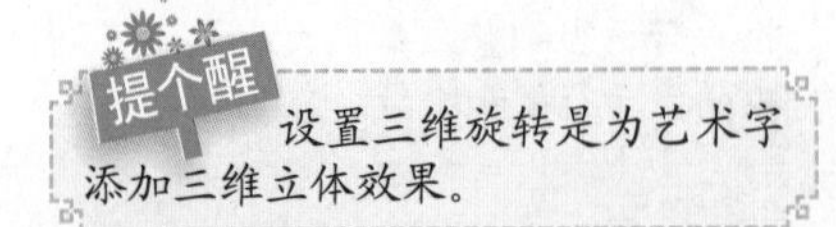

> **提个醒** 设置三维旋转是为艺术字添加三维立体效果。

STEP 06： 设置弯曲效果

1. 单击“文字效果”按钮A，在弹出的下拉列表中选择“转换”选项。
2. 在弹出的子列表中选择“弯曲”栏中的“正方形”选项。

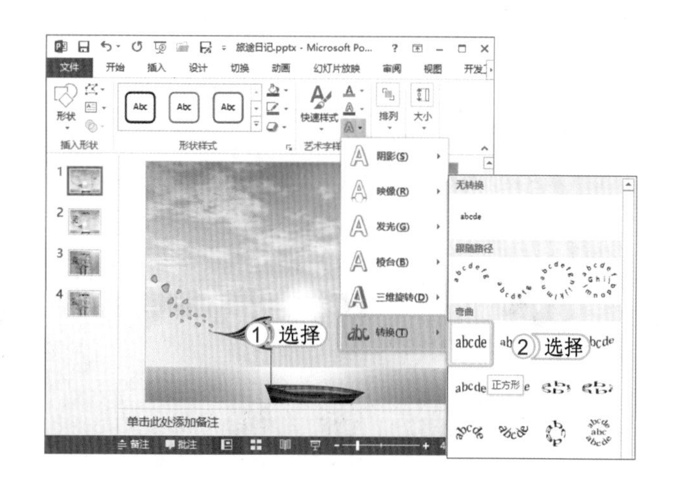

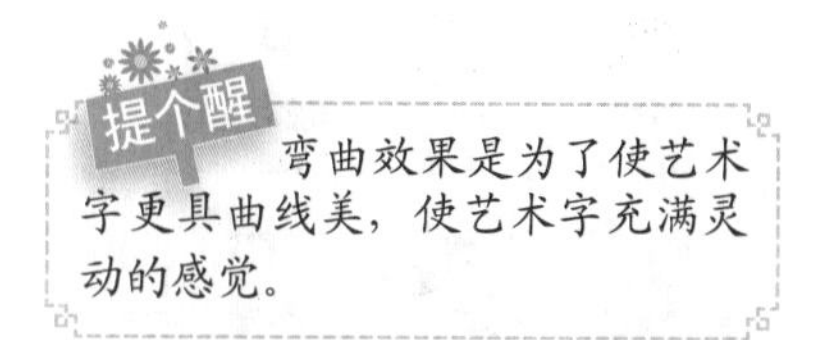
提个醒 弯曲效果是为了使艺术字更具曲线美，使艺术字充满灵动的感觉。

STEP 07： 设置其他艺术字

按照同样的方法，将第2张幻灯片中的标题设置为“填充-蓝色，着色1，阴影”的艺术字样式和“半映像，接触”的映像效果。完成本例的制作。

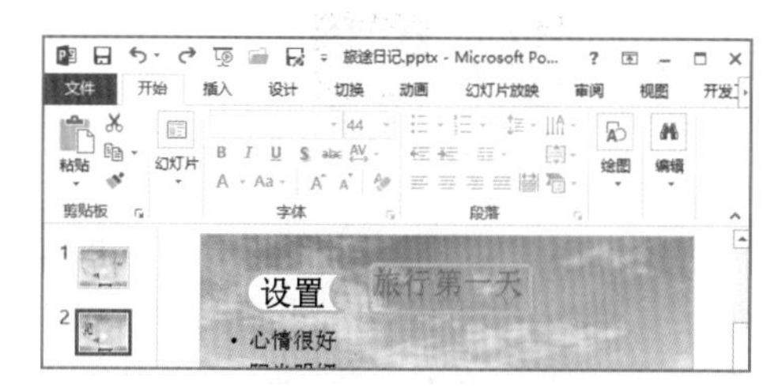

3.3 插入与设置图片

PowerPoint 2013 中提供了丰富的图片处理功能，可以插入本地电脑中的图片和联机图片，还能对插入的图片进行设置。在幻灯片中恰当地运用图片可以起到画龙点睛的作用，能让幻灯片的内容更加形象。下面就来对图片的插入和设置方法进行讲解。

学习 1 小时

- 掌握图片的插入方法。
- 学习图片的基本编辑操作方法。
- 熟练使用图片的设置方法。
- 学会创建相册。

3.3.1 插入图片

要在 PowerPoint 2013 中应用图片，首先就要懂得如何插入图片。插入图片的方法与图片的来源有关，所以下面就先来认识图片，再介绍如何插入图片。

1. 认识图片

图片不仅有多种格式，还有不同的来源，知道了图片的格式和来源才能更好地将图片运用到幻灯片中。

（1）图片的格式

PowerPoint 2013 支持的可插入的图片文件格式较多，大致包含位图、矢量图和动态图片。常见的位图有 JPG、BMP、PNG、TIF 等格式；矢量图有 WMF、EPS 等格式；动态图片的格式一般为 GIF。其中最常用的有 JPG、GIF、PNG 和 WMF 四种格式的图片。下面就对这几种最常用到的图片格式进行介绍。

- JPG 格式图片：JPG 是幻灯片中最常用的位图图片格式，该格式的图片在保存时经过压缩，可使图像文件变小。在幻灯片中使用时要注意选用分辨率较高的图片，这样会显得更加精美。

- GIF 格式图片：GIF 图片常称为 GIF 动画，它是由一帧帧图片拼叠在一起的。在幻灯片中加入 GIF 图片可以吸引观众眼球，但要注意应用场合，在会议报告、招标/投标演示文稿中要慎用。

- PNG 格式图片：PNG 是目前最为流行的图像文件格式，常说的 PNG 图标即指该格式的图片，其文件容量较小，清晰度较高，还可以使背景变得透明，在幻灯片中一般作为装饰或项目列表符号使用会比较形象，独具一格。

- WMF 格式图片：WMF 格式是一种 Windows 平台下的矢量图形格式，Office 中的剪贴画就是这种格式。它可以任意放大或缩小，而不会使图片变模糊，一般由 CorelDRAW 等绘图软件绘制，在幻灯片中一般用作装饰或人物插画。

（2）图片的来源

图片的类型不同，其来源也不尽相同。了解图片的来源，可以为插入图片的操作带来很大的方便。下面就来介绍图片的主要来源。

- 通过网络搜索或购买：在 Internet 中可以搜索并保存各种类型图片，还可以购买图库，查找需要的图片素材。
- 通过软件制作：矢量图一般来源于 CorelDRAW、Illustrator 等软件的绘制；GIF 动态图片一般来源于 Flash、Fireworks、Gif Tools 和 Ulead GIF Animator 等软件的制作。
- 通过相机拍摄：位图图片一般来源于数码相机的拍摄。

2. 插入图片

图片的插入方法根据图片的来源而各有不同，下面就来对各种图片的插入方法进行介绍。

（1）插入电脑中的图片

在幻灯片中插入图片时可以通过图形占位符插入，也可执行选项卡中的命令在幻灯片的任意位置插入。下面以在"水果与健康.pptx"演示文稿中插入图片为例分别介绍这两种插入方法，其具体操作如下：

光盘文件
素材\第3章\水果与健康\
效果\第3章\水果与健康.pptx
实例演示\第3章\插入电脑中的图片

STEP 01：打开"插入图片"对话框

1. 打开"水果与健康.pptx"演示文稿，在"幻灯片"窗格中选择第2张幻灯片。
2. 选择【插入】/【图像】组，单击"图片"按钮，打开"插入图片"对话框。

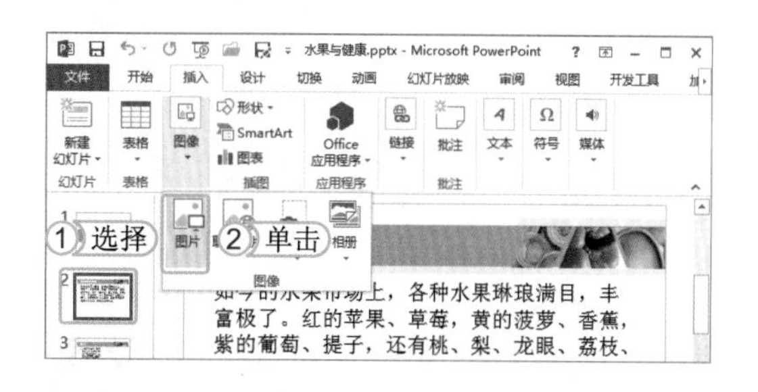

STEP 02：选择需插入的图片

1. 在"查找范围"下拉列表框中选择图片所在的位置，这里选择"水果与健康"素材文件夹。
2. 在中间列表框中选择"水果.jpg"图片。
3. 单击 插入(S) 按钮。

提个醒
要在某个演示文稿中插入图片，最好在此之前将相关图片整理到一个文件夹中，这样可以方便查找需要插入的图片。

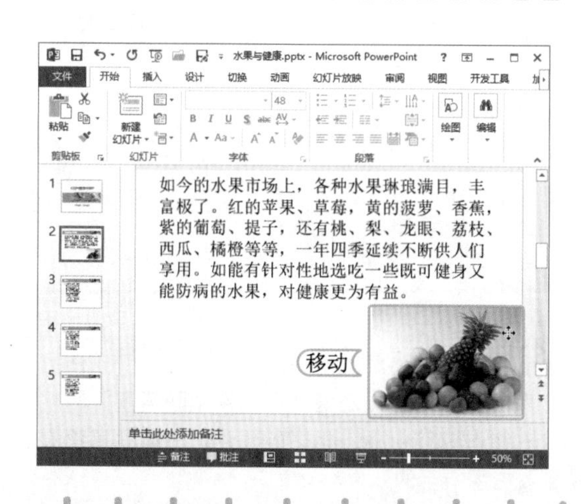

STEP 03：调整插入图片位置

此时选择的图片将插入到第2张幻灯片中，并呈选中状态，将鼠标光标移到图片上，当其呈✥形状时，拖动鼠标将图片移动到合适的位置，释放鼠标，完成图片的移动。

提个醒
除了利用按钮插入图片外，还可以在电脑中浏览图片时，按住鼠标左键不放将某张图片拖至 PowerPoint 2013 演示文稿窗口的标题栏上，再拖至幻灯片编辑区并释放鼠标也可插入该图片。

读书笔记

STEP 04： 选择图片占位符

1. 在“幻灯片”窗格中选择第 3 张幻灯片。
2. 单击右侧占位符中的“插入来自文件的图片”图标，打开“插入图片”对话框。

提个醒 在占位符中插入图片后，可看到图片正好位于占位符中，这样可以使调整图片的操作更加方便。

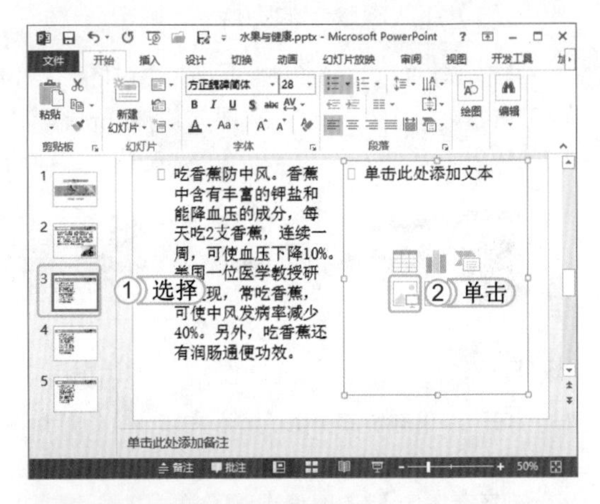

STEP 05： 选择需插入的图片

1. 在“查找范围”下拉列表框中选择图片所在的位置。
2. 在中间列表框中选择“香蕉 .jpg”图片选项。
3. 单击 插入(S) 按钮。

提个醒 在再次插入图片时，PowerPoint 会自动将“插入图片”对话框定位到上一次插入图片的位置处。

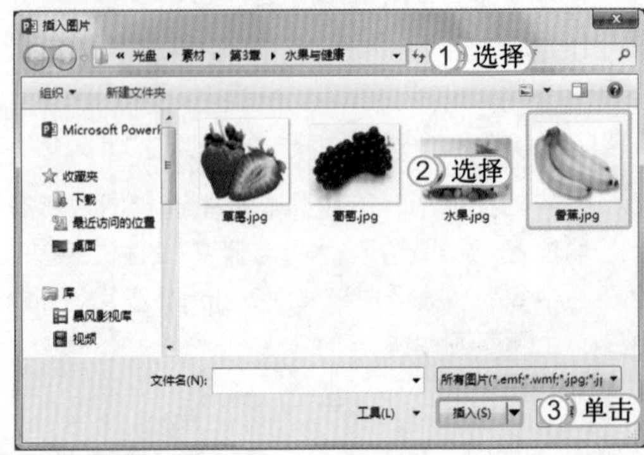

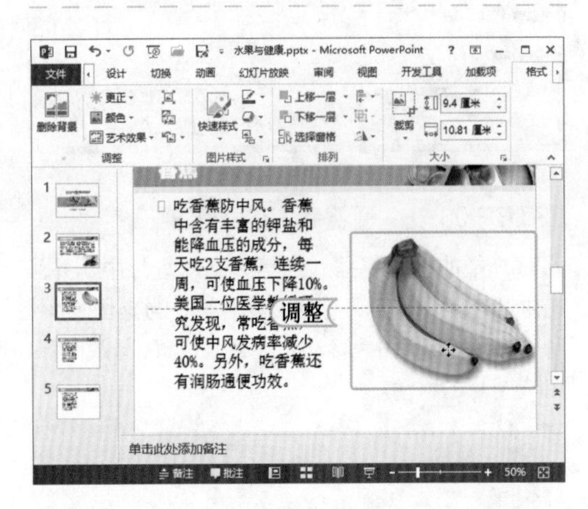

STEP 06： 调整香蕉图片位置

此时选择的图片将插入到第 3 张幻灯片的占位符中，并呈选中状态，拖动鼠标调整图片的位置。

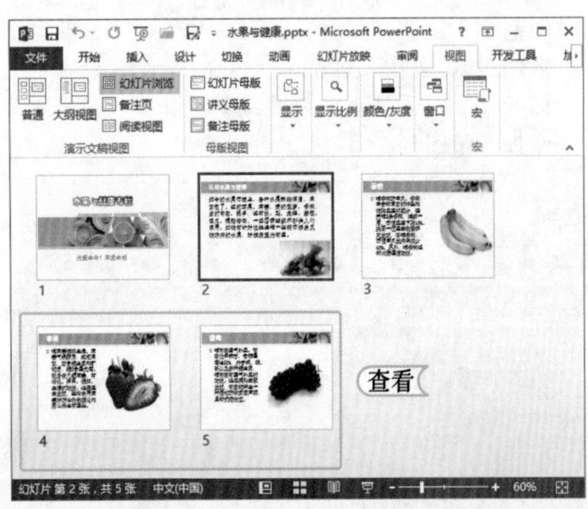

STEP 07： 插入其他图片

使用前面介绍的方法继续在第 4 张和第 5 张幻灯片右侧占位符中插入相关的图片，完成后可查看到如右图所示的效果。

提个醒 如果需要替换插入的图片，选择【格式】/【调整】组，单击“更改图片”按钮，在打开的对话框中选择需要的图片即可。

（2）插入联机图片

联机图片是 PowerPoint 2013 提供的一项新功能，与之前版本的剪贴画功能类似，但其图片主要来源于 Office.com 中的剪贴画与必应 Bing 的图像搜索。Office.com 与必应 Bing 都是微软提供的 Office 办公软件的搜索工具。需要注意的是，只有在联网状态才可插入联机图片。下面就对插入联机图片的方法进行介绍。

- 插入 Office.com 中的剪贴画：选择【插入】/【图像】组，单击“联机图片”按钮，打开“插入图片”对话框，在“搜索 Office.com”文本框中输入需要搜索的图片关键词，如“人物”，再按 Enter 键打开“Office.com 剪贴画”对话框，在其中的列表框中选择需要的剪贴画，单击 插入 按钮即可。

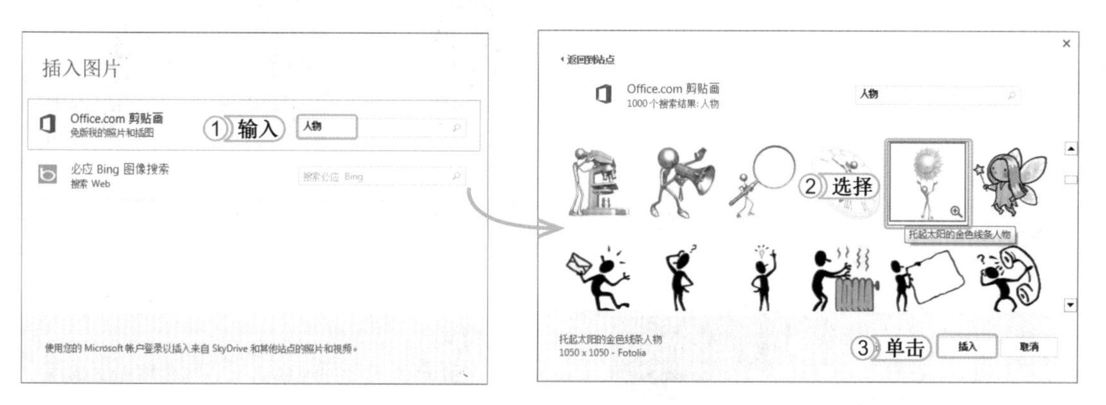

- 插入必应 Bing 中的图片：选择【插入】/【图像】组，单击“联机图片”按钮，打开“插入图片”对话框，在“搜索必应 Bing”文本框中输入需要搜索的图片关键词，如“奋斗”，再按 Enter 键打开“必应 Bing 图像搜索”对话框，在该对话框中选择需要的图像，单击 插入 按钮即可。

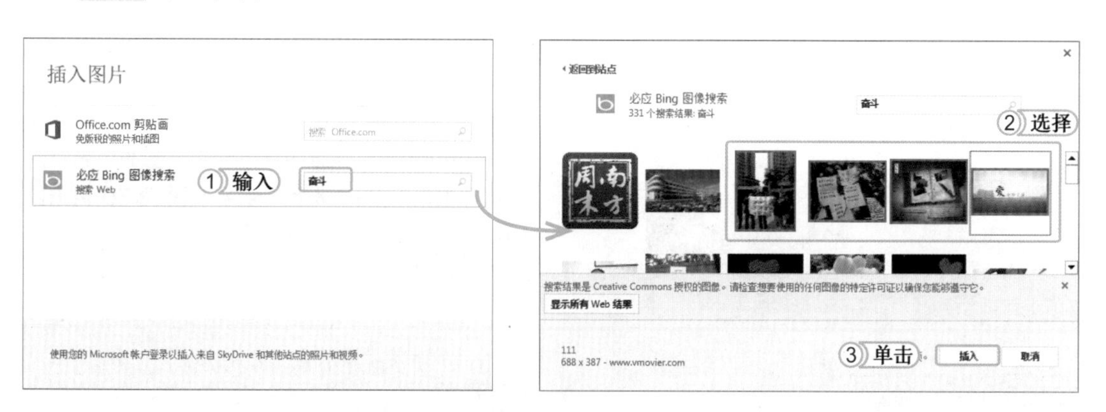

经验一箩筐——插入 SkyDrive 中的图片

若用户登录了自己的 SkyDrive 账户，在搜索联机图片时，在“插入图片”对话框中将显示用户保存的 SkyDrive 文件夹，选择该文件夹后，再选择所需的图片，单击 插入 按钮也可插入图片。

（3）插入屏幕截图

使用 PowerPoint 2013 的屏幕截图功能，可将当前打开的窗口中的某些图片应用到幻灯片中。通过该功能可以图片的形式插入屏幕中显示的任何内容到幻灯片中。下面将在“个人目标.pptx”演示文稿中插入在 IE 浏览器中截取的图片，其具体操作如下：

光盘文件

素材\第3章\个人目标.pptx

效果\第3章\个人目标.pptx

实例演示\第3章\插入屏幕截图

STEP 01：打开 360 浏览器

单击任务栏上的“360 浏览器”图标，打开 360 浏览器。在 Internet 中搜索与个人目标有关的图片。

> **提个醒** 搜索到的图片要与当前制作的演示文稿内容相匹配。

STEP 02：选择“屏幕剪辑”选项

1. 打开“个人目标.pptx”演示文稿，选择【插入】/【图像】组，单击“屏幕截图”按钮。
2. 在弹出的下拉列表中选择“屏幕剪辑”选项。

> **提个醒** 在执行此步骤的操作时，在“可用视图”列表框中提供了 PowerPoint 当前所有处于屏幕中的窗口图，任选其中一个将自动插入相应的窗口图。

STEP 03：在浏览器界面中截图

选择“屏幕剪辑”选项后，将自动最小化 PowerPoint 工作界面，并将可以截图的屏幕呈朦胧状态显示，此时鼠标光标呈十形状，在需截图的地方拖动鼠标，框选需截取的部分后释放鼠标，完成屏幕截图。

STEP 04：插入屏幕截图

完成屏幕截图后，截取的图片会自动插入到当前幻灯片中。适当调整图片的位置，完成屏幕截图的插入。

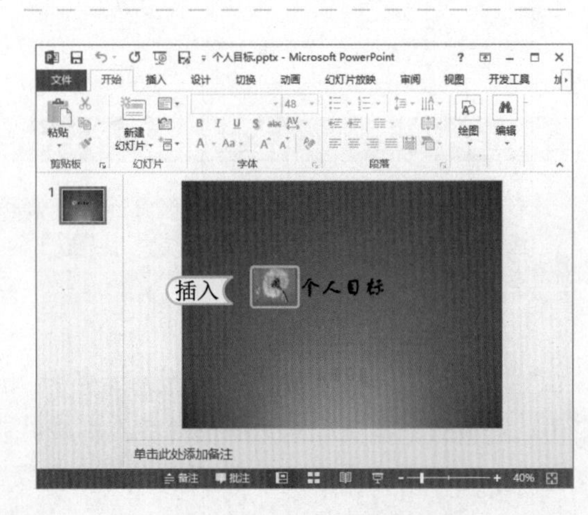

> **提个醒** 屏幕截图插入的图片，一般可用来作为标题或文本内容中的符号，以及示例中的示意图。

3.3.2 图片的基本编辑操作

将图片插入幻灯片后，可根据需要对图片进行基本编辑，主要包括调整图片大小、裁剪图片、旋转图片以及移动和复制图片等。其中，调整图片大小、裁剪和旋转图片均可通过“格式”选项卡中的“大小”组和“排列”组进行。下面对图片的一些基本编辑方法进行讲解。

- 调整图片大小：选择插入的图片，将鼠标光标定位到图片四角的方形控制点上，拖动鼠标可同时调整图片的长度和宽度；若拖动图片四边的方形控制点，将只调整图片的长度或宽度。如下图所示，左图为同时调整图片的长度和宽度，右图为只调整图片的长度。

- 裁剪图片：选择图片后，选择【格式】/【大小】组，单击“裁剪”按钮，此时图片的各个控制点将变为粗实线。将鼠标光标定位到一个控制点上，按住鼠标并拖动，至需保留的区域处释放鼠标，再在裁剪区域外任意位置单击鼠标，完成图片的裁剪。如下图所示即为裁剪图片的效果。

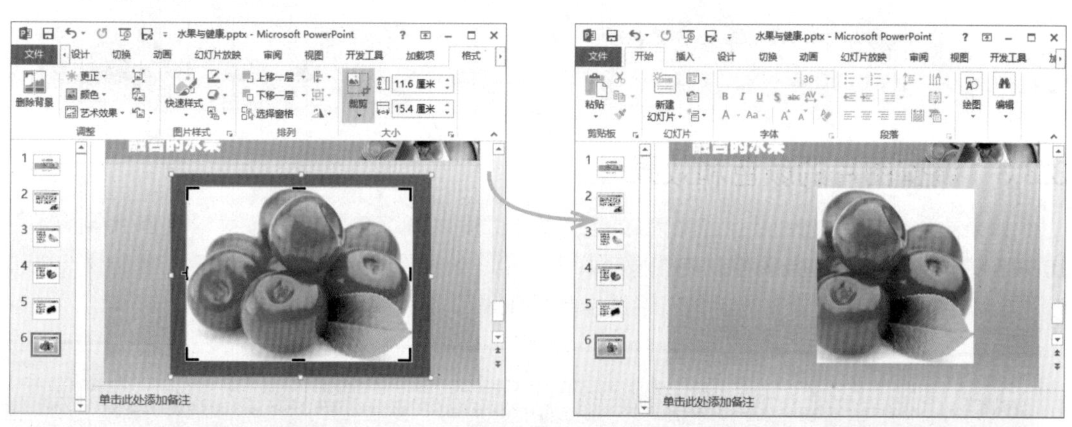

经验一箩筐——“找”回被裁剪的图片区域

如果需要将裁剪掉的图片内容重新显示出来，可以再次选择裁剪工具，向相反方向拖动鼠标即可将裁剪掉的图片“找”回来。

- 旋转图片：选择图片后，将鼠标光标定位到图片上方的圆弧控制点上，当鼠标光标变为形状时，拖动鼠标可旋转图片。如下图所示为旋转图片的效果。

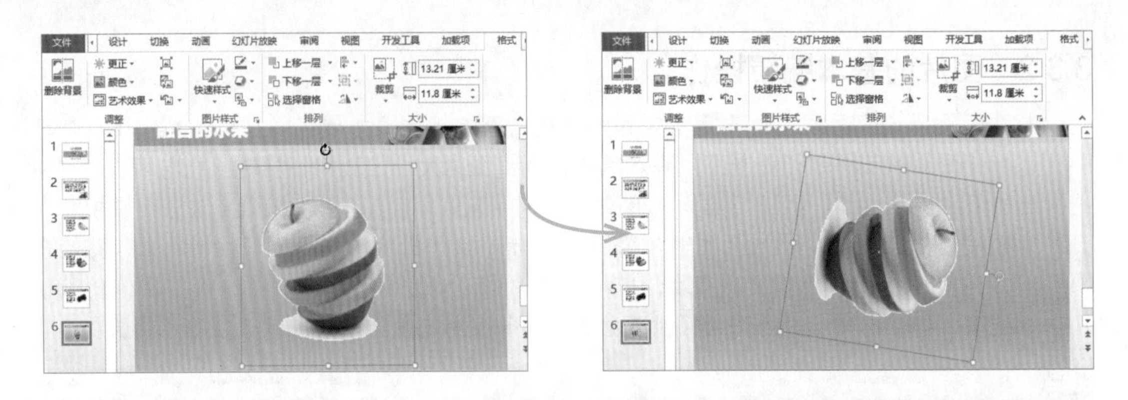

经验一箩筐——详细设置旋转角度

若需要设置旋转的精确角度值，可以选择图片后，选择【格式】/【排列】组，单击“旋转”按钮，在弹出的下拉列表中选择需要的旋转选项即可，或选择“其他旋转选项”选项，在“设置图片格式”窗格中对旋转角度进行详细设置。

移动和复制图片：选择图片后，将鼠标光标定位到图片的任意位置，当鼠标光标变为形状时，拖动鼠标至合适位置处，释放鼠标即可将图片移到该位置。如果在移动图片的过程中按住 Ctrl 键不放，可复制并移动图片。如下图所示分别为移动图片和复制图片。

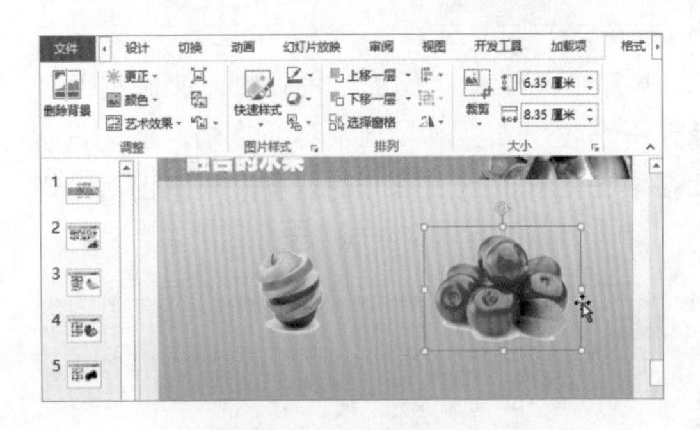

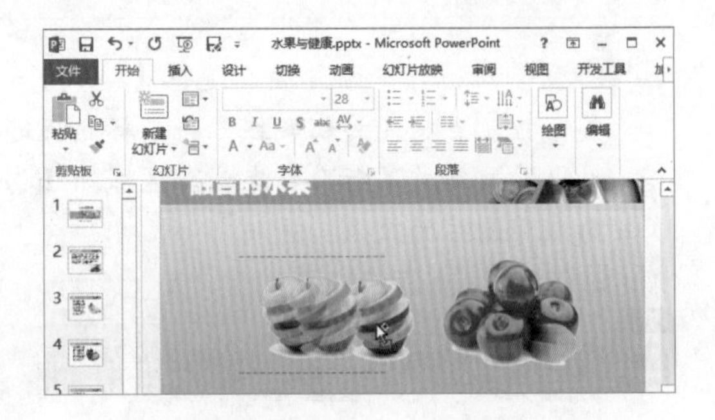

3.3.3 调整图片的颜色和效果

如果插入幻灯片的图片存在颜色较暗或曝光过度以及偏色等问题，可以使用 PowerPoint 2013 自带的调整工具进行调整，使图像色彩更鲜艳，效果更好。下面以在“嘉庆礼物展 .pptx”演示文稿中对图片进行调整为例进行讲解，其具体操作如下：

光盘文件
素材 \ 第 3 章 \ 嘉庆礼物展 . pptx
效果 \ 第 3 章 \ 嘉庆礼物展 . pptx
实例演示 \ 第 3 章 \ 调整图片的颜色和效果

STEP 01：选择图片

1. 打开“嘉庆礼物展 .pptx”演示文稿，选择第 2 张幻灯片。
2. 选择左上角第 1 张图片，该图片颜色偏暗。

STEP 02：提高亮度和对比度

1. 选择【格式】/【调整】组，单击 更正▾ 按钮。
2. 在弹出的下拉列表中选择“亮度和对比度”栏中的“亮度 :+20% 对比度 :+20%”选项。

提个醒 用户所选择的调整亮度和对比度的选项是系统预设的，在该列表中，从左到右依次以 20% 的梯度增加亮度，从上往下依次以 20% 的梯度增加对比度。

STEP 03：提高图片对比度

1. 选择右侧第2张小猫图片，该图片稍曝光过度。选择【格式】/【调整】组，单击 更正▾ 按钮。
2. 在弹出的下拉列表中选择“亮度和对比度”栏中的“亮度 :0%（正常） 对比度 :+20%”选项。

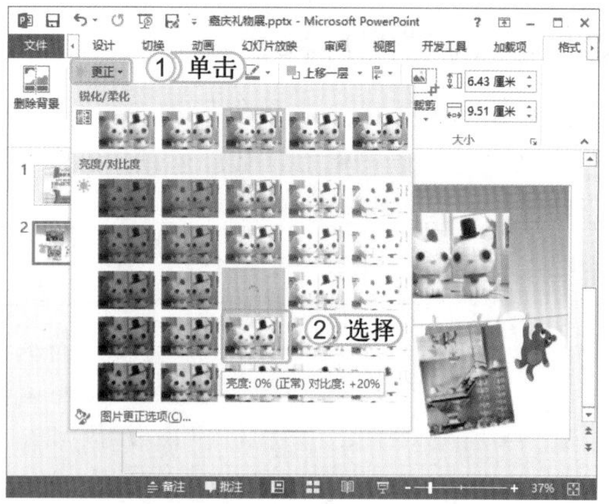

提个醒 对比度主要是用于调整曝光的色彩效果，适当的对比度会使得图片中各个对象都能够很好且独立地表达出来。

STEP 04：调整色调

1. 选择下方左侧的花盆图片，该图片色调偏暗，选择【格式】/【调整】组，单击 颜色▾ 按钮。
2. 在弹出的下拉列表中选择“色调”栏中的“色温 :8800K”选项。

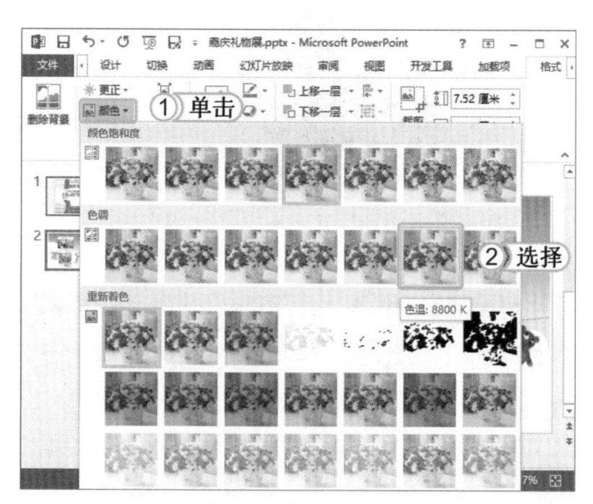

提个醒 若在 颜色▾ 按钮的下拉列表中选择“设置透明色”选项，可单击图片设置透明色，使图片更好地与背景色相融合。

STEP 05：调整饱和度

1. 选择下方右侧的小烛台图片，该图片饱和度不够，有偏色问题，选择【格式】/【调整】组，单击 颜色▾ 按钮。
2. 在弹出的下拉列表中选择“颜色饱和度”栏中的“饱和度 :200%”选项。

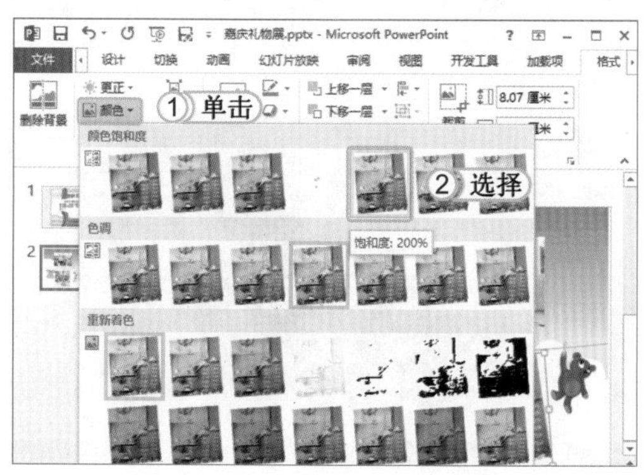

STEP 06： 查看调整后的效果

完成图片的调整后，返回到 PowerPoint 编辑区，查看调整后的图片效果。

3.3.4 设置图片样式

PowerPoint 2013 中提供了丰富的图片样式，用户可以快速地进行调用。使用图片样式可使插入的图片效果更加丰富、生动。在【格式】/【图片样式】组中可快速为图片设置样式，设置图片样式的常用操作有以下几种。

- 应用图片快速样式：选择图片后，选择【格式】/【图片样式】组，在“快速样式”列表框中选择需要的样式选项后，将快速将其应用于相应图片。如下图所示分别为应用“圆形对角，白色”、“棱台左透视，白色”样式的图片效果。

- 设置图片边框：选择图片后，在【格式】/【图片样式】组中单击“图片边框”按钮，在弹出的下拉列表中选择需要的选项，如“标准色”栏中的色块、“粗细”和“虚线”等，可对图片的边框进行详细设置，如下图所示即为设置图片的边框颜色的效果。

🔑 设置图片特殊格式：选择图片后，选择【格式】/【图片样式】组，单击“图片效果”按钮，在弹出的下拉列表中选择不同的选项可为图片设置不同的特殊效果，如下图所示为设置映像效果后的效果。

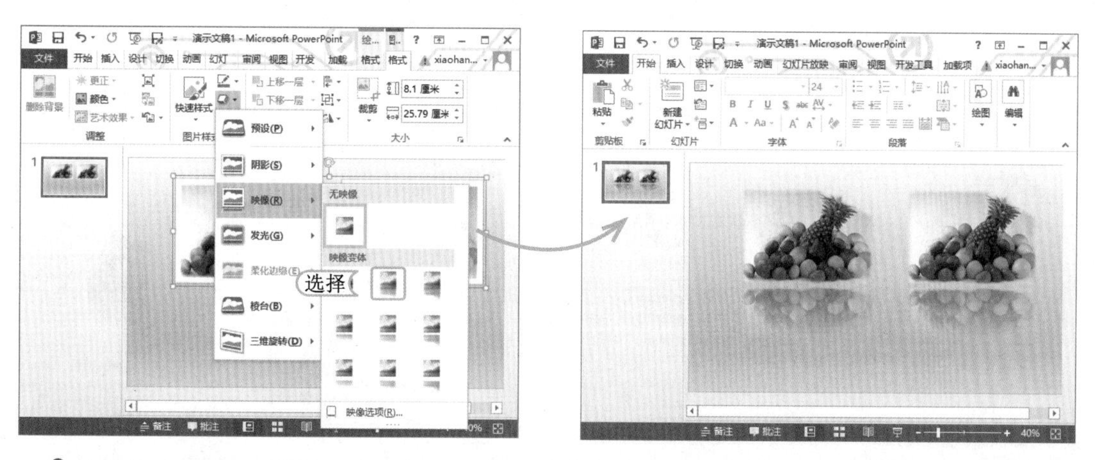

🔑 转换为 SmartArt 图形：如果插入了多张图片，并需要对每张图片分别进行介绍，可将图片转换为 SmartArt 图形。选择需设置的多张图片，选择【格式】/【图片样式】组，单击“转换为 SmartArt 图形”按钮，在弹出的下拉列表中有多种样式可供选择，如下图所示即为将图片转换为“蛇形题注图片列表”SmartArt 图形的效果。

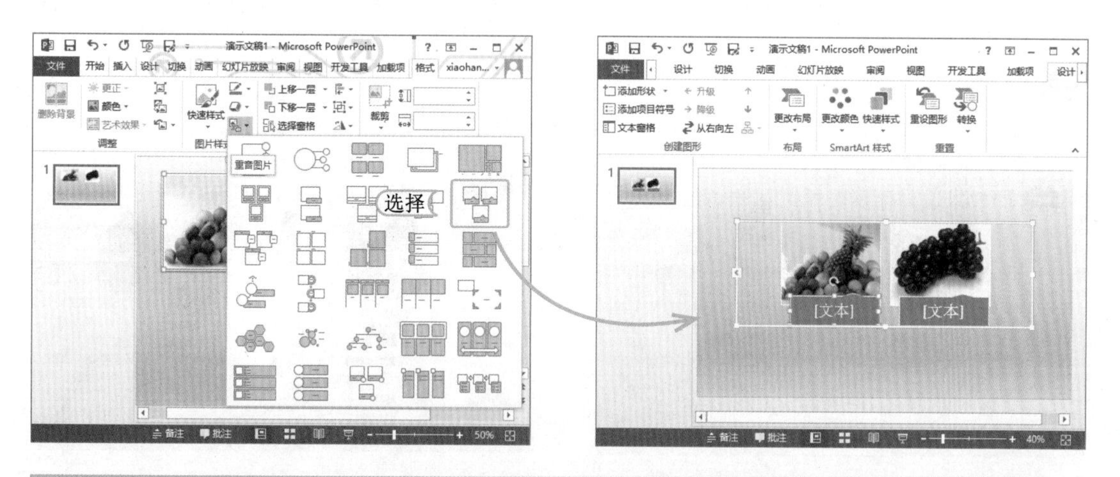

经验一箩筐——关于图片样式

选择一种图片样式后，可将其快速应用于所选择的图片，如果再选择另一种样式，将会看到上一次应用的图片样式自动失效，即一张图片只能应用一种图片样式。

3.3.5 更改图片叠放次序

叠放次序是指几个图片重合在一起时它们之间的位置与层次关系。在默认情况下，插入幻灯片中的图片按插入的先后顺序从上到下叠放，最后插入的图片位于最顶层，并会遮住它与下层图形重合的部分，因此，根据需要可以对图片进行置于顶层、置于底层、上移一层和下移一层等操作，从而调整图片叠放次序，下面分别进行介绍。

- **将图片置于顶层**：选择图片后单击鼠标右键，在弹出的快捷菜单中选择【置于顶层】/【置于顶层】命令，可将选择的图片显示在最上层，而遮住其后图片的某些部分。

- **将图片上移一层**：选择图片后单击鼠标右键，在弹出的快捷菜单中选择【置于顶层】/【上移一层】命令，可将选择的图片上移一层，若需上移多层可多次执行该命令。

- **将图片置于底层**：选择图片后单击鼠标右键，在弹出的快捷菜单中选择【置于底层】/【置于底层】命令，可将图片显示在所有图片最下层，从而将上层的其他图片显示出来。

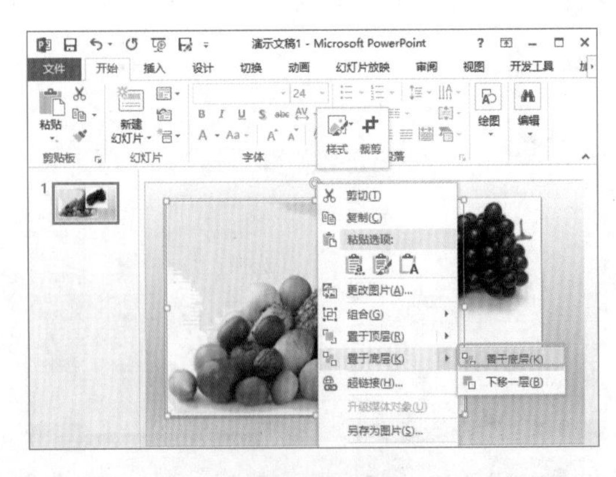

- **将图片下移一层**：选择图片后单击鼠标右键，在弹出的快捷菜单中选择【置于底层】/【下移一层】命令，可将选择的图片下移一层，若需下移多层可多次执行该命令。

经验一箩筐——其他更改图片叠放次序的方法

用户还可以在【格式】/【排列】组中，单击 上移一层 或 下移一层 按钮，或者单击相应按钮右侧的 按钮，在弹出的下拉列表中选择相应的选项更改图片的叠放次序。若是被覆盖的图片不利于选择，还可以单击 选择窗格 按钮，在打开的“选择”窗格中进行选择。

3.3.6 排列图片

在幻灯片中插入了多张图片后，如果不加以调整，幻灯片画面可能会看起来比较凌乱、不美观。若想让幻灯片画面更加美观整齐，就需对插入的图片进行排列。

排列图片最常见的方式是对图片进行对齐操作，在 PowerPoint 2013 中对齐图片的两种方法介绍如下。

- 拖动对齐：选择图片后按住鼠标左键不放并拖动，PowerPoint 2013 中的参考线将自动捕捉附近其他图片的顶点、中心点等位置以及距离等，并显示相应的灰色参考线和红色等距线，此时释放鼠标即可将图片以参照对象为准进行对齐。

- 使用命令对齐：选择幻灯片中要对齐的多张图片后，选择【格式】/【排列】组，单击“对齐”按钮，在弹出的下拉列表中选择“左对齐”、“顶端对齐”等选项，即可对齐图片。

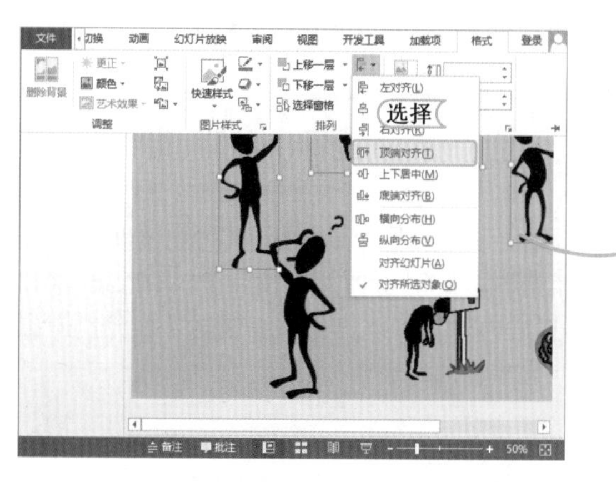

3.3.7 组合图片

插入多张图片后，如果需要对这些图片同时进行移动、复制和添加边框等操作，可以将这些图片组合起来作为一张图片进行编辑，组合图片有如下两种方法。

- 使用快捷菜单组合图片：选择要组合的图片后单击鼠标右键，在弹出的快捷菜单中选择【组合】/【组合】命令，将选择的图片组合为一个整体。

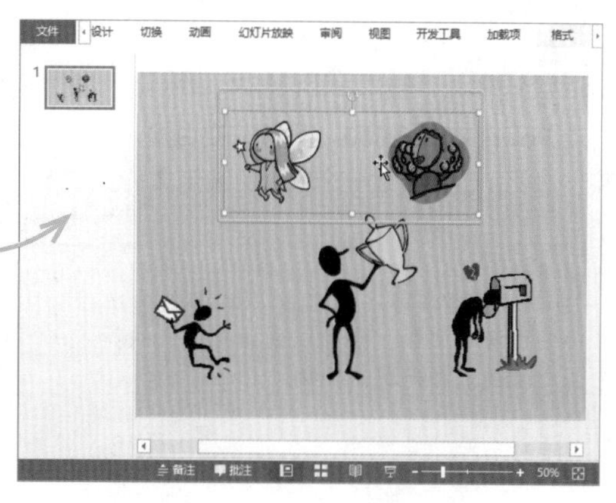

- 使用按钮组合图片：用户还可以在【格式】/【排列】组中，单击 按钮，在弹出的下拉列表中选择“组合”选项，即可组合所选的图片。

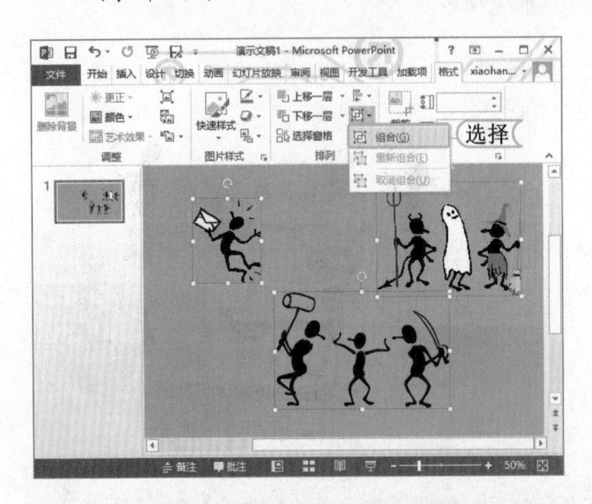

经验一箩筐——取消组合图片

选择组合图片并单击鼠标右键，在弹出的快捷菜单中选择【组合】/【取消组合】命令，即可取消组合，取消组合后还可重新组合图片。

3.3.8 创建相册

在实际工作中，常会制作如产品展示等演示文稿，用户需要在演示文稿中添加大量的产品图片，如果用前面介绍的方法单张插入图片会比较费时，此时，便可以使用 PowerPoint 2013 的插入相册功能来批量插入图片，并制作成相册，然后再对其加以美化和编辑。下面分别对插入和编辑相册的方法进行讲解。

1. 插入相册

相册型演示文稿需要大量的图片来展示其主题，因此，在创建相册前整理好需要用到的所有素材图片，然后再通过“相册”对话框制作出相应的版式，从而形成相册的效果。下面以制作“礼品包装盒 .pptx”演示文稿为例进行讲解，其具体操作如下：

光盘文件
素材 \ 第 3 章 \ 礼品包装盒 \
效果 \ 第 3 章 \ 礼品包装盒 .pptx
实例演示 \ 第 3 章 \ 插入相册

STEP 01：新建空白演示文稿

启动 PowerPoint 2013，选择“空白演示文稿”选项，快速新建一个空白的演示文稿。

提个醒

在操作此步骤时，不是只能选择空白演示文稿，也可以选择有版式的模板或主题来新建演示文稿。

STEP 02: 准备插入相册

1. 选择【插入】/【图像】组，单击“相册”按钮。
2. 在弹出的下拉列表中选择“新建相册”选项，打开“相册”对话框。

提个醒 新建的相册是一篇新的演示文稿，与之前新建的空白演示文稿无关联。

STEP 03: 选择图片来源

在打开的“相册”对话框中单击文件/磁盘(F)...按钮，打开“插入新图片”对话框。

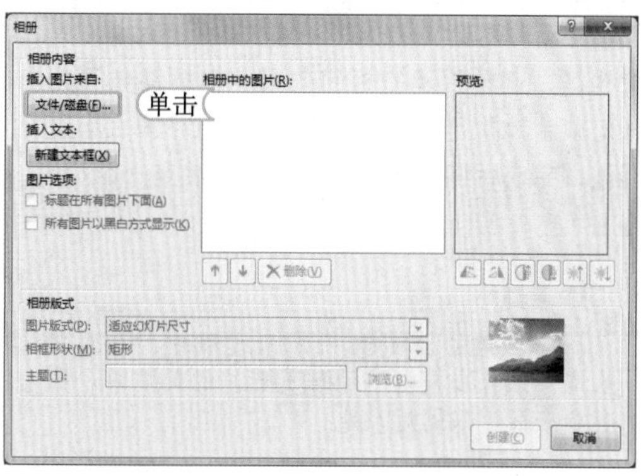

提个醒 如果单击新建文本框(X)按钮，将在相册中新建一张只有文本框的幻灯片，用户可以在创建相册后单击该文本框，在其中键入文字。

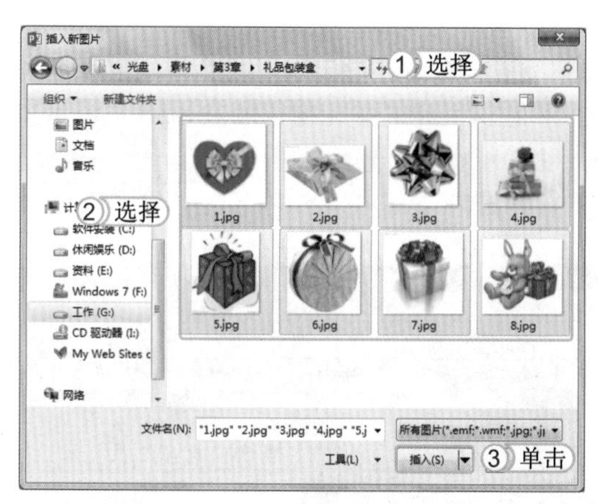

STEP 04: 插入图片

1. 在“插入新图片”对话框中的“查找范围”下拉列表框中选择图片所在文件夹。
2. 在列表框中选择需制作成相册的图片，可以框选或配合 Shift 键选择多张图片。
3. 单击插入(S)按钮。

提个醒 在选择图片时，可以按 Ctrl 键挑选需要的不连续的图片；按 Ctrl+A 组合键，选择该文件夹中的所有图片。

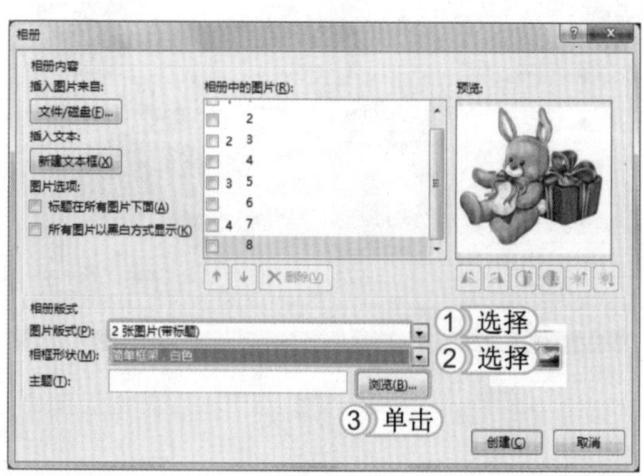

STEP 05: 选择相册版式

1. 返回“相册”对话框，在“图片版式”下拉列表框中选择“2 张图片（带标题）”选项。
2. 在“相框形状”下拉列表框中选择“简单框架，白色”选项。
3. 单击“主题”文本框右侧的浏览(B)...按钮。

STEP 06: 选择相册主题

1. 打开"选择主题"对话框，并自动打开 Document Themes 15 文件夹，在中间的列表中选择要应用的 Facet.thmx 主题。
2. 单击[选择]按钮，返回"相册"对话框。

> **提个醒** 选择主题后，在"相册"对话框的"主题"文本框中添加了选择的主题路径。

STEP 07: 查看创建的相册效果

在"相册"对话框中单击[创建]按钮，返回幻灯片编辑区，查看创建的相册效果。根据需要可为每张幻灯片添加相关的文字标题，并对其大小进行调整，完成后将其保存为"礼品包装盒 .pptx"。

> **提个醒** 在创建的相册演示文稿中，会自动生成一张有当前电脑管理员账户的幻灯片，并且位于第 1 张幻灯片处。

2. 编辑相册

根据"相册"对话框创建的相册，其中的每页内容都是默认的格式。若不能满足需要，用户可改变相框形状或对其中的某张图片进行编辑。下面以创建的"礼物包装盒 .pptx"演示文稿为例进行编辑，其具体操作如下：

> **光盘文件**
> 素材 \ 第 3 章 \ 礼品包装盒 1. pptx
> 效果 \ 第 3 章 \ 礼品包装盒 1. pptx
> 实例演示 \ 第 3 章 \ 编辑相册

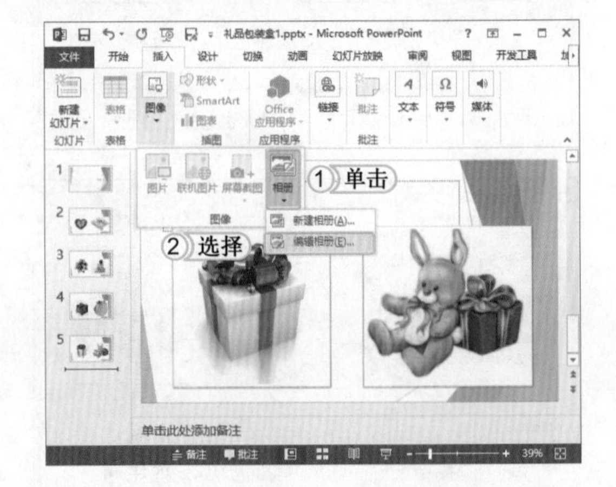

STEP 01: 准备编辑相册

1. 打开需编辑的相册"礼品包装盒 1.pptx"演示文稿，选择【插入】/【图像】组，单击"相册"按钮。
2. 在弹出的下拉列表中选择"编辑相册"选项，打开"编辑相册"对话框。

> **提个醒** 在执行此步骤的过程中，会看到之前呈不可用的灰色显示状态的"编辑相册"选项呈橘红色可选状态了，这说明"编辑相册"选项只能在相册型演示文稿中才能被激活。

STEP 02：设置图片选项和相框形状

1. 在“编辑相册”对话框中的“图片选项”栏中选中☑ 标题在所有图片下面(A)复选框。
2. 在“相册版式”栏的“相框形状”下拉列表中选择“居中矩形阴影”选项。

> **提个醒** 如果选中☑ 所有图片以黑白方式显示(K)复选框，所有插入的图片将会以黑白方式显示。

STEP 03：设置图片效果

1. 在“相册中的图片”列表框中选择“6”选项，其右侧的“预览”栏中将显示该图片的效果。
2. 单击“预览”栏下方的“向左翻转”按钮，将图片向左翻转 90°。
3. 单击 更新(U) 按钮，返回幻灯片编辑区。

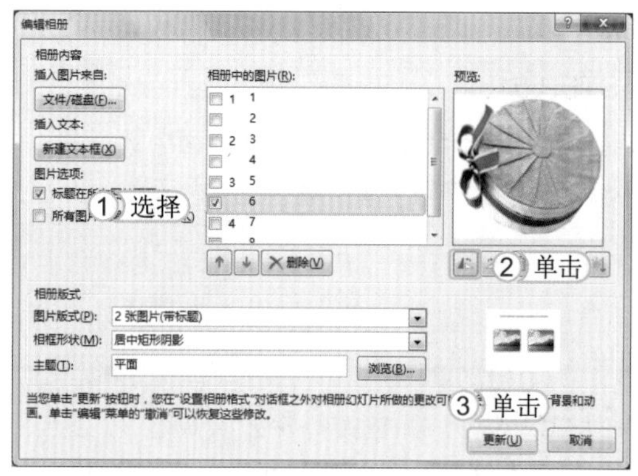

> **提个醒** 单击“相册中的图片”栏下的↑、↓和 × 删除(V) 按钮将会移动或者删除所选的相册图片；单击“预览”栏下的其他按钮将会对所选图片的亮度、对比度和是否翻转等进行设置。

STEP 04：完善演示文稿

在幻灯片编辑区中，编辑每一张幻灯片标题，完成后查看其最终效果。

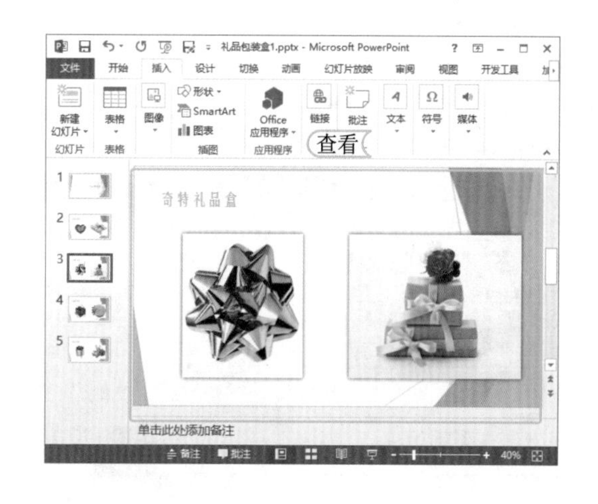

> **提个醒** 细心的用户会发现，在幻灯片编辑区中，插入的图片位置都是固定不变的。

上机 1 小时 ▶ 制作“亲密家人”相册

- 巩固编辑图片的方法。
- 掌握调整图片效果的方法。
- 熟悉制作相册的方法。
- 熟练掌握插入与设置图片的方法。

本例将通过制作“亲密家人.pptx”相册，巩固在演示文稿中插入图片和相册的方法。首先新建一篇空白演示文稿，然后插入“家人相册”中的图片并创建一个相册，最后编辑相册中的文本和图片。其最终效果如下图所示。

62 Hours
52 Hours
42 Hours
32 Hours
22 Hours
12 Hours

光盘文件
素材\第3章\家人相册\
效果\第3章\亲密家人.pptx
实例演示\第3章\制作“亲密家人”相册

STEP 01: 新建演示文稿

启动 PowerPoint 2013，在启动界面中选择并双击“环保”主题快速创建一个演示文稿。

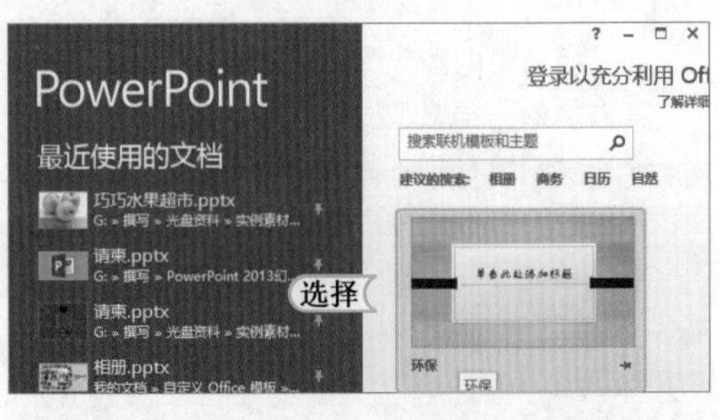

STEP 02: 准备插入相册

1. 选择【插入】/【图像】组，单击“相册”按钮。
2. 在弹出的下拉列表中选择“新建相册”选项，打开“相册”对话框。

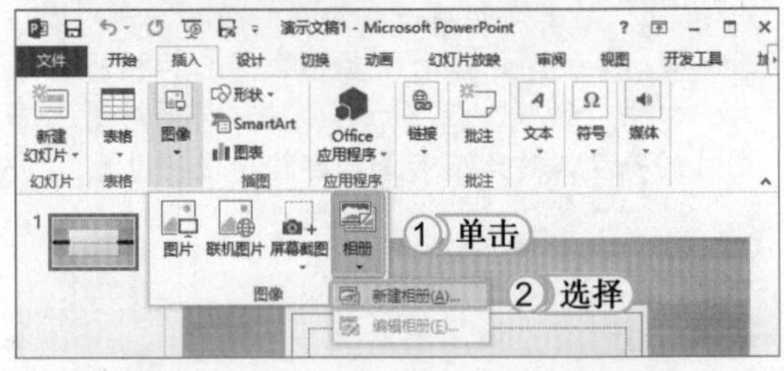

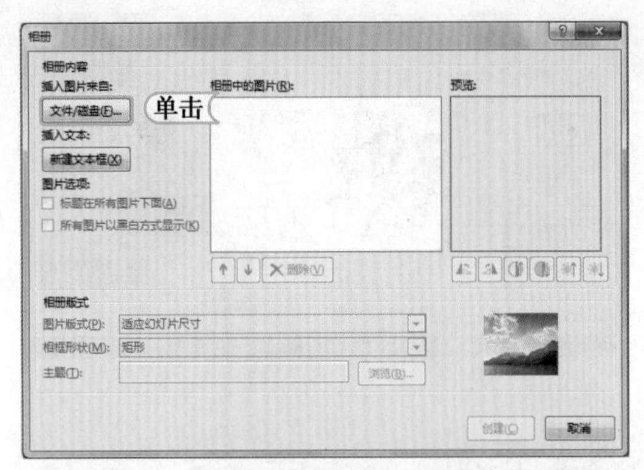

STEP 03: 打开“插入新图片”对话框

在打开的“相册”对话框中单击 文件/磁盘(F)... 按钮，打开“插入新图片”对话框。

提个醒 在“相册”对话框中，用户可多次单击 文件/磁盘(F)... 按钮，添加更多的图片到相册中。

STEP 04: 插入图片

1. 在“插入新图片”对话框中的“查找范围”下拉列表框中选择图片所在文件夹。
2. 在列表框中选择需制作成相册的图片。
3. 单击 插入(S) 按钮。

提个醒 如果查找文件比较麻烦，用户可在“插入新图片”对话框的右上角的搜索框中输入文件名称再单击“搜索”按钮进行查找。

STEP 05：选择相册版式

1. 返回“相册”对话框，在“图片版式”下拉列表框中选择“2 张图片（带标题）”选项。
2. 在“相框形状”下拉列表框中选择“圆角矩形”选项。
3. 单击“主题”文本框右侧的浏览(B)...按钮。

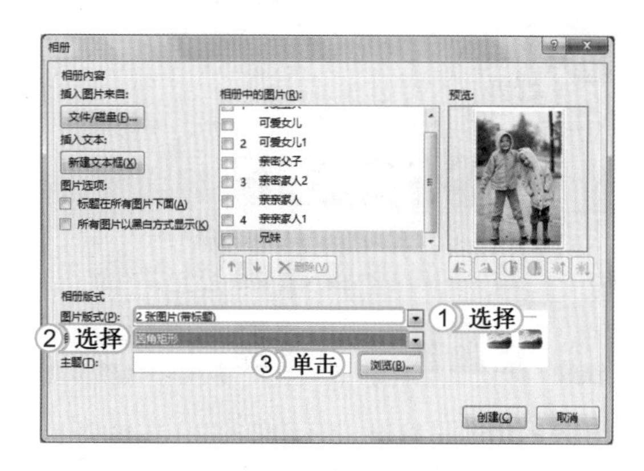

STEP 06：选择相册主题

1. 打开“选择主题”对话框，并自动打开 Document Themes 15 文件夹，在中间的列表中选择要应用的“Wisp.thmx”主题。
2. 单击选择按钮，返回“相册”对话框。

> 提个醒
> Document Themes 15 文件夹中的 9 种主题样式，都是用英文名称表达其含义，是 PowerPoint 2013 自带的相册主题样式。

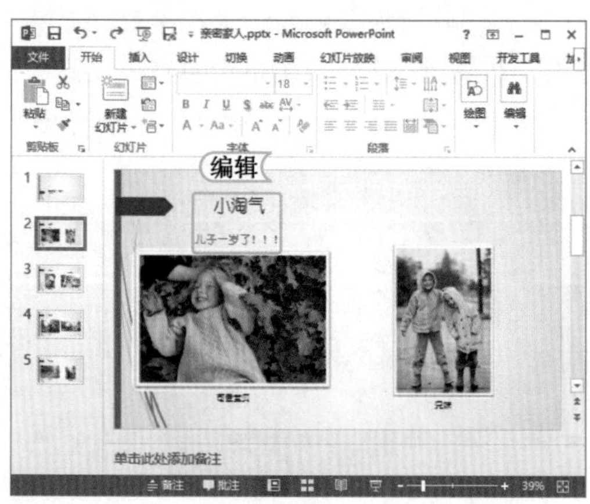

STEP 07：设置图片选项及效果

1. 在“编辑相册”对话框中的“图片选项”栏中选中☑标题在所有图片下面(A)复选框。
2. 在“相册中的图片”列表框中选择“兄妹”选项，其右侧的“预览”栏中将显示该图片的效果。
3. 多次单击“相册中的图片”栏下方的“向上移动”按钮↑，将图片移到“可爱宝贝”下面。
4. 单击更新(U)按钮，返回幻灯片编辑区。

> 提个醒
> 多次单击“向上移动”按钮↑时会发现，若是移动到最前面的位置处，↑按钮将呈灰色不可用状态。

STEP 08：编辑文本

在幻灯片编辑区中，编辑每一张幻灯片标题以及第 1 张幻灯片的制作人名字，再在适当位置处插入文本框以对某些特别的图片进行说明。

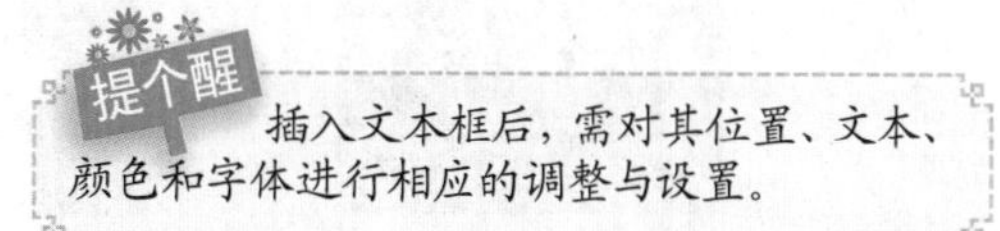

> 提个醒
> 插入文本框后，需对其位置、文本、颜色和字体进行相应的调整与设置。

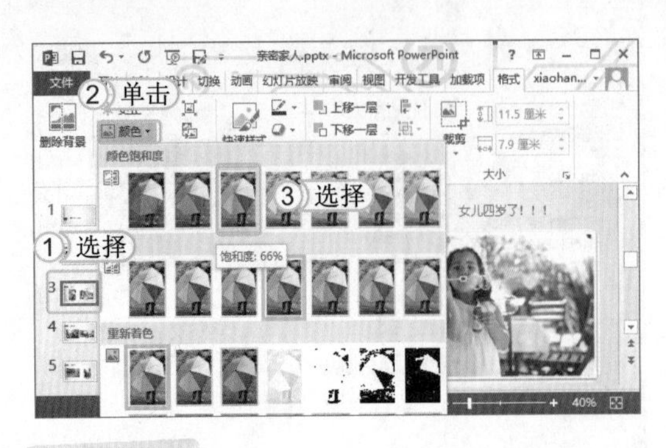

STEP 09: 编辑“可爱女儿”图片

1. 选择第 3 张幻灯片，选择“可爱女儿”图片，该图片稍过饱和。
2. 选择【格式】/【调整】组，单击 颜色· 按钮。
3. 在弹出的下拉列表中选择“颜色饱和度”栏中的“饱和度：66%”选项。

STEP 10: 编辑“亲密家人 2”图片

1. 选择第 4 张幻灯片，选择“亲密家人 2”图片，该图片稍微过亮。
2. 选择【格式】/【调整】组，单击 更正· 按钮。
3. 在弹出的下拉列表中选择“亮度 / 对比度”栏的“亮度：0%（正常）对比度：-20%”选项。

STEP 11: 编辑第 5 张幻灯片的图片

用同样的方法，在第 5 张幻灯片中，将“亲亲家人”图片的饱和度设置为 66%、色温设置为 5900K，将“亲亲家人 1”图片色温设置为 8800K。完成后查看其最终效果。

3.4 练习 1 小时

本章主要介绍了在演示文稿中对文本和图片进行编辑与设置的相关操作，包括文本的输入与设置、艺术字的应用和图片的插入与设置等知识。用户要想在日常工作中熟练使用它们，还需再进行巩固练习，下面以制作“个性日历 .pptx”演示文稿为例，巩固文本的输入与设置、图片的插入与设置等知识。

制作“个性日历”演示文稿

本例将在“个性日历 .pptx”演示文稿中插入图片，并对插入的图片进行设置，包括设置亮度和对比度、饱和度、色调、透明色等效果。然后对其中的文本进行编辑与设置，其最终效果如图所示。

光盘文件

素材 \ 第 3 章 \ 个性日历 \
效果 \ 第 3 章 \ 个性日历 . pptx
实例演示 \ 第 3 章 \ 制作“个性日历”演示文稿

第4章 设计幻灯片

学习 3小时

在学习了如何在演示文稿中编辑基本的内容后，若要快速制作出更加符合需要、具有统一样式或更加专业的演示文稿，就需要使用模板、主题、母版等对幻灯片的外观进行统一设计。

- 模板与主题的应用
- 母版的应用
- 幻灯片外观的设计

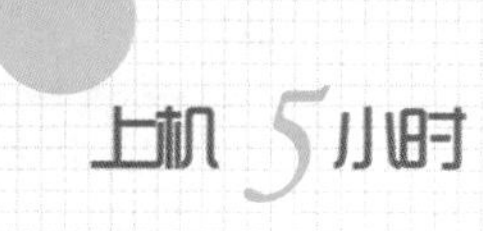

4.1 模板与主题的应用

在第 2 章中简单学习了使用模板和主题来创建演示文稿的方法，下面就来对模板和主题进行较为深入的学习，包括认识模板与主题的区别、创建并使用模板、在演示文稿中应用主题、更改主题颜色和自定义主题颜色方案等知识。

学习 1 小时

- 了解模板与主题的区别。
- 熟悉应用模板与主题的方法。
- 掌握编辑模板与主题的方法。
- 掌握自定义主题颜色的方法。

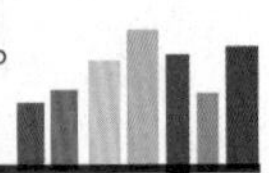

4.1.1 PowerPoint 模板与主题的区别

要知道模板与主题的区别，首先需要分别对模板和主题有较为深入的认识，然后才能很好地了解它们之间的区别。

- **模板：** 模板是由一张幻灯片或多张幻灯片组成的一种演示文稿版式，其后缀名为.potx。模板可包含版式、主题颜色、主题字体和效果，甚至可以包含内容。
- **主题：** 主题是指具有统一设计元素的一种演示文稿外观，该外观包括一个或多个与颜色、字体和效果协调的幻灯片版式等，即只包含 3 个部分：颜色、字体和背景。

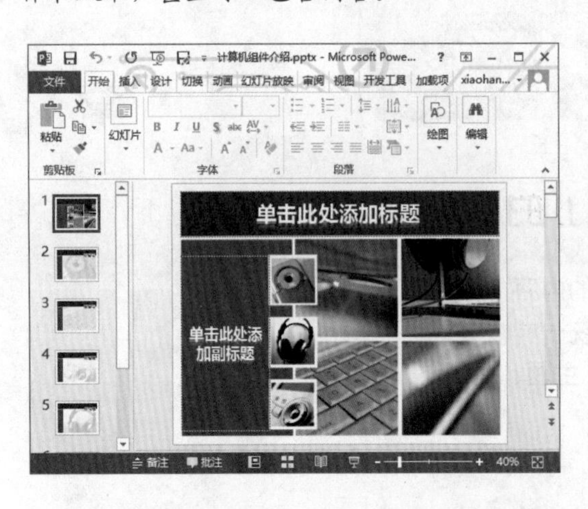

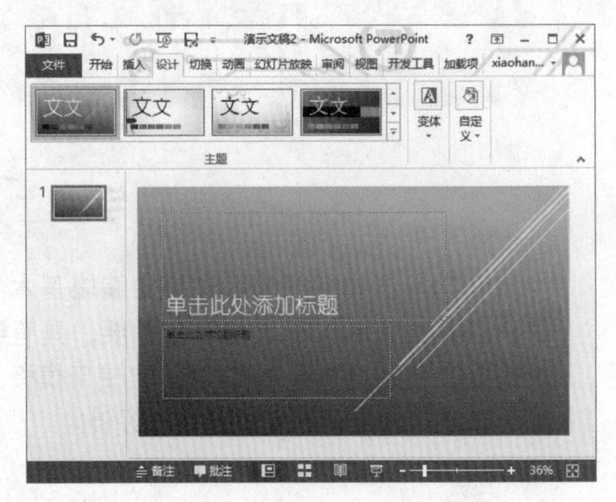

经验一箩筐——模板的优势

PowerPoint 模板和主题的最大区别就是包含的元素不同，PowerPoint 模板中可包含图片、文字、图表、表格、动画等元素，而主题中则没有这些元素。在制作演示文稿时，一般使用模板的频率较高，主要是因为模板包含了多种元素并具有相应的版式，用户只需要对相应的元素进行更改就可快速制作出符合需要的演示文稿。

4.1.2 创建与使用模板

将演示文稿设置成一定的风格和版式后，可将其保存为模板文件，这样就可以方便以后制作演示文稿。下面就对模板的创建和使用进行讲解。

1. 创建模板

创建模板就是将制作完成的演示文稿或联机模板保存为模板文件。其方法在第 2 章 2.1.2 中已进行了详细介绍，这里不再赘述。建议尽量将创建的模板保存或复制到默认的“自定义 Office 模板”中，即“系统盘 :\Users\ 用户名 \Documents\ 自定义 Office 模板”路径中，这样可以方便以后使用。创建模板后，在 PowerPoint 2013 的模板和主题列表中将自动生成“自定义”选项卡，而其左侧的“特色”选项卡即为原来 PowerPoint 2013 预设的模板和主题列表框。

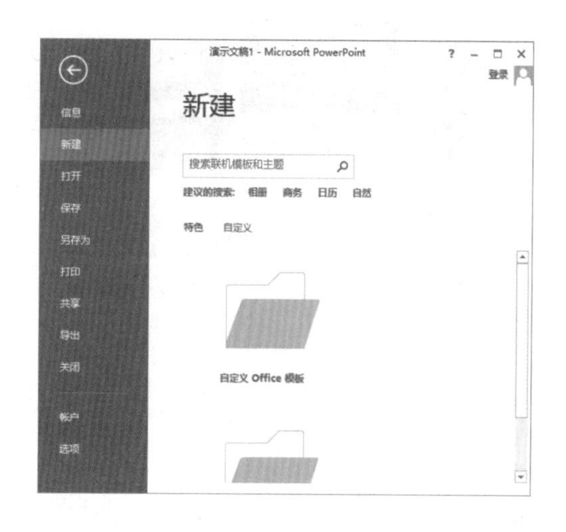

2. 使用创建的模板

在新建一个演示文稿时，可以直接使用创建的模板。使用自定义模板的方法是：启动 PowerPoint 2013 后，在右侧模板与主题列表中选择“自定义”选项卡，在其列表中选择创建的模板选项，打开“创建”对话框，单击“创建”按钮，PowerPoint 将根据自定义模板创建演示文稿。

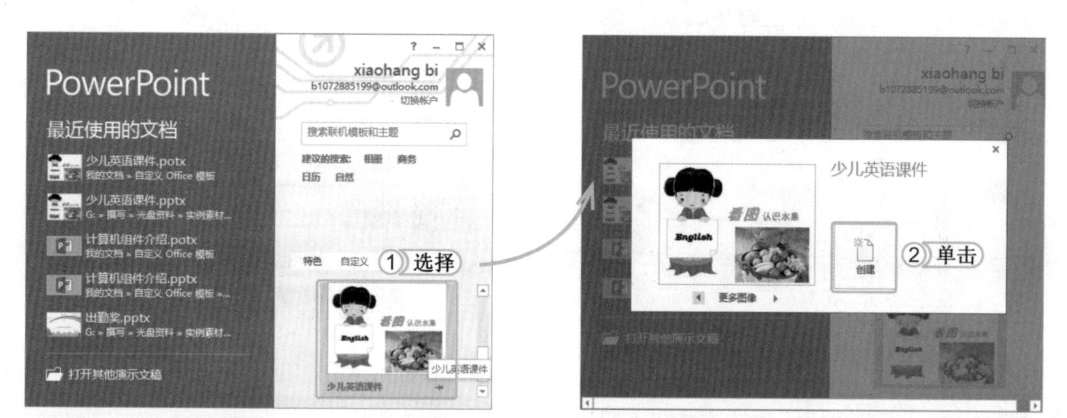

4.1.3 应用主题

PowerPoint 2013 中预设了多种主题样式，而且还为各个主题预设了各种变体，这也是 PowerPoint 2013 的一项很重要的新功能。用户可根据需要选择相应的主题样式，或是在选择主题后选择需要的变体，为演示文稿中的幻灯片快速设置统一的外观。

在 PowerPoint 2013 中应用主题包括直接在 PowerPoint 2013 启动界面和在其工作界面的“设计”选项卡中应用两种方法。下面就对这两种应用方法进行介绍。

1. 在启动界面中应用主题

在 PowerPoint 2013 启动界面中应用主题，一般用于新建演示文稿，其方法是：双击快捷图标启动 PowerPoint 2013 后，在“特色”栏中选择需要的主题样式，再单击“创建”按钮，或是在主题右侧的变体列表中选择相应的变体后再单击“创建”按钮，即可快速新建一个带有主题样式的演示文稿。如下图所示为选择“离子”主题变体后快速创建的演示文稿的效果图。

2. 在“设计”选项卡中应用主题

在“设计”选项卡中应用主题，是在已打开的演示文稿中进行。PowerPoint 2013“主题”列表框中预设了18种主题样式，对各种主题又设置了4种变体，用户可以直接应用主题样式或是应用主题变体样式来设计幻灯片版式。在PowerPoint 2013的“设计”选项卡中应用主题样式包括直接应用主题样式和应用主题变体样式，下面分别进行介绍。

（1）直接应用主题样式

直接应用主题样式的方法较简单，在打开的演示文稿中选择【设计】/【主题】组，在“主题”栏中选择所需的主题样式即可。其中单击“主题”列表框右侧的按钮，将显示上一行主题样式；单击按钮，将显示下一行主题样式；单击按钮，在弹出的下拉列表中选择“浏览主题”选项可以使用已经保存的主题样式。

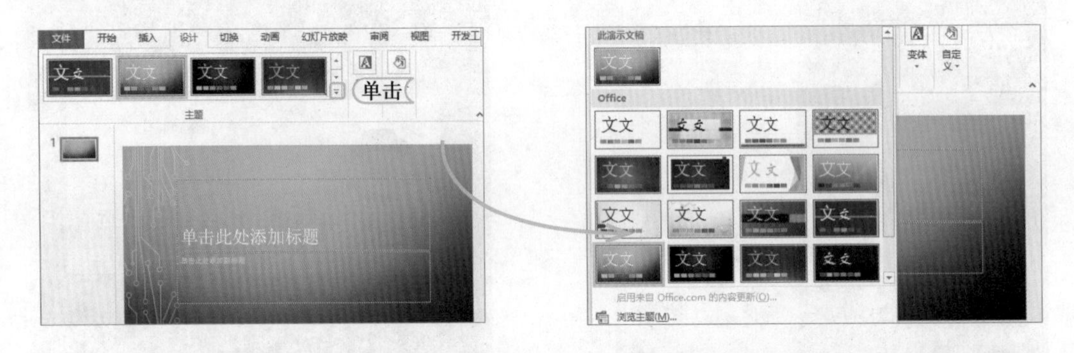

经验一箩筐——将主题应用于某张幻灯片

在“主题”栏中选择主题样式后，会将所选主题应用到当前演示文稿的所有幻灯片中。当然，用户也可以将主题样式只应用于某张幻灯片，其方法是：首先选择需应用主题样式的幻灯片，然后在选择的主题样式上单击鼠标右键，在弹出的快捷菜单中选择“应用于选定幻灯片”命令即可。

（2）应用主题变体样式

一种主题，往往还可演变成多种样式的变体，应用主题变体样式的方法是在“主题”列表框中选择所需的主题样式后，选择【设计】/【变体】组，在“变体”列表框中选择需要的变体选项即可。若是单击“变体”栏右侧按钮，在弹出的下拉列表中选择相应的选项可对主题变体进行更为详细的设置。下面就对设置主题变体样式的方法进行讲解，其具体操作如下：

光盘文件 实例演示\第4章\应用主题变体样式

STEP 01：应用主题

新建一篇空白演示文稿后，选择【设计】/【主题】组，在“主题”列表框中选择“水滴”主题样式选项，快速为演示文稿中的幻灯片应用“水滴”主题样式。

提个醒 “水滴”主题样式是PowerPoint预设的主题样式，用户也可在启动PowerPoint 2013后，直接在启动界面的“特色”栏中新建“水滴”主题样式的演示文稿。

STEP 02：应用变体

选择【设计】/【变体】组，在“变体”列表框中选择第3个变体样式。

提个醒 “水滴”主题的变体主要是提供了不同的主题背景颜色方案。

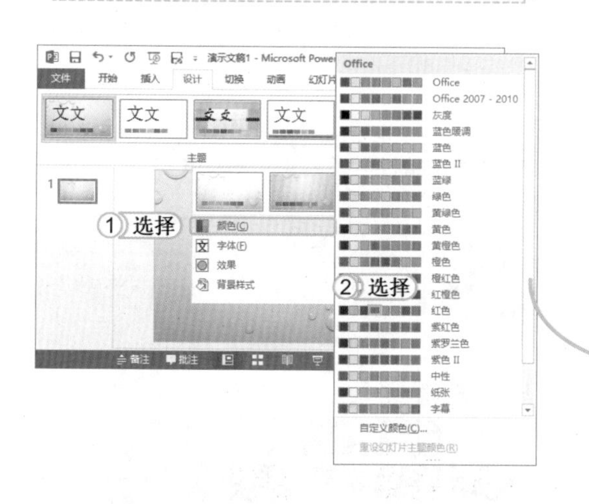

STEP 03：应用变体配色方案

1. 单击“变体”列表框右侧的按钮，在弹出的下拉列表中选择“颜色”选项。
2. 在弹出的子列表的“Office”栏中选择“红色”配色方案栏中的第4个方案选项，可快速应用该配色方案到变体中。完成后查看设置配色方案后的效果。

STEP 04：设置变体标题字体

1. 单击“变体”列表框右侧的按钮，在弹出的下拉列表中选择“字体”选项。
2. 在弹出的子列表中选择“方正舒体 方正姚体”选项，快速将所选字体应用于幻灯片标题文本。查看设置的变体标题字体效果。

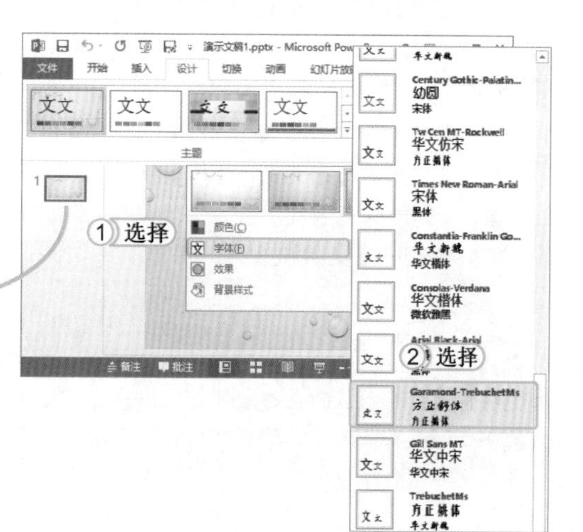

STEP 05: 设置变体背景

1. 单击“变体”列表框右侧的按钮，在弹出的下拉列表中选择“背景样式”选项。
2. 在弹出的子列表中选择“样式 11”选项，将其快速应用于变体背景。查看设置变体背景后的效果。

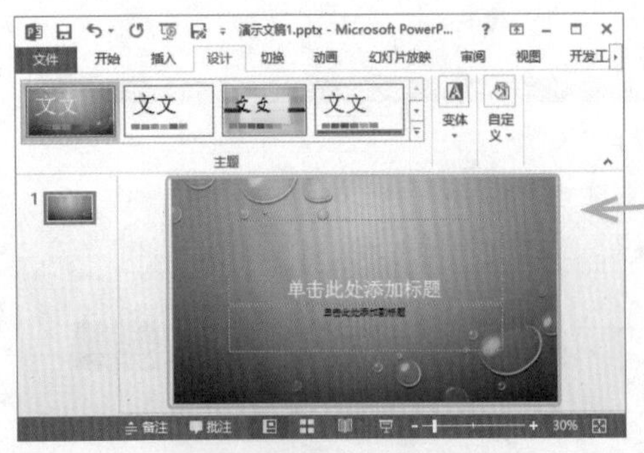

提个醒 此步骤中，弹出的子列表中提供了12个不同效果的背景样式，若还不能满足要求，用户可选择“设置背景格式”选项进行详细设置。

4.1.4 保存主题

若是用户自己设计制作了演示文稿的主题，可以将其保存到相应的文件夹中，以便以后使用。保存主题的方法很简单，直接在“主题”列表框中选择相应的命令即可完成主题的保存操作。下面就对保存主题的方法进行详细介绍，其具体操作如下：

光盘文件 实例演示\第 4 章\保存主题

STEP 01: 准备保存主题

选择【设计】/【主题】组，单击“主题”列表框右侧的按钮，在弹出的下拉列表中选择“保存当前主题”选项，打开“保存当前主题”对话框。

提个醒 用户根据需要在系统自带的主题中进行个性化修改和编辑后，也可以将其保存。

STEP 02: 设置保存信息

1. 在“保存当前主题”对话框中，系统将自动定位到主题的自定义保存位置。
2. 输入主题的保存名称。
3. 单击保存(S)按钮，完成主题的保存。

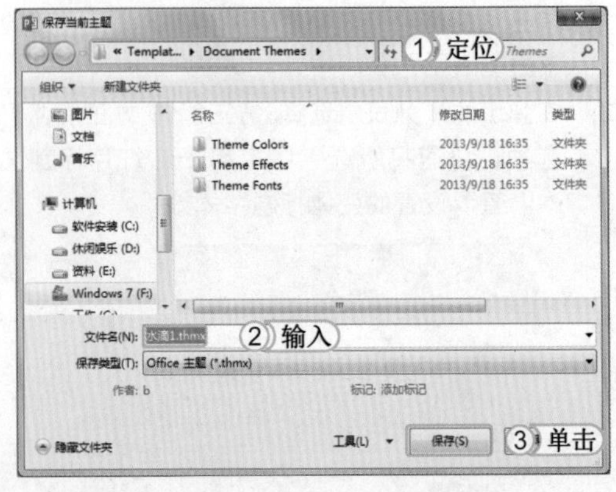

提个醒 在“保存当前主题”对话框中，系统将自动打开默认的主题文件夹，用户可将主题保存在该文件夹中，这样在应用主题样式时，可直接选择保存的主题。

STEP 03: 查看保存的主题

返回 PowerPoint 2013 工作界面，单击“主题”列表框右侧的按钮，可看到在弹出的下拉列表中添加了“自定义”主题栏，并且显示了保存的主题，将鼠标光标停留在该主题处，还会显示设置的主题名称。

上机 1 小时 ▶ 制作“公司简介”演示文稿

- 巩固对模板与主题的应用。
- 熟练掌握应用主题变体和保存主题的方法。

本例将通过制作“公司简介 .pptx”演示文稿，对模板和主题的应用进行巩固练习。首先搜索联机模板，并根据模板创建演示文稿。然后在“设计”选项卡中为演示文稿应用合适的主题，再选择相应的变体，并对变体进行设置，将其应用于演示文稿。最后对演示文稿内容进行编辑，完成演示文稿的制作。其最终效果如下图所示。

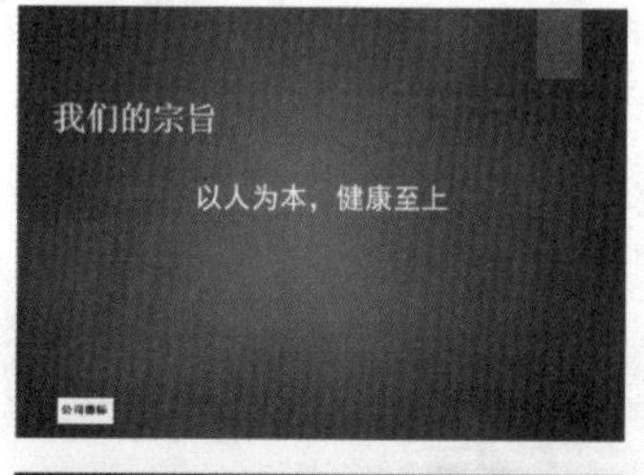

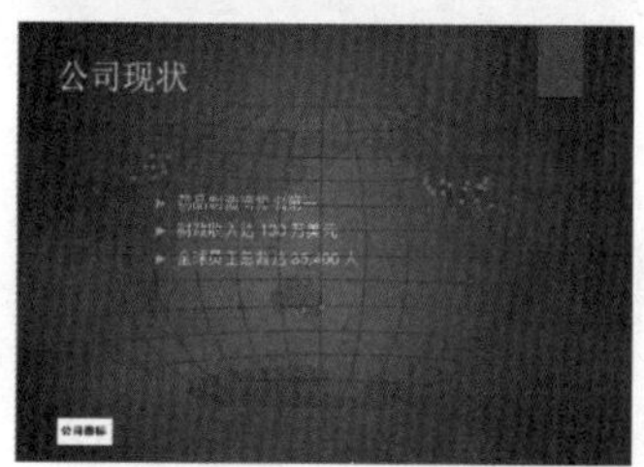

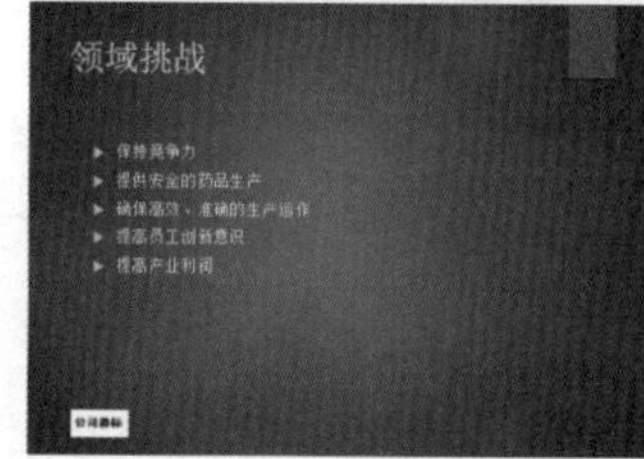

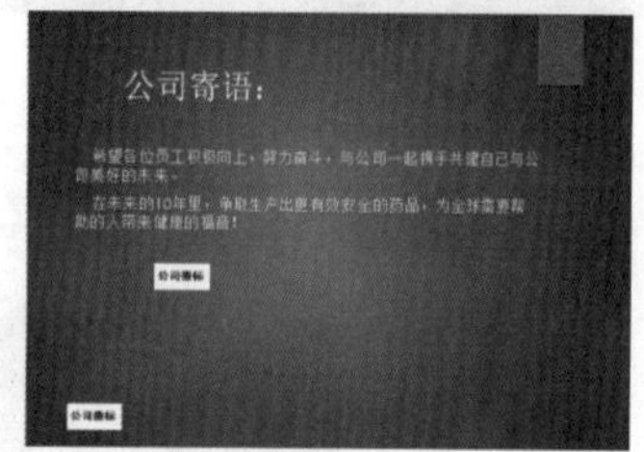

光盘文件

效果\第 4 章\公司简介 . pptx

实例演示\第 4 章\制作“公司简介”演示文稿

STEP 01: 搜索联机模板

1. 启动 PowerPoint 2013，在“搜索联机模板和主题”文本框中输入模板关键词“公司”，按 Enter 键进行搜索。
2. 在搜索的中间列表中双击鼠标选择“公司背景演讲”模板，快速新建一篇演示文稿。

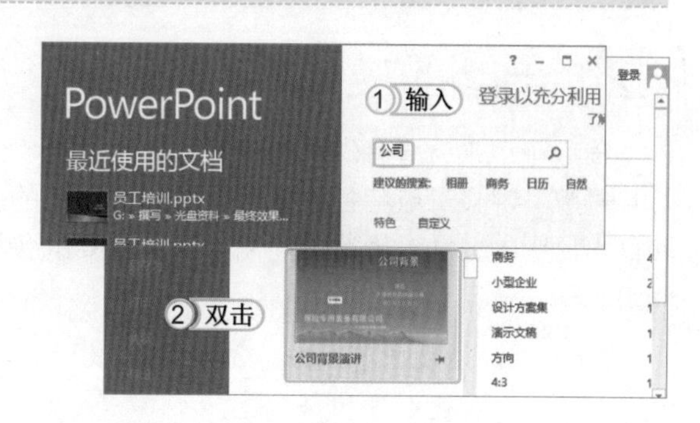

STEP 02： 应用主题

选择【设计】/【主题】组，单击“主题”列表框右侧的▽按钮，在弹出的下拉列表的“Office”栏中选择“离子”主题选项。

> **提个醒**
> 若是用户在应用主题后，发现幻灯片背景并未发生改变，这可能是因为该幻灯片背景被嵌入到幻灯片中，覆盖了主题的背景。

STEP 03： 应用变体

1. 选择【设计】/【变体】组。
2. 单击“变体”列表框右侧的▽按钮，在弹出的下拉列表中选择“颜色”选项。
3. 在弹出的子列表的“蓝色 II”栏中选择最后一个色块选项。
4. 查看应用变体后的效果。

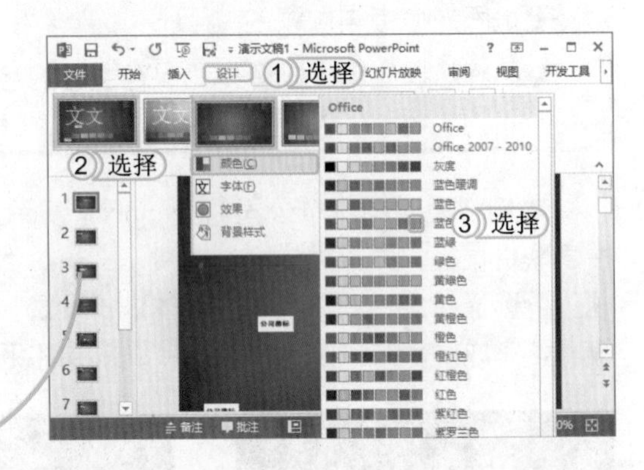

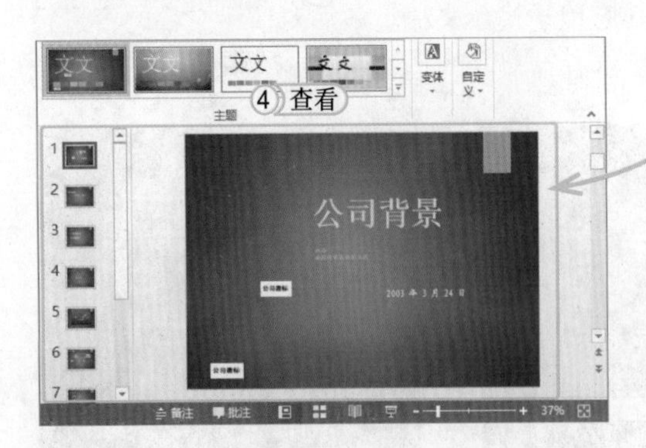

> **提个醒**
> 建议用户在选择色块时多尝试几种，以便查看更为合适的色块选项，而且所选颜色要尽量与所做的演示文稿背景相匹配。

STEP 04： 编辑演示文稿

对第 1、2、3、4、7 和 10 张幻灯片的文本和内容进行修改与编辑，删除第 5、6、8 和 9 张幻灯片。完成后查看其效果。

4.2 母版的应用

母版可用来为所有幻灯片设置默认的版式和格式，在 PowerPoint 2013 中有 3 种母版：幻灯片母版、讲义母版和备注母版。要学习母版的应用首先要对各种母版有所了解，掌握进入和退出母版的方式，最后才能制作满足需要的各种母版。下面就主要从这几个方面着手进行学习。

学习 1 小时

- 了解各种母版。
- 熟悉进入和退出母版的方法。
- 熟练掌握幻灯片母版的制作方法。
- 熟悉讲义、备注母版的制作方法。

4.2.1 认识母版

用户需要先认识各种母版，才能更好地对母版进行各种操作。下面就来介绍 PowerPoint 中的各种母版。

1. 幻灯片母版

幻灯片母版是用于设计和制作的幻灯片整体样式的一种模板，这些模板信息包括字形、占位符大小和位置、背景设计和配色方案等，只要在母版中更改了样式，则对应幻灯片中的相应位置也会随之改变，因此，在制作好的幻灯片母版的基础上可快速制作出多张同样风格的幻灯片。

2. 讲义母版

讲义母版与幻灯片母版不同，它在多媒体演示时不能直接看到，只能打印出来。讲义母版是为了方便人们在会议时使用。

3. 备注母版

备注母版与讲义母版相似，它在多媒体演示时也不能直接看到，只能打印出来。与讲义母版不同的是，备注母版是为了方便演讲者在演示幻灯片时使用。

4.2.2 进入和退出母版

进入和退出母版是制作母版的基础，三种母版的进入和退出方法相同。下面就以进入和退出幻灯片母版为例进行讲解。

- 进入母版：选择【视图】/【母版视图】组，单击 幻灯片母版 按钮，即可进入幻灯片母版。如下图所示即为进入幻灯片母版。

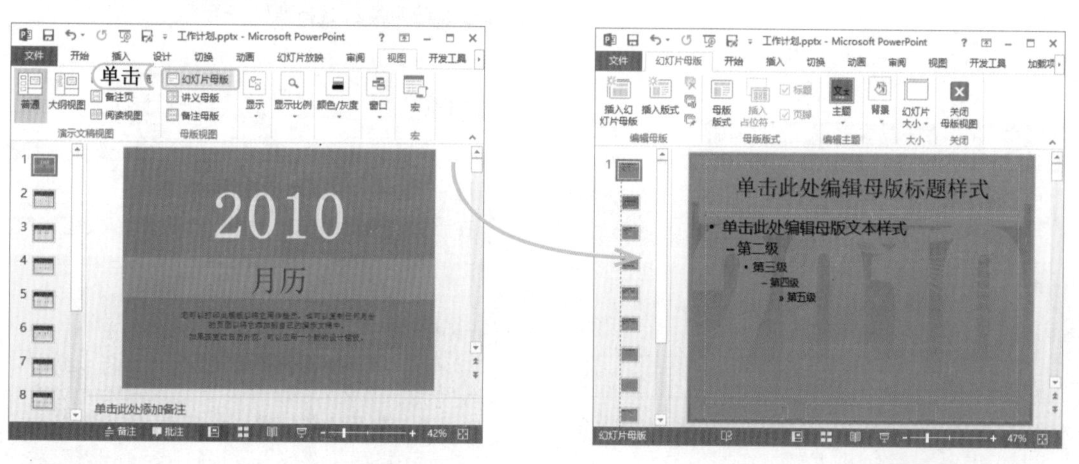

- 退出母版：在【幻灯片母版】/【关闭】组中单击“关闭母版视图”按钮，即可退出幻灯片母版视图。

4.2.3 制作幻灯片母版

通过制作幻灯片母版可以设计出符合场合要求，对观众更具吸引力、更贴近演示文稿内容、更能表现制作者风格的演示文稿。制作幻灯片母版包括设置背景、设置占位符格式、根据级别设置项目符号和编号以及设置页眉/页脚等。下面就对这些知识进行讲解。

1. 设置背景

用户可通过在幻灯片母版中设置背景来统一整个演示文稿的背景风格。下面将在“唐诗宋词赏析.pptx”演示文稿中通过幻灯片母版设置背景，其具体操作如下：

光盘文件
素材\第4章\唐诗宋词赏析.pptx
效果\第4章\唐诗宋词赏析.pptx
实例演示\第4章\设置背景

STEP 01：进入幻灯片母版

1. 打开“唐诗宋词赏析.pptx”演示文稿。
2. 选择【视图】/【母版视图】组，单击 幻灯片母版 按钮，进入幻灯片母版编辑状态。

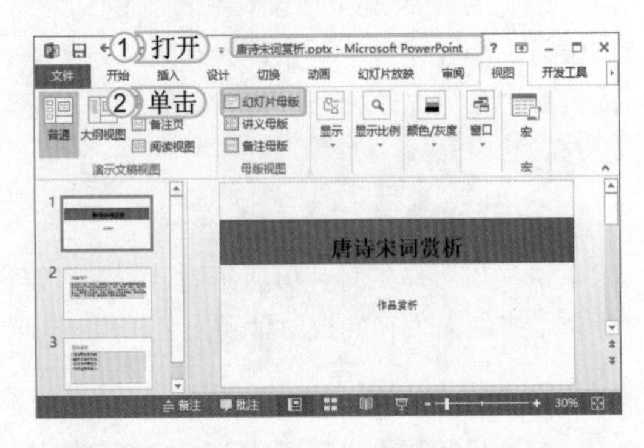

提个醒
进入幻灯片母版视图后，系统自动在左边窗格中显示了每一张幻灯片的母版样式。

STEP 02：打开背景设置窗格

1. 选择【幻灯片母版】/【背景】组，系统自动选择第1张幻灯片。单击 背景样式 按钮。
2. 在弹出的下拉列表中选择“设置背景格式”选项，打开“设置背景格式”窗格。

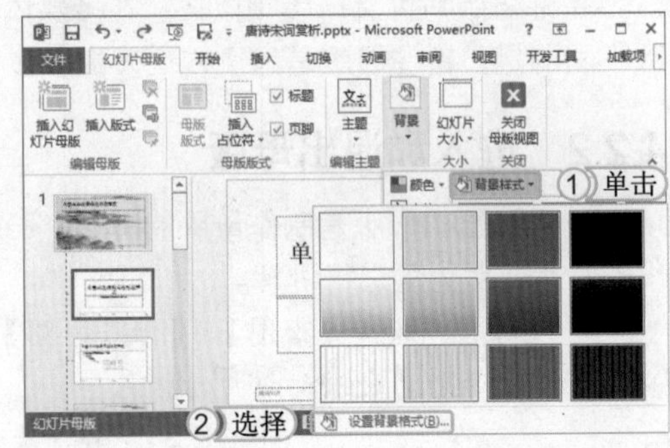

STEP 03：设置图片或纹理填充

1. 在“设置背景格式”窗格中选择“填充”选项卡。
2. 选中 图片或纹理填充(P) 单选按钮。
3. 在“插入图片来自”栏中单击 文件(F)... 按钮，打开“插入图片”对话框。

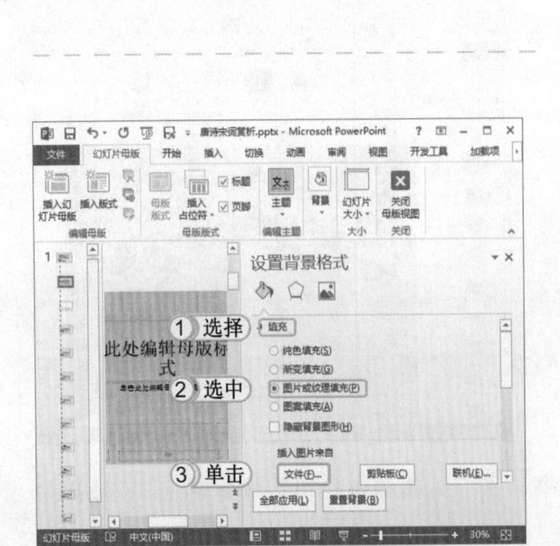

提个醒
在“设置背景格式”窗格中的“填充”选项卡中选中 图片或纹理填充(P) 单选按钮后，会看到“设置背景格式”窗格中除了“填充”按钮外，还添加了“效果”按钮和“图片”按钮。用户可通过这两个按钮对插入的图片或纹理进行设置，设置方法与图片的设置一样。

STEP 04：插入背景图片

1. 在打开的“插入图片”对话框中选择需插入图片的文件位置。
2. 选择“背景.jpg”图像。
3. 单击插入(S)按钮。

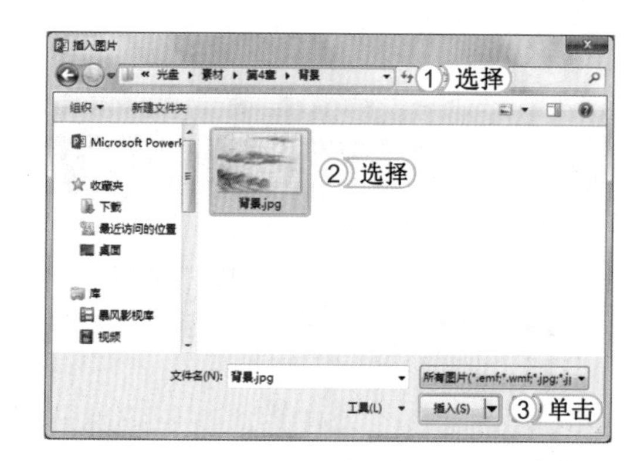

提个醒 一次只能插入一张背景图片，而且通过在“插入图片”对话框中双击图片可以直接插入背景图片，而不用再单击插入(S)按钮。

STEP 05：查看设置的背景效果

单击“设置背景格式”窗格右上角的×按钮，关闭“设置背景格式”窗格，查看设置的幻灯片母版背景。

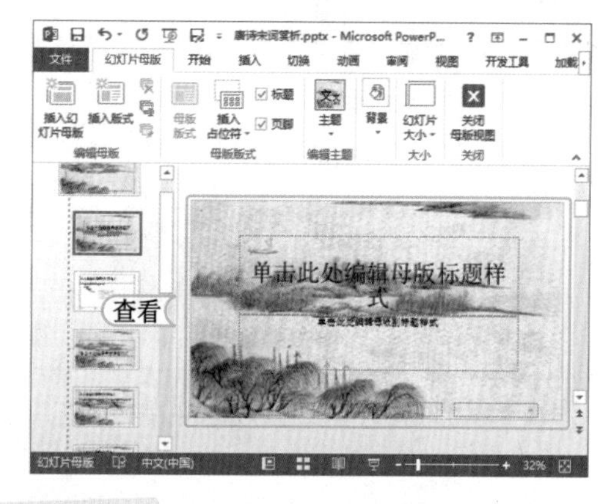

提个醒 单击“设置背景格式”窗格右上方的▾按钮，在弹出的下拉列表中选择“移动”选项，可将“设置背景格式”窗格设置为活动窗格。在窗格上方双击可再次将其嵌入到文档右侧。

STEP 06：设置第 2、3 张幻灯片背景

选择第 2 张幻灯片，按照相同的方法，将该张幻灯片的背景设置为与第 1 张幻灯片相同的背景。此时，系统默认将该母版样式应用与第 2、3 张幻灯片。关闭母版视图，查看设置的幻灯片背景。

提个醒 用户还可以在上一步骤中不关闭“设置背景格式”窗格，直接单击该窗口左下角的全部应用(L)按钮，快速将第 1 张幻灯片的背景应用于所有幻灯片中，这样就只需对少数需要修改背景的幻灯片进行操作，可减少工作量，提高工作效率。

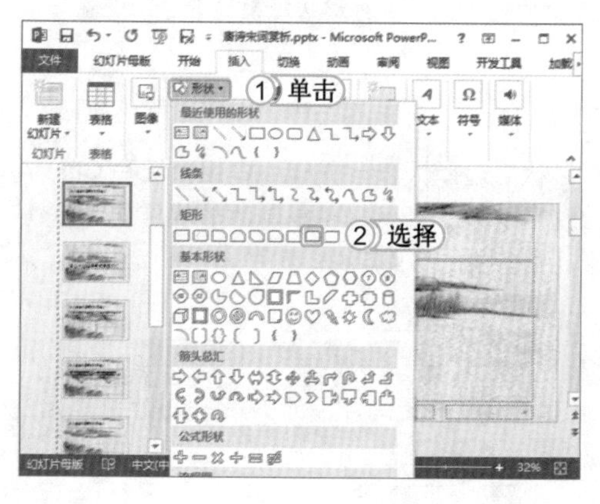

STEP 07：准备添加形状背景

1. 选择第2张幻灯片后，进入幻灯片母版视图中。选择【插入】/【插图】组，单击形状▾按钮。
2. 在弹出的下拉列表中选择“矩形”栏中的“同侧圆角矩形”选项。

提个醒 关于绘制形状将会在第 6 章第 6.2 节中进行详细讲解。

STEP 08： 准备填充形状

1. 当鼠标光标变为+形状时，在幻灯片顶端绘制一个和幻灯片宽度相等的矩形。选择绘制的矩形。选择【格式】/【形状样式】组，单击“形状填充”按钮右侧的下拉按钮。
2. 在弹出的下拉列表中选择“渐变”选项。
3. 在弹出的子列表中选择“其他渐变”选项，打开“设置形状格式”窗格。

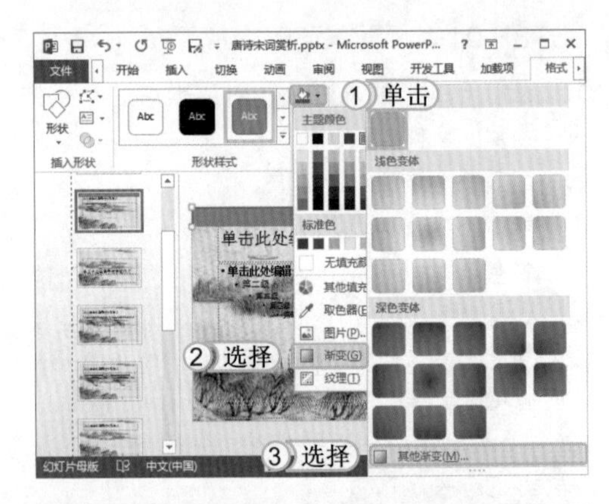

STEP 09： 设置填充颜色

1. 在打开的窗格中的“填充”选项卡中选中 ◉ 纯色填充(S) 单选按钮。
2. 在“颜色”栏中单击按钮，对形状的填充颜色进行设置。

> **提个醒**
> 用户也可以在保持形状的选择状态下单击鼠标右键，在弹出的快捷菜单中单击“填充”按钮，然后在弹出的下拉列表中按照与步骤8和9相同的方法对填充颜色进行设置。

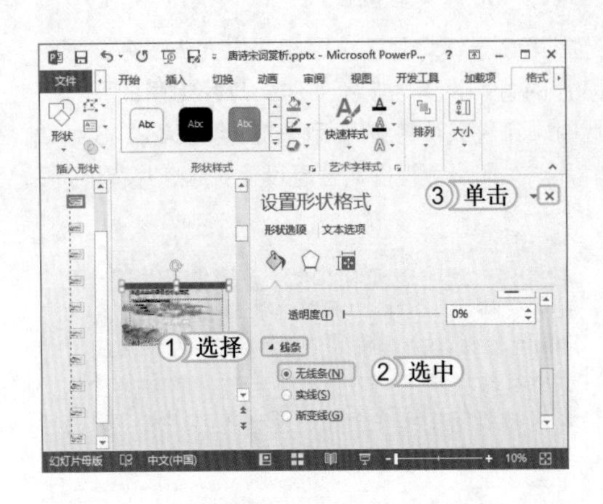

STEP 10： 设置形状轮廓

1. 保持形状的选择状态，在“设置形状格式”窗格中选择“线条”选项卡。
2. 在该选项卡中选中 ◉ 无线条(N) 单选按钮，将形状的轮廓设置为无轮廓。
3. 单击“设置形状格式”窗格右上角的×按钮，关闭“设置形状格式”窗格。

> **提个醒**
> 保持选择形状后，用户也可选择【格式】/【形状样式】组，单击“形状轮廓”按钮右侧的下拉按钮，或单击鼠标右键，在弹出的快捷菜单中对形状轮廓进行详细设置。

STEP 11： 复制形状

保持形状的选择状态，按 Ctrl+C 组合键和 Ctrl+V 组合键复制一个形状。将复制的形状旋转 180°后移动到当前幻灯片底端。

> **提个醒**
> 在移动形状时，一定要注意使用智能参考线，使之与上一个形状和幻灯片底端对齐。

STEP 12： 将形状设置为背景

选择当前幻灯片的 2 个形状，单击鼠标右键，在弹出的快捷菜单中选择【置于底层】/【置于底层】命令，将 2 个形状设置为幻灯片背景。

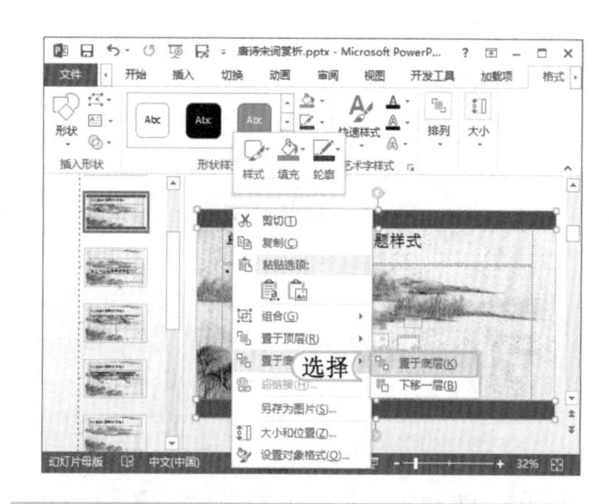

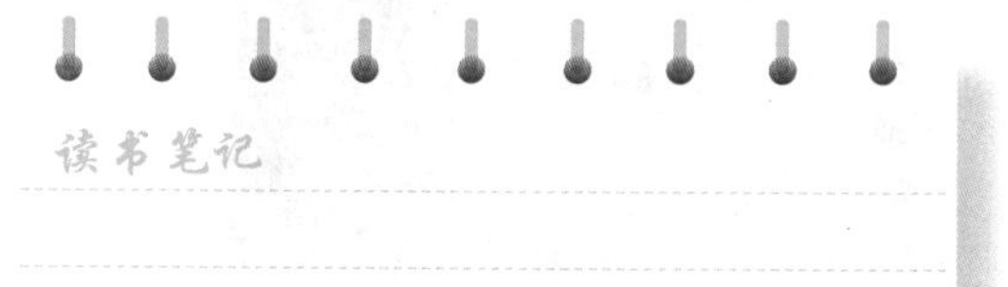

STEP 13： 查看最终效果

关闭母版视图，切换到幻灯片浏览视图中，即可查看设置的最终效果。

经验一箩筐——新建、删除幻灯片母版

若需要新建幻灯片母版，可以在进入幻灯片母版后，在幻灯片左边窗格中任意位置处单击鼠标右键，在弹出的快捷菜单中选择“插入幻灯片母版”命令；若需要删除不需要的母版，可以选择母版幻灯片后直接按 Delete 键，将其快速删除。

2. 设置占位符格式

在幻灯片母版中设置占位符格式，可以快速而方便地统一演示文稿中的占位符。设置占位符格式包括调整占位符的大小和位置，设置占位符的文本字体、字号、字体颜色及文本效果等。下面就以“新书推荐 .pptx”演示文稿为例对占位符的设置进行讲解，其具体操作如下：

光盘文件

素材 \ 第 4 章 \ 新书推荐 .pptx
效果 \ 第 4 章 \ 新书推荐 .pptx
实例演示 \ 第 4 章 \ 设置占位符格式

STEP 01： 选择标题占位符

打开“新书推荐 .pptx”演示文稿，选择第 1 张幻灯片，进入幻灯片母版视图中，选择标题占位符。

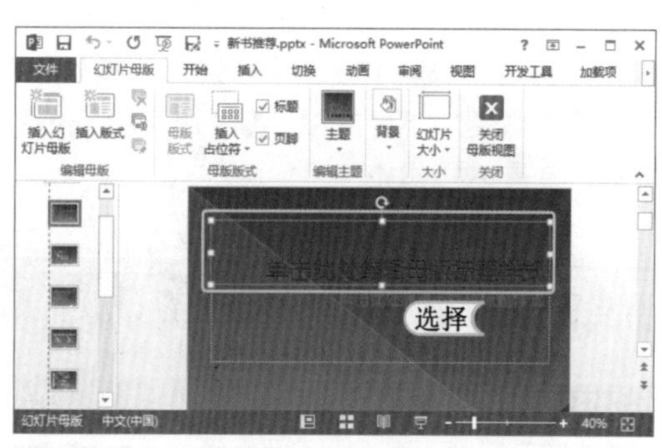

提个醒

用户也可选择【幻灯片母版】/【背景】组，单击字体·按钮，在弹出的下拉列表中选择系统预设好的字体组合样式，一次性设置标题和正文字体。

STEP 02： 移动并设置文本

1. 将占位符向上移动，然后选择【开始】/【字体】组。将其字体设置为“幼圆（标题）”，字号设置为“44”。
2. 单击“文字阴影”按钮 S 去掉文本阴影。

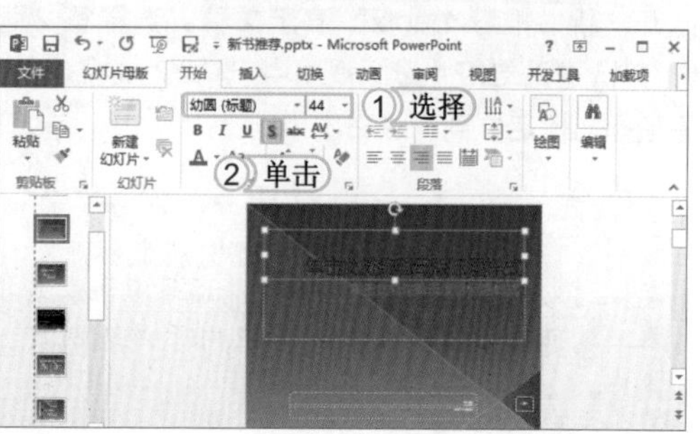

STEP 03：设置正文文本

1. 选择正文文本，将其字体设置为“幼圆（正文）”，字号设置为“24”。
2. 设置字体颜色为“白色，文字 1”。

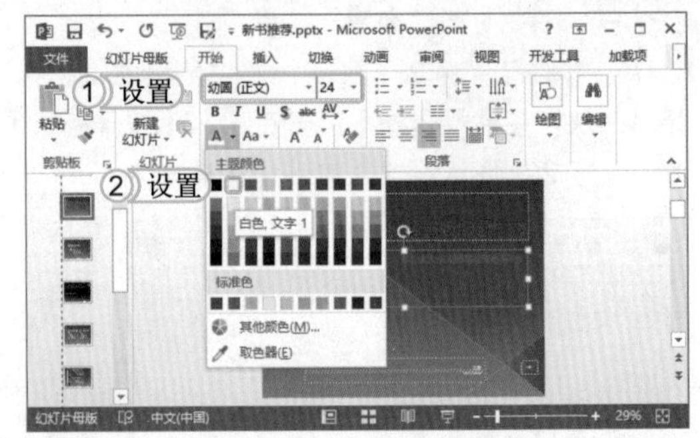

提个醒 在为文本设置颜色时，将鼠标光标移动到颜色选项上即可预览该选项的效果。

STEP 04：设置其他幻灯片占位符

选择第 2 张幻灯片，先调整占位符的位置，然后使用相同的方法将标题文本字体设置为“幼圆（标题）”，字号设置为“40”，字体颜色设置为“深红”。副标题文本只改变字体为“幼圆（正文）”，其余设置保持不变。

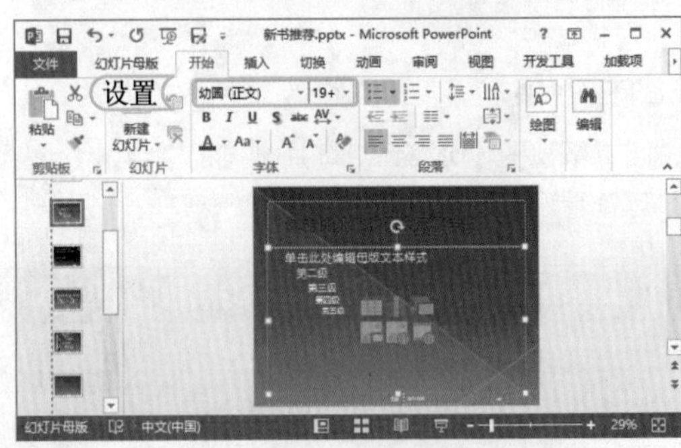

STEP 05：查看效果

设置完成后，切换到幻灯片浏览视图模式中，查看其最终效果。

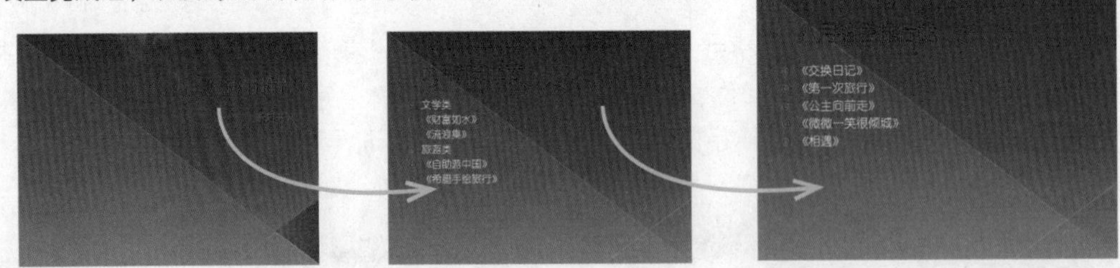

3. 根据级别设置项目符号和编号

在幻灯片母版中设置项目符号和编号不仅能使幻灯片内容结构更加清晰，而且能为以后的编辑带来方便。下面就以“新书推荐 1.pptx”演示文稿为例对占位符的项目符号设置方法进行讲解，其具体操作如下：

光盘文件
素材 \ 第 4 章 \ 新书推荐 1. pptx
效果 \ 第 4 章 \ 新书推荐 1. pptx
实例演示 \ 第 4 章 \ 根据级别设置项目符号和编号

STEP 01：选择正文占位符

打开“新书推荐 1.pptx”演示文稿，选择第 2 张幻灯片，进入幻灯片母版视图中。选择正文占位符，将鼠标光标定位到一级文本中。

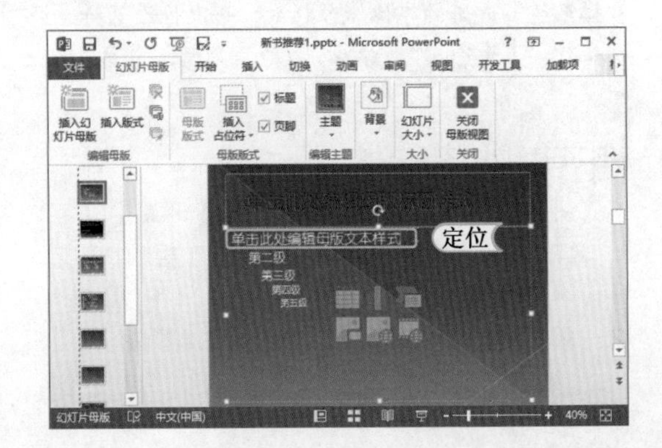

提个醒 在操作此步骤时，可以将鼠标光标定位到文本的任意位置，或选择该段中任意文本，均可将设置的项目符号应用于该级别文本中。

STEP 02：准备设置项目符号

1. 选择【开始】/【段落】组，单击“项目符号”按钮右侧的下拉按钮。
2. 在弹出的下拉列表中选择“项目符号和编号”选项，打开“项目符号和编号”对话框。

> **提个醒** 单击“项目编号”按钮右侧的下拉按钮，用户可在弹出的下拉列表中选择需要的样式来快速设置各级别文本的项目编号。

STEP 03：自定义项目符号

1. 在打开的对话框中单击 自定义(U)... 按钮。
2. 在打开的“符号”对话框中的“字体”下拉列表框中选择“Arial”选项。
3. 在其列表框中选择需要的选项，单击 确定 按钮。

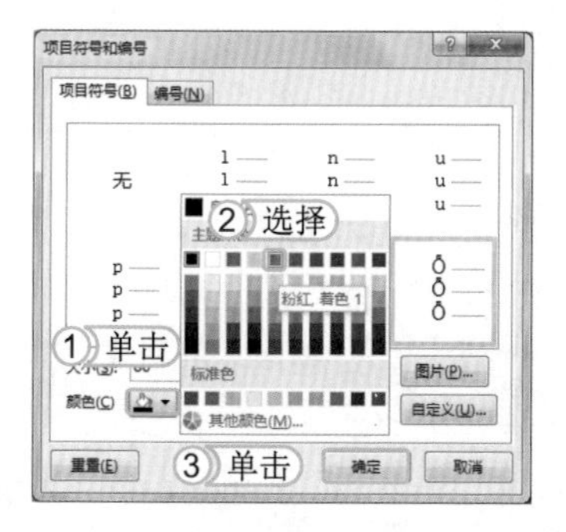

STEP 04：设置项目符号颜色

1. 返回“项目符号和编号”对话框，在其中单击“颜色”按钮。
2. 在弹出的下拉列表中选择“主题颜色”栏的“粉红，着色 1”选项。
3. 单击 确定 按钮，完成项目符号的设置。

STEP 05：设置其他级别的项目符号

将鼠标光标定位到其他级别的文本处，按照相同的方法设置第二、三、四和五级文本的项目符号格式，并查看完成的效果。

> **提个醒** 设置其他级别的项目符号时，会发现在“项目符号和编号”对话框中保存了上次设置的记录，用户只需更改项目符号，而像项目符号颜色等设置直接利用上一次设置即可。

4. 设置页眉/页脚

幻灯片的页眉/页脚包括日期、时间、编号和页码等内容。通过幻灯片母版设置页眉/页脚，将会使幻灯片看起来更加专业。

设置页眉/页脚的具体方法是：进入幻灯片母版，选择【插入】/【文本】组，单击“页眉/页脚”按钮，打开“页眉和页脚”对话框，选择“幻灯片”选项卡，选中 ☑ 日期和时间(D) 复选框，系统默认选中 ◉ 自动更新(U) 单选按钮。再选中 ☑ 幻灯片编号(N) 和 ☑ 页脚(F) 复选框，在下方的文本框中输入页脚的文本。最后选中 标题幻灯片中不显示(S) 复选框，单击 全部应用(Y) 按钮，返回母版编辑状态。选择【幻灯片母版】/【关闭】组，单击"关闭母版视图"按钮，返回普通视图状态，完成页眉/页脚的设置。如下图所示即为设置幻灯片母版的页脚效果。

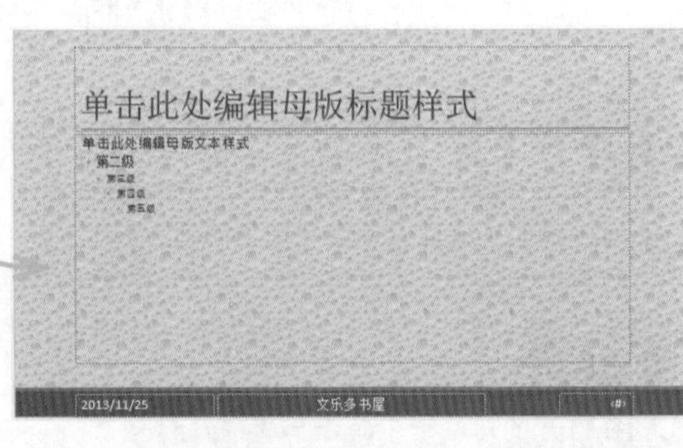

经验一箩筐——关于 自动更新(U) 和 固定(X) 单选按钮

在"页眉和页脚"对话框中选中 自动更新(U) 单选按钮后，幻灯片页脚上显示的日期将随电脑上显示的日期而变化；选中 固定(X) 单选按钮后，可将幻灯片页脚上显示的日期固定为当前日期，以后不再变化。

4.2.4 制作讲义母版

讲义是演讲者在演讲时使用的纸稿，纸稿中显示了每张幻灯片的大致内容、要点等。通过讲义母版可以设置讲义内容在纸稿中的显示方式。制作讲义母版主要包括设置每页纸张上显示的幻灯片数量、排列方式以及页面和页脚的信息等。下面将制作讲义母版，其具体操作如下：

光盘文件
素材 \ 第 4 章 \ 讲义母版 .pptx
效果 \ 第 4 章 \ 讲义母版 .pptx
实例演示 \ 第 4 章 \ 制作讲义母版

STEP 01：进入讲义母版

打开"讲义母版 .pptx"演示文稿，选择【视图】/【母版视图】组，单击 讲义母版 按钮。

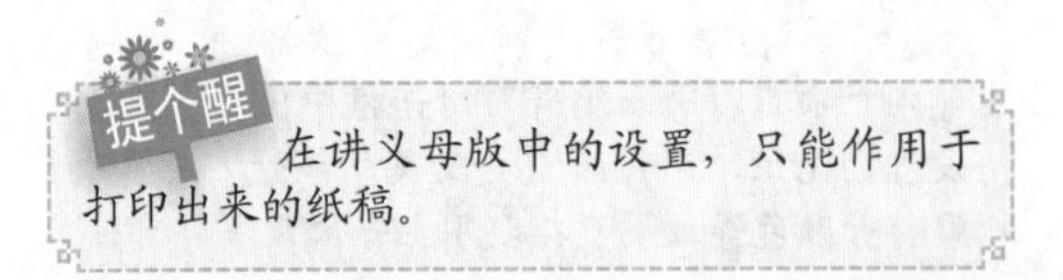

在讲义母版中的设置，只能作用于打印出来的纸稿。

STEP 02：设置幻灯片数量

1. 进入讲义母版编辑状态，选择【讲义母版】/【页面设置】组，单击"每页幻灯片数量"按钮。
2. 在弹出的下拉列表中选择"2 张幻灯片"选项。

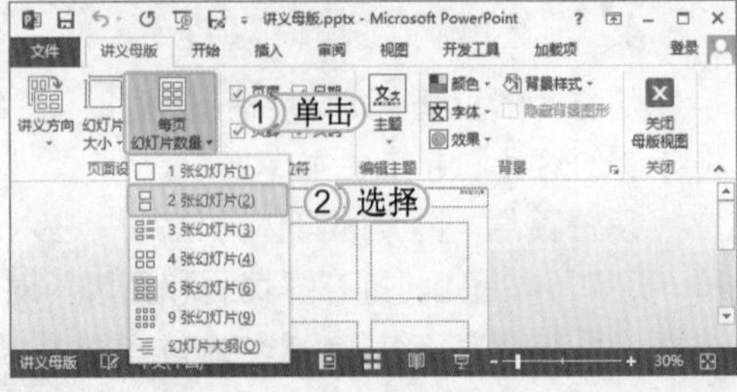

STEP 03：设置占位符

1. 选择【讲义母版】/【占位符】组。
2. 取消选中 日期 复选框和 页脚 复选框，即不在讲义中显示这些内容。
3. 拖动页眉文本框，使其居于幻灯片上方中央。

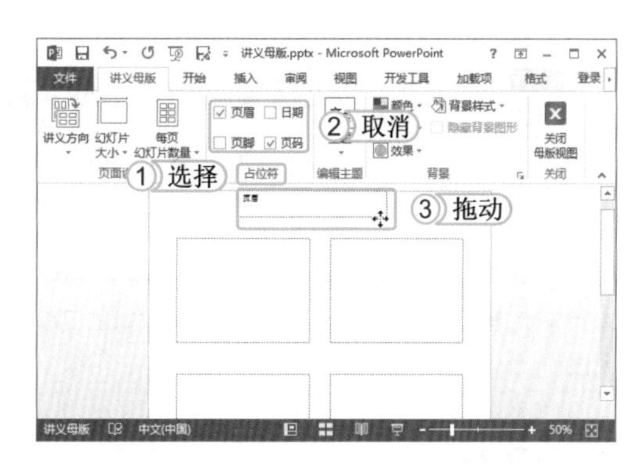

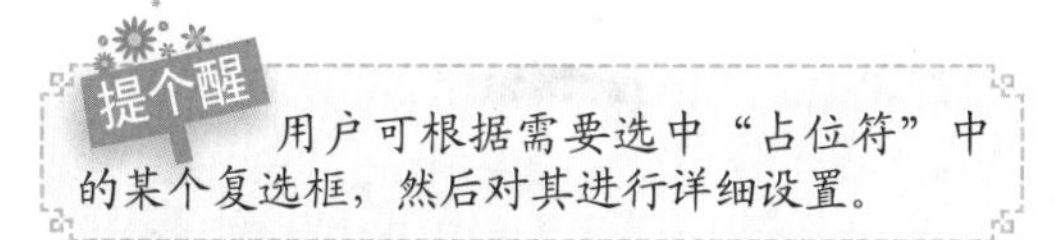

提个醒 用户可根据需要选中“占位符”中的某个复选框，然后对其进行详细设置。

STEP 04：设置页眉格式

1. 在页眉文本框中输入演示文稿的名称“幼儿英语教学”，选择输入的文本。
2. 设置页眉文本字体为“方正卡通简体”，字号为“18”，颜色为“绿色”，对齐方式为“居中对齐”。

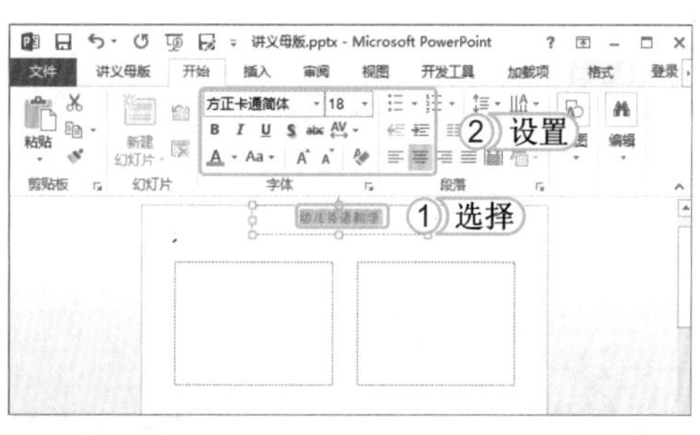

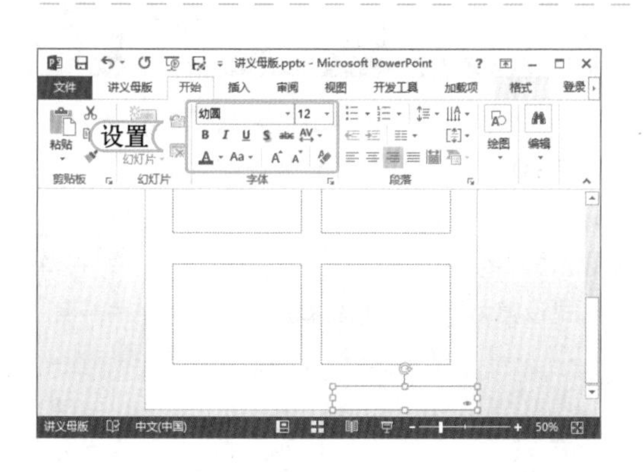

STEP 05：设置页码格式

保持页码文本框位置不变，按照相同的方法将页码设置为“幼圆、12号、蓝色”，对齐方式保持右对齐不变。

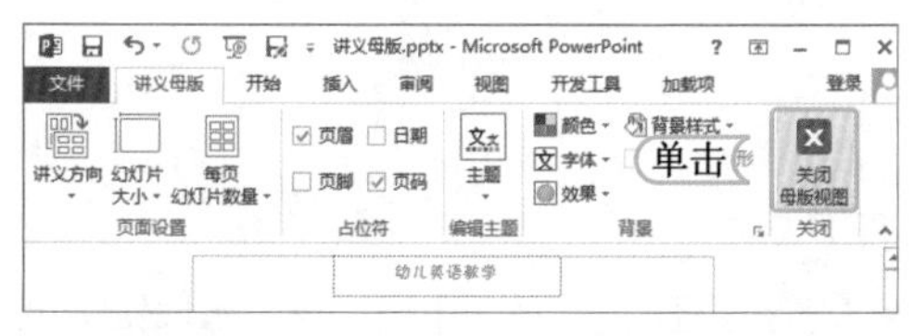

STEP 06：退出讲义母版

选择【讲义母版】/【关闭】组，单击按钮退出讲义母版编辑状态。

经验一箩筐——设置讲义方向

选择【讲义母版】/【页面设置】组，单击“讲义方向”按钮，在弹出的下拉列表中提供了“纵向”和“横向”2个选项，选择“纵向”选项，可将纸张的方向设置为纵向，一般系统默认纸张方向为纵向；选择“横向”选项，可将纸张的方向设置为横向。

4.2.5 制作备注母版

备注是指演讲者在幻灯片下方输入的内容，根据需要可将这些内容打印出来。但需要制作备注母版，才能将这些备注信息显示在打印的纸张上。下面将在“备注母版.pptx”演示文稿中对备注母版进行编辑，其具体操作如下：

光盘文件
素材 \ 第 4 章 \ 备注母版 .pptx
效果 \ 第 4 章 \ 备注母版 .pptx
实例演示 \ 第 4 章 \ 制作备注母版

STEP 01：进入备注母版

打开“备注母版 .pptx”演示文稿，选择【视图】/【母版试图】组，单击备注母版按钮进入备注母版视图。

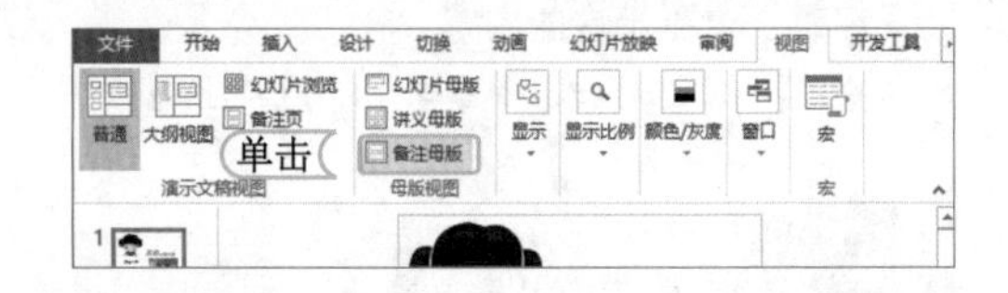

STEP 02：设置占位符

1. 选择【备注母版】/【占位符】组，取消选中日期复选框和页脚复选框。
2. 按照设置讲义母版中页眉、页码的方法，设置备注母版中的页眉和页码。 、

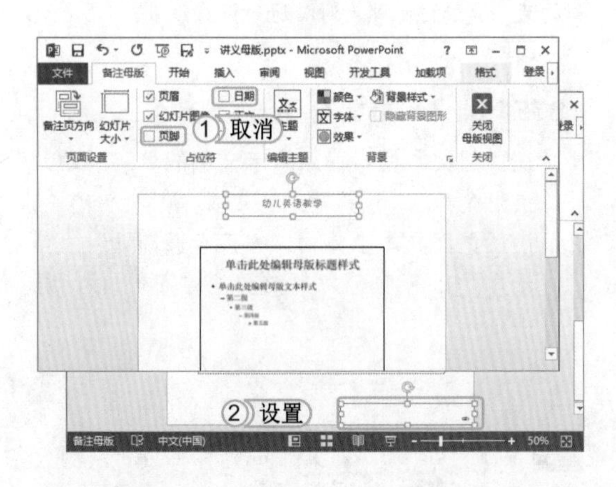

提个醒 “备注页”占位符中还包含了幻灯片图像和正文 2 个复选框，其含义是备注页面中可显示幻灯片图像和单独的幻灯片文本框。

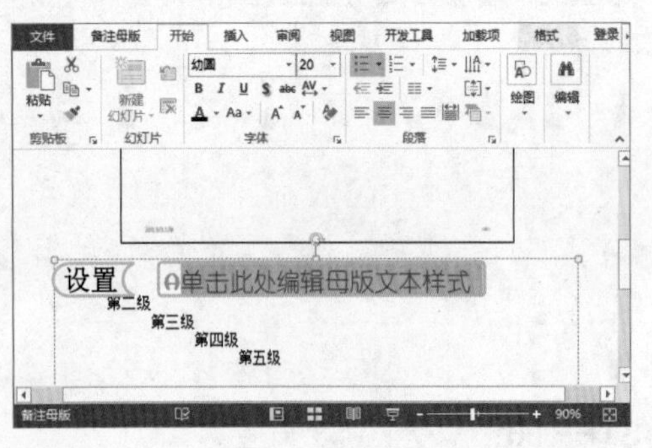

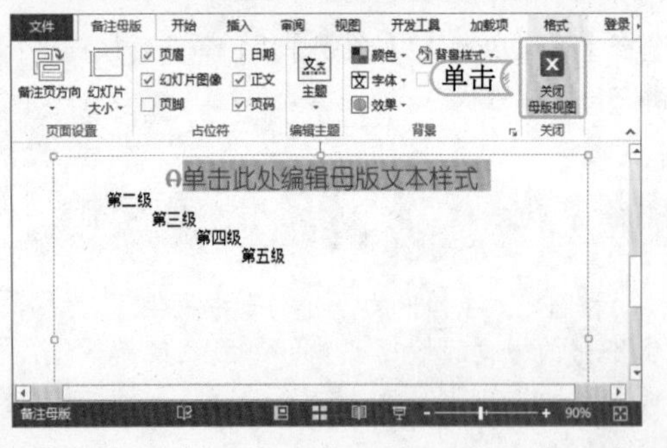

STEP 03：设置一级文本格式

选择备注页面的第一级文本，将其文本格式设置为“幼圆，20 号，深蓝色，居中对齐”，项目符号格式设置为方正少儿简体的“A”，颜色为绿色。

提个醒 根据需要，用户还可以对备注页面的其他级别文本进行设置。

STEP 04：退出备注母版

选择【备注母版】/【关闭】组，单击按钮退出备注母版编辑状态。

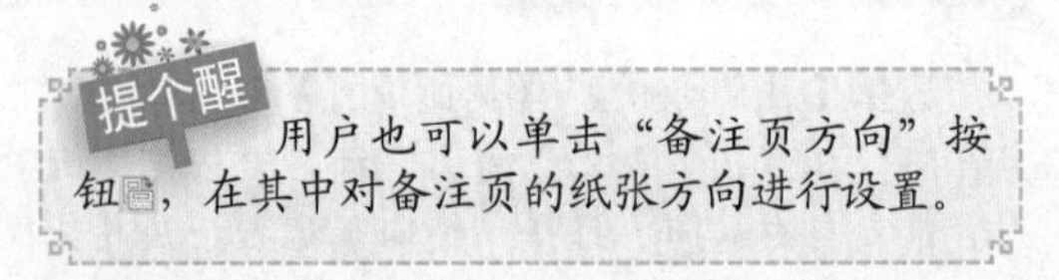

提个醒 用户也可以单击“备注页方向”按钮，在其中对备注页的纸张方向进行设置。

读书笔记

STEP 05： 添加备注内容

1. 返回普通视图中，选择第 1 张幻灯片。
2. 在“备注”窗格中输入备注内容，这里输入“幻灯片首页”。

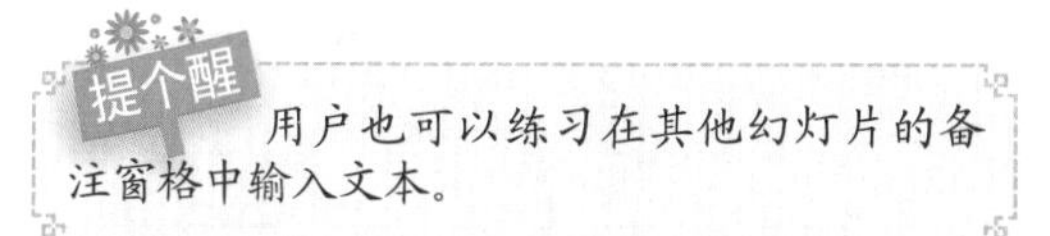

提个醒 用户也可以练习在其他幻灯片的备注窗格中输入文本。

STEP 06： 查看备注效果

选择【视图】/【演示文稿视图】组，单击备注页按钮。在备注页视图中，可查看到输入的备注内容显示在幻灯片的下方。

提个醒 细心的用户会发现，在普通视图中查看到的项目符号和备注视图中的颜色是一样的。

上机 1 小时 制作“楼盘推广”演示文稿母版

- 巩固制作幻灯片母版的方法，掌握在母版中设置背景和占位符的方法。
- 进一步掌握在母版中设置页眉 / 页脚的方法。

本例将通过制作“楼盘推广.pptx”演示文稿的幻灯片母版，让用户熟练掌握制作幻灯片母版的方法。首先设置幻灯片母版的背景，然后设置占位符以及占位符中的文本项目符号，最后设置母版的页眉和页脚。设置后的幻灯片母版的效果如下图所示。

光盘文件 效果\第 4 章\楼盘推广.pptx
实例演示\第 4 章\制作“楼盘推广”演示文稿母版

STEP 01：进入幻灯片母版视图

新建“楼盘推广.pptx”演示文稿，在【视图】/【母版视图】组中单击幻灯片母版按钮，进入幻灯片母版视图。

STEP 02：插入形状

1. 保持自动选择的母版样式，在【插入】/【插图】组中单击形状按钮。
2. 在弹出的下拉列表的“基本形状”栏中选择“直角三角形”选项。

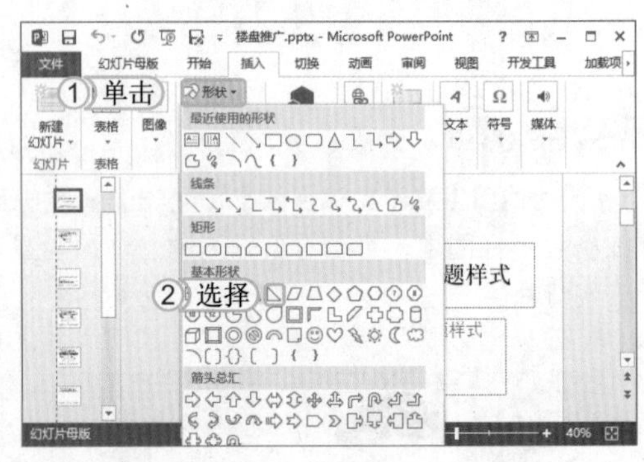

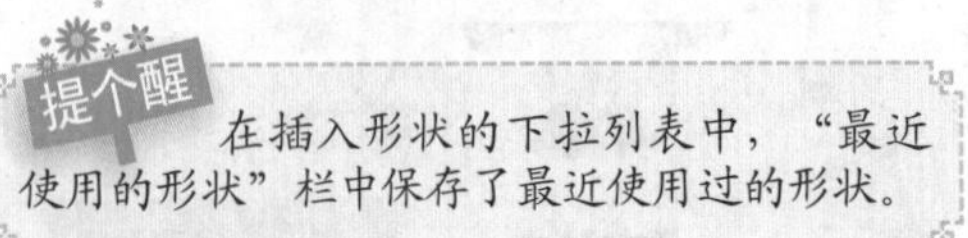
提个醒　在插入形状的下拉列表中，“最近使用的形状”栏中保存了最近使用过的形状。

STEP 03：绘制并复制形状

鼠标光标变为+形状，在幻灯片底端先绘制一个直角三角形。复制绘制的三角形，水平翻转，将其移动到另外一边，并调整其大小。

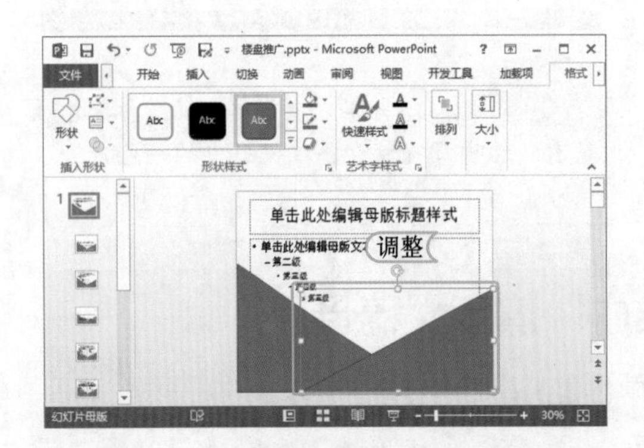

提个醒　调整复制的形状大小，是为了让背景看起来不那么拘谨，建议尽量多用一些活泼的元素，这样会让演示文稿看起来比较有活力。

STEP 04：设置形状样式

1. 选择左侧的三角形，在【格式】/【形状样式】组中单击“形状样式”列表框右侧的下拉按钮。
2. 在弹出的下拉列表中选择“中等效果 - 红色，强调颜色 2”选项。

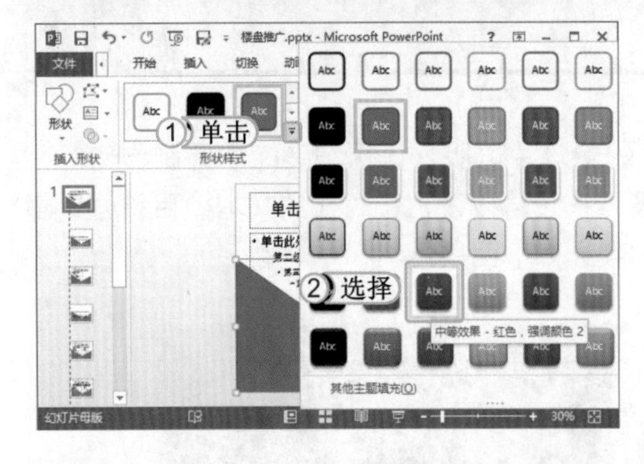

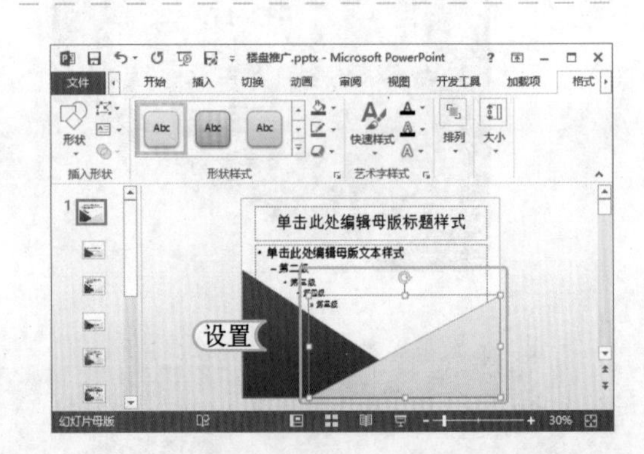

STEP 05：继续设置形状样式

用同样的方法将右侧的三角形设置为“细微效果 - 橄榄色，强调颜色 3”。

提个醒　用户也可在“形状样式”组中单击相应的按钮来对形状进行详细设置。

STEP 06：将形状置于底层

1. 按 Ctrl 键同时选择两个三角形。
2. 单击鼠标右键，在弹出的快捷菜单中选择【置于底层】/【置于底层】命令。

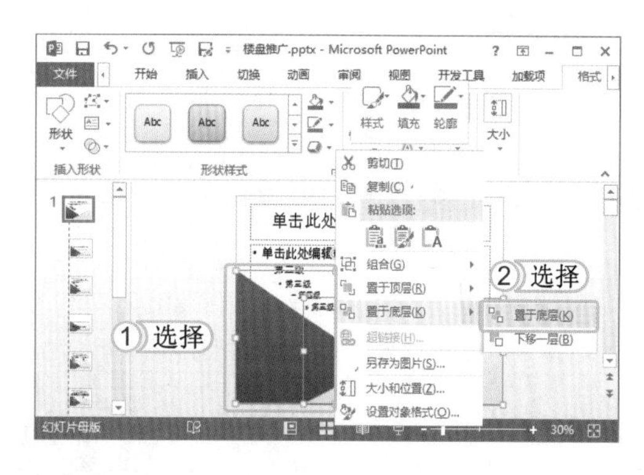

STEP 07：设置背景样式

1. 选择【幻灯片母版】/【背景】组，单击 背景样式 按钮。
2. 在弹出的下拉列表中选择“样式 7”选项。

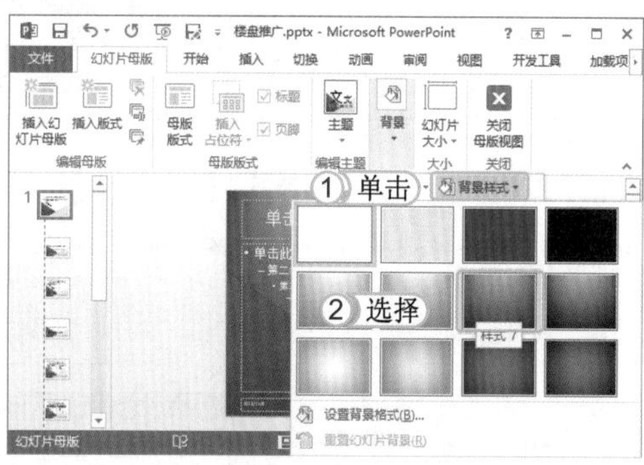

STEP 08：设置标题占位符格式

1. 选择第 1 个幻灯片母版样式。
2. 选择标题占位符文本框，将其设置为“方正舒体，48 号，加粗，黑色”。

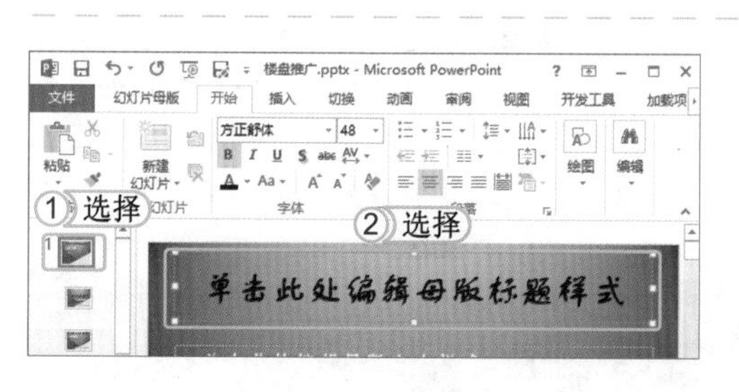

STEP 09：设置副标题和正文占位符格式

保持选择该幻灯片母版样式，拖动鼠标选择副标题和正文文本占位符中的所有文本，将其字体设置为“方正姚体”。

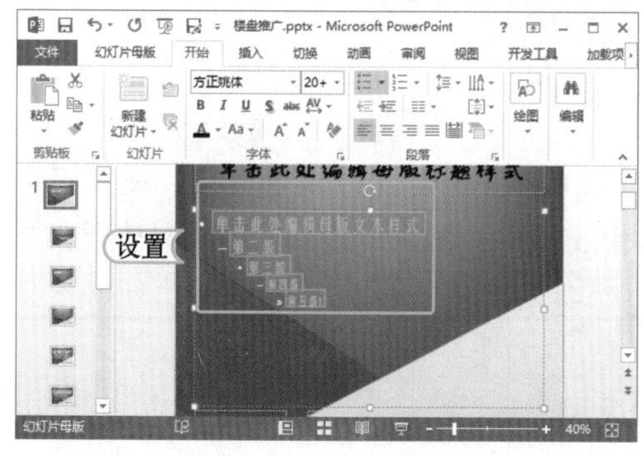

提个醒 在操作此步骤时，用户也可以选择占位符文本框来设置其中的文本字体，此种方法与直接选择文本不同的是，其中的设置对以后添加的文本同样有效。

STEP 10：设置第一级别文本项目编号

1. 将鼠标光标定位到第一级文本处，在“段落”组中单击“编号”按钮右侧的下拉按钮。
2. 在弹出的下拉列表中选择“1.2.3”样式选项，快速将该级别文本设置为相应的编号。

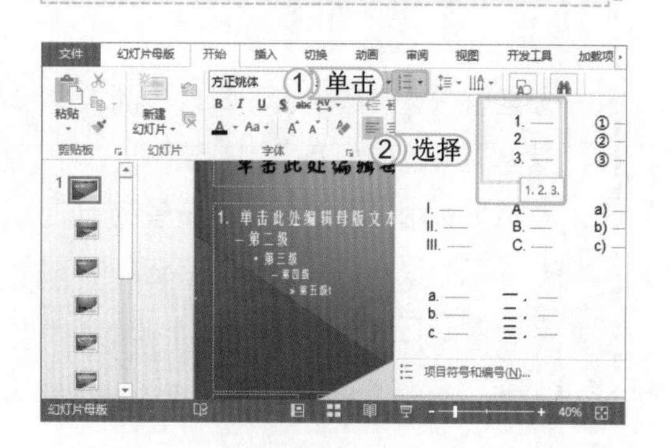

STEP 11：设置其他级别文本项目编号

按照相同的方法，将第二、三、四和五级文本的编号分别设置为“带圆圈编号”、“A、B、C”、“a）、b）、c）”和“a、b、c”样式。

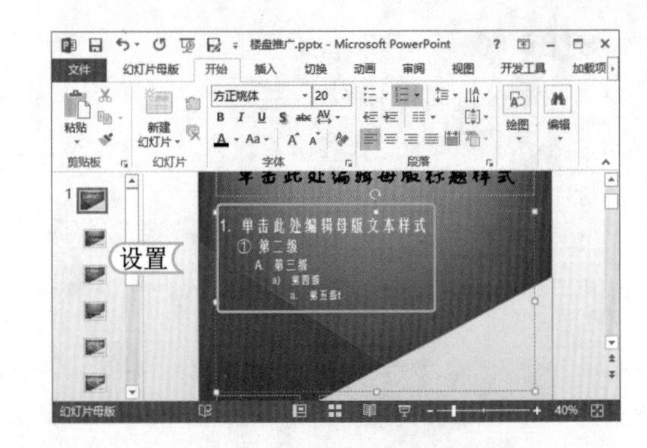

提个醒 在“项目符号和编号”对话框中，单击图片(P)...按钮，在打开的对话框中可选择一种图片样式并将其设置为项目符号样式，在该对话框中单击插入(S)按钮，还可将本地电脑的图片导入其中进行使用。

STEP 12：准备设置页眉/页脚

设置完编号后，选择【插入】/【文本】组，单击按钮，打开“页眉和页脚”对话框。

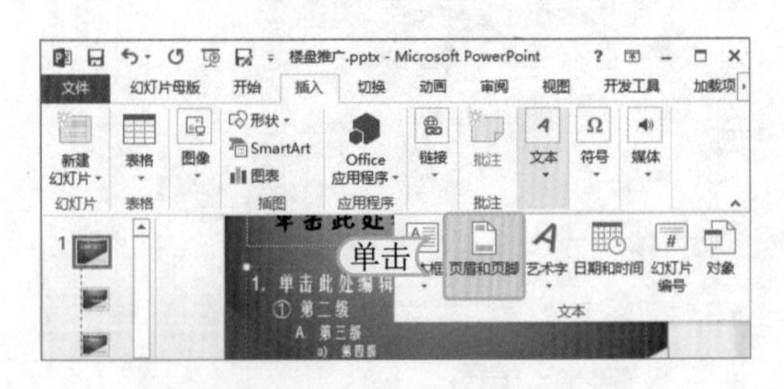

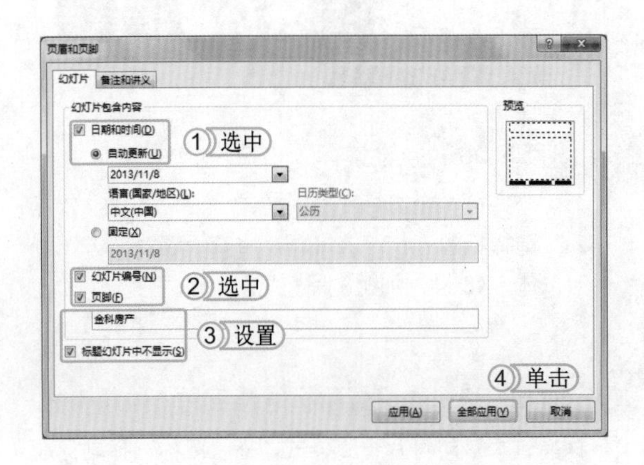

STEP 13：设置页眉/页脚

1. 选中日期和时间(D)复选框，默认选中自动更新(U)单选按钮。
2. 选中幻灯片编号(N)复选框和页脚(F)复选框。
3. 在文本框中输入“金科房产”。最后选中标题幻灯片中不显示(S)复选框。
4. 单击全部应用(Y)按钮。最后设置页脚的字体颜色为深色，完成本例的制作。

4.3 幻灯片外观设计

好的幻灯片外观能够给观众带来良好的第一印象，PowerPoint 2013 中提供了许多模板和主题样式以及多种幻灯片版式。在应用这些样式和版式的同时，还可以根据各种搭配技巧，对页面、配色方案、背景和幻灯片版式进行设置，此外，还需遵循一定的布局原则。下面就来对这些知识进行讲解。

学习1小时

- 能够快速掌握设置幻灯片页面大小与方向的方法。
- 掌握更改颜色方案的办法。
- 灵活运用更改演示文稿背景的方法。
- 熟悉更改幻灯片版式的方法。
- 了解幻灯片的布局原则。

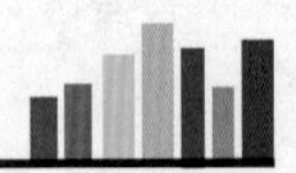

4.3.1 设置幻灯片页面大小与方向

幻灯片的外观样式中最基础的部分就是幻灯片的页面大小，默认的幻灯片方向是横向的，页面大小的宽度为“25.4”厘米，高度为“19.05”厘米，用户可以在“设计”选项卡中的“自定义”组中自定义页面大小和方向。其具体操作如下：

光盘文件 实例演示\第4章\设置幻灯片页面大小与方向

STEP 01：准备设置幻灯片页面大小

1. 打开演示文稿，在【设计】/【自定义】组中单击“幻灯片大小”按钮□。
2. 在弹出的下拉列表中选择“自定义幻灯片大小”选项，打开“幻灯片大小”对话框。

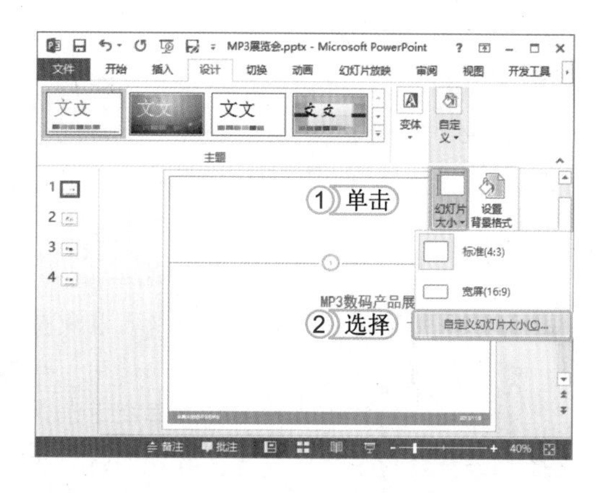

提个醒 用户还可以在弹出的下拉列表中选择其他选项对页面大小进行设置。如选择“标准（4:3）”选项，可以将幻灯片页面设置为标准的大小，其宽度和高度分别为26.666厘米、19.998厘米；选择“宽屏（16:9）”选项，可以将幻灯片页面设置为宽屏大小，其宽度和高度分别为35.551厘米、19.998厘米。

STEP 02：设置页面

1. 在“幻灯片大小”对话框中的“宽度”和“高度”数值框中分别输入“15厘米”和“20厘米”。
2. 在“方向”栏中选中 纵向(P) 单选按钮，设置幻灯片的方向为“纵向”。
3. 单击 确定 按钮，打开Microsoft PowerPoint提示对话框。

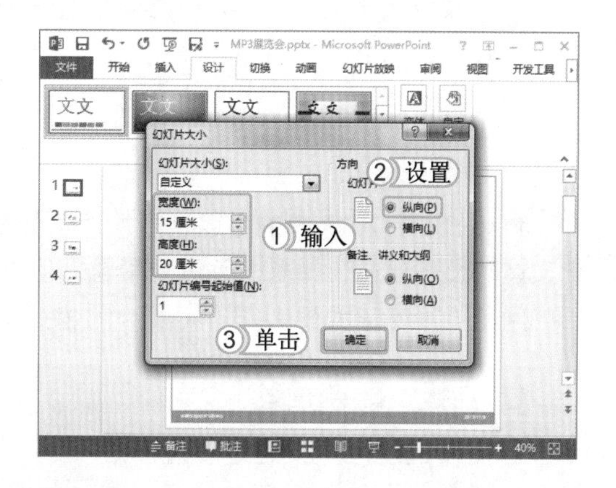

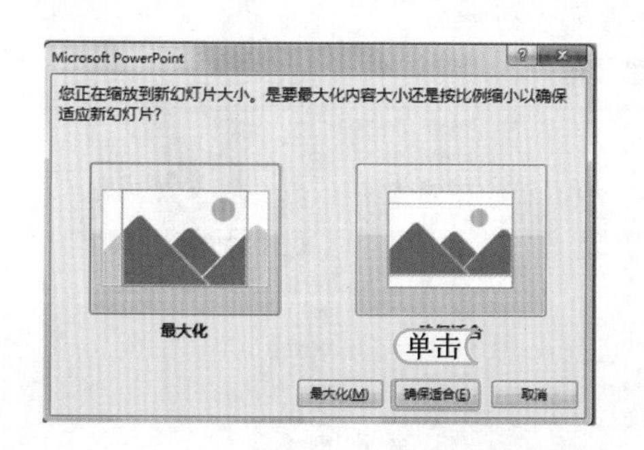

STEP 03：缩放幻灯片大小

在Microsoft PowerPoint提示对话框中单击 确保适合(E) 按钮，将幻灯片页面设置为最合适的大小。

提个醒 若在Microsoft PowerPoint提示对话框中单击 最大化(M) 按钮，可以将幻灯片的内容以最大化的方式显示。

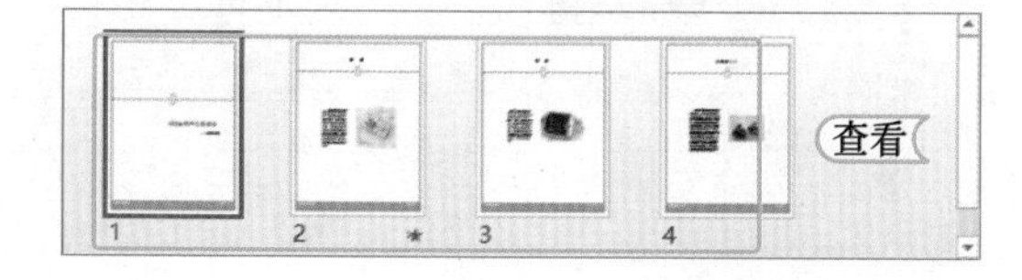

STEP 04：查看设置效果

返回PowerPoint编辑区，切换到幻灯片浏览视图，查看设置的效果。

4.3.2 应用配色方案

配色是影响幻灯片美观性的一个重要因素。在 PowerPoint 2013 中有系统自带的配色方案，当然用户也可根据需求自定义配色方案。根据主题创建演示文稿后，用户也可以随时更改幻灯片主题或进行自定义设置，使整个演示文稿的配色更加协调。

1. 颜色的搭配

颜色的种类很多，所以将颜色搭配在一起的方法也就更多，对于不太懂颜色搭配的人来说，选择哪几种颜色，如何将其合适地搭配在一起确实是一个难题。在制作幻灯片时，为了使颜色搭配得更加协调、合适，可参照以下几点配色方案。

- 总体统一，局部对比：幻灯片的色彩应该整体协调、统一，其中局部和小范围的地方可以用一些强烈的色彩来进行区分、对比。
- 根据内容突出主色调：每张幻灯片都应该有主色调。根据演示文稿的内容不同，主色调也应不同。如内容为科技类，商务和企业最好应用蓝色的主色调，党政机关最好应用红色的主色调；如内容为食品类，则应以黄色为主色调，环保类以绿色为主色调等。
- 多使用邻近色：邻近色能够产生层次感，并使整体颜色更加协调，如深绿、绿色和浅绿的搭配使用，黄色、橙色的搭配使用。用邻近色来制作演示文稿，会让人有比较正式、专业的感觉，使整个演示文稿看起来更加和谐。
- 加强背景与内容的对比：每张幻灯片中都有背景和内容，应尽量使用对比度较高的背景色和内容的颜色来进行区分，比如深色背景就用浅色文字，浅色背景就用深色文字。此外，幻灯片内容中的各个对象，如文本、图表和图片之间也需要用对比度较大的颜色来进行区分。

2. 更改主题颜色

PowerPoint 2013 中的主题样式均有固定的配色方案，若不能满足用户制作演示文稿的需求，这时便可通过选择系统自带的其他配色方案，即应用变体的配色方案，来快速解决颜色的搭配问题。其方法已在 4.1.3 节中进行了详细讲解，这里就不再赘述。

3. 自定义配色方案

若变体的配色方案还是不能满足用户的需要，在熟悉了配色技巧后，用户可自定义颜色方案。其方法是：选择【设计】/【变体】组，单击“变体”列表框右侧的下拉按钮，在弹出的下拉列表中选择“颜色”选项，在弹出的子列表中选择“自定义颜色”选项。在打开的“新建主题颜色”对话框中根据需要对主题颜色进行设置。并在“名称”文本框中输入新建的配色方案的名称，完成后单击保存(S)按钮。如右图所示即为自定义配色方案。

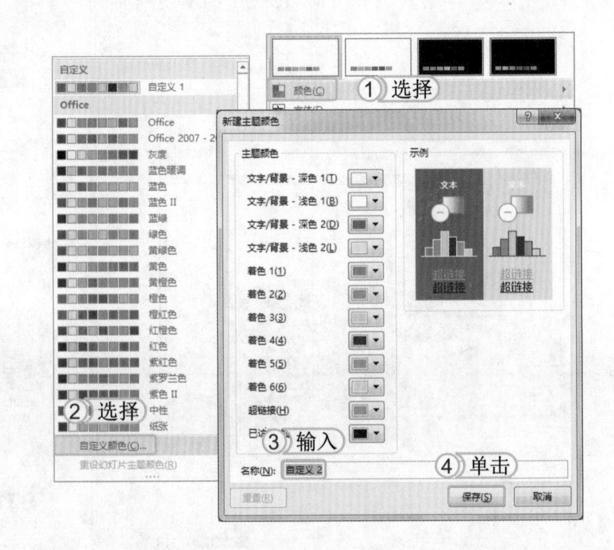

4.3.3 设置背景

在幻灯片中设置背景与在母版中设置背景的方法大致相同，都可以在“设置背景格式”窗格中进行设置。

幻灯片可选择纯色或渐变色作为背景，也可选择纹理或图案等作为背景，甚至还可以选择电脑中的任意图片或联机图片作为背景，使整个画面变得更加美观。在幻灯片中设置背景的方法为：选择【设计】/【自定义】组，单击“设置背景格式”按钮，打开“设置背景格式”窗格。默认选择“填充”选项卡，在该选项卡中选择所需的填充效果即可。“设置背景格式”窗格中各填充效果的设置方法如下。

- 纯色填充：该填充效果只能选择一种颜色作为填充色，其设置方法为：在“设置背景格式”窗格的“填充”选项卡中选中 纯色填充(S) 单选按钮，再单击“填充颜色”按钮，在弹出的下拉列表中选择需要的填充色。拖动“透明度”滑块，还可设置填充色的透明度。设置完成后，关闭“设置背景格式”窗格既可。如下图所示即为设置纯色填充的效果。

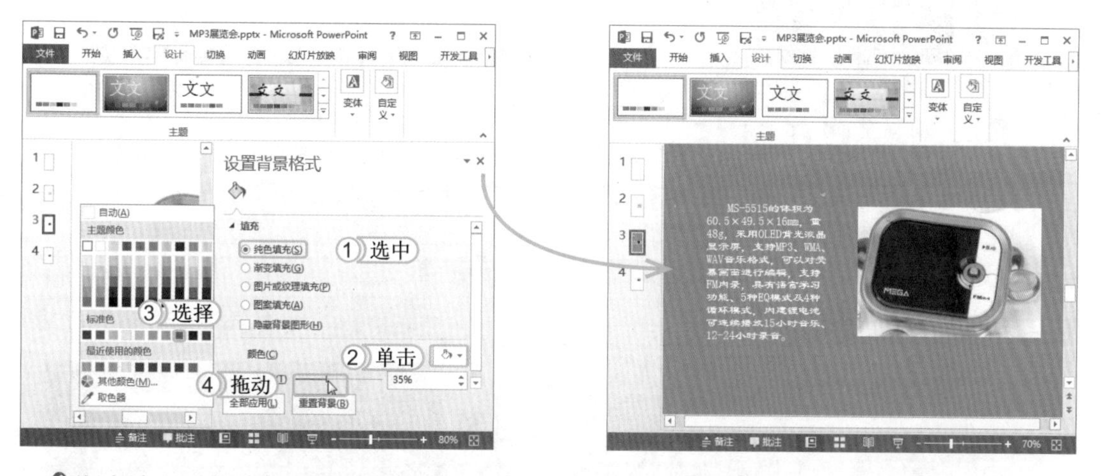

- 渐变填充：渐变色是指分布在画面上，且均匀过渡的两种或两种以上的颜色。其设置方法为：在“设置背景格式”窗格的“填充”选项卡中选中 渐变填充(G) 单选按钮后，可分别在“预设渐变”、“类型”、“方向”、“角度”和“颜色”等下拉列表框中设置渐变的预设渐变效果、类型、方向、角度和颜色等。在“渐变光圈”栏中还可设置渐变的光圈数。如下图所示即为设置“顶部聚光灯 - 着色 5”预设渐变的效果。

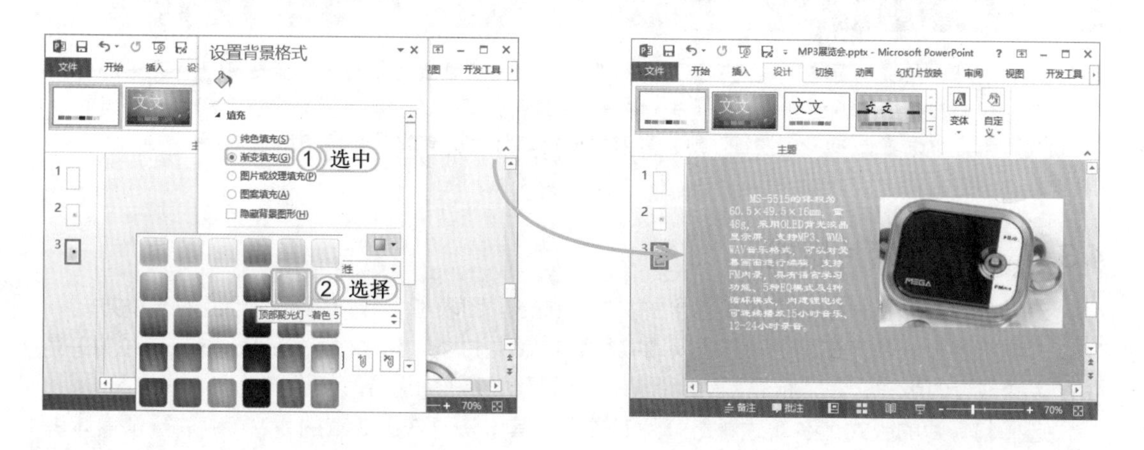

- 图片或纹理填充：在“设置背景格式”窗格的“填充”选项卡中选中 图片或纹理填充(P) 单选按钮后，在“纹理”栏中单击“纹理”按钮 或在“插入图片来自”栏中选择插入文件中的图片或联机图片进行填充。当选中 图片或纹理填充(P) 单选按钮时，系统会自动选中 将图片平铺为纹理(I) 复选框，在该复选框栏下可对偏移量、缩放比例、对齐方式和镜像类型等进行详细的设置。如下图所示即为设置“新闻纸”纹理效果。

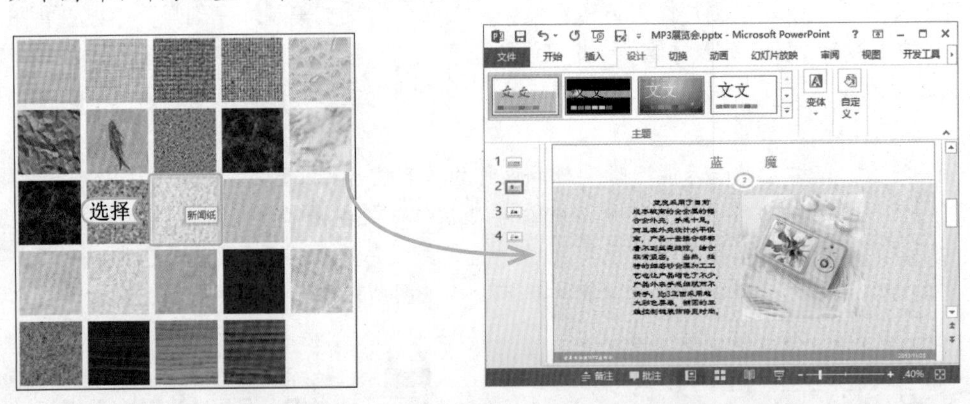

- 图案填充：在“填充”选项卡中选中 图案填充(A) 单选按钮，在列表框中选择相应的图案选项，用户还可单击“前景”和“背景”栏中的相应按钮，在弹出的下拉列表中对填充的前景色和背景色进行设置。如下图所示即设置图案填充的背景效果。

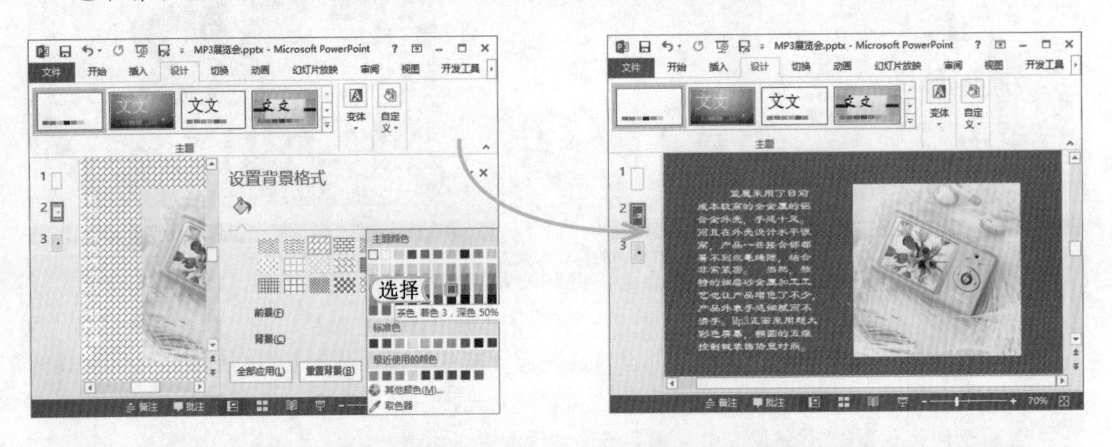

经验一箩筐——背景填充效果的应用

在“设置背景格式”窗格中设置背景填充效果后，关闭“设置背景格式”窗格则只将设置的背景填充效果应用于当前幻灯片中；单击 全部应用(L) 按钮则将设置的背景填充效果应用于演示文稿的所有幻灯片中；单击 重置背景(B) 按钮，则将取消对当前幻灯片所有的背景填充设置。

4.3.4 更改幻灯片版式

幻灯片版式是指一张幻灯片中包含的文本、图形、图表和多媒体等各种元素的布局方式，它以占位符的形式决定幻灯片上要显示的对象的排列方式以及相关格式。PowerPoint 2013 提供了多种预设的版式，如“标题幻灯片”、“标题和内容”和“节标题”等。

选择幻灯片的版式可在新建新幻灯片时进行，其方法已在第 2 章的 2.2 节中进行了具体讲解，这里就不再赘述。下面主要讲解对已使用了版式的幻灯片版式进行更改的方法，主要有以下几种。

- 利用按钮更改：选择需要更改版式的幻灯片后，选择【开始】/【幻灯片】组，单击“版式”按钮，在弹出的下拉列表中选择需要的版式即可。如下图所示即为利用按钮更改幻灯片版式。

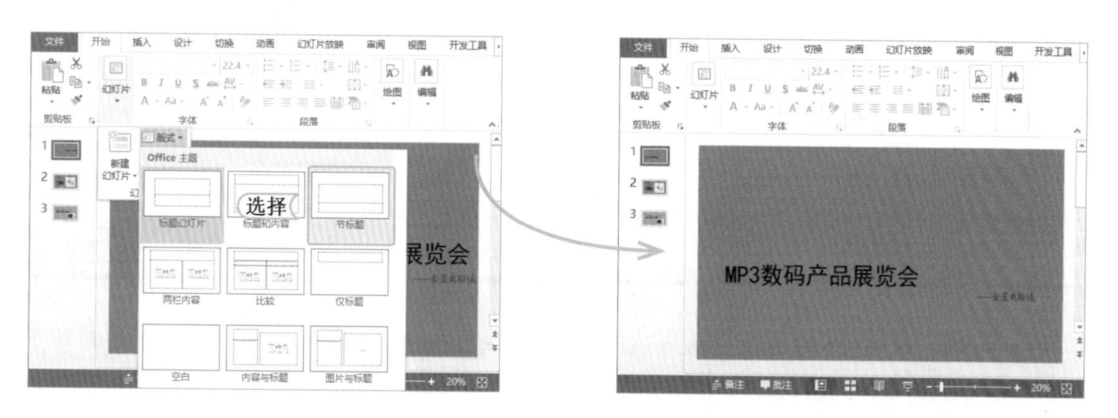

- 在“幻灯片”窗格中更改：在“幻灯片”窗格中选择需要更改版式的幻灯片，在该幻灯片上单击鼠标右键，在弹出的快捷菜单中选择“版式”命令，在弹出的子菜单中选择需要的版式即可。如下图所示即为在“幻灯片”窗格中更改幻灯片版式。

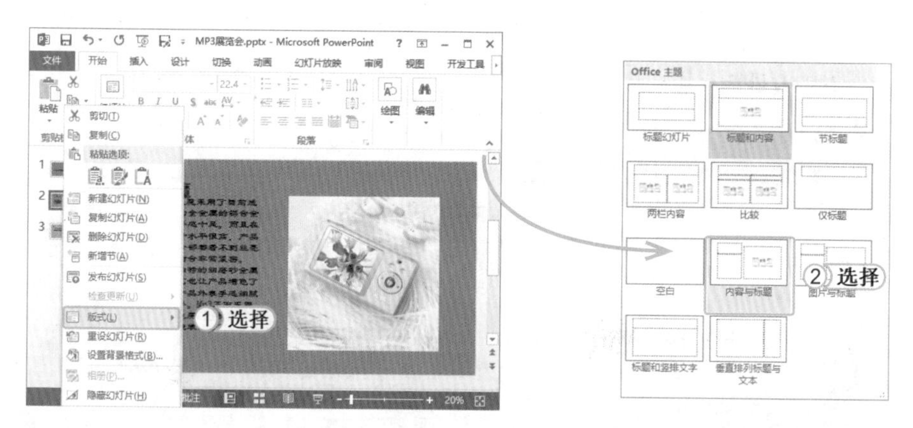

- 在幻灯片编辑区中更改：选择需要更改版式的幻灯片后，在幻灯片编辑区中单击鼠标右键，在弹出的快捷菜单中选择“版式”命令，在弹出的子菜单中选择需要的版式即可。

4.3.5 幻灯片布局原则

好的幻灯片就是能够将幻灯片中包含的文本、图片和表格等元素很好地表达和应用出来。合理的布局能够使幻灯片结构清晰、重点突出。幻灯片的布局一般需要把握以下几个原则。

- 主题明确：若想快速而清晰地将演示文稿中的各种信息表达出来并且传递给观众，可通过字体、字号、颜色以及特殊效果等方式强调幻灯片中要表达的重要内容和核心要点，以引起观众的共鸣和注意。
- 内容简要：幻灯片的篇幅有限，而且人们在短时间内并不可能接收、记忆太多的信息，因此，一张幻灯片的内容一定要简明扼要，只需列出要点或核心内容即可。

- 布局简单：一张幻灯片中包含了多种元素，但若其中各元素的数量较多且分布太过复杂，就会使幻灯片显得很凌乱，不利于传递各元素要表达的信息。
- 页面布局平衡：画面平衡就是要使幻灯片的页面布局平衡，以避免出现上与下、左与右轻重或浓淡不一的现象，要使整个幻灯片页面看起来更加协调。
- 统一和谐：应尽量使同一个演示文稿的每张幻灯片中各元素的位置、文本的字体、字号、颜色、页边距等统一，不要对其随意设置或更改，以避免破坏演示文稿的整体效果。

上机1小时 设计“MP3展览会”幻灯片外观

- 熟练掌握幻灯片的配色方案和布局原则。
- 巩固对幻灯片外观进行设计的方法。

本例通过对“MP3展览会.pptx”演示文稿中的幻灯片外观进行设计，让用户能够熟练掌握幻灯片外观的设计方法，并且能够快速设计出美观和谐的幻灯片外观。首先对幻灯片的页面进行设置，然后根据配色方案，设置幻灯片的背景，最后对幻灯片的版式进行修改，并完成幻灯片内容的编辑。其最终效果如下图所示。

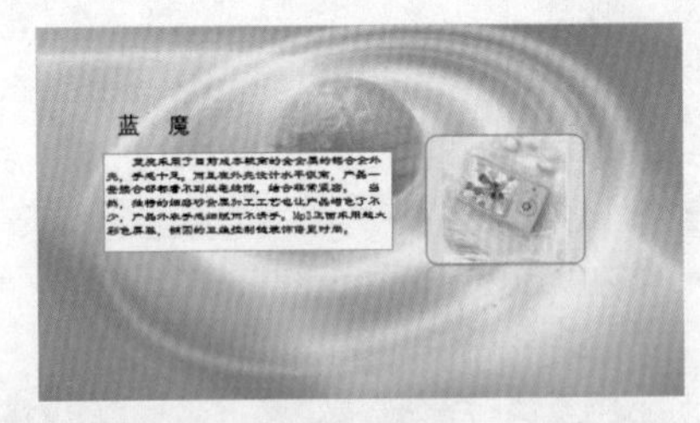

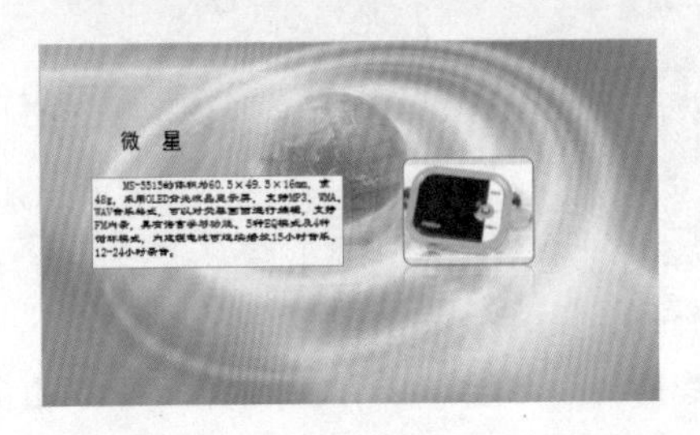

光盘文件

素材\第4章\MP3\
效果\第4章\MP3展览会.pptx
实例演示\第4章\设计“MP3展览会”幻灯片外观

STEP 01：设置幻灯片页面

1. 打开“MP3展览会.pptx”演示文稿，在【设计】/【自定义】组中单击“幻灯片大小”按钮□。
2. 在弹出的下拉列表选择“宽屏（16:9）”选项，打开Microsoft PowerPoint提示对话框。

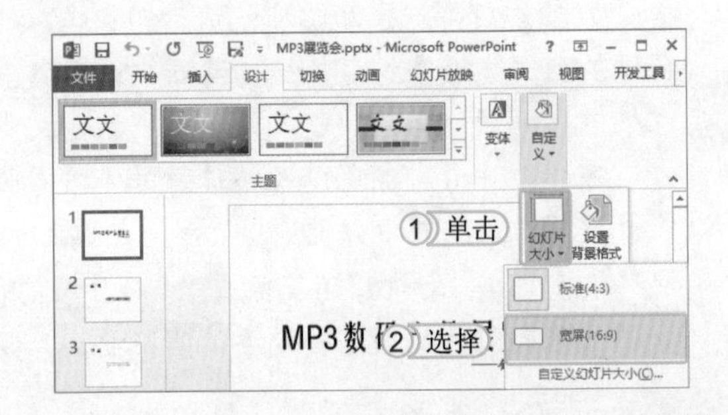

STEP 02: 设置幻灯片大小并查看效果

在 Microsoft PowerPoint 提示对话框中单击 确保适合(E) 按钮，完成幻灯片的页面设置。

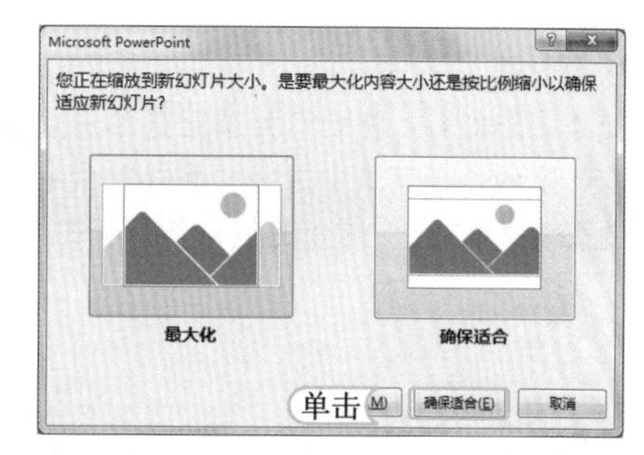

提个醒 用户在该提示对话框中单击中间的"确保合适"按钮，也能将幻灯片页面设置为最合适的显示比例。

STEP 03: 设置背景图片

1. 选择【设计】/【自定义】组，单击"设置背景格式"按钮，打开"设置背景格式"窗格。在"设置背景格式"窗格的"填充"选项卡中选中 ◉ 图片或纹理填充(P) 单选按钮。
2. 在"插入图片来自"栏中单击 文件(F)... 按钮，打开"插入图片"对话框。

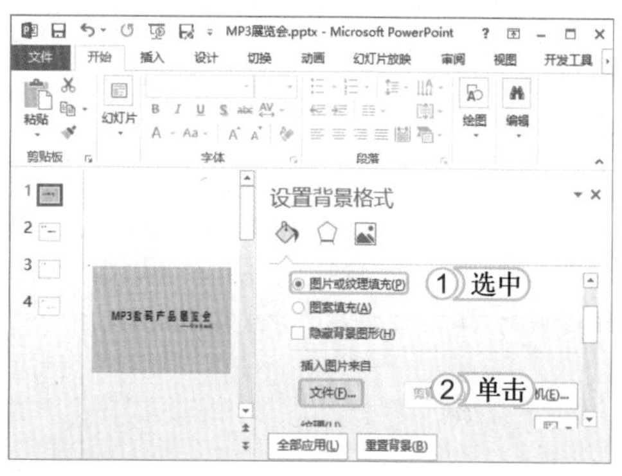

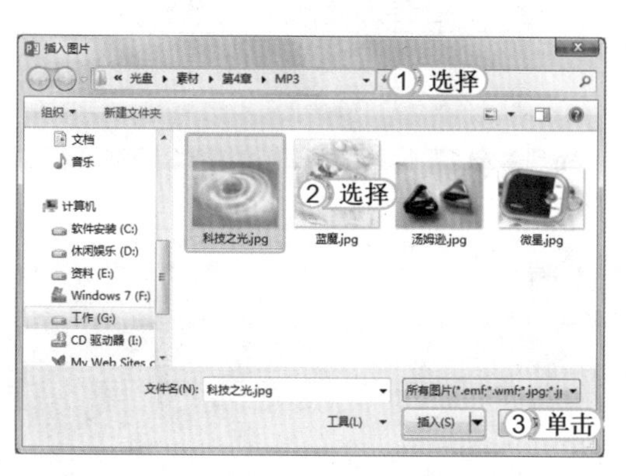

STEP 04: 选择图片背景

1. 在打开的对话框中选择图片所在的文件夹。
2. 选择"科技之光.jpg"图片。
3. 单击 插入(S) 按钮，插入图片背景。

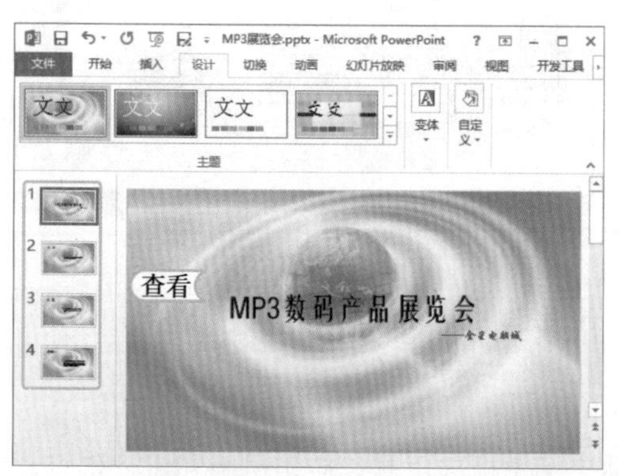

STEP 05: 应用并查看背景

返回"设置背景格式"窗格，单击 全部应用(L) 按钮，将所有的幻灯片设置为统一的背景。关闭"设置背景格式"窗格，查看设置后的背景效果。

提个醒 用户也可在"设置背景格式"窗格中的"纹理"栏下对图片的透明度进行设置，还可选中 ☑ 将图片平铺为纹理(I) 复选框，对图片的偏移量、缩放比例等进行设置。

读书笔记

STEP 06： 更改第 1 张幻灯片版式

选择第 1 张幻灯片。在幻灯片编辑区单击鼠标右键，在弹出的快捷菜单中选择“版式”命令，在弹出的子菜单中选择“节标题”幻灯片版式。

> 提个醒　在操作此步骤时，一定要注意查看所选版式是否与所选幻灯片的内容和格局相符。

STEP 07： 更改其他幻灯片版式

按照相同的方法，将第 2、3、4 张幻灯片的版式均设置为“图片与标题”的幻灯片版式。

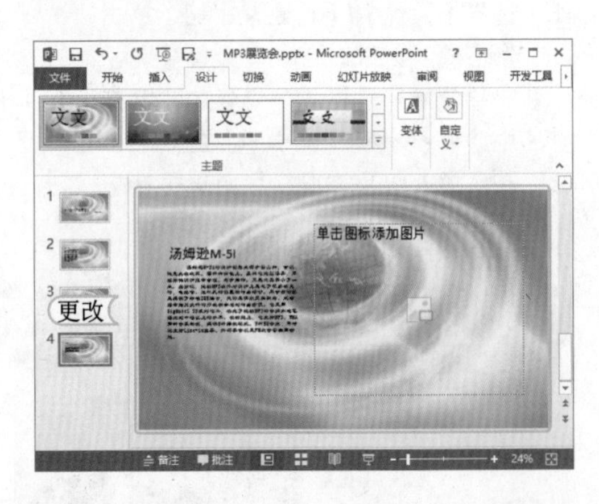

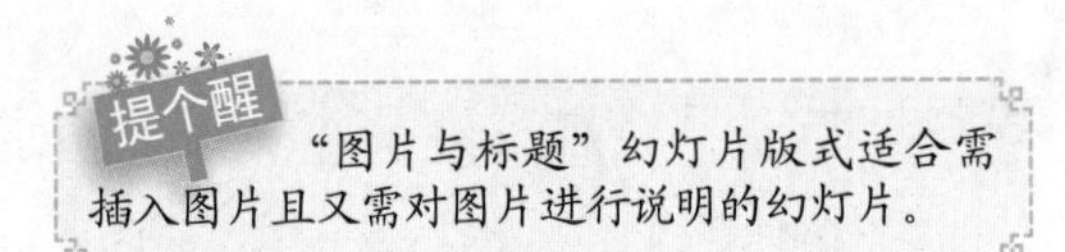

> 提个醒　“图片与标题”幻灯片版式适合需插入图片且又需对图片进行说明的幻灯片。

STEP 08： 编辑幻灯片内容

在第 2、3、4 张幻灯片的图片占位符中插入产品图片，并调整每张图片的大小、位置、形状样式、边框和其他效果等。更改并统一第 2、3、4 张幻灯片中的文本字号、文本填充效果以及文本框颜色。调整每张幻灯片的占位符大小和位置，使整个幻灯片看起来更加协调、美观。

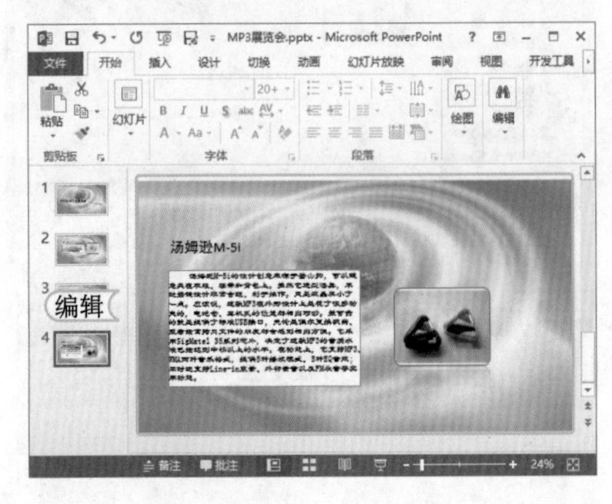

> 提个醒　一般编辑幻灯片内容的顺序是从局部到整体、从个体到全部，所以，最好是逐次调整每张幻灯片中的各个元素之后，再对各幻灯片中的所有元素进行统一调整。

4.4　练习 2 小时

本章主要介绍了设计幻灯片的相关知识，包括应用模板与主题、应用母版和设计幻灯片外观等。用户要想在日常工作中熟练使用它们，还需再进行巩固练习。下面以制作“美食展示.pptx”演示文稿、“会议记录.pptx”幻灯片母版和设计“少儿英语讲义.pptx”幻灯片外观为例，巩固学习幻灯片设计的方法。

1. 制作“美食展示”演示文稿

本例将制作“美食展示.pptx”演示文稿，首先为其应用合适的主题样式，然后更改主题的颜色方案、字体和背景样式。其中，主题为“水汽尾迹”；颜色方案为系统提供的“红橙色”方案；字体为“博大精深”；背景样式为渐变填充中预设的“顶部聚光灯，着色4”选项。最后对其中的文本进行编辑。最终效果如下图所示。

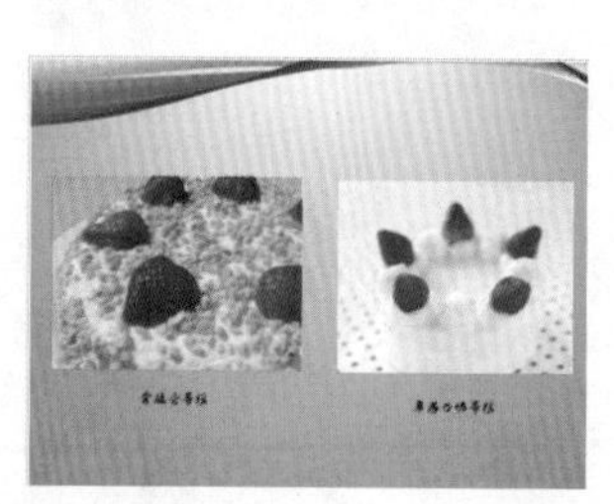

光盘文件
素材\第4章\美食展示.pptx
效果\第4章\美食展示.pptx
实例演示\第4章\制作“美食展示”演示文稿

2. 制作“会议记录”幻灯片母版

本例将制作“会议记录.pptx”幻灯片母版，首先对第1张幻灯片的字体、字号和颜色进行设置，调整占位符的位置，设置背景效果并添加形状，然后按照相同的方法对第2张幻灯片的文本、占位符和背景等进行设置，最后设置正文文本的项目符号。最终效果如下图所示。

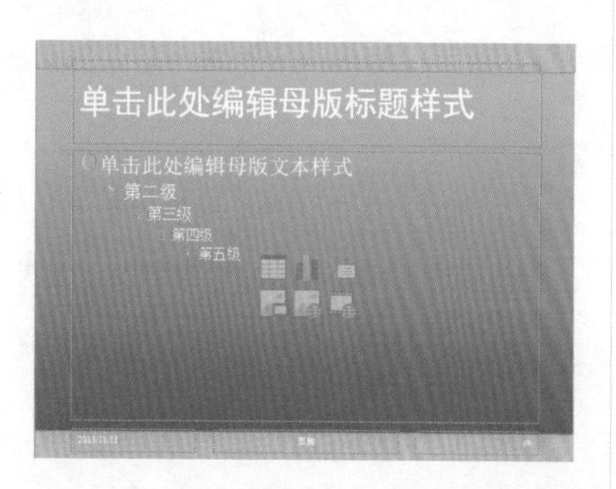

光盘文件
素材\第4章\会议记录.pptx
效果\第4章\会议记录.pptx
实例演示\第4章\制作“会议记录”幻灯片母版

3. 设计"少儿英语讲义"幻灯片外观

本例将设计"少儿英语讲义.pptx"演示文稿的幻灯片外观，首先自定义幻灯片页面大小，然后更改其主题，最后对所有幻灯片的版式进行修改，并调整标题幻灯片中的文本。最终效果如下图所示。

光盘文件

素材\第4章\少儿英语讲义.pptx
效果\第4章\少儿英语讲义.pptx
实例演示\第4章\设计"少儿英语讲义"幻灯片外观

读书笔记

第5章 对比分析——运用表格、图表

学习 2小时

若演示文稿要展示的数据内容量较大，只采用文本的形式并不能够很清晰地将关键内容和要点数据表达出来。此时，就可以应用表格和图表，对数据进行合理的分析与表达，从而制作出一目了然的幻灯片效果。

- 表格的应用
- 图表的应用

上机 4小时

5.1 表格的应用

在幻灯片中，有些信息或数据不能单纯用文字或图片来表示，在信息或数据比较繁多的情况下，可以采用表格的形式，将数据分门别类地存放在表格中，使得数据信息一目了然。例如制作销售数据报告、生产数据报表等演示文稿时，就可在其中创建表格。

学习 1 小时

- 能够熟练地在幻灯片中创建表格。
- 掌握编辑表格的方法，如拆分合并单元格、移动和复制行和列等操作。
- 灵活运用美化表格的方法。

5.1.1 创建表格

要想在幻灯片中创建表格，首先需要掌握插入表格和在表格中输入数据的方法，这样才能创建一个基本完整的表格。下面就来对插入表格的方法进行介绍。

1. 通过占位符插入表格

若幻灯片版式为内容版式或文本和内容版式，单击占位符中的“插入表格”按钮，打开“插入表格”对话框，在“列数”和“行数”数值框中输入需插入表格的行数和列数，单击确定按钮，即可快速插入一个表格。如下图所示即为通过占位符插入 5 列 2 行的表格效果。

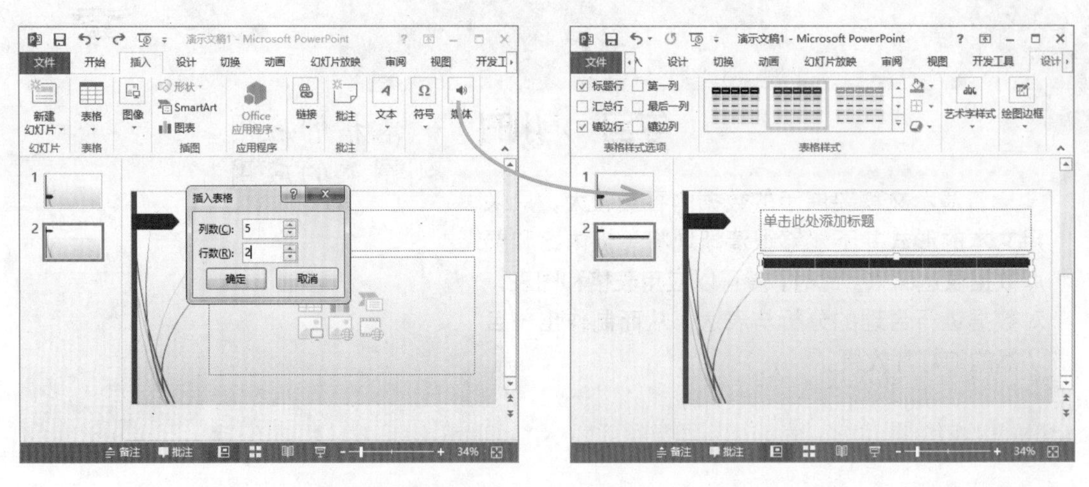

2. 通过下拉列表插入表格

通过下拉列表插入表格是比较常用的方法，也是比较自由的方法，它不限于幻灯片的版式和内容。其方法是：选择所需插入表格的幻灯片，选择【插入】/【表格】组，单击“表格”按钮，在弹出的下拉列表中的“插入表格”栏中选择插入的行数和列数即可。

下面以在“电影导视 .pptx”演示文稿中创建表格为例进行讲解，其具体操作如下：

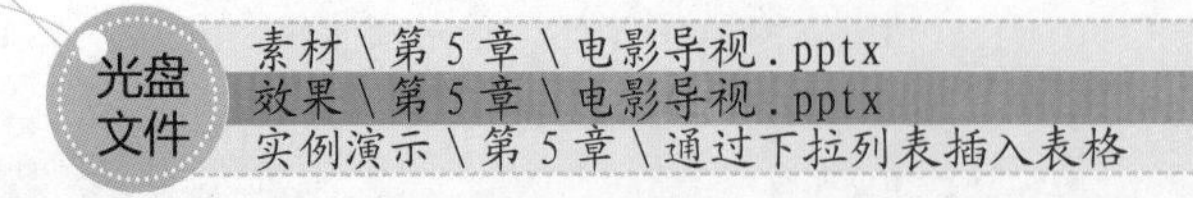

STEP 01： 准备插入表格

1. 打开“电影导视 .pptx”演示文稿，选择第 2 张幻灯片。
2. 选择【插入】/【表格】组，单击“表格”按钮。

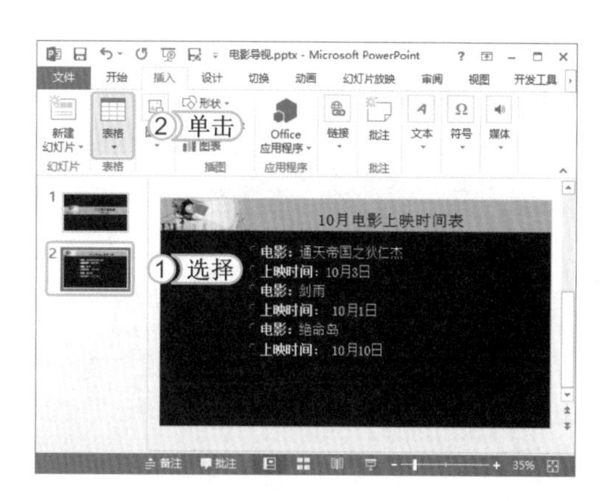

提个醒 在第 2 张幻灯片中，内容若用文本来表达，条理和重点将不会很清晰，也不能让观众一目了然。

STEP 02： 插入表格

在弹出的下拉列表中拖动鼠标，当列表上方显示为“2×4 表格”时，释放鼠标即可插入一个 2 列 4 行的表格。

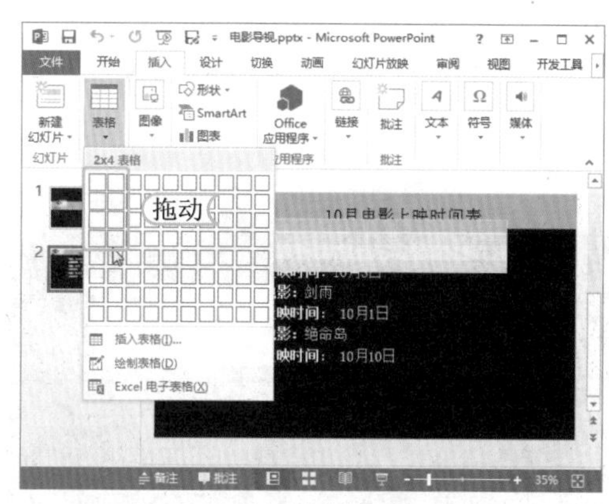

提个醒 用户也可以在下拉列表中选择“插入表格”选项，打开“插入表格”对话框，对要插入表格的行数和列数进行设置。

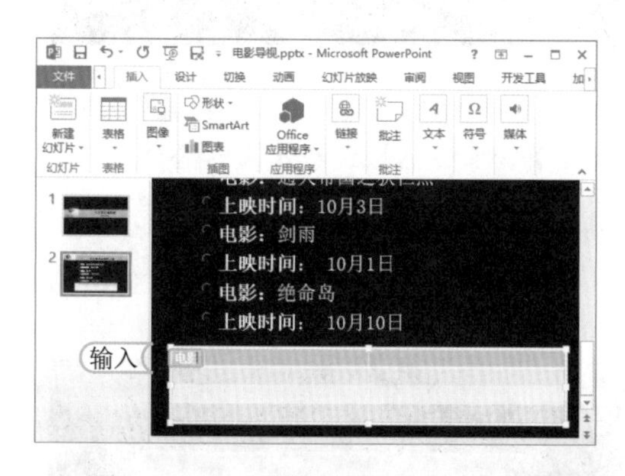

STEP 03： 输入文本

将鼠标光标定位到表格四周边线上，待鼠标变为形状时，拖动表格至合适位置处释放鼠标。将鼠标光标定位到第 1 行第 1 个单元格中，在其中输入文本“电影”。

提个醒 用户若觉得输入麻烦，还可以按 Ctrl+C 组合键与 Ctrl+V 组合键复制与粘贴文本到表格相应的单元格中。

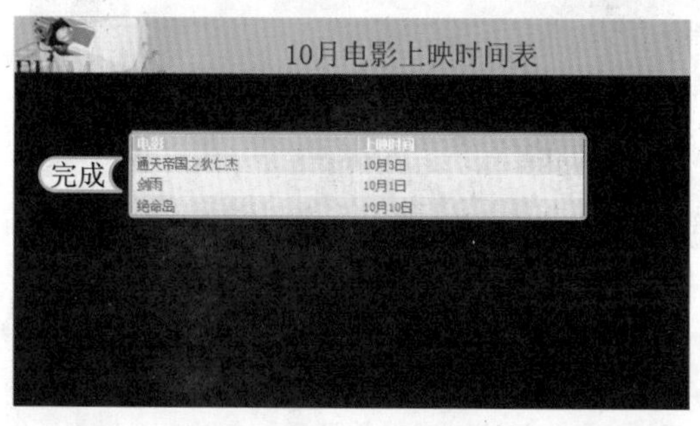

STEP 04： 完成表格的创建

按 Tab 键将鼠标光标定位到第 1 行第 2 个单元格中，输入文本“上映时间”。用同样的方法完成除第 1 行外其他单元格的文本输入，将表格移动到合适的位置。最后，删除该幻灯片中多余文本。

经验一箩筐——绘制表格

若需手动绘制表格，需在【插入】/【表格】组单击“表格”按钮，在弹出的下拉列表中选择“绘制表格”选项，待鼠标光标呈形状时，在合适位置处单击并拖动鼠标进行绘制即可。

5.1.2 编辑表格

在默认情况下插入的表格，其单元格行列数均是固定和均匀分布的，且每一行中的单元格高度和每一列的单元格宽度都相同。而在实际的制作过程中，通常需要根据表格内容对表格进行编辑。下面就来对常用的编辑表格的方法进行讲解。

1. 选择单元格

选择单元格是对表格进行编辑前首先要进行的操作。在 PowerPoint 2013 中选择单元格的方法与选择文本类似，可根据实际情况灵活运用。下面讲解几种常用的选择单元格的方法。

- 选择单个单元格：选择单元格的方法很简单，将鼠标光标移动到表格中单元格的左端线上，待其变为一个指向右的黑色箭头时单击鼠标即可。

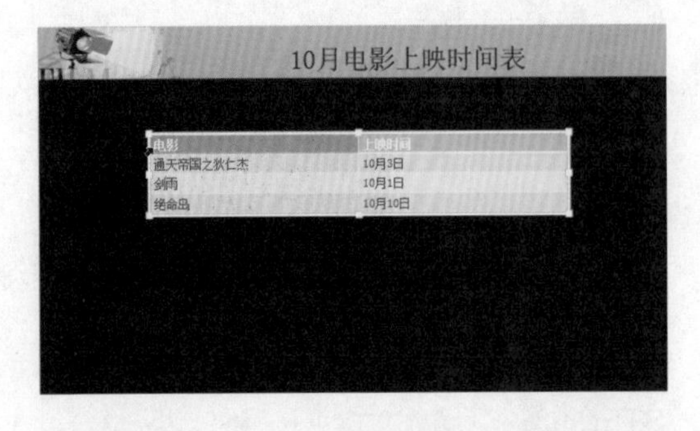

- 选择连续的单元格区域：将鼠标光标移动到需选择的单元格区域的左上角，拖动鼠标到该区域的右下角，释放鼠标即可选择该单元格区域。

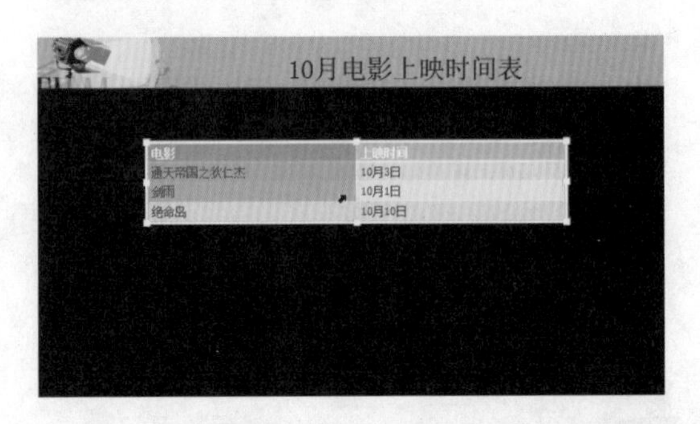

- 选择整行和整列：将鼠标光标移动到表格边框的左侧，当其变为➡形状时，单击鼠标即可选择该行；将鼠标光标移动到表格边框的上方，当其变为⬇形状时，单击鼠标即可选择该列。

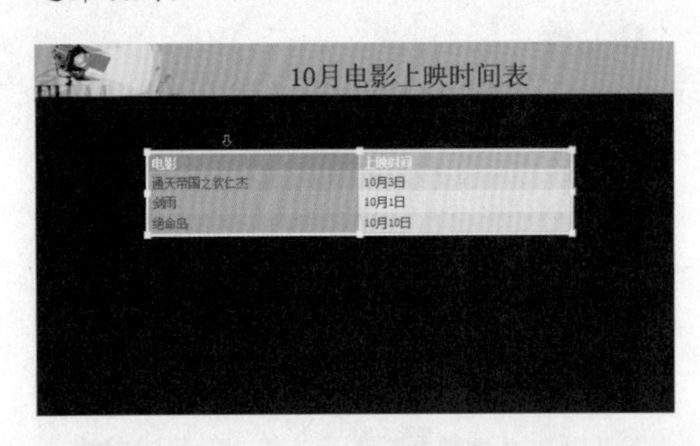

- 选择整个表格：将鼠标光标移动到任意单元格中并单击，然后按 Ctrl+A 组合键即可选择整个表格。

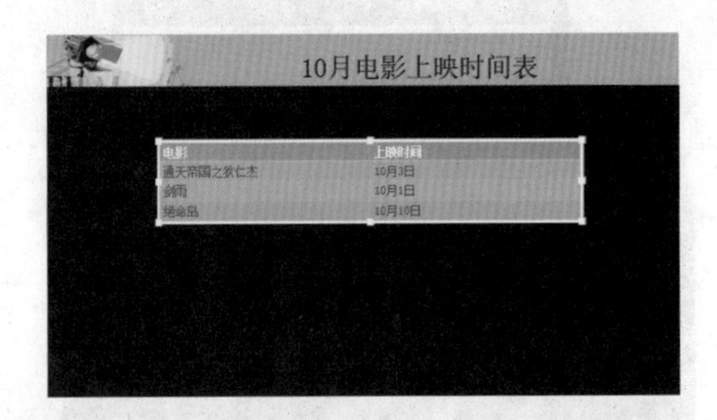

经验一箩筐——利用按钮选择单元格

将鼠标光标定位到某个单元格中并单击，选择【布局】/【表】组，单击“选择”按钮，在弹出的下拉列表中选择“选择表格”选项，将选择整个表格；选择“选择列”选项，将选择该单元格所在列的所有单元格；选择“选择行”选项，将选择该单元格所在行的所有单元格。

2. 调整行高和列宽

实际工作中，一般在每个单元格中输入的内容多少是不相同的，此时就需要对表格的行高和列宽进行适当调整。调整行高与列宽的常用方法有以下几种。

- 通过鼠标拖动调整：将鼠标光标移到表格中连续两列或两行之间的间隔线上，当鼠标光标变为⟛或≑形状时，按住鼠标左键并向左、右或向上、下拖动鼠标，至合适位置时释放鼠标，即可调整表格的列宽和行高。
- 通过菜单命令自动调整：将鼠标光标定位到需要调整的行或列中的任意一个单元格中，选择【布局】/【单元格大小】组，在“高度”和“宽度”数值框中输入数值，可快速调整表格的行高与列宽。

3. 插入与删除行或列

在表格的编辑过程中，若表格中的行、列数不能够满足工作需要，就需要在表格中插入行或列；若表格中的行、列数超过了需求，就需要将多余的行或列删除。下面就对插入与删除表格中的行或列的方法进行讲解。

- 插入行或列：将鼠标光标定位到某个单元格中，选择【布局】/【行和列】组，单击相应的按钮即可在插入所需的行或列。
- 删除行或列：删除行或列的方法与插入行或列的方法基本相同，不同的是，选择【布局】/【行和列】组后，单击“删除”按钮，还需在其弹出的下拉列表中选择“删除列”或“删除行”选项才可删除多余的行或列。若选择“删除表格”选项，将删除整个表格。

4. 合并与拆分单元格

在编辑表格的过程中，若发现单元格中的内容需进行合并或分类，可通过合并或拆分单元格的方法来进行调整，合并与拆分单元格的方法如下。

- 合并单元格：选择需合并的单元格区域，选择【布局】/【合并】组，单击“合并单元格”按钮，或在其上单击鼠标右键，在弹出的快捷菜单中选择“合并单元格”命令。
- 拆分单元格：选择需拆分的单元格，选择【布局】/【合并】组，单击“拆分单元格”按钮，或在其上单击鼠标右键，在弹出的快捷菜单中选择“拆分单元格”命令，打开“拆分单元格”对话框，在其中设置需拆分的行数和列数，单击确定按钮。

5.1.3 编辑表格内容

在实际工作中，用户可以在表格中输入和修改文本，也可以删除其中不需要或错误的表格内容。

1. 在表格中输入文本

在表格中输入文本的方法比较简单，其方法已在5.1.1节的通过下拉列表插入表格的知识中进行了介绍，也就是在创建表格后，将鼠标光标定位到需要输入文本的单元格中，即可直接输入相应的文本。但是若需在另一个单元格中继续输入文本，就要在完成上一个单元格的文本输入后，重新将鼠标光标定位到另一个单元格中，然后输入文本即可。

2. 修改文本

修改表格中的文本与修改文本的方法相同，只需要删除需修改的文本后进行修改即可。

3. 快速删除表格内容

用户若想快速删除表格中不需要或错误的内容，可以使用相应的快捷键来将其删除，具体方法如下。

- 快速删除单元格：选择需要删除的单元格区域或某行、列，按Backspace键，即可快速删除所选单元格及其中内容。需注意的是，若选择单个单元格后，按Backspace键只会删除其中内容而保留单元格。
- 快速删除表格内容：选择需删除其中内容的单元格、单元格区域或整个表格，按Delete键，即可快速删除其中内容，并保留单元格。

5.1.4 美化表格

当表格的编辑完成后，一般还需要完善表格的视觉效果，如表格字体样式、表格样式、单元格填充和表格边框等。下面就对这些知识进行讲解。

1. 设置表格字体格式

设置表格字体格式是指设置表格中内容的字体、字号、颜色及艺术字样式等。其中设置字体、字号和颜色等在【开始】/【字体】组中完成，设置艺术字样式在【表格工具】/【设计】/【艺术字样式】组中完成。其方法与设置文本框中的文本基本一致。

经验一箩筐——使用“格式刷”设置字体样式

若需要统一某些单元格或整个表格的字体样式，可在设置表格中文本的字体样式时，先对一个单元格中的文本进行设置，然后单击“格式刷”按钮，拖动鼠标为其他单元格应用相同的样式。

2. 设置表格字体方向和对齐方式

在单元格中输入的内容默认靠左上侧对齐，若希望改变其方向和对齐方式，可以通过【开始】/【段落】组或【布局】/【对齐方式】组来进行设置。下面分别进行介绍。

（1）通过【开始】/【段落】组设置

设置文本格式一般都是在【开始】/【段落】组中进行的，该方法对于表格中的文本同样适用。下面就对在“段落”组中设置字体方向和对齐方式的方法进行介绍。

- 设置字体方向：选择需要改变方向的文本或文本所在的单元格后，选择【开始】/【段落】组，单击“文字方向”按钮，在弹出的下拉列表中选择相应的选项，可快速更改文本的方向。
- 设置对齐方式：在【开始】/【段落】组中单击“对齐文本”按钮，在弹出的下拉列表中选择相应的选项，可快速更改文本的对齐方式。

（2）通过【布局】/【对齐方式】组设置

表格中的文本格式除了可在【开始】/【段落】组中进行设置外，还可以在【布局】/【对齐方式】组中进行。下面就对在“对齐方式”组中设置字体方向和对齐方式的方法进行介绍。

- 设置字体方向：选择需要改变方向的文本或文本所在的单元格后，选择【布局】/【对齐方式】组，单击“文字方向”按钮，在弹出的下拉列表中选择相应的选项，可快速更改文本的方向。
- 设置对齐方式：在【布局】/【对齐方式】组中单击、、、、或按钮，均可设置不同的对齐方式，而且第1行中的按钮与第2行中的按钮可以同时使用。需注意的是，

"顶端对齐"按钮表示沿单元格顶端对齐内容；"垂直居中"按钮表示在单元格中垂直居中对齐内容；"底端对齐"按钮表示沿单元格底端对齐内容。如下图所示即为设置表格顶端居中对齐、垂直居中、底端居中对齐的效果。

财政支出明细表		
	金额	备注
房租	1200	
水电费	50	
伙食费	1500	
通讯费	500	
交通费	300	
其他	2000	国庆旅游

财政支出明细表		
	金额	备注
房租	1200	
水电费	50	
伙食费	1500	
通讯费	500	
交通费	300	
其他	2000	国庆旅游

财政支出明细表		
	金额	备注
房租	1200	
水电费	50	
伙食费	1500	
通讯费	500	
交通费	300	
其他	2000	国庆旅游

3. 应用表格样式

PowerPoint 2013 提供了多种表格样式供用户快速应用，每种样式都是由特定的边框和底纹组合而成。用户可以选择整个表格后，在【设计】/【表格样式】组中选择需要的表格样式，将其快速应用于所选表格。另外，将鼠标光标移动到某表格样式上，可在幻灯片编辑区中预览应用的表格样式是否符合需要，非常方便。

4. 设置单元格填充

为了突出显示表格的重要内容或不同类别的内容，通常需要为表格中某个单元格或某些单元格设置不同的填充颜色及效果。下面就对设置单元格填充的方法进行介绍。

- 设置单元格填充颜色：选择需要设置填充颜色的单元格后，在【设计】/【表格样式】组单击"底纹"按钮右侧的下拉按钮，在弹出的下拉列表中选择合适的颜色，即可将其快速应用于所选单元格。如下图所示即为设置单元格填充颜色的效果。

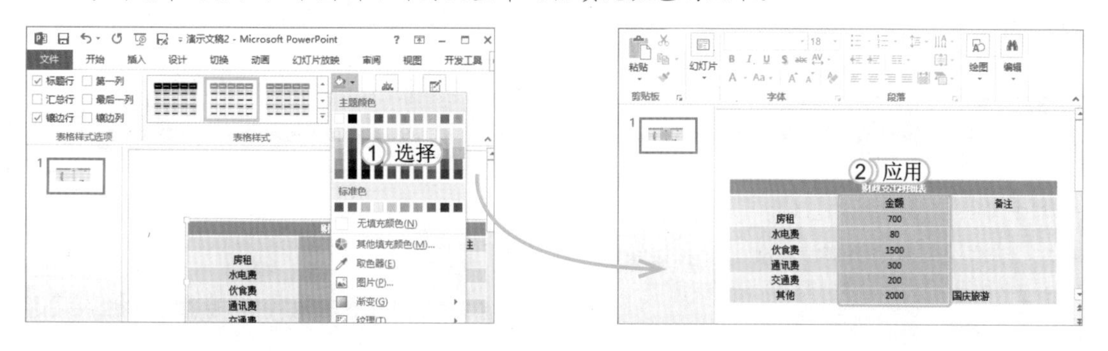

- 设置单元格填充效果：选择需要设置填充效果的单元格后，在【设计】/【表格样式】组单击"效果"按钮，在弹出的下拉列表中选择"单元格凹凸效果"选项，在弹出的子列表中选择需要的效果选项即可。如下图所示即为设置"凸起"的单元格填充效果。

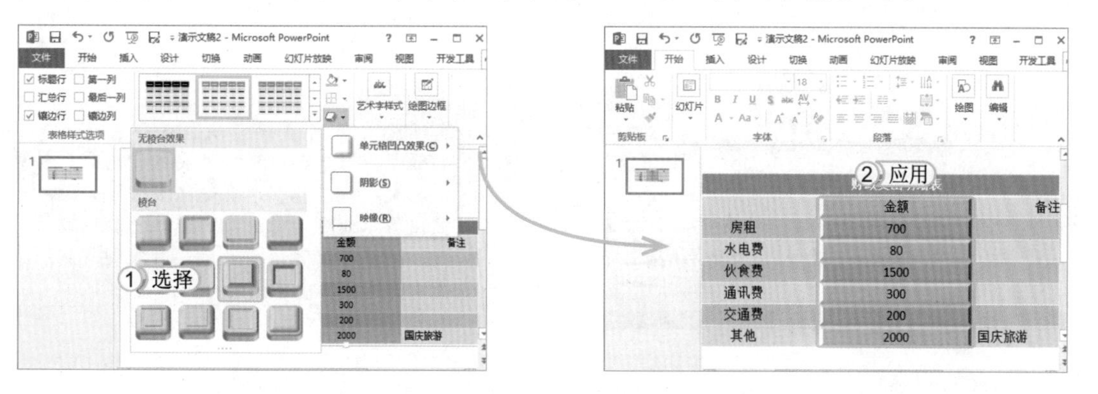

5. 设置表格边框

在完成表格效果和填充颜色的设置后，根据需要还可对表格的边框进行设置，包括设置边框线型、粗细、颜色与框线等。下面就以“个人开销.pptx”演示文稿为例对设置表格边框的方法进行讲解，其具体操作如下：

光盘文件
素材\第5章\个人开销.pptx
效果\第5章\个人开销.pptx
实例演示\第5章\设置表格边框

STEP 01：准备设置边框

1. 打开“个人开销.pptx”演示文稿，选择整个表格。
2. 选择【设计】/【绘图边框】组。

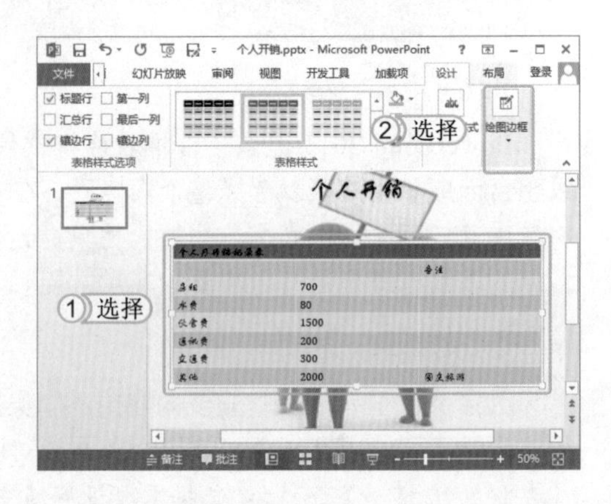

STEP 02：选择边框线型

单击“笔样式”下拉列表框右侧的下拉按钮▾，在弹出的下拉列表中选择“实线”线型选项。

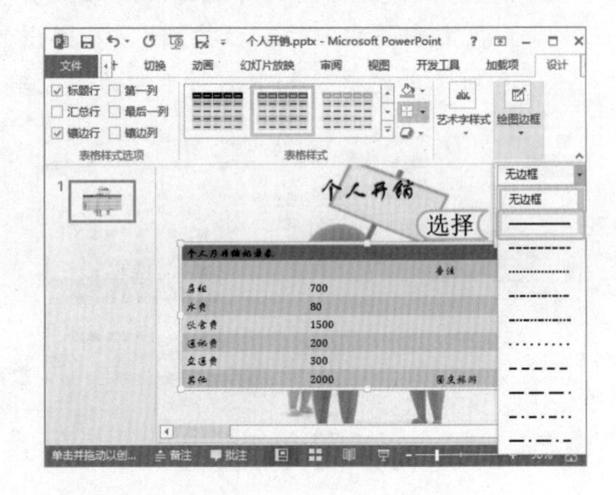

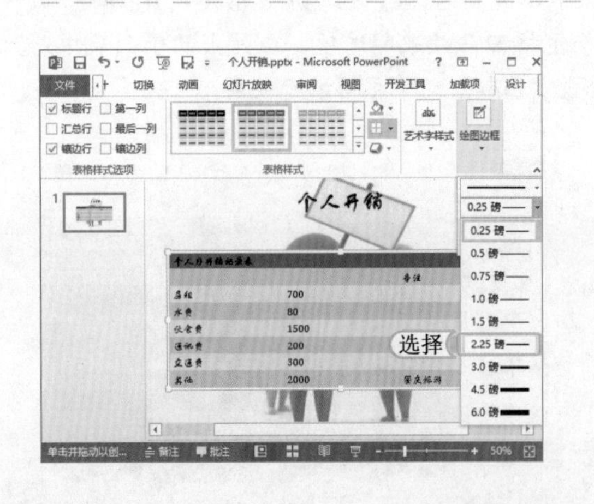

STEP 03：设置边框粗细

单击“笔划粗细”下拉列表框右侧的下拉按钮▾，在弹出的下拉列表中选择“2.25磅”选项。

提个醒　系统提供了从0.25到6磅不等的线型，用户可以根据需要进行选择。磅值越大的线型越粗，也越能在演示文稿中突出显示边框，但并不是越粗的边框线越好，用户可以尝试多设置几种线型，然后查看并选择其中合适的一种。

单击 笔颜色 按钮，在弹出的下拉列表的“主题颜色”栏中选择“茶色，着色3，深色50%”选项。

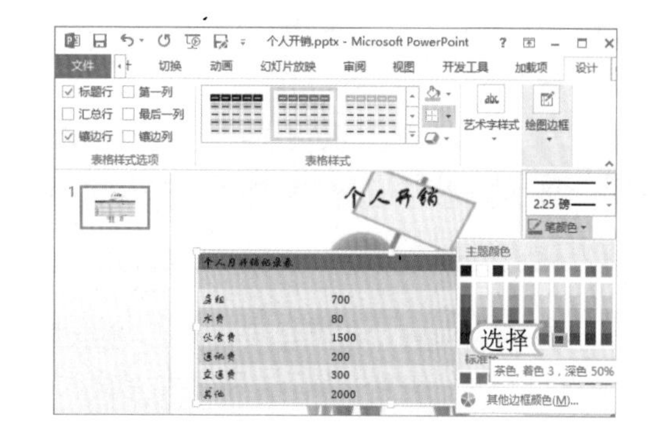

STEP 05：设置边框框线并查看

1. 选择【设计】/【表格样式】组，单击 按钮右侧的 ，在弹出的下拉列表中选择“所有框线”选项。
2. 完成后查看设置边框的最终效果。

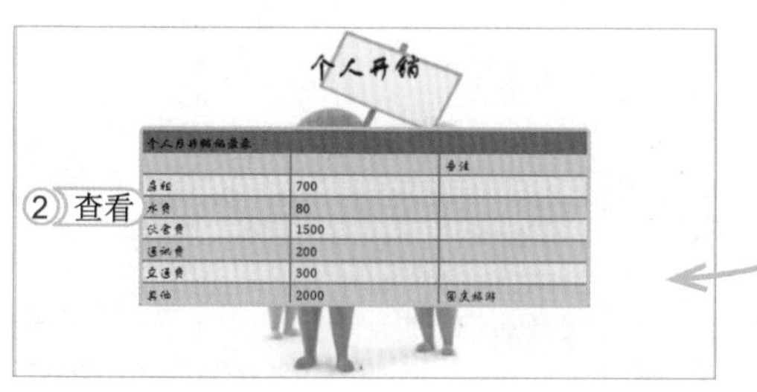

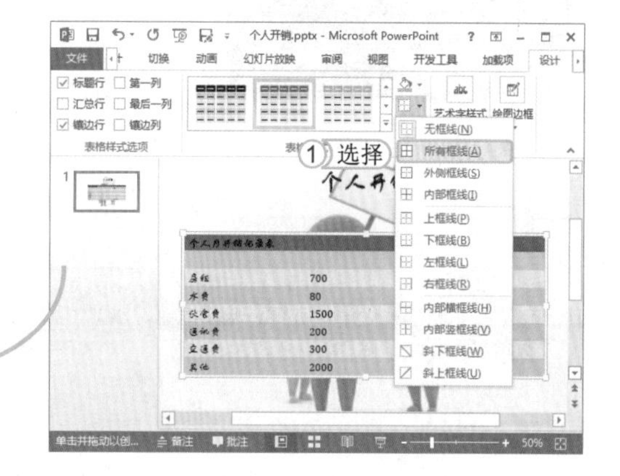

5.1.5 链接其他表格

PowerPoint 2013 的功能相当强大，在其中除了可以自行创建表格外，还可以直接导入在其他软件中已编辑好的表格，如在 Word、Excel 中制作的表格等。直接从外部导入已经制作好的表格，将提高制作演示文稿的效率。下面分别进行介绍。

- **导入 Word 或 Excel 表格：**选择需要导入表格的幻灯片，在【插入】/【文本】组中单击“对象”按钮，打开“插入对象”对话框。在该对话框中选中 由文件创建(F) 单选按钮，然后单击 浏览(B)... 按钮，在打开的对话框中选择包含表格的 Word 或 Excel 文档。最后单击 确定 按钮，即可导入 Word 或 Excel 中的表格。

- **链接其他软件中的表格：**首先打开表格所在的文档，并复制该表格。然后打开演示文稿，在【开始】/【剪贴板】组中单击“粘贴”按钮，在弹出的下拉列表中选择“选择性粘贴”选项。在打开的“选择性粘贴”对话框中选中 粘贴链接(L) 单选按钮，在“作为”列表框中选择相应选项，最后单击 确定 按钮即可。

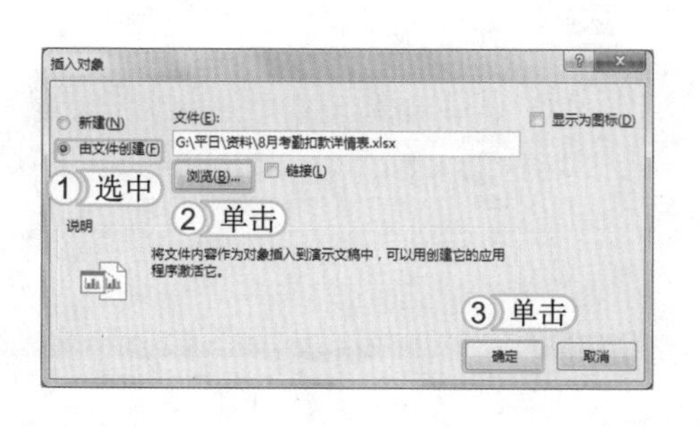

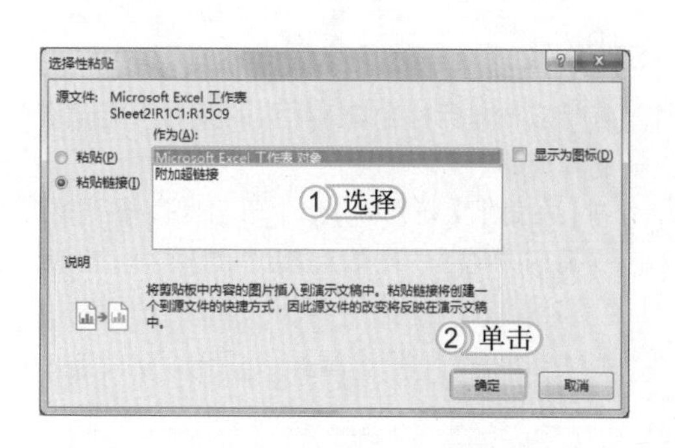

上机1小时 制作"年终会议"演示文稿

- 巩固插入表格、选择单元格、插入/删除单元格和合并/拆分单元格的方法。
- 进一步掌握美化表格的方法，包括样式的应用，边框和底纹的设置等。

本例将制作"年终会议.pptx"演示文稿，首先在演示文稿中插入表格，并根据需要进行编辑和美化，使整个演示文稿更加完善。最终效果如下图所示。

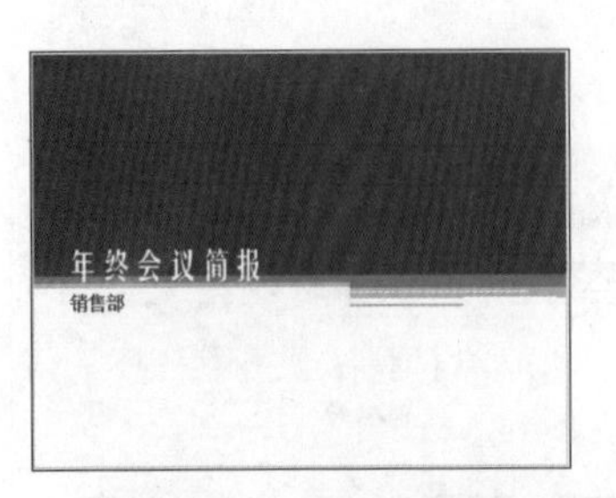

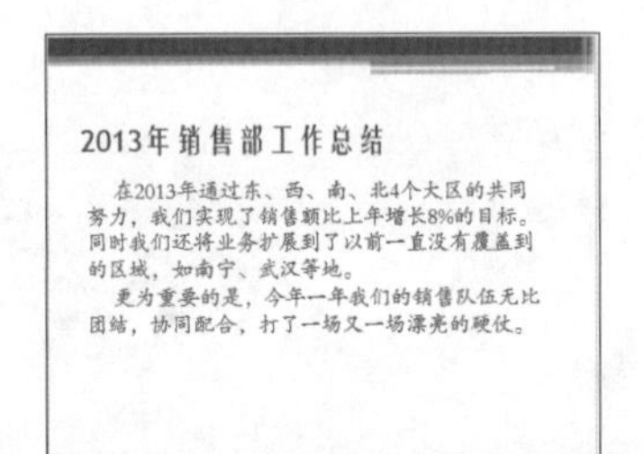

光盘文件
素材\第5章\年终会议.pptx
效果\第5章\年终会议.pptx
实例演示\第5章\制作"年终会议"演示文稿

STEP 01：插入表格

1. 打开"年终会议.pptx"，选择第3张幻灯片。
2. 单击占位符中的按钮，在打开的"插入表格"对话框中设置插入的表格列数和行数为"6、5"。
3. 单击确定按钮完成表格的插入。

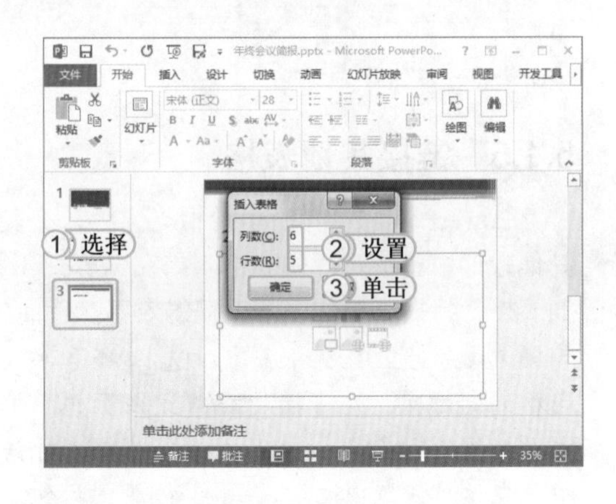

读书笔记

STEP 02：输入文本后插入单元格

1. 在相应的单元格中输入需要的文本。选择第1行单元格。
2. 在【布局】/【行和列】组中单击在下方插入按钮，在其下方插入一行单元格。

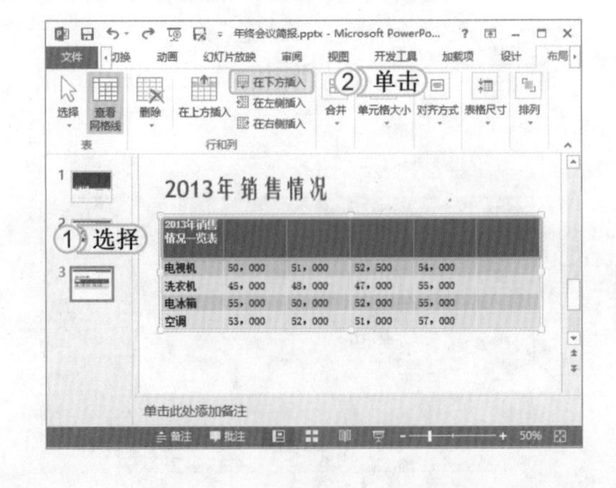

STEP 03：合并单元格

选择表格的第 1 行，在其上单击鼠标右键，在弹出的快捷菜单中选择“合并单元格”命令。

> **提个醒** 用户可以分别练习使用按钮和快捷菜单来进行合并，选择出合适自己又方便快速的方法。

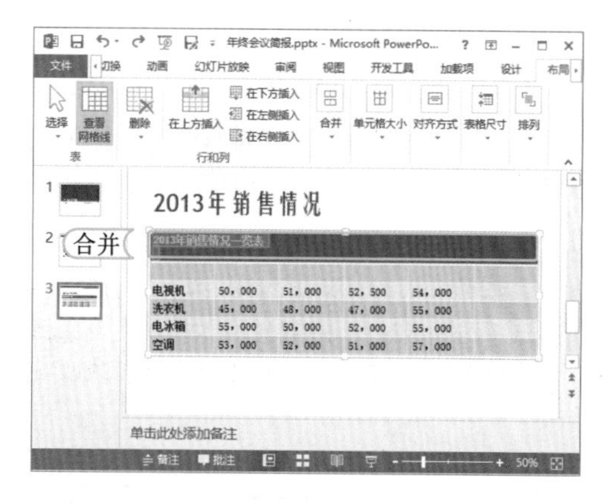

STEP 04：输入文本

分别在第 2 行第 1、2、3、4、5 列的单元格中输入文本“产品”、“第一季度”、“第二季度”、“第三季度”、“第四季度”。

> **提个醒** 因为要输入的内容比较相似，所以在操作此步骤时，用户可以使用复制与粘贴的方式来输入文本，然后再进行相应的更改即可。

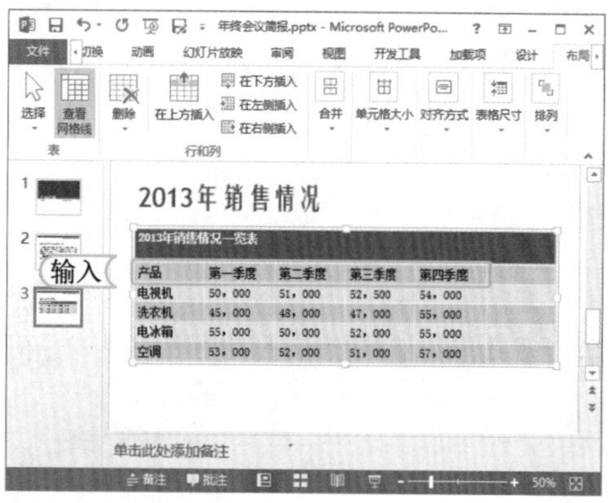

STEP 05：删除单元格

1. 选择表格的第 6 列。
2. 在【布局】/【行和列】组中单击“删除”按钮，在弹出的下拉列表中选择“删除列”选项。

> **提个醒** 在选择表格中的第 6 列时，即使是处于合并行后的该列也会被选中。

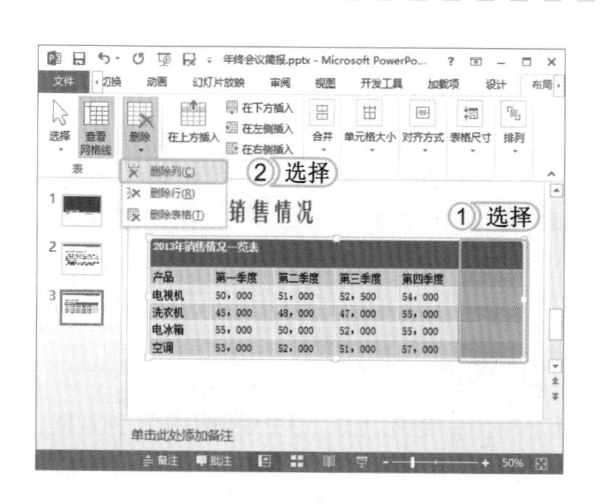

STEP 06：移动表格

选择整个表格，拖动鼠标将整个表格移动到幻灯片的中央位置。

> **提个醒** 在操作此步骤时，用户需结合幻灯片的布局原则，对表格的位置进行调整。

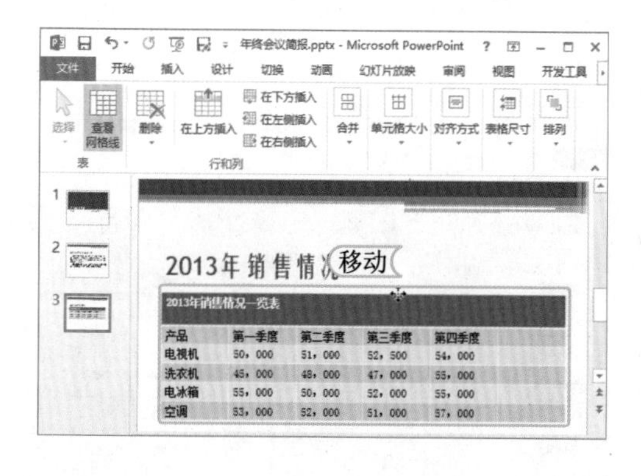

117
72 Hours
62 Hours
52 Hours
42 Hours
32 Hours
22 Hours
12 Hours

STEP 07：设置文本对齐方式

选择第 1 行中的文本，在【布局】/【对齐方式】组中单击“居中”按钮，再单击“垂直居中”按钮，将文本垂直居中对齐。

> **提个醒** 用户可以在“对齐方式”组中单击“单元格边距”按钮，在弹出的下拉列表中选择相应的选项，可快速对各单元格的边框线距离进行设置。

STEP 08：应用表格样式

将鼠标光标定位到表格中，在【设计】/【表格样式】组中单击“表格样式”列表框右侧的按钮，在弹出的下拉列表中选择“主题样式 2- 强调 1”选项。

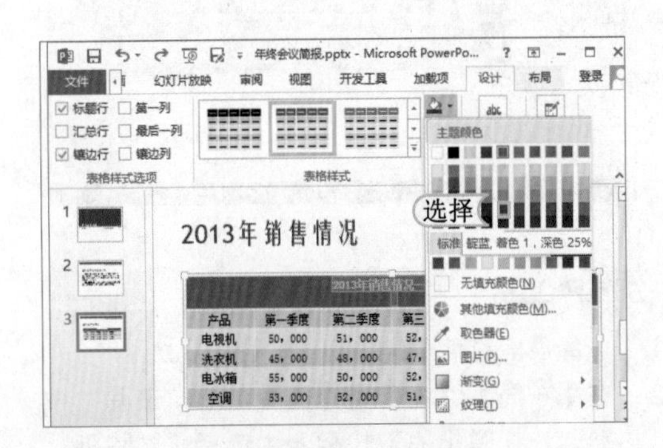

STEP 11：应用单元格效果

1. 选择整个表格，在【设计】/【表格样式】组中单击“效果”按钮。
2. 在弹出的下拉列表中选择“单元格凹凸效果”选项，再在弹出的子列表中选择“棱台”栏中的“圆”选项。

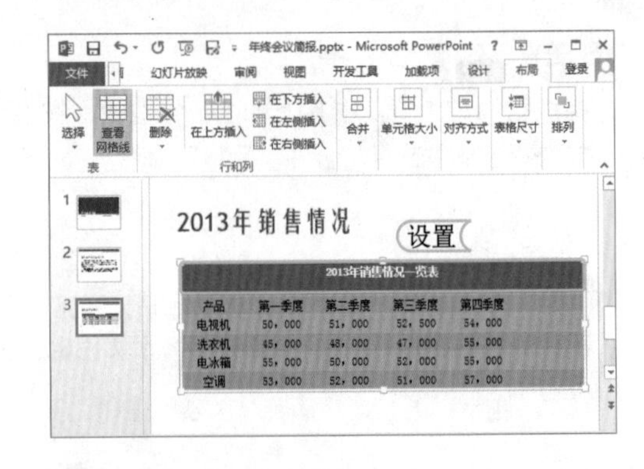

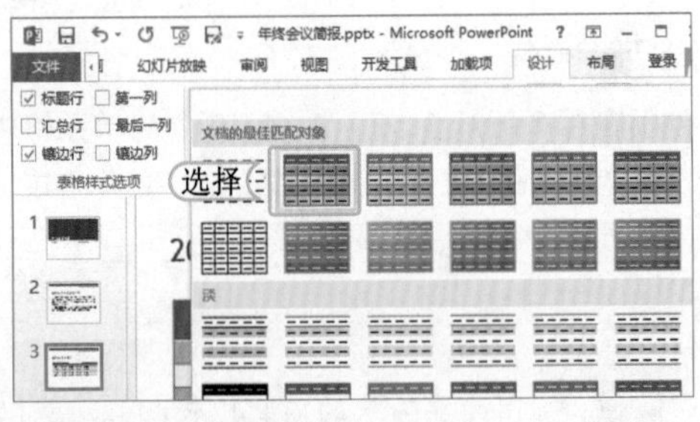

STEP 09：设置底纹

选择表格第 1 行单元格，在“表格样式”组中单击“底纹”按钮，在弹出的下拉列表中选择“靛蓝，着色 1，深色 25%”选项。

> **提个醒** 在操作此步骤时，用户还可以在弹出的下拉列表中选择“图片”、“渐变”和“纹理”等选项，为单元格设置图片、渐变或纹理填充效果。

STEP 10：设置边框

选择表格，在“绘图边框”组中设置边框颜色为“蓝灰，文字 2”，设置线宽为“1 磅”，在“表格样式”组中设置边框线为“所有框线”。

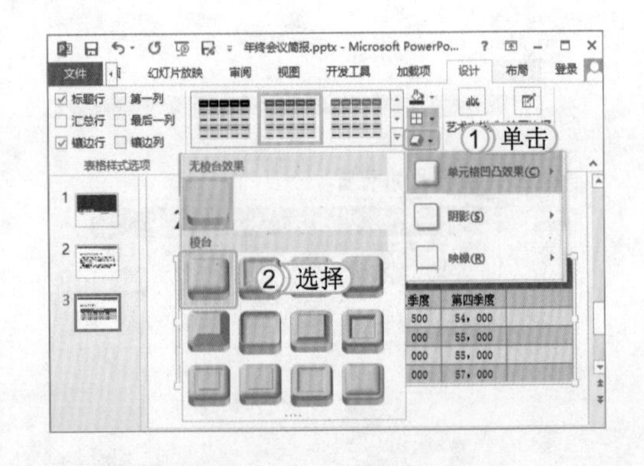

5.2 图表的应用

PowerPoint 2013 中除了可以插入表格外，还可以插入图表，运用图表可更直观、形象的表现数据。例如通过图表可看到各种产品在同一时期的销售情况，还可看到不同时期同一产品的销售情况。下面就对图表的应用进行讲解。

学习 1 小时

- 掌握图表的插入、图表类型的选择和在图表中输入数据的方法。
- 熟悉并掌握图表位置的移动、图表大小的调整以及图表类型的更改等操作。
- 了解并熟悉美化图表的各种基本方法。

5.2.1 创建图表

在演示文稿中，可将抽象的表格数据用图表来更直观地表示。图表是以数据对比的方式来显示数据，可轻松地体现数据之间的关系。因此，为了便于对数据进行分析比较，可以使用 PowerPoint 2013 提供的图表功能在幻灯片中插入图表。下面以在“巧巧水果超市 .pptx”演示文稿中创建图表为例进行讲解，其具体操作如下：

光盘文件
素材 \ 第 5 章 \ 巧巧水果超市 .pptx
效果 \ 第 5 章 \ 巧巧水果超市 .pptx
实例演示 \ 第 5 章 \ 创建图表

STEP 01：插入图表

1. 打开“巧巧水果超市 .pptx”演示文稿，选择第 3 张幻灯片。
2. 单击占位符中的按钮。

提个醒 用户也可以选择【插入】/【插图】组，在其中单击图表按钮，将快速打开“插入图表”对话框，然后通过该对话框来创建一个图表。

STEP 02：选择图表类型

1. 打开“插入图表”对话框，在左侧默认选择“柱形图”选项卡，在右侧列表框的“柱形图”栏中选择“堆积柱形图”选项。
2. 单击确定按钮。

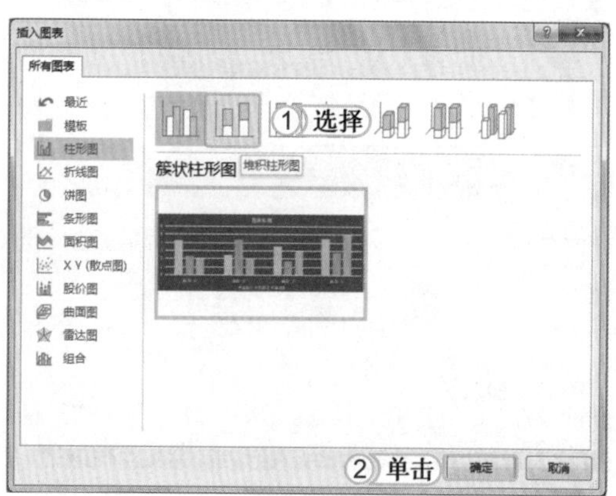

提个醒 在“插入图表”对话框中提供了 7 种图表类型，且系统默认选择“簇状柱形图”选项。

STEP 03： 输入图表数据

1. 系统自动启动Excel 2013，在其中蓝色框线内的相应单元格中输入需在图表中表现的数据。
2. 单击 × 按钮，退出Excel 2013。

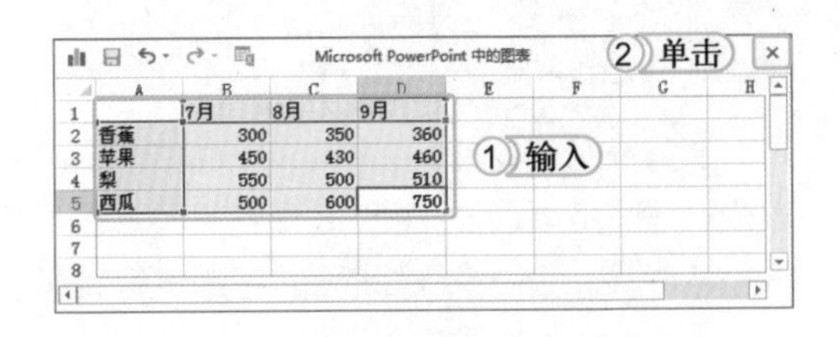

	A	B	C	D
1		7月	8月	9月
2	香蕉	300	350	360
3	苹果	450	430	460
4	梨	550	500	510
5	西瓜	500	600	750

STEP 04： 完成创建

返回到“幻灯片编辑”窗口，可以看到在相应占位符位置插入的图表。

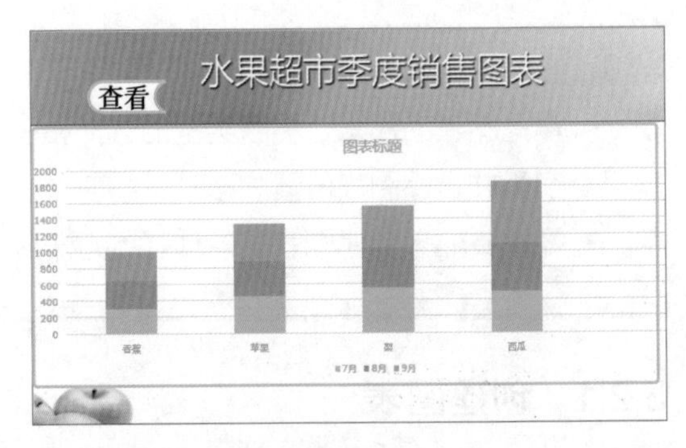

5.2.2 改变图表位置和大小

系统自动将插入的图表以一定的大小定位到幻灯片的相应位置处，但并不是说其位置和大小固定不变，用户也可根据需要对插入的图表进行调整，其方法与调整幻灯片中的其他对象的操作相似。具体调整方法介绍如下。

- 移动图表：选择图表，将鼠标光标移到图表上，当其变为✥形状时按住并拖动鼠标可对图表进行移动。
- 改变图表大小：选择图表，将鼠标光标移到图表的控制点上，当鼠标变为↕、⟺、⤡或⤢形状时，按住并拖动鼠标可改变图表大小。

5.2.3 改变图表类型

若用户觉得应用的图表类型并不合适，此时，就需要将其更改。更改图表类型的方法比较简单，首先选择需修改图表类型的图表，选择【设计】/【类型】组，再单击“更改图表类型”按钮，打开“更改图表类型”对话框，在该对话框的“所有图表”栏中提供了多种选项卡，如折线图、饼图与条形图等，用户可以选择需要的选项卡后，再在其左侧的列表中重新选择需要的图表类型，最后单击 确定 按钮。在选择好图表类型后，用户若将鼠标移动到该图表类型下方的预览栏中，将看到应用该选项后的自动放大的预览图像。如下图所示即为更改图表类型。

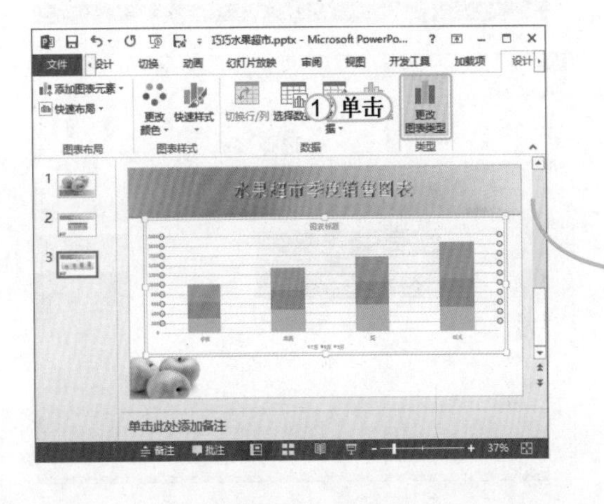

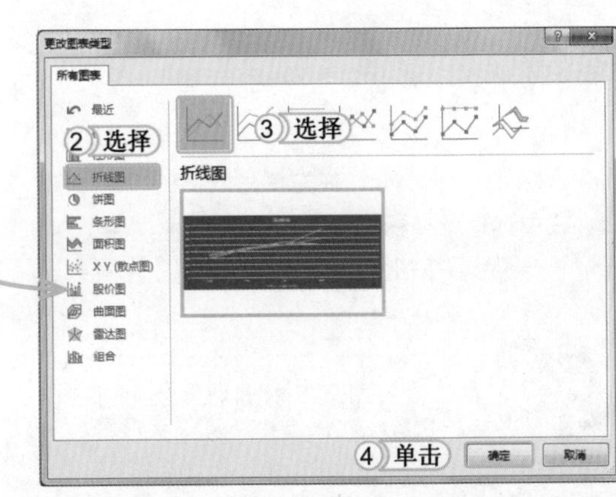

5.2.4 编辑图表数据

图表中每项数据的图形称为数据点，且数据点是依据表格中的数据而形成的。在实际制作图表的过程中，数据常常会因各种不定因素而发生变化，这时，就可根据需要对图表数据进行编辑和修改。其编辑方法如下。

- 通过编辑数据按钮编辑：选择图表后，选择【设计】/【数据】组，单击“编辑数据”按钮，在弹出的下拉列表中选择相应的编辑选项，按照创建图表的方法对图表中的数据进行相应的修改。如下图所示即为通过编辑数据按钮编辑图表数据。

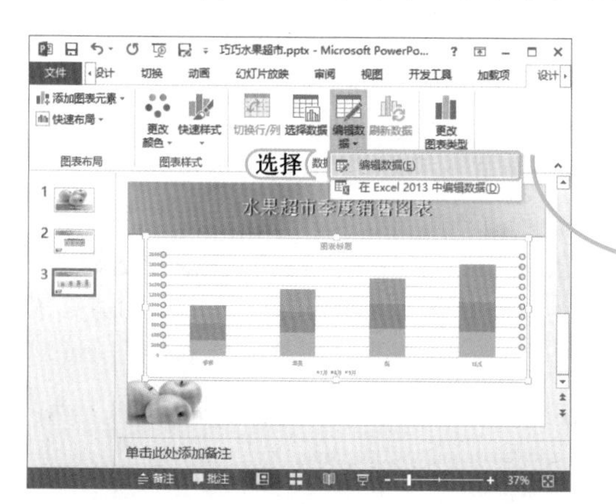

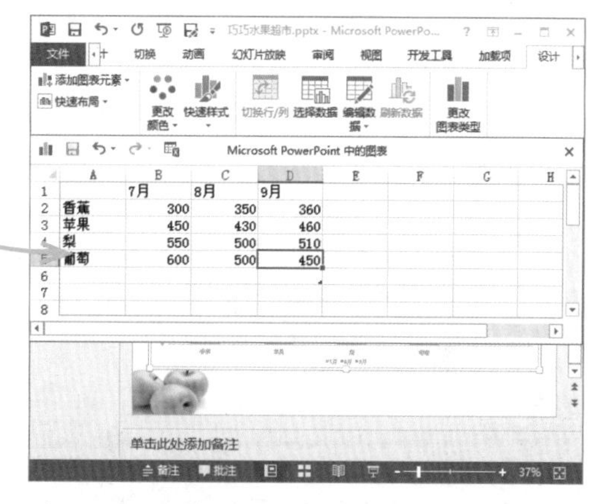

- 通过选择数据源编辑：选择图表后，选择【设计】/【数据】组，单击“选择数据”按钮，在打开 Excel 2013 的同时将打开“选择数据源”对话框，通过它也可编辑数据。在该对话框左侧的“图例项”列表框中单击添加(A)按钮，在打开的对话框中设置名称和值后，可添加相应的数据项。选择数据项后，单击编辑(E)按钮可对其中的数据进行编辑，单击删除(R)按钮可将其从图表中删除。在右侧的“水平轴标签”列表框中单击编辑(E)按钮，也可编辑其中的数据。如下图所示即为通过选择数据按钮编辑图表数据。

经验一箩筐——关于选择数据源

在打开“选择数据源”对话框和启动 Excel 2013 后，在 Excel 2013 表格中选择相应的数据，将会在“选择数据源”对话框的“图表数据区域”文本框中进行显示，并且选择的单元格区域呈绿色滚动线条状态。

5.2.5 更改图表布局方式

图表布局即指表格中标题、图例项和图表内容等元素的排列方式，默认创建的图表采用“布局1”，在不同的布局中，各元素的位置和内容的显示也有所差异。更改图表布局的方法比较简单，选择图表后，选择【设计】/【图表布局】组，然后单击 快速布局 按钮，在弹出的下拉列表中选择需要的图表布局选项即可。

5.2.6 自定义图表布局

若系统提供的布局方式不能满足实际工作的需要，用户还可以通过自定义图表布局，来决定图表中各种需要显示的元素。自定义图表布局的方法介绍如下。

- 自定义坐标轴：在图表中，坐标轴分为主要横坐标轴和主要纵坐标轴两种，主要横坐标轴是用于设置标签或刻度线的显示；主要纵坐标轴是用于设置单位或对数刻度值的显示。主要横坐标轴和主要纵坐标轴的显示可以根据用户的需要进行设置。其设置方法是：选择图表，选择【设计】/【图表布局】组，单击 添加图表元素 按钮，在弹出的下拉列表中选择“坐标轴”选项，在弹出的子列表中选择所需显示的坐标轴选项即可。如下图所示即为设置主要纵坐标轴后的效果。

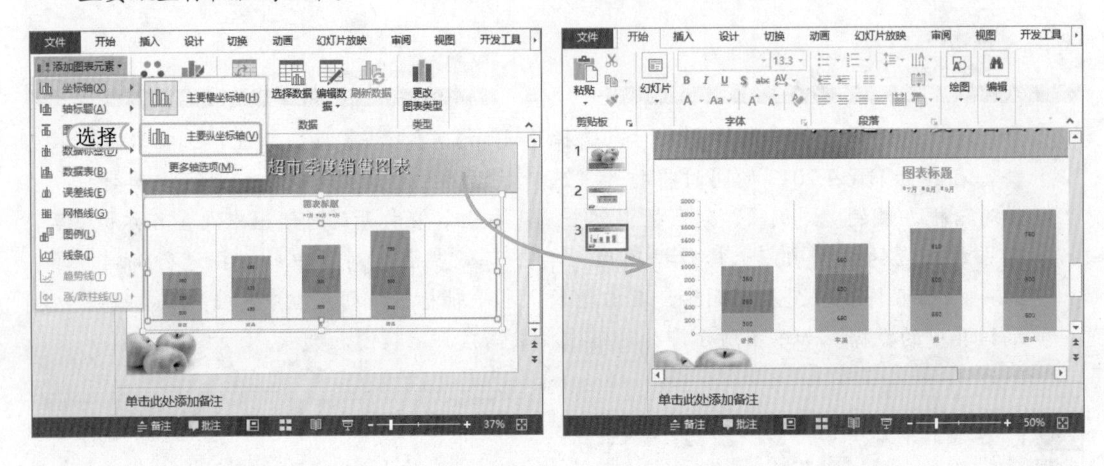

- 自定义轴标题：轴标题主要用于显示相应坐标轴的标题，分为主要横坐标轴和主要纵坐标轴两种。其设置方法是：在“图表布局”组中单击 添加图表元素 按钮，在弹出的下拉列表中选择“轴标题”选项，在弹出的子列表中选择所需选项即可。如下图所示即为设置主要纵坐标轴标题的效果。

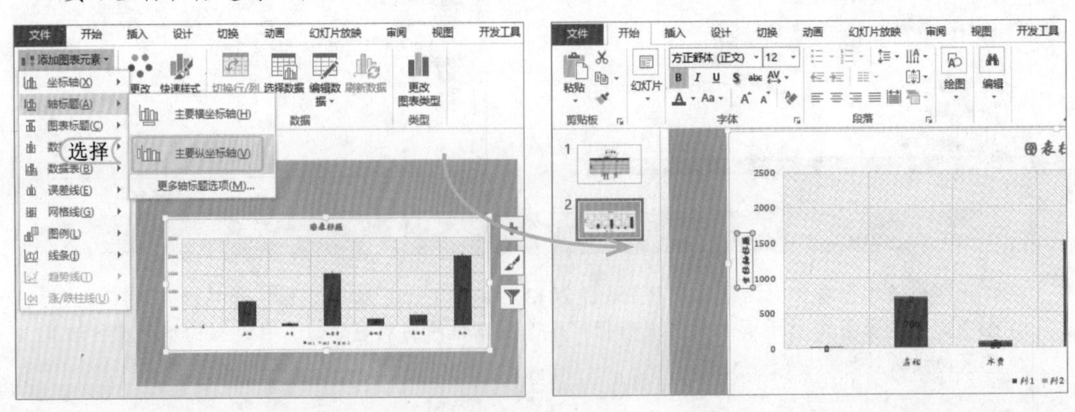

🔑 自定义图表标题：系统提供了3种图表标题的显示方式。设置自定义图表标题的方法是在单击【添加图表元素】按钮后，在弹出的下拉列表中选择“图表标题”选项，然后在弹出的子列表中设置图表标题的显示方式即可。如下图所示即为设置无图表标题的效果。

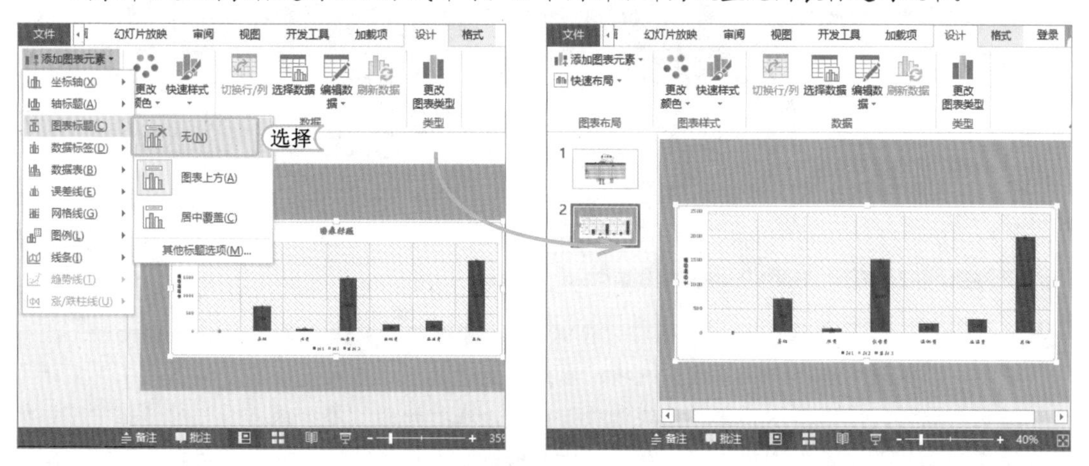

🔑 自定义数据标签：选择图表，再选择【设计】/【图表布局】组，单击【添加图表元素】按钮，在弹出的下拉列表中选择“数据标签”选项，在弹出的子列表中选择需要的数据标签显示方式。如果选择“其他数据标签选项”选项，在打开的“设置数据标签格式”窗格中可对标签填充线条、效果、大小属性和选项等进行设置。如下图所示即为打开“设置数据标签格式”窗格的效果。

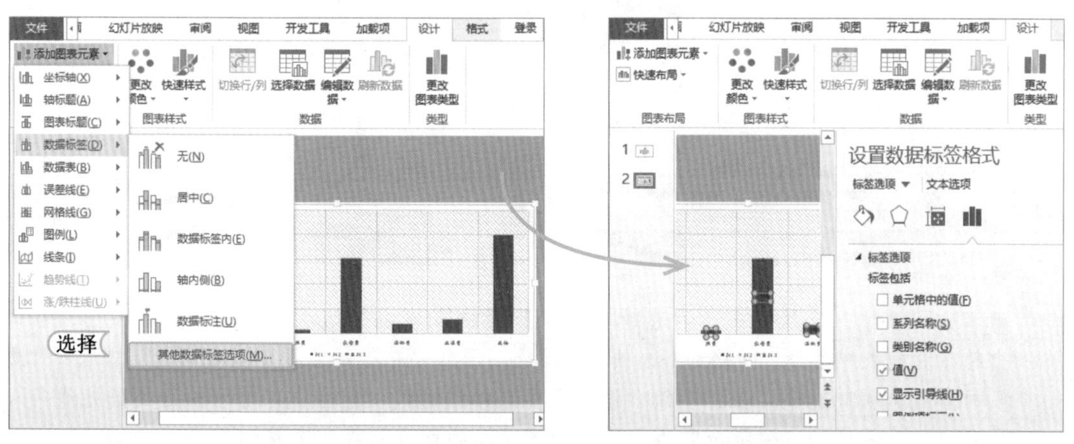

经验一箩筐——关于设置数据标签

在打开的“设置数据标签格式”窗格中，系统默认在“标签选项”选项卡的“标签包括”栏中选中☑值(V)和☑显示引导线(H)复选框，标签位置为“居中”；“数字”选项卡中的类别默认为“常规”，格式代码为“G/通用格式”，且选中☑链接到源(I)复选框。用户可根据需要对其中的设置进行更改。

🔑 自定义数据表：选择图表，再选择【设计】/【图表布局】组，单击【添加图表元素】按钮，在弹出的下拉列表中选择“数据表”选项，在弹出的子列表中可对是否显示数据表及数据表的显示方式进行设置。如下图所示即为设置显示图例项标示的效果。

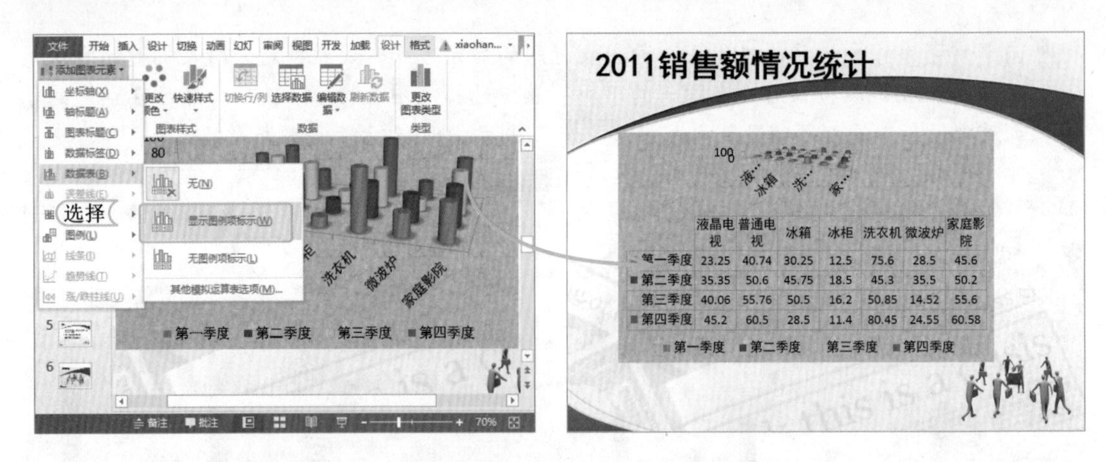

🔑 自定义误差线：选择图表，再选择【设计】/【图表布局】组，单击 添加图表元素 按钮，在弹出的下拉列表中选择“误差线”选项，在弹出的子列表中可对是否显示误差线及其显示方式进行设置。若选择“其他误差线选项”选项，在打开的“添加误差线”对话框中可添加基于图表中某个系列的误差线，单击 确定 按钮，将打开“设置误差线格式”窗格。如下图所示即为添加基于列 2 系列的误差线并打开“设置误差线格式”窗格的效果。

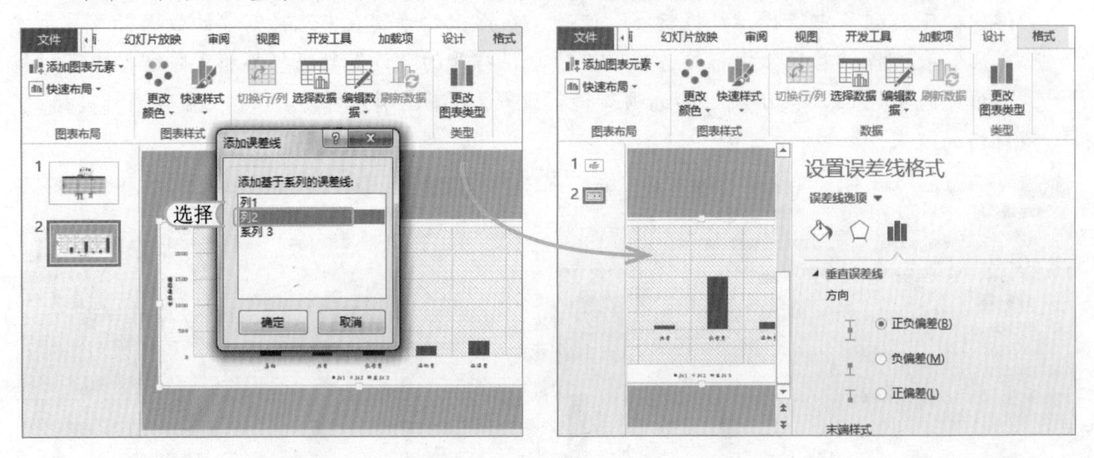

🔑 自定义网格线：选择图表，再选择【设计】/【图表布局】组，单击 添加图表元素 按钮，在弹出的下拉列表中选择“网格线”选项，在弹出的子列表中选择需要的选项即可。若选择“更多网格线选项”选项，在打开的“设置主要网格线格式”窗格中可对网格线的填充线条和效果进行设置。如下图所示即为打开“设置主要网格线格式”窗格的效果。

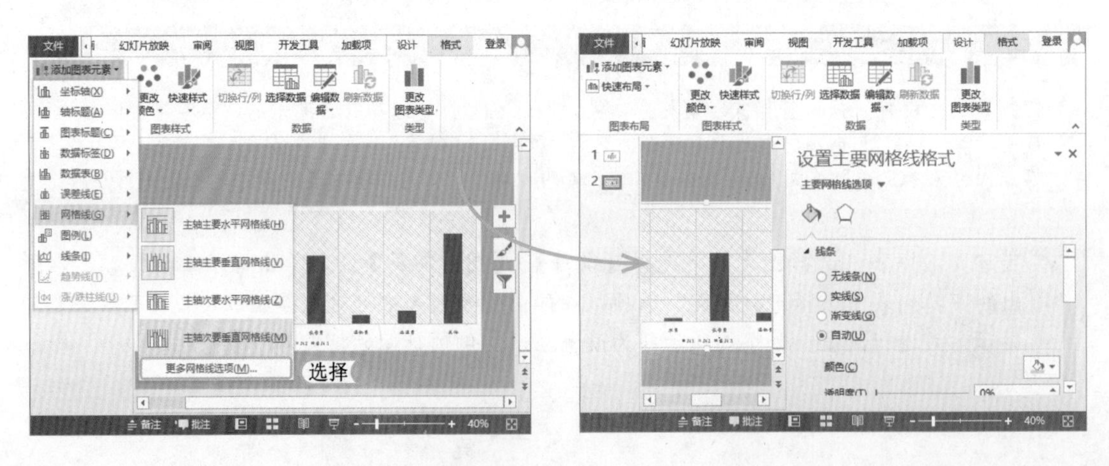

自定义图表图例：选择图表，再选择【设计】/【图表布局】组，单击添加图表元素按钮，在弹出的下拉列表中选择“图例”选项，在弹出的子列表中选择需要的选项即可。如下图所示即为设置显示底部图例的效果。

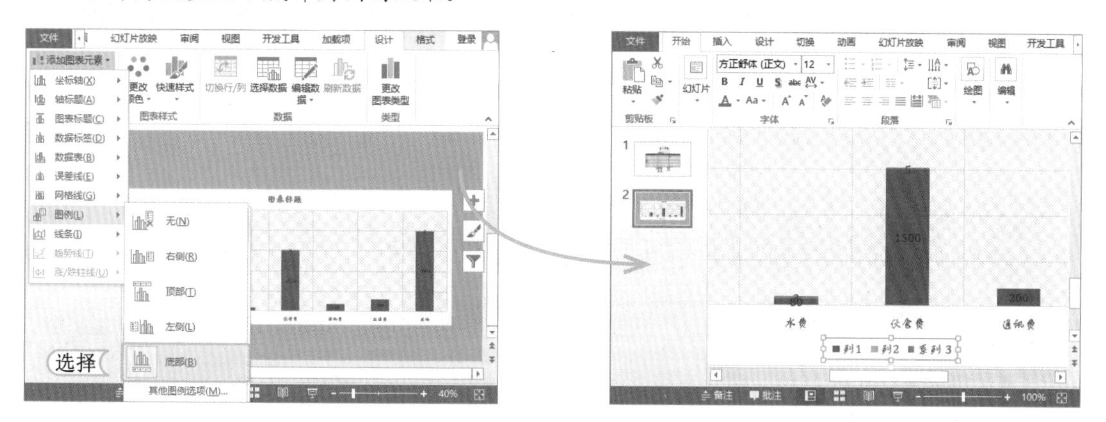

自定义线条：选择图表，再选择【设计】/【图表布局】组，单击添加图表元素按钮，在弹出的下拉列表中选择“线条”选项，在弹出的子列表中选择“无”或“系列线”选项即可。系列线用于连接同系列的图表数据，方便对其进行分析。如下图所示即为设置系列线的图表效果。

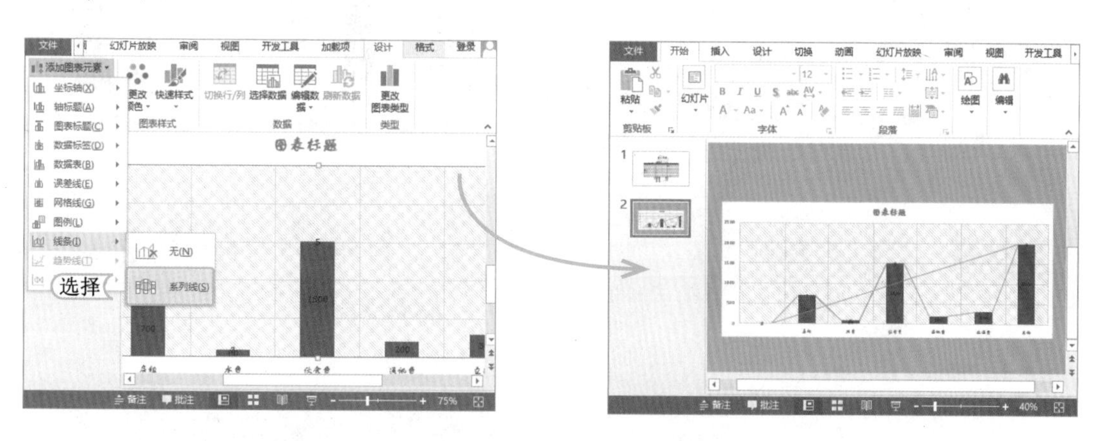

5.2.7 应用图表样式

应用图表样式可对图表进行美化。在 PowerPoint 2013 中，系统提供了 11 种图表样式以供用户选择。应用图表样式的方法比较简单，首先选择图表，选择【设计】/【图表样式】组，然后在“快速样式”列表框中选择所需的图表样式。如下图所示分别为应用“样式 2”和“样式 8”图表样式的效果。

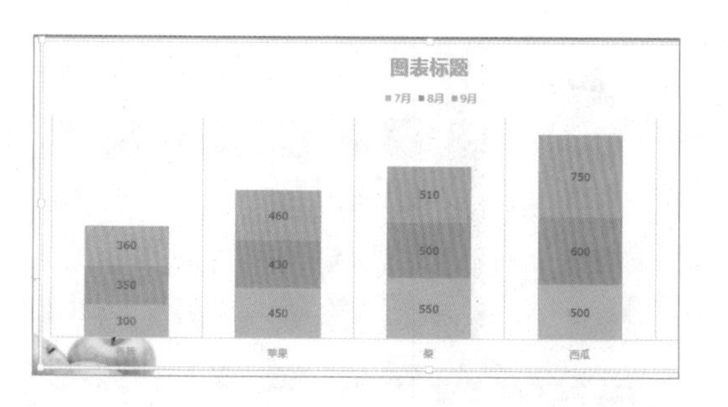

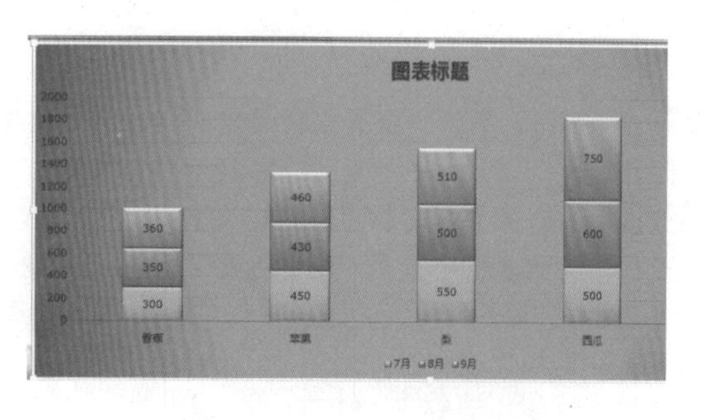

5.2.8 自定义图表样式

在应用系统提供的图表样式后，用户也可根据个人喜好自行对图表中的各个部分进行设置，使整个图表看起来更加美观、更加独特。自定义图表样式包括设置图表区样式、数据点样式和图例样式等。

下面就以在“销售统计分析 .pptx”演示文稿中自定义第 3 张幻灯片中的图表样式为例，对自定义图表样式的方法进行讲解，其具体操作如下：

光盘文件
素材 \ 第 5 章 \ 销售统计分析 .pptx
效果 \ 第 5 章 \ 销售统计分析 .pptx
实例演示 \ 第 5 章 \ 自定义图表样式

STEP 01：选择图表

1. 打开“销售统计分析 .pptx”演示文稿，选择第 3 张幻灯片中的图表。
2. 在图表区上单击鼠标右键，在弹出的快捷菜单中选择“设置图表区域格式”命令，打开“设置图表区格式”窗格。

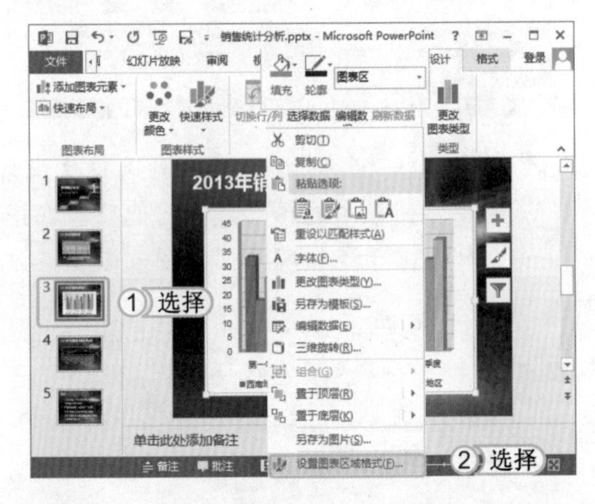

> 提个醒
> 用户也可在选择图表后，选择【格式】/【当前所选内容】组，单击“当前所选内容”按钮，在其下拉列表中选择“设置所选内容格式”选项，也可快速打开“设置图表区格式”窗格。

STEP 02：设置填充色

1. 在打开的窗格中选择“填充”选项卡，选中 渐变填充(G) 单选按钮。
2. 单击“预设”按钮。
3. 在弹出的下拉列表中选择“顶部聚光灯 - 着色 1”选项。

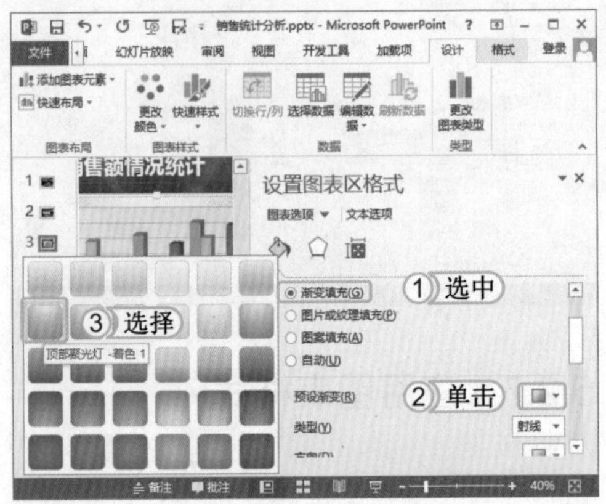

> 提个醒
> 用户也可以在【设计】/【图表样式】组中单击“更改颜色”按钮，然后在其下拉列表中选择系统预设的图表颜色方案，以快速更改数据点的填充色。

STEP 03：设置数据点形状样式

单击×按钮，关闭“设置图表区格式”窗格。返回幻灯片编辑区，在图表上选择表示西北地区的数据点，选择【格式】/【形状样式】组。在“快速样式”列表框中选择“细微效果 - 蓝色，强调颜色 5”选项。

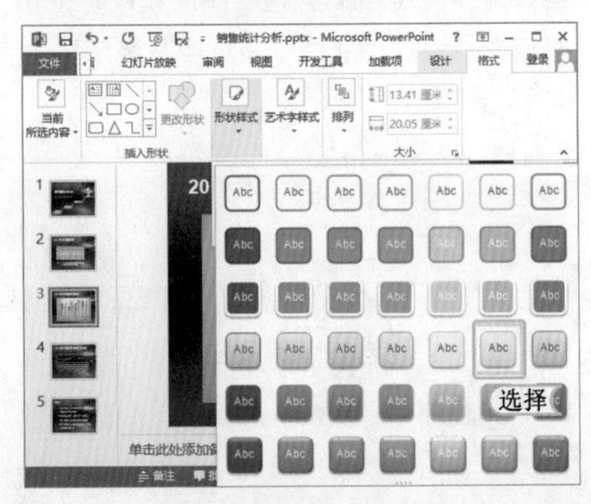

STEP 04： 设置数据点填充颜色

1. 选择代表西南地区的数据点，选择【格式】/【形状样式】组，单击“形状填充”按钮右侧的下拉按钮。
2. 在弹出的下拉列表中的“主题颜色”栏中选择“蓝色，着色 1”选项。

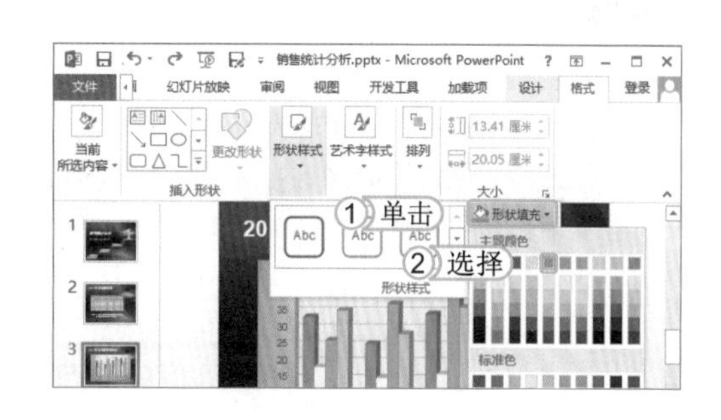

STEP 05： 设置数据点边框颜色

1. 保持西南地区数据点的选择状态，单击“形状轮廓”按钮右侧的下拉按钮。
2. 在弹出的下拉列表中选择“主题颜色”栏中的“浅蓝，着色 5”选项，快速为所选数据点添加该颜色的边框。

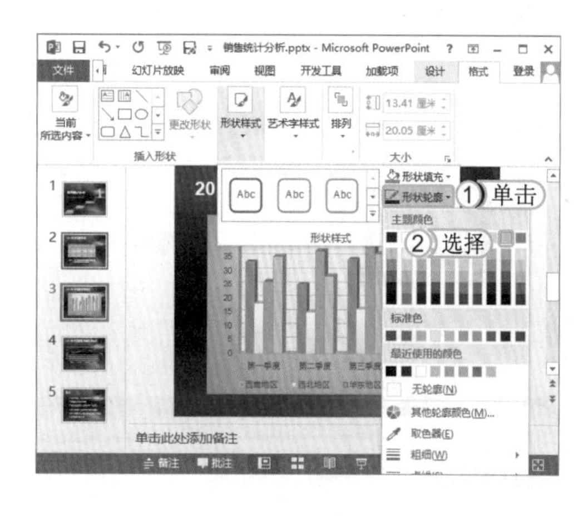

提个醒 设置数据点边框也可以通过“设置数据系列格式”窗格来进行，其方法是在打开“设置图表区格式”窗格的同时选择数据点，该窗格自动变成“设置数据系列格式”窗格，然后再在“边框”栏中对线条、颜色、宽度与线型等进行相应的设置即可。

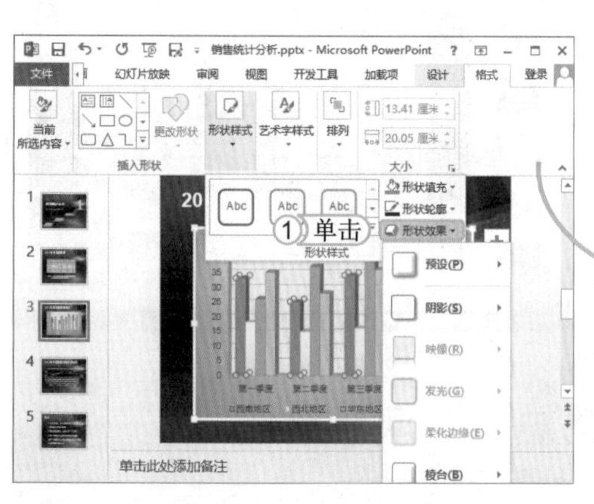

STEP 06： 设置数据点形状效果

1. 保持西南地区数据点的选择状态，单击形状效果按钮。
2. 在弹出的下拉列表中选择“预设”栏中的在“预设 5”选项。

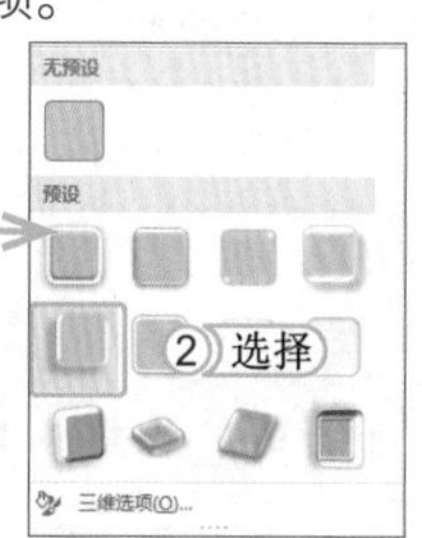

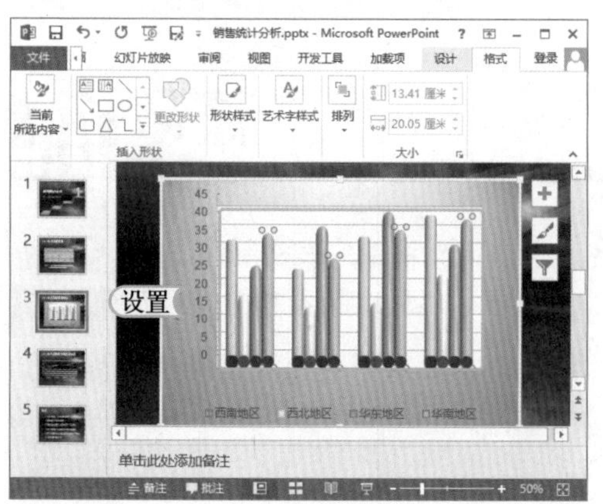

STEP 07： 设置其他数据点

使用相同的方法分别设置西北、华东地区的数据点的形状效果为“预设 3”，华南地区的数据点填充颜色为“浅绿”、填充效果为“预设 3”，使其呈现出不同的显示状态。

提个醒 设置数据点的填充效果也可以在“设置数据系列格式”窗格中进行，其方法是，选择“效果”选项卡，然后在其中对相应的效果进行设置即可。

STEP 08： 设置图例效果

1. 选择图例，在其上单击鼠标右键，在弹出的快捷菜单中选择“设置图例格式”命令。
2. 在打开的“设置图例格式”窗格选择“填充”选项卡，选中 渐变填充(G) 单选按钮。
3. 单击“预设”按钮，在弹出的下拉列表中选择“中等渐变-着色 2”选项。

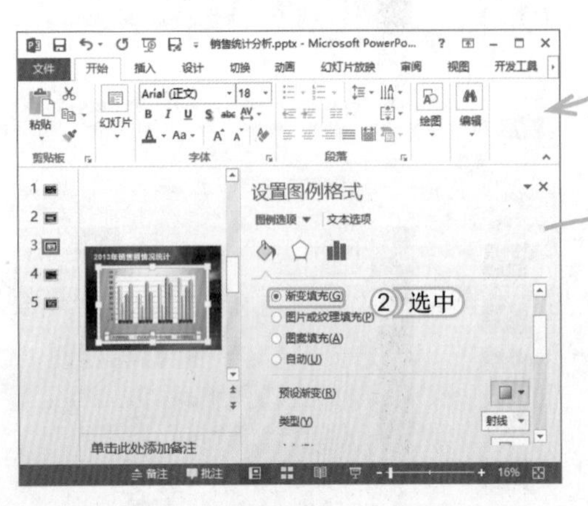

STEP 09： 查看最终效果

单击×按钮，关闭“设置图例格式”窗格。返回幻灯片编辑区，查看完成自定义图表样式后的最终效果。

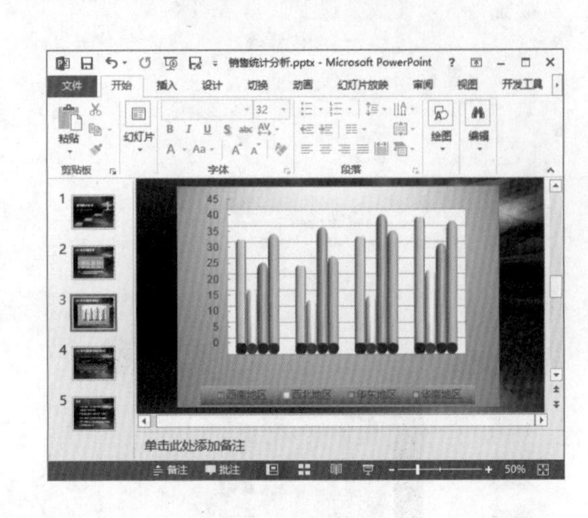

提个醒 在选择图表后，会发现其右边有三个按钮，其中“图表元素”按钮可以用来添加、删除或更改图表中的元素；“图表样式”按钮可以用来设置图表样式和颜色方案；“图表筛选器”按钮可以用来编辑需要显示的图表数据点及名称。

上机 1 小时 制作“季度销售总结”演示文稿

- 掌握创建和编辑图表的方法。
- 熟悉更改图表样式的操作。
- 巩固自定义图表布局和图表样式的方法。

本例将制作“季度销售总结 .pptx”演示文稿，通过演示文稿中的表格制作图表，让用户能够熟练掌握应用图表的方法。首先在演示文稿中插入图表，然后对图表的样式、布局方式等进行更改与设置，完成图表的制作。最终效果如下图所示。

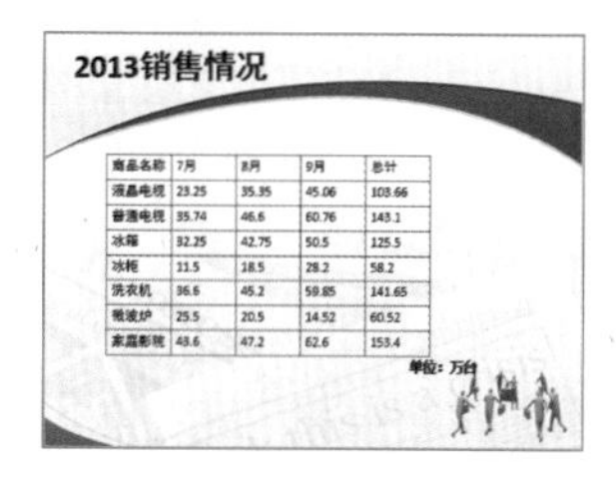

商品名称	7月	8月	9月	总计
液晶电视	23.25	35.35	45.06	103.66
普通电视	35.74	46.6	60.76	143.1
冰箱	32.25	42.75	50.5	125.5
冰柜	11.5	18.5	28.2	58.2
洗衣机	36.6	45.2	59.85	141.65
微波炉	25.5	20.5	14.52	60.52
家庭影院	43.6	47.2	62.6	153.4

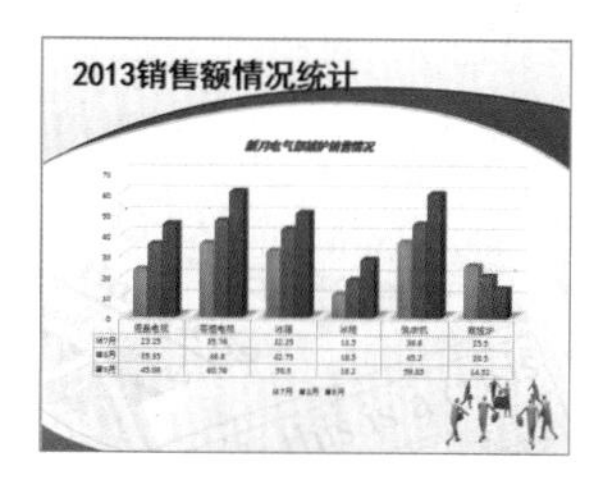

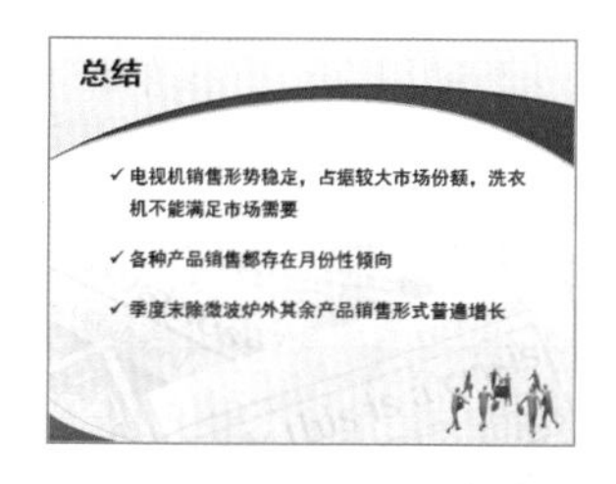

光盘文件

素材 \ 第 5 章 \ 季度销售总结 .pptx
效果 \ 第 5 章 \ 季度销售总结 .pptx
实例演示 \ 第 5 章 \ 制作“季度销售总结”演示文稿

STEP 01: 插入图表

1. 打开“季度销售总结 .pptx”演示文稿，选择第 3 张幻灯片。
2. 单击占位符中的按钮。

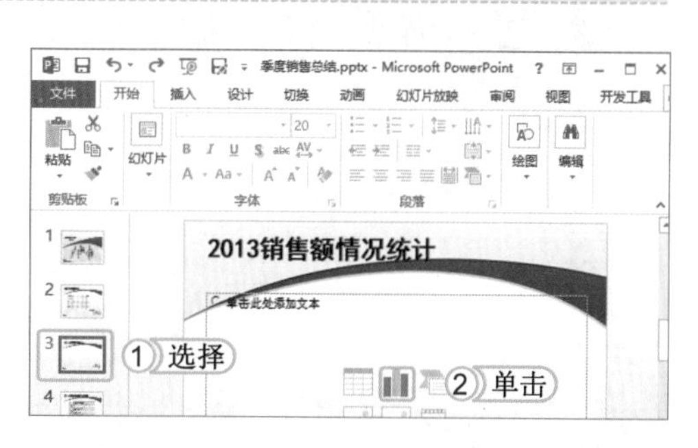

STEP 02: 选择图表类型

1. 打开“插入图表”对话框，在左侧默认选择“柱形图”选项卡，在右侧列表框的“柱形图”栏中选择“三维簇状柱形图”选项。
2. 单击 确定 按钮。

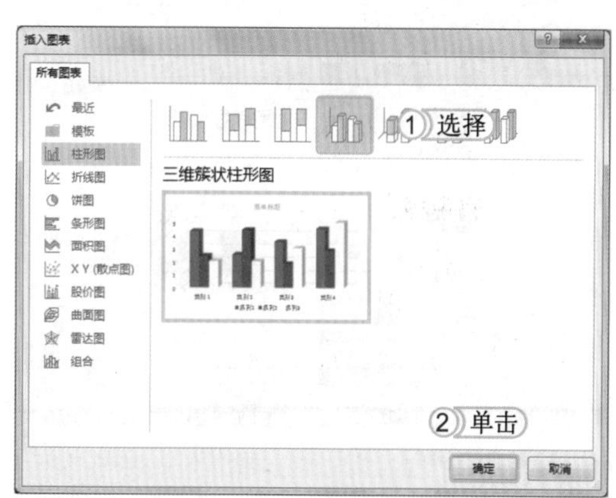

提个醒

“插入图表”对话框中提供了 4 种三维的柱形图，通过三维柱形图能够增强图表的视觉效应，让图表更具立体感，这样更能够吸引观众的注意并将图表信息清晰地呈现出来。

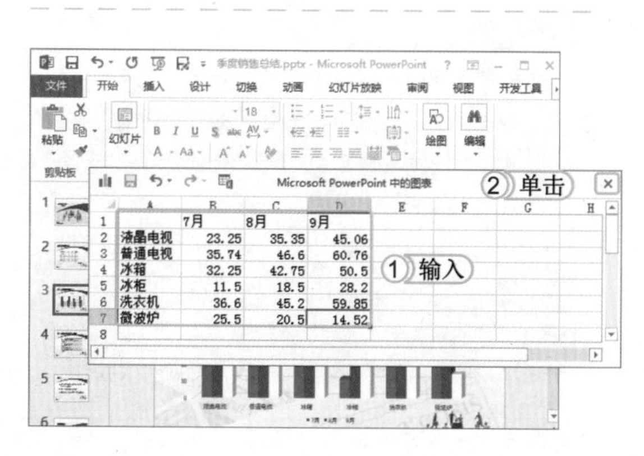

	A	B	C	D
1		7月	8月	9月
2	液晶电视	23.25	35.35	45.06
3	普通电视	35.74	46.6	60.76
4	冰箱	32.25	42.75	50.5
5	冰柜	11.5	18.5	28.2
6	洗衣机	36.6	45.2	59.85
7	微波炉	25.5	20.5	14.52

STEP 03: 输入数据

1. 系统自动启动 Excel 2013，根据第 2 张幻灯片中的表格数据，在 Excel 2013 的单元格中输入需在图表中表现的数据。
2. 单击 × 按钮，退出 Excel 2013。

STEP 04： 更改图表样式

选择整个图表，选择【设计】/【图表样式】组。在快速样式栏中选择“样式 11”选项，快速将该图表样式应用于整个图表。

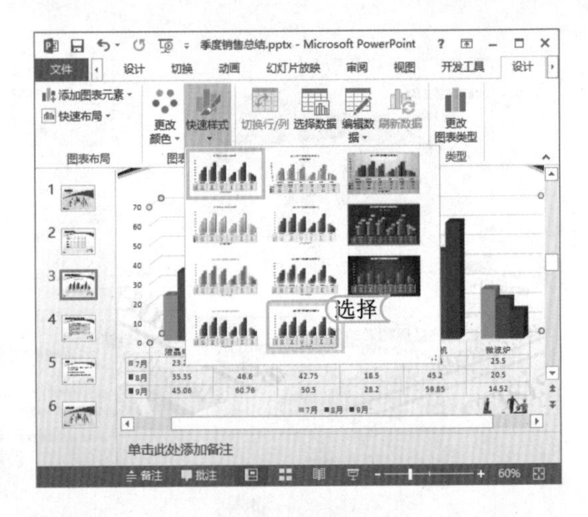

STEP 05： 编辑并设置图表标题

1. 选择图表标题文本框，在其中输入“新月电器部季度销售情况”文本。
2. 保持选择图表标题文本框，在【开始】/【字体】组中为文本设置“加粗”、“倾斜”、“文字阴影”等效果。
3. 设置该字体颜色为“深蓝”。

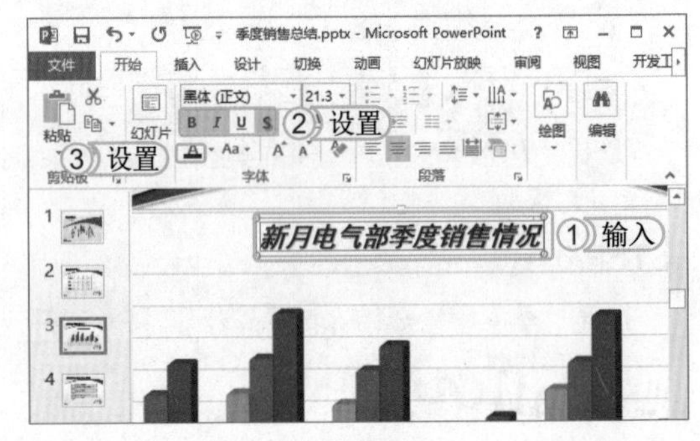

STEP 06： 更改图表颜色

1. 选择图表，选择【设计】/【图表样式】组，单击“更改颜色”按钮。
2. 在弹出的下拉列表的“单色”栏中选择“颜色 13”选项。

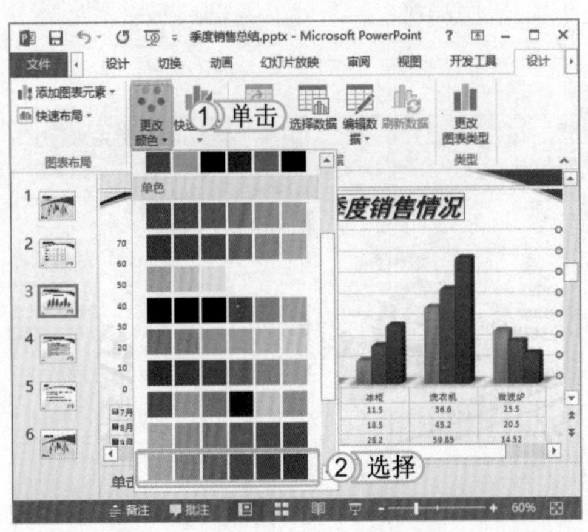

提个醒 单击“更改颜色”按钮，是比较快速地更改图表颜色的方式，无论应用提供的哪种颜色方案，都能够形成比较协调统一的颜色搭配，只是要注意其颜色方案是否与幻灯片内容及背景和谐统一。

STEP 07： 添加数据表

1. 选择整个图表，单击“图表元素”按钮。
2. 在弹出的下拉列表中选中数据表复选框。在弹出的子列表中选择“显示图例项标示”选项。

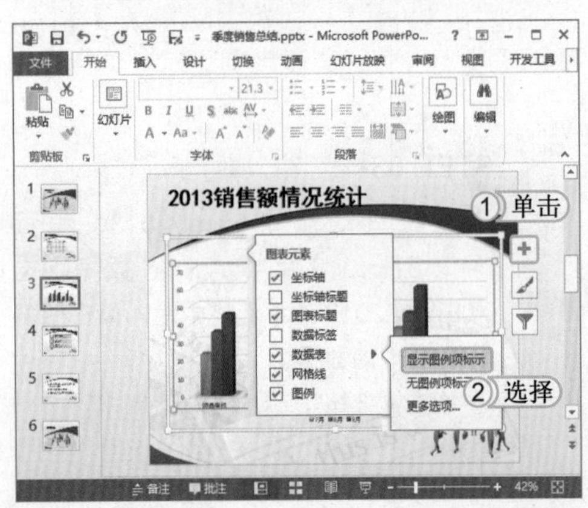

提个醒 添加数据表后，在放映幻灯片时就更容易将图表的数据传递给观众，且能够很好地与图表形成对照，大大降低演讲时的出错率。

STEP 08： 设置数据表边框

1. 选择【格式】/【形状样式】组，单击形状轮廓按钮右侧的下拉按钮。
2. 在弹出的下拉列表中的“标准色”栏中选择“橙色”选项，快速将数据表边框设置为橙色。

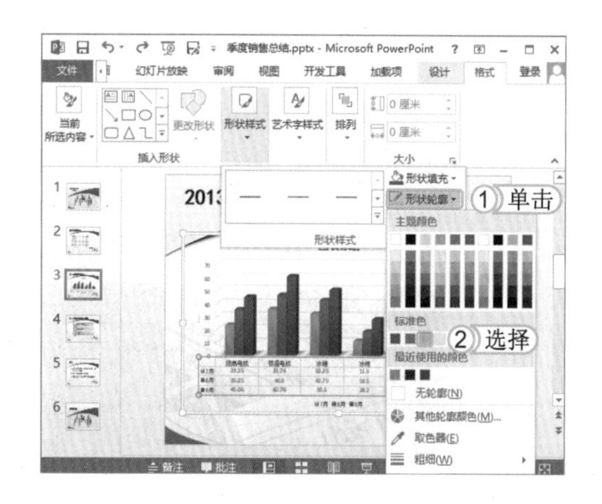

提个醒 如果双击数据表，还可以打开“设置模拟运算表格式”窗格，在该窗格中选择“填充”选项卡可对填充方式和边框进行设置；选择“效果”选项卡，可为数据表设置特殊效果；选择“表格选项”选项卡，可对数据表边框线及图例项标示的显示进行设置。

5.3 练习 2 小时

本章主要介绍了在幻灯片中应用表格和图表的知识，包括表格的插入、编辑与美化，图表的插入、编辑与自定义等，用户要想在日常工作中熟练使用它们，还需再进行巩固练习。下面以制作“水果超市季度销售”和“年终总结”演示文稿为例，巩固学习对表格和图表的应用。

1. 练习 1 小时：制作“水果超市季度销售”演示文稿

本例将制作“水果超市季度销售 .pptx”演示文稿，通过对其中表格、图表的创建与编辑，让用户能够熟练应用表格与图表。首先在第 3 张幻灯片中插入表格，然后对表格进行编辑与美化。其次在第 4 张幻灯片中插入折线型图表，更改图表的样式和颜色，然后删除图表标题并设置图例填充色。最后对表格和图表的位置进行调整，完成演示文稿的制作。最终效果如下图所示。

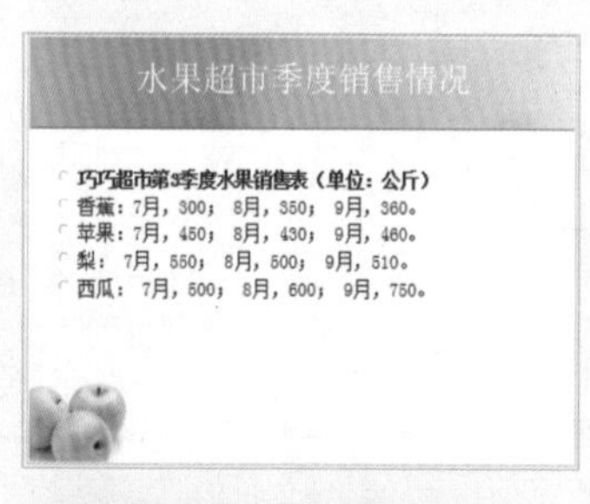

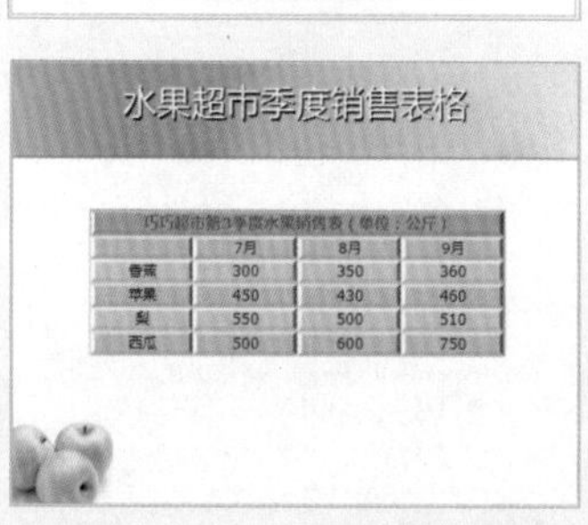

巧巧超市第3季度水果销售表（单位：公斤）

	7月	8月	9月
香蕉	300	350	360
苹果	450	430	460
梨	550	500	510
西瓜	500	600	750

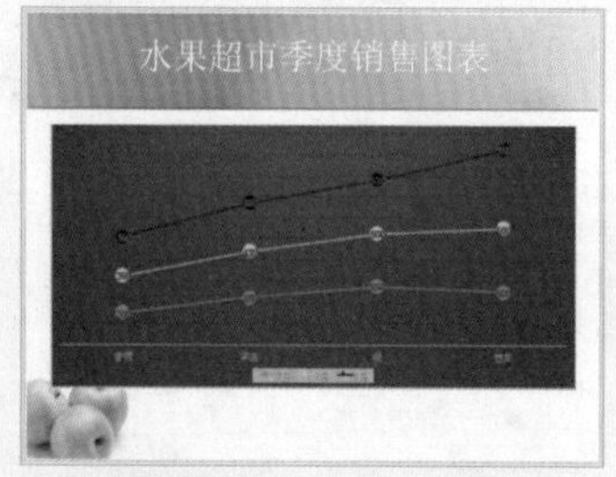

光盘文件
素材 \ 第 5 章 \ 水果超市季度销售 .pptx
效果 \ 第 5 章 \ 水果超市季度销售 .pptx
实例演示 \ 第 5 章 \ 制作“水果超市季度销售”演示文稿

2. 练习 1 小时：制作“年终总结”演示文稿

本例将制作“年终总结 .pptx”演示文稿，通过在其中创建和编辑图表，进一步巩固图表的相关应用知识。首先在第 4 张幻灯片中插入折线图表，编辑图表数据，然后根据图表数据选择合适的图表类型，设置图表背景为渐变填充，最后对图表标题、坐标轴与图例进行编辑与设置。最终效果如下图所示。

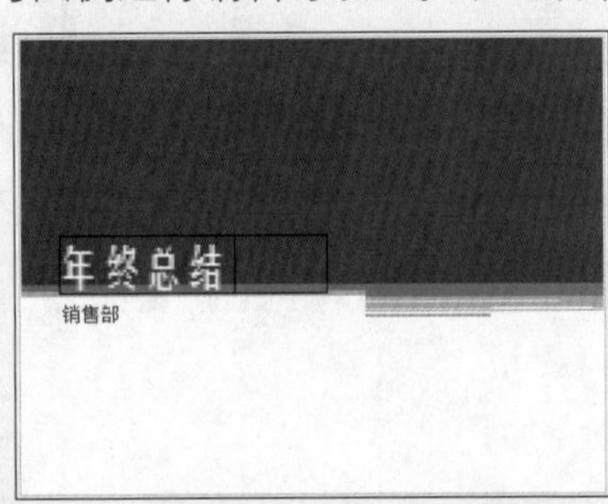

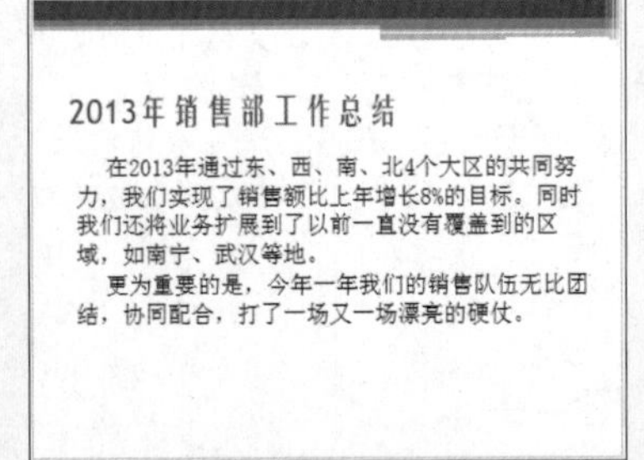

2013年销售情况一览表

产品	第一季度	第二季度	第三季度	第四季度
电视机	50，000	51，000	52，500	54，000
洗衣机	45，000	48，000	47，000	55，000
电冰箱	55，000	50，000	52，000	55，000
空调	53，000	52，000	51，000	57，000

光盘文件
素材 \ 第 5 章 \ 年终总结 . pptx
效果 \ 第 5 章 \ 年终总结 . pptx
实例演示 \ 第 5 章 \ 制作“年终总结”演示文稿

读书笔记

第6章 运用形状与SmartArt图形

学习 2小时

为了丰富幻灯片的内容、美化其效果，除了使用图片等元素外，还可以自行绘制形状，以及使用具有丰富效果的SmartArt图形。

- 形状的应用
- 添加和编辑SmartArt图形

上机 3小时

6.1 形状的应用

在幻灯片中应用形状就是指应用手动绘制的图形。形状是在 PowerPoint 中预先设计好的绘图插件，使用它们能够快速绘制出简单的图形，然后进行各种编辑处理，以搭配幻灯片的演示内容。

学习 1 小时

- 掌握绘制形状的方法。
- 熟悉编辑形状的方法。
- 掌握在形状中输入文本、编辑文本的方法。

6.1.1 绘制形状

形状包括一些基本的线条、矩形、圆形、箭头和稍微复杂的流程图、旗帜和星形等图形。像线条、连接符和任意多边形等形状常用于连接有关系的对象或内容，它们不具备添加文本的功能。在 4.2 节母版的应用中，对形状有了简单的了解，下面就来对绘制形状的方法进行具体讲解。

绘制形状的方法比较简单，首先选择【插入】/【插图】组，单击 形状 按钮，在弹出的下拉列表中选择需要绘制的形状。当鼠标光标变为+形状时，在幻灯片编辑区中按住鼠标左键并拖动鼠标进行绘制，最后释放鼠标完成形状的绘制。如下图所示即为绘制左右箭头形状的效果。

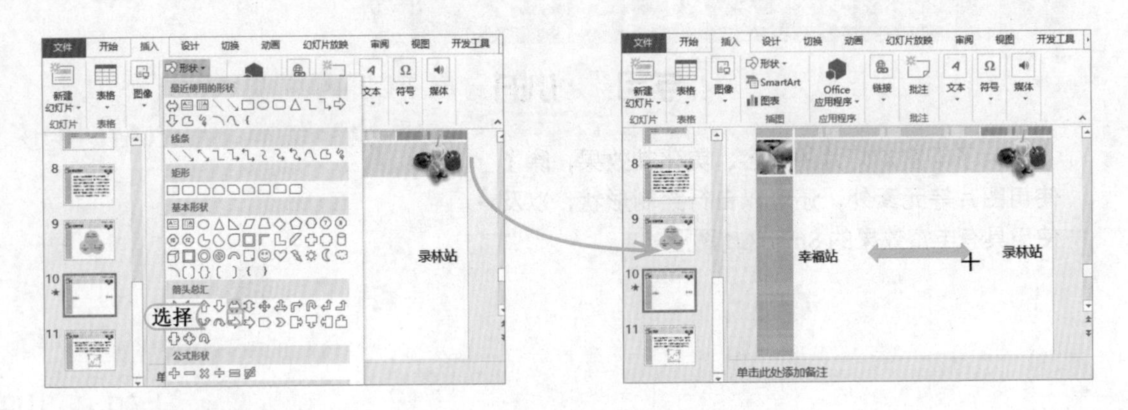

6.1.2 调整形状大小

手动绘制的形状大小若是不满足实际需要，可以对其进行调整。调整形状大小的方法比较简单，首先选择形状，形状上将出现 8 个控制点，然后将鼠标移动到形状控制点上，当鼠标光标指针变成↕、⇔、⤡或⤢形状时，按住并拖动鼠标即可调整形状的大小。此外，还可以在【格式】/【大小】组中对形状的高度和宽度进行精确的设置。

6.1.3 设置填充颜色

用户也可以根据需要，设置形状的填充颜色，将其与幻灯片内容、背景等很好地融合在一起。设置形状填充颜色的方法主要有以下几种。

- 通过按钮设置：选择绘制的形状，选择【格式】/【形状样式】组，单击"形状填充"按钮旁的下拉按钮，在弹出的下拉列表中选择所需的填充色或其他填充效果选项即可。如下图所示即为通过形状填充按钮设置形状填充色的效果。

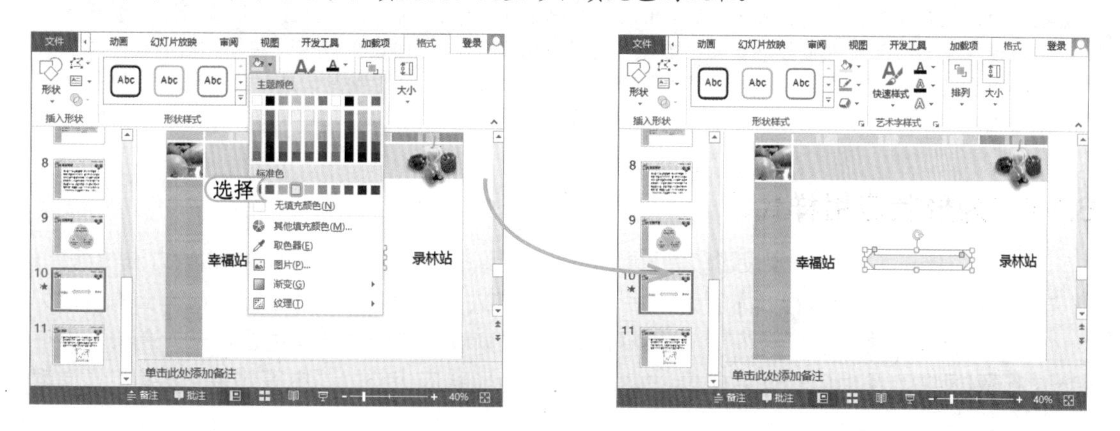

- 通过浮动工具栏设置：选择绘制的形状，单击鼠标右键，在弹出的浮动工具栏中单击"填充"按钮，在弹出的下拉列表中选择所需的填充色或其他填充效果选项即可。如下图所示即为通过浮动工具栏设置形状填充色的效果。

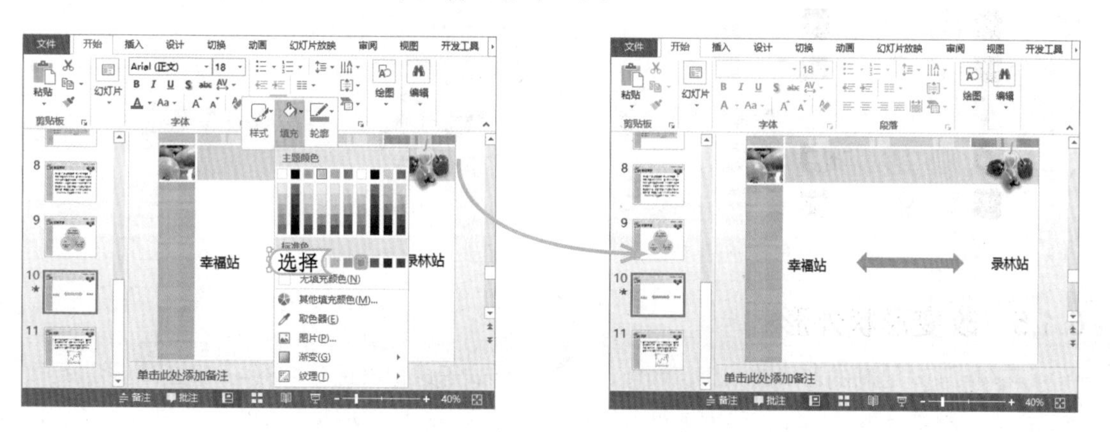

- 通过窗格设置：选择绘制的形状，选择【格式】/【形状样式】组，单击"形状样式"组右侧的按钮，将打开"设置形状格式"窗格，在该窗格中的"填充"选项卡中展开"填充"栏，在其下选中相应的复选框，再在其中进行相应的设置，最后关闭"设置形状格式"窗格即可。如下图所示即为通过"设置形状格式"窗格设置形状填充色的效果。

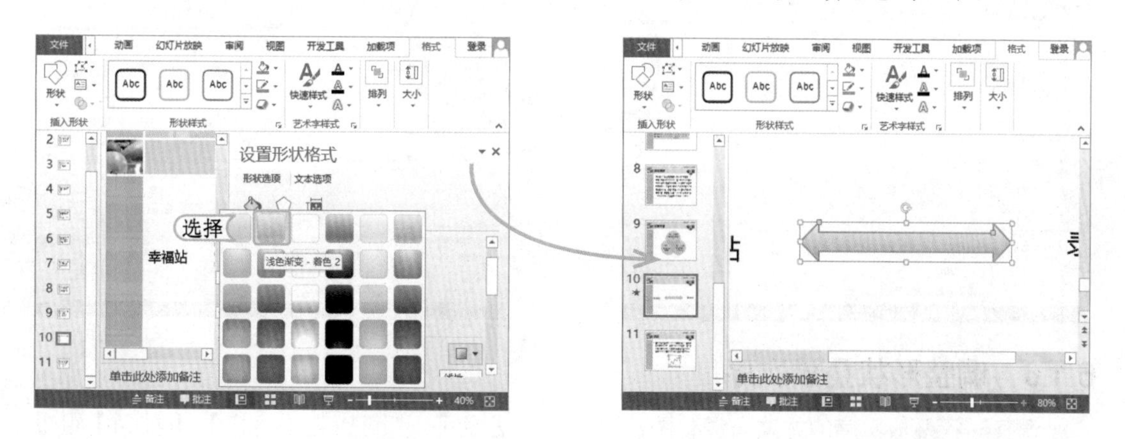

经验一箩筐——设置形状轮廓

设置形状轮廓与设置填充颜色的方法相似，其方法为：在【格式】/【形状样式】组中单击“形状轮廓”按钮旁的下拉按钮，在弹出的下拉列表中对轮廓颜色和线型进行设置即可；在浮动工具栏中单击“轮廓”按钮，然后在其下拉列表中进行相应的设置即可；在“设置形状格式”窗格中展开“填充”选项卡中的“线条”栏，在其中可对轮廓的线型、透明度与线宽等进行详细设置。

6.1.4 为形状应用样式

在PowerPoint中，系统预设了多种形状样式以供用户选择。为形状应用样式的方法很简单，首先选择【格式】/【形状样式】组，然后单击快速样式列表框右侧的按钮，在弹出的下拉列表中选择相应的选项即可。当然，用户也可以在下拉列表中选择“其他主题填充”选项，再在弹出的子列表中选择相应的效果样式。如下图所示为形状应用样式“中等效果 - 浅绿，强调颜色 5”的效果。

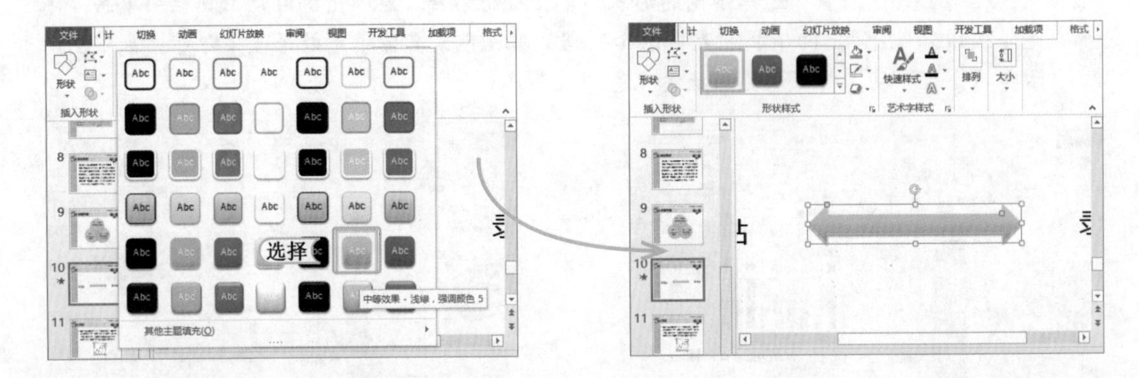

6.1.5 改变形状外形

用户除了对绘制的形状的大小、颜色、填充与样式等进行设置外，还可以对其外形进行改变。通过任意改变形状的外形能满足不同用户的不同需求。改变形状外形的方法是：选择绘制的形状，将鼠标光标移动到形状的黄色控制点上，待鼠标呈▷形状时，按住并拖动鼠标可改变形状的外形。如下图所示即为改变形状外形的效果。

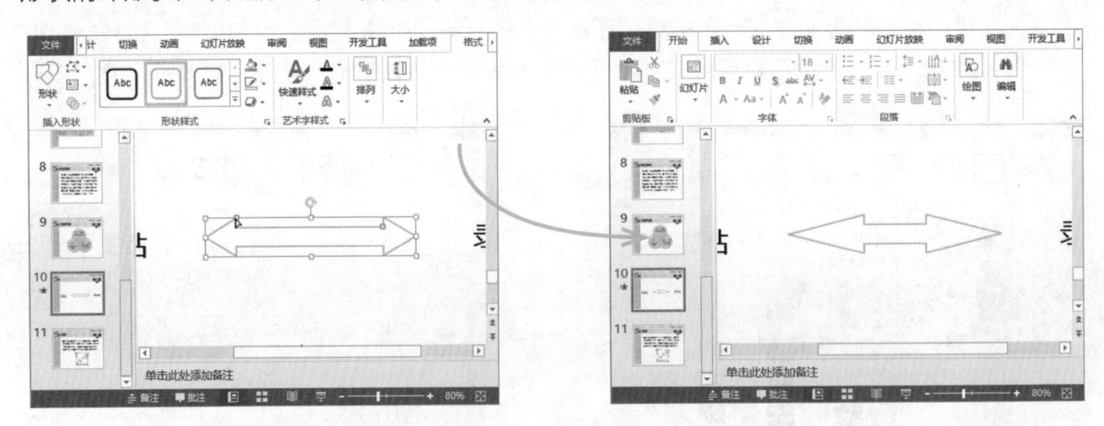

6.1.6 调整形状叠放次序

调整形状叠放次序的方法与调整图片顺序的方法相同，都可以在【格式】/【排列】组中单击相应的按钮，或单击鼠标右键，在弹出的快捷菜单中选择“置于顶层”或“置于底层”命令进行调整。

6.1.7 更改形状

用户若是对绘制的形状不满意，可以通过编辑形状按钮来进行更改。更改形状的具体方法是：首先选择需要更改的形状，选择【格式】/【插入形状】组，单击“更改形状”按钮，在其下拉列表中选择“更改形状”选项，最后在弹出的子列表中选择需要的形状即可。如下图所示即为更改形状为“虚尾箭头”的效果。

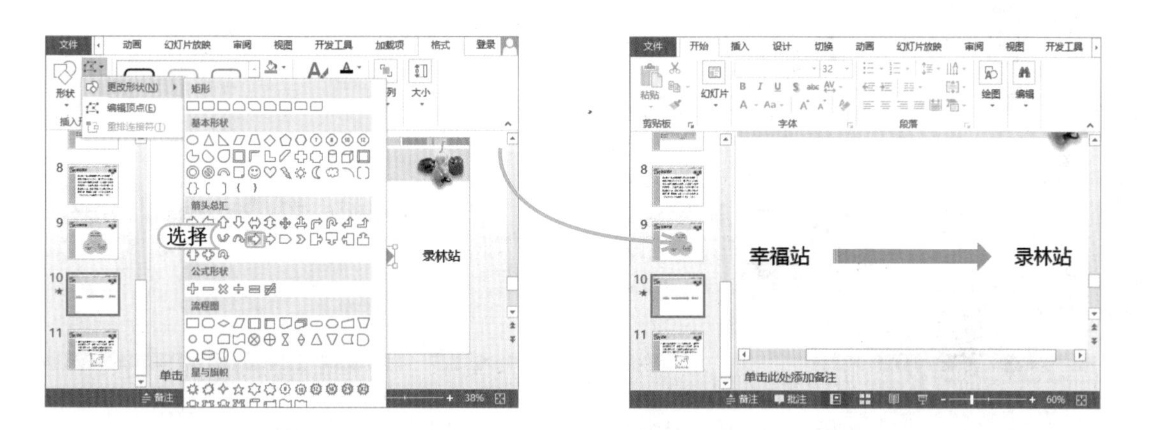

6.1.8 编辑顶点

改变形状外形通常是按对称的方式对形状外形进行整体调整，若是想对形状的局部进行调整、更改或是制作出具有独特效果的形状，则可以通过编辑顶点的方式来实现。编辑顶点的方法是：首先选择需要编辑顶点的形状，单击“更改形状”按钮，在其下拉列表中选择“编辑顶点”选项，此时，所选形状的各个顶点将会呈黑点高亮显示，将鼠标光标移动到需要编辑的顶点上，当鼠标变为形状时，按住并拖动鼠标至合适位置处释放，即可完成顶点的编辑。如下图所示即为编辑形状顶点的效果。

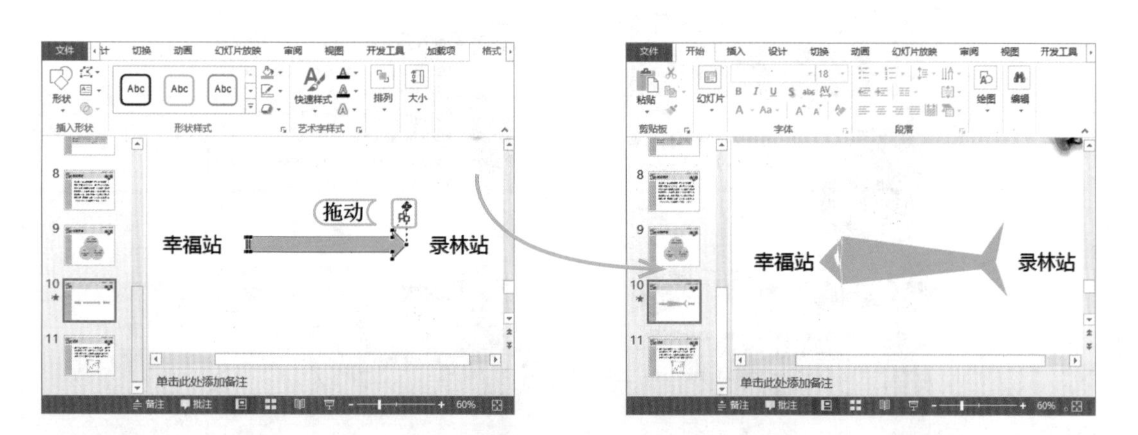

经验一箩筐——通过命令编辑顶点

除了使用“更改形状”按钮来编辑顶点外，还可以单击鼠标右键，在弹出的快捷菜单中选择“编辑顶点”命令来对顶点进行编辑。

6.1.9 为形状添加文字

用户除了可对形状进行编辑与设置外，还可以在大多数形状中添加文字来达到说明或指向的目的。为形状添加文字的方法非常简单，首先选择需要添加文字的形状后，单击鼠标右键，在弹出的快捷菜单中选择“编辑文字”命令，然后在形状中自动出现的光标处输入文字。当然，在输入文字后，用户也可以使用与编辑文本相同的方法对形状中的文字进行编辑与设置。如下图所示即为在形状中添加文字的效果。

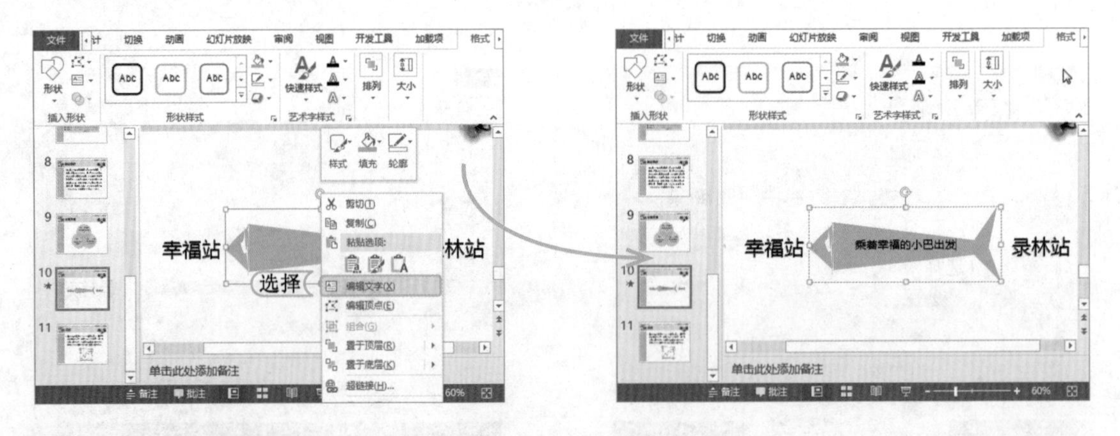

上机1小时 制作“超市购物指南”流程图

- 巩固根据幻灯片内容选择适当形状和绘制形状的方法。
- 进一步掌握形状的编辑方法，并灵活运用各编辑选项。

本例将为“超市购物指南 .pptx”演示文稿制作购物流程图，通过在其中应用绘制的形状，进一步巩固对形状的绘制、编辑与设置等知识。最终效果如下图所示。

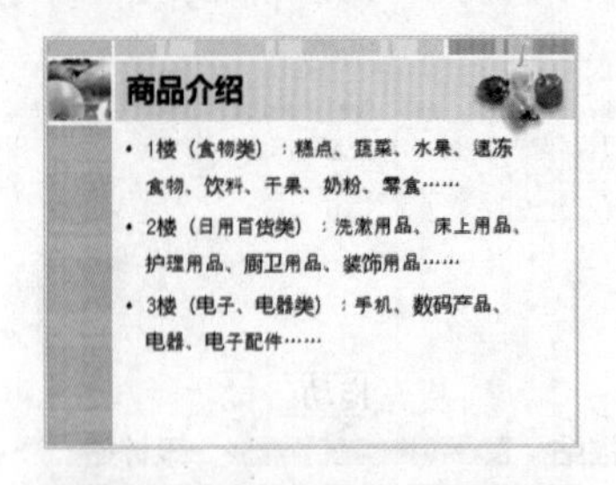

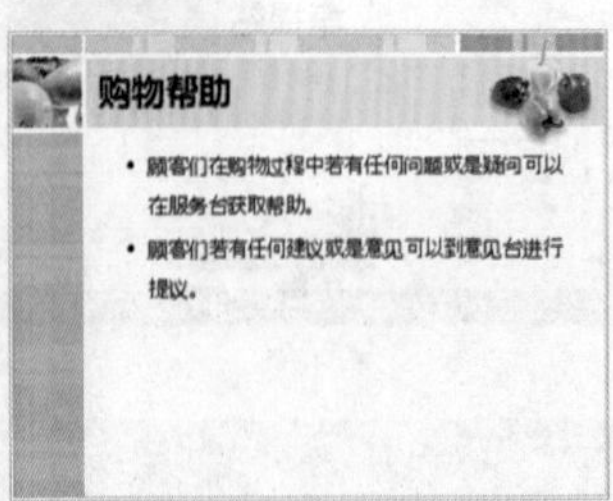

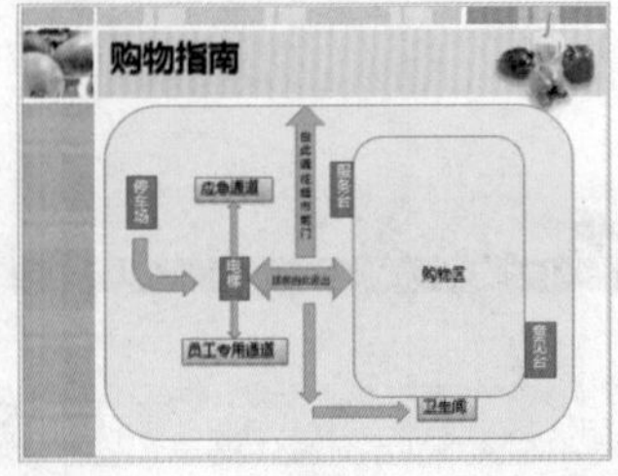

光盘文件
素材 \ 第 6 章 \ 超市购物指南 .pptx
效果 \ 第 6 章 \ 超市购物指南 .pptx
实例演示 \ 第 6 章 \ 制作“超市购物指南”流程图

STEP 01：准备插入形状

打开“超市购物指南 .pptx”演示文稿，选择第4张幻灯片。选择【插入】/【插图】组，单击 形状 按钮。

STEP 02：绘制形状

1. 在弹出的下拉列表的“矩形”栏中选择“圆角矩形”选项。
2. 然后在幻灯片中绘制出超市范围。

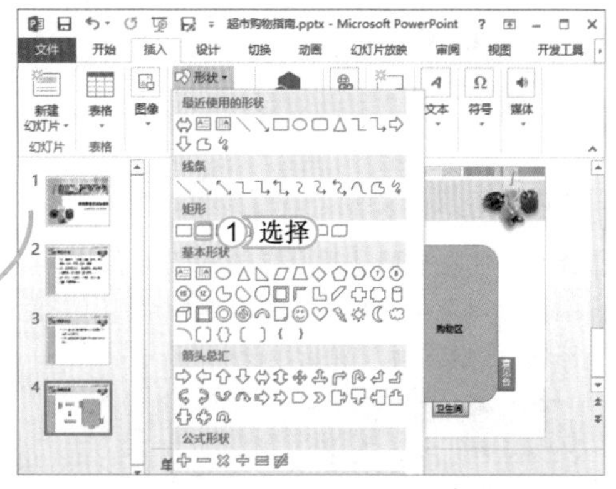

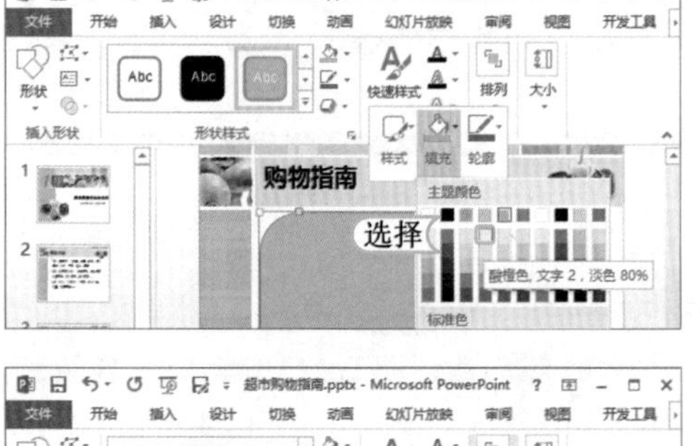

STEP 03：调整形状颜色

在绘制的形状上单击鼠标右键，在弹出的浮动工具栏中单击“填充”按钮，然后在弹出的下拉列表中选择“主题颜色”栏中的“酸橙色，文字 2，淡色 80%”选项。

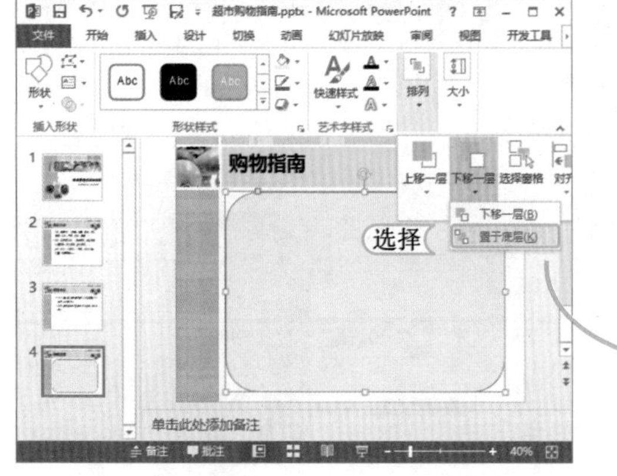

STEP 04：调整形状叠放次序

保持选择绘制的形状，选择【格式】/【排列】组，单击“下移一层”按钮，在弹出的下拉列表中选择“置于底层”选项，将形状置于该张幻灯片的最底层。

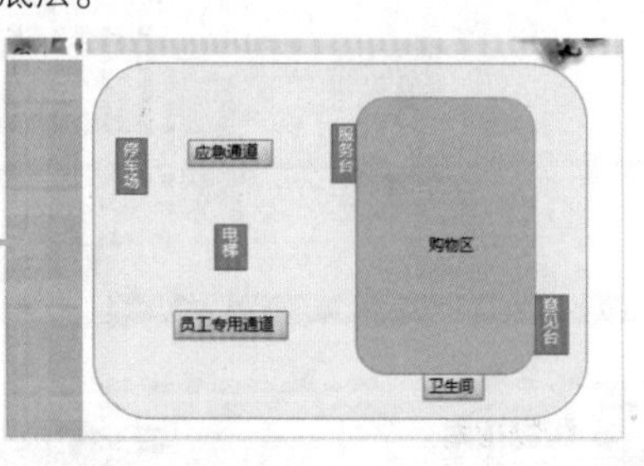

读书笔记

STEP 05: 绘制箭头形状

选择【插入】/【插图】组，单击“形状”按钮右侧下拉按钮，在弹出的下拉列表的“箭头总汇”栏中选择“左右箭头”选项，然后在“电梯”和“购物区”间绘制一个箭头形状。

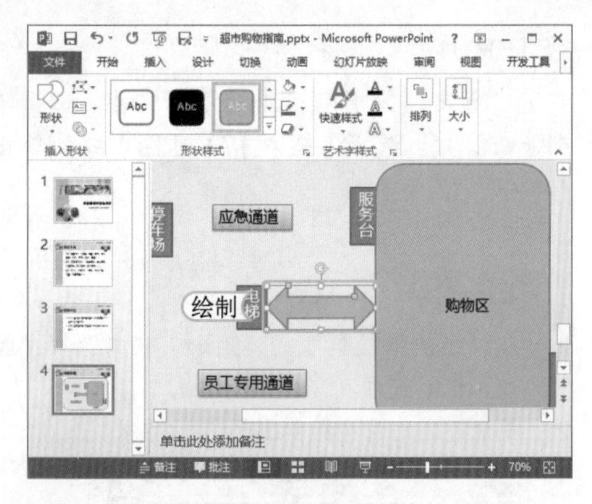

提个醒 箭头都具有指向说明的功能，一般绘制的形状颜色会自动根据当前幻灯片的主色调进行调整。

STEP 06: 添加文字

选择绘制的左右箭头形状，单击鼠标右键，在弹出的快捷菜单中选择“编辑文字”命令，然后在该形状中输入文本“顾客由此进出”。

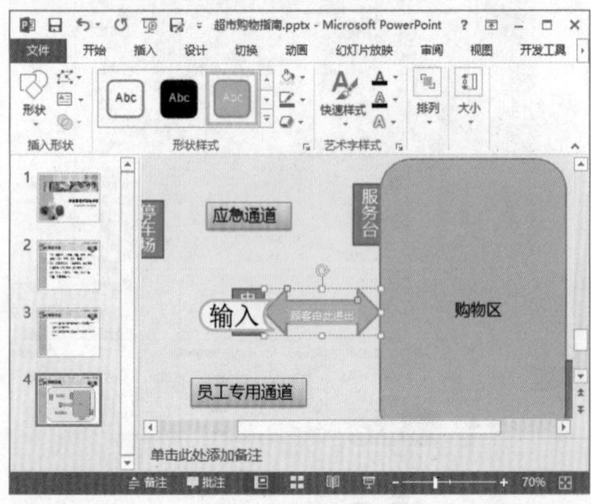

提个醒 一般输入的文字都是居中对齐，且会自动换行，若需对输入文字的段落格式进行更改，可以单击鼠标右键，在弹出的快捷菜单中选择“设置形状格式”命令，然后在“设置形状格式”窗格的“文本选项”选项卡中展开“文本框”栏，最后在其中对对齐方式、文本方向等进行相应的设置即可。

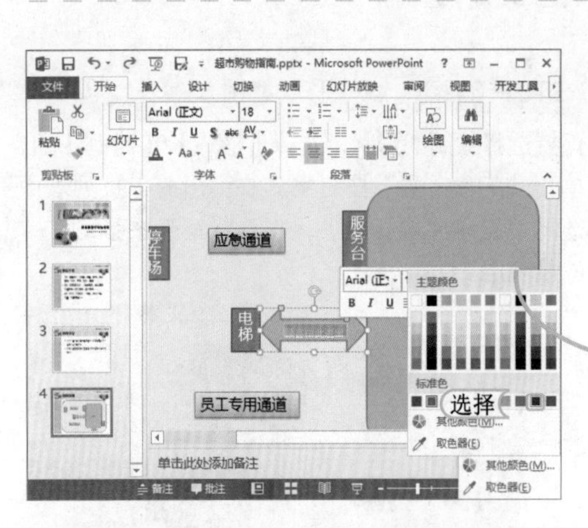

STEP 07: 调整文字颜色

选择输入的文字，在浮动工具栏中单击“字体颜色”按钮右侧的按钮，在弹出的下拉列表中选择“标准色”栏的“深蓝”选项，快速将文字颜色更改为深蓝色。

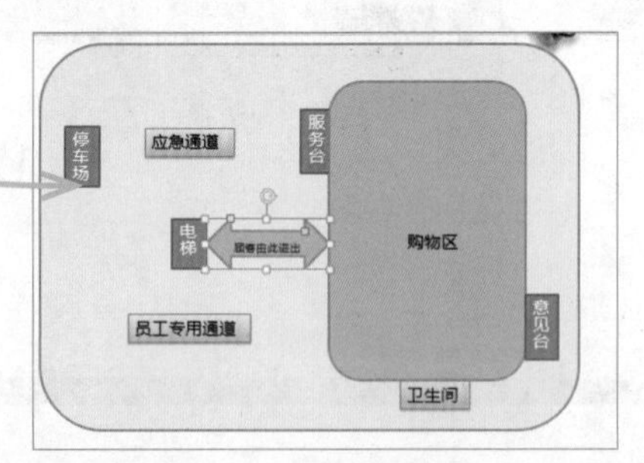

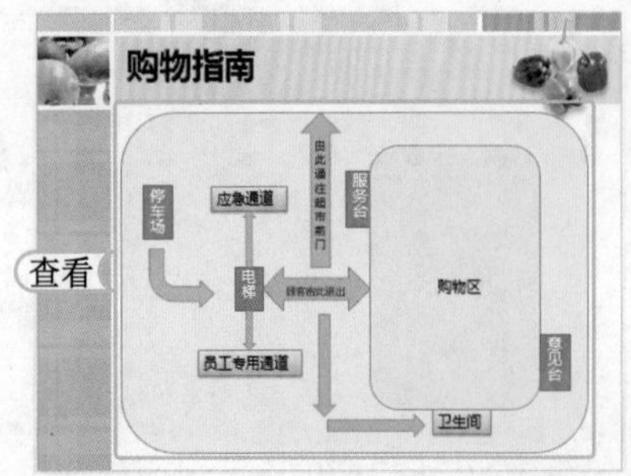

STEP 08: 绘制其他形状并编辑文字

使用相同的方法，绘制出其他位置的形状，并对其位置进行调整，然后在某些形状中添加文字，查看完成的效果。

6.2 添加和编辑 SmartArt 图形

SmartArt 图形在演示文稿中的使用比较广泛，特别是在办公类的演示文稿中应用较多，因为 SmartArt 图形能清楚地表明各个部分之间的关系，如显示一种层次关系、一个循环过程和一系列实现目标的步骤等，对演示者表达一些抽象的事物有很大的帮助。和以前版本中的图示相比，SmartArt 图形的使用方法更简单，但效果却更明显。

学习 1 小时

- 掌握在幻灯片中插入 SmartArt 图形的方法。
- 掌握在 SmartArt 图形中进行添加、删除形状以及更改布局等操作。
- 熟练掌握应用 SmartArt 图形样式，以及更改图形颜色等操作。

6.2.1 添加 SmartArt 图形

在幻灯片中用户可根据需要插入各种类型的 SmartArt 图形，虽然这些 SmartArt 图形的样式有些差别，但操作方法都基本相同。添加 SmartArt 图形的方法是，在所需插入 SmartArt 图形的幻灯片中选择【插入】/【插图】组，单击 SmartArt 按钮，打开“选择 SmartArt 图形”对话框，在其中选择所需的 SmartArt 图形，最后单击 确定 按钮，将选择的 SmartArt 图形插入到幻灯片中。如下图所示即为插入“连续块状流程”SmartArt 图形的效果。

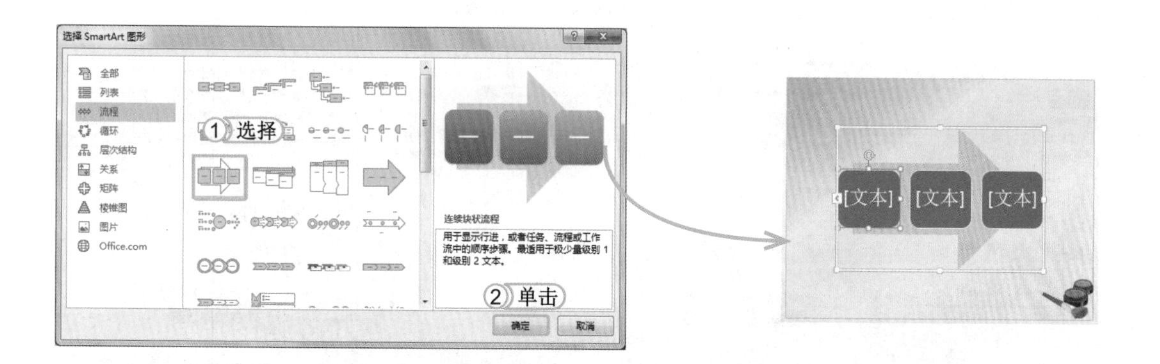

> **经验一箩筐——关于“选择 SmartArt 图形”对话框**
>
> 打开“选择 SmartArt 图形”对话框时默认选择“全部”选项卡并显示所有的 SmartArt 图形。且选择好需要的 SmartArt 图形后，在“选择 SmartArt 图形”对话框右侧的列表框中，可看到所选 SmartArt 图形的预览效果。

6.2.2 编辑 SmartArt 图形

一般直接插入的 SmartArt 图形大多数情况下都不符合制作者的要求，此时需要对 SmartArt 图形进行各种编辑操作，如在 SmartArt 图形中输入文本、调整形状的顺序、调整 SmartArt 图形大小和位置、调整 SmartArt 图形方向、添加或删除形状、调整形状级别以及更改其布局等。下面就对编辑 SmartArt 图形的方法进行讲解。

1. 在SmartArt图形中输入文本

不管插入何种类型的SmartArt图形，默认情况下每个形状中都没有文本，所以，用户需在文本框中手动输入需要的文本内容。下面对在SmartArt图形中输入文本的方法进行介绍。

- 直接输入：选择需输入文本的形状，将鼠标光标移动到其中并单击鼠标，然后直接输入文本。需注意的是，输入的文本大小将会根据输入的内容多少而自动进行调整，且所有形状中的文本将自动调整为一致大小。如下图所示即为在形状中直接输入文本的效果。

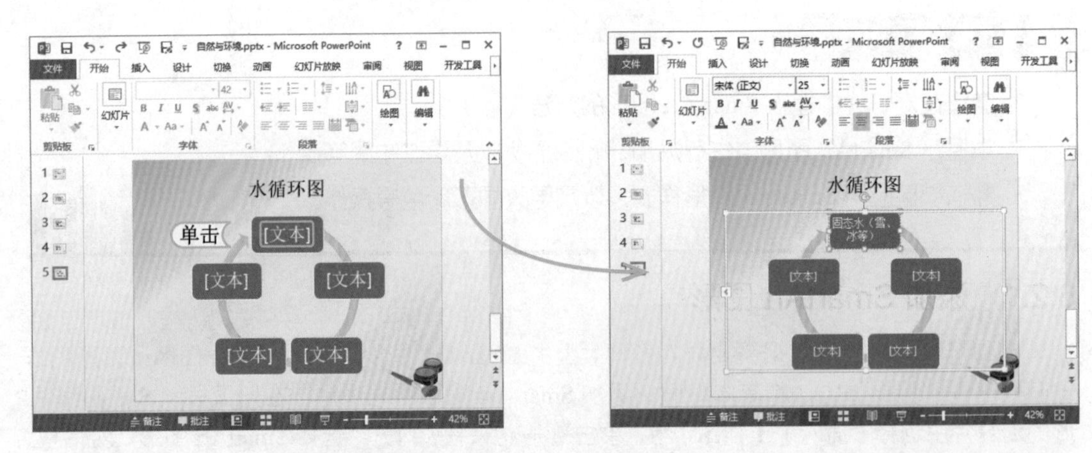

- 通过窗格输入：首先选择SmartArt图形，选择【设计】/【创建图形】组，单击文本窗格按钮，或直接单击SmartArt图形边框上左边的按钮，打开"在此处键入文字"窗格，再在打开的窗格中输入所需的文字，最后单击"文本窗格"右上角的按钮关闭该窗格。如下图所示即为通过"在此处键入文字"窗格输入文本的效果。

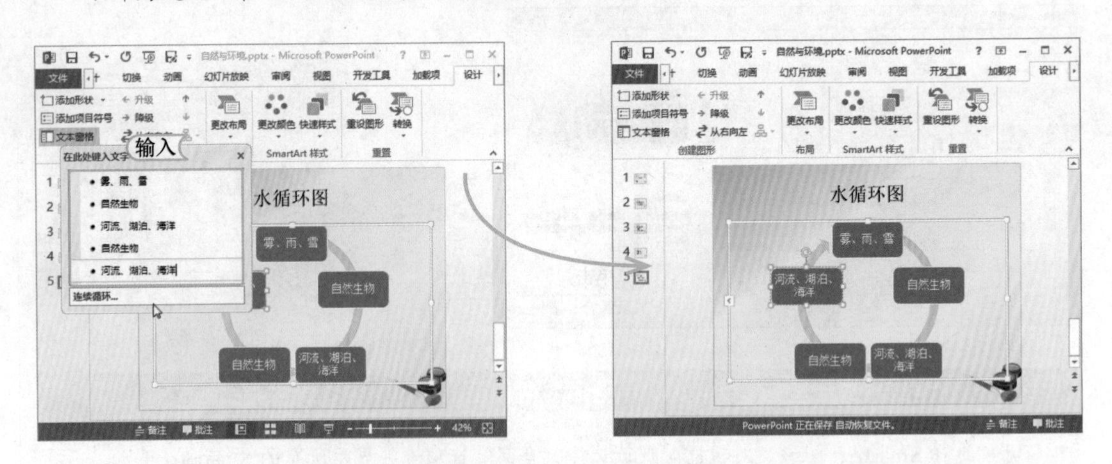

- 通过快捷菜单输入：首先选择需要输入文本的形状，在其中单击鼠标右键，在弹出的快捷菜单中选择"编辑文字"命令，然后在出现的光标处直接输入文本即可。

经验一箩筐——编辑形状中的文本

若需制作出具有不同文本效果的形状，用户可以对SmartArt图形中每个形状的文本进行独立地设置，其设置方法与设置普通文本相同；若是需要更改形状中的文本，只需删除需要更改的文本并进行重新输入即可。

2. 调整 SmartArt 图形的顺序

调整 SmartArt 图形的顺序即调整 SmartArt 图形中各个形状的前后顺序，其方法是：选择需要调整顺序的形状，选择【设计】/【创建图形】组，再单击“上移”按钮或“下移”按钮即可。如下图所示即为将形状下移一层的效果。

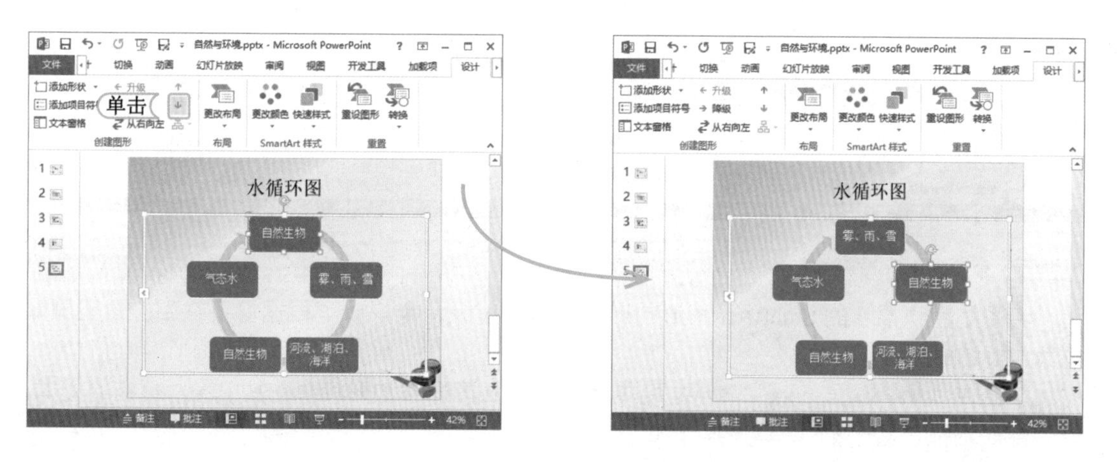

3. 调整 SmartArt 图形与形状的大小和位置

若插入的 SmartArt 图形的大小和位置并不符合要求，用户就可根据需要对 SmartArt 图形的大小和位置进行调整。其方法是：选择 SmartArt 图形后，将鼠标光标移到其周围出现的控制点上，拖动鼠标可调整 SmartArt 图形的大小；当鼠标光标变成形状时，拖动鼠标可调整 SmartArt 图形的位置。

调整 SmartArt 图形中形状的大小和位置的方法与调整 SmartArt 图形的大小和位置的方法相同，除此之外，还可以在选择形状后，在【格式】/【形状】组中单击“增大”按钮或“减小”按钮，对形状进行等比例调整。如下图所示分别为调整 SmartArt 图形的大小和调整 SmartArt 图形中形状的大小的效果。

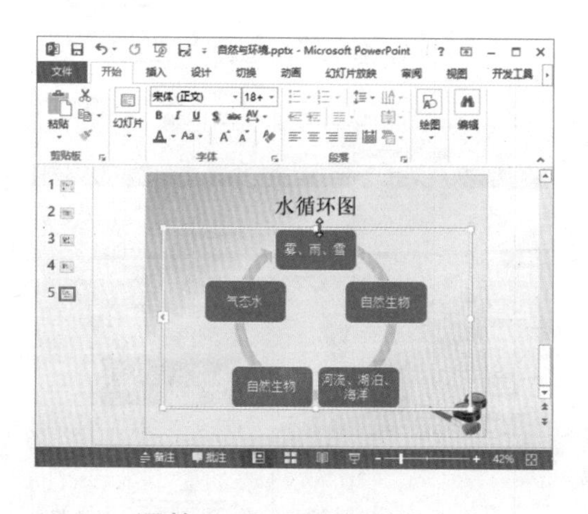

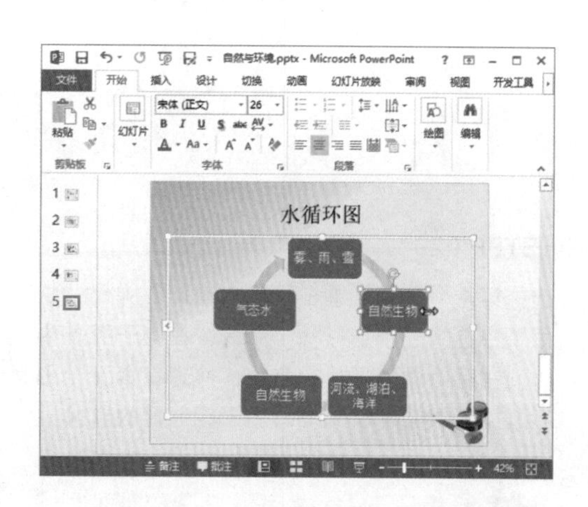

4. 调整 SmartArt 图形的方向

用户若是需要改变 SmartArt 图形中各个形状或整个图形流程的方向，可以在需要改变方向的 SmartArt 图形中选择某个形状或整个图形后，单击从右向左按钮，完成方向的调整。如下图所示即为改变整个 SmartArt 图形的流程方向的效果。

5. 添加或删除形状

若系统默认插入的 SmartArt 图形的形状过多或过少，用户就可根据需要在相应位置删除或添加相应的形状。

下面在“业务流程 .pptx”演示文稿中为 SmartArt 图形添加形状并在其中输入相应的文本，最后将多余的形状删除，其具体操作如下：

光盘文件
素材 \ 第 6 章 \ 业务流程 . pptx
效果 \ 第 6 章 \ 业务流程 . pptx
实例演示 \ 第 6 章 \ 添加或删除形状

STEP 01： 选择 SmartArt 图形

打开“业务流程 .pptx”演示文稿，选择第 2 张幻灯片，再选择该幻灯片中的 SmartArt 图形。

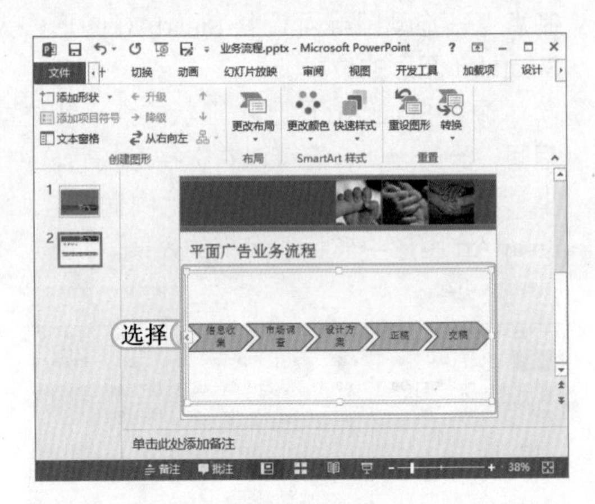

读书笔记

STEP 02： 准备添加形状

选择第 1 个形状，单击鼠标右键，在弹出的快捷菜单中选择“添加形状”命令，在其子菜单中选择“在后面添加形状”命令，快速在第 1 个形状后添加一个与该 SmartArt 图形相匹配的形状。

提个醒 用户也可以选择【设计】/【创建图形】组，单击 添加形状 按钮右侧的下拉按钮，在弹出的下拉列表中选择“在后面添加形状”选项添加形状。

STEP 03: 添加文本

选择添加的形状，单击鼠标右键，在弹出的快捷菜单中选择“编辑文字”命令，接着在该形状中输入文本“签订合同”。

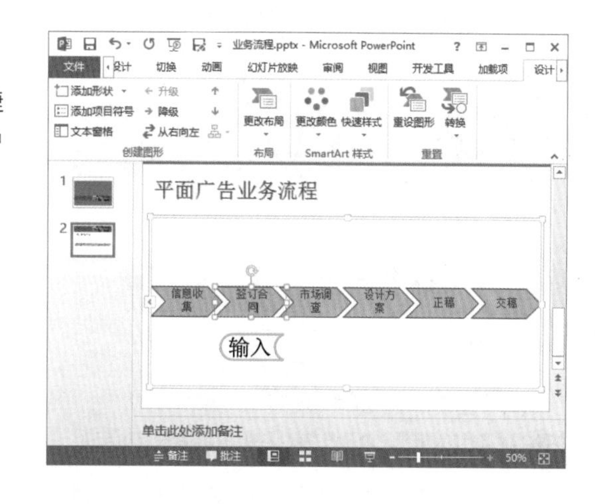

提个醒 细心的用户会发现，在操作此步骤中不能直接在该形状中添加文本，必须使用快捷菜单或是通过 文本窗格 按钮，这是因为添加的形状为图形格式。

STEP 04: 添加形状并输入文本

按照相同的方法在第3个形状后面添加一个形状，并在其中添加文本“创意会”，即收集创意的会议，然后调整每个形状的大小。

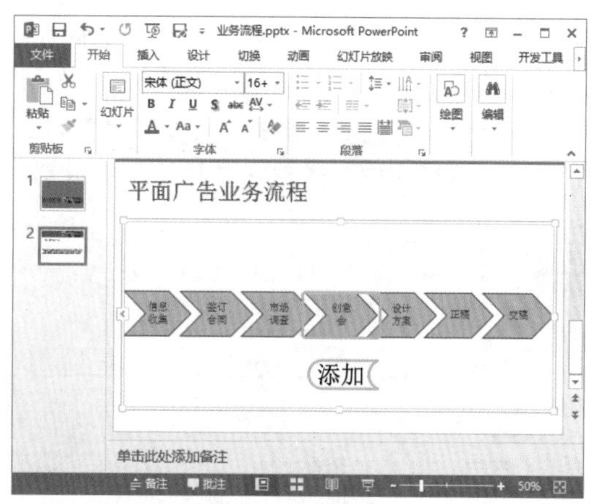

提个醒 在调整形状大小的时候，文本的排列方式也将发生相应的改变，用户也可以通过【开始】/【段落】组中的相应按钮，对文本的排列方式进行设置。

STEP 05: 删除形状

在 SmartArt 图形中选择最后一个形状，按 Delete 键将其删除，此时，系统将自动选择下一个形状，设置完成后的最终效果如右图所示。

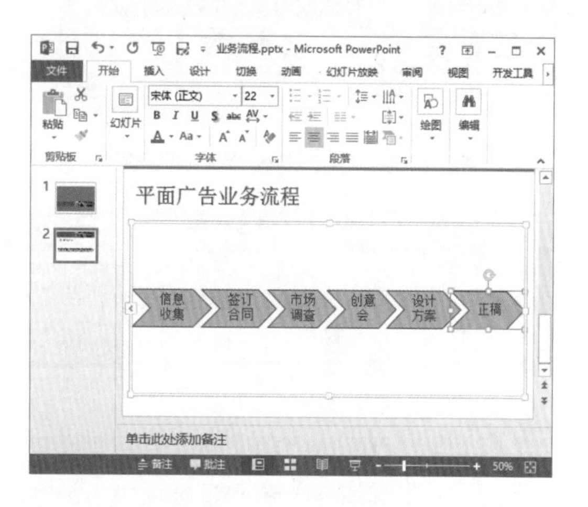

提个醒 无论是添加或删除形状后，系统都将自动调整 SmartArt 图形中的各个形状大小以及各个形状中的文本字号，且所有文本均保持相同大小。

6. 调整形状级别

在对 SmartArt 图形进行编辑时，还可以根据需要对图形中各形状的级别进行调整，包括增加下一级形状的级别，降低上一级形状的级别，调整形状级别类似于调整文本的级别。下面对调整形状级别的方法进行介绍。

- 通过按钮调整：选择需升级或降级的形状，选择【设计】/【创建图形】组，单击 升级 按钮或 降级 按钮将提升或降低形状的级别。如下图所示即为通过按钮降低形状级别的效果。

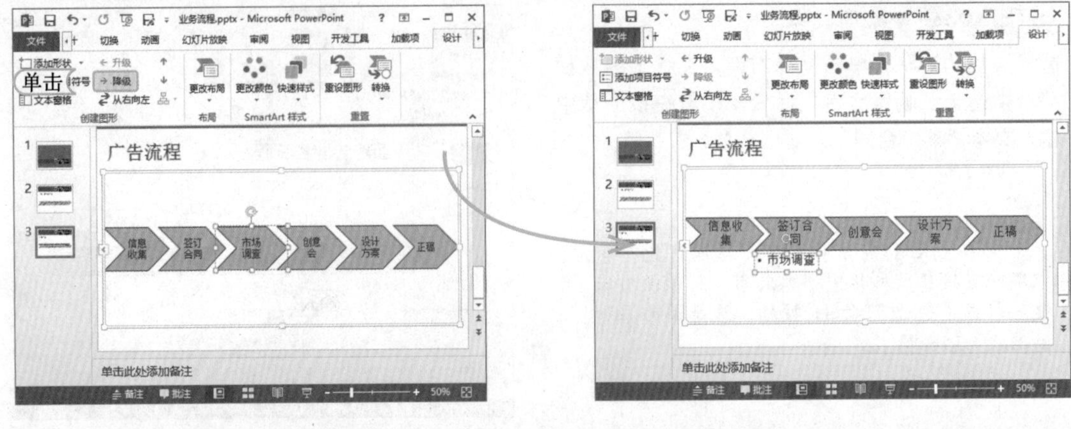

通过窗口调整：选择需升级或降级的形状，选择【设计】/【创建图形】组，单击文本窗格按钮，打开“在此处键入文字”窗格，该窗口将鼠标光标自动定位到所选形状的文本处，此时，直接按 Tab 键，可快速将该形状降低一个级别；按 Shift+Tab 组合键可快速将该形状提升一个级别。最后，单击“文本窗格”右上角的×按钮关闭该窗格即可完成形状级别的调整。如下图所示即为通过窗口降低形状级别的效果。

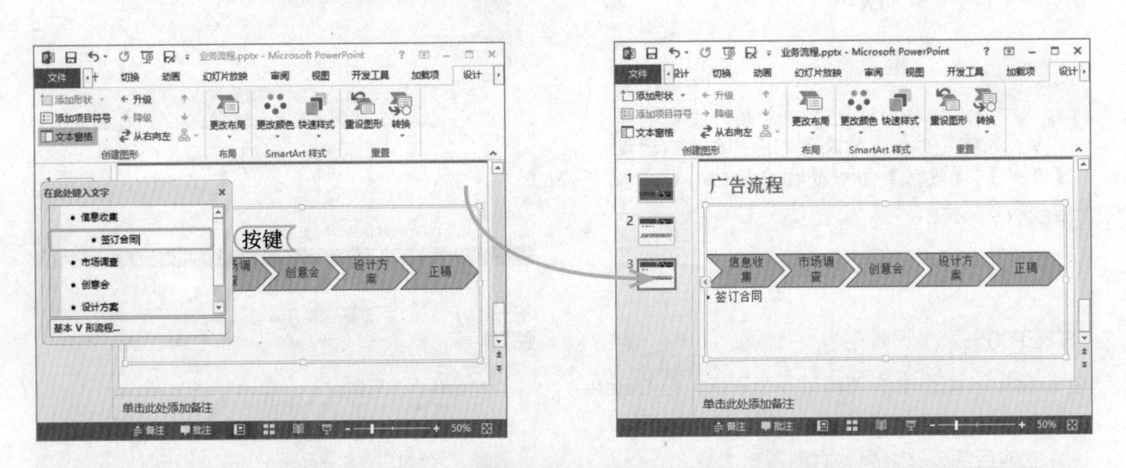

经验一箩筐——关于形状级别的升级

只有一个级别的 SmartArt 图形中的形状并不能直接进行升级，需要进行过降低形状级别的操作后才能执行升级操作。

7. 更改布局

用户若发现插入并编辑的 SmartArt 图形并不能很好地表现出各数据、各内容间的关系，这时可通过在保持关系图中内容不变的同时，直接更改关系图的布局的方式来进行调整。更改 SmartArt 图形布局的方法有以下几种。

通过选项栏更改：选择 SmartArt 图形，选择【设计】/【布局】组，在“布局样式”列表框中选择其他布局方式，或选择“其他布局”选项，在打开的“选择 SmartArt 图形”对话框中重新选择图形样式。如下图所示即为在“布局样式”列表框中选择“降序流程”图形的效果。

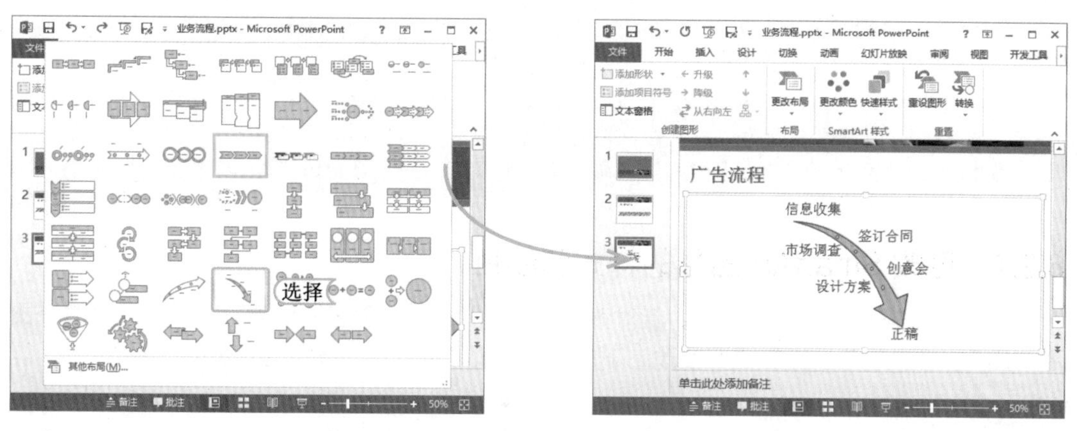

- 通过快捷菜单更改：选择 SmartArt 图形后，单击鼠标右键，在弹出的快捷菜单中选择“更改布局”命令，在打开的“选择 SmartArt 图形”对话框中重新选择图形样式即可。如下图所示即为通过快捷菜单打开“选择 SmartArt 图形”对话框并在其中选择相应布局方式的效果。

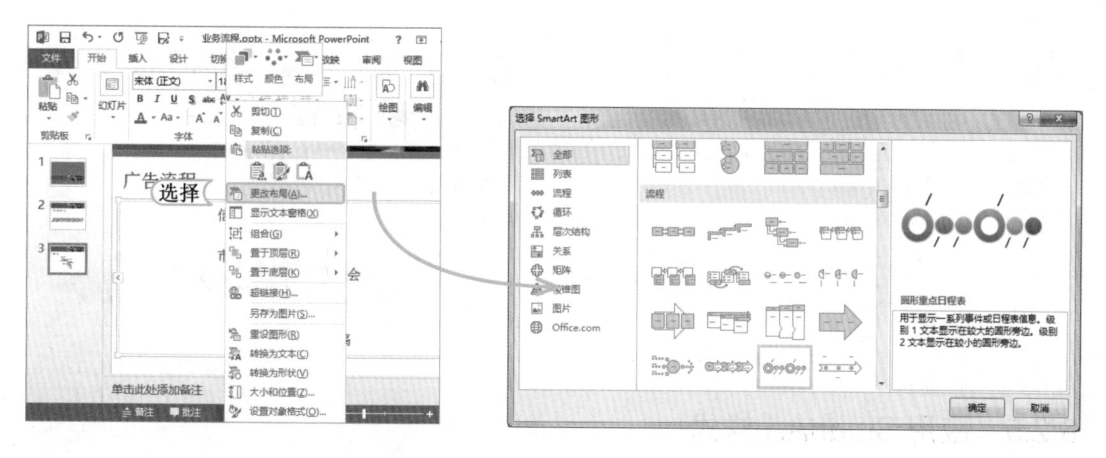

6.2.3 更改 SmartArt 形状

用户若是对 SmartArt 图形中的形状不满意，可在保持 SmartArt 图形布局不变的同时，直接对形状进行更改。更改 SmartArt 形状的方法比较简单，首先选择需更改的形状，然后选择【格式】/【形状】组，单击“更改形状”按钮，在弹出的下拉列表中选择所需的形状，或是在选择需更改的形状后单击鼠标右键，在弹出的快捷菜单中选择“更改形状”命令，然后在弹出的子菜单中选择所需的形状即可。如下图所示为更改 SmartArt 图形中的形状的效果。

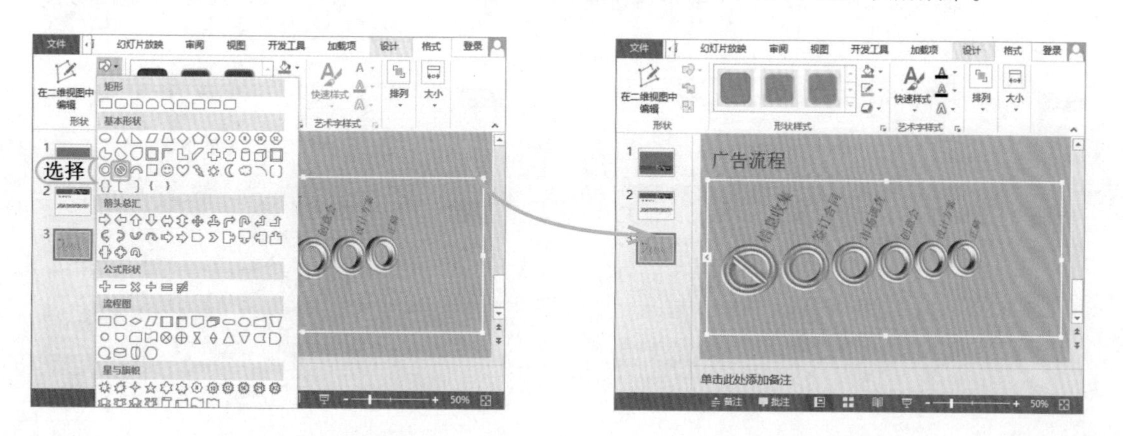

经验一箩筐——在二维视图中更改形状

对于具有多维效果的SmartArt图形，若是直接对其中的形状进行更改，有时会不便于查看，此时，可以将SmartArt图形转换为二维视图，再对其进行编辑。转换为二维视图的方法很简单，首先选择SmartArt图形后，再在【格式】/【形状】组中单击“在二维视图中编辑”按钮即可。

6.2.4 更改SmartArt图形的样式和颜色

插入并编辑SmartArt图形后，若对该图中的形状样式和颜色不满意，就可在保持关系图和布局不变的情况下，对其进行更改。下面就对更改形状样式和颜色的方法进行讲解。

- **更改形状样式**：选择SmartArt图形中需要更改样式的形状，选择【格式】/【形状样式】组，最后在“快速样式”列表框中选择需要的样式即可。如下图所示即为应用“细微效果 - 深蓝，深色1”样式的效果。

- **更改形状颜色**：更改形状颜色的方法与设置形状填充颜色的方法相同，都可以对填充颜色、效果、轮廓颜色和线型等进行设置。如下图所示即为更改形状填充颜色为“绿色”的效果。

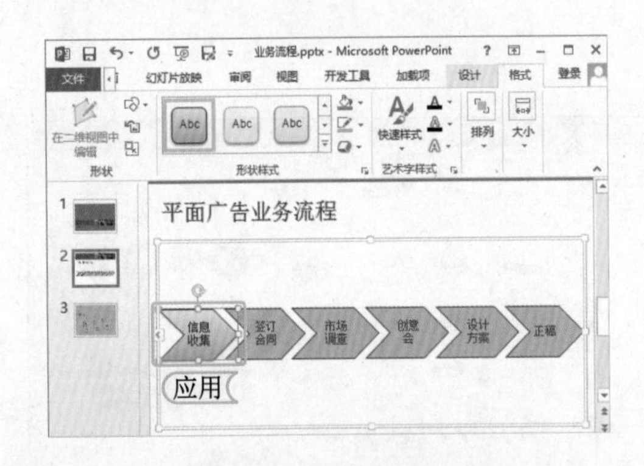

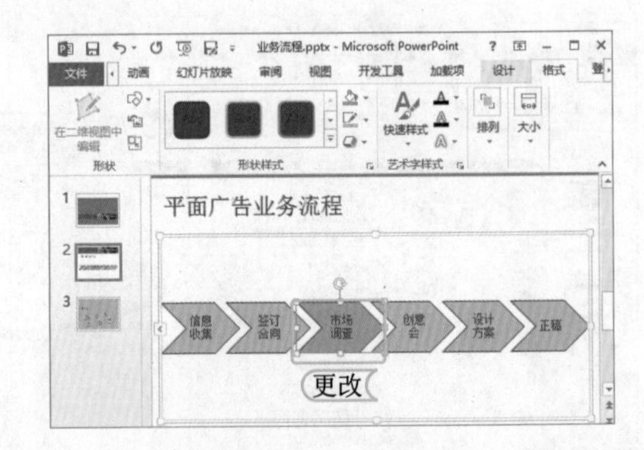

6.2.5 应用SmartArt样式

用户除了可对SmartArt图形中的单个或几个形状进行更改外，还可通过应用系统预设的SmartArt样式对SmartArt图形整体样式进行更改，使制作的演示文稿更专业。系统预设的SmartArt样式，包括快速样式和颜色方案。下面就对应用SmartArt图形样式的方法进行讲解。

1. 应用快速样式

应用SmartArt快速样式的方法是：选择SmartArt图形，再选择【设计】/【SmartArt样式】组，在“快速样式”列表框中选择需要的SmartArt图形样式。如下图所示即为应用“鸟瞰场景”样式的效果。

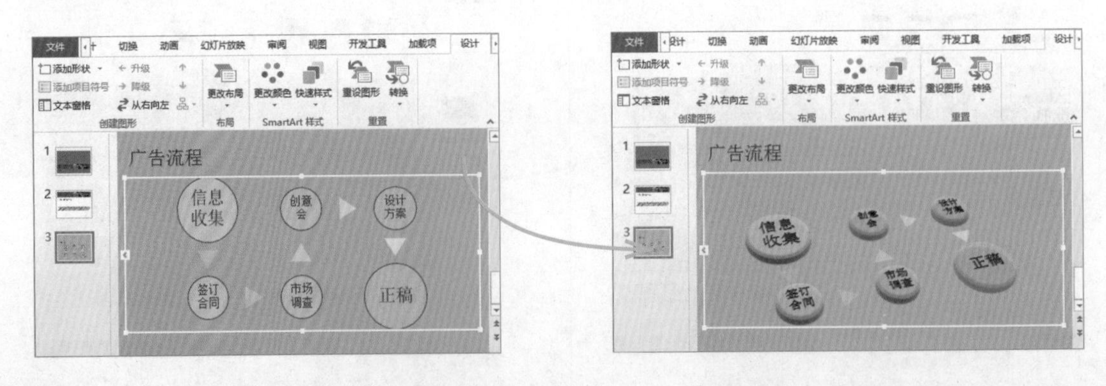

2. 应用颜色方案

系统默认插入的 SmartArt 图形颜色比较单调，用户若需要制作出具有彩色效果的 SmartArt 图形，可直接使用系统预设的颜色方案，从而获得更丰富和谐的颜色效果。其方法是：选择 SmartArt 图形后，再选择【设计】/【SmartArt 样式】组，单击“更改颜色”按钮，然后在弹出的下拉列表中选择所需的颜色样式。如下图所示即为更改 SmartArt 图形颜色为“彩色范围 - 着色 2 至 3”的效果。

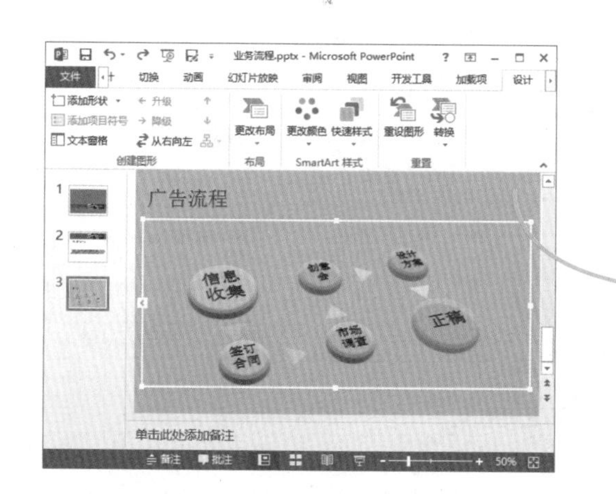

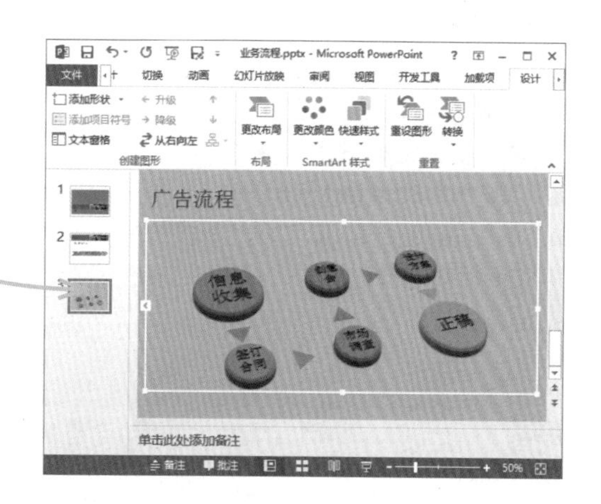

上机 1 小时 制作“职位简介”演示文稿

- 巩固 SmartArt 图形的添加与编辑方法。
- 熟练掌握在 SmartArt 图形中更改形状、形状样式和颜色等方法。
- 进一步掌握应用 SmartArt 图形样式和更改图形颜色的方法。

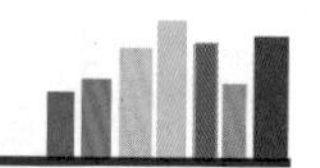

本例将制作“职位简介 .pptx”演示文稿，通过在演示文稿中添加和编辑 SmartArt 图形，达到让用户能够熟练运用 SmartArt 图形的目的。最终效果如下图所示。

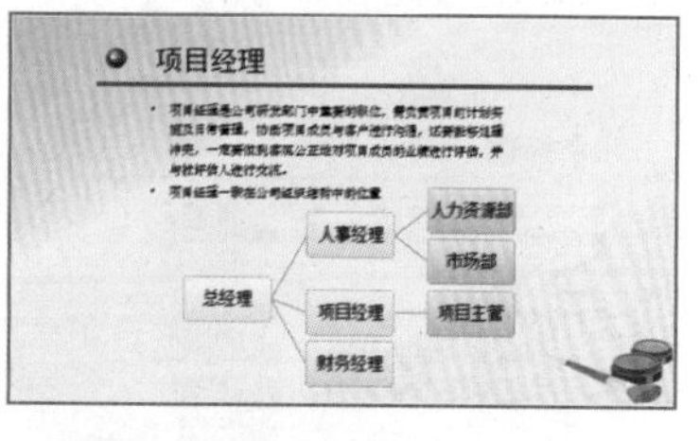

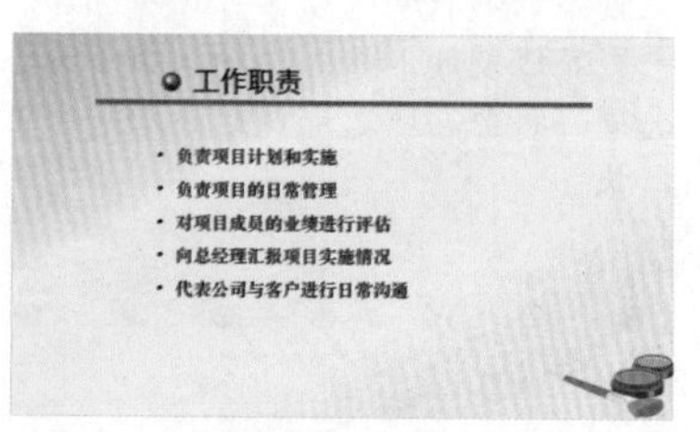

光盘文件
素材 \ 第 6 章 \ 职位简介 . pptx
效果 \ 第 6 章 \ 职位简介 . pptx
实例演示 \ 第 6 章 \ 制作“职位简介”演示文稿

STEP 01： 准备插入 SmartArt 图形

打开“职位简介 .pptx”演示文稿，选择第 2 张幻灯片，选择【插入】/【插图】组，单击 SmartArt 按钮，打开“选择 SmartArt 图形”对话框。

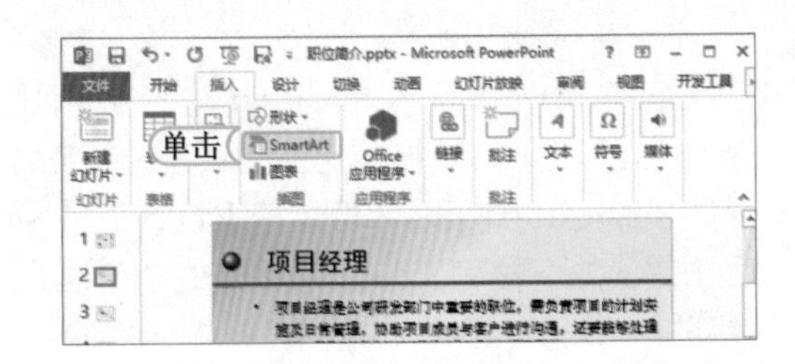

STEP 02： 插入 SmartArt 图形

1. 在打开的“选择 SmartArt 图形”对话框中选择“层次结构”选项卡。
2. 在中间的列表框中选择“水平层次结构”SmartArt 图形。
3. 单击 确定 按钮，即可插入所需的 SmartArt 图形。

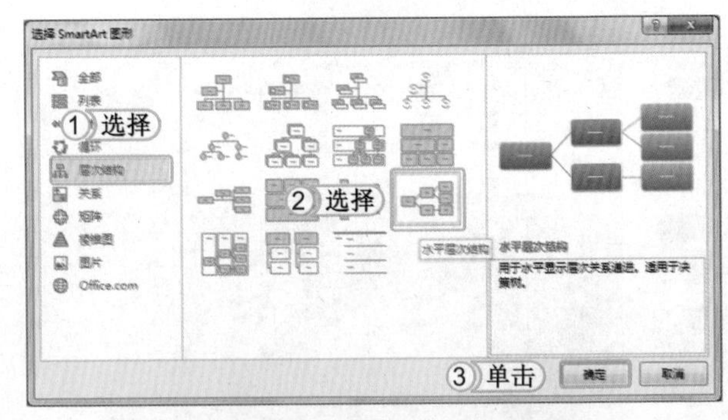

STEP 03： 输入文本并调整位置

在插入的 SmartArt 图形中依次选择各个形状，并在其中输入相应的文本，然后调整 SmartArt 图形的位置。

提个醒 在操作此步骤时，建议用户多练习使用“在此键入文字”窗格来输入文本，因为在该窗格中可以清楚地查看到各文本的项目级别，也比较方便对文本进行修改。

STEP 04： 添加形状

选择“项目经理”文字所在的形状，选择【设计】/【创建图形】组，单击 添加形状 按钮，在弹出的下拉列表中选择“在后面添加形状”选项，快速在其下面添加一个相同级别的形状。

提个醒 用户若是在操作此步骤时选择“在上方添加形状”选项，可在所选形状前添加一个更高级别的形状；选择“在下方添加形状”选项，将会在所选形状后添加一个低一级别的形状。

读书笔记

STEP 05： 输入文本

1. 选择添加的形状，单击鼠标右键，在弹出的快捷菜单中选择“编辑文字”命令。
2. 在该形状中输入文本“财务经理”。

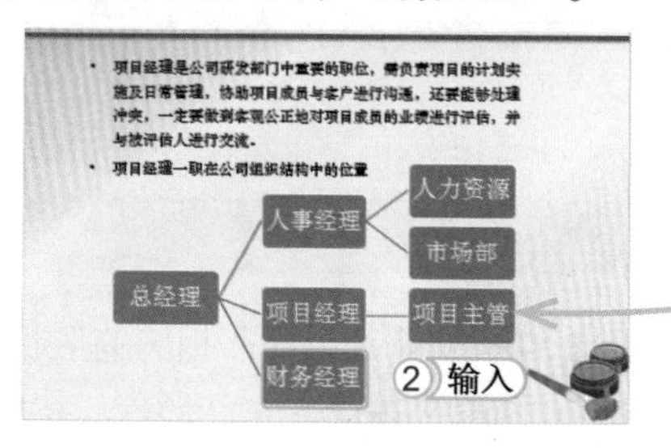

STEP 06： 更改图形样式

选择插入的整个SmartArt图形，选择【设计】/【SmartArt样式】组，在“快速样式”列表框中选择“文档的最佳匹配对象”栏的“细微效果”选项。

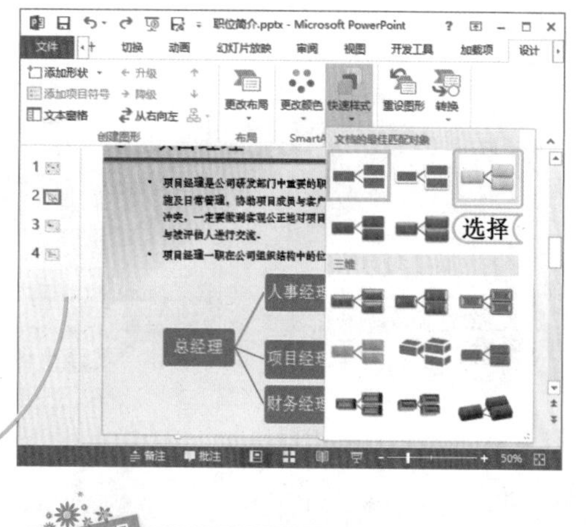

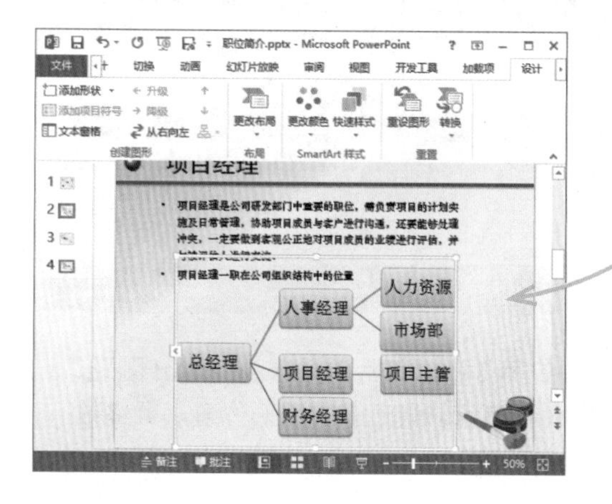

提个醒 在“快速样式”列表框中，系统预设了“文档的最佳匹配对象”和“三维”两栏，用户可根据需要在其中选择需要的样式。

STEP 07： 更改图形颜色

选择整个SmartArt图形，选择【设计】/【SmartArt样式】组，单击“更改颜色”按钮，在弹出的下拉列表的“彩色”栏中选择“彩色范围 - 着色4至5”选项，将其快速应用到所选SmartArt图形中。

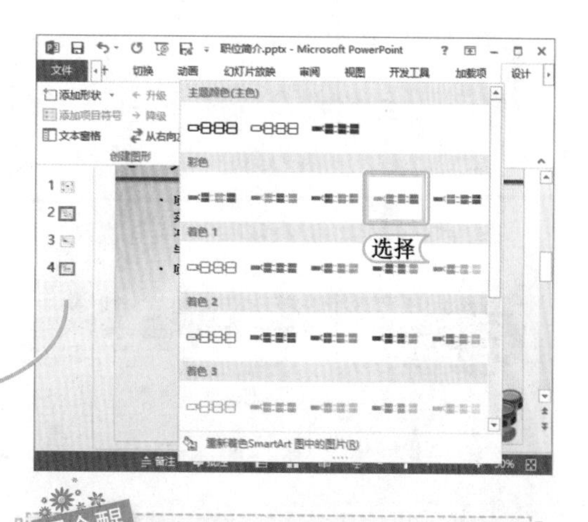

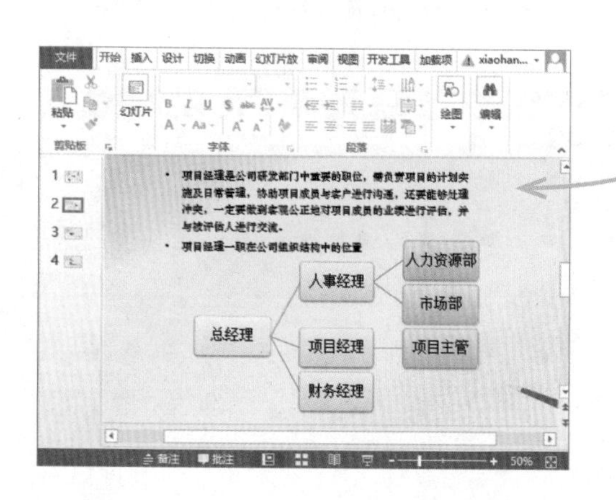

提个醒 在“更改颜色”下拉列表中，系统预设了“主题颜色”、“彩色”和多个着色系列栏，用户可根据需要在相应栏中选择需要的颜色方案。

6.3 练习 1 小时

本章主要介绍了在演示文稿中应用形状与 SmartArt 图形的方法，主要包括形状的绘制、编辑与美化，SmartArt 图形的添加、编辑与调整等，用户要想在日常工作中熟练使用它们，还需再进行巩固练习。下面以制作“英语小课件 .pptx”和“汽车销售 .pptx”演示文稿为例，巩固学习对形状和 SmartArt 图形的应用。

1. 制作“英语小课件”演示文稿

本例将制作“英语小课件.pptx”演示文稿。首先在第2、3张幻灯片中插入相关的形状，并在其中输入文本，然后进行编辑与美化，使整个演示文稿图文并茂、生动形象。最终效果如下图所示。

光盘文件
素材 \ 第 6 章 \ 英语小课件 . pptx
效果 \ 第 6 章 \ 英语小课件 . pptx
实例演示 \ 第 6 章 \ 制作“英语小课件”演示文稿

2. 制作“汽车销售”演示文稿

本例将制作“汽车销售 .pptx”演示文稿。首先在第 2 张幻灯片中插入 SmartArt 图形，并在其中输入文本，然后更改 SmartArt 图形的样式和颜色，最后调整图形位置。最终效果如下图所示。

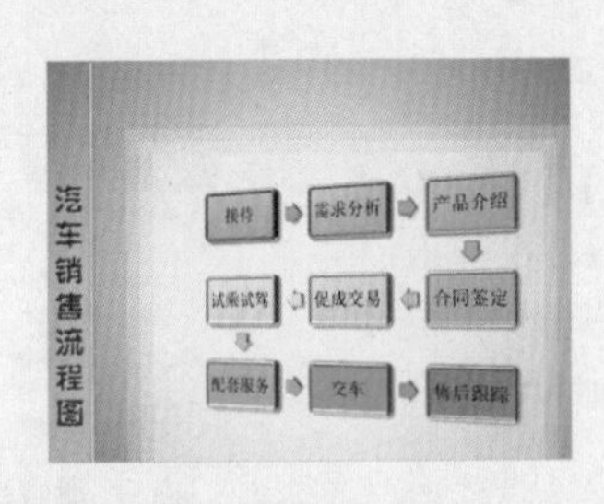

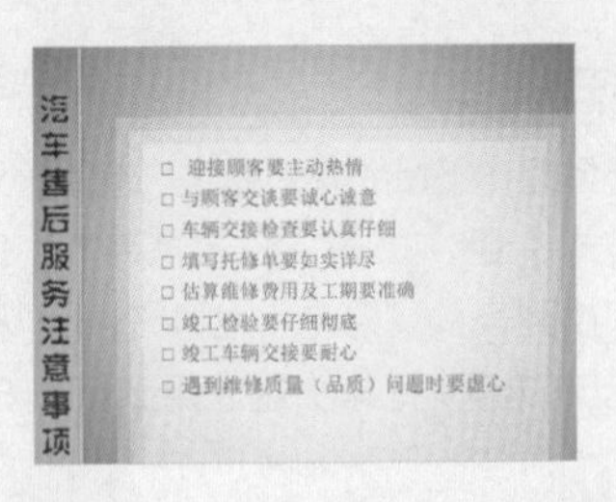

光盘文件
素材 \ 第 6 章 \ 汽车销售 . pptx
效果 \ 第 6 章 \ 汽车销售 . pptx
实例演示 \ 第 6 章 \ 制作“汽车销售”演示文稿

读书笔记

第7章 运用动画效果

学习 3小时

使用 PowerPoint 2013 不仅能够制作出效果精美的幻灯片，而且还可以让其中的内容动起来，以制作出生动的动画效果。用户可以为幻灯片中的各种对象添加丰富的动画效果，还可以为每张幻灯片添加灵活的切换动画，甚至还可以使用相关的动画技巧制作出精彩独特的特效动画。

- 设置对象动画效果
- 设置幻灯片切换动画效果
- 动画制作技巧

上机 5小时

7.1 设置对象动画效果

一个好的演示文稿除了要有丰富的文本内容外，还要有合理的排版设计，鲜明的色彩搭配以及得体的动画效果。在 PowerPoint 2013 中提供了丰富的动画效果，使用它们可以为演示文稿中的文本、图片、表格以及 SmartArt 图形等对象创造出更多精彩的视觉效果。下面将对演示文稿中幻灯片的动画效果进行详细介绍。

学习 1 小时

- 熟悉添加 / 删除动画效果、自定义动画路径和更改动画效果的操作。
- 掌握动画的计时、播放顺序和方向的设置方法。
- 了解预览动画效果的方法。

7.1.1 添加 / 删除动画效果

为了让演示文稿更加生动和形象，以吸引观众的眼球，用户可根据需要，在 PowerPoint 2013 中选择系统提供的多种预设动画效果，来为幻灯片中的对象添加不同的动画效果。如右图所示为系统预设的动画效果列表。

若用户对添加的动画效果不满意或是不需要为某个对象添加动画效果，还可以将该动画效果删除。

下面就对添加和删除动画效果的方法进行讲解。

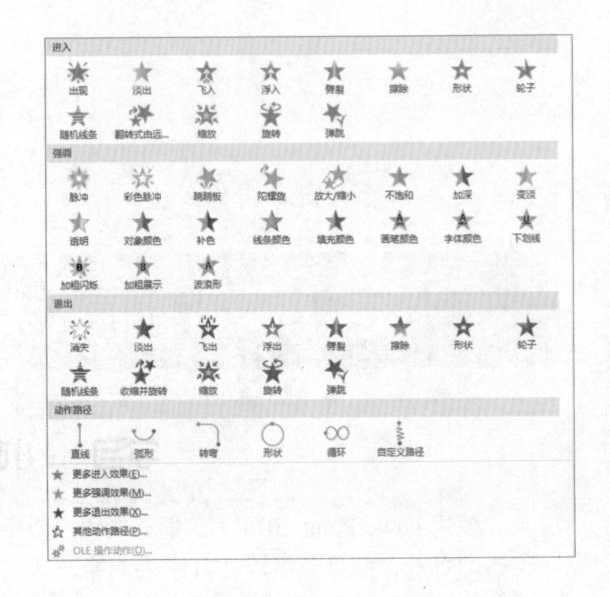

1. 添加动画效果

添加动画效果的方法比较简单，首先在幻灯片中选择需要添加动画的对象后，选择【动画】/【动画】组，然后在"动画样式"列表框中选择所需的动画效果选项即可。如下图所示即为添加幻灯片标题的"飞入"动画效果，可看到在添加动画效果后，该对象的左上角出现了相应的动画序列号。

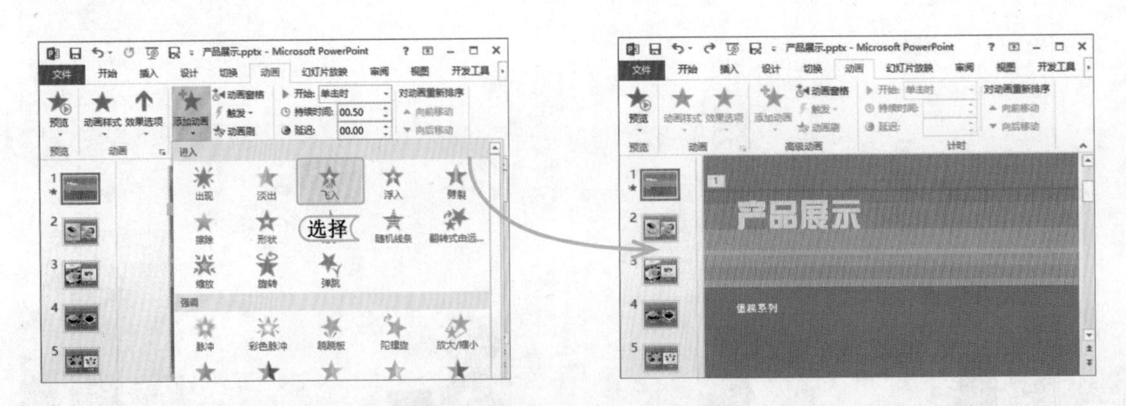

经验一箩筐——添加多个动画效果

选择【动画】/【高级动画】组，单击“添加动画”按钮，然后在弹出的下拉列表中选择需要的动画效果选项，可以快速为同一对象添加多个动画效果。

2. 删除动画效果

删除动画效果需在“动画窗格”窗格中进行，其具体方法是在添加动画效果的幻灯片中，选择【动画】/【高级动画】组，然后单击“动画窗格”按钮，在打开的“动画窗格”窗格中，将鼠标光标移动到需要删除的动画效果选项上，当鼠标呈形状时，单击鼠标右键，在弹出的快捷菜单中选择“删除”命令，将快速删除该动画效果，最后关闭“动画窗格”窗格即可。如下图所示为在“动画窗格”窗格中删除副标题的动画效果。

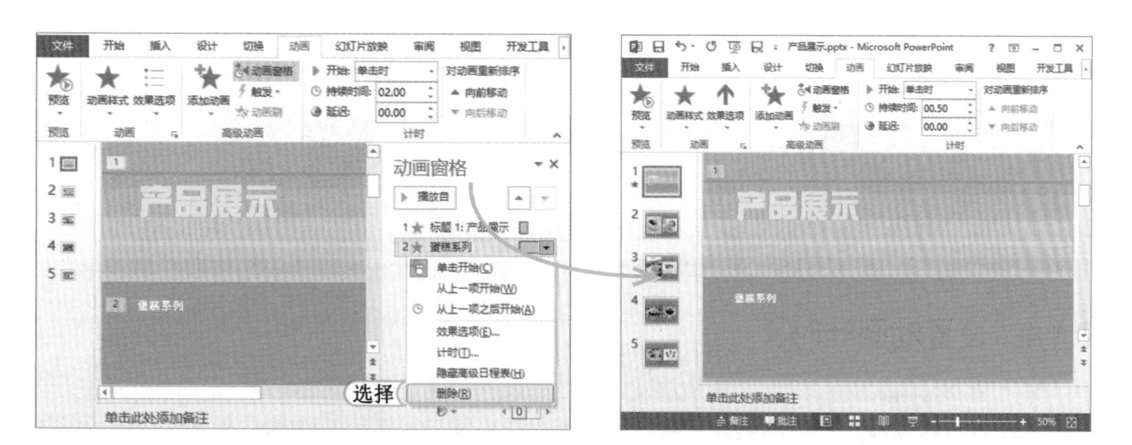

7.1.2 自定义动画路径

当 PowerPoint 2013 中提供的动画效果不能满足在实际工作中的需要时，用户就可自定义动画的路径。自定义动画路径的方法是：首先在演示文稿中选择需要自定义动画路径的对象，选择【动画】/【动画】组，在“动画样式”列表框中选择“自定义路径”选项。当鼠标光标变成+形状时，在选择的对象上按住并拖动鼠标自由绘制动画的路径，完成后双击鼠标，此时在幻灯片编辑区域将显示绘制的动画路径。绘制完动画路径后，系统将自动播放动画效果。如下图所示即为自定义图片的动画路径。

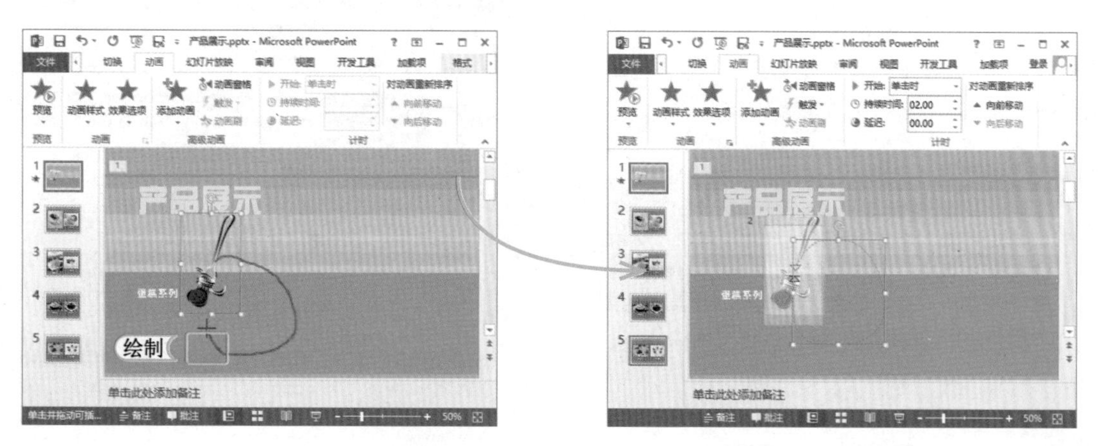

7.1.3 更改动画效果

在幻灯片中为对象添加动画效果后，如果对其不满意，用户就可以根据需要对该动画效果进行相应的更改。其方法是：选择【动画】/【高级动画】组，单击 动画窗格 按钮，打开“动画窗格”窗格，在该窗格的动画效果列表框中选择需更改的选项，然后在“动画”组的“动画样式”列表框中选择所需的动画效果选项。完成后，将鼠标光标移动到更改后的动画效果选项上，可看到该动画效果的名称、对象的名称和显示方式等。如下图所示即为将图片 3 的动画效果更改为“弹跳”动画效果。

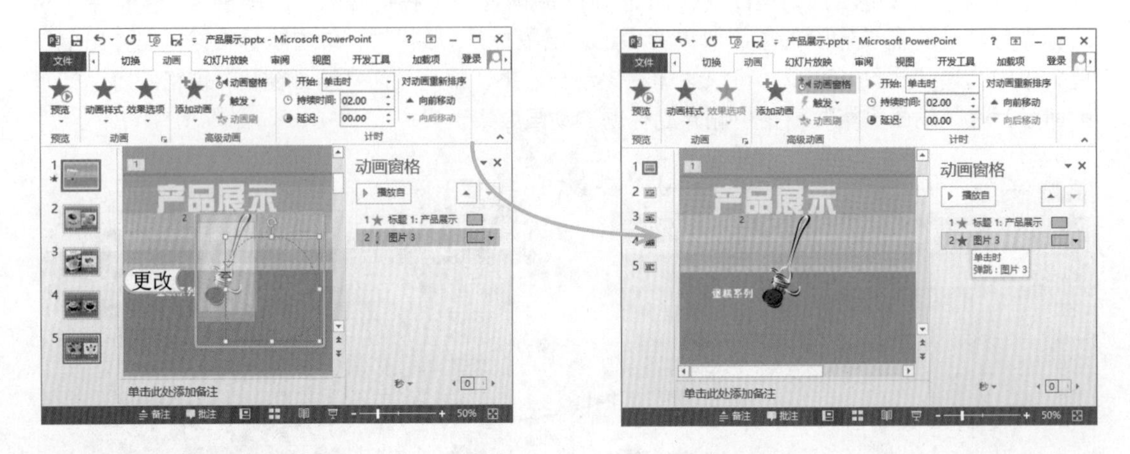

7.1.4 设置动画计时

对于直接添加的动画效果，系统默认其播放时间和速度都是固定的，而且只有通过依次单击鼠标才会依次播放一个个动画，若默认的动画效果不能满足实际工作的需要，用户就可以根据实际情况为动画设置计时。

下面在“产品展示 .pptx”演示文稿中为幻灯片中的对象设置连续的播放效果，其具体操作如下：

光盘文件
素材 \ 第 7 章 \ 产品展示 . pptx
效果 \ 第 7 章 \ 产品展示 . pptx
实例演示 \ 第 7 章 \ 设置动画计时

STEP 01： 打开“动画窗格”窗格

打开“产品展示 .pptx”演示文稿。选择第 1 张幻灯片，再选择【动画】/【高级动画】组，单击 动画窗格 按钮，打开“动画窗格”窗格。

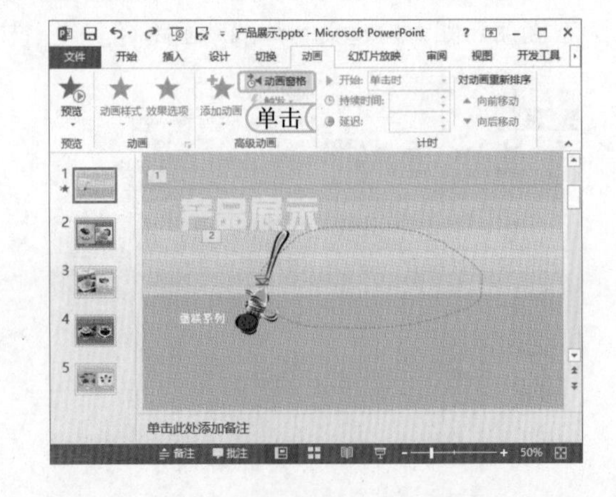

提个醒 在更改某对象的动画效果时，必须选择该对象。若选择整张幻灯片，则在“动画”选项卡中只有“预览”按钮和 动画窗格 按钮呈橙色可用状态，其余选项或按钮均呈灰色不可用状态。

STEP 02： 准备设置计时

在“动画窗格”窗格中选择第2个选项，即图片3对应的动画选项。在其上单击鼠标右键，在弹出的快捷菜单中选择“计时”命令，打开“自定义路径”对话框。

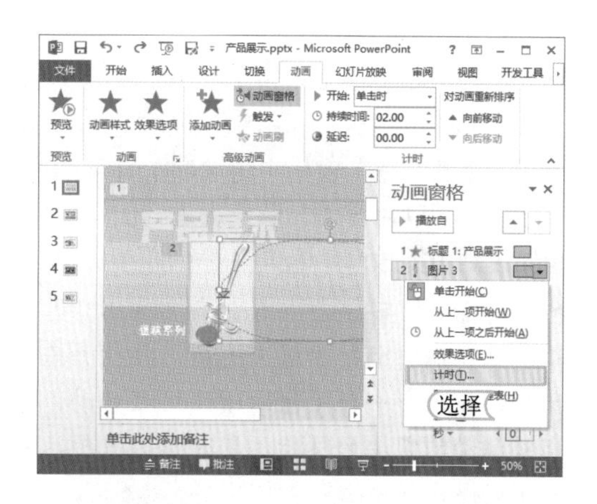

提个醒

在操作此步骤时，用户也可以在“动画窗格”窗格中双击需要设置计时的动画效果，快速打开“自定义路径”对话框。

STEP 03： 设置计时信息

1. 在打开的“自定义路径”对话框中选择“计时”选项卡，单击“开始”下拉列表框右侧的下拉按钮，在弹出的下拉列表中选择“上一动画之后”选项。
2. 在“延迟”数值框中输入“5”，在“期间”下拉列表中选择“中速（2秒）”选项，在“重复”下拉列表中选择“直到幻灯片末尾”选项。
3. 单击确定按钮。

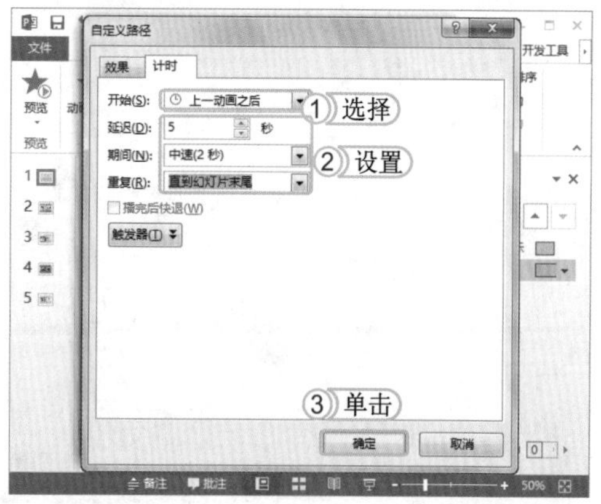

STEP 04： 设置其他动画效果计时

返回“动画窗格”窗格，系统将迅速为用户演示一遍设置的计时动画效果，单击播放自按钮，可再次查看效果，然后使用相同的方法为其他幻灯片中各对象的动画效果计时。如图所示即为预览设置的动画效果。

提个醒

若是在“动画窗格”窗格中不选择任何一项动画效果，播放自按钮会变为全部播放按钮。单击全部播放按钮，将播放当前幻灯片中的所有动画效果。

经验一箩筐——设置计时的其他方法

除了使用“动画窗格”窗格设置计时外，用户也可以在幻灯片编辑区选择需设置动画计时的对象后，在【动画】/【计时】组中对动画效果的计时进行设置。

7.1.5 更改动画播放顺序和方向

系统默认插入的动画播放顺序和方向并不是一成不变的，用户可以根据需要对动画的播放顺序和方向进行更改。下面就对更改动画播放顺序和方向的方法进行讲解。

1. 更改动画播放顺序

在同一张幻灯片中添加多个动画效果后，可能需要反复查看各个动画之间的衔接效果是否合理，这样才能制造出满意的动画效果。若设置的播放顺序效果不理想，应及时对其进行更改。由于“动画窗格”窗格中各选项的排列顺序就是动画播放的顺序，因此，要调整动画的播放顺序就需在“动画窗格”窗格中进行。下面就对通过拖动鼠标和单击“动画窗格”窗格中的按钮来更改动画播放顺序的方法进行详细讲解。

- 通过拖动鼠标更改：在“动画窗格”窗格中选择要调整的动画效果选项，按住并拖动鼠标，此时有一条黑色的横线随之移动，当横线移动到需要的目标位置时释放鼠标，即可完成播放顺序的更改。
- 通过单击按钮更改：在“动画窗格”窗格中选择要调整的动画效果选项，单击列表下方的▲按钮或▼按钮，该动画效果选项会向上或向下移动一个位置，即将播放顺序提前或延后一次。

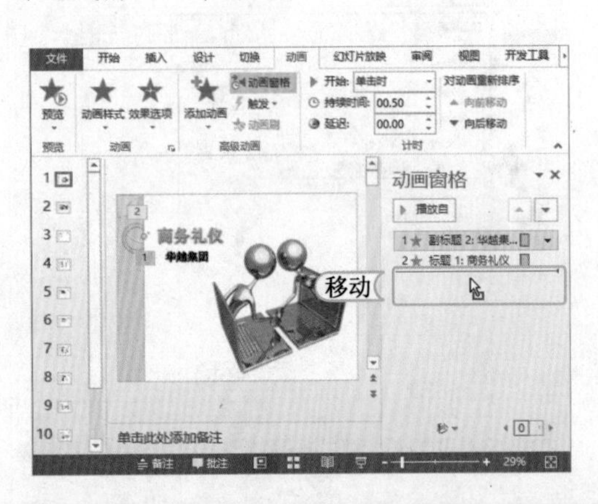

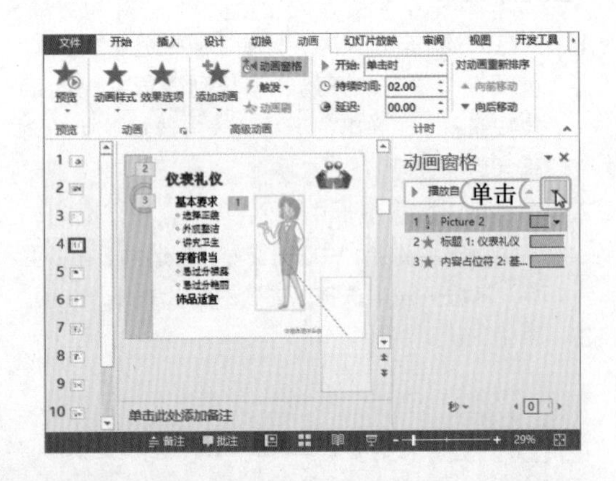

经验一箩筐——其他调整动画播放顺序的方法

在“动画窗格”窗格中选择要调整的动画效果选项，在【动画】/【计时】组的“对动画重新排序”栏中单击▲向前移动按钮，该动画效果选项向前移动一个位置；单击▼向后移动按钮，该动画选项效果向后移动一个位置。

2. 更改动画播放方向

更改动画方向，即更改动画在播放时的进入或退出方向，且不同的进入或退出方式，对应的方向栏中的选项也不相同。下面就对更改动画方向的方法进行讲解。

- 通过窗格更改：在“动画窗格”窗格中选择设置的动画效果选项，单击鼠标右键，在弹出的快捷菜单中选择“效果选项”命令，打开“自定义路径”对话框，选择“效果”选项卡，在“方向”栏的下拉列表框中选择需要的设置选项。如下图所示即为更改动画扩展方向。

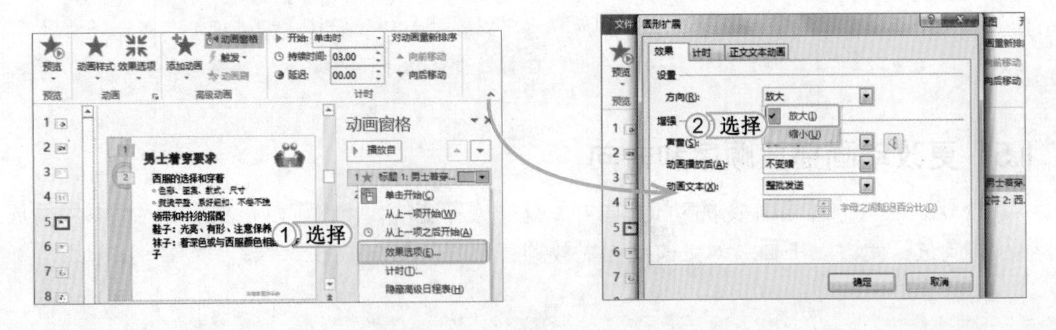

- 通过按钮更改：在幻灯片编辑区中选择需改变动画播放方向的对象或者动画序列标号，选择【动画】/【动画】组，单击“效果选项”按钮，在其下拉列表中选择“方向”栏中的相应设置选项。如下图所示分别为不同的动画播放方向。

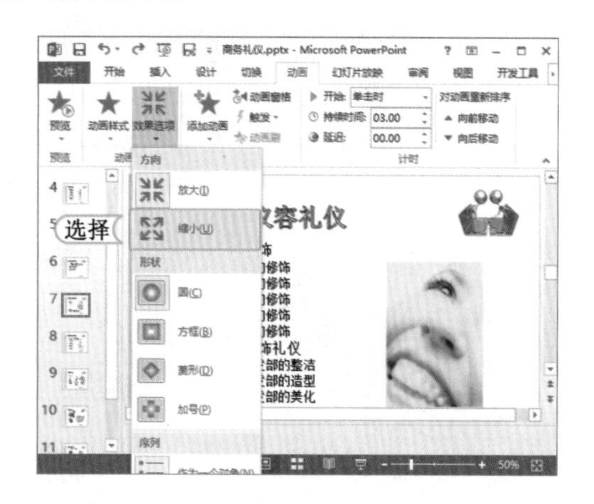

7.1.6 预览动画效果

为了查看某张幻灯片中设置的动画效果是否合适、播放是否流畅，以及播放顺序和方向是否合理等，用户需对设置的动画效果进行预览。预览动画效果的方法非常简单，首先选择需预览动画效果的幻灯片，选择【动画】/【预览】组，再单击“预览”按钮，即可查看当前幻灯片中的所有动画效果。若是单击“预览”按钮下方的下拉按钮，在其下拉列表中还可选择更多预览选项，其中各选项的含义介绍如下。

- “预览”选项：选择该选项后，将自动播放当前幻灯片中的所有动画，其作用与单击“预览”按钮一样。如下图所示即为通过按钮预览幻灯片的动画效果。

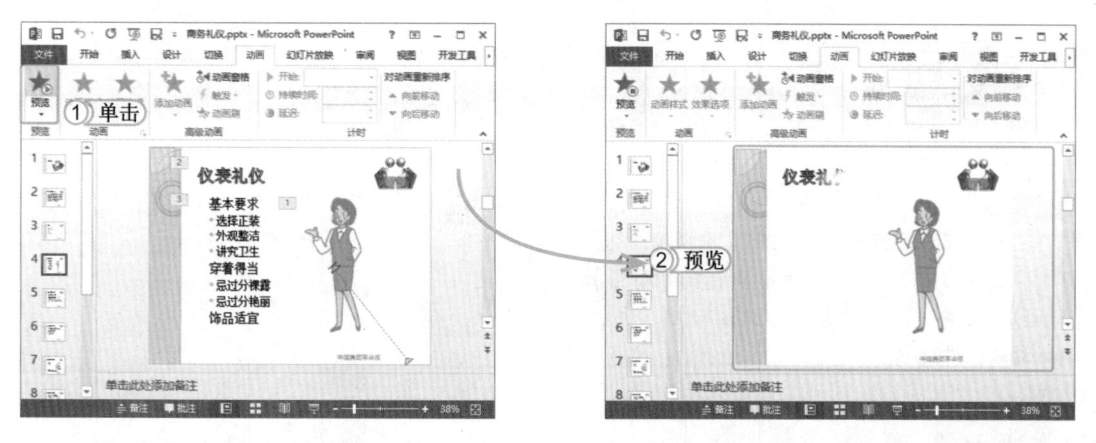

- “自动预览”选项：若该选项呈 自动预览(A) 状态，便可直接查看添加或更改的动画效果。若取消选择该选项前的勾标记，则用户在添加或更改动画后，将不会自动预览该动画效果。

经验一箩筐——通过窗格预览

除了使用“预览”组中的按钮对动画效果进行预览外，还可以通过“动画窗格”窗格进行预览。其方法是：在“动画窗格”窗格中单击 全部播放 按钮即可。不管采取何种方法进行预览，在幻灯片编辑区中单击鼠标均可停止预览。

上机1小时 为“恭贺新禧”演示文稿添加动画

- 巩固对添加/删除动画效果的学习。
- 熟练掌握自定义动画路径、更改动画效果及设置动画计时等操作的方法。
- 进一步掌握更改动画播放顺序和方向的方法。

本例将为“恭贺新禧.pptx”演示文稿添加动画。通过对其中添加的动画进行编辑与设置，达到让用户能够熟练为演示文稿添加动画的目的。最终效果如下图所示。

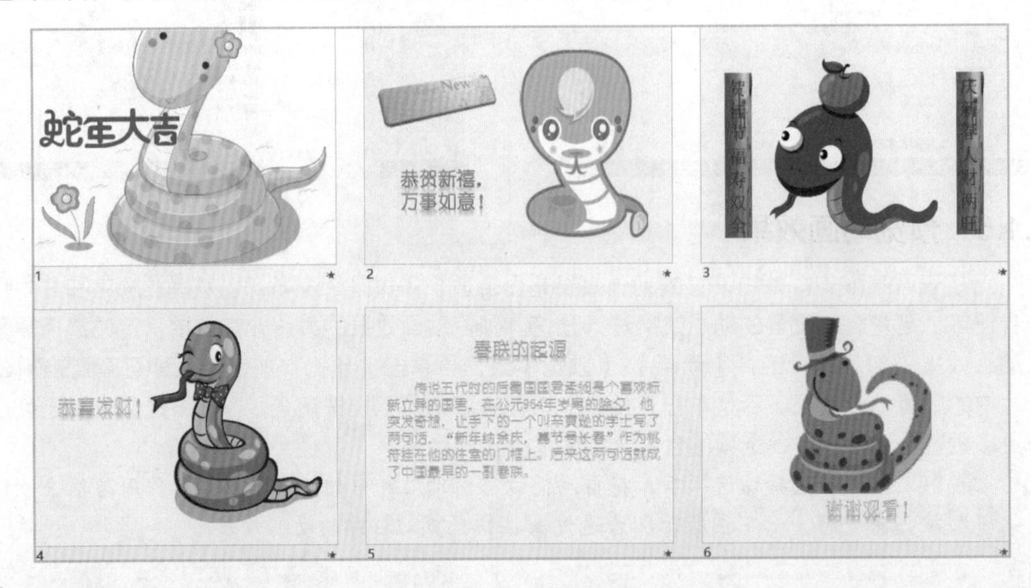

光盘文件
素材\第7章\恭贺新禧.pptx
效果\第7章\恭贺新禧.pptx
实例演示\第7章\为“恭贺新禧”演示文稿添加动画

STEP 01: 添加动画效果

打开“恭贺新禧.pptx”演示文稿。选择第1张幻灯片，选择“蛇年大吉”图片，再选择【动画】/【动画】组，在“动画样式”列表框中选择“形状”进入动画效果选项。

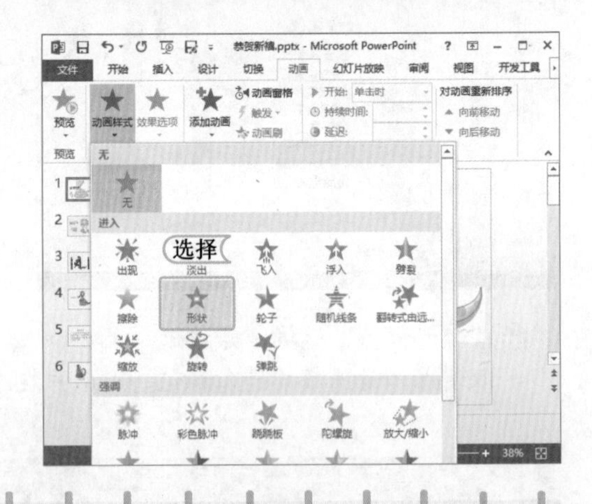

> **提个醒**
> 在动画的“动画样式”列表框中，系统预设了“进入”、“强调”、“退出”和“动作路径”几种动画样式，用户可以根据需要在其中选择相应的动画效果选项。

读书笔记

STEP 02： 添加第 2 张幻灯片动画效果

按照相同的方法，选择第 2 张幻灯片，将蛇的图片设置为“轮子”动画效果，将图片 4 设置为“缩放”动画效果，将“恭贺新禧，万事如意！”文本设置为“飞入”进入动画效果。如图所示即为设置的动画效果。

> **提个醒** 在此步骤中，可以使用“添加动画”按钮★，为对象添加动画效果。

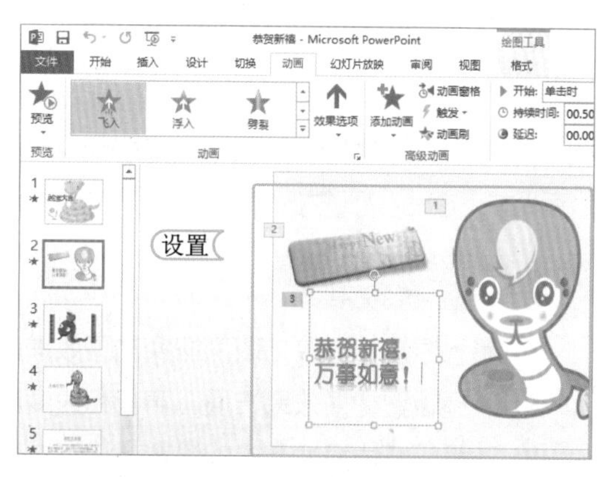

STEP 03： 设置动画计时

选择第 3 张幻灯片，在其中选择右边的“庆新春人财两旺”文本框，为其添加“旋转”进入动画效果。设置完成后，选择【动画】/【计时】组，在“开始”下拉列表中选择“上一动画之后”选项。

> **提个醒** 在操作此步骤时，将“开始”设置为“上一动画之后”后，动画的序列标号将显示为“0”，而且，之后相同计时方式的动画效果都将以“0”序列号显示。

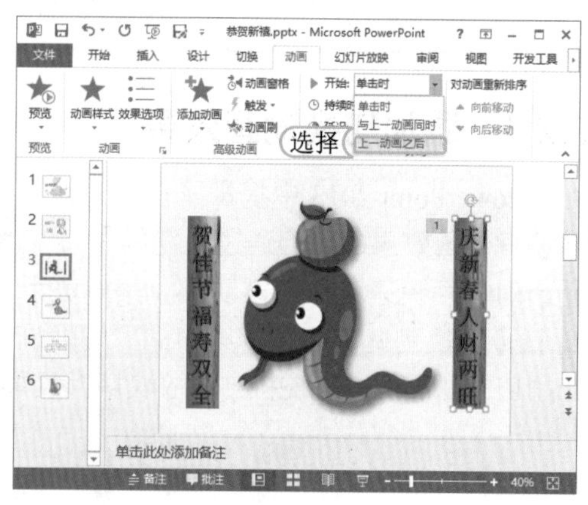

STEP 04： 设置其他动画效果与计时

依然选择第 3 张幻灯片，按照与上一步骤相同的方法，将“贺佳节福寿双全”文本框设置为“旋转”进入动画效果，将“开始”设置为“上一动画之后”。将中间的图片设置为“陀螺旋”强调动画效果，将“开始”设置为“上一动画之后”。如图所示即为设置的动画效果。

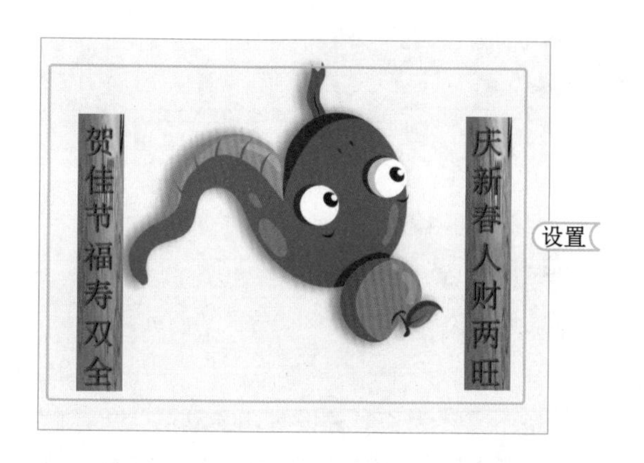

> **提个醒** 在操作此步骤时，用户若是觉得动画效果持续的时间太短，还可以在“计时”组的“持续时间”数值框中输入合适的动画效果持续时间。

STEP 05： 设置其他幻灯片动画效果

按照相同的方法，为第 4 张幻灯片中的文本设置“轮子”进入动画效果。设置第 5 张幻灯片标题为“填充颜色”动画效果，正文为“对象颜色”动画效果，且将“开始”设置为“上一动画之后”。将第 6 张幻灯片的图片动画效果设置为“收缩并旋转”，且将“开始”设置为“上一动画之后”，然后为文本设置“圆形扩展”动画效果。

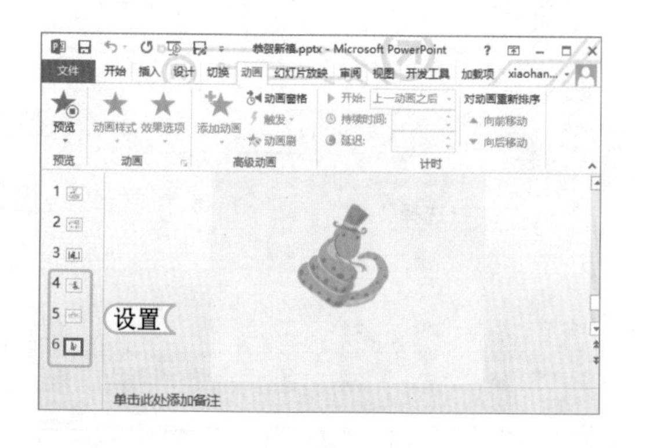

7.2 设置幻灯片切换动画效果

在 PowerPoint 2013 中，除了可为对象添加动画外，还可利用功能区中的“切换”选项卡，为幻灯片设置切换动画。切换动画指在放映幻灯片时，一张幻灯片从屏幕上消失，另一张幻灯片显示在屏幕上的一种动画效果。下面就对设置幻灯片切换动画效果的方法进行讲解。

学习 1 小时

- 熟悉添加、更改与取消切换动画效果的操作方法。
- 掌握设置切换效果选项、声音和速度的基本操作。
- 熟悉幻灯片换片方式的设置方法。

7.2.1 添加切换动画效果

PowerPoint 2013 中提供了多种幻灯片切换动画效果，在默认情况下，幻灯片之间的切换是没有动画效果的，但通过【切换】/【切换到此幻灯片】组中的“切换样式”列表框可以为所选幻灯片快速添加切换动画。其方法为：首先选择需应用切换动画的幻灯片，然后在【切换】/【切换到此幻灯片】组中的“切换样式”列表框中选择所需的切换动画即可。在选择相应的切换动画后，系统将自动放映切换效果。如下图所示即为系统预设的切换动画效果。

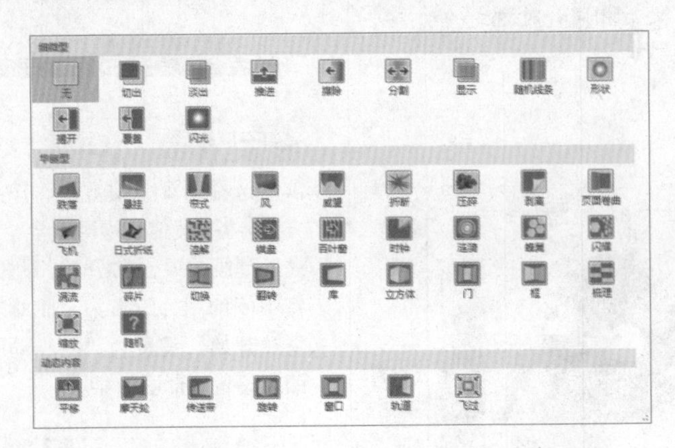

7.2.2 更改或取消切换动画

用户若是对设置的幻灯片切换动画效果不满意或是不需要为幻灯片设置切换动画效果，就可以对所设置的切换动画进行更改或取消。如下图所示即为更改与取消所设置的切换动画。

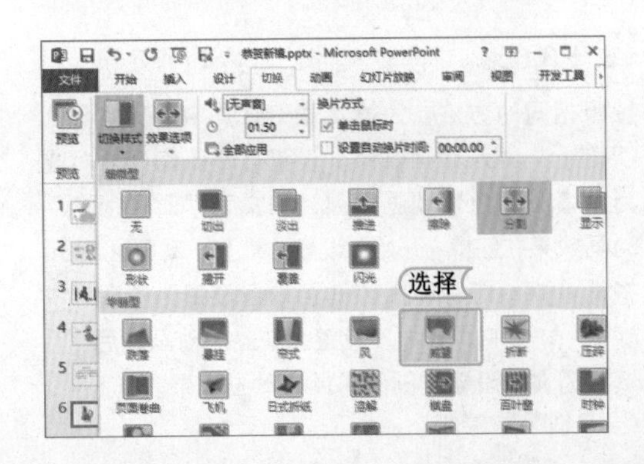

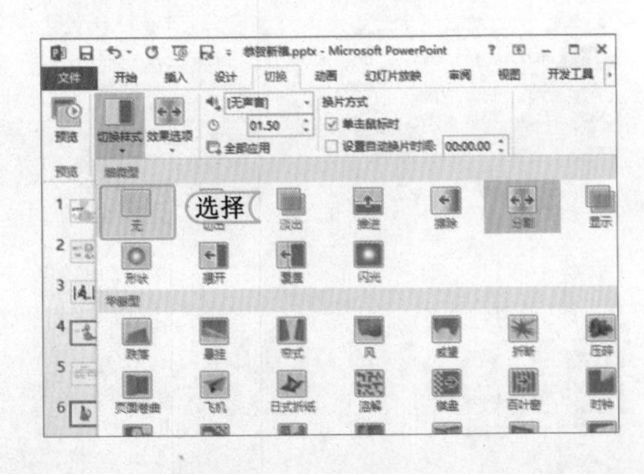

下面就对更改与取消切换动画效果的方法进行介绍。

- 更改切换动画：选择设置了切换动画效果的幻灯片，选择【切换】/【切换到此幻灯片】组，在“切换样式”列表框中选择所需更改的切换动画即可。
- 取消切换动画：取消切换动画的方法很简单，首先选择设置了切换动画效果的幻灯片，选择【切换】/【切换到此幻灯片】组，在“切换样式”列表框中选择“无”选项即可。

7.2.3 设置切换效果选项

用户除了直接应用系统提供的切换动画效果外，还可以对应用的切换动画的效果选项进行设置。其方法是：选择添加了切换动画效果的幻灯片，选择【切换】/【切换到此幻灯片】组，单击“效果选项”按钮，在弹出的下拉列表中选择所需的效果选项即可。需注意的是，不同的切换动画其切换效果选项也不相同。如下图所示即为“淡出”和“立方体”切换动画的切换效果选项。

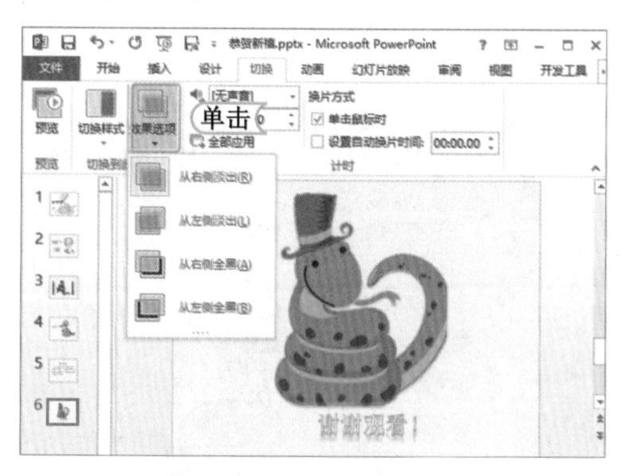

7.2.4 设置切换声音

为了使幻灯片在切换时有声有色，用户还可以为幻灯片的切换动画设置声音，以吸引观众，或作为幻灯片翻页提示。设置切换声音的方法为：选择【切换】/【计时】组，在“声音”下拉列表中选择相应的选项，即可为幻灯片之间的切换添加声音。需注意的是，若在“声音”下拉列表中选择“其他声音”选项，将打开“添加音频”对话框，用户可以在其中插入电脑中的 WAV 音频文件来作为幻灯片的切换声音。选择“播放下一段声音之前一直循环”选项，可以将设置的切换声音一直播放到下一段声音开始播放为止。如下图所示即为在打开的“插入音频”对话框中插入音频文件。

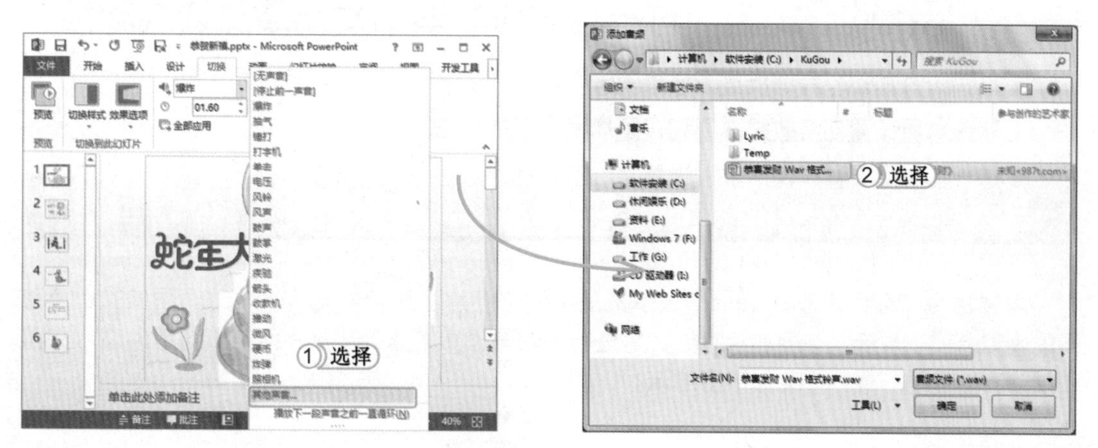

7.2.5 设置切换速度

系统提供的切换动画都有固定的时间，但并不表示其就是不可改变的，用户可以通过设置持续时间来控制幻灯片的切换速度，持续时间越长表示切换速度越慢。设置切换速度的方法为：选择需设置切换速度的幻灯片，选择【切换】/【计时】组，在“持续时间”数值框中输入具体的切换时间，或直接单击数值框后的▲或▼按钮，为幻灯片设置切换速度。

7.2.6 设置换片方式

设置幻灯片切换方式也是在“切换”选项卡中进行的，其方法为：首先选择需进行设置的幻灯片，然后选择【切换】/【计时】组，在“换片方式”栏中显示了□单击鼠标时和□设置自动换片时间:两个复选框。选中他们其中的一个或同时选中均可完成幻灯片换片方式的设置。在□设置自动换片时间:复选框的右侧有一个数值框，在其中可以输入具体的数据，表示在经过指定秒数后自动切换到下一张幻灯片。

经验一箩筐——换片方式设置技巧

在“换片方式”组中同时选中☑单击鼠标时复选框和☑设置自动换片时间:复选框，在放映幻灯片时，满足两者中任意一个条件，都可切换到下一张幻灯片并进行放映。

上机1小时 为“可行性报告”演示文稿添加切换动画

- 巩固对添加幻灯片切换动画效果的学习。
- 熟练掌握设置切换效果选项和设置切换声音的方法。
- 进一步掌握设置切换速度和设置换片方式的方法。

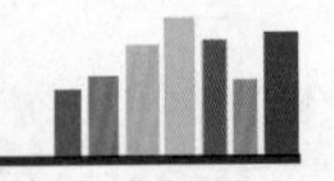

本例将为“可行性报告.pptx”演示文稿中的幻灯片添加切换动画。通过对添加的切换动画的效果选项、声音、速度和换片方式等进行编辑与设置，达到让用户能够熟练地为演示文稿添加动画的目的。最终效果如下图所示。

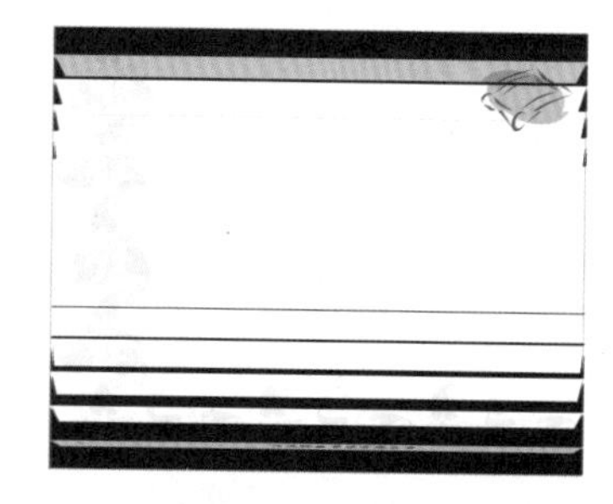

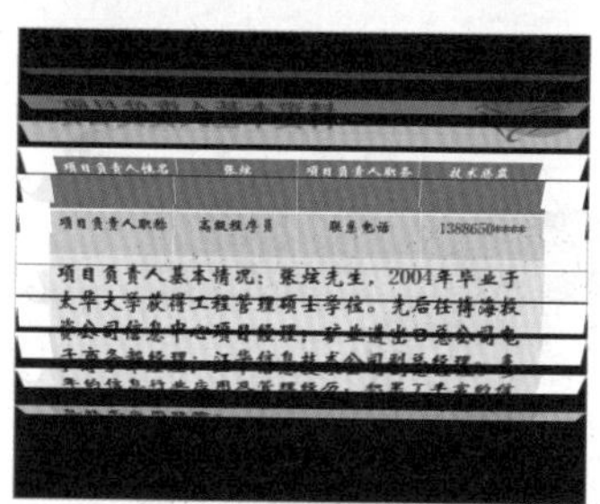

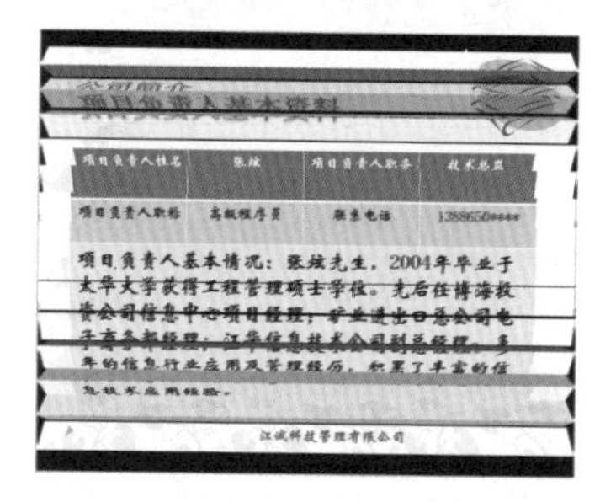

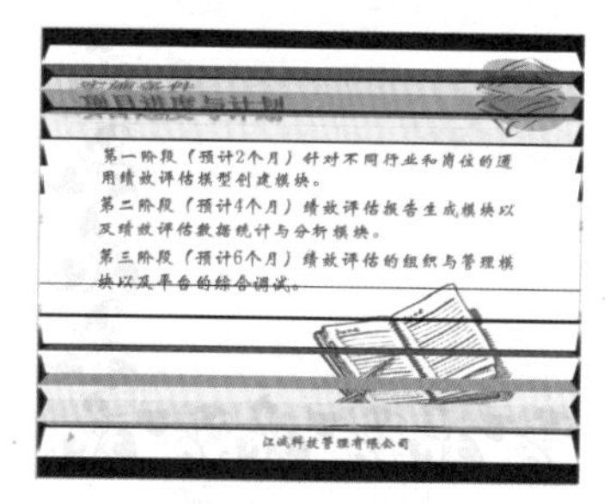

光盘文件
素材 \ 第 7 章 \ 可行性报告 .pptx
效果 \ 第 7 章 \ 可行性报告 .pptx
实例演示 \ 第 7 章 \ 为“可行性报告”演示文稿添加切换动画

STEP 01: 添加切换动画

打开“可行性报告 .pptx”演示文稿。选择第 1 张幻灯片，选择【切换】/【切换到此幻灯片】组，在“切换样式”列表框中选择“百叶窗”切换动画选项，快速将切换动画应用于第 1 张幻灯片。

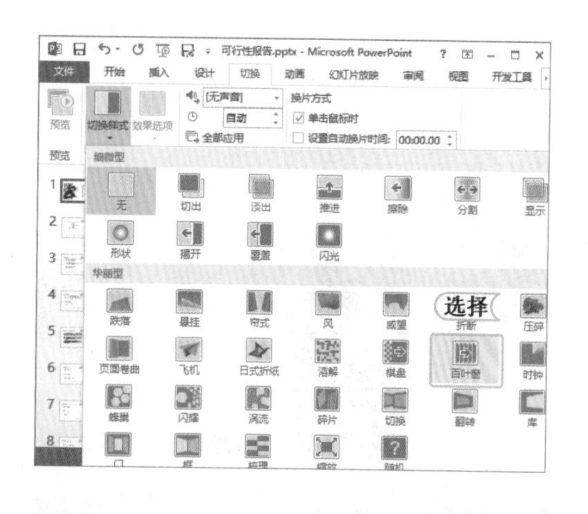

提个醒 在“切换样式”列表框中，系统预设了“细微型”、“华丽型”和“动态内容”几种切换样式，用户可以根据需要在其中选择相应的切换动画选项，将其应用于所选幻灯片。

STEP 02: 预览设置的切换动画

添加切换动画后，系统会自动对设置的切换动画进行快速预览。预览效果如右图所示。

提个醒 若是未来得及看清设置的切换动画效果，用户可以在【切换】/【预览】组中单击“预览”按钮，重新对设置的切换动画进行快速预览。

STEP 03：设置效果选项

选择【切换】/【切换到此幻灯片】组，单击“效果选项”按钮，在弹出的下拉列表中选择“水平”选项。

STEP 04：预览设置的动画效果

设置完效果选项后，系统将快速对设置的动画效果重新进行预览。其预览动画效果如右图所示。

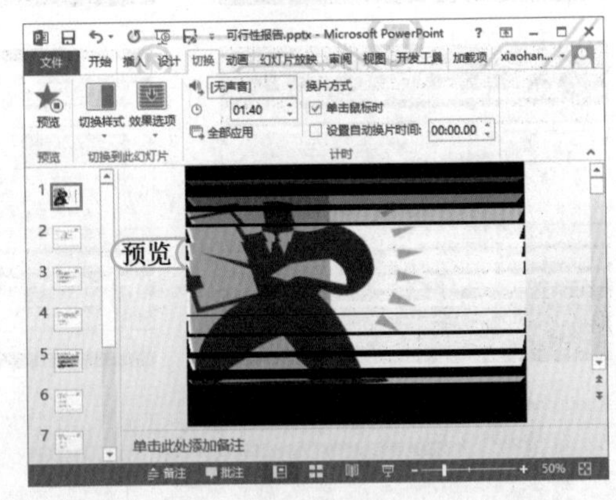

提个醒 在更改了效果选项后，系统会自动调整其相应的切换时间。在此步骤中可以看到设置“水平”效果后，切换时间由原来的1.6秒变为了1.4秒。

STEP 05：添加切换声音

1. 选择【切换】/【计时】组，然后单击“声音”下拉列表框右侧的下拉按钮。
2. 在弹出的下拉列表中选择“其他声音”选项，打开“添加音频”对话框。
3. 在打开的对话框中找到并选择音频文件“声音.wav”。
4. 单击确定按钮，完成切换声音的设置。

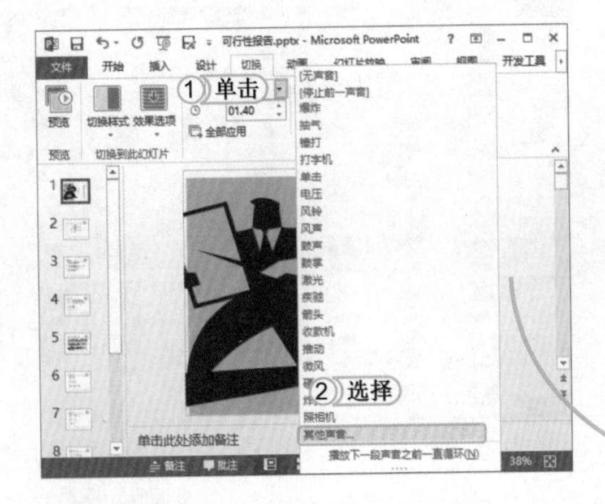

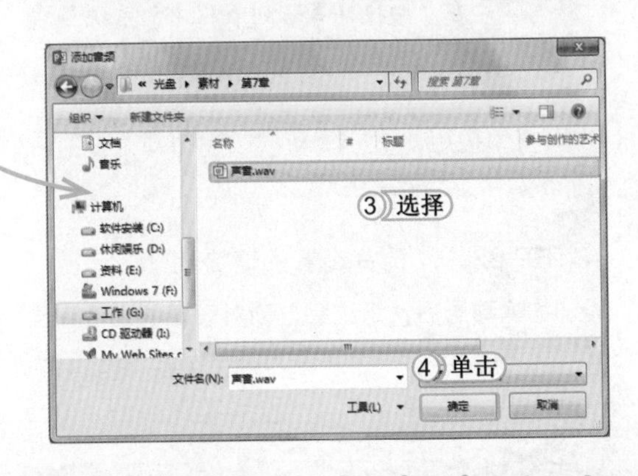

提个醒 在添加了切换声音后，系统会快速将所设置的声音播放一遍并对当前幻灯片的切换动画进行预览。

读书笔记

STEP 06： 设置切换速度

选择【切换】/【计时】组，然后单击“持续时间”数值框右侧的“微调”按钮▲，将幻灯片的切换速度调整为 2 秒。

提个醒 为幻灯片应用切换动画效果后，在“幻灯片”窗格中，应用了动画的幻灯片左上角会出现一个★图标，该图标表示已添加动画，单击它还可以预览整张幻灯片的动画效果。

STEP 07： 设置其他幻灯片的切换动画

用相同的方法，为演示文稿中剩余的 10 张幻灯片设置相同的切换动画，即设置切换动画为“百叶窗”，声音为“声音 .wav”，持续时间为 2 秒。

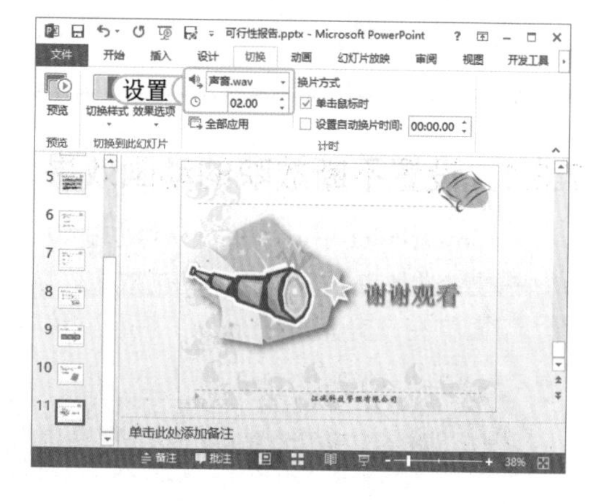

提个醒 在为其他幻灯片应用相同的切换方式时，可直接单击【切换】/【计时】组中的 全部应用 按钮，快速将所设置的幻灯片切换动画应用于所有的幻灯片中。

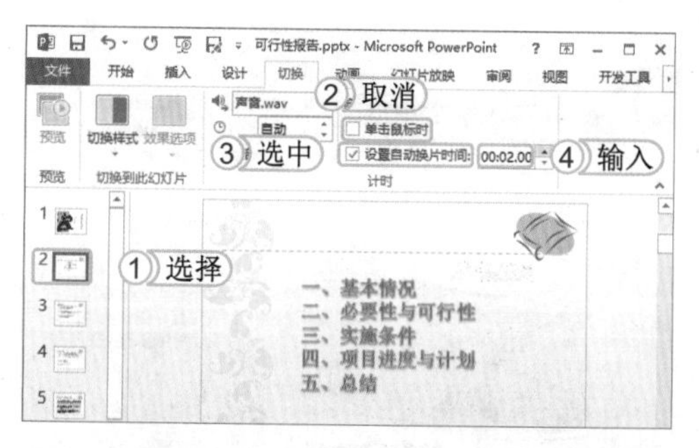

STEP 08： 设置幻灯片换片方式

1. 选择演示文稿中的第 2 张幻灯片。
2. 选择【切换】/【计时】组，在“换片方式”栏中取消选中 ☐ 单击鼠标时 复选框。
3. 选中 ☑ 设置自动换片时间: 复选框。
4. 在右侧的数值框中输入“00:02.00”。

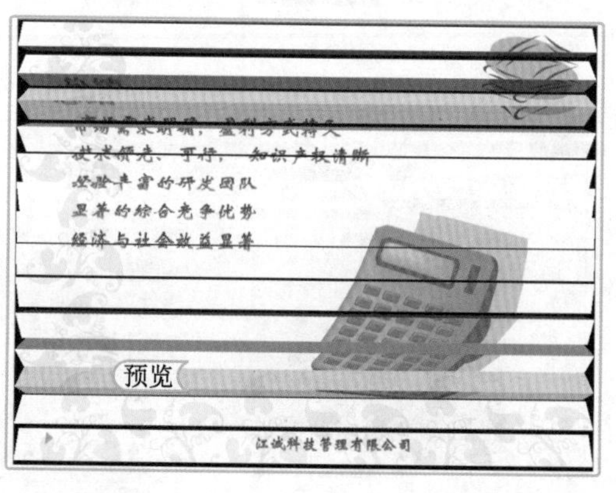

STEP 09： 设置其他幻灯片的换片方式

按照相同的方法，将第 4 张幻灯片的换片方式设置为同时选中 ☑ 单击鼠标时 和 ☑ 设置自动换片时间: 复选框，将自动换片时间设置为 5 秒。将第 10 张幻灯片的换片方式设置为只选中 ☑ 设置自动换片时间: 复选框，同时将换片时间设置为 5 秒。如左图所示即为第 10 张幻灯片的切换动画预览效果。

7.3 动画制作技巧

前面对动画的基本应用进行了讲解，用户若是需要制作出更精美独特的动画效果，或是更快速地添加各种动画效果，就需更加深入地对各种动画操作进行学习，并使用特别的动画制作技巧。下面就对这些知识进行讲解。

学习 1 小时

- 掌握设置动画效果不断放映的方法。
- 能够灵活运用动画刷复制动画效果。
- 熟悉在同一个位置放映多个对象的操作方法。
- 熟练掌握制作 SmartArt 图形动画与组合动画的技巧。

7.3.1 设置不断放映的动画效果

在 PowerPoint 中，系统默认添加的动画播放方式为自动播放一次，但为了幻灯片需要，有时需要设置不断重复放映的动画效果，以达到保证动画效果连贯的目的。

下面将在“美莲家私 .pptx”演示文稿中对动画的播放效果进行设置，其具体操作如下：

光盘文件
素材 \ 第 7 章 \ 美莲家私 . pptx
效果 \ 第 7 章 \ 美莲家私 . pptx
实例演示 \ 第 7 章 \ 设置不断放映的动画效果

STEP 01：添加切换动画

打开“美莲家私 .pptx”演示文稿，选择第 1 张幻灯片，选择【动画】/【高级动画】组，单击 动画窗格 按钮，打开“动画窗格”窗格。

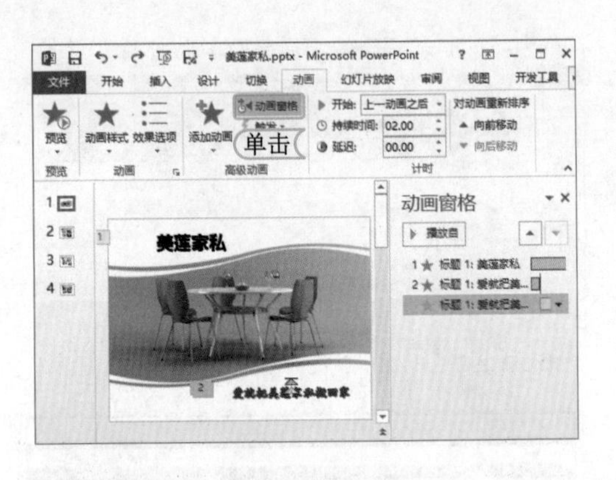

STEP 02：打开“波浪形”对话框

将鼠标光标定位到“动画窗格”窗格列表框的第 3 个动画效果选项，单击鼠标右键，在弹出的快捷菜单中选择“效果选项”命令。

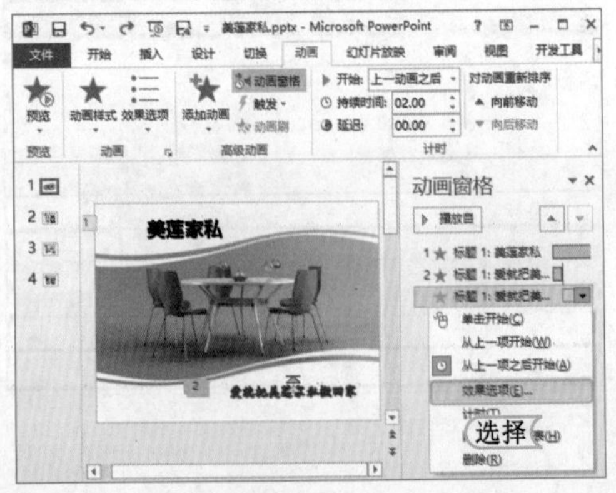

STEP 03：设置重复播放选项

1. 在打开的“波浪形”对话框中选择“计时”选项卡，在“期间”下拉列表框中选择“中速 2 秒”选项。
2. 在“重复”下拉列表框中选择“直到下一次单击”选项。
3. 单击 确定 按钮，完成设置。完成后需对设置的动画进行预览以便及时进行更改。

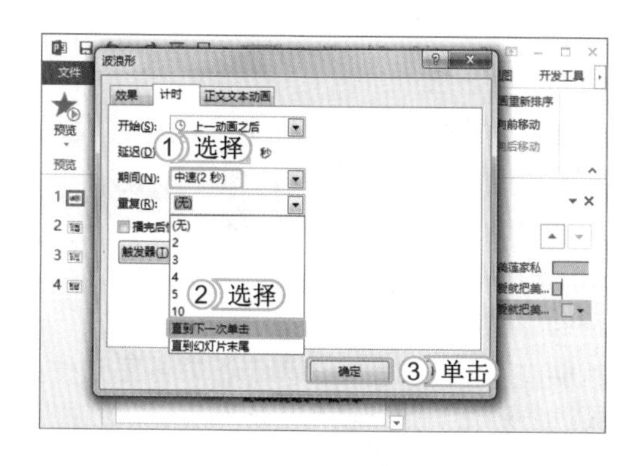

STEP 04：设置连续播放的动画

1. 选择第 2 张幻灯片，选择右上角的图片，单击“添加动画”按钮 ，在弹出的下拉列表中选择“进入”栏的“缩放”动画效果选项。选择【动画】/【计时】组。
2. 设置“开始”为“上一动画之后”，“持续时间”为“02.00”，“延迟”为“01.00”。

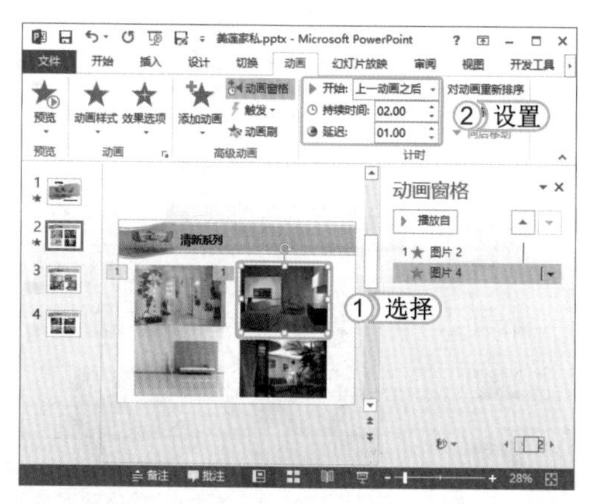

> **提个醒**
> 在操作此步骤时，“持续时间”和“延迟”数值框中的数值均可手动输入或使用微调按钮进行设置，但是在需要设置比较长的时间时，一般采用手动输入会比较快一些。

STEP 05：设置该幻灯片的其他对象

按照相同的方法，将第 2 张幻灯片中的其他图片对象设置为与右上角图片相同的动画效果，即设置动画效果为“缩放”，“开始”为“上一动画之后”，“持续时间”为“02.00”，“延迟”为“01.00”。

STEP 06：设置并查看其他幻灯片动画

按照相同的方法，为第 3 张幻灯片中的所有图片设置为“弹跳”动画效果，除了第 1 张图片外，其余对象的“开始”均设置为“上一动画之后”，“持续时间”均设置为“2 秒”，“延迟”均设置为“01.00”。为第 4 张幻灯片中的所有图片设置“擦除”的进入动画效果，“延迟”均设置为“1 秒”。最后查看设置的动画效果。

> **提个醒**
> 在设置“开始”为“上一动画之后”后，在幻灯片编辑区中显示的动画序列标号会与上一动画保持一致，在动画窗格中，也会看到其在列表框中不会进行排号。

7.3.2 运用动画刷复制动画效果

在实际工作中，有时会对幻灯片中的大量对象添加相同或相似的动画效果，如果依次去添加每个对象的动画效果，不但会加大工作量，而且在制作过程中也会比较容易出错。此时，就可以使用 PowerPoint 提供的特别工具——动画刷，来避免这些情况的发生。

使用动画刷可以快速为对象添加相同的动画效果，即快速复制动画效果于相应的对象。其方法是：选择已经设置了动画效果的对象，选择【动画】/【高级动画】组，单击动画刷按钮，此时鼠标会变为形状，将鼠标光标定位到需要添加动画效果的对象上并单击，即可完成动画效果的复制。完成后，系统会自动对复制的动画效果进行预览。如下图所示即为使用动画刷复制动画效果。

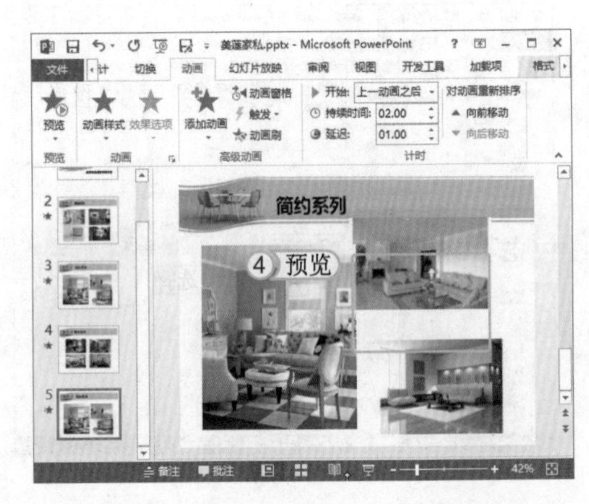

7.3.3 在同一个位置放映多个对象

在实际工作中，例如制作产品宣传类演示文稿时，会在幻灯片中添加大量的图片对象，并且为其添加丰富的动画效果，如果按照一般的方法，就会使用多张幻灯片来进行制作。但是太多的幻灯片会导致一定的视觉疲劳，从而影响宣传的效果。若想在有限的幻灯片中展现更多、更丰富的对象内容，就可以通过在同一位置放映多个对象来实现。

如下图所示为一个关于蛋糕产品介绍的演示文稿中某张幻灯片的动画效果。在该张幻灯片中，通过设置同一位置放映多个对象，实现在当前页中不断地展示出所有产品图片的动画效果。

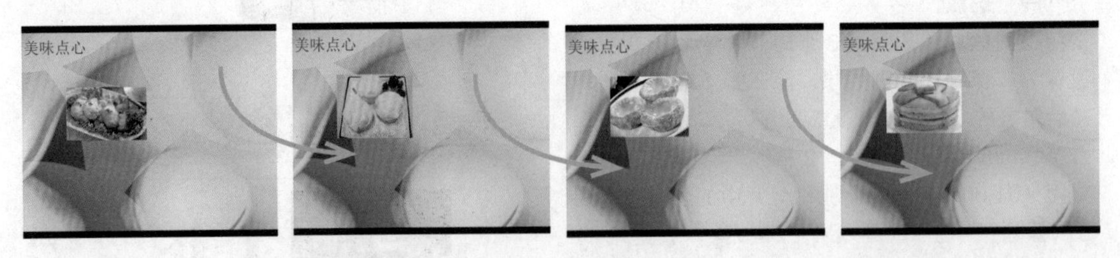

下面将在“美食推荐 .pptx”演示文稿中对动画播放效果进行设置，其具体操作如下：

光盘文件
素材 \ 第 7 章 \ 美食推荐 .pptx
效果 \ 第 7 章 \ 美食推荐 .pptx
实例演示 \ 第 7 章 \ 在同一个位置放映多个对象

STEP 01： 对齐图片

1. 打开“美食推荐.pptx”演示文稿，选择第2张幻灯片。
2. 选择幻灯片中的所有图片，选择【格式】/【排列】组，单击“对齐”按钮。
3. 在弹出的下拉列表中选择“上下居中”选项，快速将所有图片对齐。

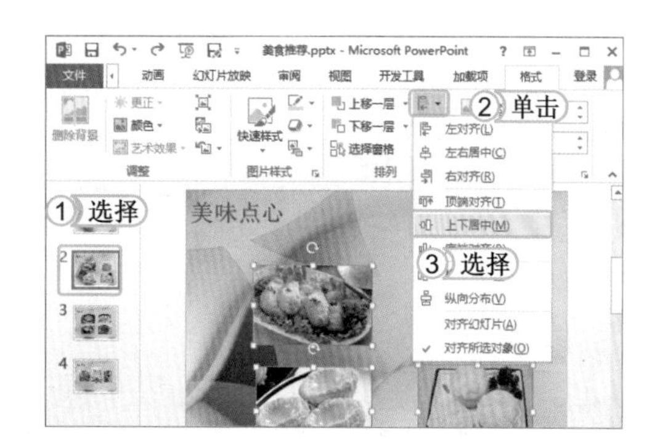

STEP 02： 再次对齐并调整图片

再次单击“对齐”按钮，在弹出的下拉列表中选择“左右居中”选项，然后拖动图片某个角上的控制点整体调整图片的大小，最后调整图片的位置。

> **提个醒** 用户也可以再次单击“对齐”按钮，在弹出的下拉列表中选择相应的对齐选项，对图片的位置进行精确的调整。

STEP 03： 设置动画播放后选项

1. 选择最上面的第1张图片，为其添加“翻转式由远及近”的进入动画效果，通过“动画窗格”窗格打开“翻转式由远及近”对话框，选择“效果”选项卡。
2. 在“动画播放后”下拉列表框中选择“播放动画后隐藏”选项。

> **提个醒** 用户若是在“动画播放后”下拉列表框中选择“其他颜色”选项，可在动画播放后将对象显示为相应的色块；选择“下次单击后隐藏”选项，可在动画播放后通过单击鼠标将对象隐藏。

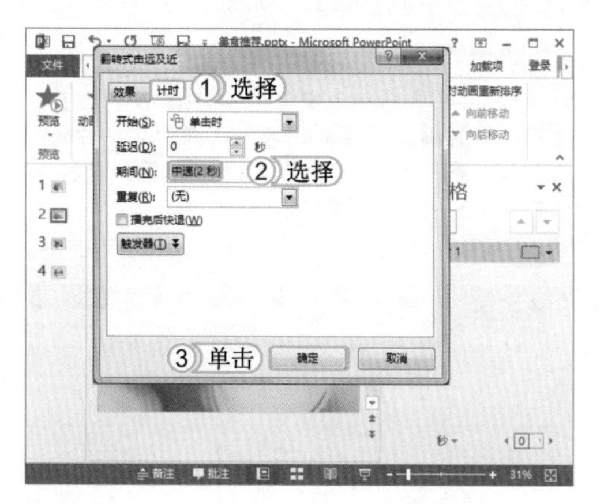

STEP 04： 设置动画计时

1. 选择“计时”选项卡。
2. 在“期间”下拉列表框中选择“中速（2秒）”选项。
3. 单击 确定 按钮，应用动画设置。

STEP 05: 打开“选择”窗格

1. 关闭“动画窗格”窗格，返回幻灯片编辑区，选择【开始】/【编辑】组。
2. 单击 选择 按钮，在弹出的下拉列表中选择“选择窗格”选项，打开“选择”窗格。

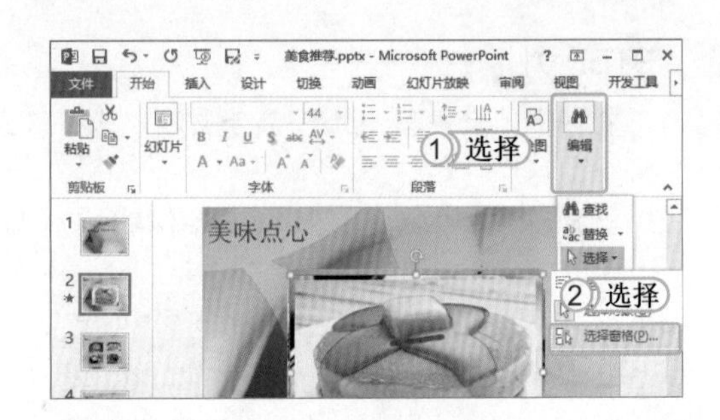

STEP 06: 选择重叠的图片

选择 Picture 7 选项，可选择重叠在图片 1 下的第一张图片。

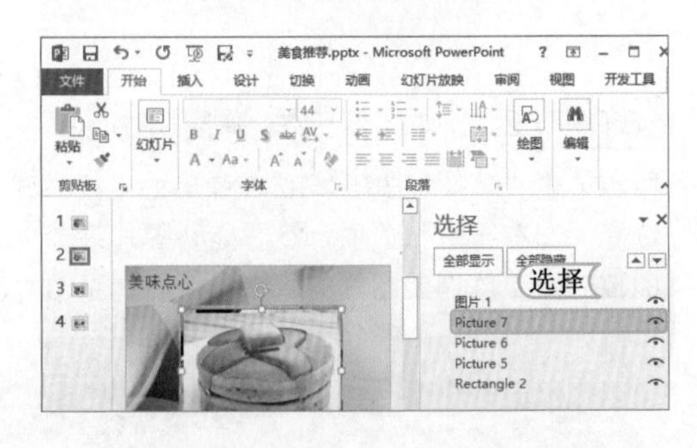

提个醒 在“选择”窗格的列表框中，图片的排列顺序都是按照其在幻灯片编辑区中的叠放顺序自动进行排序的。

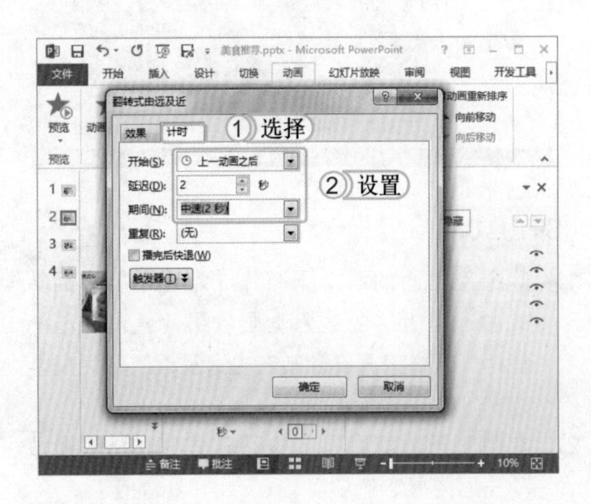

STEP 07: 设置所选图片动画效果

1. 使用相同的方法为选择的图片添加“翻转式由远及近”的动画效果，然后打开“翻转式由远及近”对话框，设置动画播放后隐藏，然后选择“计时”选项卡。
2. 设置“开始”为“上一动画之后”，“延迟”时间为“2 秒”，“期间”为“中速（2 秒）”，最后单击 确定 按钮，完成设置。

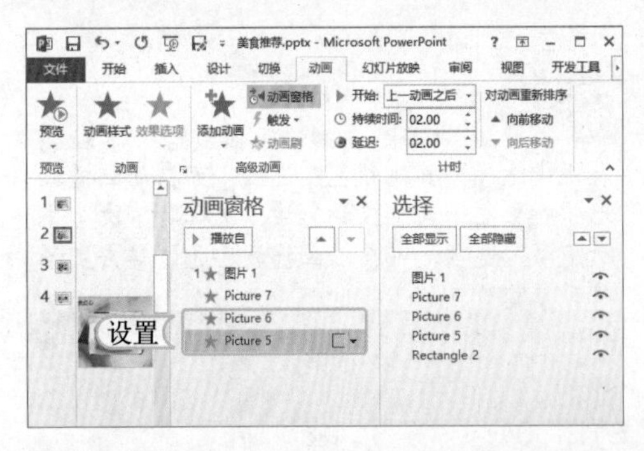

STEP 08: 设置其他图片动画效果

使用同样的方法分别选择 Picture 6 和 Picture 5 并进行相同的效果设置，但要注意设置 Picture 5 时不用设置播放后隐藏图片效果。

提个醒 一张幻灯片的最后一个播放对象尽量不要设置播放后隐藏的效果，因为那样会使结束放映该张幻灯片时，幻灯片中无显示内容，从而降低放映幻灯片时的美观度。

读书笔记

STEP 09： 设置其他幻灯片动画

使用相同的方法为其他幻灯片中的图片设置相同的动画效果。

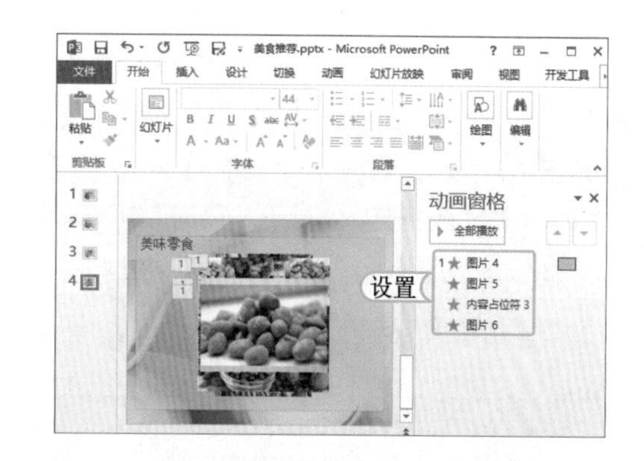

提个醒 设置其他幻灯片动画的时候就可以使用 动画刷 按钮复制已经设置好的幻灯片动画，这样可以简化制作步骤，从而提高制作演示文稿的速度。

经验一箩筐——为动画添加声音

用户除了为对象添加单纯的动画效果外，还可为设置的动画添加声音。其方法是：选择添加动画后的对象，在“动画窗格”窗格中打开相应的动画效果对话框，在“效果”选项卡的“声音”下拉列表框中选择与动画同步播放时所需的声音选项，即可为动画添加声音，增强效果。

7.3.4 制作 SmartArt 图形动画

越来越多的用户喜欢在幻灯片中应用 SmartArt 图形，因为它可以快速、轻松、有效地传达信息。为了将演示文稿制作得更加专业，仅仅以静态方式来表达 SmartArt 图形的内容还远远不够，此时，就需要为 SmartArt 图形添加动画，给人耳目一新的感觉。

由于SmartArt图形是以一个整体的形式来表达幻灯片中的内容，其图形间的关系比较特殊，因此，为 SmartArt 图形添加动画难免会用到不一样的设置方法和技巧。下面就对其进行具体讲解。

1. 添加 SmartArt 图形动画的注意事项

为 SmartArt 图形添加动画，包含为整个 SmartArt 图形添加动画，以及只对 SmartArt 图形中的某个形状或部分形状添加动画，但在添加动画的过程中需要注意以下几点事项。

- 根据布局确定动画：用户需结合 SmartArt 图形所用的布局来选择需要添加的动画类型，从而获得更好的搭配效果。一般动画的播放顺序都是按照文本窗格上显示的项目符号层次来播放的，因此可在选择 SmartArt 图形后，在其文本窗格中查看播放的信息，甚至还可以倒序播放动画。
- 打开动画窗格：如果没有显示动画项目的编号，可以先打开“动画窗格”窗格。
- 动画播放排列：若对 SmartArt 图形中的各个形状应用动画，就按形状出现的顺序对应用的动画进行播放或将动画进行倒序播放，但不能对单个 SmartArt 形状图形的动画顺序进行重新排列。
- 连接线不添加动画：对于表示流程类的 SmartArt 图形，其形状之间的连接线通常不需要单独添加动画。
- 无法应用的动画：在动画样式中会有不能用于 SmartArt 图形的动画效果选项，其将呈灰色显示状态。
- 关于切换布局：若切换 SmartArt 图形布局，添加的动画也将同步应用到新的布局中。

2. 为整个 SmartArt 图形添加动画

用户若是需要对幻灯片中的整个 SmartArt 图形添加动画，就可以选择需添加动画的 SmartArt 图形，选择【动画】/【动画】组，在“动画样式”列表框中选择所需的动画选项，此时系统默认将整个 SmartArt 图形作为一个对象来应用动画。

3. 取消整个 SmartArt 图形的动画

用户若是需取消为整个 SmartArt 图形添加的动画，就可选择整个添加了动画效果的 SmartArt 图形，在【动画】/【动画】组的“动画样式”列表框中选择“无”选项。

4. 设置添加的 SmartArt 图形动画

用户若对添加于 SmartArt 图形的动画效果不满意，需将其改变，可选择添加了动画的 SmartArt 图形，打开“动画窗格”窗格，单击需修改的动画选项右侧的下拉按钮，在弹出的下拉列表中选择“效果选项”选项，在打开的设置对话框中选择“SmartArt 动画”选项卡，然后在其中对 SmartArt 图形的动画进行设置。设置完成后系统将自动对设置的动画效果进行预览。如下图所示即为在打开的“出现”对话框中设置 SmartArt 图形动画并对其动画效果进行预览。

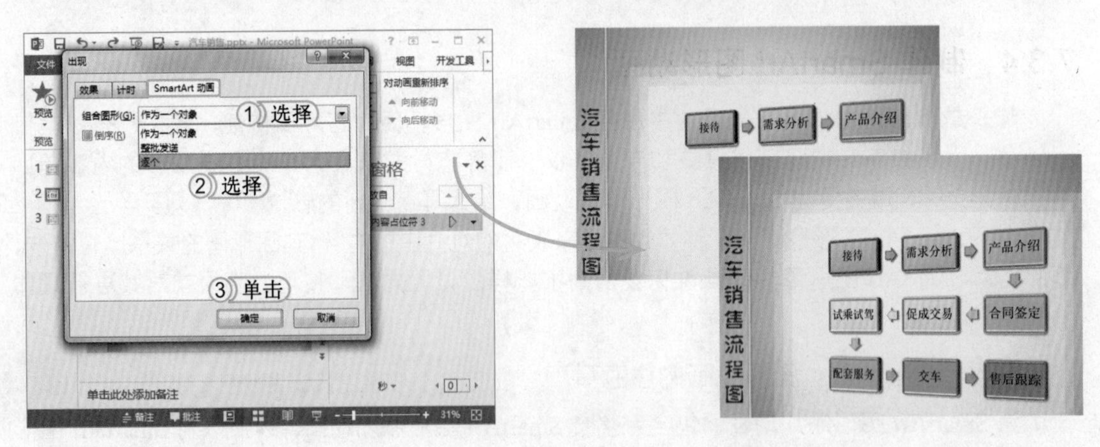

在“SmartArt 动画”选项卡中，都是在“组合图形”下拉列表框中对 SmartArt 图形的动画进行设置。下面就对“组合图形”下拉列表框中各选项的含义进行介绍。

- 作为一个对象：将整个 SmartArt 图形作为类似于一张图片的整体对象来应用动画，也就是应用于 SmartArt 图形的动画效果与应用于形状、文本和艺术字的动画效果类似。
- 整批发送：同时为 SmartArt 图形中的所有形状设置动画。该选项与“作为一个对象”选项的不同之处在于，在放映如旋转或增长的动画时，使用“整批发送”将会使每个形状单独旋转或增长，而使用“作为一个对象”将会使整个 SmartArt 图形旋转或增长。
- 逐个：其代表单独为每个形状设置播放动画。
- 倒序复选框 倒序(R)：选择“逐个”选项后，选中 倒序(R) 复选框，可颠倒 SmartArt 图形的动画顺序。

5. 为 SmartArt 图形中的单个形状设置或取消动画

前面介绍了为整个 SmartArt 图形中的所有对象设置动画效果，如果要为 SmartArt 图形中的单个形状设置或取消动画，就需要应用如下方法。

- 为单个形状设置动画：在应用了动画的 SmartArt 图形中，选择需设置动画的单个形状，单击“效果选项”按钮，在弹出的下拉列表中选择“逐个”选项，打开“动画窗格”

窗格，在“动画窗格”窗格中，单击按钮展开 SmartArt 图形中的所有形状，选择需要设置动画的单个形状，然后按照设置其他对象动画的方法对其进行设置即可。如下图所示即为设置单个形状的动画效果的操作示意图。

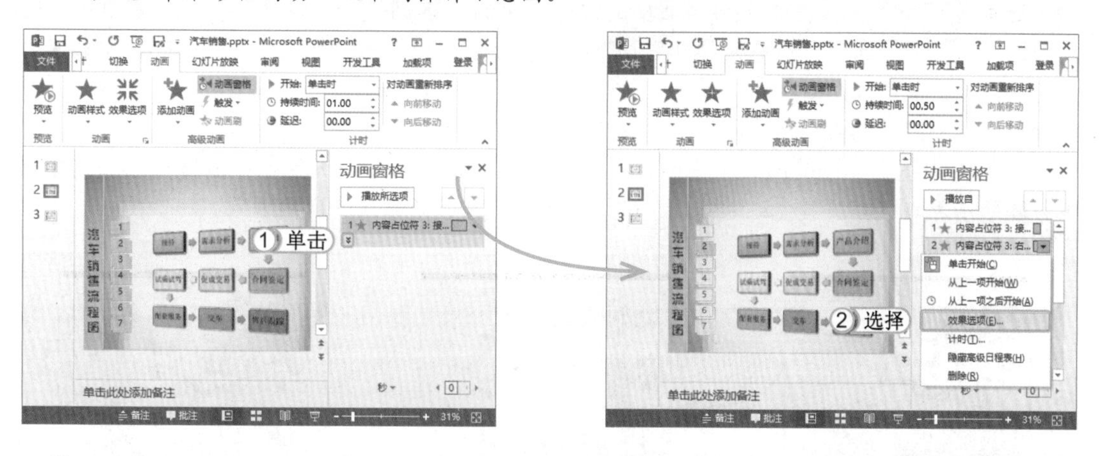

取消单个形状的动画：在对 SmartArt 图形中的单个形状应用了动画以后，在“动画窗格”窗格中，选择单个形状或按住 Ctrl 键不放并依次单击不需要添加动画的单个形状，然后在“动画样式”列表框中选择“无”选项即可。如下图所示即为取消多个单个形状动画的操作示意图。

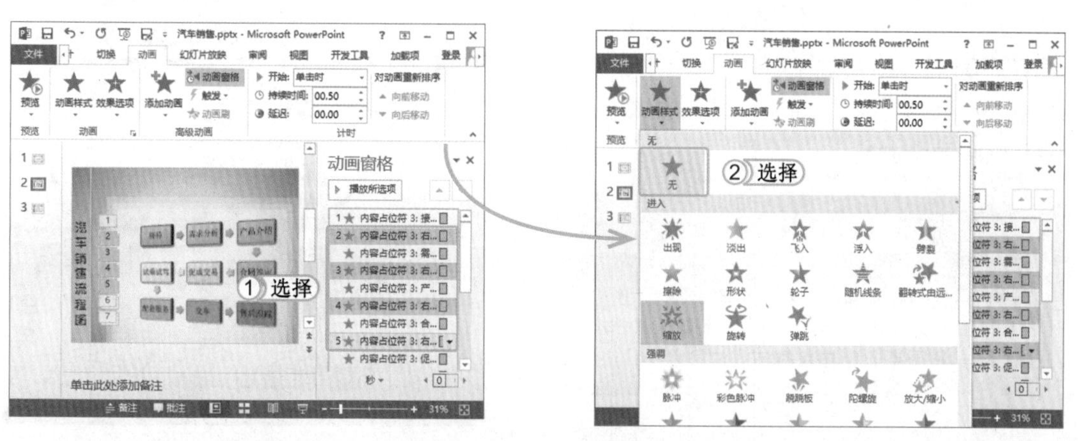

经验一箩筐——关于设置单个形状动画

删除为单个形状添加的动画效果，并不会从 SmartArt 图形中删除形状本身，也不会影响其他形状的动画效果。

7.3.5 制作组合动画

对于图片较多的演示文稿来说，仅仅在“动画样式”列表框中为图片对象添加简单的基础动画效果，如进入动画、强调动画、退出动画或路径动画等，会让整张幻灯片的效果显得过于简单和单调，这时，可以对动画效果进行组合，例如当某个对象由远及近作路径运动时，对象也应该由小变大，就可以加上缩放的强调效果等。

组合动画的方式一般包括 3 种：路径动画与进入、强调或退出 3 种动画的组合；强调动画和进入动画的组合；强调动画与退出动画的组合。但要注意的是，组合出的动画需要有创意，并且还要特别注意时间及速度的设置。下面就通过制作三个组合动画来对组合动画进行讲解。

1. 制作叶子纷飞动画

在制作如贺卡、课件和庆典等活动的片头动画时，根据要表现的内容常常需要制作一些特效动画，如叶子纷飞、汽球升空和雪花飘落等，这些动画主要运用自定义动画路径来制作，但是还需结合其他动画的组合，如当一片叶子飘落下来时，同时也会有翻转的效果，这时就可以使用自定义路径动画与陀螺旋的强调动画组合，让动画效果更加的真实。

下面将根据上述的动画效果在“叶纷飞.pptx”演示文稿中进行制作，制作完成后的效果如下图所示。其动画场景生动地体现了被风吹落的叶子不断纷飞的自然现象。

光盘文件

素材\第 7 章\叶纷飞\
效果\第 7 章\叶纷飞.pptx
实例演示\第 7 章\制作叶子纷飞动画

STEP 01：插入图片

打开“叶纷飞.pptx”演示文稿，插入图片“叶.jpg、叶子.jpg”。

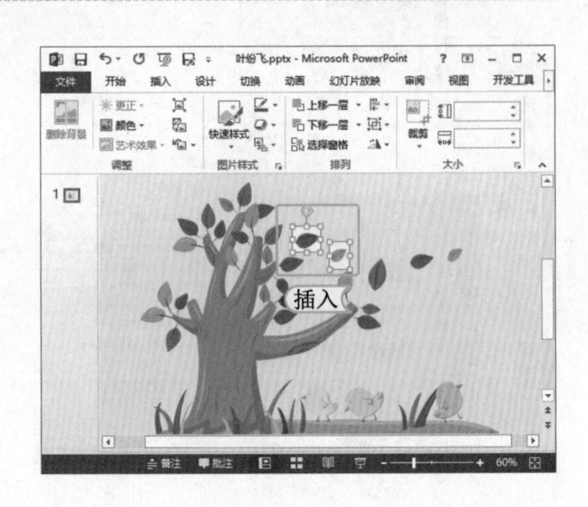

提个醒

在 PowerPoint 中可以同时插入多张图片，用户只需在“插入图片”对话框中一次性选择多张图片进行插入即可。

STEP 02：设置透明色

选择其中一张插入的叶子图片，选择【格式】/【调整】组，单击颜色按钮，在弹出的下拉列表中选择“设置透明色”选项，在该图片的背景处单击鼠标，可快速使该图片的背景变成透明色。

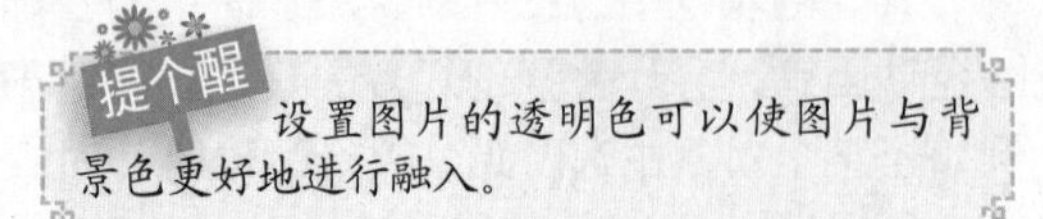

提个醒

设置图片的透明色可以使图片与背景色更好地进行融入。

STEP 03：设置另外图片的透明色

按照相同的方法将另外一张图片的背景设置为透明色，然后调整插入的图片大小，根据颜色的不同将树叶放于树中的不同位置，并注意调整图片的旋转角度。

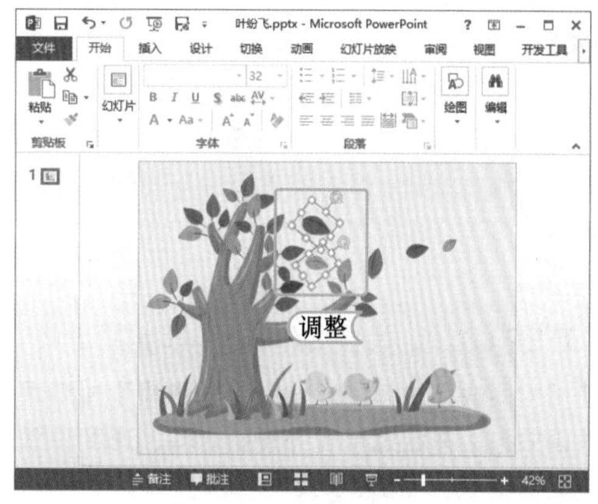

STEP 04：绘制动画路径

选择其中一张图片，选择【动画】/【高级动画】组，单击"添加动画"按钮，在弹出的下拉列表中选择"动作路径"列表框中的"自定义路径"选项，在幻灯片中绘制图片的动画路径，并进行预览。

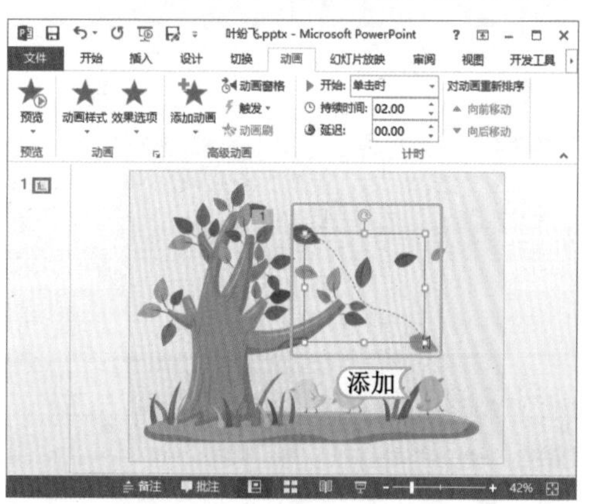

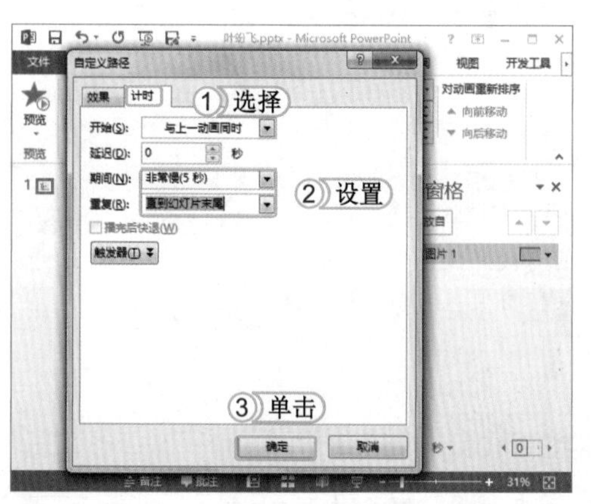

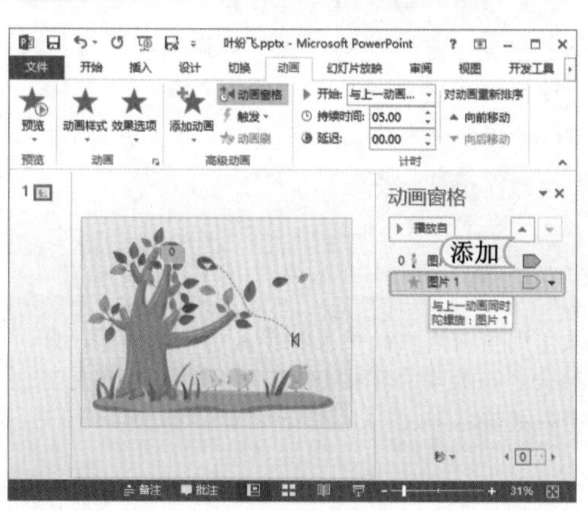

STEP 05：设置动画效果

1. 打开"动画窗格"窗格，在其中选择设置的动画效果选项，单击鼠标右键，在弹出的快捷菜单中选择"计时"命令。在打开的对话框中选择"计时"选项卡。
2. 设置"开始"为"与上一动画同时"，"期间"为"非常慢（5秒）"，"重复"为"直到幻灯片末尾"。
3. 单击 确定 按钮，观看设置后的动画效果。

STEP 06：添加陀螺旋动画

仍然选择该图片，单击"添加动画"按钮，在弹出的下拉列表中选择"强调"栏中的"陀螺旋"选项，使用与上一步相同的方法为其设置相同的开始时间、速度和重复方式。

提个醒 设置"与上一动画同时"的动画在"动画窗格"窗格中无排列序号，表示播放时无需单击鼠标即可自动播放。

STEP 07：添加旋转动画

仍然保持选择该图片，单击“添加动画”按钮★，在弹出的下拉列表框中选择“进入”栏中的“旋转”选项，并设置为与第5步相同的开始时间、速度和重复方式。

STEP 08：设置另外的图片动画

使用相同的方法为另外一张叶子图片添加相同的动画效果，并设置相同的开始时间、速度和重复方式，但将延迟时间设置“1”。

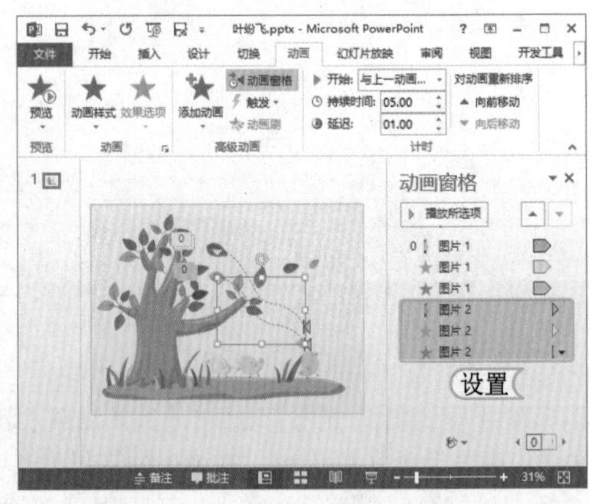

> 提个醒
> 设置延迟时间是为了将两张图片的动画分开来播放，保证了在放映幻灯片的过程中动画播放的有序性。

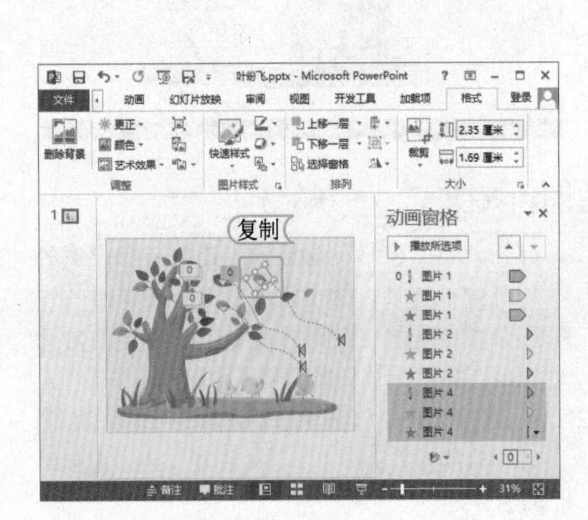

STEP 09：复制动画对象

按住Ctrl键并拖动鼠标复制一个落叶图片，此时在“动画窗格”中也将同步复制相应的动画。对落叶图片的大小、位置和旋转等进行适当的调整。

> 提个醒
> 在此步骤中复制的动画对象，将保留与被复制对象完全相同的设置，包括大小、旋转角度、动画效果和排列等。

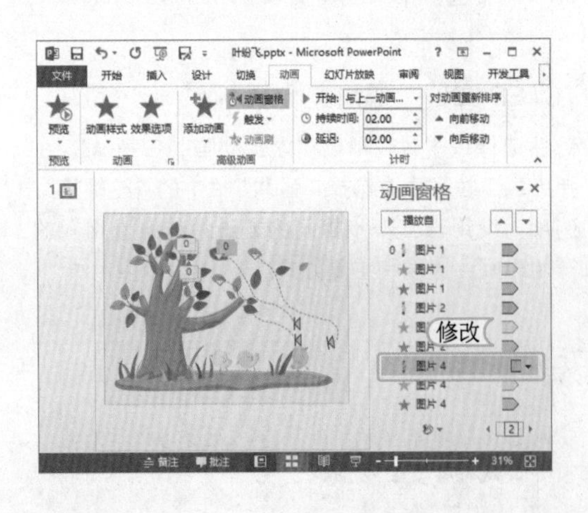

STEP 10：修改复制的动画

在“动画窗格”窗格中选择复制生成的第一个动画路径选项，在“动画样式”列表框中选择“自定义路径”选项，然后重新绘制一条新的路径，即可修改原路径轨迹，将“延迟”时间设置为“2”，其他设置保持默认不变。

> 提个醒
> 选择对象后，直接选择一个动画效果，则当前应用的效果将覆盖前一个效果，若单击“添加动画”按钮★，则会为该对象重复添加动画效果。

STEP 11： 完成动画制作

重复上面两步操作，在画面中复制并添加多个自定义路径的落叶动画，然后根据动画效果对其中部分落叶的速度和延迟时间等进行调整，完成落叶动画的制作。

提个醒

完成设置后，用户可以单击“预览”按钮★对设置进行预览，然后根据显示效果对动画的延迟时间进行调整，避免出现杂乱无章的动画播放情况。

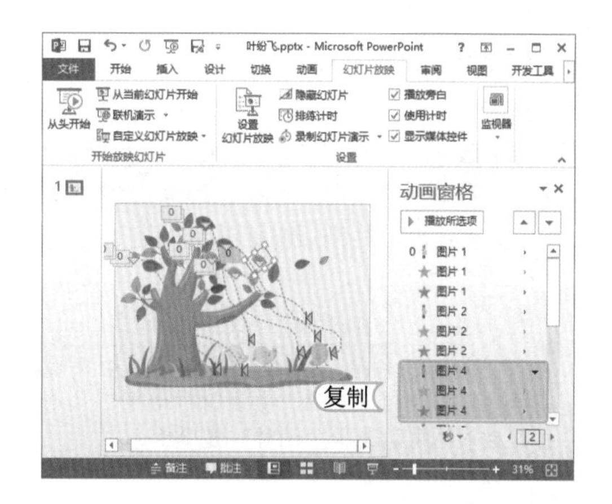

2. 制作卷轴和写字动画

在实际工作中，通常会看到一些较有个性或追求视觉效果的幻灯片中有诸如卷轴、写字和绘图等类的动画。

下面就以在“卷轴和写字动画 .pptx”演示文稿中制作卷轴动画和写字动画为例，对上述的动画效果的制作方法进行介绍。如下图所示即为在制作出的卷轴动画和写字动画，在该动画场景中，先出现卷轴动画，然后出现用羽毛笔写字的动画效果。

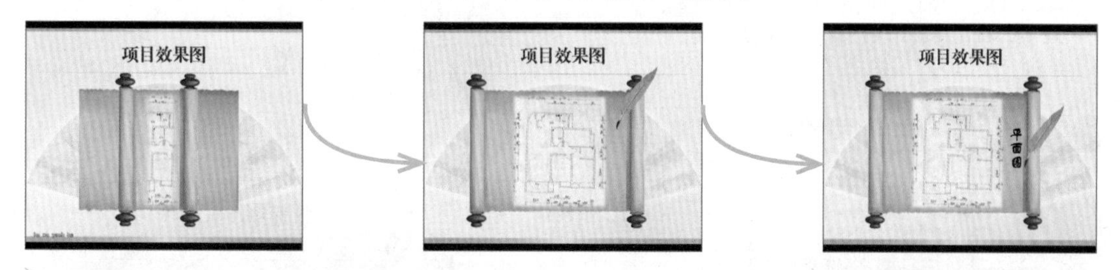

光盘文件

素材 \ 第 7 章 \ 卷轴和写字动画 . pptx
效果 \ 第 7 章 \ 卷轴和写字动画 . pptx
实例演示 \ 第 7 章 \ 制作卷轴和写字动画

STEP 01： 添加动画并打开动画窗格

打开“卷轴和写字动画 .pptx”演示文稿，选择要展示的图片，为其添加“劈裂”进入动画效果。然后单击 动画窗格 按钮，打开“动画窗格”窗格。

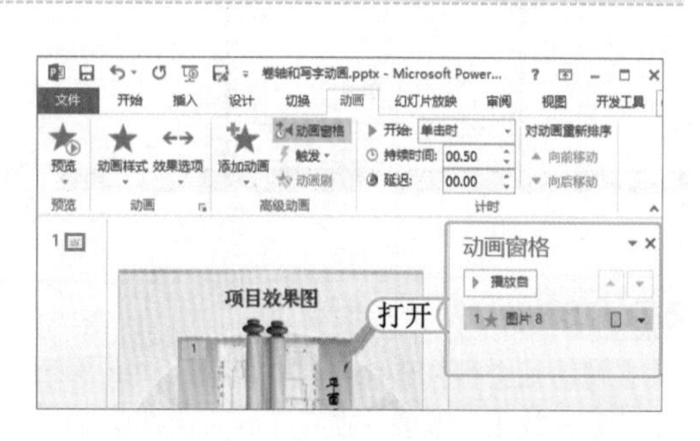

STEP 02： 打开“劈裂”对话框

在“动画窗格”窗格中选择添加的动画效果选项，单击鼠标右键，在弹出的快捷菜单中选择“效果选项”命令，打开“劈裂”对话框。

提个醒

添加的动画效果不同，在“动画窗格”窗格中通过鼠标右键打开的对话框名称也不相同，且该名称与该动画名称一致。

STEP 03： 设置动画

在打开的对话框中选择“效果”选项卡，在“方向”列表框中选择“中间向左右展开”选项，选择“计时”选项卡，在“期间”下拉列表中选择“非常慢（5秒）”选项，最后单击确定按钮。

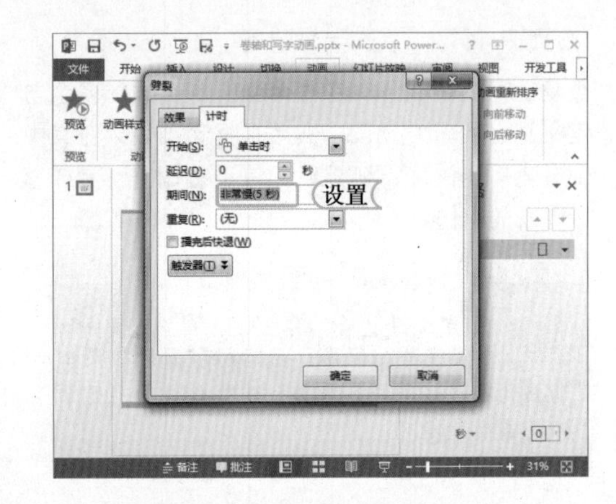

> **提个醒** 用户在上一步骤的快捷菜单中选择“计时”命令也可打开“劈裂”对话框，只是打开后系统默认选择“计时”选项卡。

STEP 04： 添加路径动画

1. 将2根画轴移至画面中间位置并靠拢，选择左边的画轴图片，选择【动画】/【高级动画】组，单击“添加动画”按钮，在弹出的下拉列表中选择“其他动作路径”选项。
2. 在打开的对话框中选择“向左”路径。
3. 单击确定按钮完成路径动画的添加。

> **提个醒** 用户若在动画样式列表的“动作路径”栏中选择“直线”动画选项，然后在效果选项下拉列表中选择“靠左”选项，也可添加与此步骤相同的动画路径。

STEP 05： 设置路径动画

1. 在“动画窗格”窗格中双击添加的“路径动画效果”选项，在打开的对话框中将“平滑开始”和“平滑结束”两个选项都设置为“0”。
2. 选择“计时”选项卡，设置“开始”为“与上一动画同时”，“期间”为“非常慢（5秒）”，最后单击确定按钮。

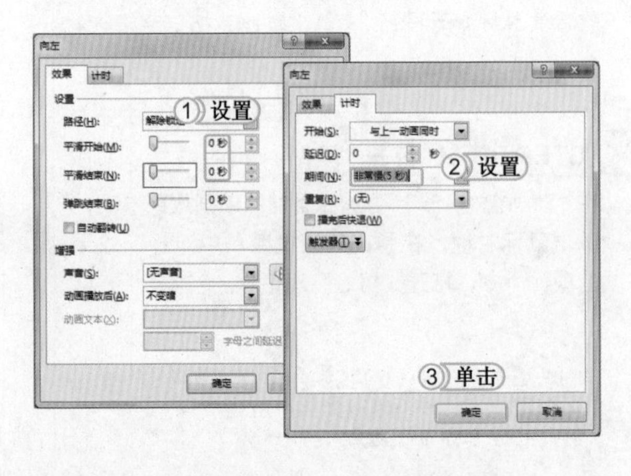

STEP 06：设置第 2 根画轴路径动画

选择右边第 2 根画轴，按照前面同样的方法为其添加路径动画，并将动作路径方向更改为“向右”。并设置其计时效果。

STEP 07：设置羽毛笔动画

1. 选择羽毛笔，为其添加“飞入”进入动画效果，然后在“动画窗格”窗格中双击添加的动画效果选项，在打开的对话框的“方向”下拉列表框中选择“自顶部”选项。
2. 选择“计时”选项卡，将“开始”设置为“上一动画之后”，其他设置保持不变，单击 确定 按钮。

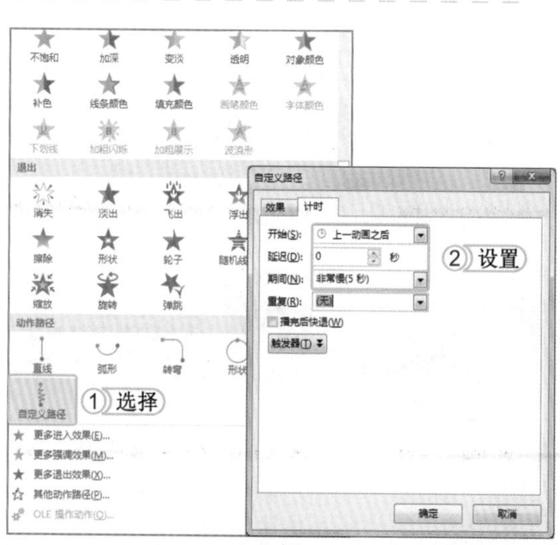

STEP 08：再次设置羽毛笔动画

1. 仍然选择羽毛笔图片，选择【动画】/【高级动画】组，单击“添加动画”按钮，在弹出的下拉列表中选择“动作路径”栏中的“自定义路径”选项。
2. 然后在幻灯片编辑区绘制羽毛笔的路径。然后设置路径动画的“开始”为“上一动画之后”，“期间”为“非常慢（5 秒）”。

STEP 09：设置文本动画

1. 选择文本“平面图”，为其添加“擦除”进入动画效果。在“擦除”对话框的“效果”选项卡中设置动画方向为“自顶部”。
2. 选择“计时”选项卡，设置该动画的“开始”为“与上一动画同时”，“期间”为“非常慢（5 秒）”。

STEP 10： 设置羽毛笔飞出动画

选择羽毛笔，选择【动画】/【高级动画】组，单击“添加动画”按钮★，在弹出的下拉列表的“退出”栏中选择“飞出”选项，设置该动画的开始时间为“上一动画之后”。

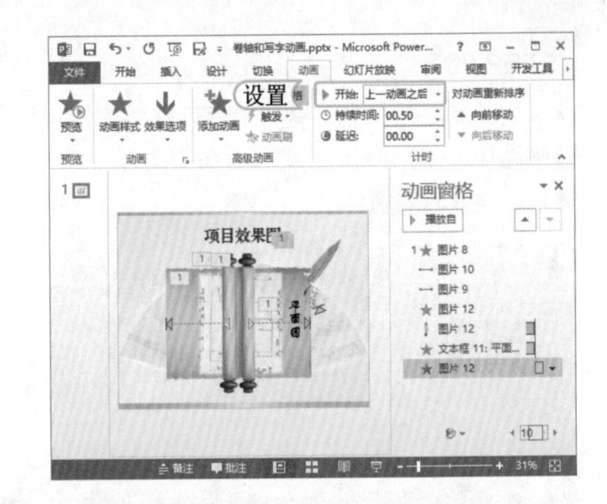

提个醒 在所有的设置完成后，用户可以按F5键查看演示文稿的动画效果，以便及时对不合适的设置进行更改。

经验一箩筐——快速制作写字动画

对于需要精确制作写字动画的情况，用户可以先通过自选图形或线条绘制出所有汉字笔画等对象，然后分别选择每一个笔画对象，并为其添加“擦除”进入动画效果，并根据笔画的走势在其效果选项中设置动画方向。

3. 制作计时动画

使用 PowerPoint 提供的自定义动画，可以制作出较短时间的倒计时动画，如 8 秒或 30 秒，也可以制作出 8 个数字或 30 个数字以内的计时动画。同样用户也可以使用 PowerPoint 制作出时间更长或数字更多一些的动画效果，只是制作上会比较麻烦一些。

本例将为某产品推广 PPT 制作一个计时动画片头。在该动画场景中，先出现关于日期的组合显示，在“日”的左侧飞入一个白色矩形色块，然后从 1 计时到 10，并带有收款机的声音效果，最后以动画的方式显示下方的主题文字，整个动画简洁、形象，而且动画效果播放连贯。效果如下图所示。

光盘文件
素材 \ 第 7 章 \ 产品推广片头 .pptx
效果 \ 第 7 章 \ 产品推广片头 .pptx
实例演示 \ 第 7 章 \ 制作计时动画

STEP 01： 添加文本框

打开“产品推广片头 .pptx”演示文稿。由于需要对与“日”相关的数字进行计时，因此需要添加一个文本框，单独将原来的数字 1 放入其中。

STEP 02：复制并修改文本框

复制一个数字文本框将其数字改为 2，再按 8 次 Ctrl+V 组合键复制多个文本框，并将其数字分别改为 3~10。

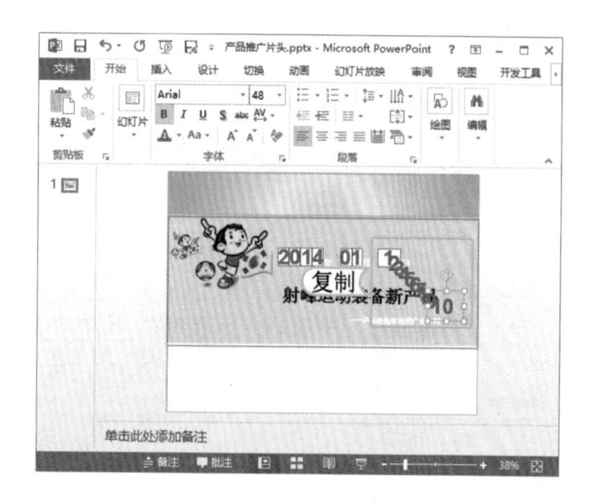

提个醒　在操作此步骤时，用户也可以每按 1 次 Ctrl+V 组合键就对相应文本框中的数字进行修改，因为复制的对象都是紧挨着的，一次复制太多文本框将不利于选择叠放在下层的对象。

STEP 03：调整文本框

打开“选择”窗格，按住 Ctrl 键不放依次选择所有数字文本框，将其设置为上下和左右居中对齐，使数字重叠在一起，然后将其移至相应的位置。最后在“选择”窗口中将数字文本框按数字从小到大的顺序进行排列。

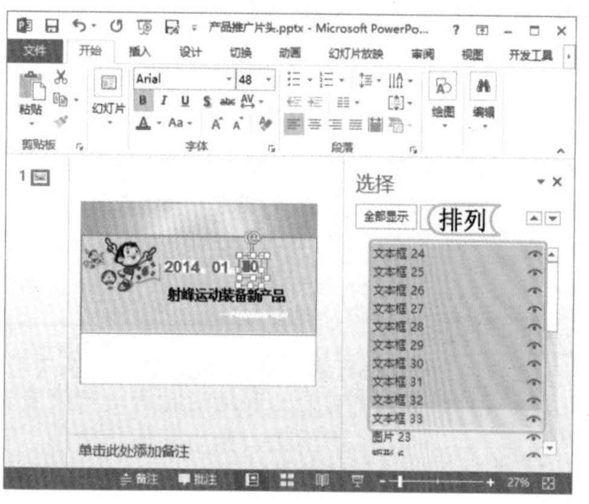

提个醒　在“选择”窗格中，无法使用 Shift 键来选择连续的选项，只能用 Ctrl 键依次对需要的连续或不连续的对象进行选择，或用 Ctrl+A 组合键来选择当前幻灯片中所有的对象。

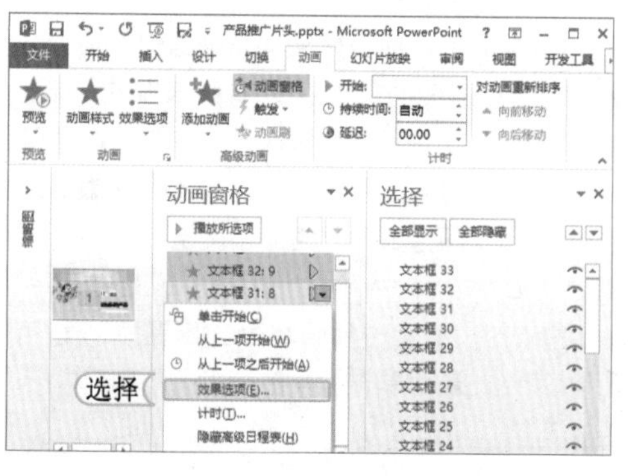

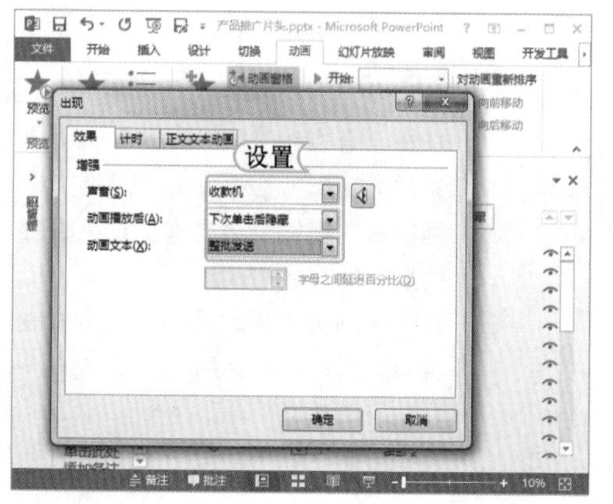

STEP 04：为数字文本框添加动画

保持前面的所有数字文本框的选择状态，为其添加“出现”进入动画，打开“动画窗格”窗格，在动画选项上单击鼠标右键，在弹出的快捷菜单中选择“效果选项”命令。

提个醒　若要为大量对象设置相同的动画效果，则一次性选择所有对象并添加动画效果，是一种比较快速的方法。而且，不光是添加动画，其他设置也可以采用此方法。

STEP 05：设置动画效果

打开“出现”对话框，选择“效果”选项卡，将动画的“声音”设置为“收款机”，将“动画播放后”设置为“下次单击后隐藏”，将“动画文本”设置为“整批发送”。

STEP 06: 设置动画计时

选择“计时”选项卡，设置“开始”为“单击时”，设置“延迟”为“0 秒”，单击确定按钮，此时的每个数字需要单击后才开始计时播放。

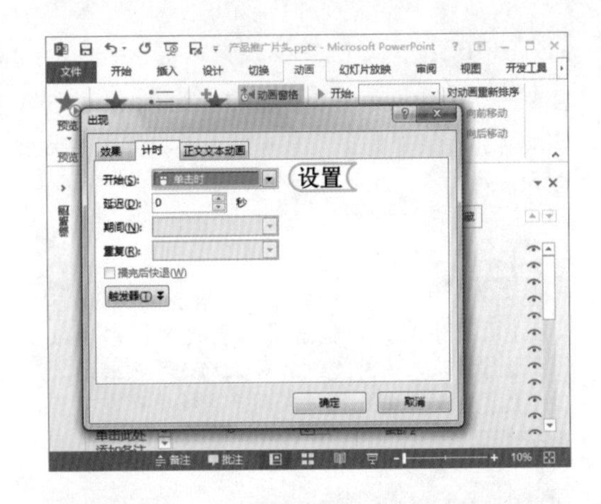

> 提个醒
> 在操作此步骤时，会看到在“计时”选项卡中，“期间”和“重复”下拉列表都呈蓝灰色不可用状态。

STEP 07: 设置动画计时

在“动画窗格”窗格中选择 2~9 项动画，单击鼠标右键，在弹出的快捷菜单中选择“计时”命令，在打开的对话框中设置“开始”为“上一动画之后”，“延迟”为“1 秒”，最后单击确定按钮。

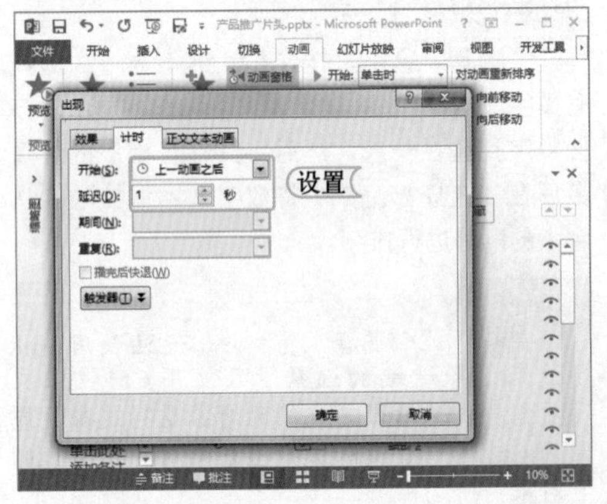

> 提个醒
> 用户也可在选择动画选项后，在【动画】/【计时】组中对开始和延迟时间进行设置。

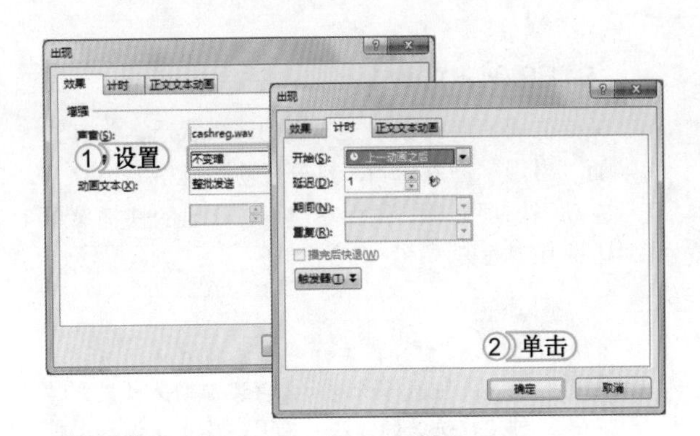

STEP 08: 设置动画不变暗

1. 预览动画效果，动画结束时最后一个数字“10”没有显示出来，因此双击第 10 项动画，在打开的对话框中的“效果”选项卡中设置“动画播放后”为“不变暗”。
2. 选择“计时”选项卡，设置“开始”为“上一动画之后”，延迟为“1 秒”，最后单击确定按钮。

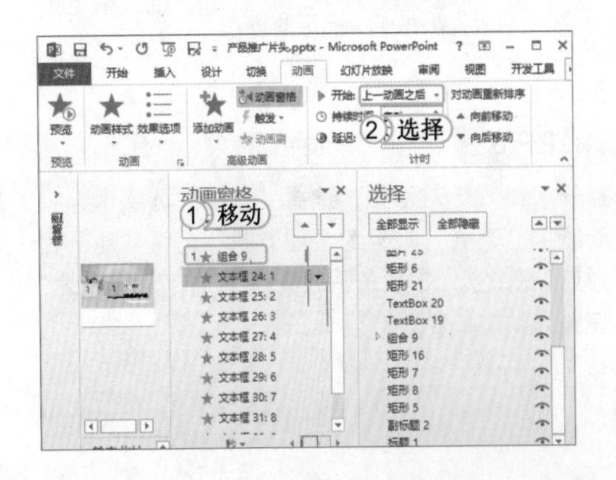

STEP 09: 添加擦除动画

1. 选择组合在一起的日期对象，为其添加“擦除”进入动画，然后在“动画窗格”窗格中将其拖至动画选项的最前面。
2. 将原来的第 1 项动画的开始方式设置为“上一动画之后”。

STEP 10： 设置弹跳动画

在“选择”窗格中选择“矩形 16”选项，为其添加“弹跳”的进入动画效果，并将其在“动画窗格”窗格中的位置调整到上一组合对象的进入动画选项后面，设置“开始”方式为“上一动画之后”。

提个醒 设置动画的“开始”方式为“上一动画之后”，是为了保证其在幻灯片放映时能够按顺序播放。

STEP 11： 设置其他文本框动画

在幻灯片编辑区中选择标题文本框，为其添加“弹跳”的进入动画，再选择副标题文本框，为其同时添加“浮入”和“画笔颜色”强调动画，并将这3个动画的开始方式均设置为“上一动画之后”。

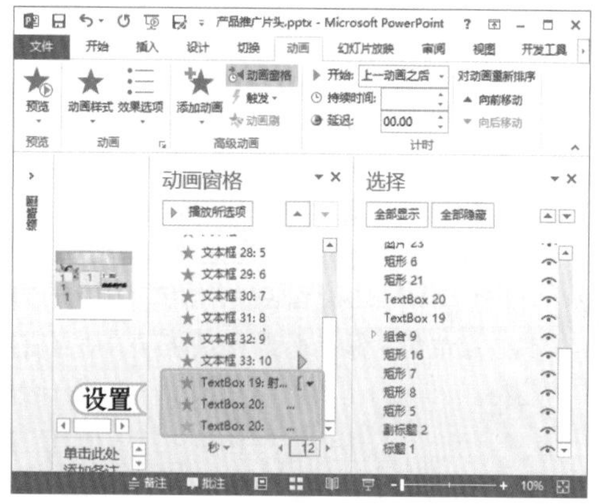

提个醒 在设置完成后，记得要将幻灯片放映一遍，以查看设置的动画效果是否合适，并及时对不合适的设置进行更改。

上机 1 小时 ▶ 制作气球飘飞动画效果

- 巩固添加和设置动画效果的方法。
- 熟练掌握动画刷的应用和在同一个位置放映多个对象等方法。
- 进一步掌握制作组合动画的方法。

本例将为某活动宣传的 PPT 制作片头，通过在“气球飘飞 .pptx”演示文稿中制作气球飘飞的动画效果，达到让用户能够熟练运用各种动画技巧的目的。最终效果如下图所示。

光盘文件
素材 \ 第 7 章 \ 气球飘飞
效果 \ 第 7 章 \ 气球飘飞 .pptx
实例演示 \ 第 7 章 \ 制作气球飘飞动画效果

STEP 01：插入并调整图片

打开“气球飘飞.pptx”演示文稿，添加“红气球.jpg”和“绿气球.jpg”图片到幻灯片中，然后对每张图片进行裁剪，并调整图片旋转角度和位置，最后为图片设置透明色。

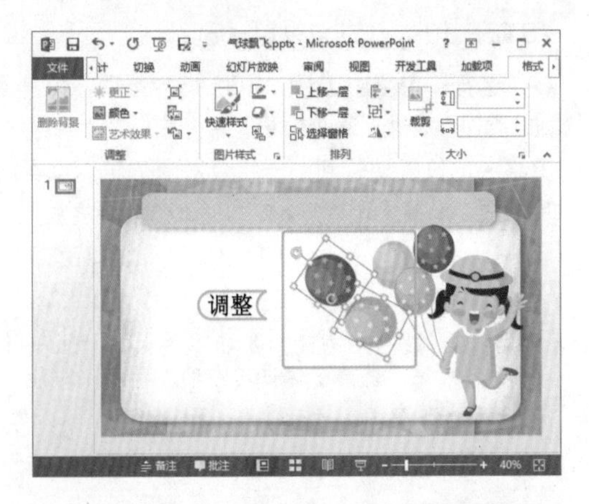

提个醒

在操作此步骤时应注意：裁剪的图片应尽可能只保留气球图形，图片的旋转角度和位置一定要注意与幻灯片中原有的图片进行搭配。

STEP 02：添加飞出动画

1. 选择插入的一张图片，选择【动画】/【高级动画】组，单击“添加动画”按钮，在弹出的下拉列表中选择“飞出”动画。在效果选项下拉列表中选择“到左上部”选项。
2. 在【动画】/【计时】组设置“持续时间”为5秒，其余设置暂时保持不变，然后打开“动画窗格”窗格。

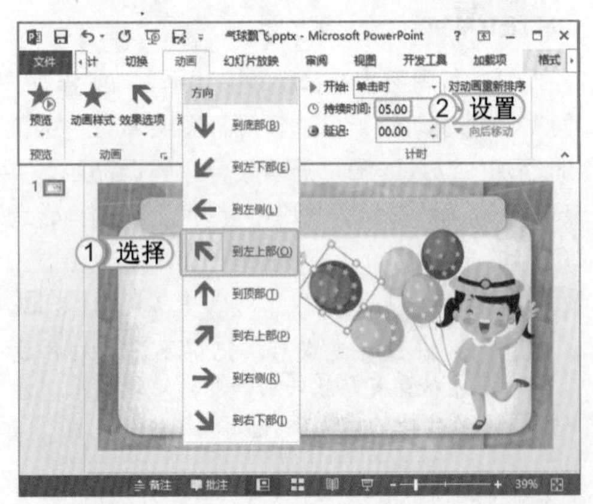

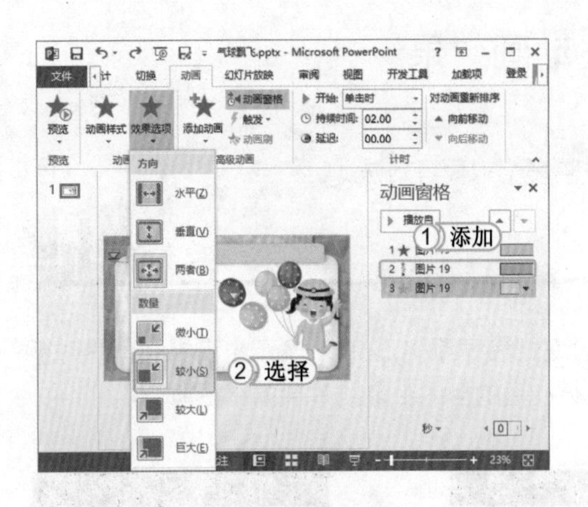

STEP 03：添加自定义路径动画

1. 仍然选择该张图片，单击“添加动画”按钮，在弹出的下拉列表中选择“自定义路径”动画选项，然后绘制出动画的路径，添加自定义路径的动画。
2. 然后按照相同的方法再次为该图片添加“放大/缩小”动画，在效果选项下拉列表中选择“较小”选项。

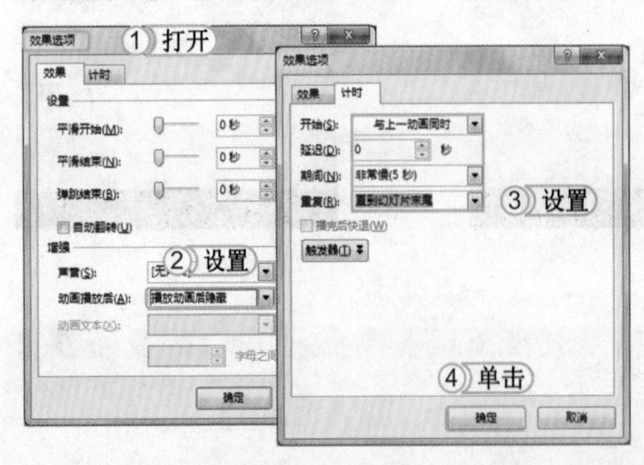

STEP 04：设置动画效果与计时

1. 在“动画窗格”窗格中同时选择第2、3项动画，单击鼠标右键，在弹出的快捷菜单中选择“效果”命令，打开“效果选项”对话框。
2. 在“效果”选项卡中设置“平滑开始”和“平滑结束”均为0秒，设置“动画播放后”为“播放动画后隐藏”。
3. 选择“计时”选项卡，设置“开始”为“与上一动画同时”，“期间”为“非常慢(5秒)”，“重复”为“直到幻灯片末尾”。
4. 单击 确定 按钮。

STEP 05：再次设置动画

1. 在“动画窗格”窗格中双击第 1 项动画选项，在打开的“飞出”对话框中选择“计时”选项卡。
2. 在“重复”下拉列表框中选择“直到幻灯片末尾”选项。
3. 单击[确定]按钮。

STEP 06：使用动画刷

返回幻灯片编辑区，选择设置了动画效果的图片，在【动画】/【高级动画】组中单击 动画刷 按钮，将鼠标光标定位到插入的另一张图片上并单击，将第一张图片的动画效果复制到另一张图片。

STEP 07：继续设置动画

在“动画窗格”窗格中选择复制的第一个动画选项，在【动画】/【计时】组中设置“开始”为“上一动画之后”，“延迟”为 0.5 秒。

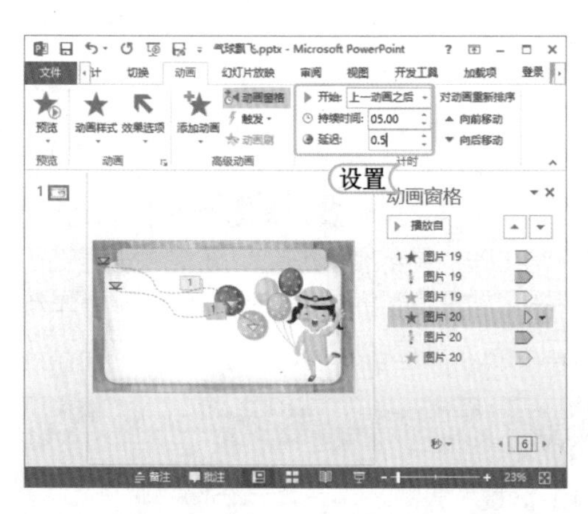

> **提个醒** 为了保证动画播放的连续性，一般都将一张幻灯片中不同对象的动画设置为在上一动画之后播放。

STEP 08：更改动画路径

在“动画窗格”窗格中选择复制的路径动画选项后，在【动画】/【动画】组的“动画样式”列表框中选择“自定义路径”动画选项，然后在幻灯片编辑区绘制相应的动画路径，最后设置其持续时间为 5 秒。

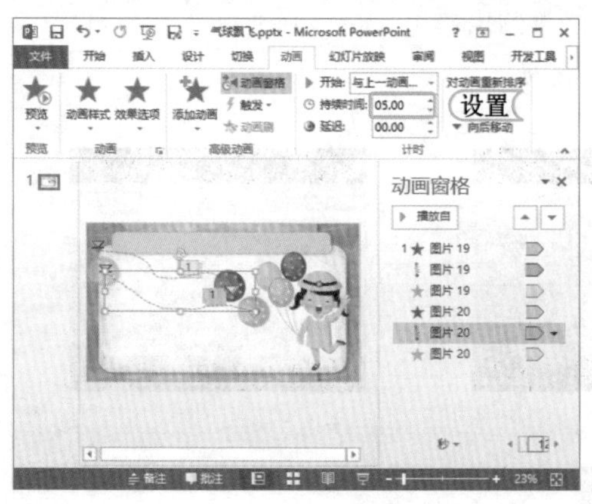

> **提个醒** 不同的动画，在“动画窗格”窗格中显示出的图标也不一样，如“进入”动画显示为绿色，“退出”动画显示为红色。

STEP 09：复制动画对象

返回幻灯片编辑区选择其中的一张图片，按住Ctrl键并拖动鼠标复制一个气球图片，此时在“动画窗格”窗格中也将同步复制相应的动画，对气球图片的位置、旋转角度等进行适当地调整。

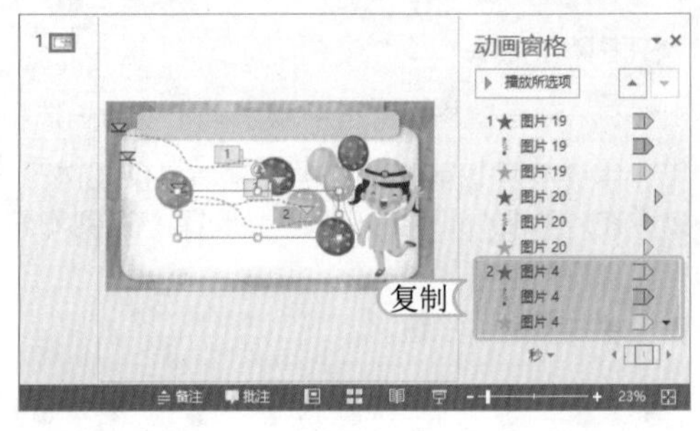

STEP 10：修改复制的动画

在“动画窗格”窗格中选择复制生成的第一个飞出动画选项，在【动画】/【计时】组中设置“开始”方式为“上一动画之后”，“延迟”时间为1秒。然后按照相同的方法，修改复制图片的动画路径。

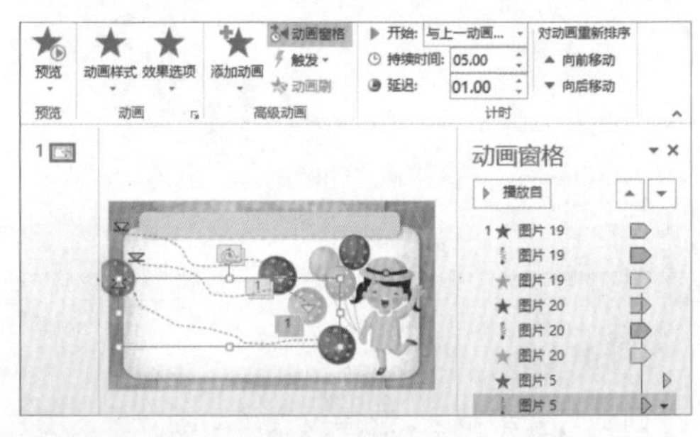

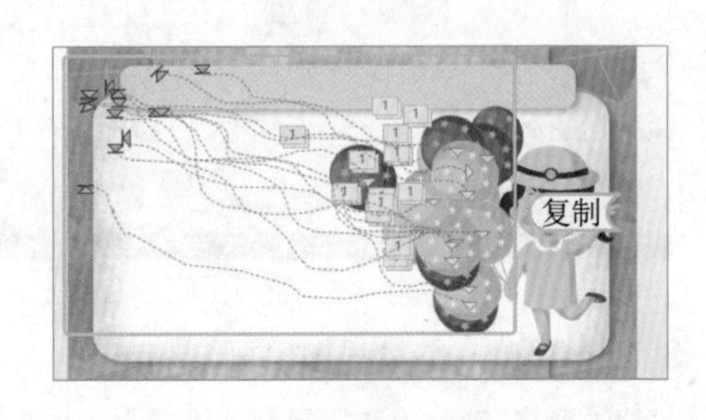

STEP 11：完成动画制作

重复上面两步操作，在画面中复制并添加多个自定义路径的气球动画，然后根据动画效果对其中部分气球的速度和延迟时间等进行调整，完成气球飘飞动画的制作。

7.4 练习2小时

本章主要介绍了在演示文稿中应用动画的相关知识，主要包括设置对象动画效果、设置幻灯片切换动画效果与动画制作技巧等，用户要想在日常工作中熟练使用它们，还需再进行巩固练习。下面以制作星星闪烁的PPT片头“星光闪闪.pptx”、“食品文化.pptx”、“销售年终总结.pptx”和“商务礼仪.pptx”演示文稿为例，巩固学习对动画的应用。

1. 制作星星闪烁的PPT片头

本例将制作具有星星闪烁效果的“星光闪闪.pptx”演示文稿。首先在幻灯片中绘制一颗五角星，然后为其添加相应的动画，最后复制出更多星星形状及动画，并对复制的形状及动画进行调整与设置。最终效果如下图所示。

光盘文件

效果\第7章\星光闪闪.pptx

实例演示\第7章\制作星星闪烁的PPT片头

2. 制作“食品文化”演示文稿

本例将打开“食品文化.pptx”演示文稿，通过为幻灯片中的对象添加动画以及为幻灯片应用不同的切换动画，让用户熟练掌握应用动画的方法。最终效果如下图所示。

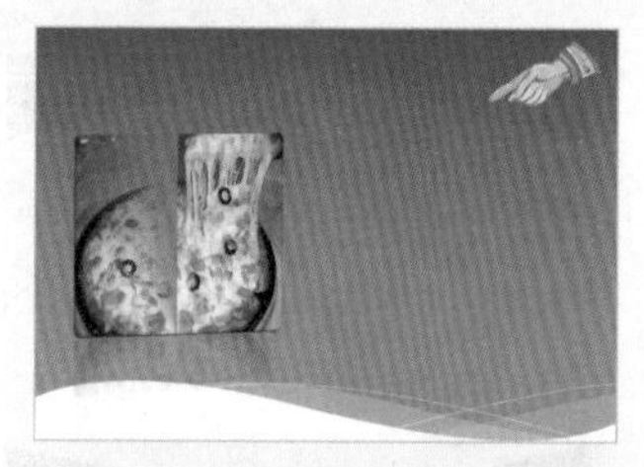

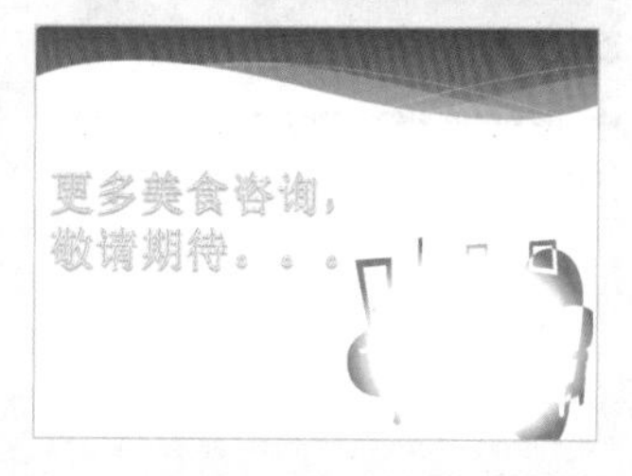

光盘文件
素材\第7章\食品文化.pptx
效果\第7章\食品文化.pptx
实例演示\第7章\制作“食品文化”演示文稿

3. 制作“销售年终总结”演示文稿

本例将打开“销售年终总结.pptx”演示文稿，通过添加并设置动画，让用户熟练掌握运用动画的各种技巧。首先结合动画的制作技巧，为幻灯片中的各个对象添加各种丰富的动画效果，然后为每张幻灯片应用切换动画，最后对设置的动画效果进行预览。最终效果如下图所示。

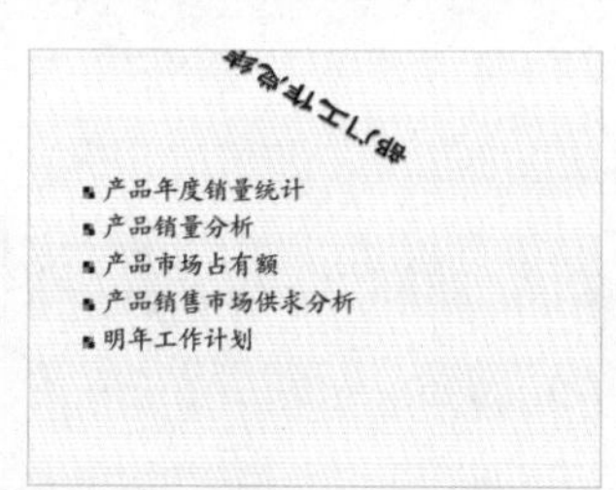

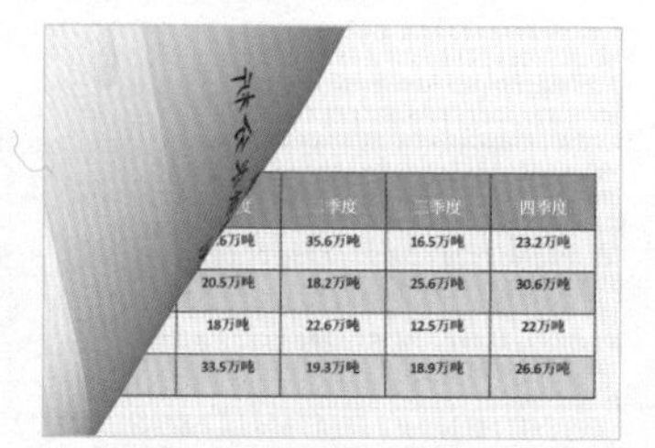
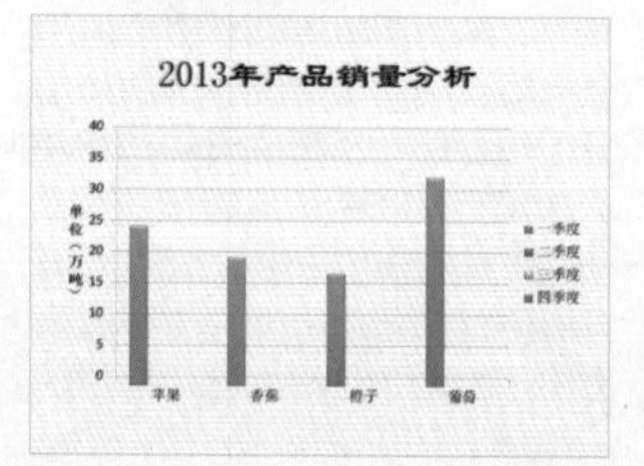

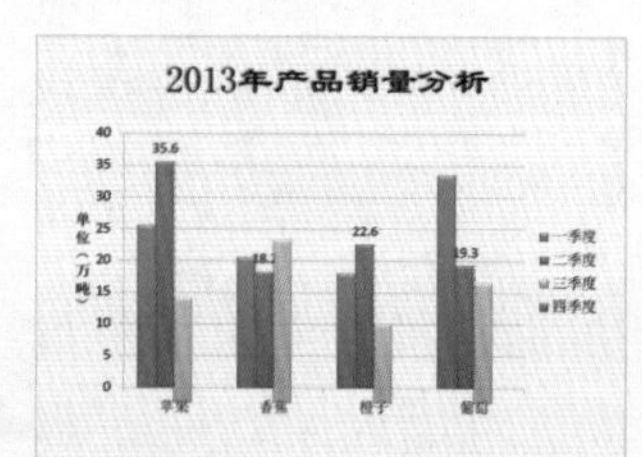

光盘文件
素材\第7章\销售年终总结.pptx
效果\第7章\销售年终总结.pptx
实例演示\第7章\制作“销售年终总结”演示文稿

4. 制作“商务礼仪”演示文稿

本例将打开“商务礼仪.pptx”演示文稿素材。首先为每张幻灯片中的对象添加各种动画，然后对幻灯片的切换动画进行设置，最后再预览一遍幻灯片。最终效果如下图所示。

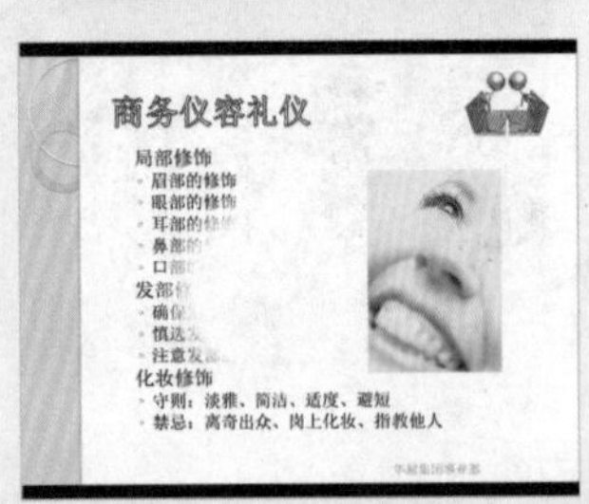

光盘文件
素材\第7章\商务礼仪.pptx
效果\第7章\商务礼仪.pptx
实例演示\第7章\制作“商务礼仪”演示文稿

读书笔记

第8章 运用多媒体

学习2小时

为了使演示文稿变得有声有色，更加吸引观众的眼球，可以使用声音和视频文件来制作演示文稿。在PowerPoint 2013中可以插入的声音和视频文件类型较多，如联机音频、PC和CD中的音频、联机视频和Flash动画等，用户还可根据需要对其进行编辑，使播放效果更加流畅。

- 声音的应用
- 视频的应用

上机4小时

8.1 声音的应用

声音的加入会使演示文稿的内容更加丰富、多彩，在 PowerPoint 2013 中不仅可以插入多种扩展名的声音文件，还可以插入来自不同途径的声音文件，如联机音频文件、计算机中保存的音频文件，以及 CD 中和录制的声音文件。下面就来讲解一下幻灯片中声音的应用。

学习 1 小时

- 熟悉在幻灯片中插入联机音频声音文件的方法。
- 掌握插入 PC 和 CD 中的音频文件以及录制的声音文件的方法。
- 熟练掌握设置声音属性、剪辑插入的声音，以及隐藏声音图标的操作。

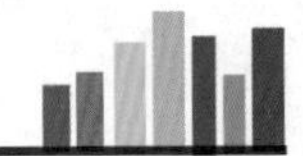

8.1.1 插入联机音频文件

在 PowerPoint 2013 中，系统提供了插入联机音频文件的功能。通过联网搜索，让用户可以使用更多的声音资源。下面在“电影导视有声版 .pptx”演示文稿中插入联机音频文件，练习插入联机音频文件的方法，其具体操作如下：

光盘文件
素材 \ 第 8 章 \ 电影导视有声版 .pptx
效果 \ 第 8 章 \ 电影导视有声版 .pptx
实例演示 \ 第 8 章 \ 插入联机音频文件

STEP 01：准备插入联机声音

1. 打开“电影导视有声版 .pptx”演示文稿，选择第 2 张幻灯片。
2. 选择【插入】/【媒体】组，单击“音频”按钮，在弹出的下拉列表中选择“联机音频”选项，打开“插入音频”对话框。

STEP 02：输入声音关键词

在打开的对话框的“Office.com 剪贴画”搜索栏的文本框中输入音频文件关键字“快乐”，然后按 Enter 键进行搜索。

插入音频
Office.com 剪贴画
输入
快乐

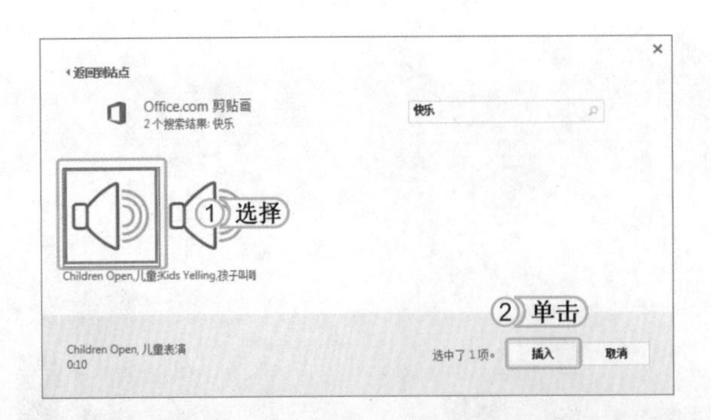

STEP 03：插入音频文件

1. 在打开的搜索结果列表框中选择需要插入幻灯片中的音频文件。
2. 单击 插入 按钮。

STEP 04： 调整并查看插入的声音

插入声音后，需要对声音的位置进行调整，选择图标，将其按照移动图片的方法移动到适当的位置处即可。

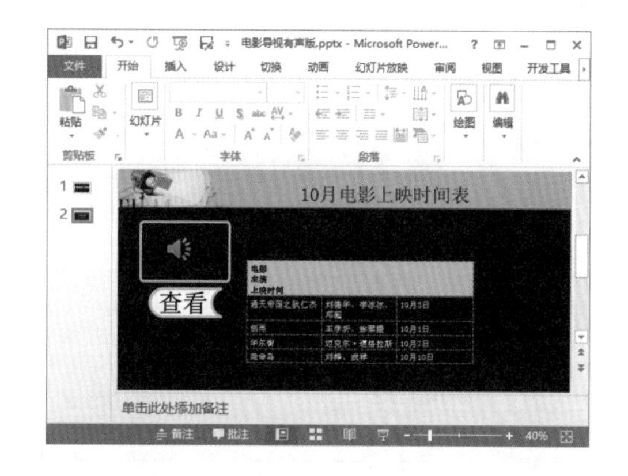

提个醒

如果对搜索的结果不满意，用户可以在搜索栏中重新输入关键词进行搜索，或者单击 返回到站点 按钮返回上一级对话框，重新进行搜索。

经验一箩筐——声音图标

在幻灯片中插入声音后，幻灯片编辑区中将自动添加图标，单击该图标，将出现声音控制条，用户可通过该控制条对插入的声音进行播放。

8.1.2 插入 PC 和 CD 中的音频文件

PC 中的音频文件即保存在计算机中的音频文件。在幻灯片中可以插入计算机中保存的音频文件，这是插入声音最常使用的方式，除此之外，还可以插入 CD 中的音频文件，下面分别进行介绍。

1. 插入 PC 中的音频文件

在演示文稿中插入 PC 中的音频文件的方法比较简单，首先选择需要插入声音的幻灯片后，在【插入】/【媒体】组中单击“音频”按钮，然后在弹出的下拉列表中选择“PC 上的音频”选项，打开“插入音频”对话框，在“查找范围”下拉列表框中选择声音文件的位置，在中间的列表框中选择声音文件，最后单击 插入(S) 按钮即可。如下图所示即为插入 PC 中的音频文件的操作示意图。

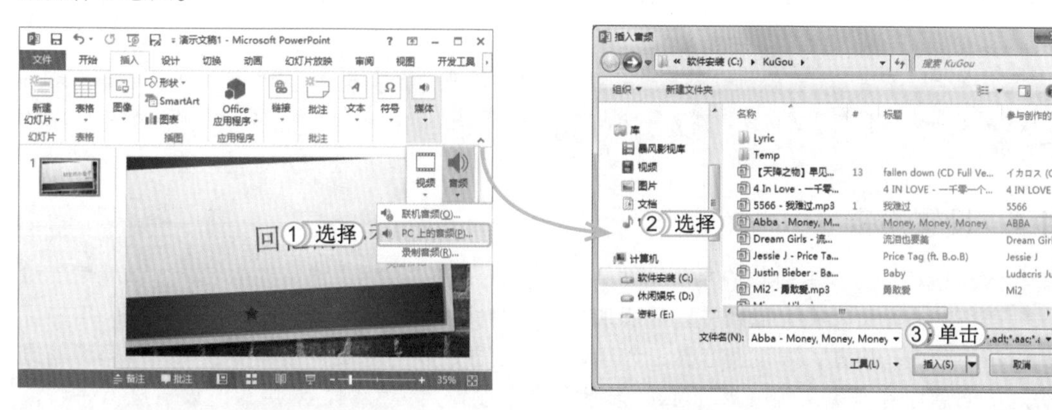

2. 插入 CD 中的音频文件

CD 是插入计算机中的外部储存器，通过插入 CD 中的音频文件可以丰富幻灯片的声音来源，从而制作出具有更多声音效果的演示文稿。其方法与插入 PC 中的音频文件相同，只是在插入 CD 中的音频文件前，必须要先启动光盘驱动器并在其中放入 CD 盘，且音频文件的位置是在 CD 盘中。如下图所示即为插入 CD 中的音频文件。

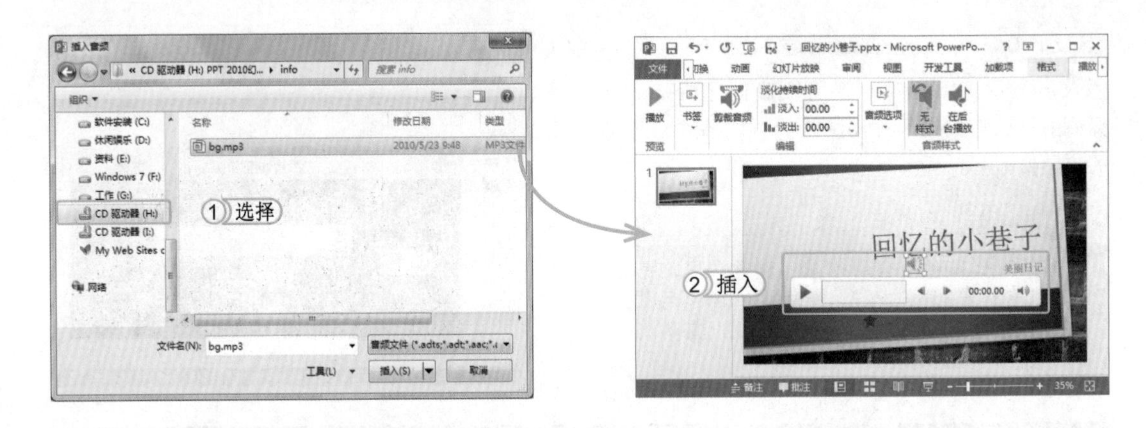

8.1.3 插入录制的声音

在演示文稿中不仅可以插入既有的各种音频文件，还可以插入现场录制的声音，如插入幻灯片的解说词等。这样在放映演示文稿时，制作者不必亲临现场也可很好地将自己的观点表达出来。

在幻灯片中插入录制的声音的方法比较简单，首先选择需要插入声音的幻灯片后，在【插入】/【媒体】组中单击"音频"按钮，然后在弹出的下拉列表中选择"录制音频"选项，打开"录制声音"对话框，在该对话框的"名称"文本框中输入声音的名称，单击按钮开始录音。录制完成后单击按钮停止录音。再单击 确定 按钮完成录制声音的插入。如下图所示即为插入录制声音的操作示意图。

经验一箩筐——"录制声音"对话框中的按钮

在"录制声音"对话框中，没有进行录音前，只有"录音"按钮可用，单击该按钮后只有"停止"按钮可用，单击按钮后两边的和按钮均可用，此时再单击"录音"按钮，可重新录制声音；单击"暂停"按钮，可以暂停声音的录制操作，而且此时只有"停止"按钮可用。

8.1.4 设置声音

一般直接在幻灯片中插入的声音文件并不能满足用户在实际工作中的需要，所以就需要对插入的声音进行设置。在选择系统自动添加的声音图标后，将出现"播放"选项卡，用户可在其中对声音进行设置，如设置音量、为声音图标设置放映时隐藏、循环播放和播放声音的方式等。下面就以在"婚庆用品展.pptx"演示文稿中设置声音为例，对声音的设置进行讲解，其具体操作如下：

光盘文件
素材 \ 第 8 章 \ 婚庆用品展 . pptx
效果 \ 第 8 章 \ 婚庆用品展 . pptx
实例演示 \ 第 8 章 \ 设置声音

STEP 01：选择声音图标

1. 打开"婚庆用品展.pptx"演示文稿，选择第1张幻灯片。
2. 选择幻灯片中的声音图标 。

STEP 02：设置声音的播放方式

选择【播放】/【音频选项】组，在"开始"下拉列表中选择"自动"选项，将声音设置为自动播放。

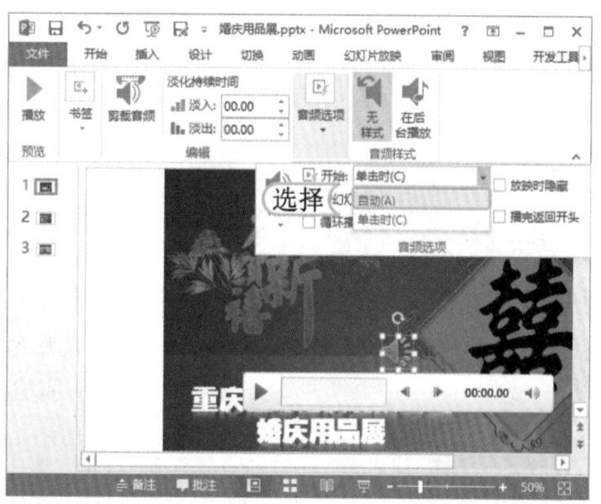

提个醒 在"开始"栏中提供了"自动"和"单击时"2个选项，若选择"单击时"选项，在播放幻灯片时需要单击 图标才能播放插入的声音。

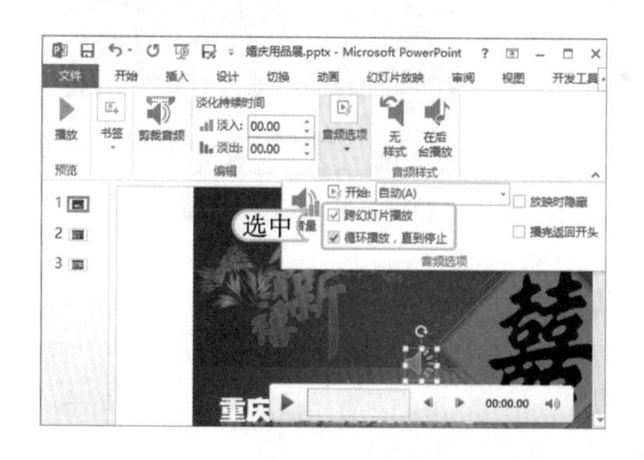

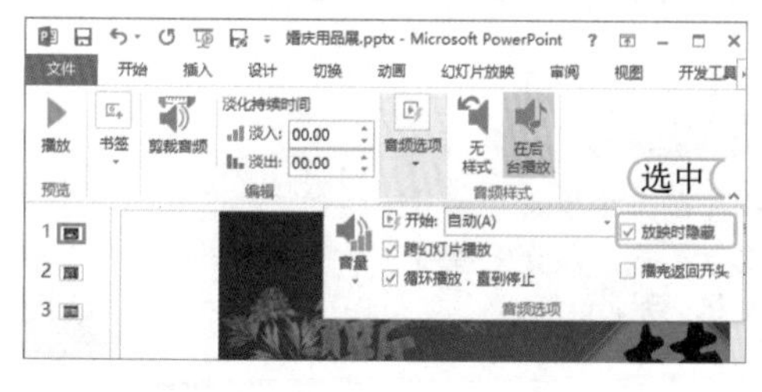

STEP 03：继续设置声音播放方式

仍然选择该声音图标，在【播放】/【音频选项】组中同时选中 ☑ 跨幻灯片播放 和 ☑ 循环播放，直到停止 复选框。

提个醒 在操作此步骤时，选中 ☑ 跨幻灯片播放 复选框，表示即使切换幻灯片后也能播放该声音。选中 ☑ 循环播放，直到停止 复选框，表示在幻灯片放映结束前会一直循环播放该声音。

STEP 04：隐藏声音图标

仍然选择该声音图标，在【播放】/【音频选项】组选中 ☑ 放映时隐藏 复选框，可在放映幻灯片过程中自动隐藏声音图标。

STEP 05：设置声音音量

仍然选择该声音图标，在【播放】/【音频选项】组中单击"音量"按钮 ，在弹出的下拉列表中选择"中"选项，可将声音的音量设置为适中大小。

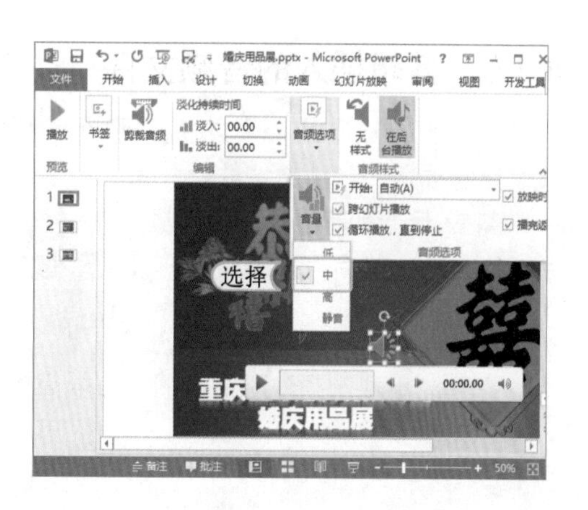

提个醒 在音量下拉列表中提供了"低"、"中"、"高"和"静音"4个选项，分别代表了音量的小、中、大以及静音。用户也可以在声音控制条中单击 按钮，拖动鼠标对音量进行更为精确地设置。

STEP 06：设置后台播放

仍然选择该声音图标，在【播放】/【音频样式】组中单击“在后台播放”按钮，快速将该音频文件设置为后台播放。

> **提个醒** 声音设置了后台播放后，在放映幻灯片时就不能对该声音进行任何操作，而且该声音的图标也会自动隐藏。

STEP 07：设置淡化持续时间

保持选择该图标，选择【播放】/【编辑】组，然后设置声音的“淡入”和“淡出”时间均为 5 秒。

> **提个醒** 设置了“淡入”和“淡出”时间后，声音将按设置的时间长短以循序渐进的方式开始和结束播放。当然，根据需要，用户可以只设置淡入或淡出中的 1 项。

STEP 08：预览设置的声音

设置完成后，用户可在【播放】/【预览】组中单击“播放”按钮，对设置的声音进行预览。预览完成后，再单击“暂停”按钮结束预览。

> **提个醒** 在操作此步骤时，用户也可以在声音控制条中单击“播放”按钮对设置的声音进行预览，预览完成后，也可以单击“暂停”按钮结束预览。

8.1.5 剪辑插入的音频文件

对于直接插入的音频文件，可能会遇到其中有部分声音不符合制作需要的情况，这时，就需要对插入的音频文件进行剪辑。

剪辑声音都是在“剪裁音频”对话框中进行的，所以下面就先讲解打开“剪裁音频”对话框的方法，然后再讲解如何在该对话框中对声音进行剪辑。

1. 打开“剪裁音频”对话框

打开“剪裁音频”对话框的方法很简单，主要有以下两种。

通过按钮打开：用户可以在选择声音图标后，选择【播放】/【编辑】组，然后单击“剪裁音频”按钮，即可打开“剪裁音频”对话框。如下图所示即为通过按钮打开“剪裁音频”对话框。

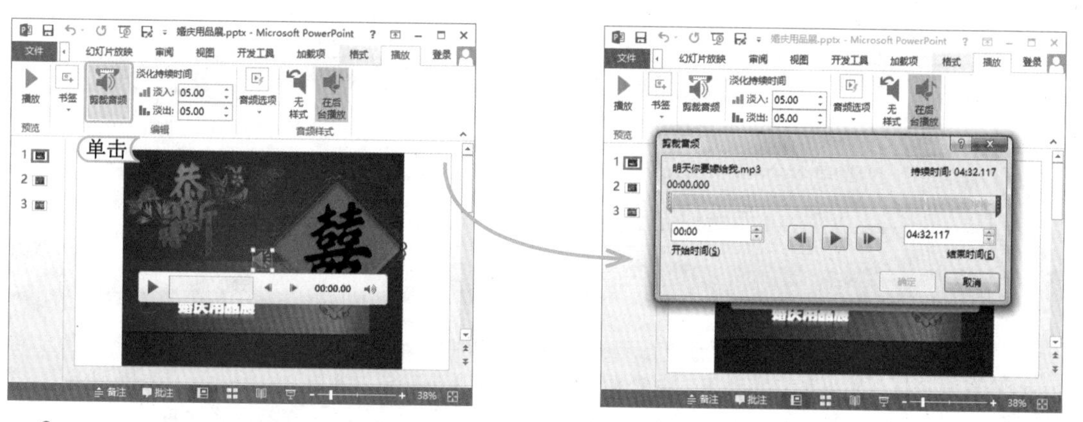

通过浮动工具栏打开：在选择声音图标后，单击鼠标右键，将弹出浮动工具栏，然后在其中单击“修剪”按钮，将快速打开“剪裁音频”对话框。如下图所示即为通过浮动工具栏打开“剪裁音频”对话框。

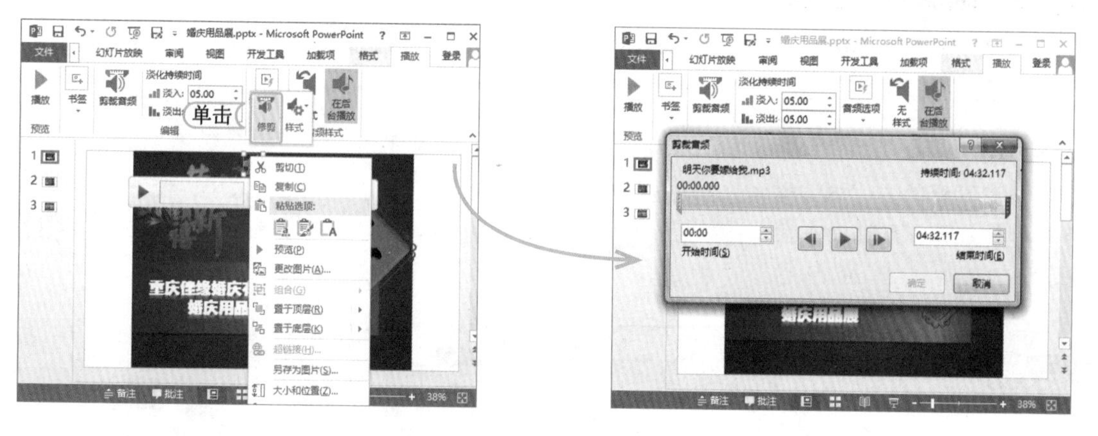

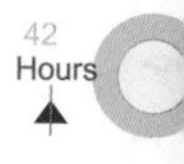

2. 在“剪裁音频”对话框中的剪辑操作

剪裁音频文件的操作都是在“剪裁音频”对话框中进行的，下面就对剪辑的操作方法进行介绍。

通过拖动控制标签剪辑：在打开“剪裁音频”对话框后，用户可以通过拖动绿色的开始控制标签来定位声音的开始时间；拖动红色的结束控制标签来定位声音的结束时间。完成剪辑后，单击确定按钮即可。如下图所示分别为通过拖动开始控制标签和结束控制标签来剪裁声音。

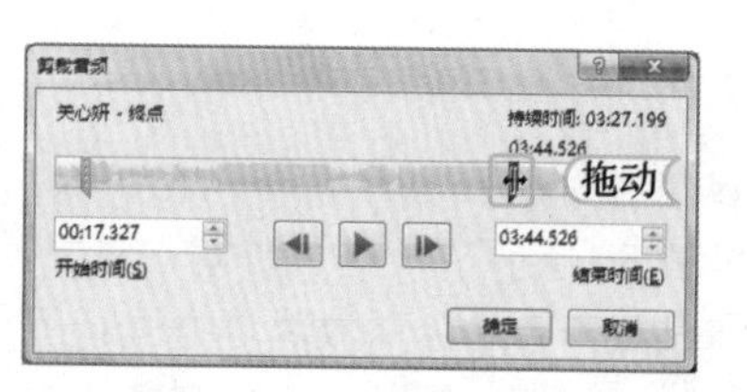

通过数值框剪辑：在打开“剪裁音频”对话框后，用户可以手动在“开始时间”和“结束时间”数值框中输入时间值来对声音进行剪裁，或者通过单击微调按钮、来剪裁声音，最

后单击 确定 按钮完成声音的剪裁。需注意的是，手动输入的时间值单位为秒，而且结束时间一定要大于开始时间。如下图所示分别为通过手动输入和微调按钮来剪裁声音。

经验一箩筐——关于“剪裁音频”对话框

在“剪裁音频”对话框的上方显示了音频文件的名称和持续时间，若是对声音进行裁剪操作后，其持续时间将会发生相应的改变。中间有◀、▶和▶3个按钮，其含义分别为：单击◀按钮，将跳转到上一帧；单击▶按钮，将对裁剪后的声音进行预览；单击▶按钮，将跳转到下一帧。

8.1.6 编辑声音图标

除了对音频文件进行各种设置外，还可以对声音图标进行编辑，其编辑操作主要包含调整图标和设置图标的显示方式等。

1. 调整图标

调整图标的方法与调整图片的方法一样，主要包括调整图标的颜色、大小、位置、样式以及排列方式等，且其操作都是在“格式”组中进行。如下图所示分别为调整图标的颜色和裁剪图片。

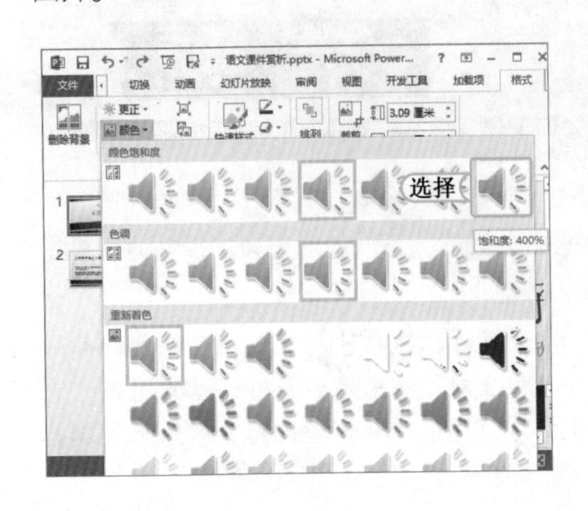

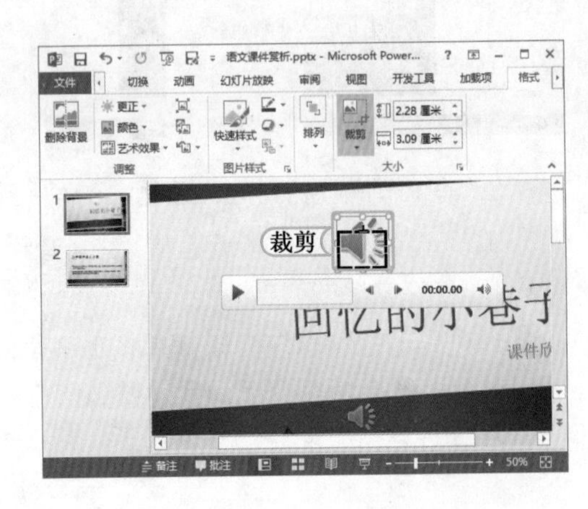

2. 设置图标的显示方式

设置图标的显示方式即指在放映幻灯片时是否显示或隐藏声音图标。关于隐藏图标的方法已经在8.1.4节中进行了讲解，这里就不再赘述。值得注意的是，可以通过选中 ☑放映时隐藏 复选框和设置声音后台播放两种方式将图标隐藏。若是要将隐藏的图标显示出来，需要取消选中 □放映时隐藏 复选框，并同时设置声音无样式播放。

上机1小时 制作有声版的“语文课件”演示文稿

- 巩固插入音频、剪裁音频和设置音频选项的方法。
- 进一步掌握音频图标的格式设置的方法，包括颜色和应用样式等。

本例将为“语文课件.pptx”演示文稿配以音乐，首先在演示文稿中插入联机音频文件以及插入PC上的音频文件，然后对音频文件和图标进行各种编辑操作。最终效果如下图所示。

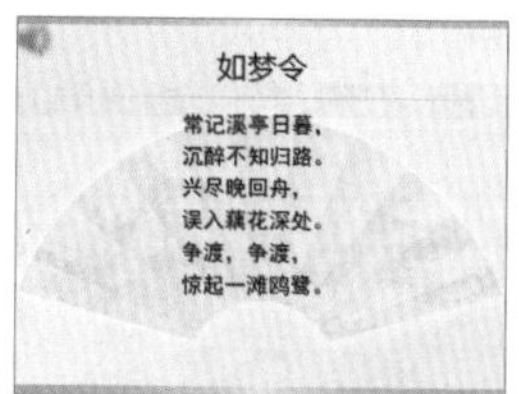

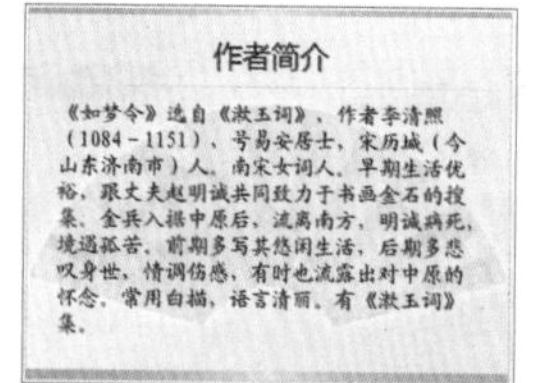

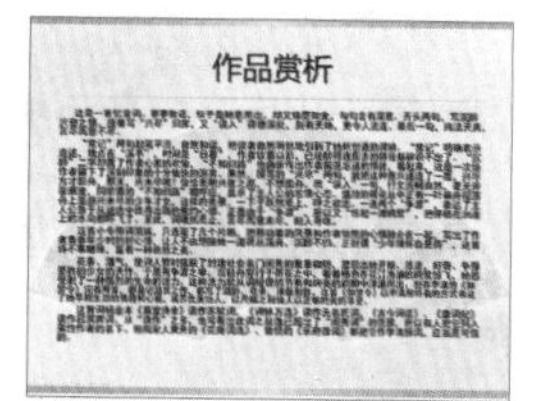

光盘文件
素材\第8章\语文课件\
效果\第8章\语文课件.pptx
实例演示\第8章\制作有声版的“语文课件”演示文稿

STEP 01：准备插入联机音频

1. 打开“语文课件.pptx”演示文稿，选择第1张幻灯片。
2. 在【插入】/【媒体】组中单击“音频”按钮，在弹出的下拉列表中选择“联机音频”选项。

STEP 02：插入联机音频

1. 在打开的对话框的“Office.com剪贴画”搜索栏的文本框中输入音频文件关键字“鼓掌”，然后按Enter键进行搜索。
2. 在打开的搜索结果列表框中选择需要插入幻灯片中的音频文件。
3. 单击 插入 按钮。

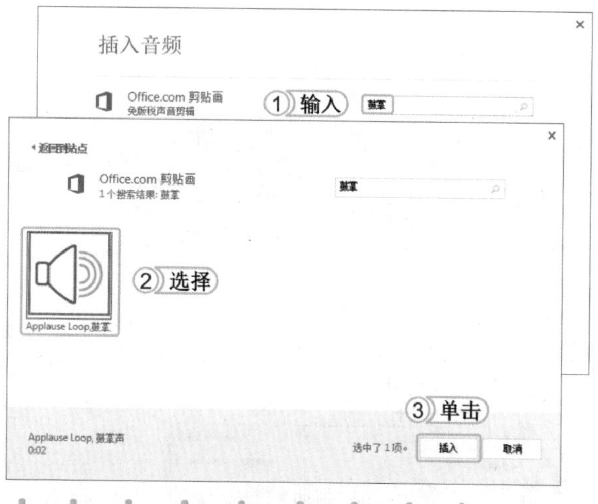

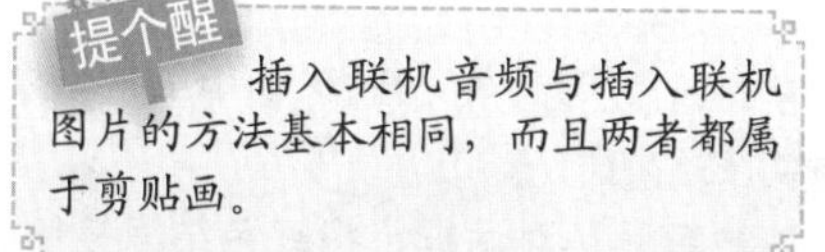

提个醒 插入联机音频与插入联机图片的方法基本相同，而且两者都属于剪贴画。

读书笔记

STEP 03: 移动并设置音频播放方式

1. 为了不影响观看幻灯片，将鼠标光标移动到图标上，按住并拖动鼠标将该图标移动到幻灯片的右上角。
2. 保持音频图标的选择状态，在【播放】/【音频样式】组的"开始"下拉列表框中选择"自动"选项。

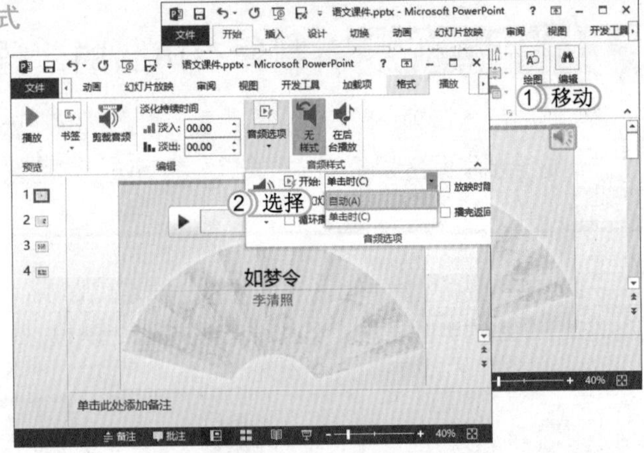

提个醒 为了不影响观众观看幻灯片，通常都会将插入的声音图标移动到幻灯片编辑区的4个角处。

STEP 04: 插入 PC 上的音频

1. 选择第2张幻灯片，选择【插入】/【媒体】组，单击"音频"按钮，在弹出的下拉列表中选择"PC上的音频"选项。
2. 打开"插入音频"对话框，找到并选择声音文件"背景音乐.mp3"。
3. 单击插入(S)按钮。

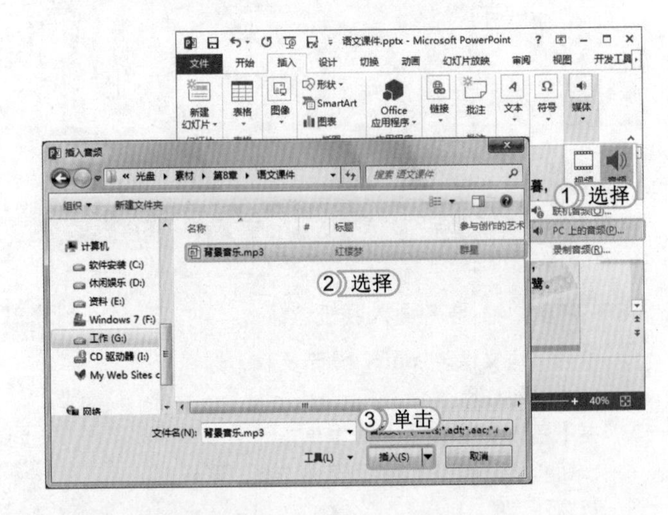

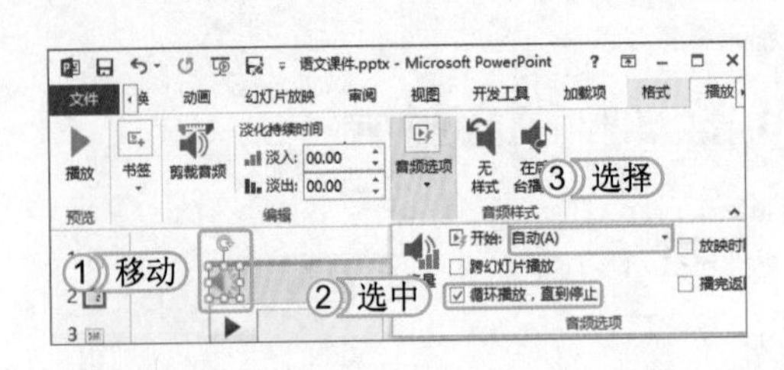

STEP 05: 设置音频选项

1. 将声音图标移动到幻灯片的左上角。
2. 在"音频样式"组中选中 ☑ 循环播放，直到停止 复选框。
3. 在"开始"下拉列表框中选择"自动"选项。

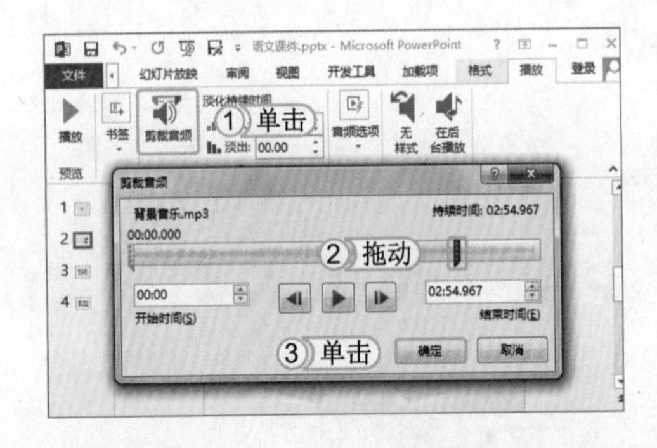

STEP 06: 裁剪音频

1. 保持音频的选择状态，在"编辑"组中单击"剪裁音频"按钮。
2. 打开"剪裁音频"对话框，将红色结束控制标签拖动到时间轴上的"02:54.967"的位置处。
3. 单击确定按钮。

STEP 07：设置图标颜色

1. 保持音频图标选择状态，选择【格式】/【调整】组，单击颜色按钮。
2. 在弹出的下拉列表中选择“色温 11200K”选项。

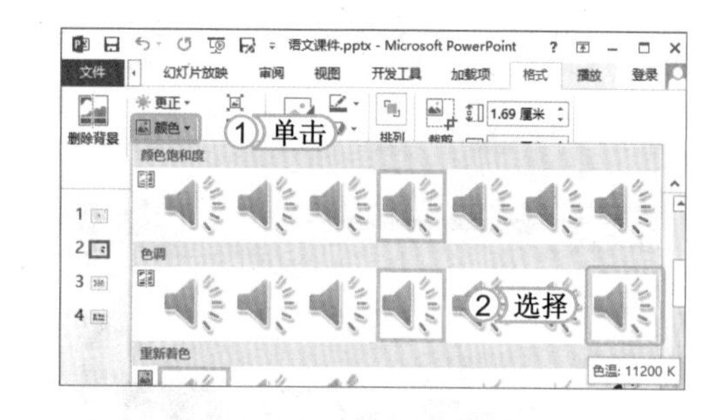

STEP 08：调整图标艺术效果和样式

1. 在“调整”组中单击艺术效果按钮，在弹出的下拉列表中选择“混凝土”选项。
2. 在“图片样式”组的“快速样式”列表框中选择“居中矩形阴影”选项。

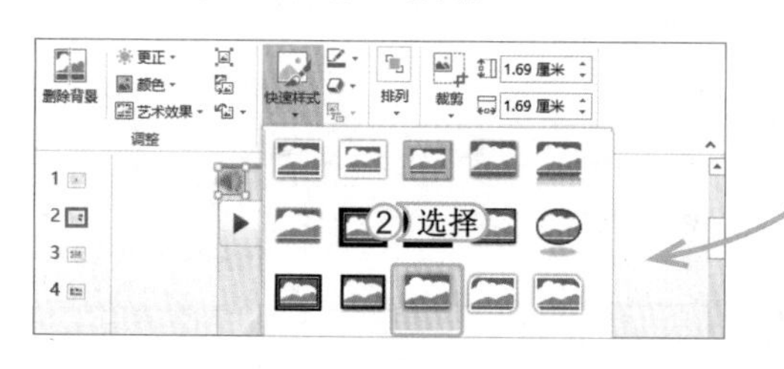

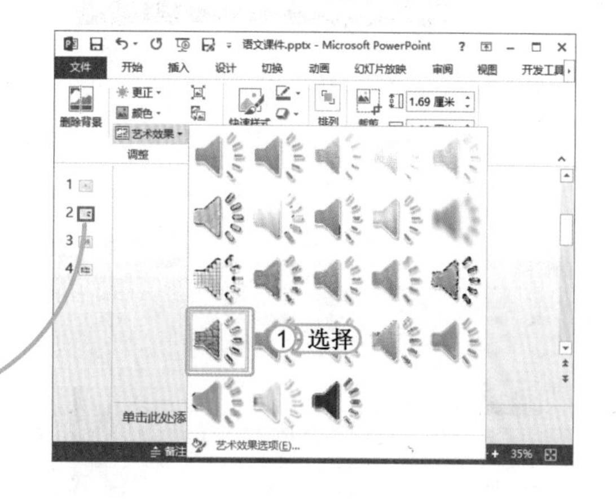

8.2 视频的应用

为了使幻灯片看起来丰富多彩，不仅可以在幻灯片中插入各种静态图像，同样也可以在幻灯片中插入视频，包括插入联机视频文件和计算机中存放的视频文件。下面对视频应用的相关知识进行介绍。

学习 1 小时

- 熟悉在幻灯片中插入视频的方法。
- 掌握剪辑视频、设置视频播放样式等编辑视频的方法。
- 掌握编辑视频封面的方法。

8.2.1 插入联机视频

插入联机视频是 PowerPoint 2013 提供的一项独特的新功能。用户可以通过联机插入来自 SkyDrive 或其他站点的视频文件。需要注意的是，要插入联机视频需要先登录 SkyDrive 账户。插入联机视频的方法比较简单，下面就对两种常用的方法进行讲解。

通过下拉列表插入：首先选择需要插入联机视频的幻灯片，选择【插入】/【媒体】组，单击“视频”按钮，然后在弹出的下拉列表中选择“联机视频”选项，将打开“插入视频”对话框，用户只需在其中选择要插入的视频文件即可。如下图所示即为打开“插入视频”对话框的操作示意图。

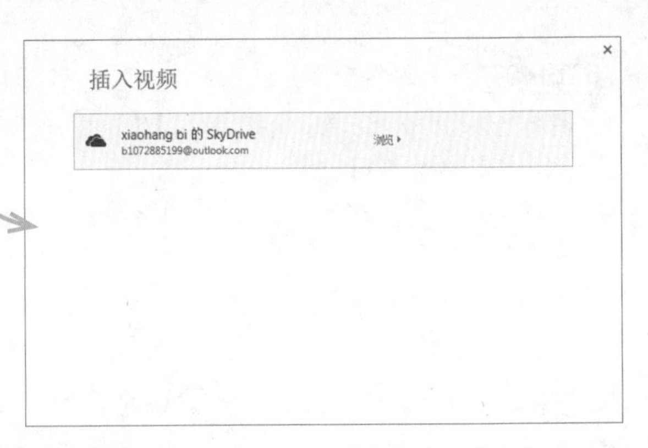

🔑 通过占位符插入：在含有视频占位符的幻灯片中，单击占位符中的“插入视频文件”按钮，将打开“插入视频”对话框，然后在该对话框中选择用户保存在 SkyDrive 中的视频文件即可。如下图所示即为通过占位符打开“插入视频”对话框。

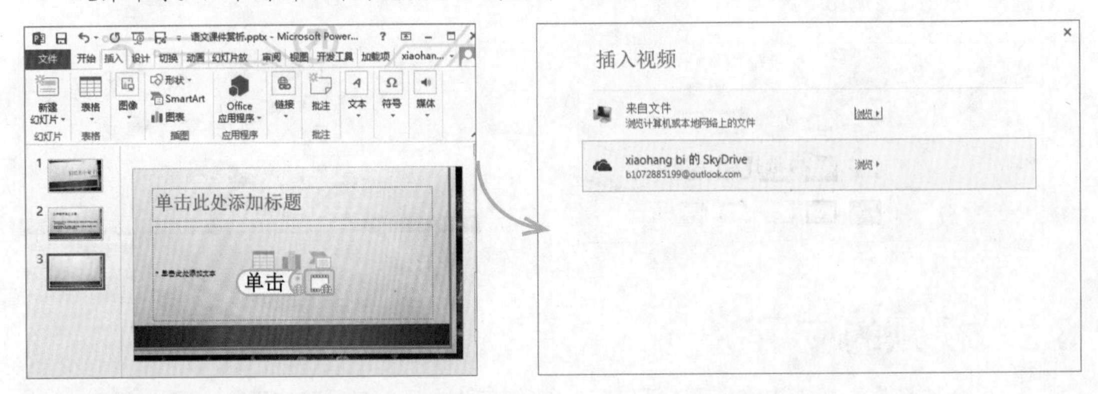

8.2.2 插入 Flash 动画

Flash 动画的应用范围很广，使用它可以制作出人们喜爱的 MTV、广告宣传片、教学课件以及各种在线游戏等。当然，用户也可以在演示文稿中插入 Flash 动画，以制作出具有独特视觉效果的演示文稿。

在 PowerPoint 中插入 Flash 动画需要在“开发工具”选项卡中进行，但是通常情况下功能区中并没有显示“开发工具”选项卡，因此，用户需要使用 PowerPoint 自定义功能区的功能将“开发工具”选项卡显示出来，其添加方法在第 1 章的 1.2.3 节进行了详细讲解，这里不再赘述。

下面就以在空白演示文稿中插入一个 Flash 动画为例，对插入 Flash 动画的方法进行讲解，其具体操作如下：

光盘文件
素材 \ 第 8 章 \ 超级蜗牛 . swf
效果 \ 第 8 章 \ 游戏宣传片头 . pptx
实例演示 \ 第 8 章 \ 插入 Flash 动画

STEP 01：打开“其他控件”对话框

新建一个“游戏宣传片头 .pptx”空白演示文稿，将默认新建的幻灯片中的占位符全部删除。选择【开发工具】/【控件】组，单击“其他控件”按钮，打开“其他控件”对话框。

STEP 02： 插入控件

在打开的“其他控件”对话框中选择 Shockwave Flash Object 选项，单击 确定 按钮。

STEP 03： 绘制播放区域

1. 将鼠标光标移到幻灯片编辑区中，当鼠标光标变为+形状时，按住并拖动鼠标绘制一个与幻灯片编辑区相同大小的播放 Flash 动画的区域。
2. 在绘制的区域上单击鼠标右键，在弹出的快捷菜单中选择“属性表”命令，打开“属性”对话框。

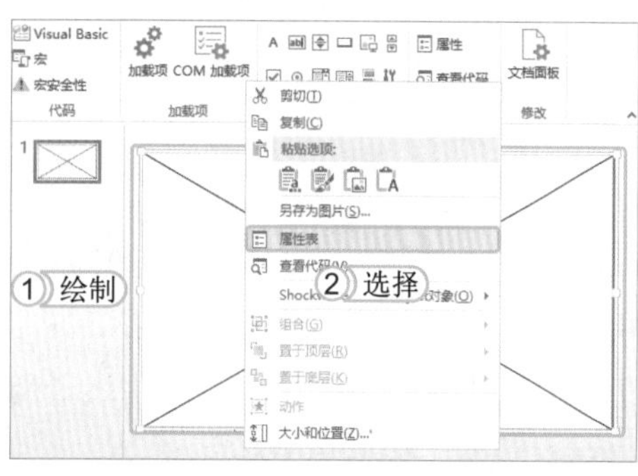

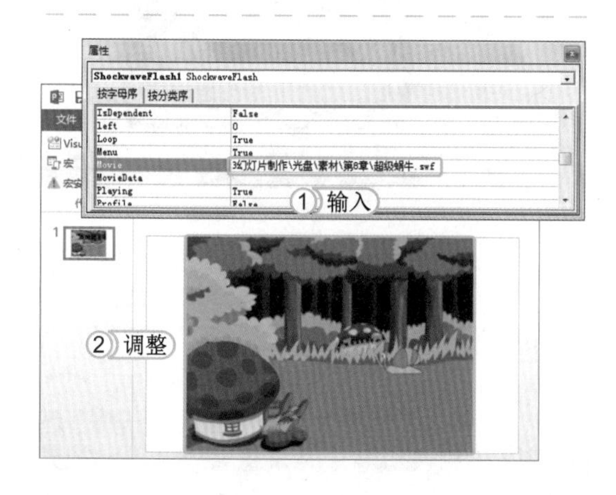

STEP 04： 输入动画路径并调整动画

1. 在打开的“属性”对话框的“Movie”文本框中输入“G:\撰写\PowerPoint 2013 幻灯片制作\光盘\素材\第 8 章\超级蜗牛.swf”Flash 动画，单击按钮关闭对话框。
2. 使用放映幻灯片的方法对插入的 Flash 动画进行预览，然后按照调整图片的方法调整播放区域的大小和位置。

8.2.3 插入电脑中的视频

插入计算机中的视频是在幻灯片中插入视频较为常用的方法。其插入方法有两种，一种是通过“插入”选项卡的“媒体”组插入；另一种是通过单击占位符中的“插入视频文件”按钮插入。但不管采用哪种方法都将打开“插入视频文件”对话框，按照与选择音频文件一样的方法即可将所需的视频文件插入到演示文稿中。下面将在“卢森堡概览.pptx”演示文稿中插入保存在计算机中的“视频简介.AVI”视频文件，其具体操作如下：

光盘文件
素材\第 8 章\卢森堡概览\
效果\第 8 章\卢森堡概览.pptx
实例演示\第 8 章\插入电脑中的视频

STEP 01： 准备插入视频

1. 打开“卢森堡概览.pptx”演示文稿，在“幻灯片”任务窗格中选择第 5 张幻灯片。
2. 选择【插入】/【媒体】组，单击“视频”按钮，然后在弹出的下拉列表中选择“PC 上的视频”选项。

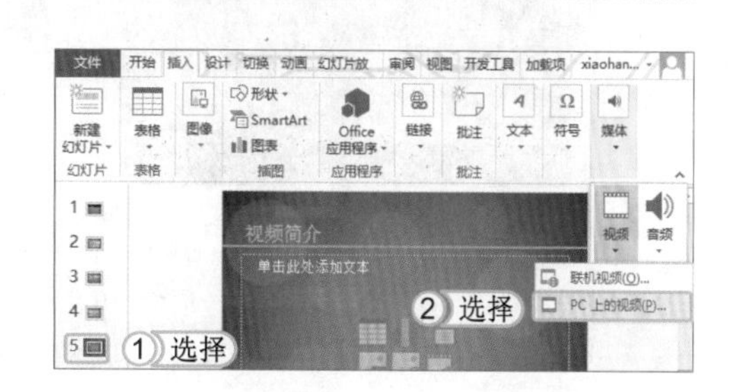

STEP 02: 插入视频

1. 打开“插入视频文件”对话框，找到并选择需要插入的视频文件“视频简介 .AVI”。
2. 单击[插入(S)]按钮。

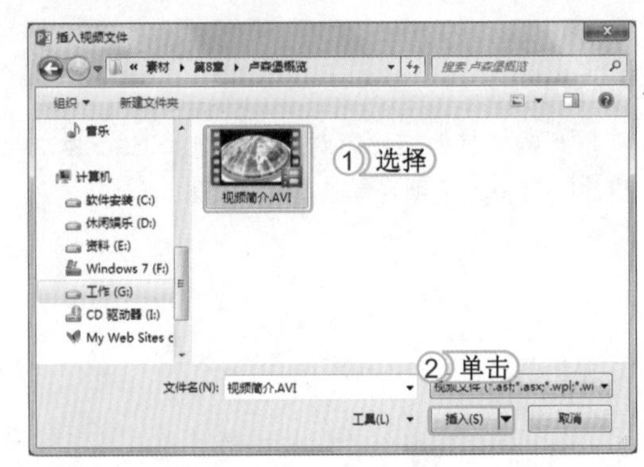

STEP 03: 查看插入的视频

返回幻灯片编辑区可查看插入的视频位置和封面，单击视频控制条中的▶按钮，可播放幻灯片中的视频。

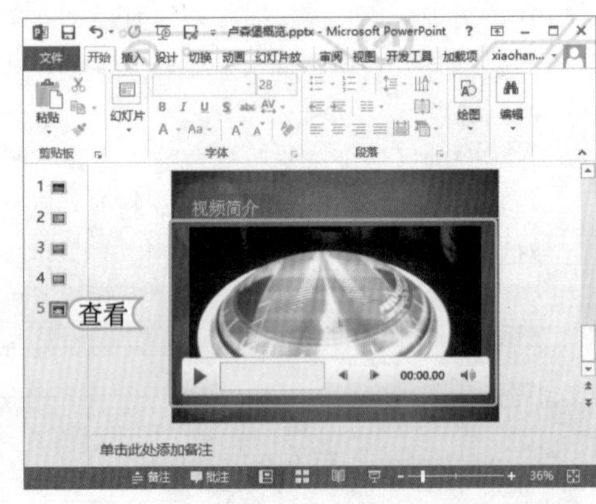

8.2.4 编辑视频

一般直接插入的视频并不能满足用户在实际工作中的需要，因此，用户需要对插入的视频进行编辑，包括剪裁视频、设置视频播放样式、设置视频淡化时间等。

1. 剪裁视频

用户可以根据需要对幻灯片中的视频进行剪裁，以在放映幻灯片时只将需要展示的视频内容播放出来。剪裁视频的方法与裁剪音频文件的方法基本相同，都可在【播放】/【编辑】组或浮动工具栏中进行。下面对其剪裁方法进行讲解。

- 在【播放】/【编辑】组中剪裁：首先选择需要剪裁的视频，在【播放】/【编辑】组中单击“剪裁视频”按钮，然后在打开的“剪裁视频”对话框中通过鼠标拖动相应的控制标签对视频进行剪裁即可。如下图所示分别为拖动开始和结束时间控制标签来剪裁视频。

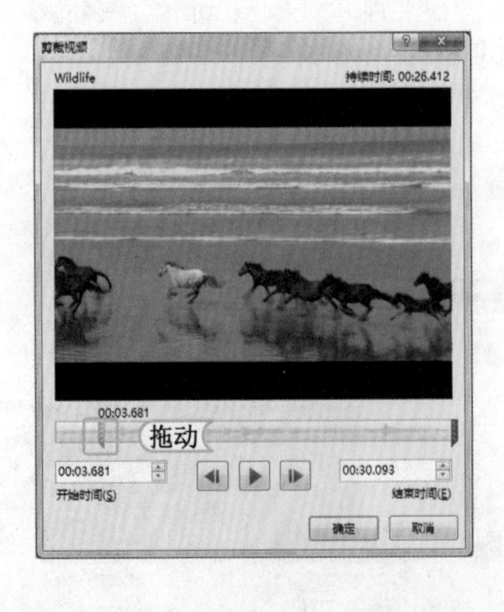

- 通过浮动工具栏剪裁：首先选择需要剪裁的视频，单击鼠标右键，在弹出的浮动工具栏中单击“修剪”按钮，然后在打开的“剪裁视频”对话框中对视频进行剪裁即可。如下图所示即为通过浮动工具栏打开“剪裁视频”对话框。

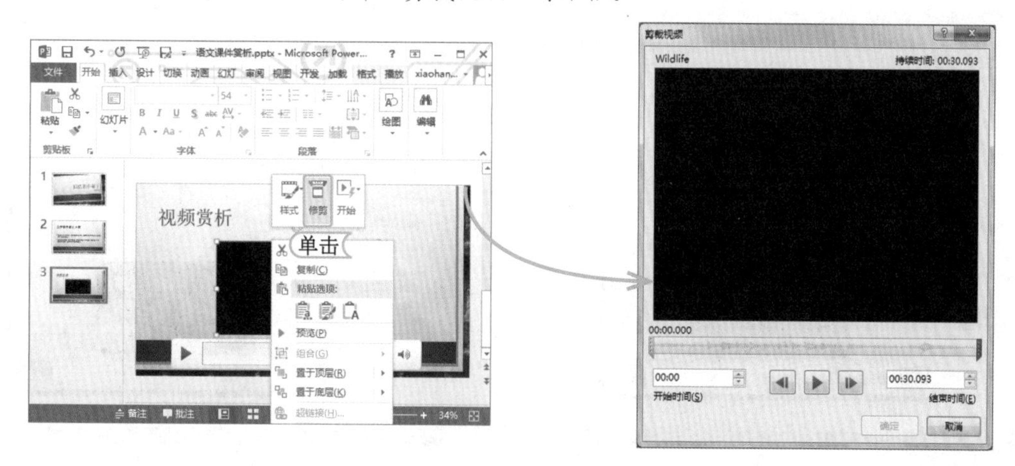

经验一箩筐——预览视频

在“剪裁视频”对话框中，改变视频的开始时间或者结束时间后，其中间预览框中都会显示视频播放的画面。

2. 设置视频播放样式

设置视频的播放样式包括设置其开始方式、音量、是否全屏播放、播放时是否隐藏图标和是否循环播放等，下面就对这些设置进行讲解。

- 设置视频的开始方式：视频的开始方式是指在放映幻灯片时视频以何种方式开始播放。其设置方法有两种，一种是选择需要设置的视频后，选择【播放】/【视频选项】组，在“开始”下拉列表框中选择“自动”或“单击时”选项即可；另一种是选择需要设置的视频后，单击鼠标右键，在弹出的浮动工具栏中单击“开始”按钮，然后在其下拉列表中选择需要的选项即可。如下图所示分别为在【播放】/【视频选项】组和浮动工具栏中设置视频的开始方式。

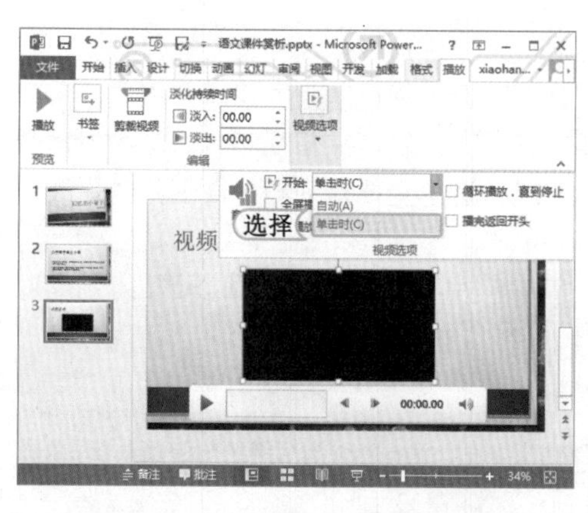

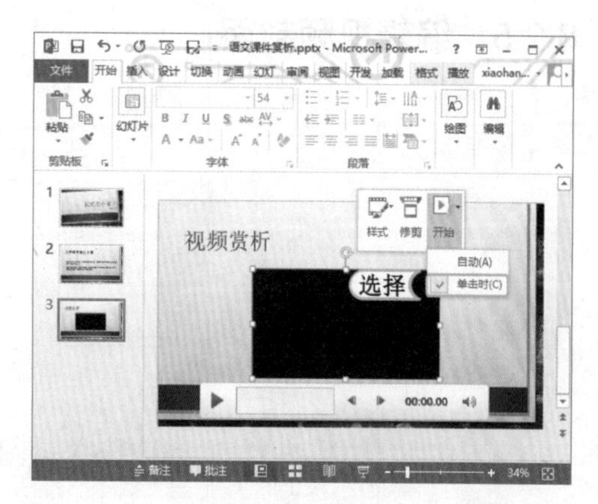

- 设置视频的音量：其方法有两种，一种是在【播放】/【视频选项】组中单击“音量”按钮，然后在其下拉列表中选择“低”、“中”、“高”或“静音”选项即可；另一种是

在视频控制条中单击🔊按钮，然后在弹出的音量控制条中拖动鼠标来设置视频的音量，在拖动鼠标时，鼠标会变为👆形状。如下图所示分别为在【播放】/【视频选项】组和视频控制条中设置视频的音量。

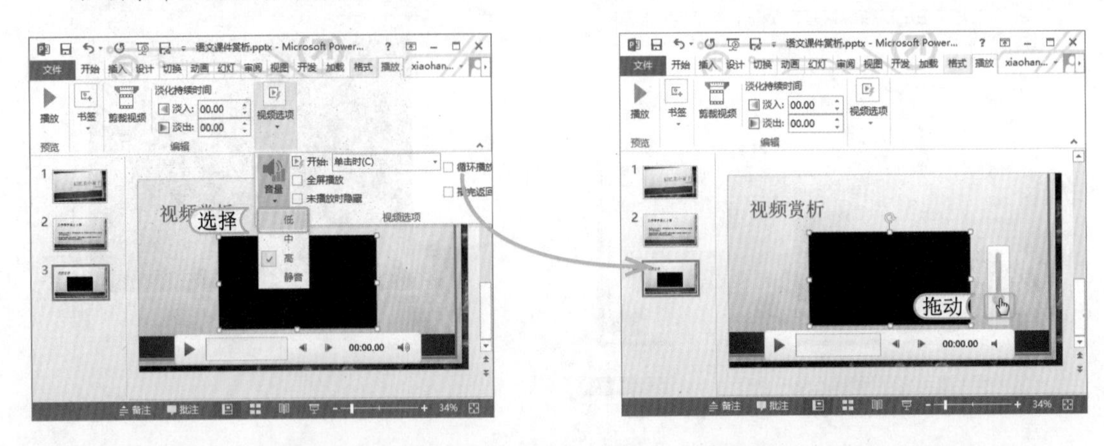

- 设置全屏播放：设置视频全屏播放后，在放映幻灯片时，将会以全屏的方式播放视频。其设置方法是：在【播放】/【视频选项】组中选中☑全屏播放复选框即可。
- 设置视频播放时隐藏图标：设置播放视频隐藏图标后，在放映幻灯片且并未播放该视频时，将不会显示视频图标。其设置方法是：在【播放】/【视频选项】组中选中☑未播放时隐藏复选框即可。
- 设置视频循环播放：设置视频循环播放后，在放映幻灯片时，若不进行暂停视频或切换幻灯片的操作，该视频将一直循环播放。其设置方法是：在【播放】/【视频选项】组中选中☑循环播放，直到停止复选框即可。

3. 设置视频淡化时间

对视频设置了淡化时间后，视频将按照设置的时间长短以循序渐进且比较柔和的方式播放或结束播放，其设置方法与设置声音的淡化持续时间基本相同，其方法是：选择【播放】/【编辑】组，在“淡化持续时间”栏的“淡入”和“淡出”数值框中设置合适的时间值。

8.2.5 编辑视频封面

视频封面即视频图标，一般插入视频后，系统默认其封面为黑色的长方形图片格式，但并不是说其封面就是不可改变的，用户也可以根据需要对其进行编辑。编辑视频封面与编辑声音图标的方法基本相同，都可以调整图标或设置其显示方式，这里主要对视频封面图片的更改进行讲解。

下面以在“卢森堡概览 1.pptx”演示文稿中更改其中的视频文件为“封面 .jpg”为例，对视频封面的更改进行讲解，其具体操作如下：

光盘文件
素材 \ 第 8 章 \ 卢森堡概览 1\
效果 \ 第 8 章 \ 卢森堡概览 1. pptx
实例演示 \ 第 8 章 \ 编辑视频封面

STEP 01：准备更改视频封面

1. 打开“卢森堡概览 1.pptx”演示文稿，选择第 5 张幻灯片。
2. 选择插入的视频，选择【格式】/【调整】组，单击“标牌框架”按钮。
3. 在弹出的下拉列表中选择“文件中的图像”选项，打开“插入图片”对话框。

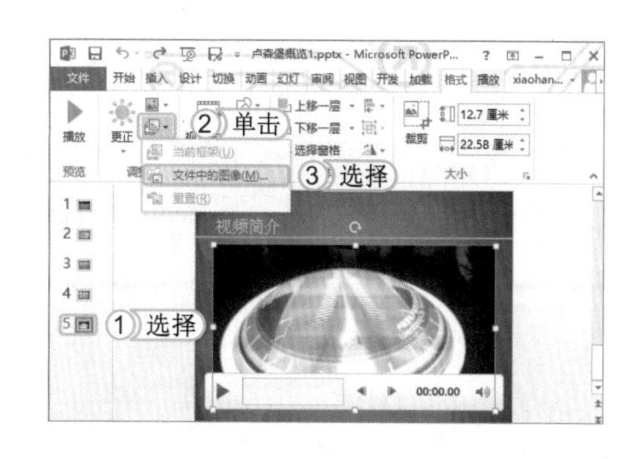

STEP 02：插入封面图片

1. 在打开的“插入图片”对话框中选择“来自文件”选项，选择来源于保存在计算机中的图片。
2. 在再次打开的“插入图片”对话框中找到并选择图片“封面 .jpg”。
3. 单击 插入(S) 按钮。

提个醒 在操作此步骤时，在第一次打开的“插入图片”对话框中，提供了 4 种选项，分别代表了 4 种不同的图片来源，并且第 4 个 SkyDrive 文件选项必须在联机的情况下登录 SkyDrive 账户后才会显示。

STEP 03：预览设置的封面

返回到幻灯片编辑区中，可看到视频封面已经替换为插入的图片了。

提个醒 更改视频封面图片后，将在视频控制条中快速显示“标牌框架已设定”字样。

读书笔记

上机 1 小时 为“自然动物介绍”演示文稿添加视频

- 巩固插入计算机中的视频的方法。
- 进一步掌握编辑视频和编辑视频封面的方法。

本例将在“自然动物介绍.pptx”演示文稿中插入计算机中保存的视频，从而丰富幻灯片中的内容。然后对插入的视频进行编辑，并对视频的封面进行设置，使其更加适合演示文档。完成后的效果如下图所示。

光盘文件
素材 \ 第 8 章 \ 自然动物介绍 \
效果 \ 第 8 章 \ 自然动物介绍 .pptx
实例演示 \ 第 8 章 \ 为“自然动物介绍”演示文稿添加视频

STEP 01: 准备插入视频

1. 打开“自然动物介绍.pptx”演示文稿，选择第 2 张幻灯片。
2. 在【插入】/【媒体】组中单击“视频”按钮，在弹出的下拉列表中选择“PC 上的视频”选项。

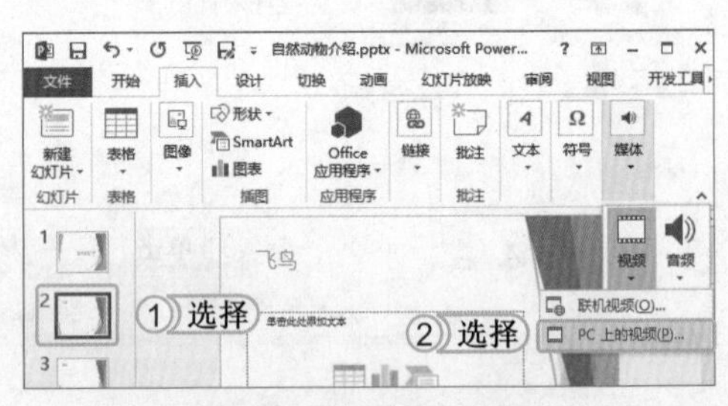

STEP 02: 插入视频

1. 在打开的“插入视频文件”对话框中找到并选择要插入的视频文件“飞鸟.wmv”。
2. 单击插入(S)按钮，完成视频的插入。

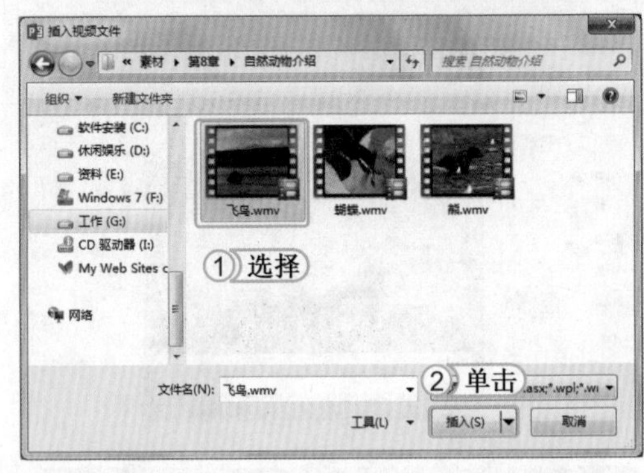

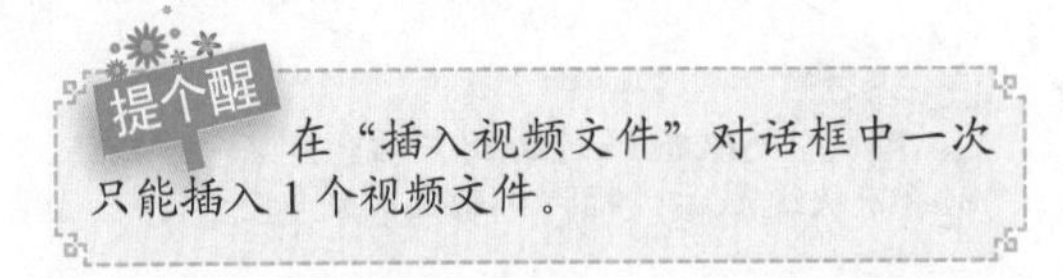

在“插入视频文件”对话框中一次只能插入 1 个视频文件。

STEP 03: 调整视频封面大小和样式

选择插入的视频，通过按住并拖动鼠标调整图标的大小，然后再在【格式】/【视频样式】组中的“视频样式”列表框中选择“透视阴影，灰色”选项，对视频的封面大小和样式进行调整，并查看设置后的效果。

STEP 04： 设置全屏播放视频

保持选择该视频文件，选择【播放】/【视频选项】组，选中 ☑ **全屏播放** 复选框，将该视频设置为全屏播放。

读书笔记

STEP 05： 插入并设置视频

选择第 3 张幻灯片，按照相同的方法在其中插入视频文件“蝴蝶 .wmv”。然后调整该视频封面的大小，为其应用“旋转，渐变”的视频样式，最后设置插入的视频文件为全屏播放。

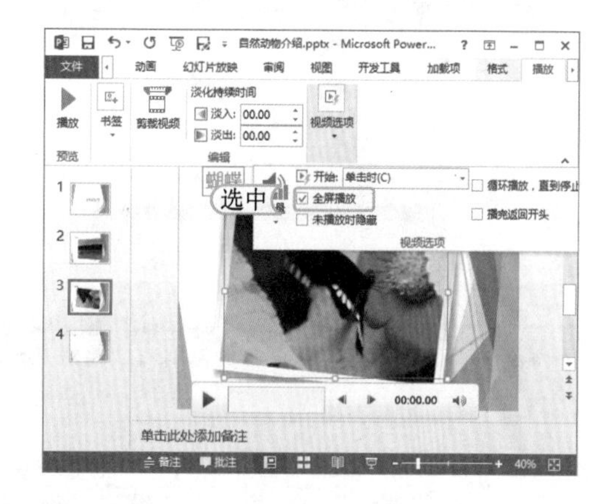

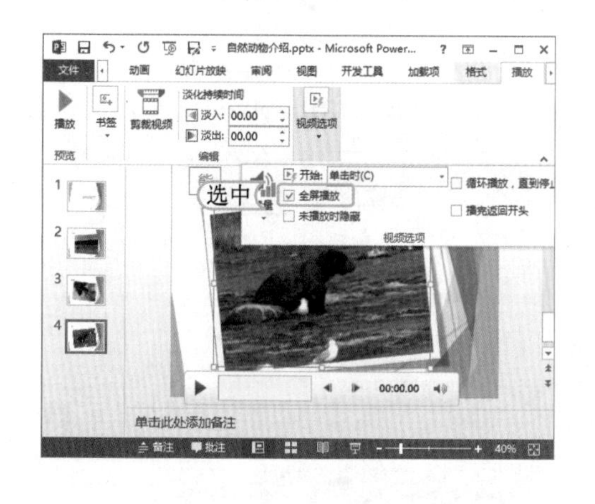

STEP 06： 继续插入并设置视频

选择第 4 张幻灯片，按照相同的方法在其中插入视频文件“熊 .wmv”。然后调整该视频封面的大小，为其应用“旋转，白色”的视频样式，最后设置插入的视频文件为全屏播放。

> **提个醒** 插入完视频后，最好切换到幻灯片放映视图模式中，对设置的视频进行预览，以便及时对不合适的地方进行修改。

8.3 练习 2 小时

本章主要介绍了在演示文稿中添加和编辑声音和视频文件的方法，其中对于声音的讲解主要包括各种音频文件的插入、设置插入的声音、剪辑声音与编辑声音图标等知识。对于视频的讲解主要包括各种视频文件的插入、编辑插入的视频与编辑视频封面等知识。用户要想在日常工作中灵活快速地将各种音频文件和视频文件插入到演示文稿中，还需对这些操作方法进行巩固练习。下面以制作“结婚典礼 .pptx”和“风景宣传册 .pptx”演示文稿为例，巩固学习声音和视频的应用。

1. 练习 1 小时：制作“结婚典礼”演示文稿

本例将制作“结婚典礼.pptx”演示文稿。首先在第1张幻灯片中插入相应的音频文件，然后对该音频文件播放选项和声音图标进行设置。最终效果如下图所示。

光盘文件
素材\第8章\结婚典礼\
效果\第8章\结婚典礼.pptx
实例演示\第8章\制作“结婚典礼”演示文稿

2. 练习 1 小时：制作“风景宣传册”演示文稿

本例将制作“风景宣传手册.pptx”演示文稿。首先在第4张幻灯片中插入视频文件，然后设置视频的淡入和淡出时间，最后设置视频封面。最终效果如下图所示。

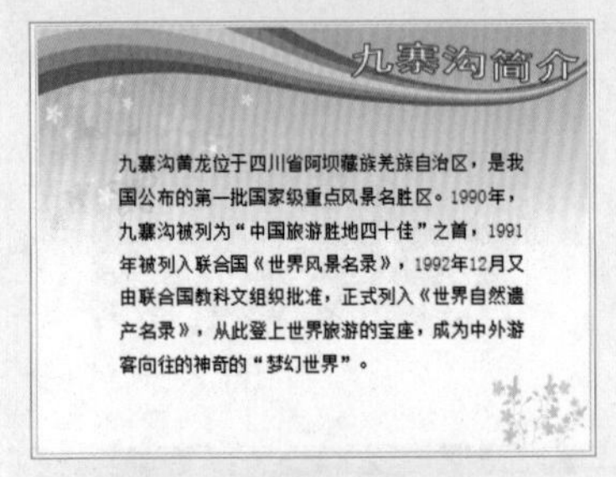

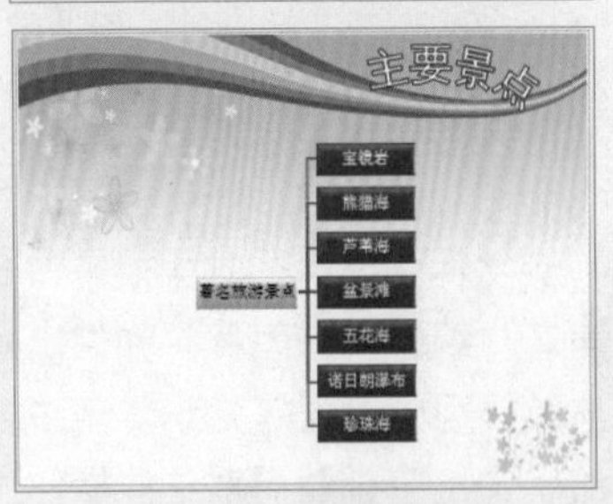

光盘文件
素材\第8章\风景宣传册\
效果\第8章\风景宣传手册.pptx
实例演示\第8章\制作“风景宣传册”演示文稿

第9章 运用链接制作交互式幻灯片

学习 3小时

在演示文稿中，除了可以插入各种基本内容外，还可以为其中的元素添加超级链接，制作出交互式的幻灯片。用户可以添加来自当前演示文稿中的链接内容，也可以添加其他文件中的链接内容。添加了超级链接的演示文稿在放映时，若单击相应的对象链接，将快速打开相应的链接内容。

- 超级链接的添加与取消
- 链接到其他对象
- 编辑超级链接

上机 4小时

9.1 超级链接的添加与取消

无论制作哪种主题的演示文稿，其制作方法都大同小异，但其中的某些制作细节会反映出制作人员的水平。如在放映幻灯片时只能一张接一张地播放，当遇到含有目录或提纲的幻灯片时操作起来就比较麻烦，此时就需要在幻灯片中添加相应的超级链接，只需点击鼠标便可快速跳转到相应的文档、网页或邮件等。当然，用户也可以取消不需要的超级链接。

学习 1 小时

- 熟悉为演示文稿中的内容添加或取消超级链接的操作。
- 掌握添加动作按钮的方法。

9.1.1 为内容添加超级链接

在平时浏览网页的过程中，单击某段文本或某张图片时，就会自动弹出另一个相关的网页，通常这些被单击的对象就称为超级链接。在 PowerPoint 2013 中也可以为演示文稿中的内容包括图片和文本等添加超级链接。下面分别介绍为文本和图片添加超级链接的方法。

1. 为幻灯片中的文本添加超级链接

当 1 张幻灯片中要表达的文本信息量很大时，就可以为幻灯片中的文本添加超级链接，以扩展幻灯片内容。下面将为“莎香面霜简介 .pptx”演示文稿的第 2 张幻灯片中的文本添加超级链接，其具体操作如下：

光盘文件

素材 \ 第 9 章 \ 莎香面霜简介 . pptx
效果 \ 第 9 章 \ 莎香面霜简介 . pptx
实例演示 \ 第 9 章 \ 为幻灯片中的文本添加超级链接

STEP 01: 准备添加超级链接

1. 打开“莎香面霜简介 .pptx”演示文稿，在幻灯片窗格中选择第 2 张幻灯片，在幻灯片编辑区中选择“公司简介”文本。
2. 选择【插入】/【链接】组，单击“超链接”按钮，打开“插入超链接”对话框。

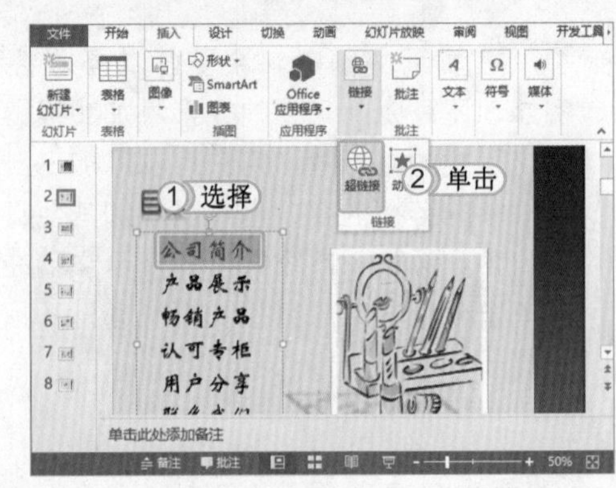

提个醒 用户也可以在选择文本后单击鼠标右键，在弹出的快捷菜单中选择“超链接”命令，打开“插入超链接”对话框。

STEP 02: 设置超级链接信息

1. 打开“插入超链接”对话框，在“链接到”列表框中单击“本文档中的位置”按钮。
2. 在“请选择文档中的位置”列表框中选择需链接到的第 3 张幻灯片，然后单击确定按钮。

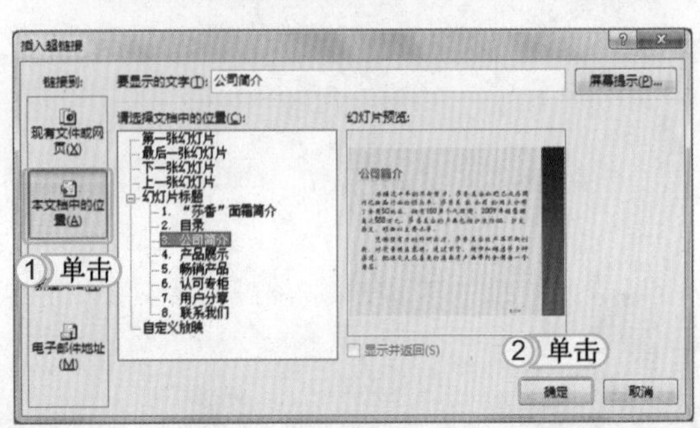

STEP 03：查看添加的超级链接

返回幻灯片编辑区，此时在第 2 张幻灯片中可以看到“公司简介”文本的颜色变成了黄色，并且下方还增加了一条下划线，这就表示该文本添加了超级链接。

2. 为幻灯片中的图片添加超级链接

在制作演示文稿时，除了可以为幻灯片中的文本添加超级链接外，同样也可以为幻灯片中显示的图片添加超级链接。为幻灯片中的图片添加超级链接的方法与为文本添加超级链接类似。其方法为：在需添加超级链接的图片上单击鼠标右键，在弹出的快捷菜单中选择“超链接”命令，或在【插入】/【链接】组中单击“超链接”按钮，打开“插入超链接”对话框，然后在打开的对话框中按照为文本添加超级链接的方法进行设置即可。如下图所示分别为通过快捷菜单和“超链接”按钮打开“插入超链接”对话框。

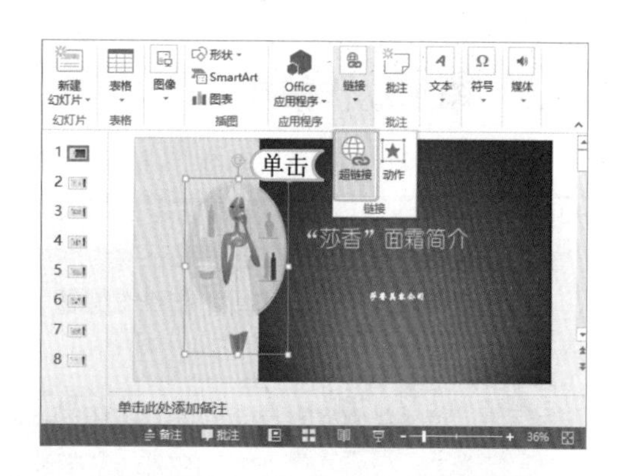

经验一箩筐——查看设置的超级链接

在设置超级链接后，用户可以切换到幻灯片放映视图模式或阅读视图模式中，将鼠标光标定位到添加了超级链接的对象上，会看到鼠标光标呈形状，单击鼠标即可查看设置的超级链接内容。

9.1.2 取消超级链接

用户若是需要将设置的超级链接取消，可以采取以下两种方法。

- 通过对话框删除超级链接：选择添加了超级链接的内容，在【插入】/【链接】组中单击“超链接”按钮，打开“插入超链接”对话框，然后在打开的对话框中单击 删除链接(R) 按钮即可。如下图所示即为通过对话框删除超级链接。

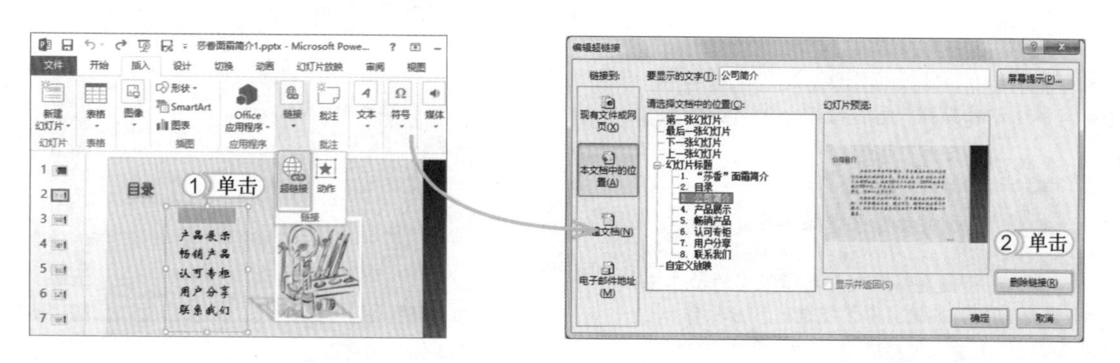

通过快捷菜单删除超级链接：选择添加了超级链接的内容，单击鼠标右键，在弹出的快捷菜单中选择“取消超链接”命令，即可快速删除该内容的超级链接。如下图所示即为通过快捷菜单删除超级链接。

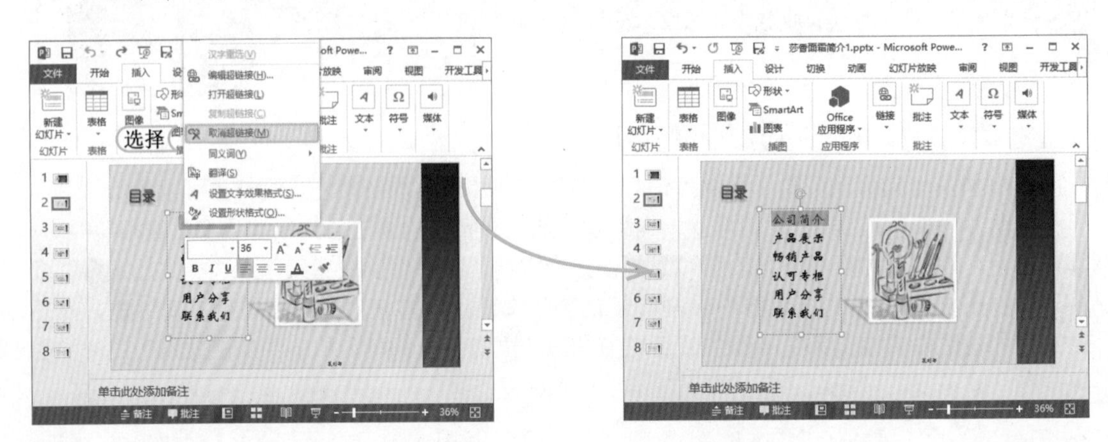

9.1.3 添加动作按钮

除了为幻灯片中的文本和图片等内容添加超级链接外，还可以通过绘制动作按钮来实现不同幻灯片和内容的链接，使幻灯片更加形象生动。需注意的是，绘制的每个动作按钮都对应了相应的链接，其本质就是起超链接的作用。下面将在“莎香面霜简介 1.pptx”演示文稿中插入“上一项”和“下一项”两个动作按钮，其具体操作如下：

光盘文件
素材\第 9 章\莎香面霜简介 1.pptx
效果\第 9 章\莎香面霜简介 1.pptx
实例演示\第 9 章\添加动作按钮

STEP 01：进入母版视图

打开“莎香面霜简介 1.pptx”演示文稿进入幻灯片母版编辑状态，在左侧窗格中选择第 1 张幻灯片版式。

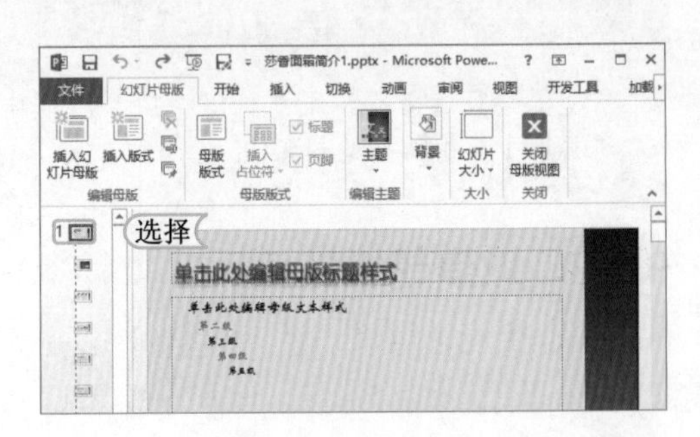

STEP 02：添加“上一项”动作按钮

1. 选择【插入】/【插图】组，然后单击“形状”按钮。
2. 在弹出的下拉列表中选择“动作按钮”栏中的“动作按钮：后退或前一项”选项。

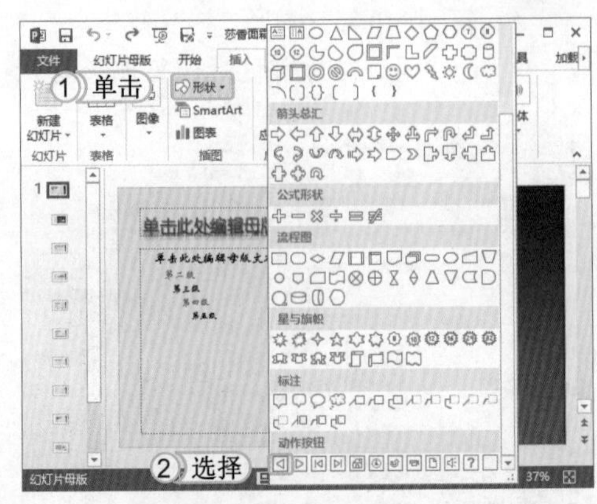

提个醒

绘制动作按钮操作除了在幻灯片母版中进行外，还可以在幻灯片的普通视图中进行操作。若是要修改或移动母版中的动作按钮，需要进入母版视图中才能进行相应操作。

STEP 03： 绘制"上一项"动作按钮

此时鼠标光标变为+形状，将其移动至幻灯片左下角后，按住并拖动鼠标绘制动作按钮。完成后将自动打开"操作设置"对话框。保持默认设置不变，单击 确定 按钮。

STEP 04： 添加"下一项"动作按钮

按照相同方法，在幻灯片的左下角绘制"动作按钮:前进或下一项"按钮，并保持"操作设置"对话框的默认设置不变，单击 确定 按钮，完成动作按钮的添加和设置。然后在放映状态中单击添加的动作按钮预览效果。

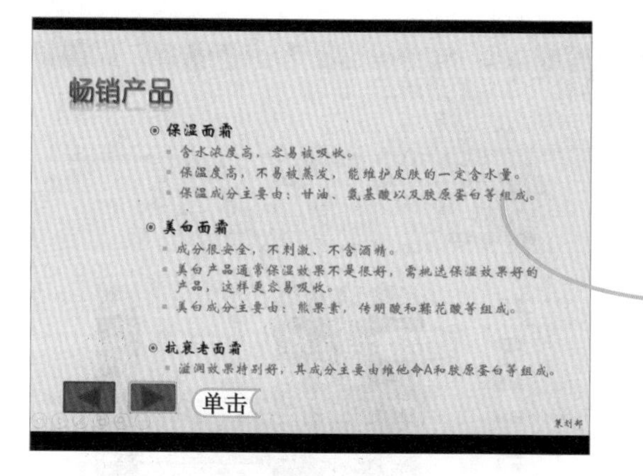

经验一箩筐——设置动作按钮的格式

手动绘制多个动作按钮后，会发现所绘制按钮的大小和排列方式等都不统一。为了使按钮看起来更加美观和整齐，可对动作按钮进行格式设置，其方法为：在幻灯片母版中选择需设置格式的一个或多个动作按钮，此时会自动激活"格式"功能组，然后在【格式】/【形状样式】组、【格式】/【排列】组或【格式】/【大小】组中，可分别对动作按钮的形状样式、排列方式或大小等进行统一设置。

上机1小时 为"婚庆公司"演示文稿添加超级链接

- 巩固添加超级链接的知识。
- 熟练掌握使用快捷键和对话框添加文本超级链接的方法。

本例将在"婚庆公司.pptx"演示文稿中添加超级链接。通过为幻灯片内容添加超级链接，达到让用户能够熟练为演示文稿添加超级链接的目的。最终效果如下图所示。

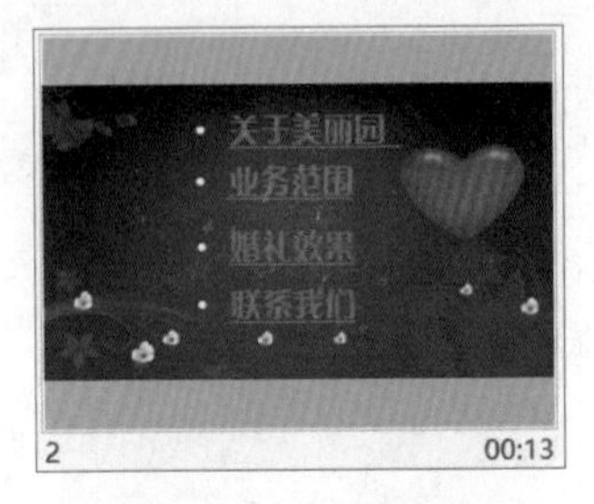

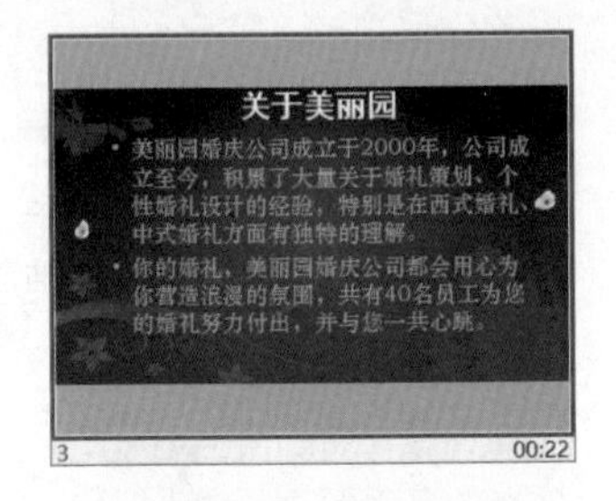

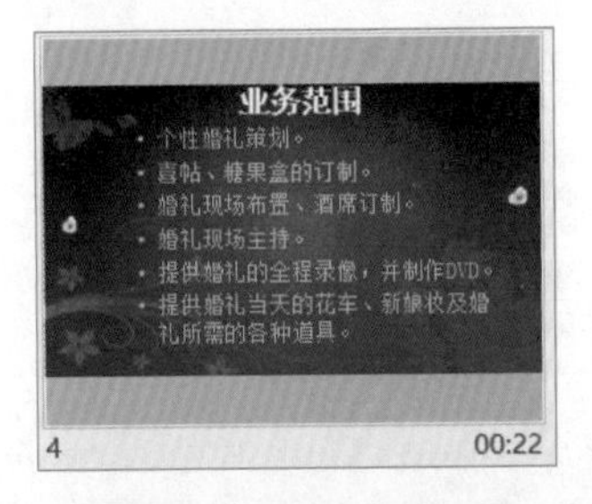

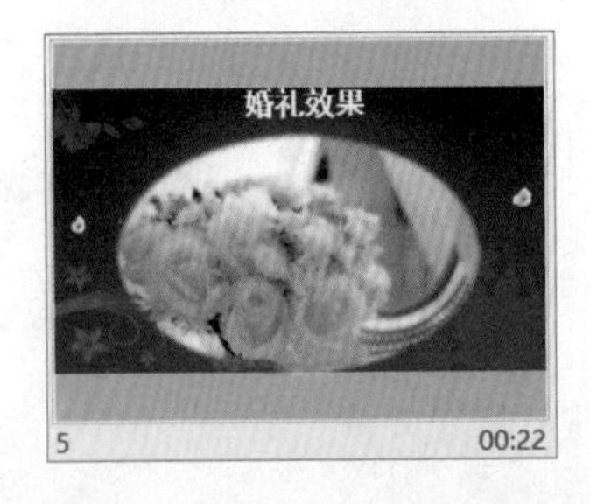

光盘文件
素材 \ 第 9 章 \ 婚庆公司 .pptx
效果 \ 第 9 章 \ 婚庆公司 .pptx
实例演示 \ 第 9 章 \ 为“婚庆公司”演示文稿添加超级链接

STEP 01: 准备添加超级链接

1. 打开“婚庆公司 .pptx”演示文稿，选择第 2 张幻灯片。
2. 选择文本“关于美丽园”，单击鼠标右键，在弹出的快捷菜单中选择“超链接”命令，打开“插入超链接”对话框。

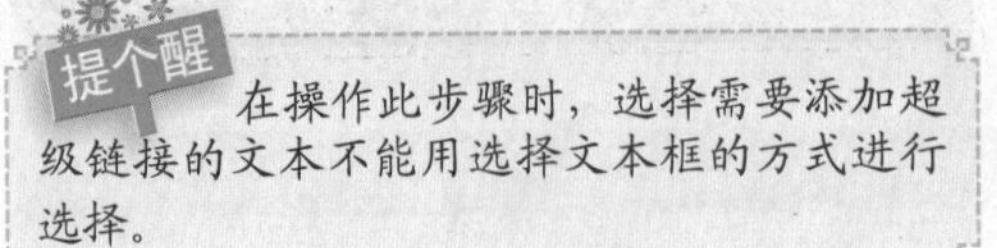

提个醒 在操作此步骤时，选择需要添加超级链接的文本不能用选择文本框的方式进行选择。

STEP 02: 设置超级链接信息

1. 在打开的对话框中的“链接到”列表框中单击“本文档中的位置”按钮。
2. 在“请选择文档中的位置”列表框中选择需链接到的第 3 张幻灯片，然后单击确定按钮。

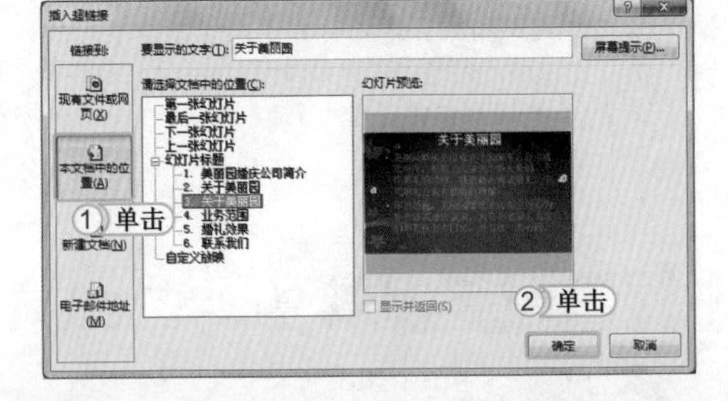

读书笔记

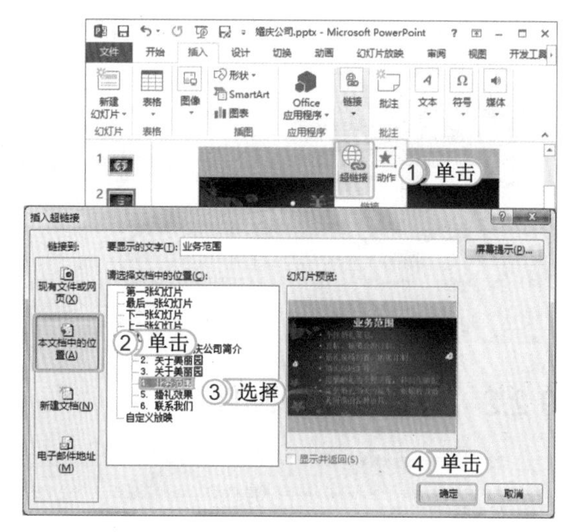

STEP 03： 继续添加超级链接

1. 保持选择第 2 张幻灯片，选择文本“业务范围”。选择【插入】/【链接】组，单击“超链接”按钮，打开“插入超链接”对话框。
2. 在打开的对话框中的“链接到”列表框中单击“本文档中的位置”按钮。
3. 在“请选择文档中的位置”列表框中选择需链接到的第 4 张幻灯片。
4. 然后单击确定按钮。

STEP 04： 添加其他文本的超级链接

保持选择第 2 张幻灯片，按照相同的方法，分别为其中的文本“婚礼效果”和“联系我们”添加第 5 张和第 6 张幻灯片的超级链接。完成的效果如右图所示。

提个醒 在添加完超级链接后，用户可以切换到幻灯片放映视图模式中，单击添加了超级链接的文本，查看添加的超级链接。

9.2 链接到其他对象

前面讲的链接对象都是在当前演示文稿中进行选择，然而在 PowerPoint 2013 中，除了可以将对象链接到当前演示文稿的其他幻灯片中外，还可以链接到其他对象中，如其他演示文稿、电子邮件和网页等。

学习 1 小时

- 熟悉链接到其他演示文稿、电子邮件的操作方法。
- 熟悉链接到网页以及链接到其他文件的操作方法。

9.2.1 链接到其他演示文稿

将幻灯片中的对象链接到其他演示文稿的目的是为了快速查看相关内容，其方法为：首先选择需设置链接的对象，打开“插入超链接”对话框，然后在“链接到”列表框中单击“现有文件或网页”按钮，在“查找范围”下拉列表框中选择目标文件的所在位置，最后在其下的列表框中选择所需的演示文稿，完成设置后单击确定按钮即可。返回幻灯片编辑区，可看到已经添加了相应的演示文稿超级链接。如下图所示即为将当前幻灯片链接到其他演示文稿。

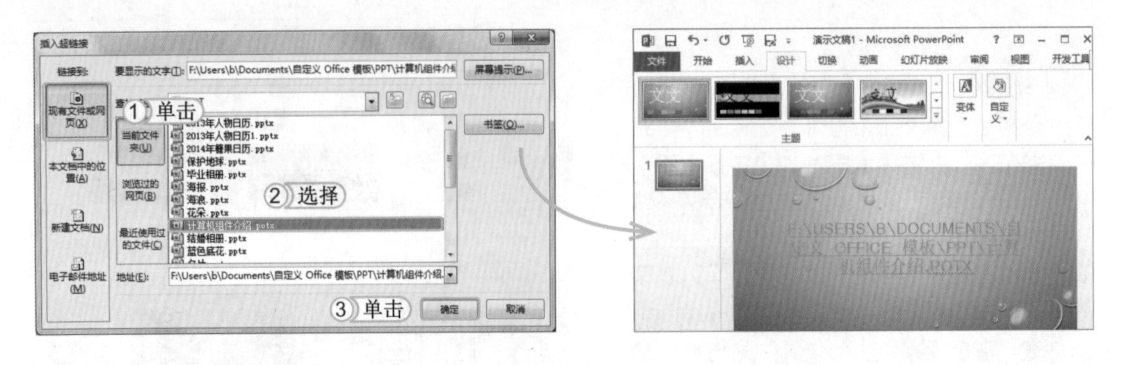

9.2.2 链接到电子邮件

在 PowerPoint 2013 中还可以将幻灯片链接到电子邮件中，其方法为：首先选择需设置链接的对象，打开“插入超链接”对话框，然后在“链接到”列表框中单击“电子邮件地址”按钮，在右侧的“电子邮件地址”文本框中输入所需的电子邮件地址，在“主题”文本框中输入相应的主题文本，完成所有设置后单击按钮，即可将当前幻灯片链接到电子邮件中。返回幻灯片编辑区，可看到已经添加了相应的电子邮件超级链接。如下图所示即为为当前幻灯片添加电子邮件链接。

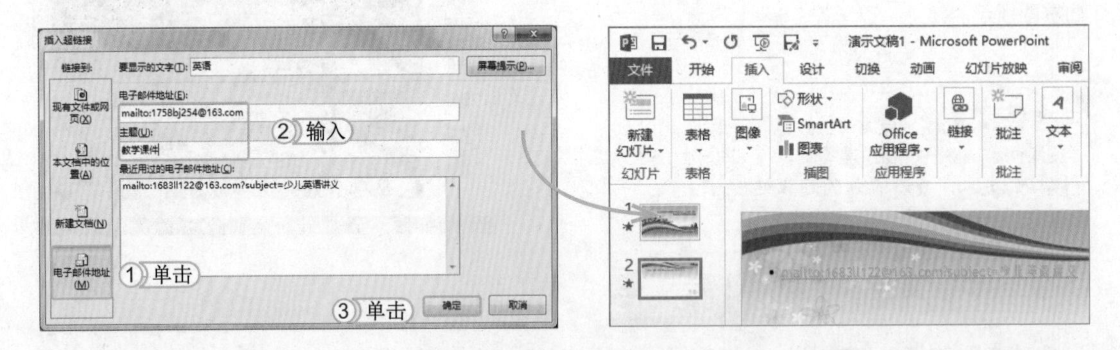

此时放映设置后的幻灯片，只要单击该超级链接文本，将启动电子邮件软件 Outlook 2013，并自动填写好收件人和主题，然后输入正文后即可发送邮件。

经验一箩筐——使用最近用过的电子邮件地址

在“插入超链接”对话框的“最近用过的电子邮件地址”列表框中将会显示曾经输入过的电子邮件地址，若要使用该邮件地址，直接单击它即可将其添加到“电子邮件地址”文本框中。

9.2.3 链接到网页

在 PowerPoint 2013 中还可以将幻灯片链接到网页中，其链接方法与为幻灯片中的文本或图片添加超级链接的方法类似，只是链接的目标位置不同，其方法为：首先选择需设置链接的对象，然后打开“插入超链接”对话框。在“链接到”列表框中单击按钮，并单击“浏览 Web”按钮，通过打开的浏览器找到并选择需链接到的页面，然后将网址复制并粘贴到“地址”文本框中，最后单击按钮。在放映幻灯片时，单击添加超级链接的对象后，将自动打开所链接的网站。如下图所示即为为当前幻灯片添加网页链接的操作示意图。

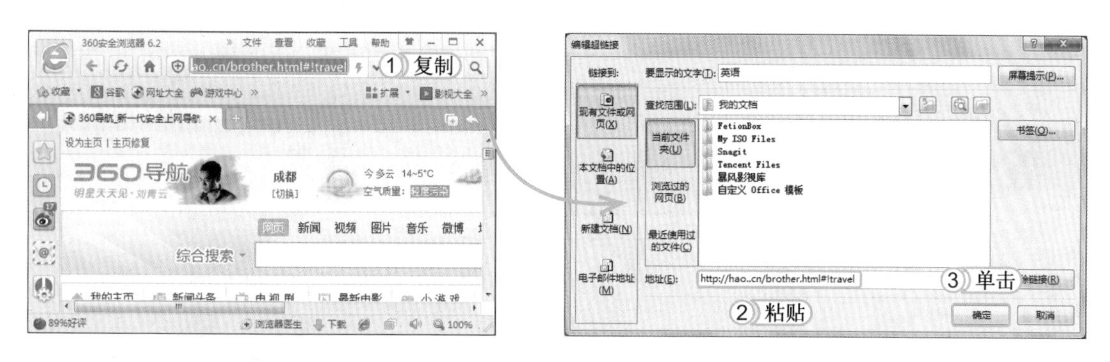

9.2.4 链接到其他文件

在 PowerPoint 2013 中还可以将幻灯片链接到其他文件，如：Office 文件、Internet 文件、文档以及工作簿等。其链接方法与链接到其他演示文稿中的方法类似，其方法为：首先选择需设置链接的对象，然后打开“插入超链接”对话框，在“链接到”列表框中单击“现有文件和网页”按钮，接着在中间列表框左侧选择“当前文件夹”、“浏览过的网页”或“最近使用过的文件”选项后，在相应的中间列表框中选择需要的选项并单击“浏览文件”按钮，在打开的“链接到”对话框中选择目标文件，最后返回到“编辑超级链接”对话框单击确定按钮。在放映幻灯片时，单击添加超级链接的对象后，将自动打开所链接的其他文件。如下图所示即为链接到最近使用过的文件的操作示意图。

经验一箩筐——关于链接到其他文件

在执行链接到其他文件的操作时，在对话框左侧单击相应的按钮后，可以直接在中间列表框中双击需要的选项将其添加为幻灯片的超级链接。此外，在“地址”栏中会显示所选链接文件的地址。

上机 1 小时 为“旅游指南”演示文稿添加超级链接

- 巩固在演示文稿中添加其他超级链接的知识。
- 熟练掌握在演示文稿中添加 Word 文档和网页超级链接的方法。

本例将为“旅游指南 .pptx”演示文稿添加超级链接。通过为幻灯片中的文本添加 Word 文档超级链接和网页超级链接，巩固学习添加其他超级链接等内容。最终效果如下图所示。

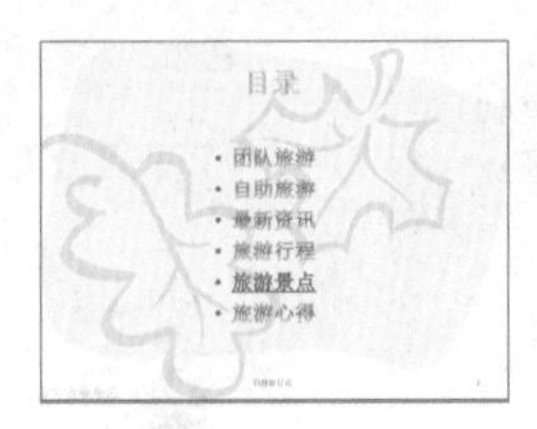
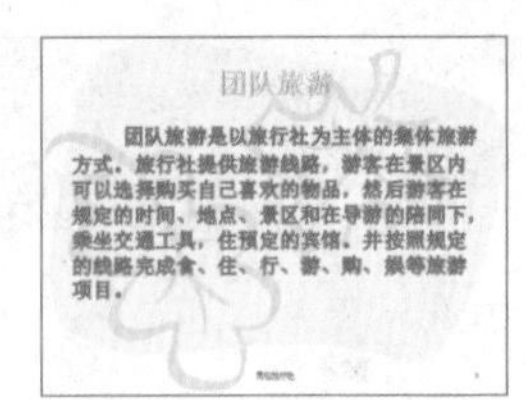

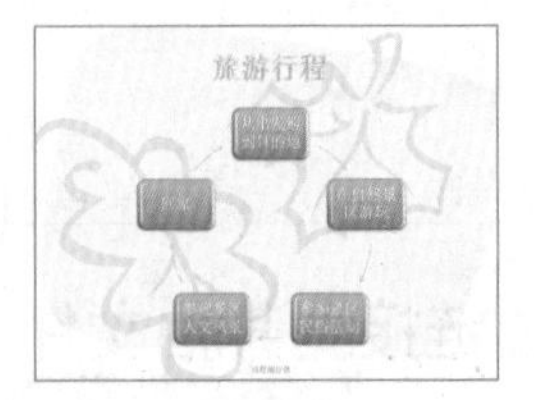
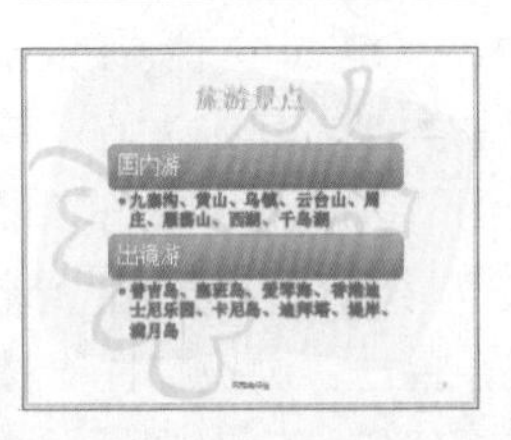
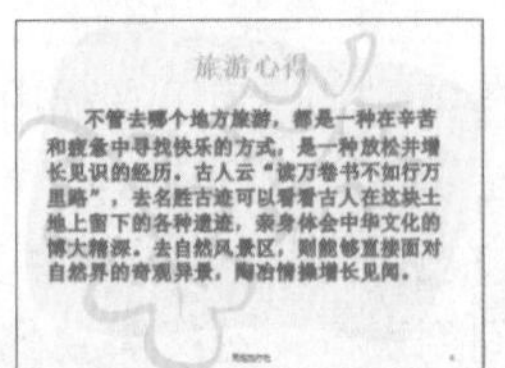

光盘文件
素材 \ 第 9 章 \ 旅游指南 \
效果 \ 第 9 章 \ 旅游指南 .pptx
实例演示 \ 第 9 章 \ 为“旅游指南”演示文稿添加超级链接

STEP 01： 选择添加超级链接的文本

1. 打开“旅游指南 .pptx”演示文稿，选择第 2 张幻灯片。
2. 选择文本“旅游景点”，选择【插入】/【链接】组，单击“超链接”按钮，打开“插入超链接”对话框。

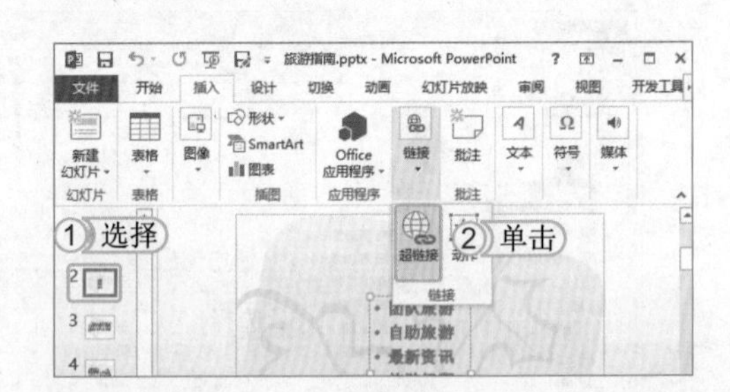

STEP 02： 链接到网页

1. 在打开的对话框中单击“链接到”列表框的“现有文件或网页”按钮。
2. 单击对话框中的“浏览 Web”按钮，打开网页浏览器。
3. 在网页浏览器中找到相应的网站并复制该网站地址。
4. 粘贴网站地址并单击确定按钮，完成链接的添加。

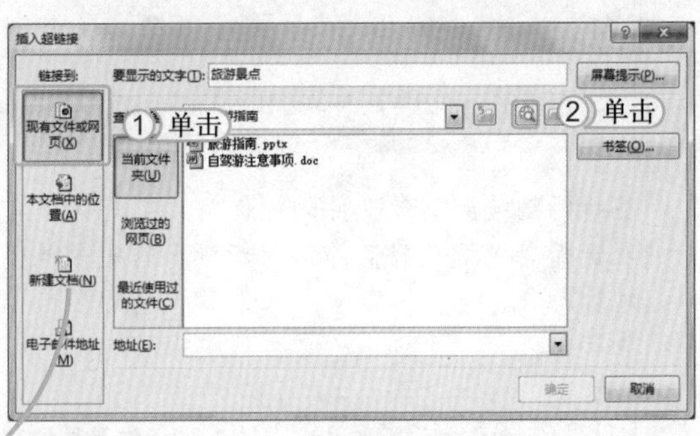

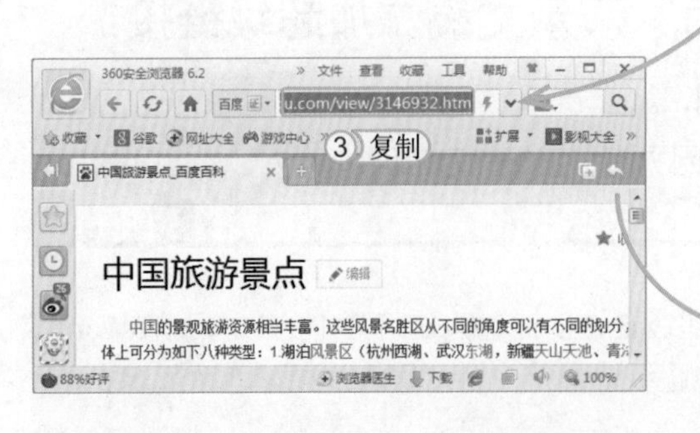

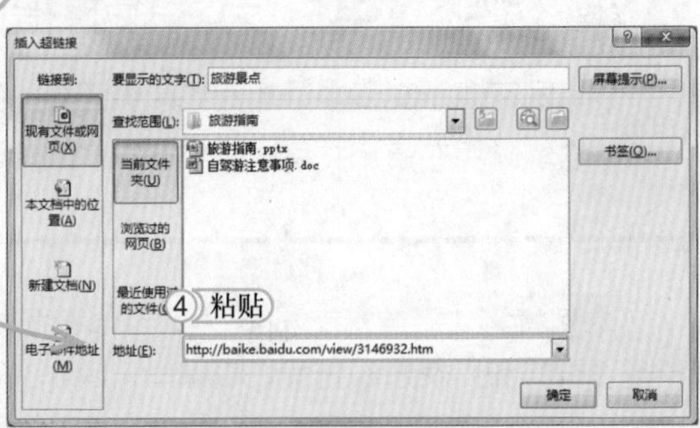

STEP 03： 准备添加 Word 文档超级链接

1. 返回演示文稿，选择第 4 张幻灯片，选择文本“自助旅游”。
2. 单击鼠标右键，在弹出的快捷菜单中选择“超链接”命令，打开“插入超链接”对话框。

STEP 04： 完成添加超级链接

1. 在打开的对话框中单击“链接到”列表框中的“现有文件或网页”按钮，在中间列表框左侧选择“当前文件夹”选项。
2. 在中间列表框中选择 Word 文档“自驾游注意事项 .doc”。
3. 单击 确定 按钮完成超级链接的添加。

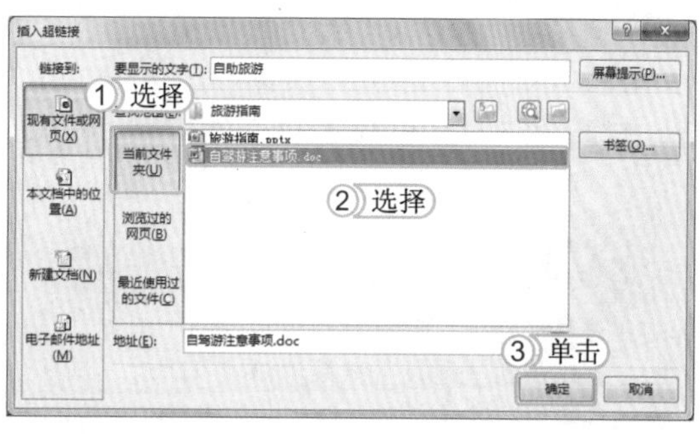

提个醒 在“插入超链接”对话框中，用户也可以双击“自驾游注意事项 .doc”文档完成超级链接的添加。

9.3 编辑超级链接

一般直接添加的超级链接不一定能够满足用户在实际工作中的所有需要，若添加的超级链接颜色影响了演示文稿的整体美观性，就可以对其进行相应的设置。若发现添加的超级链接位置有误，则可以对其进行更改。若是误为不需要添加超级链接的对象添加了超级链接，则可以对其进行删除。下面分别对这些编辑操作进行介绍。

学习 1 小时

- 掌握超级链接的各种编辑方法。
- 熟悉更改和删除超级链接的方法。

9.3.1 设置超级链接

添加超级链接后，应用超级链接的文字颜色会自动发生改变，利用【插入】/【字体】组中的“字体颜色”按钮，并不能改变链接文字的颜色。此时，就需要利用“新建主题颜色”对话框来设置超级链接的颜色。下面就以在“莎香面霜简介 2.pptx”演示文稿中更改超级链接颜色为例，对设置超级链接的方法进行讲解，其具体操作如下：

光盘文件
素材 \ 第 9 章 \ 莎香面霜简介 2. pptx
效果 \ 第 9 章 \ 莎香面霜简介 2. pptx
实例演示 \ 第 9 章 \ 设置超级链接

STEP 01: 准备添加超级链接

1. 打开“莎香面霜简介 2.pptx”演示文稿，选择第 2 张幻灯片。
2. 选择【设计】/【变体】组，单击“变体”列表框右侧的下拉按钮。
3. 在弹出的下拉列表中选择“颜色”/“自定义颜色”选项。

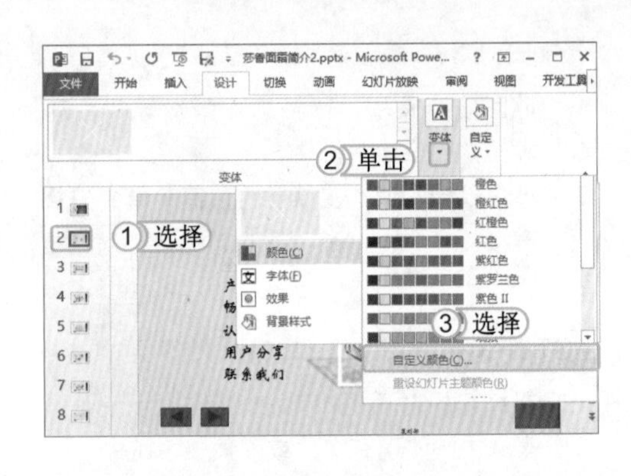

STEP 02: 设置超级链接颜色

1. 打开“新建主题颜色”对话框，在“主题颜色”栏中单击“超链接”按钮右侧的下拉按钮。
2. 在弹出的下拉列表中选择“标准色”栏中的“蓝色”选项。

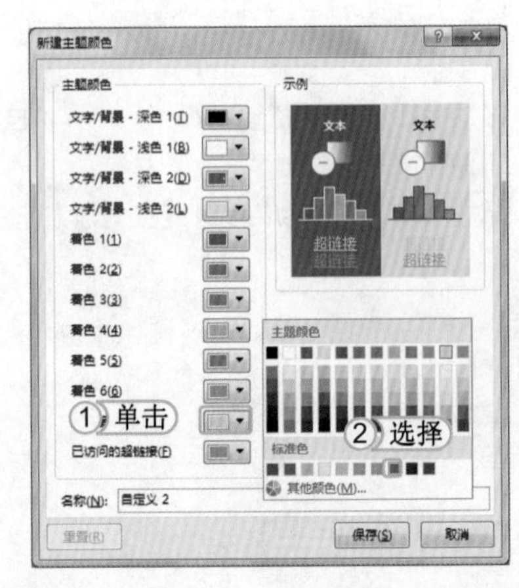

提个醒 在“新建主题颜色”对话框中更改超级链接颜色时，通过对话框右侧的“示例”栏，可以随时查看设置效果，以便及时对不满意的超级链接颜色进行修改。

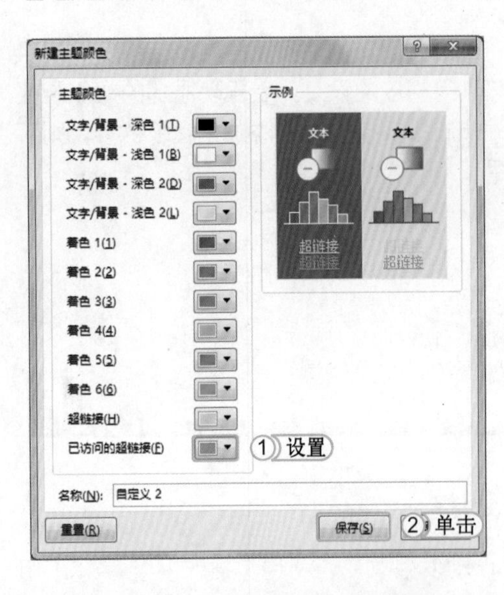

STEP 03: 设置已访问的超级链接颜色

1. 在“主题颜色”栏中单击“已访问的超级链接”按钮右侧的下拉按钮，在弹出的下拉列表中将已访问的超级链接颜色设置为“绿色”。
2. 单击保存(S)按钮，完成所有设置。

提个醒 已访问超级链接表示在放映幻灯片时，已经播放了该对象的链接内容。

STEP 04: 查看设置的超级链接

返回幻灯片编辑窗口，添加链接的文字的颜色由原来的黄色变成了蓝色。当放映幻灯片时，单击添加链接的文字后，文字的颜色会变成绿色。

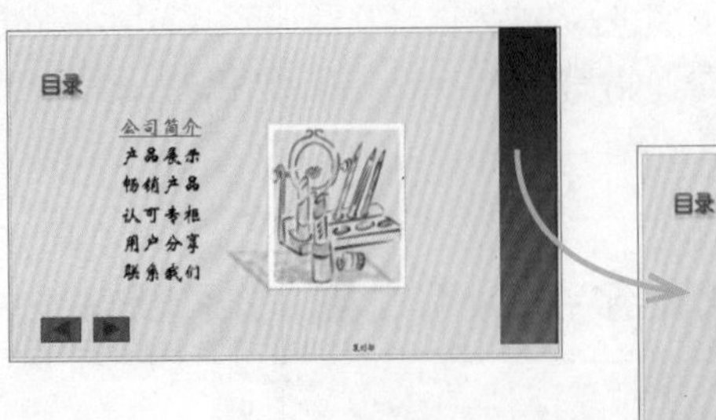

9.3.2 更改超级链接

更改超级链接即重新设置正确的链接位置。其更改方法主要有以下两种。

- 通过快捷菜单更改：在需更改的超级链接上单击鼠标右键，在弹出的快捷菜单中选择“编辑超链接”命令，在打开的“编辑超链接”对话框中选择正确的链接位置后，单击 确定 按钮即可。如下图所示即为通过快捷菜单打开“编辑超级链接”对话框。

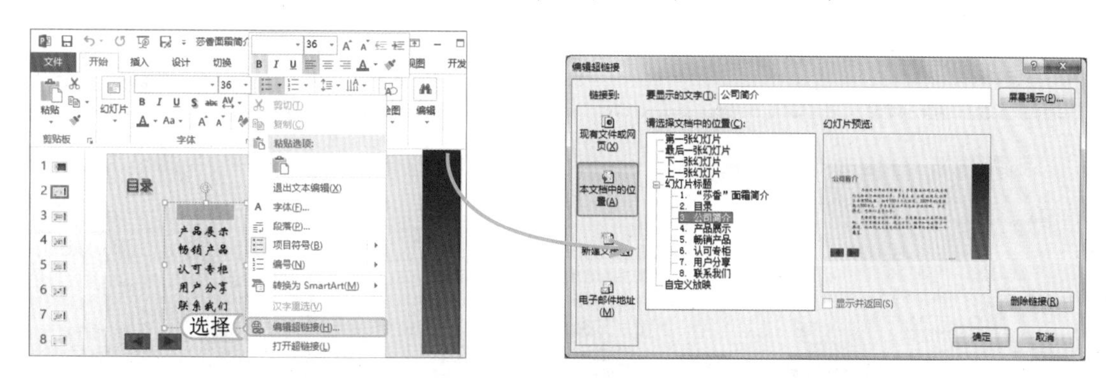

- 通过快捷键更改：选择需要更改超级链接的对象后，直接按 Ctrl+K 组合键，可以快速打开“编辑超链接”对话框。值得注意的是若选择未添加超级链接的对象后，按 Ctrl+K 组合键将打开“插入超链接”对话框。

经验一箩筐——选择需要更改超级链接的文本型对象

选择需要更改超级链接的文本型对象的方法有：直接将鼠标光标定位到该对象的段落中，选择该对象的全部或部分文本。

9.3.3 删除超级链接

删除超级链接包括删除内容对象和删除动作按钮两种，关于删除内容对象超级链接的操作方法已在 9.1.2 节中进行了详细讲解，这里就不再赘述。下面就对删除动作按钮的方法进行讲解。

- 通过快捷菜单删除：选择幻灯片中添加的动作按钮，单击鼠标右键，然后在弹出的快捷菜单中选择“取消超链接”命令，或选择“编辑超链接”命令后，在打开的“操作设置”对话框中选中 ◉ 无动作(N) 单选按钮并单击 确定 按钮，即可删除动作按钮的超级链接，但是并不会删除该动作按钮的图形。如下图所示即为通过“编辑超链接”命令删除动作按钮的超级链接。

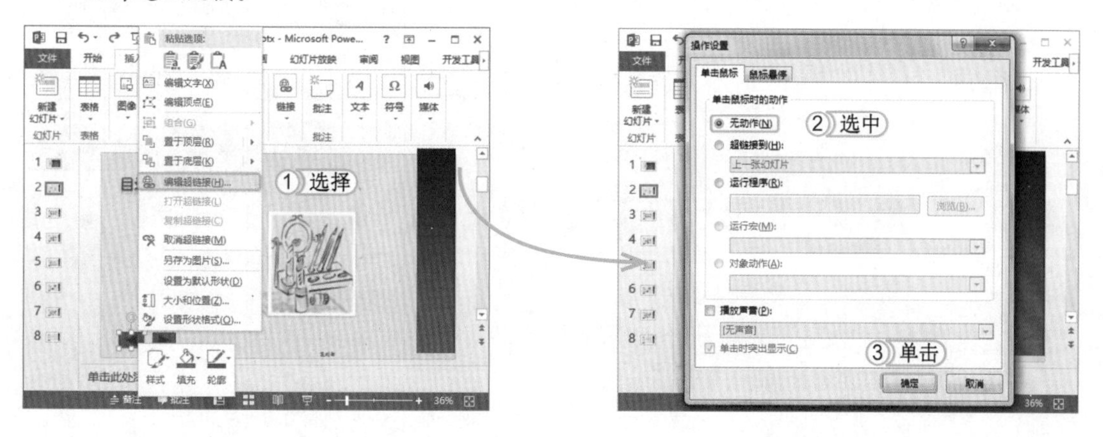

- 通过按钮删除：选择幻灯片中添加的动作按钮，然后在【插入】/【链接】组中单击“动作”按钮，在打开的“操作设置”对话框中选中 无动作(N) 单选按钮，最后单击 确定 按钮即可。

上机1小时 添加并设置超级链接

- 巩固学习在演示文稿中添加各种超级链接的方法。
- 熟练掌握为各种超级链接设置颜色的方法。

本例将为“汽车公司宣传册.pptx”演示文稿添加超级链接，然后对添加的超级链接进行设置。最终效果如下图所示。

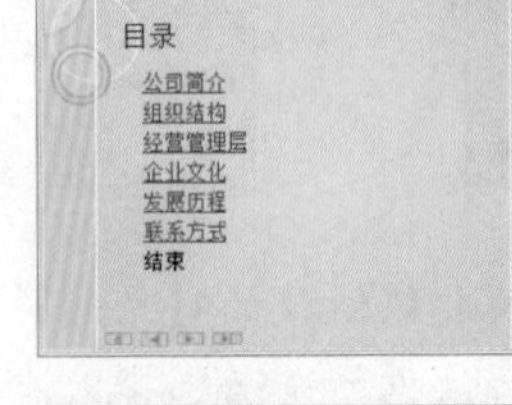

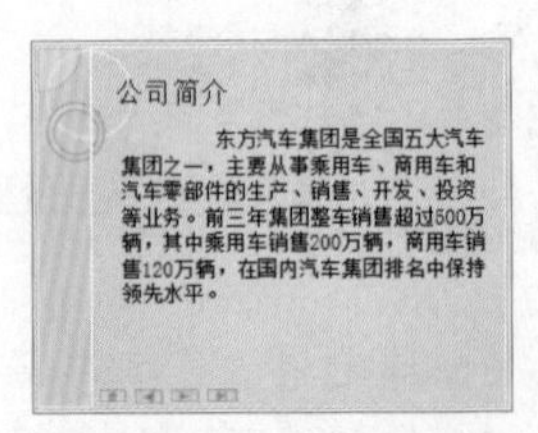

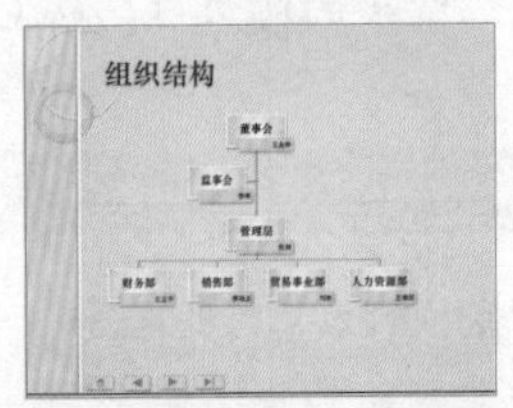

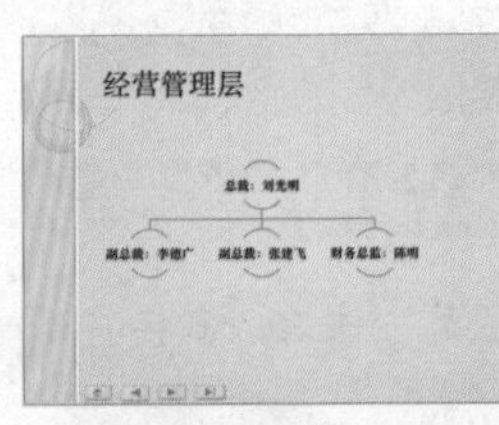

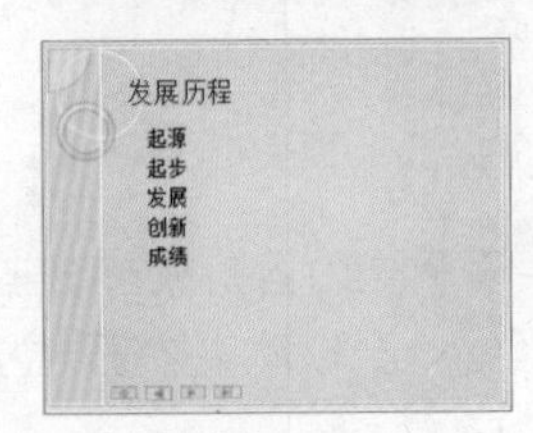

光盘文件
素材\第9章\汽车公司宣传册.pptx
效果\第9章\汽车公司宣传册.pptx
实例演示\第9章\添加并设置超级链接

STEP 01：选择插入超级链接的幻灯片

1. 打开“汽车公司宣传册.pptx”演示文稿，选择第2张幻灯片。
2. 选择文本“公司简介”，选择【插入】/【链接】组，单击“超链接”按钮，打开“插入超链接”对话框。

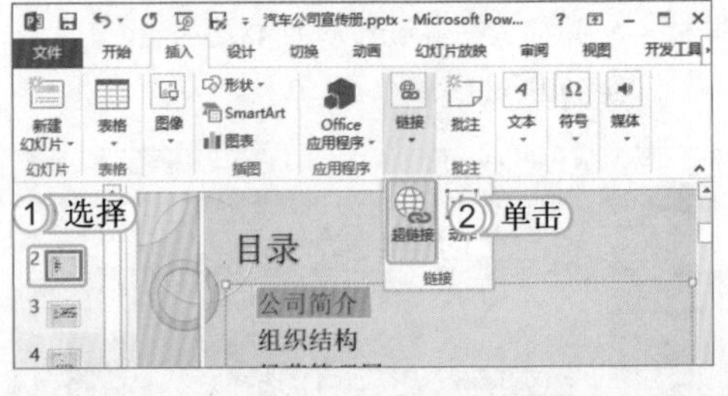

读书笔记

STEP 02: 添加超级链接

1. 在打开的“插入超链接”对话框中单击“链接到”列表框中的“本文档中的位置”按钮。
2. 在中间列表框中选择第 3 张幻灯片。单击 确定 按钮。

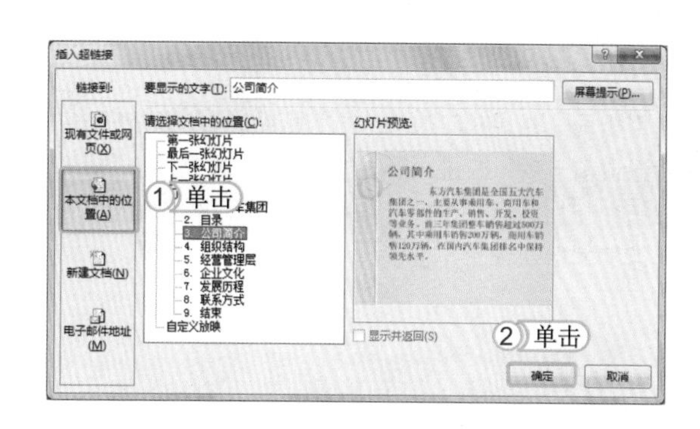

STEP 03: 继续添加超级链接

按照相同的方法为第 2 张幻灯片中的文本添加本文档中的超级链接，具体是分别为文本“组织机构”、“经营管理层”、“企业文化”、“发展历程”和“联系方式”添加第 4、5、6、7、8 张幻灯片的超级链接。完成添加后效果如图所示。

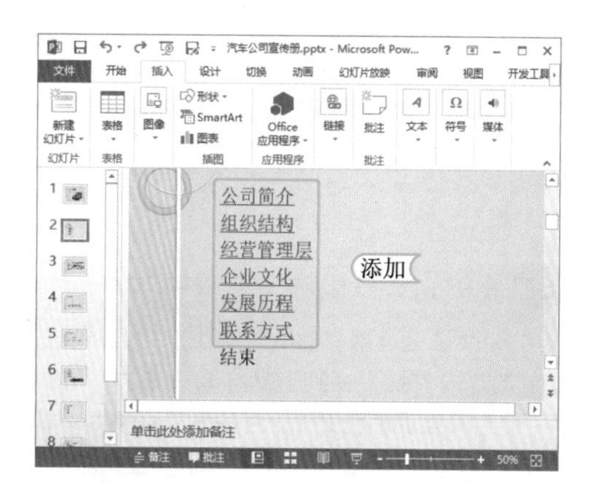

> **提个醒**
> 在为每个文本添加超级链接时，均可在“插入超链接”对话框的“幻灯片预览”栏中对添加的超级链接进行预览。

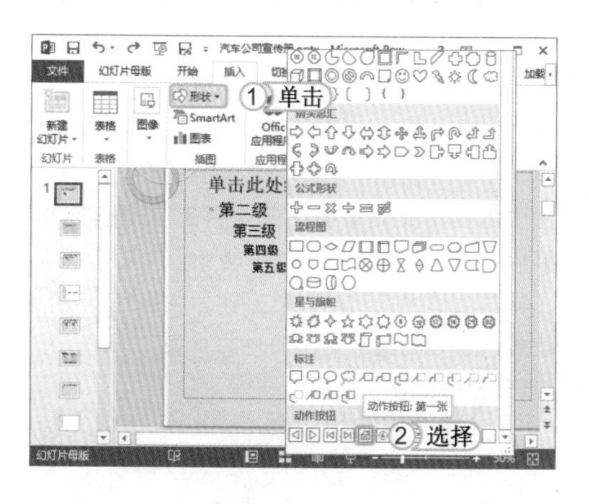

STEP 04: 添加动作按钮

1. 进入幻灯片母版视图中，选择第 1 张幻灯片版式，选择【插入】/【插图】组，然后单击 形状 按钮。
2. 在弹出的下拉列表中选择“动作按钮”栏中的“动作按钮 : 第一张”选项。

> **提个醒**
> 用户也可以在幻灯片普通视图下的幻灯片中添加动作按钮，只是在母版中添加的动作按钮可以应用到每张幻灯片中，为制作演示文稿带来了方便。

STEP 05: 绘制并设置动作按钮

1. 此时鼠标光标变为+形状，将其定位到幻灯片左下角，按住并拖动鼠标，进行动作按钮的绘制。
2. 在打开的“操作设置”对话框中保持默认设置，单击 确定 按钮完成动作按钮的添加。

STEP 06： 继续添加动作按钮

使用相同方法，在幻灯片的左下角绘制“动作按钮：后退或前一项”按钮、“动作按钮：前进或下一项”按钮和“动作按钮：结束”按钮，并保持“操作设置”对话框的默认设置不变。

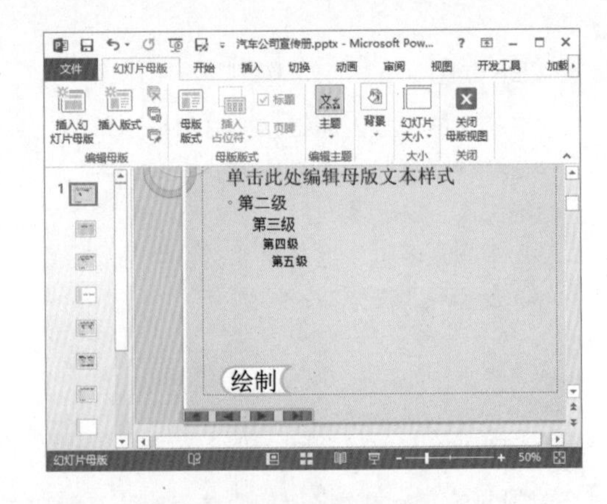

提个醒 在动作按钮栏中提供了12种动作按钮，用户可以根据需要添加相应的动作按钮。而且对于添加的动作按钮也并不是一定要保持默认设置不变，用户也可以双击绘制的动作按钮，在打开的“操作设置”对话框中的“单击鼠标”和“鼠标悬停”选项卡中进行详细设置。

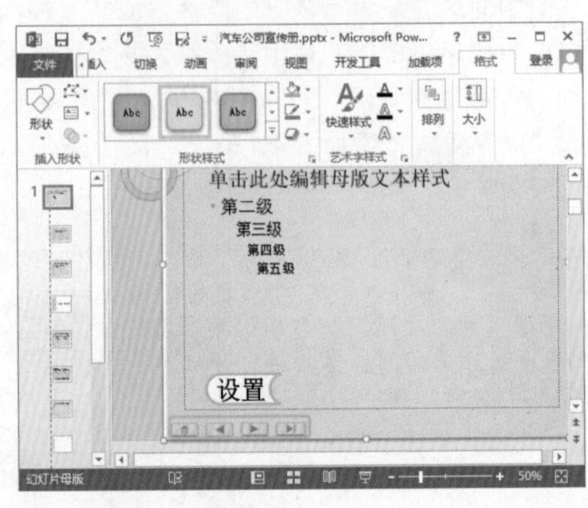

STEP 07： 设置动作按钮的样式

使用 Shift 键选择绘制的所有动作按钮，然后按照设置图片的方法，将其形状样式设置为“细微效果 - 金色，强调颜色 2”；对齐方式设置为“横向分布”，最后适当调整按钮的大小和位置。

STEP 08： 设置超级链接颜色

1. 返回幻灯片普通视图中，选择【设计】/【变体】组，单击“变体”列表框右侧的按钮。
2. 在弹出的下拉列表中选择“颜色”/“自定义颜色”选项。打开“新建主题颜色”对话框，在该对话框中设置超级链接颜色为紫色。
3. 设置已访问的超级链接颜色为绿色。
4. 单击保存(S)按钮，完成所有设置。

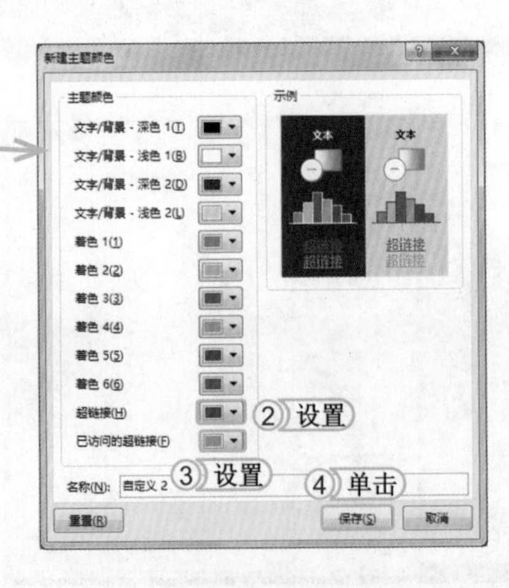

提个醒 在“新建主题颜色”对话框中进行了相应的设置后，系统将自动命名并新建一个自定义的配色方案。在以后制作演示文稿时，都可以应用新建的自定义配色方案。在完成所有的设置后，用户可以切换到幻灯片放映视图模式中，对添加的超级链接以及其设置的效果进行预览。

9.4 练习 1 小时

本章主要介绍了应用超级链接来制作交互式演示文稿的相关知识。主要包括超级链接的添加与取消、在演示文稿中添加如其他文件、电子邮件和网页等其他超级链接，以及如何对超级链接进行编辑等内容。用户要想在日常工作中熟练使用它们，还需再进行巩固练习。下面以为“莎香面霜简介 3.pptx”和“个人简历 .pptx”演示文稿添加超级链接为例，对应用超级链接的知识进行巩固学习。

1. 为“莎香面霜简介 3”演示文稿添加超级链接

本例将为“莎香面霜简介 3.pptx”演示文稿添加超级链接，通过为第 2 张幻灯片中的文本对象添加超级链接，并对添加的超级链接进行设置，让用户进一步掌握超级链接的应用方法。完成超级链接的添加与设置后再调整幻灯片文本。最终效果如下图所示。

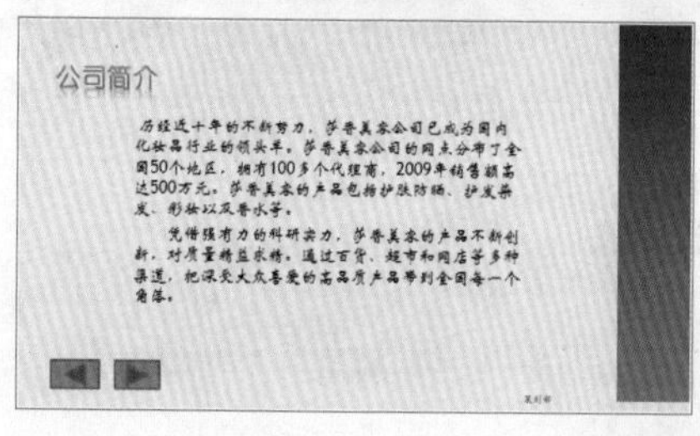

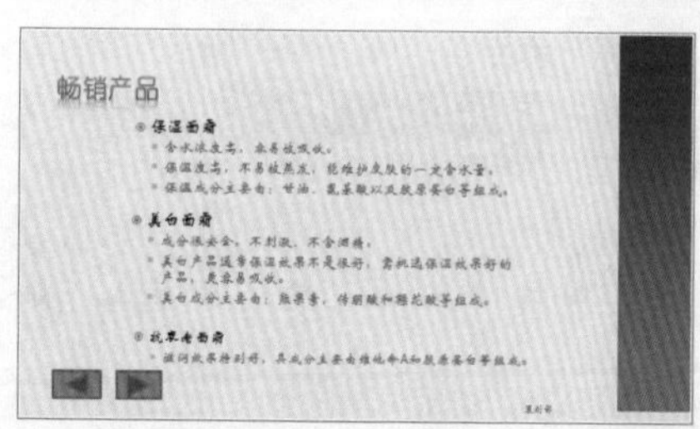

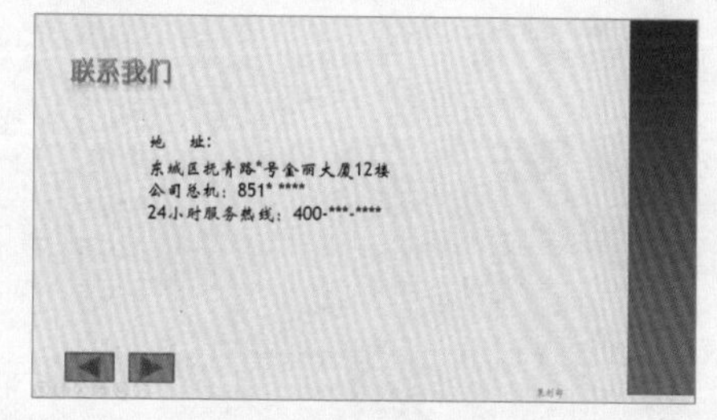

光盘文件
素材 \ 第 9 章 \ 莎香面霜简介 3. pptx
效果 \ 第 9 章 \ 莎香面霜简介 3. pptx
实例演示 \ 第 9 章 \ 为“莎香面霜简介 3”演示文稿添加超级链接

2. 为“个人简历”演示文稿添加超级链接

本例将为“个人简历.pptx”演示文稿添加超级链接。首先为第2张幻灯片添加动作按钮超级链接，然后分别为第3、4、8张幻灯片添加Word文档、邮箱、网页超级链接，最后对添加的超级链接进行设置。最终效果如下图所示。

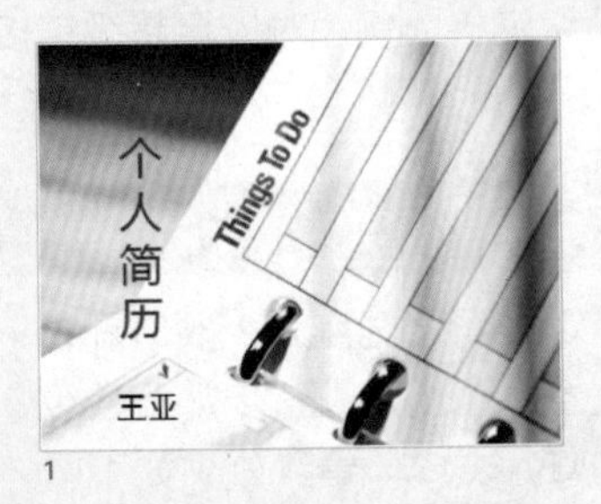

1

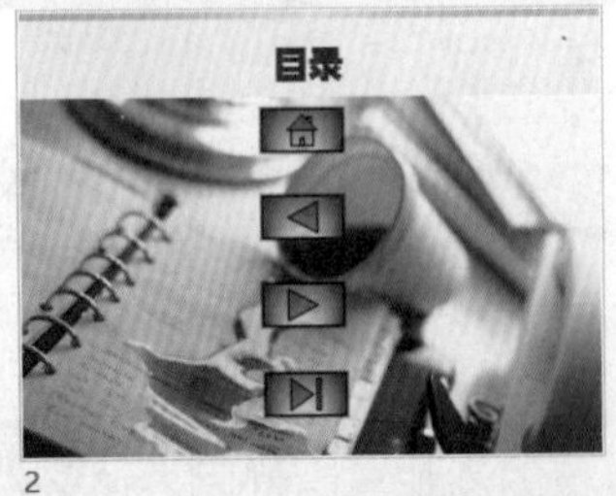

2

个人简介

毕业生个简介
姓名：王亚
性 别：男
联系电话：1388015××××
出生日期：1984年10月29日
家庭电话：028-8756××××
地 址：大双路普原街121号
求职意向：技术主管

3

工作经历简介

- 2008年10月—至今：担任瑞翔科技技术主管。主要负责管理技术部门的相关事务，如分配相关开发任务，控制开发进度和测试软件等。在实际工作中的具体指导和协调能力多次受到公司领导的表扬。
- 2005年12月—2007年5月：在康普软件公司担任PHP程序员。主要负责网站建设和软件开发。

4

教育经历

2002年9月—2006年6月获得计算机科学与技术专业学士学位。在校一直担任学生会主席，工作认真负责，学习成绩优秀，多次被学院评为优秀学生干部，优秀团干，个人标兵等。

5

培训经历

- 2005/07—2005/09 通过计算机二级考试，并获得相应证书
- 2008/03—2008/06通过计算机四级考试，并获得相应证书
- 外语水平：全国六级
- 可与外商进行熟练沟通，能阅读业务范围内常用术语

6

所获奖励

- 2004/06 获得“计算机学院优秀学生干部”称号
- 2005/10获得“计算机学院优秀团干和个人标兵”称号
- 2006/10获得“计算机学院优秀团干”称号

7

个人网页

个人主页
邮箱：wangya1030@163.com
QQ:123******

8

9

光盘文件

素材 \ 第 9 章 \ 个人简历 \
效果 \ 第 9 章 \ 个人简历 .pptx
实例演示 \ 第 9 章 \ 为“个人简历”演示文稿添加超级链接

读书笔记

第10章 放映、打包与输出演示文稿

学习 2 小时

在制作完演示文稿后，为了更好地对演示文稿进行管理和使用，通常还会对演示文稿进行放映、打包、打印和输出等操作。

- 放映与放映设置
- 打包、打印与输出

上机 3 小时

10.1 放映与放映设置

完成幻灯片的制作后，一般都需要对幻灯片的放映效果进行查看。通常直接按 F5 键可以快速进入放映状态，但是关于具体的放映设置还需要进行重点学习，例如在放映过程中不仅可以在幻灯片的重点内容上添加标记，而且还可以快速定位至目标幻灯片。下面就来学习如何设置幻灯片的放映。

学习 1 小时

- 熟悉直接放映、自定义放映演示文稿以及设置放映类型的操作。
- 掌握设置排练计时、隐藏或显示幻灯片、录制旁白和设置鼠标指针等方法。

10.1.1 直接放映

直接放映演示文稿即直接进入到幻灯片放映视图模式中。关于进入幻灯片放映视图模式的方法已经在 1.2.2 节中进行了讲解，除了可以使用状态栏中的“幻灯片放映”按钮与快速访问工具栏中的按钮放映幻灯片外，还可以直接按 F5 键进入到幻灯片放映视图模式中。

不同的进入方法代表的放映模式是不同的，总的来讲，放映幻灯片主要分为从头开始放映和从当前幻灯片开始放映两种。下面就对其进行讲解。

- 从头开始放映：从头开始放映即从第 1 张幻灯片开始进行依次放映。其方法有 3 种：单击快速访问工具栏中的“幻灯片放映”按钮；选择【幻灯片放映】/【开始放映幻灯片】组，单击“从头开始”按钮；直接按 F5 键。如下图所示即为通过“从头开始”按钮放映演示文稿。

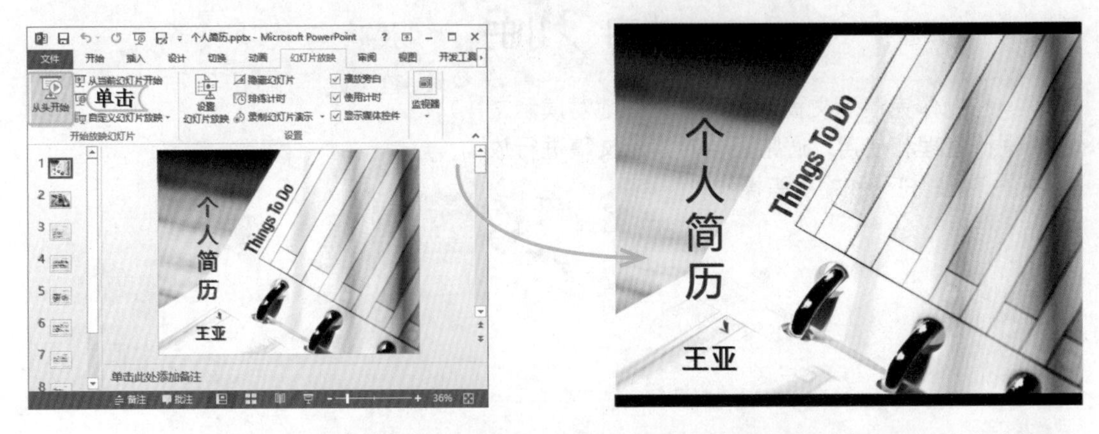

- 从当前幻灯片开始放映：单击状态栏中的“幻灯片放映”按钮，或选择【幻灯片放映】/【开始放映幻灯片】组，单击从当前幻灯片开始按钮，均可从当前选择的幻灯片开始依次往后放映。

经验一箩筐——退出幻灯片放映视图模式

用户可以直接按 Esc 键快速退出幻灯片放映视图模式。除此之外，在阅读视图模式中同样可以按 Esc 键退出阅读视图模式。

10.1.2 自定义放映

自定义放映是指在放映演示文稿时，可以具体指定放映文稿中的哪几张幻灯片，这些幻灯片之间可以是连续的，也可以是不连续的。如果采用一般的放映方式并不能达到该目的，此时就可以通过 PowerPoint 2013 提供的自定义放映功能实现。下面将在“总经理职位职责 .pptx”演示文稿中自定义放映幻灯片，并将其命名为“岗位权利与职责”，其具体操作如下：

光盘文件
素材 \10 章 \ 总经理职位职责 .pptx
效果 \10 章 \ 总经理职位职责 .pptx
实例演示 \10 章 \ 自定义放映

STEP 01：准备设置自定义放映

打开“总经理职位职责 .pptx”演示文稿，选择【幻灯片放映】/【开始放映幻灯片】组，单击 自定义幻灯片放映 按钮，在弹出的下拉列表中选择“自定义放映”选项。

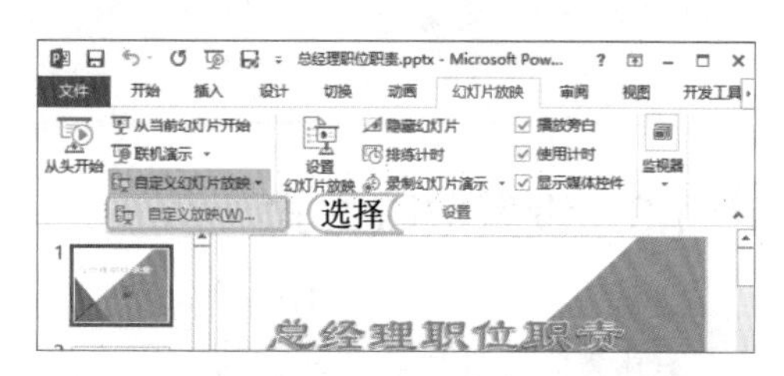

STEP 02：设置幻灯片放映名称

1. 打开“自定义放映”对话框，单击 新建(N)... 按钮，打开“定义自定义放映”对话框。
2. 在“幻灯片放映名称”文本框中输入文本“岗位权利和职责”。

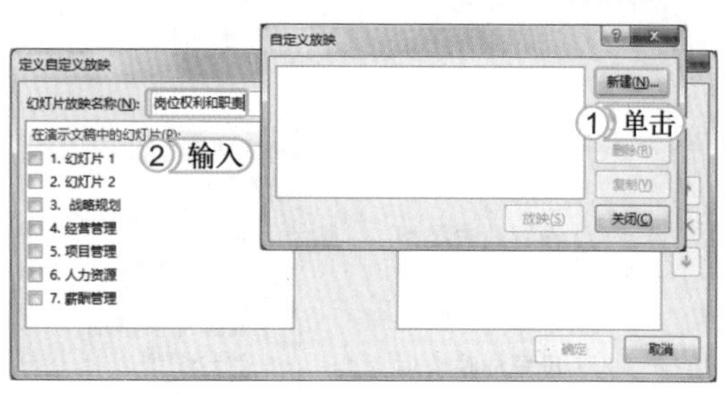

STEP 03：选择自定义放映的幻灯片

1. 在“在演示文稿中的幻灯片”列表框中选择第 2、5、6、7 张幻灯片。
2. 单击 添加(A) 按钮，即可将所选幻灯片添加到“在自定义放映中的幻灯片”列表框中。
3. 单击 确定 按钮。

提个醒
若用户还想添加自定义放映的幻灯片，可以直接在“在演示文稿中的幻灯片”列表框中选中需要的幻灯片前的复选框即可。

经验一箩筐——调整自定义放映幻灯片

在打开的“定义自定义放映”对话框中，用户可以根据需要对添加的幻灯片进行调整，其方法为：在“在自定义放映中的幻灯片”列表框中选择需要调整的幻灯片，单击右侧的 ↑ 按钮，可以将所选幻灯片向前移一个位置；单击 ↓ 按钮，可以将所选幻灯片向后移一个位置；单击 ✕ 按钮，可以删除所选幻灯片。

STEP 04: 完成自定义放映设置

返回“自定义放映”对话框，此时在“自定义放映”列表框中将显示新创建的幻灯片放映名称，单击该对话框中的[关闭(C)]按钮，完成自定义放映设置。如果想立即观看设置后的效果，单击对话框中的[放映(S)]按钮即可。

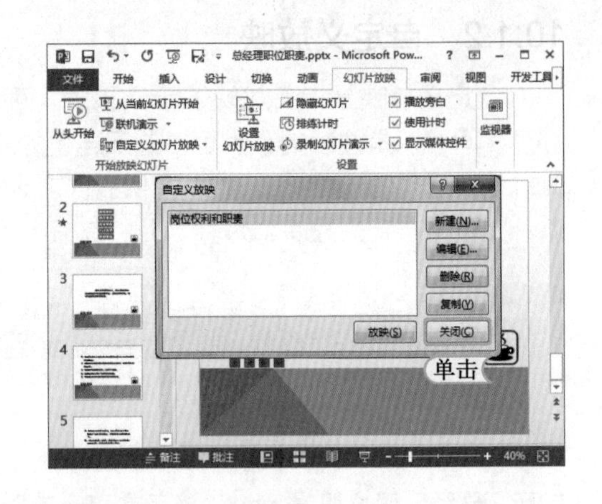

提个醒 若用户还需要对自定义放映的演示文稿进行编辑，就可以在此步骤中单击[编辑(E)...]按钮，然后在打开的“定义自定义放映”对话框中完成相应的编辑即可。

10.1.3 设置放映方式

设置放映方式包括设置幻灯片的放映类型、设置放映幻灯片的范围、设置放映选项、设置绘图笔和激光笔颜色，以及设置幻灯片的切换方式等，其设置均是在“设置放映方式”对话框中进行。如下图所示即为在“设置放映方式”对话框中设置放映方式。

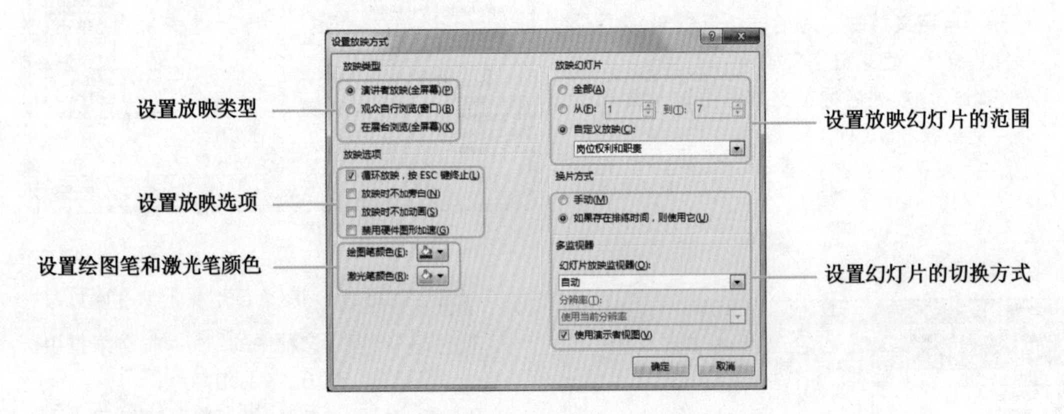

下面就主要对设置幻灯片的放映类型进行讲解。

1. 设置放映类型的方法

设置幻灯片的放映类型主要分为设置演讲者放映（全屏幕）、观众自行浏览（窗口）和在展台浏览（全屏幕）3 种方式，其方法为：单击【幻灯片放映】/【设置】组中的“设置幻灯片放映”按钮，打开“设置放映方式”对话框，然后在“放映类型”栏中根据需要选择不同的放映类型。

2. 各种放映类型的作用和特点

不同的幻灯片放映类型具有不同的作用与特点，下面分别进行介绍。

（1）演讲者放映（全屏幕）

此方式将以全屏幕的状态放映演示文稿，并且演讲者在放映过程中对演示文稿有着完全的控制权，即演讲者可以采用人工或自动方式进行放映，也可以将演示文稿暂停或在放映过程中录制旁白。

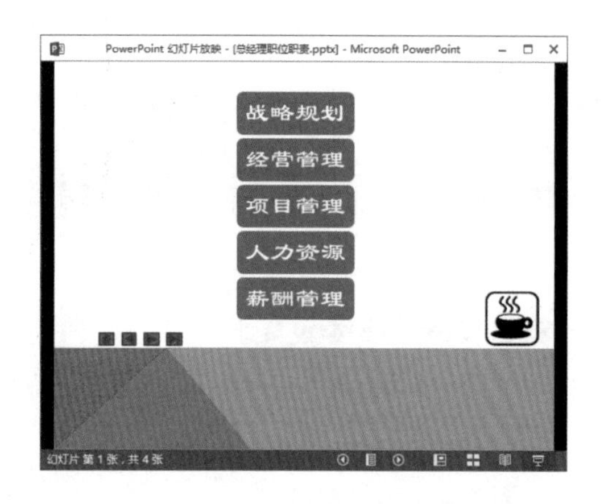

（2）观众自行浏览（窗口）

此方式将以窗口形式放映演示文稿，只允许观众对演示文稿的放映进行简单控制。在放映过程中可以利用滚动条按钮和、PageDown 键和 PageUp 键，以及左右方向键来切换放映的幻灯片。如右图所示即为设置观众自行浏览（窗口）的放映模式。

（3）在展台浏览（全屏幕）

此方式可以在不需要专人控制的情况下，自动放映演示文稿，它是 3 种放映类型中最简单的一种。在这种方式下，不能单击鼠标手动放映幻灯片，但可以通过单击幻灯片中的超级链接和动作按钮来切换。

3. 设置放映类型的注意事项

在“设置放映方式”对话框中，并不是所有的设置都符合实际工作中的需要，也并不是所有的设置均可以同时使用。在设置放映方式时有以下几点注意事项。

- 关于设置全屏放映：如果需要将幻灯片放映投射到大屏幕上，或者是在开会时使用演示文稿，则可以在“设置放映方式”对话框中选中 演讲者放映(全屏幕)(P) 单选按钮，将放映方式设置为全屏放映。
- 关于设置绘图笔颜色：设置绘图笔颜色只能在选中 演讲者放映(全屏幕)(P) 单选按钮的状态下进行。
- 设置放映方式功能项：在“设置放映方式”对话框中，选中不同放映类型的单选按钮后，所对应的“放映选项”栏和“多监视器”栏中的选项也会有所不同。如选中 在展台浏览(全屏幕)(K) 单选按钮，此时“放映选项”栏中的 循环放映，按 ESC 键终止(L) 复选框、“绘图笔颜色”列表框，以及“换片方式”栏等均呈灰色状态，表示在该放映类型下，这些功能不可用。

10.1.4 排练计时

一般情况下，制作的演示文稿并没有预设排练时间，在放映幻灯片时用户需要手动切换幻灯片。

设置排练计时的作用在于为演示文稿中的每张幻灯片计算好播放时间，然后在正式放映时让其自行放映，演讲者则可专心进行演讲而不用再去控制幻灯片的切换等操作。下面就以“健康专题宣传 .pptx”为例对设置排练计时进行讲解，其具体操作如下：

光盘文件
素材 \10 章 \ 健康专题宣传 .pptx
效果 \10 章 \ 健康专题宣传 .pptx
实例演示 \10 章 \ 排练计时

STEP 01：准备设置排练计时

打开“健康专题宣传 .pptx”演示文稿，选择【幻灯片放映】/【设置】组，单击 排练计时 按钮。

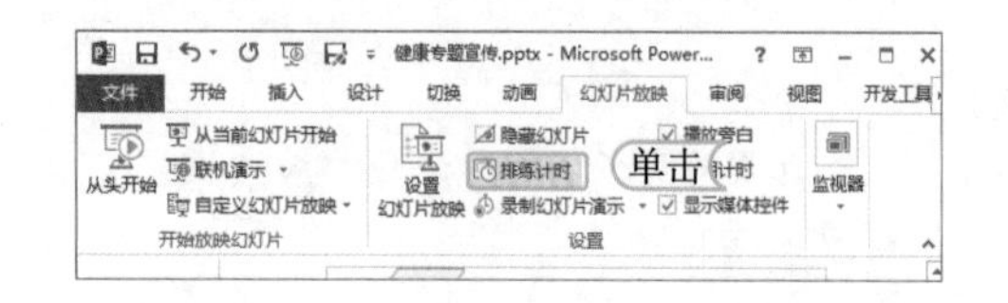

STEP 02： 设置计时

进入放映排练状态，同时打开“录制”工具栏并自动为该幻灯片计时，通过单击鼠标或按 Enter 键控制幻灯片中下一个动画或下一张幻灯片出现的时间。

STEP 03： 继续设置计时

切换到下一张幻灯片时，“录制”工具栏中的时间将从头开始为该张幻灯片的放映进行计时。

> **提个醒** 在“录制”工具栏中单击⏸按钮可暂停排练计时；单击→按钮可设置下一个放映对象的计时；单击↺按钮可重新设置当前幻灯片的计时。

STEP 04： 保存排练计时

设置好排练计时后，将打开 Microsoft Powerpoint 提示对话框，提示排练计时时间，并询问是否保留幻灯片的排练时间，单击 是(Y) 按钮进行保存。

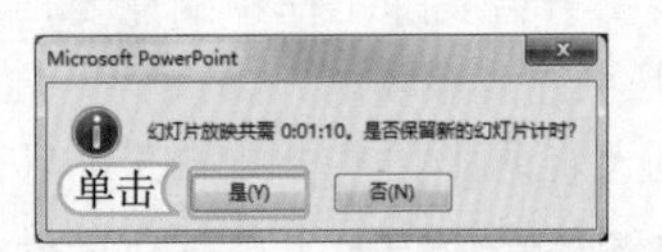

STEP 05： 查看设置的排练计时

进入幻灯片浏览视图中，在每张幻灯片的左下角将显示幻灯片播放时需要的时间。

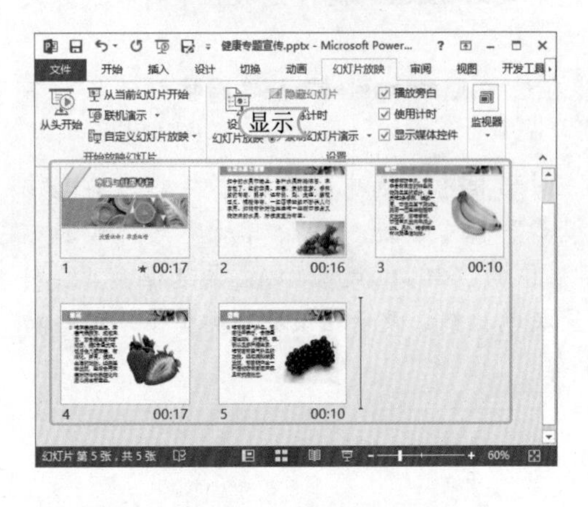

> **提个醒** 用户若需对排练计时进行重新设置，可以再次在【幻灯片放映】/【设置】组中单击 排练计时 按钮，然后按照相同的方法对排练计时进行设置。值得注意的是，不管重复设置多少次排练计时，PowerPoint 只会保留最后一次设置的排练计时。

10.1.5 隐藏或显示幻灯片

放映幻灯片时，系统将自动按设置的方式依次放映每张幻灯片。但在实际放映过程中，可以将暂不需要的幻灯片隐藏起来，等到需要放映时再将它们显示出来。

1. 隐藏幻灯片

在 2.2.5 节中讲解了使用快捷菜单来隐藏幻灯片的方法，这里主要讲解另一种隐藏幻灯片的方法，其方法为：首先选择需要隐藏的幻灯片，然后在【幻灯片放映】/【设置】组中单击 隐藏幻灯片 按钮。

2. 显示幻灯片

隐藏幻灯片后，若需再次放映该幻灯片，则需将其显示出来。显示隐藏的幻灯片的方法主要有以下两种。

- 通过按钮显示：选择需要显示的幻灯片，单击【幻灯片放映】/【设置】组中的“隐藏幻灯片”按钮，便可将隐藏的幻灯片显示出来。
- 通过右键菜单显示：在放映幻灯片时，单击鼠标右键，在弹出的快捷菜单中选择“查看所有幻灯片”命令，再在屏幕中选择需要显示的幻灯片，即可将隐藏的幻灯片显示出来。如下图所示即为在放映时显示隐藏的幻灯片。

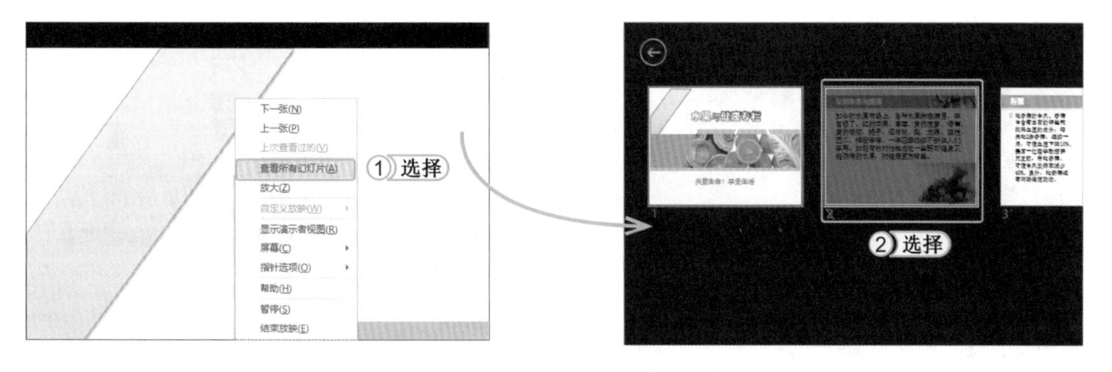

10.1.6 录制旁白

如果要使用演示文稿创建更加生动的视频效果，那么为幻灯片录制旁白是一种非常好的选择，并且在录制过程中还可以随时暂停录制或继续录制。不过在录制幻灯片旁白之前，一定要确保电脑中已安装声卡和麦克风，并且处于正常工作状态。下面便在“总经理职位职责 1.pptx”演示文稿中为第 2 张幻灯片录制旁白，其具体操作如下：

光盘文件
素材 \10 章 \ 总经理职位职责 1.pptx
效果 \10 章 \ 总经理职位职责 1.pptx
实例演示 \10 章 \ 录制旁白

STEP 01：选择需录制的对象

1. 打开“总经理职位职责 1.pptx”演示文稿，在“幻灯片”窗格中选择第 2 张幻灯片。
2. 选择【幻灯片放映】/【设置】组，单击 录制幻灯片演示 按钮右侧的下拉按钮。
3. 在弹出的下拉列表中选择“从当前幻灯片开始录制”选项。

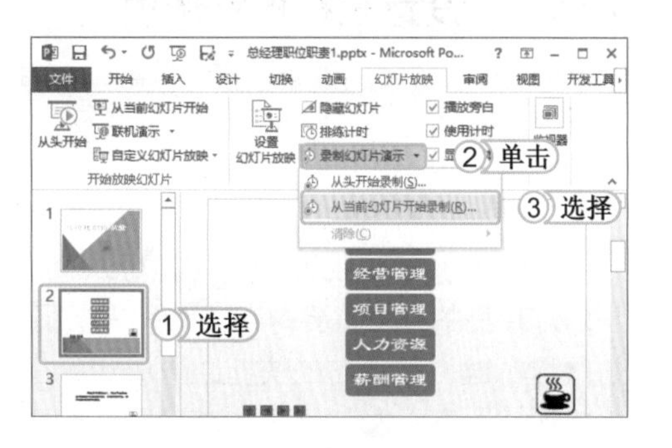

提个醒 在此步骤中，若演示文稿中已有录制的旁白，其下拉列表中的“清除”选项才会被激活呈可用状态。

STEP 02：选择要录制的内容

1. 打开“录制幻灯片演示”对话框，取消选中 幻灯片和动画计时(T) 复选框。
2. 单击 开始录制(R) 按钮。

STEP 03： 完成录制

此时进入幻灯片放映状态，并开始录制旁白。同时将会在幻灯片中显示“录制”工具栏，录制完后按 Esc 键退出幻灯片放映状态，同时可看到在该幻灯片中添加了录制旁白的声音图标。

提个醒 在幻灯片录制过程中，若要结束幻灯片的录制操作，那么只需在当前幻灯片上单击鼠标右键，然后在弹出的快捷菜单中选择“结束放映”命令即可。

STEP 04： 预览录制效果

在演示文稿的普通视图状态中，单击该声音图标将会自动显示声音控制条，然后在其中单击“播放”按钮▸，即可预览录制的旁白。

提个醒 在此步骤中，直接将鼠标移动到该声音图标处也可以显示声音控制条。

10.1.7 设置鼠标指针选项

在幻灯片放映视图模式中，可以对鼠标指针进行设置，包括设置为激光指针、笔、荧光笔和箭头 4 种样式。下面分别进行介绍。

1. 激光指针

在幻灯片放映视图模式中，可以将鼠标指针变为激光指针样式，以将观众的注意力吸引到幻灯片上的某个重要内容或特别需要强调的地方。其方法为：在幻灯片放映视图状态下，单击鼠标右键，在弹出的快捷菜单中选择【指针选项】/【激光指针】命令，然后移动鼠标指向希望观众注意的内容即可。如下图所示即为将鼠标变为激光指针效果。

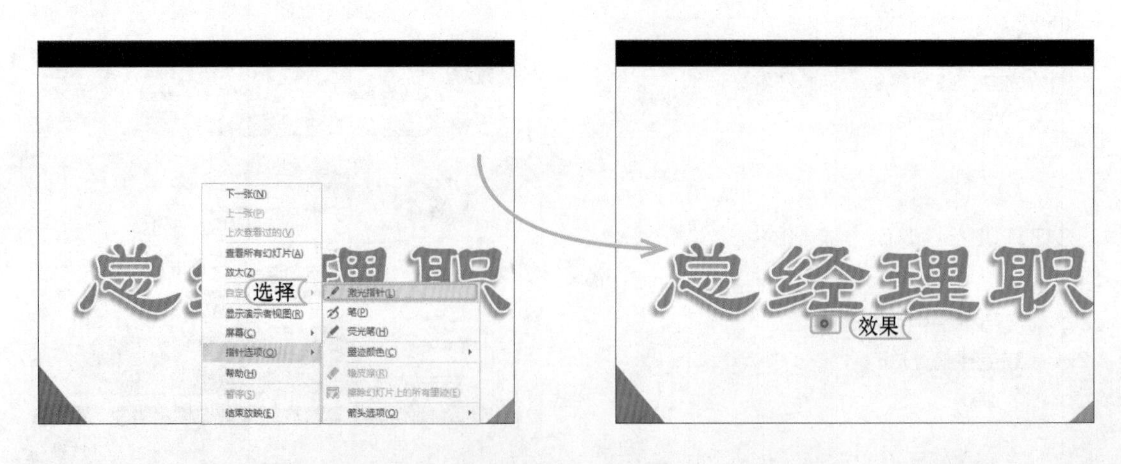

2. 笔和荧光笔

笔和荧光笔主要用于在放映幻灯片时对一些需要强调的部分进行标记，以方便观众观看并记录重要内容。其方法为：在幻灯片放映视图状态下，单击鼠标右键，在弹出的快捷菜单中选择【指针选项】/【笔】或【指针选项】/【荧光笔】命令，然后按住并拖动鼠标标示出希望观众注意的内容即可。如下图所示分别为使用笔和荧光笔勾画重点内容。

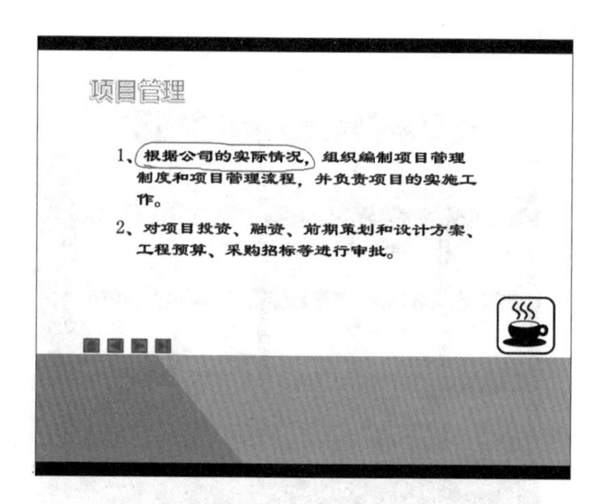

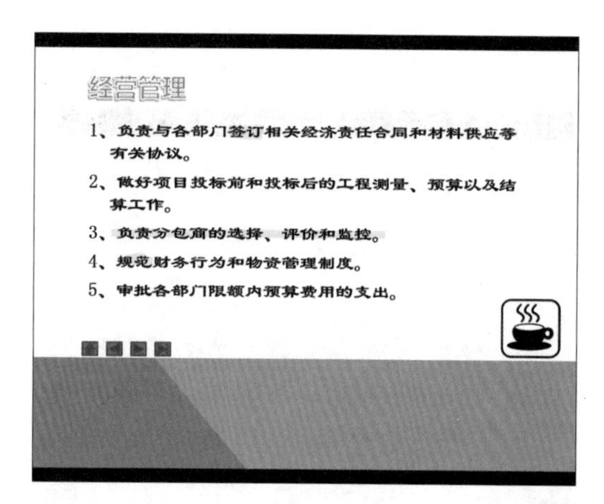

从上图中可以看出，荧光笔比笔要宽一些，而且一般作为底纹使用。系统默认的笔颜色为红色，荧光笔颜色为黄色，若用户需要更改两种笔的颜色，可以在设置鼠标指针为笔或荧光笔样式后，单击鼠标右键，在弹出的快捷菜单中选择【指针选项】/【墨迹颜色】命令，然后在弹出的子菜单中选择需要的颜色选项即可。

问题小贴士

问：在对放映的幻灯片进行了相应的标记后，怎样对其进行保存或清除操作呢？

答：若需要保存所做的笔标示，直接退出幻灯片放映视图状态，然后在弹出的Microsoft PowerPoint提示对话框中单击保留(K)按钮，即可保存当前演示文稿中所有的笔标示；单击放弃(D)按钮，将清除所有的笔标示。如右图所示即为打开的Microsoft PowerPoint提示对话框。若是需要清除某些笔标示，需要在放映过程中，选择需要清除笔标示的幻灯片后，单击鼠标右键，在弹出的快捷菜单中选择【指针选项】/【擦除幻灯片上的所有墨迹】命令，即可删除当前幻灯片中所有的笔标示；若选择【指针选项】/【橡皮擦】命令，鼠标将会呈形状，此时在需要清除的笔标示处单击鼠标即可将该笔标示清除。

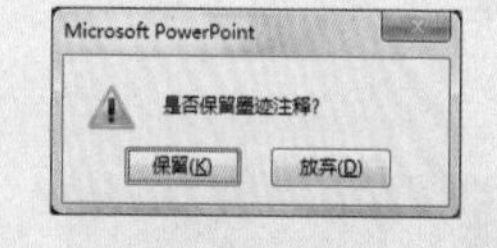

3. 箭头

箭头即是系统默认的鼠标指针样式，但是用户也可以对其显示状态进行设置。其设置方法为：在幻灯片放映视图状态下，单击鼠标右键，在弹出的快捷菜单中选择【指针选项】/【箭头选项】命令，然后在其子菜单中选择需要的选项即可。如右图所示即为设置箭头指针的示意图。

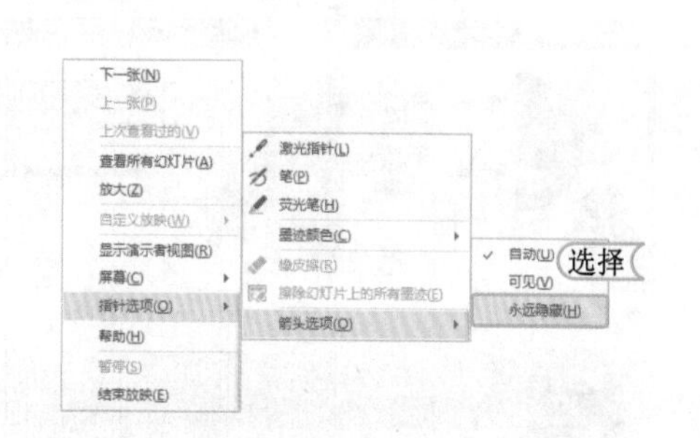

10.1.8 快速定位幻灯片

播放演示文稿时，幻灯片是按照预先设定好的顺序一张接一张地进行放映的，但在实际放映过程中可能会遇到需要快速跳转到某一张幻灯片的情况，如果演示文稿中包含几十张幻灯片，采用单击鼠标的方法一一进行切换就太麻烦了，此时就可以使用查看所有幻灯片的功能快速定位到目标幻灯片。其方法为：在放映幻灯片时单击鼠标右键，在弹出的快捷菜单中选择“查看所有幻灯片”命令，然后在打开的窗口中选择目标幻灯片即可。如下图所示即为快速定位到目标幻灯片。

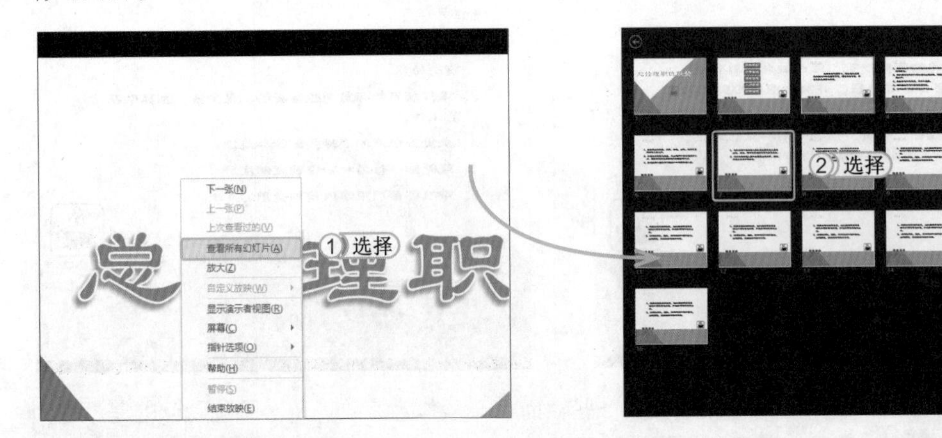

上机 1 小时 设置并放映“营销推广方案”演示文稿

- 巩固学习对演示文稿进行放映的方法。
- 熟练掌握设置放映和在放映过程中设置鼠标指针的方法。

本例将为“营销推广方案 .pptx”演示文稿设置自定义放映方式，并在其中添加排练计时，然后在放映过程中选择荧光笔和醒目的颜色为幻灯片的重点内容做标示，最后在“设置放映方式”对话框中对幻灯片的放映类型进行选择。最终效果如下图所示。

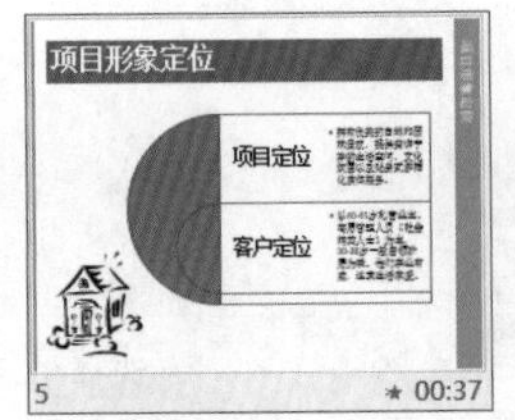

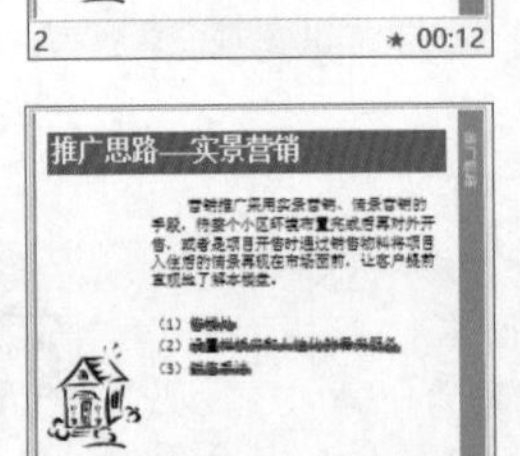

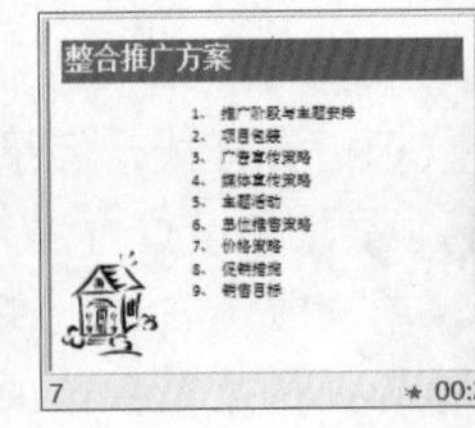

光盘文件
素材\10 章\营销推广方案 . pptx
效果\10 章\营销推广方案 . pptx
实例演示\10 章\设置并放映“营销推广方案”演示文稿

STEP 01: 进入放映排练状态

1. 打开“营销推广方案.pptx”演示文稿，选择第 1 张幻灯片。
2. 选择【幻灯片放映】/【设置】组，单击 排练计时 按钮。

STEP 02: 控制录制时间

此时便进入放映排练状态，“录制”工具栏中开始计时，通过单击鼠标，控制演示文稿中下一张幻灯片出现的时间。

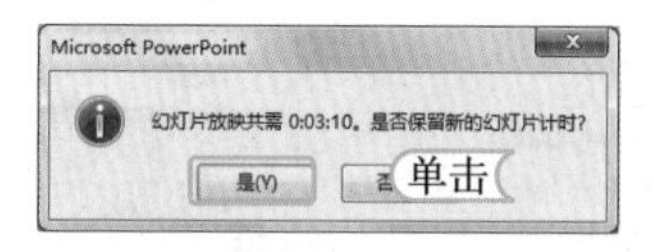

STEP 03: 完成排练计时设置

录制完最后一张幻灯片后，屏幕将弹出提示对话框，提示排练计时时间为“3 分 10 秒”并询问是否保留幻灯片的排练时间，单击 是(Y) 按钮。

STEP 04: 设置自定义放映名称

1. 选择【幻灯片放映】/【开始放映幻灯片】组，单击 自定义幻灯片放映 按钮。在弹出的下拉列表中选择“自定义放映”选项，打开“自定义放映”对话框。
2. 单击 新建(N)... 按钮，打开“定义自定义放映”对话框。
3. 在“幻灯片放映名称”文本框中输入“推广方案”。

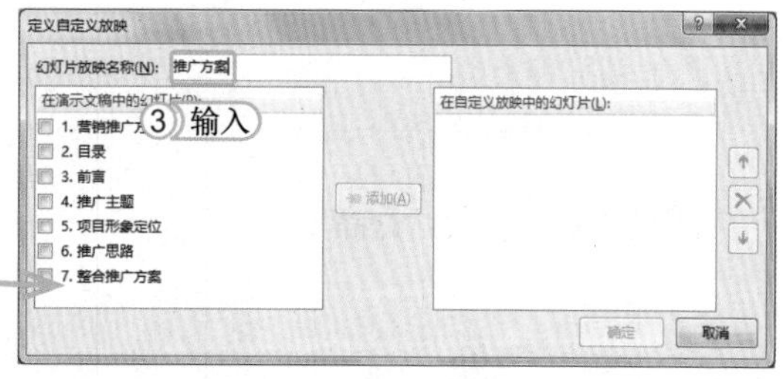

STEP 05: 选择要放映的幻灯片

1. 利用 Shift 键选中“在演示文稿中的幻灯片”列表框中的第 4、5、6、7 张幻灯片前的复选框。
2. 单击 添加(A) 按钮，将所选幻灯片添加到“在自定义放映中的幻灯片”列表框中。
3. 单击 确定 按钮。

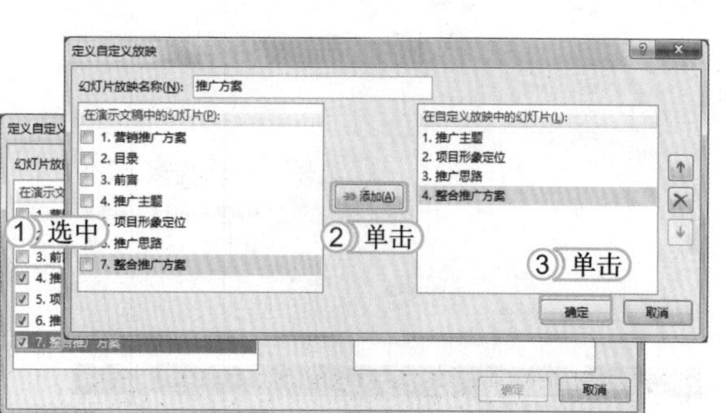

72 Hours

62 Hours

52 Hours

42 Hours

32 Hours

22 Hours

12 Hours

STEP 06：准备设置放映方式

1. 返回“自定义放映”对话框，在其中单击关闭(C)按钮关闭“自定义放映”对话框。
2. 返回普通视图中，选择【幻灯片放映】/【设置】组，然后单击“设置幻灯片放映”按钮。

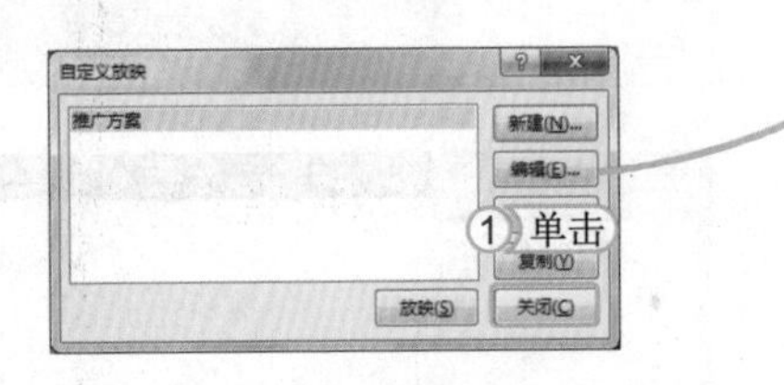

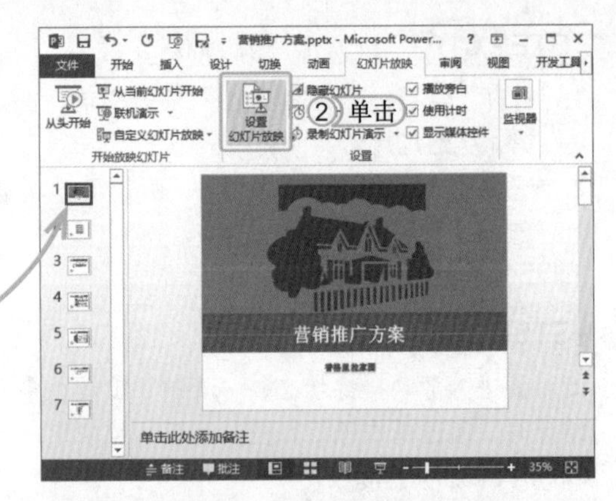

STEP 07：设置放映方式

1. 打开“设置放映方式”对话框，在“放映类型”栏中选中 演讲者放映(全屏幕)(P) 单选按钮。
2. 在“放映幻灯片”栏中选中 自定义放映(C): 单选按钮。
3. 单击确定按钮。

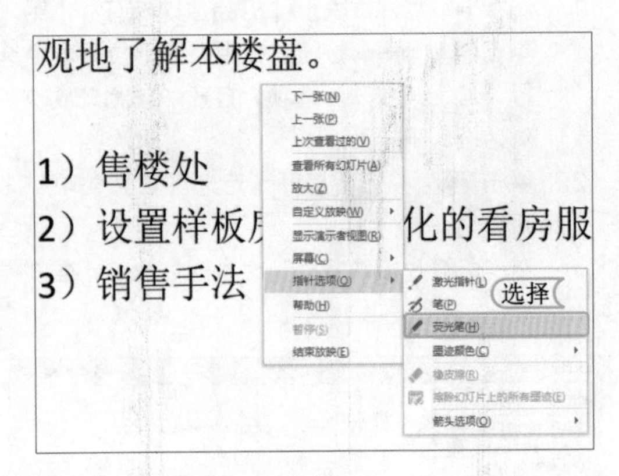

STEP 08：设置鼠标指针

选择【幻灯片放映】/【开始放映幻灯片】组，然后单击“从头开始”按钮，即可从第4张幻灯片开始放映。当放映到第6张幻灯片时，在其中单击鼠标右键，在弹出的快捷菜单中选择【指针选项】/【荧光笔】命令，将鼠标指针设置为荧光笔样式。

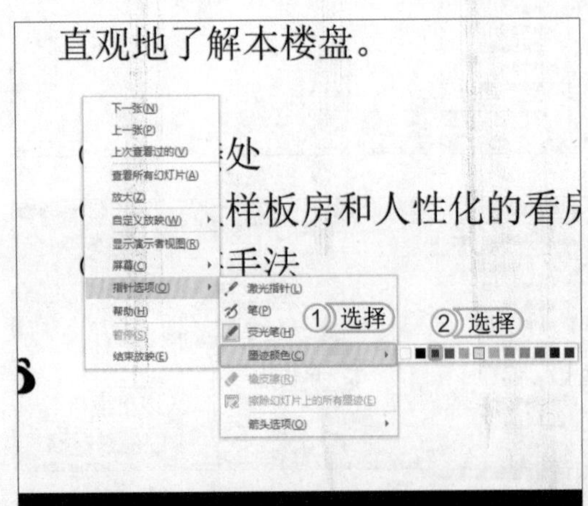

STEP 09：设置荧光笔颜色

1. 在第6张幻灯片上单击鼠标右键，在弹出的快捷菜单中选择“指针选项”/“墨迹颜色”命令。
2. 在弹出的子菜单中选择“深红”颜色选项。

提个醒 只有在设置了相应的笔样式后，设置的笔颜色才能应用于该笔样式。若是直接设置墨迹颜色，系统自动默认鼠标指针样式为“笔”，且快速应用设置的笔颜色。

STEP 10: 标记重要内容

1. 此时鼠标指针变成一个红色的小方块，在需要标记重点内容的地方拖动鼠标进行标记。
2. 完成放映后会弹出一个提示对话框，在其中单击[保留(K)]按钮。

10.2 打包、打印与输出

完成演示文稿的制作后，根据需要还可对其进行打包、打印或者输出等操作。打包演示文稿后，即使在没有安装 PowerPoint 2013 软件的电脑中，也可以将其打开；打印演示文稿，也就是可以将演示文稿打印在纸张上，以便随时随地查阅、修改等；输出演示文稿，是指将演示文稿转换为其他格式的文件。下面就对打包、打印与输出演示文稿的方法进行讲解。

学习 1 小时

- 熟悉打包演示文稿和共享演示文稿的相关操作方法。
- 掌握设置并打印幻灯片和输出幻灯片的操作方法。

10.2.1 打包演示文稿

演示文稿制作好后，如果需要放映，为了避免出现因其他电脑上没有安装 PowerPoint 2013 而不能进行放映的情况，可以对演示文稿及链接的各种媒体文件进行打包。打包演示文稿分为将演示文稿压缩到 CD 和文件夹两种情况，下面进行介绍。

- 将演示文稿打包成 CD：将演示文稿打包成 CD 要求电脑中必须有刻录光驱，其操作方法为：在打开的演示文稿中选择【文件】/【导出】命令，在“导出”栏中单击“将演示文稿打包成 CD”按钮，然后单击“打包成 CD”按钮。打开“打包成 CD”对话框，在其中单击[复制到 CD(C)]按钮即可将演示文稿压缩到 CD。

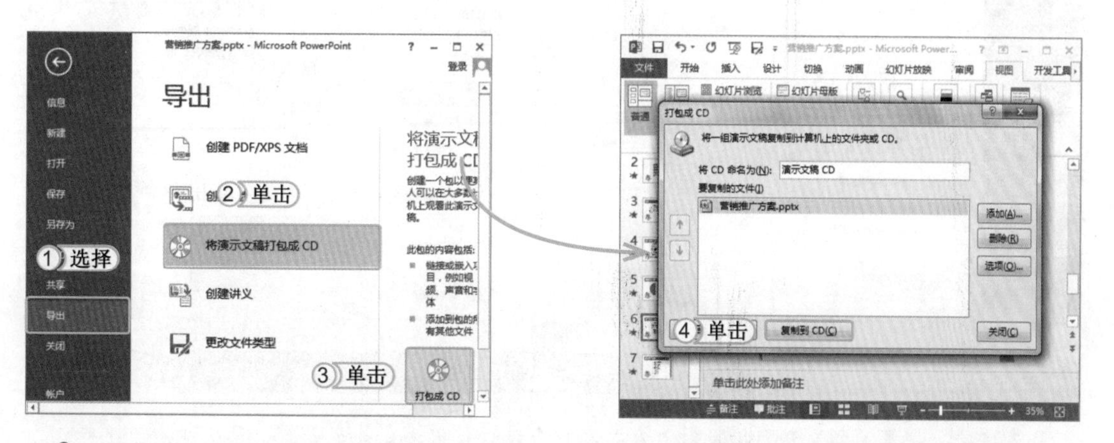

- 将演示文稿打包成文件夹：将演示文稿打包成文件夹的操作方法与打包成 CD 的操作方类似，都是通过“打包成 CD”对话框来完成的。其操作方法为：打开“打包成 CD”对话框后，

在其中单击复制到文件夹(F)...按钮，打开“复制到文件夹”对话框，在其中设置文件保存位置和名称后，单击确定按钮，稍作等待后即可将演示文稿打包成文件夹。如下图所示即为将演示文稿打包成文件夹的操作示意图。

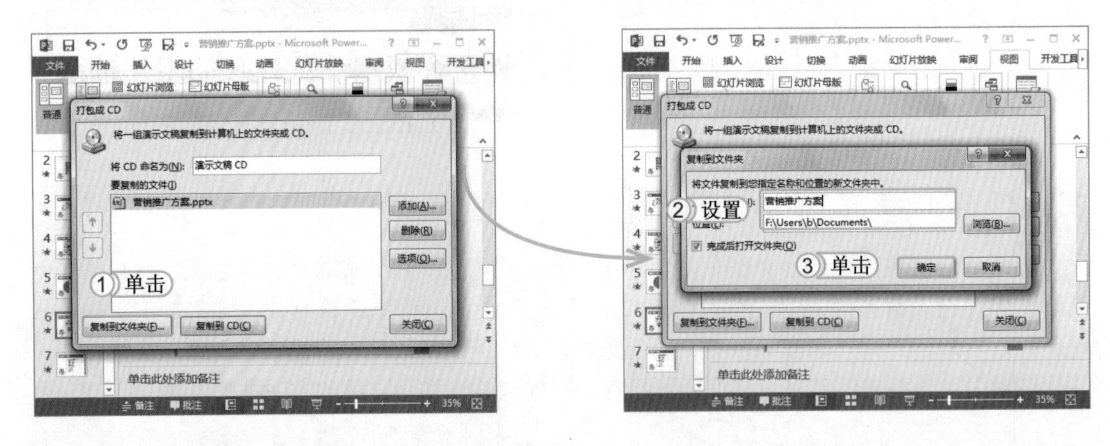

10.2.2 共享演示文稿

制作好的演示文稿，除了制作者自己使用外，还可以与同事或其他相关人员共享。在PowerPoint 2013 中，系统提供了多种共享方式，下面就主要对邀请他人、发送到电子邮件、联机演示和发布幻灯片等几种共享方式进行讲解。

1. 邀请他人

邀请他人就是将自己的演示文稿与其他指定的相关人员进行共享。其方法为：首先将当前演示文稿保存到 SkyDrive 文件夹中，然后在演示文稿中选择【文件】/【共享】命令，在打开的界面中单击“邀请他人”按钮，然后在“邀请他人”的“键入姓名或电子邮件地址”文本框中输入需要与之共享的人员的姓名或电子邮件地址，在“在邀请中包括个人信息”文本框中输入相关的个人信息，最后单击“共享”按钮即可。如下图所示即为邀请他人共享演示文稿的操作示意图。

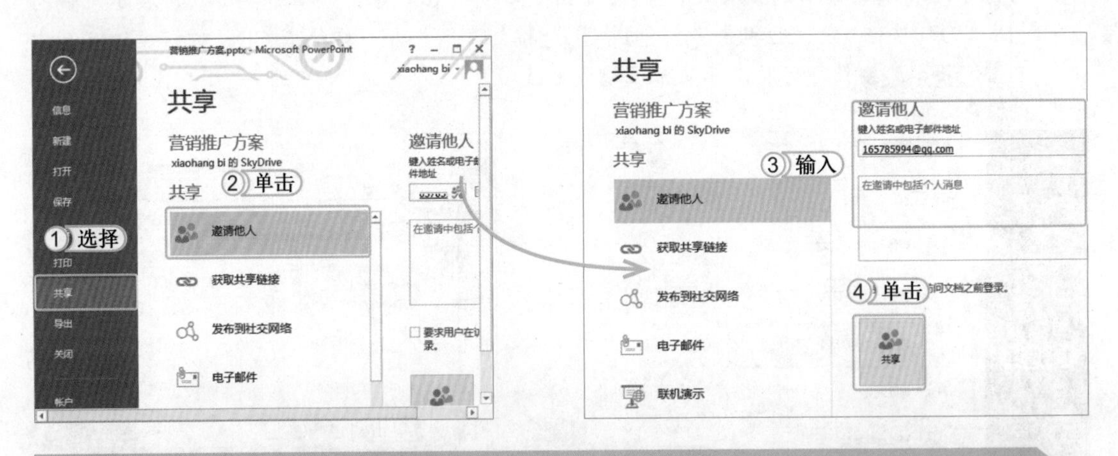

经验一箩筐——邀请他人的其他设置

在邀请他人共享演示文稿时，可对他人共享权限进行设置：在共享界面中选中要求用户在访问文档之前登录。复选框，可以设置其他人员必须在登录 SkyDrive 账户后才可以访问到共享的演示文稿；单击可编辑按钮可设置其他人员在共享演示文稿时对演示文稿的编辑权限。

2. 电子邮件

将演示文稿发送到电子邮件也是比较常用的一种共享方式，其方法与邀请他人相似，都是在共享界面中进行的，其方法是：在共享界面中单击“电子邮件”按钮，然后在“电子邮件”栏中单击相应的发送方式按钮，即可将演示文稿发送到相应的指定的电子邮件中。如下图所示即为将演示文稿发送到电子邮件的操作示意图。

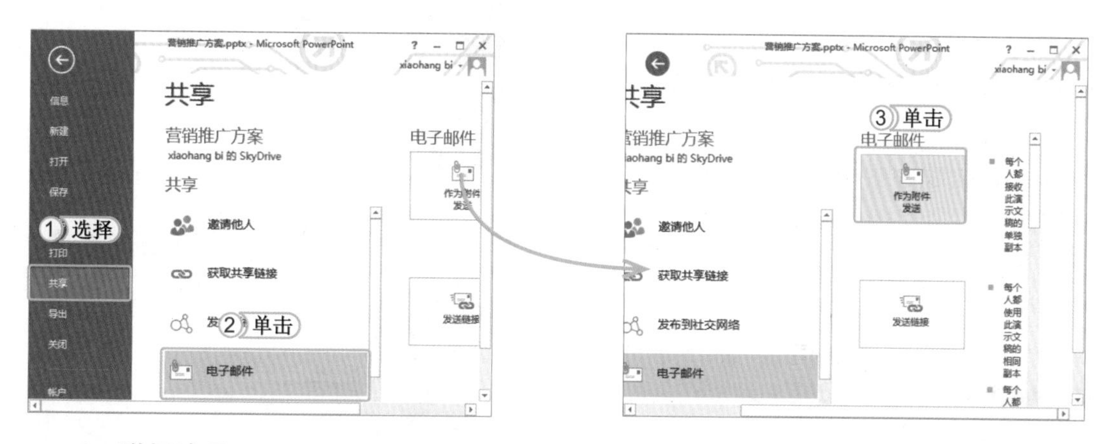

3. 联机演示

联机演示一般需要先创建一个共享文件的链接，其方法是：在共享界面中单击 获取共享链接 按钮，然后在“获取共享链接”栏中单击 创建链接 按钮，即可自动创建一个链接。创建好链接后，返回到共享界面中单击 联机演示 按钮，然后在“联机演示”界面中单击“联机演示”按钮，即可完成联机演示的操作。如下图所示即为创建链接的操作示意图。

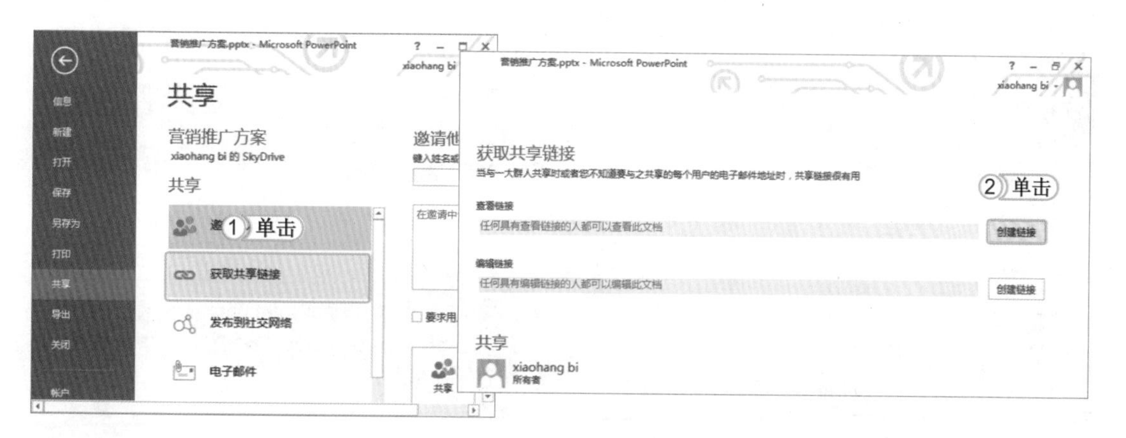

4. 发布幻灯片

发布幻灯片是指将 PowerPoint 2013 幻灯片发布到幻灯片库或 SharePoint 网站中，以达到共享和调用各个幻灯片的目的。其方法是：打开需发布的演示文稿，选择【文件】/【共享】命令，然后在打开的界面中打开“发布幻灯片”对话框。再通过“发布幻灯片”对话框打开“选择幻灯片库”对话框，在该对话框中设置发布位置和名称后返回“发布幻灯片”对话框，最后在该对话框中完成设置即可。下面介绍发布幻灯片的详细方法，其具体操作如下：

光盘文件 实例演示 \ 第 10 章 \ 发布幻灯片

STEP 01：准备发布演示文稿

1. 打开演示文稿，选择【文件】/【共享】命令。
2. 在打开的共享界面中双击"发布幻灯片"按钮，打开"发布幻灯片"对话框。

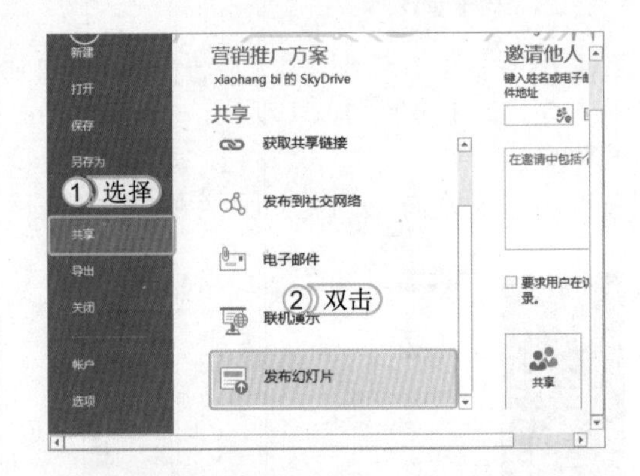

> **提个醒** 在此步骤中，用户也可以单击"发布幻灯片"按钮，然后在"发布幻灯片"栏中查看相应的提示后再单击"发布幻灯片"按钮，也可打开"发布幻灯片"对话框。

STEP 02：选择要发布的幻灯片

1. 在打开的"发布幻灯片"对话框中选中需要发布的幻灯片前的复选框。
2. 单击浏览(B)...按钮，打开"选择幻灯片库"对话框。

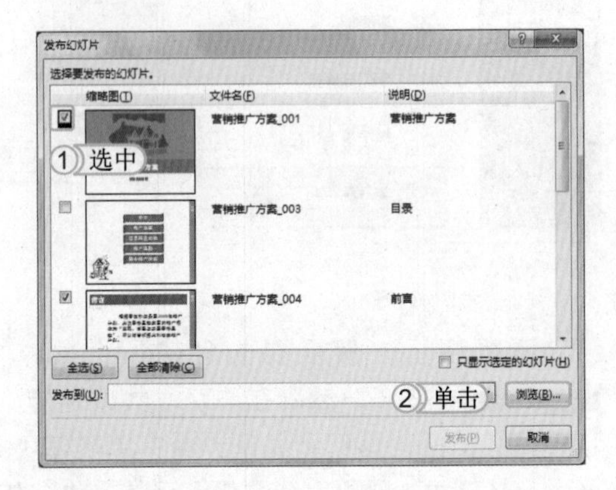

> **提个醒** 用户也可以在"发布幻灯片"对话框中单击全选(S)按钮，将当前演示文稿中的所有幻灯片全部选中。

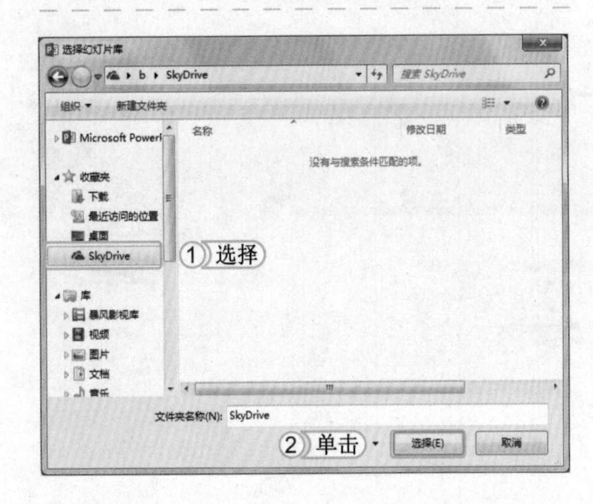

STEP 03：设置幻灯片库信息

1. 在打开的"选择幻灯片库"对话框中设置发布位置和名称。
2. 单击选择(E)按钮，返回"发布幻灯片"对话框。

> **提个醒** 只要注册了 SkyDrive 账户后，就会自动生成一个 SkyDrive 文件夹，以供设置文件的保存位置。

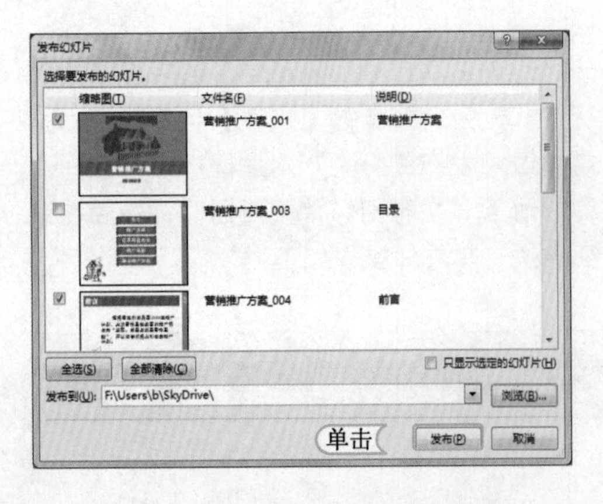

STEP 04：完成发布

在"发布幻灯片"对话框中单击发布(P)按钮，完成演示文稿的发布。

读书笔记

10.2.3 打印演示文稿

幻灯片不仅可以进行现场演示，而且还可以像 Word 文档和 Excel 表格那样打印在纸张上。在 PowerPoint 中不仅可以选择打印颜色，而且还可以打印特定的幻灯片、备注页、大纲和讲义，不过在打印幻灯片之前还需要对幻灯片的页面进行相应设置。

1. 设置页面大小

页面设置是指设置幻灯片大小、页面方向和起始幻灯片编号。关于设置幻灯片页面大小和方向的操作方法在 4.3.1 节中进行了详细的讲解，这里就不再赘述。需注意的是，设置幻灯片页面方向包括设置幻灯片、备注、讲义和大纲的文字方向。下面主要对设置起始幻灯片编号的方法进行讲解。

设置起始幻灯片编号的方法为：选择演示文稿中的【设计】/【自定义】组，单击“幻灯片大小”按钮，在弹出的下拉列表中选择“自定义幻灯片大小”选项，打开“幻灯片大小”对话框，在“幻灯片编号起始值”数值框中，输入要在第一张幻灯片或讲义上打印的编号，随后的幻灯片编号会在此编号基础上呈递增显示，最后单击确定按钮应用所有设置。如右图所示即为设置起始幻灯片编号。

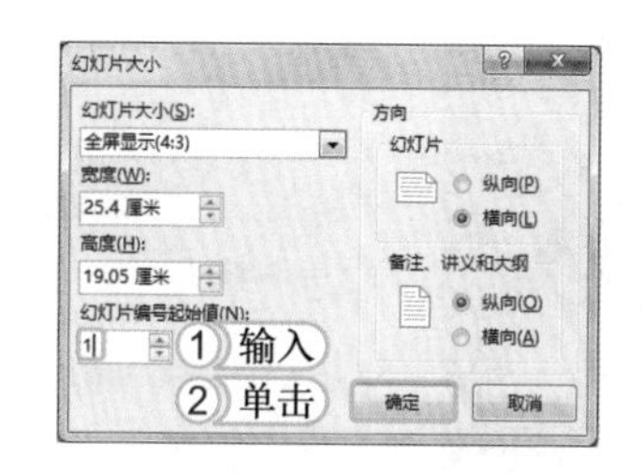

2. 打印设置

打印设置是指设置打印份数、需打印的幻灯片、每页所放的幻灯片数以及编辑页眉和页脚等。设置打印选项的操作方法为：在需打印的演示文稿中选择【文件】/【打印】命令，在打开界面的“打印”栏的“份数”数值框中输入要打印的份数；在“打印机”栏中可以选择打印机，也可以设置当前打印机的属性；在“设置”栏中可以进行设置需打印的幻灯片、每页所放幻灯片数，调整颜色以及编辑页眉和页脚等操作。完成所有设置后，可在右边预览框中查看每页纸上的打印情况。最后单击“打印”栏中的“打印”按钮即可执行打印操作了。如下图所示即为对打印进行设置的示意图。

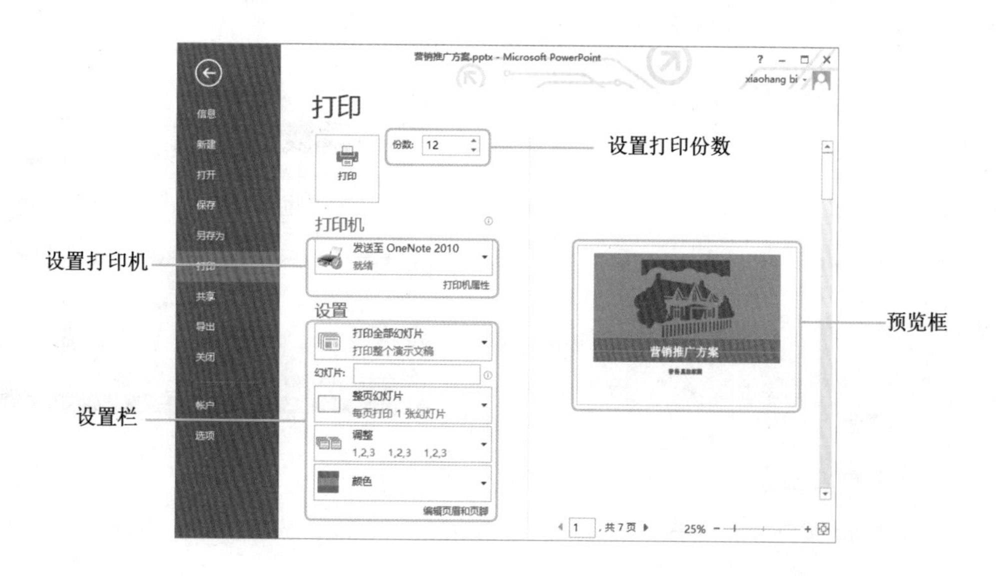

10.2.4 输出演示文稿

演示文稿制作完成后，还可以将他们转换为其他格式的文件，如PDF/XPS文件、图片文件、视频文件、讲义以及其他类型的文件等。下面就对转换演示文稿的操作方法进行讲解。

1. 将演示文稿输出为PDF/XPS文件

将演示文稿输出为PDF/XPS文件后，仍然会保留原演示文稿的布局、格式、字体和图像，在Web上仍可免费查看该格式的文件，但其中的内容将不能随意进行更改。其方法为：在需要输出的演示文稿中选择【文件】/【导出】命令，然后在打开的界面的“导出”栏中双击“创建PDF/XPS文档”按钮，打开“发布为PDF或XPS”对话框，然后在该对话框中设置文件的保存位置和保存名称，完成设置后单击发布(S)按钮即可将演示文稿输出为PDF/XPS文件。

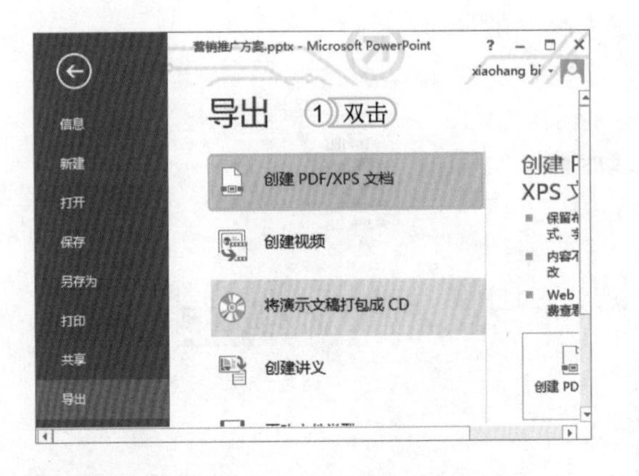

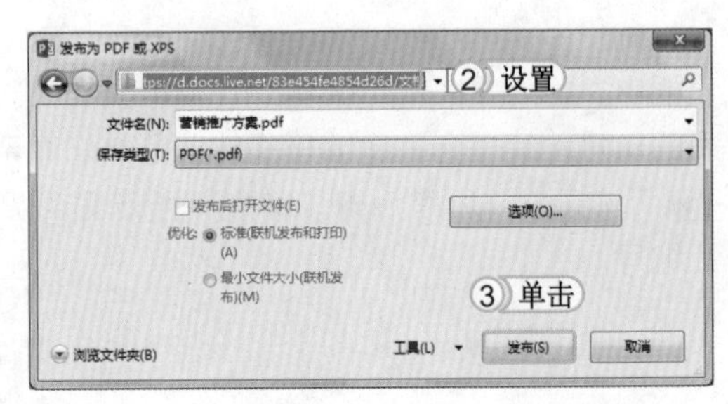

246

72 Hours

2. 将演示文稿输出为图片文件

PowerPoint 2013可以将演示文稿中的幻灯片输出为GIF、JPG、PNG以及TIFF等格式的图片文件，用于更大限度地共享演示文稿内容。其方法为：首先在打开的演示文稿中选择【文件】/【导出】命令，在“导出”栏中双击“更改文件类型”按钮，打开“另存为”对话框。在该对话框中设置文件的保存位置和保存名称；在“保存类型”下拉列表中选择相应图片文件格式选项，单击保存(S)按钮。此时会弹出一个提示对话框，在其中单击所有幻灯片(A)按钮即可。如下图所示即为将演示文稿输出为JPG格式的图片的操作示意图。

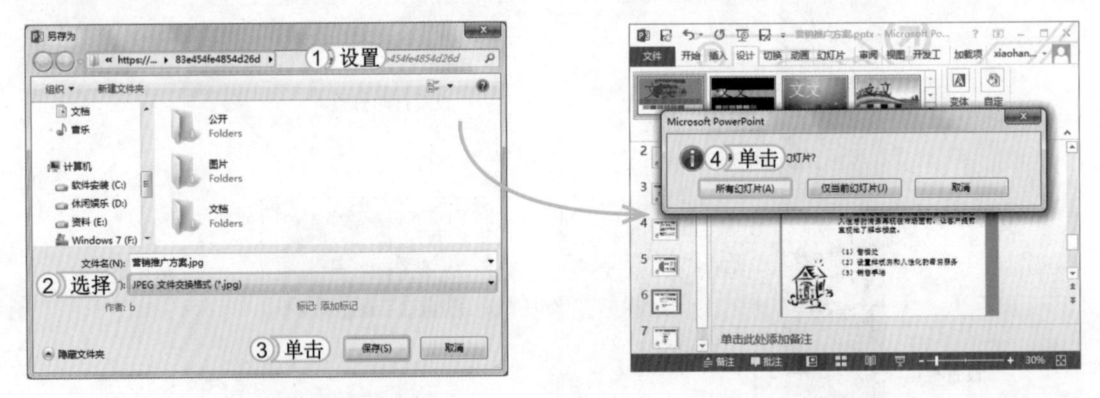

3. 将演示文稿创建为视频文件

在PowerPoint 2013中，用户可以将演示文稿输出为WMV、MP4格式的视频文件，在输出的视频文件中，将保留原演示文稿中所设置的计时、旁白、笔标记、动画和多媒体等。其方法为：首先在打开的演示文稿中选择【文件】/【导出】命令，在“导出”栏中双击“创建视频”按钮，打开“另存为”对话框。在该对话框中设置文件的保存位置和保存名称；在“保存类型”下拉列表中选择相应的视频文件格式选项，单击 保存(S) 按钮即可。如下图所示即为将演示文稿输出为 WMV 格式的视频的操作示意图。

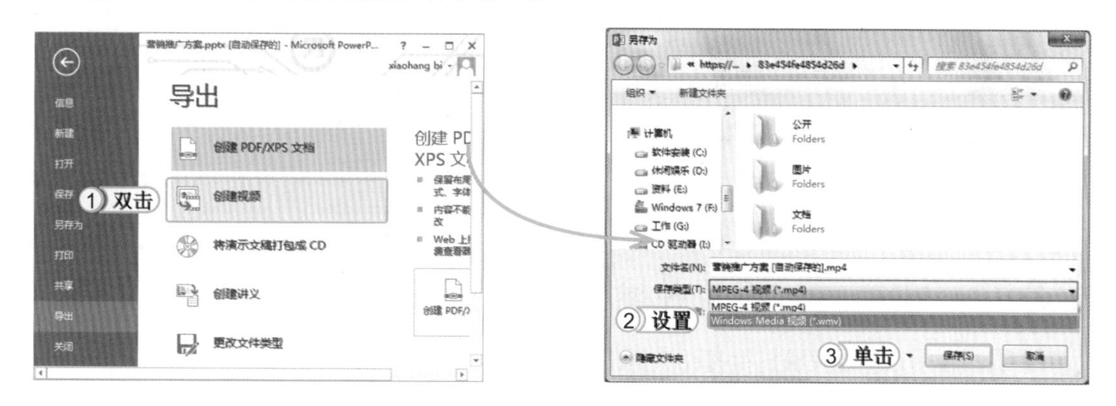

4. 将演示文稿创建为讲义

将演示文稿创建为讲义，实质上就是将其转换为 Word 文档。此时演示文稿将作为 Word 文档在新的窗口中打开，并可以像处理其他 Word 文档一样对其进行编辑、打印或保存等操作。将演示文稿创建为讲义的方法为：在打开的演示文稿中选择【文件】/【导出】命令，在打开界面的“导出”栏中双击“创建讲义”按钮，打开“发送到 Microsoft Word”对话框。在该对话框的“Microsoft Word 使用的版式”栏和“将幻灯片添加到 Microsoft Word 文档”栏中选中相应的单选按钮，最后单击 确定 按钮即可。如下图所示即为将演示文稿创建为讲义的操作示意图。

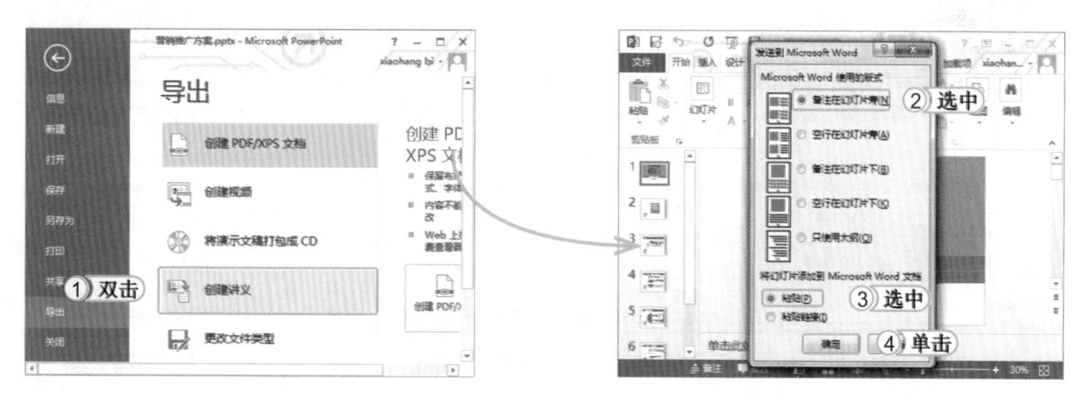

5. 将演示文稿输出为其他文件

除了将演示文稿输出为前面几种格式的文件外，还可以将其转换为如 PowerPoint 97-2003 等其他版本的演示文稿，以及 OpenDocument 演示文稿、模板、PowerPoint 放映演示文稿和 PowerPoint 图片演示文稿等格式。其方法为：首先在打开的演示文稿中选择【文件】/【导出】命令，在打开界面的“导出”栏中单击“更改文件类型”按钮，然后在“更改文件类型”栏中双击相应的文件类型按钮，打开“另存为”对话框。在该对话框中设置文件的保存位置和保存名称，最后单击 保存(S) 按钮即可。如下图所示即为将演示文稿输出为 PowerPoint 放映演示文稿的操作示意图。

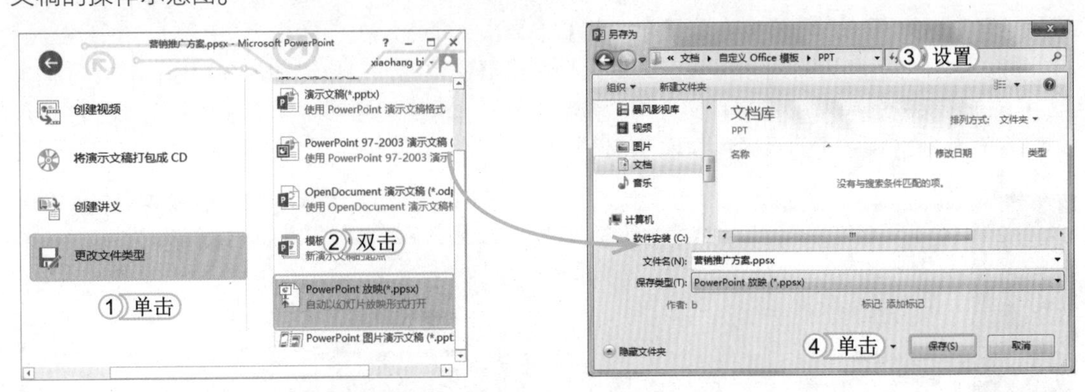

上机1小时 设置并输出“物业管理投标书”演示文稿

- 巩固学习对演示文稿进行打印设置的方法。
- 熟练掌握输出演示文稿的方法。

本例将对“物业管理投标书.pptx”演示文稿的打印进行设置，然后再将该演示文稿创建为讲义。最终效果如下图所示。

光盘文件
素材\10章\物业管理投标书.pptx
效果\10章\物业管理投标书.doc
实例演示\10章\设置并输出“物业管理投标书”演示文稿

STEP 01：准备设置打印

打开“物业管理投标书.pptx”演示文稿，选择【文件】/【打印】命令。

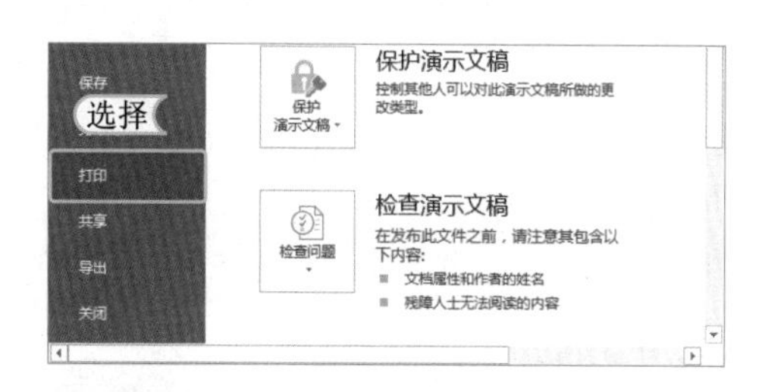

STEP 02：设置打印份数和打印机

1. 在“打印”栏下的“份数”数值框中输入需要打印的份数“8”。
2. 在“打印机”下拉列表框中选择合适的打印机，然后单击“打印机属性”超级链接，打开相应的打印机属性对话框。

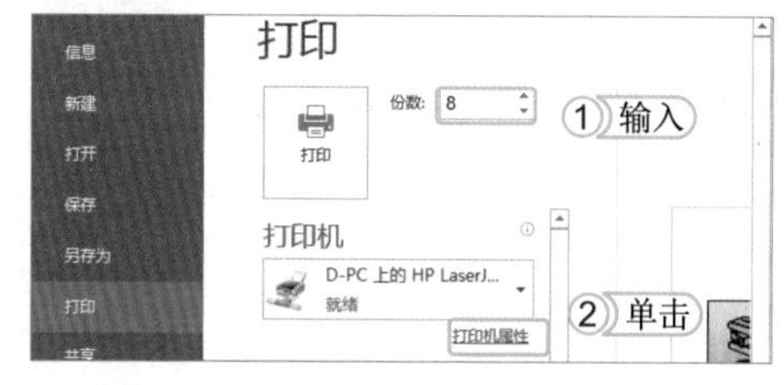

STEP 03：设置打印机属性

1. 选择“打印快捷方式”选项卡，在右侧列表的“方向”栏的下拉列表框中选择“横向”选项。
2. 在“双面打印”栏的下拉列表框中选择“是，翻转”选项。
3. 在“每张打印页数”栏的下拉列表中选择“每张打印2页”选项。

STEP 04：继续设置打印机属性

1. 切换到“纸张/质量”选项卡，设置纸张尺寸为A3，纸张来源为“在纸盒1中手动送纸”。
2. 切换到“效果”选项卡，在调整尺寸选项栏中选中◉文档打印在:单选按钮。单击 确定 按钮，完成打印机的设置。

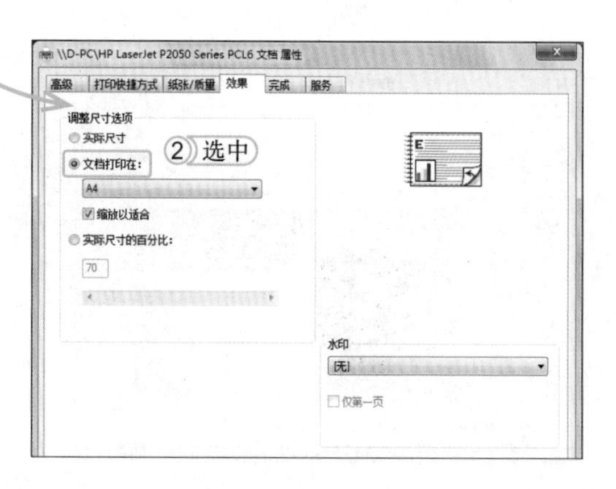

提个醒 在此步骤中，系统默认在“效果”选项卡中选中◉实际尺寸单选按钮。

STEP 05: 设置打印颜色

返回 PowerPoint 打印界面，在“设置”栏的颜色下拉列表框中选择“灰度”选项。

STEP 06: 准备创建讲义

依旧在该界面中选择“导出”选项，在“导出”栏中双击“创建讲义”按钮，打开“发送到 Microsoft Word”对话框。

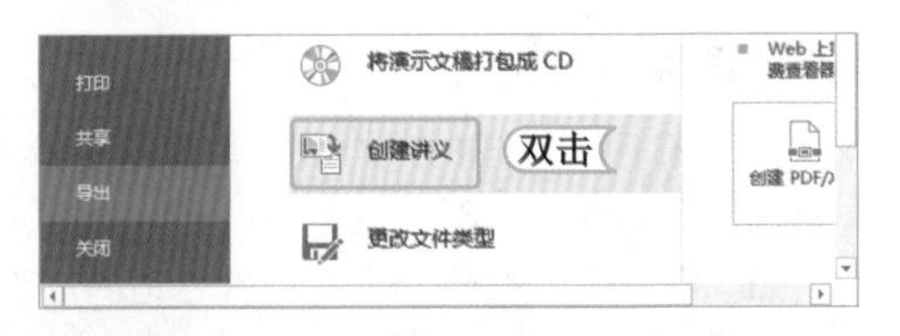

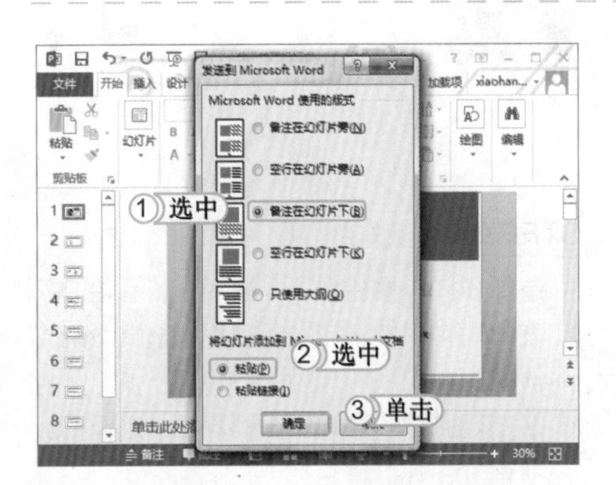

STEP 07: 设置讲义信息

1. 在打开的对话框的“Microsoft Word 使用的版式”栏中选中 备注在幻灯片下(B) 单选按钮。
2. 在“将幻灯片添加到 Microsoft Word 文档”栏中选中 粘贴(P) 单选按钮。
3. 最后单击 确定 按钮，新建 1 个与幻灯片页数相同的 Word 讲义文档。

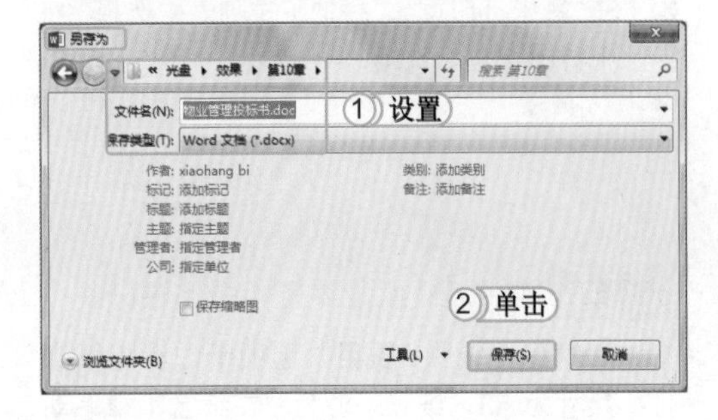

STEP 08: 预览并保存创建的讲义

1. 预览生成的文档内容和效果，在该文档中单击按钮，在打开的界面中双击“另存为”栏中的“计算机”按钮，打开“另存为”对话框，在打开的对话框中设置文件的保存位置后，在“文件名”文本框中输入文本“物业管理投标书 .doc”。
2. 最后单击 保存(S) 按钮将其保存。

STEP 09: 关闭讲义与演示文稿

返回讲义文档界面，单击 × 按钮关闭该讲义文档。然后再返回 PowerPoint 工作界面，关闭“物业管理投标书 .pptx”演示文稿。

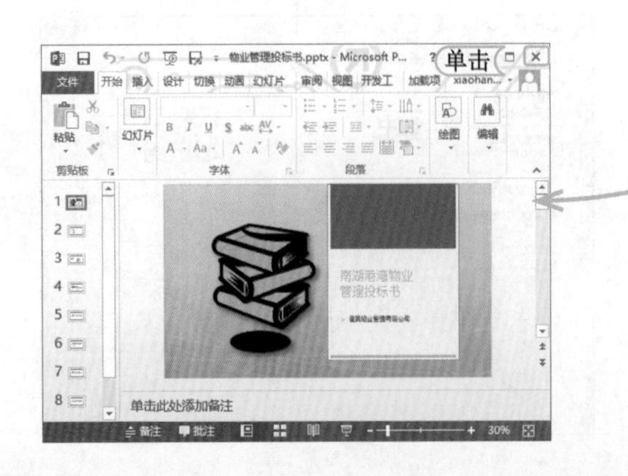

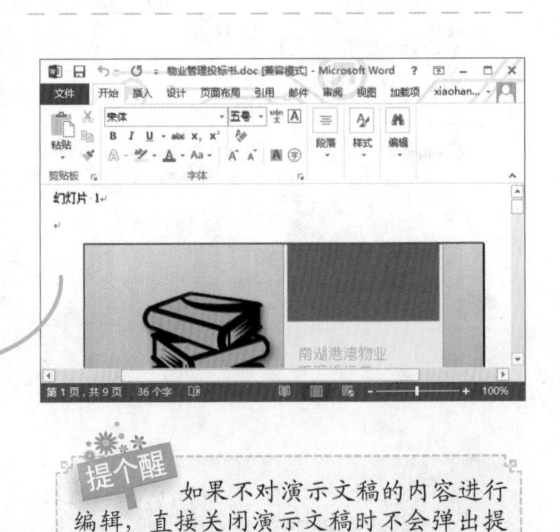

提个醒 如果不对演示文稿的内容进行编辑，直接关闭演示文稿时不会弹出提示保存的对话框。

10.3 练习 1 小时

本章主要介绍了放映、打包与输出演示文稿的相关知识，其中主要包括选择放映方式和设置放映、打包演示文稿、打印演示文稿，以及输出演示文稿等内容。用户要想在日常工作中熟练使用它们，还需再进行巩固练习。下面以放映并输出“汽车公司宣传册 1.pptx”和“个人简历 1.pptx”演示文稿为例，巩固学习本章的知识。

1. 操作“汽车公司宣传册 1”演示文稿

本例将编辑如下图所示的“汽车公司宣传册 1.pptx”演示文稿，其中主要练习幻灯片的排练计时、自定义放映幻灯片、设置幻灯片放映类型、放映幻灯片、快速定位幻灯片和将幻灯片输出为图片演示文稿等操作。本例将首先设置幻灯片的排练计时，再设置一个名为“汽车简介”的自定义放映幻灯片。然后设置幻灯片放映类型为“在展台浏览(全屏幕)”；完成设置后放映一遍幻灯片，并在其中练习快速定位幻灯片的操作。最后将当前演示文稿中所有的幻灯片输出为 JPG 格式的图片文件。设置排练计时的效果如下图所示。

光盘文件
素材\第 10 章\汽车公司宣传册 1.pptx
效果\第 10 章\汽车公司宣传册\
实例演示\第 10 章\操作“汽车公司宣传册 1”演示文稿

2. 操作“个人简历 1”演示文稿

本例主要对演示文稿的打印进行设置，并练习输出演示文稿的操作。首先打开演示文稿，对其打印进行设置，然后将演示文稿创建为讲义并保存，其讲义文档的最终效果如图所示。

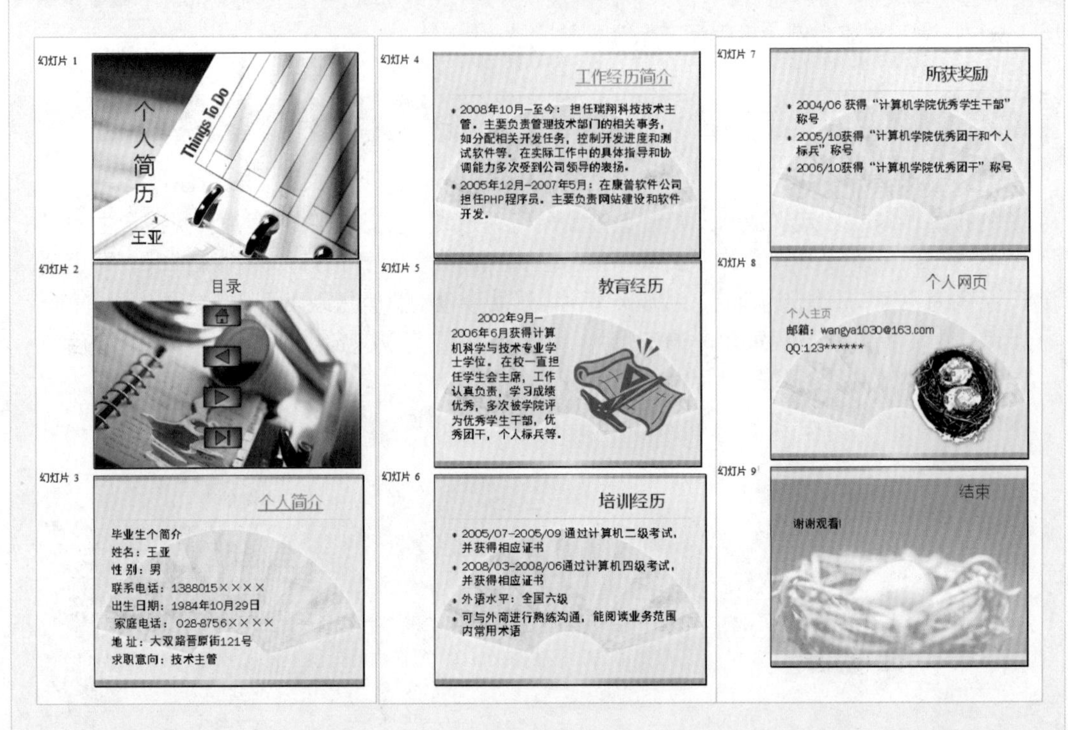

光盘文件

素材 \ 第 10 章 \ 个人简历 1.pptx
效果 \ 第 10 章 \ 个人简历 1.docx
实例演示 \ 第 10 章 \ 操作“个人简历 1”演示文稿

读书笔记

第11章 演示文稿的完美设计方案

学习 5小时

为了将演示文稿制作得更为精美独特，用户可以使用一些比较常用和方便的技巧，如文字、图形、对象、动画、版面和演示等的设计技巧，来提升演示文稿的质量。

- 独特的文字设计
- 绚丽的图形和对象设计
- 奇幻的动画设计
- 协调的版面设计
- 幻灯片的演示设计

上机 1小时

11.1 学习 1 小时：独特的文字设计

不管是制作什么类型的演示文稿，都离不开对文字的使用。因此，好的文字效果势必会增加演示文稿的美观性。

学习目标

- 熟悉字体的搭配原则。
- 掌握常用字体的搭配和字号、字体间距的搭配方法。

11.1.1 字体使用原则

一般在制作演示文稿时，都是凭感觉使用相应的字体，但是常常并不能制作出搭配恰当的演示文稿。为了快速选择合适的字体来制作演示文稿，这里介绍一些常见字体的使用原则。

- 字体修改原则：为了保持整个演示文稿同级别文本使用相同的字体，当需要对文本字体进行修改时，应尽量通过母版修改，而不对单张幻灯片上的字体进行单独设置，以避免出现文本字体不统一的情况。如下图所示即为同级别的文字使用相同的字体。

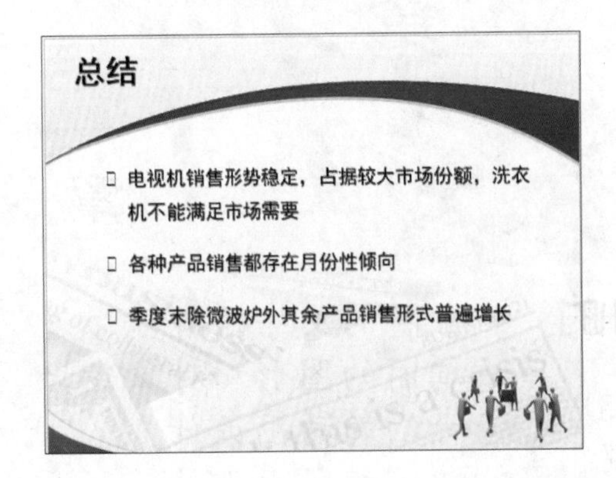

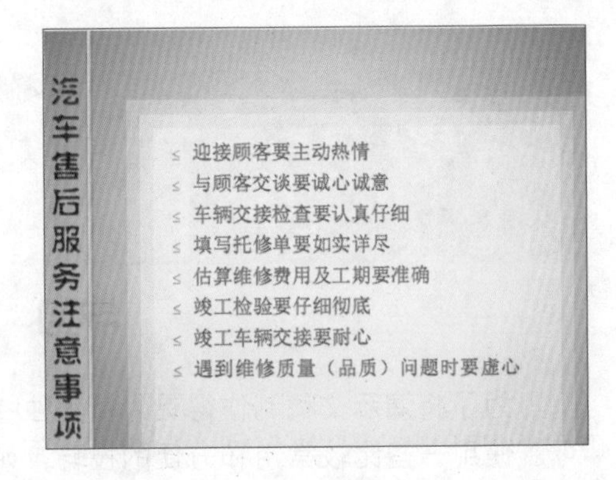

- 衬线字体与无衬线字体使用原则：衬线字体是一种艺术化字体，其文字笔画的开始和结束都有额外的装饰，而且笔画的粗细也有所不同，如宋体、楷体和舒体等；无衬线字体的笔画开始和结尾均没有装饰，笔画的粗细也基本相同，如黑体、幼圆和微软雅黑等。为了使幻灯片标题变得醒目、易于查看，最好使用无衬线字体作为标题字体；而正文字体则一般使用衬线字体。如下图所示的幻灯片标题文本采用的是无衬线字体，正文文本采用的是衬线字体。

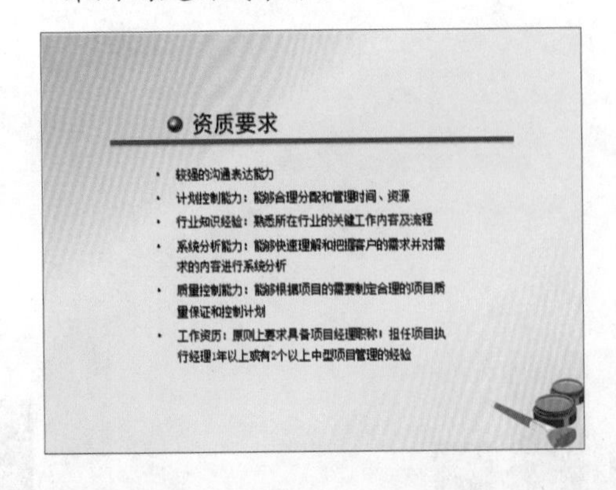

- 标题和正文字体使用原则：为了使演示文稿展示出的效果更加协调，易于观众接受，应尽量选用工作和学习中常用的字体作为标题和正文的字体，如黑体、宋体、粗宋简体和微软雅黑等；同时为了演示文稿的美观，还要注意标题和正文字体的搭配效果，这样才能更好地传递信息，吸引观众的注意力。
- 英文字体使用原则：英文字体的格式丰富多样，但一般建议不要使用英文字体，若必须使用时，可选择 Arial 与 Times New Roman 这两种最为常用的字体。

11.1.2 字体大小

字体大小不仅会影响每张幻灯片所要表达内容的多少，而且从整体上来看，还会影响幻灯片的协调性。

通常在不同的场合中放映演示文稿时，需要设置相应的字体大小，这里就介绍选用字体大小时要注意的几点。

- 场合的大小：对于场合较大、观众较多的演示场合，幻灯片中的字体就需要尽量的大一些，这是为了保证即使在最远的位置处观众也能看清幻灯片中的文字。
- 内容的连贯性：为了保证内容的连贯性，同类型、同级别的标题和文本内容尽量设置同样大小的字号，这样才能方便观众融汇、分类各种信息，以易于理解和记忆。
- 标题的字数：一般幻灯片的标题不要过长，因为这样会影响观众查看关键信息，这时，就可以通过减少标题的字数来控制标题的长度，若是在特殊情况下必须要有指定的标题，也可考虑采取缩小字体或字符间距的方法。
- 常用的字体大小：通常将字号分为超大字、大字和小字 3 种。超大字即 40 号以上的字，因为这种字号占用空间大，一般用于标题字号，尽量不要用于整页幻灯片；大字一般在 20~30 号之间，是最常用的字号，使用大字不仅可以方便观众查看，而且在一页幻灯片中也能表达很多信息；小字指的是 14~16 号的字，虽然比较小，但是也可以看清楚，在一些特殊情况下可以使用。

11.1.3 常用字体搭配

通常情况下，不同的场合要求制作的演示文稿中的字体搭配也不一样。下面就对几种常见场合下的字体搭配进行介绍。

- 政府、政治会议类的严肃场合：适合使用标题（方正粗宋简体）+ 正文（微软雅黑）的字体搭配。因为粗宋字体看起来比较规矩、有力，很符合政府部门一类较为严肃的场合。如下图所示即为某政府的年终会议演示文稿。

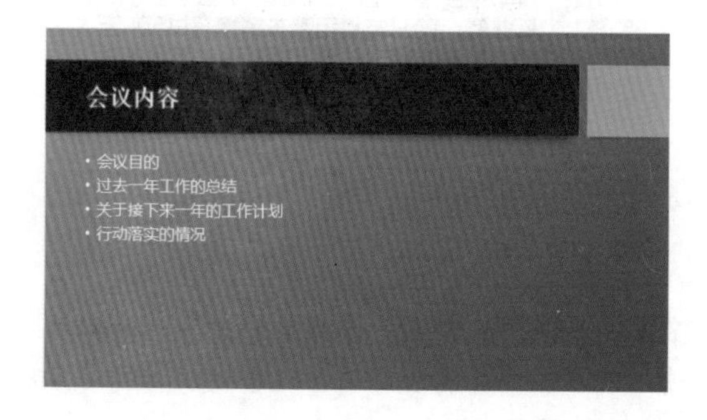

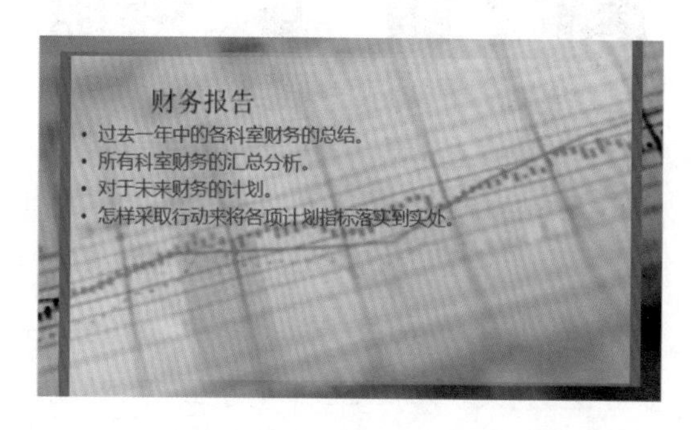

- 课题汇报、咨询报告类的正式场合：为了显示场合的庄重、严谨，适合使用标题（方正综艺简体）+正文（微软雅黑）的字体搭配。如下图所示。

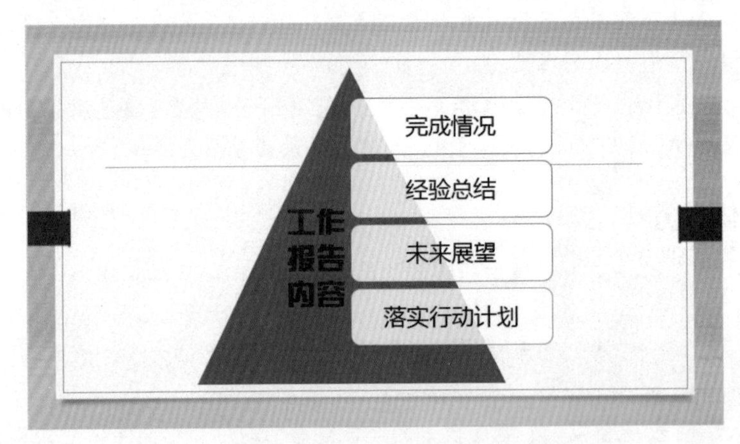

- 卡通、动漫、娱乐类的轻松场合：适合使用标题（方正胖娃简体）+正文（方正卡通简体）的字体搭配，这两种字体的搭配可以制作出比较可爱俏皮的动漫效果。如下图所示。

- 企业宣传、产品展示类的场合：为了让画面看起来鲜活而富有感染力，适合使用标题（方正粗倩简体）+正文（微软雅黑）的字体搭配。其中方正粗倩简体会给人一种清新潇洒的感觉。如下图所示。

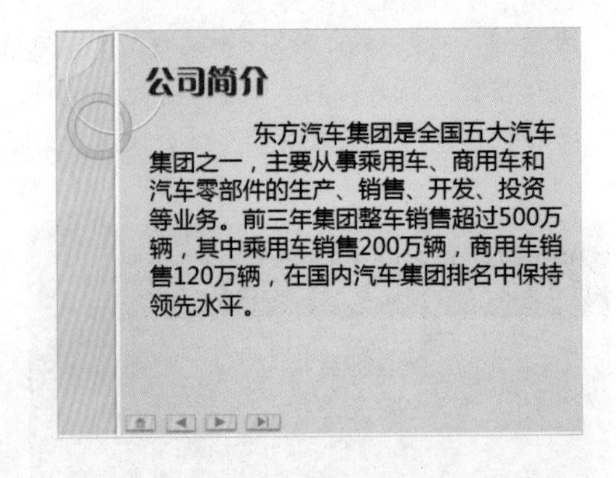

- 学生课件类的教育场合：因为卡通字体可以带来一种活泼的氛围，而微软雅黑字体的结构相当清楚，比较适合中小学生一类的观众阅读，所以课件类的教育场合适合使用标题（方正卡通简体）+正文（微软雅黑）的字体搭配。如下图所示。

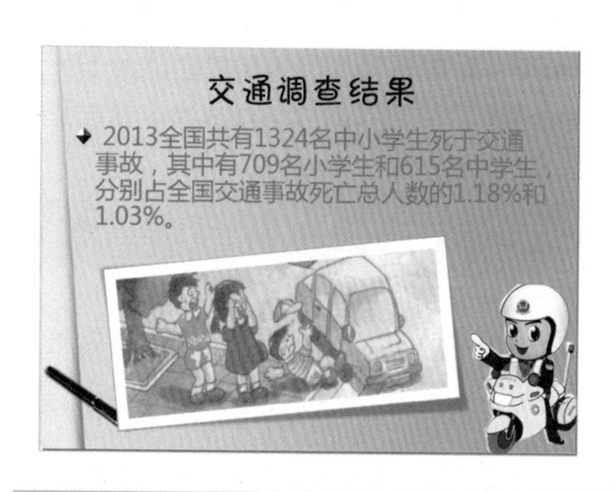

江南

- 江南可采莲，莲叶何田田。
- 鱼戏莲叶间，鱼戏莲叶东，
- 鱼戏莲叶西，鱼戏莲叶南，
- 鱼戏莲叶北。

经验一箩筐——最常用字体

制作演示文稿最常用的字体搭配是标题（黑体）+正文（宋体）。因为黑体看起来比较庄重显眼，可用于需特别强调的文本或标题，而宋体的显示非常清晰，通常用于正文文本。

11.1.4 字体间距和行距

为了增强演示文稿外观的协调性和内容的可读性，更加便于观众查看演示文稿，合理的字体间距和行距是十分必要的。在幻灯片中为文本选用合适的字体间距和行距时，需要注意以下几点。

- 最合适的行距：一般将行距设置为“1.5倍行距”最为合适。若是幻灯片中的文字较少，也可以适当调大字体的行距，但过大的行距也并不是很合适。因此，需要根据实际情况对行距进行调整。如下图所示即为将幻灯片中的文本调整到“1.5倍行距”的效果。

公司简介

东方汽车集团是全国五大汽车集团之一，主要从事乘用车、商用车和汽车零部件的生产、销售、开发、投资等业务。前三年集团整车销售超过500万辆，其中乘用车销售200万辆，商用车销售120万辆，在国内汽车集团排名中保持领先水平。

调整

公司简介

东方汽车集团是全国五大汽车集团之一，主要从事乘用车、商用车和汽车零部件的生产、销售、开发、投资等业务。前三年集团整车销售超过500万辆，其中乘用车销售200万辆，商用车销售120万辆，在国内汽车集团排名中保持领先水平。

- 依据幻灯片文本多少进行调整：在为文本设置字体间距和行距时，不能只考虑内容的可读性而忽略了文本内容的多少，当文本内容较多时需要适当缩小文本的间距和行距。如下图所示的幻灯片就是在设置字体间距和行距时不考虑文本内容的多少而造成的效果。

特殊字母：如果有两个特殊的大写字母，如A和V，需要编辑在相邻位置时，由于形状衔接很贴近，不但会影响它们之间的间距，而且也不能清楚地将其分辨出来，这时就要根据字母的形状对字符间距进行适当地调整。

11.2 学习1小时：绚丽的图形和对象设计

灵活运用图形和各种非文本对象可以使演示文稿更加形象生动，更能够将演示文稿要表达的信息完整传递给观众。尽管图形和各种对象有这么多优点，也并不是说可以随意地在幻灯片中使用任何图形和对象。一般在制作不同演示文稿时，还需要根据演示文稿的内容选用不同的图形和对象。

学习目标

- 熟悉图片的搭配原则和图片与文字的设计方法。
- 掌握突出显示表格内容和根据不同的场合快速使用合适的图表的方法。

11.2.1 图片的搭配原则

对于不同格式、不同来源的图片，在不同类型、不同排列方式的幻灯片中其相应的搭配方法也不同。只有使用合适的图片与合适的搭配才能制作出令人满意的演示文稿。因此，在使用图片时需要采用相应的搭配原则，下面就对其进行讲解。

1. 选择图片的原则

不同的图片来源一般会提供不同格式的图片。对于幻灯片中常用的JPG、GIF、PNG和WMF4种格式的图片，在选用时还需要注意不同的原则。

(1) JPG格式的图片

在选用JPG格式的图片时，一般需要注意以下几点。

- 足够的精度：所谓精度就是指图片的分辨率。在选用JPG格式的图片时，图片的分辨率越高，制作出的演示文稿就越精美。分辨率高的图片，即使放大很多倍也依然很清晰，不会出现模糊的现象。如下图所示即为分辨率较高的图片。

- 一定的光感：一般明亮的光、清晰的影子和明显的层次感都能够带给人视觉的享受，即使是近距离的特写也不会让人感觉不适。如下图所示即为拥有一定光感的图片。

- **一定的创意：** 好的创意图片，会让人过目不忘。新奇、幽默的图片还会给放映过程带来欢乐和掌声，自然会吸引观众的注意力，帮助演讲者做好演讲。如下图所示即为比较有创意的图片。

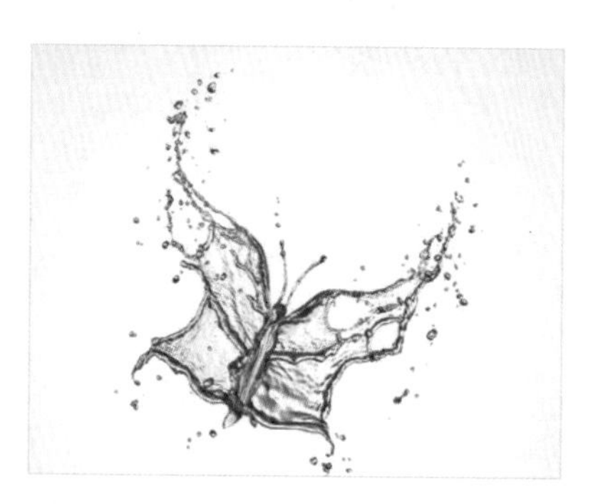

（2）GIF 格式的图片

虽然 GIF 格式的图片通用性很强，但其动画特点也给其在幻灯片中的应用带来了一些问题，所以使用 GIF 格式的图片需要尽量避免以下几点问题。

- **过于炫目：** 如果使用过于炫目和夸张的 GIF 格式的图片，会让观众注意力长期停留在该图片上，从而不利用传达主题内容。
- **过于单调：** 由于知道的图片来源很少，就反复或多次地使用相同的 GIF 格式的图片，会引起观众的视觉疲劳，从而不利于放映的继续。这里推荐 Animation Factory 的 GIF 动画素材库。
- **颜色反差大：** 过于鲜明的色彩较难与幻灯片背景相融合，而且即使使用透明色，其边缘也会有锯齿，从而降低演示文稿的美观性。建议多使用背景色与幻灯片背景色彩相近的图片。

（3）PNG 格式的图片

PNG 格式的图片一般被称为 PNG 图标，具有商务风格。其特点是：清晰度高、背景一般为透明、文件较小。使用 PNG 图标时应注意：一张幻灯片中不能使用过多的 PNG 图标，一般只将 PNG 图标用作点缀或者说明型的图片。

（4）WMF 格式的图片

WMF 格式的图片是矢量图形的一种，可以任意放大或缩小，也不会影响其清晰度，一般用于制作动漫、卡通、娱乐等轻松场合的演示文稿。

2. 图片与主题的搭配原则

图片的作用是为文本内容服务，一般作为文本内容的补充来使用。因此在配图前就应该先了解要表达的主题，然后再根据主题来选择合适的图片。通过使用图片，需达到让观众从图中了解到文本中难以理解的内容的目的。如下面左图所示为一个汽车销售公司的宣传演示文稿的首页，其封面放置了一张可爱的卡通图片，完全不能体现该公司的主题。如下面右图所示为将卡通图片换为了一张汽车图片，该图片就非常符合该公司的主题，从而将图片与主题很好地搭配在一起。

3. 图片与幻灯片的搭配原则

幻灯片的颜色主要是主色和背景色，因此，在配图时既要考虑图片颜色与幻灯片主色的搭配，也要考虑图片与幻灯片背景的搭配。主色能够表达出幻灯片的情感色彩和内容特点，所以在选择图片时尽量使用与主色相近的图片，但切记也不可太接近，否则就不能突出图片。在以图片或颜色填充作为背景的幻灯片中，最好选用没有背景色或可以将其背景色设置为透明色的图片，以便使幻灯片更加协调、融洽。如下面左图所示的幻灯片中的图片有白色的背景色，显得过于突兀。如下面右图所示的幻灯片中的图片在设置背景透明色后，即可很好地与幻灯片融为一体。

4. 图片排列原则

为了能够清晰、合理地表达幻灯片内容，一般将图片放置在幻灯片的空白处，例如：若幻灯片的左侧为文本，那么图片就应该放在幻灯片的右侧。在某些特殊情况下也可将图片与文本放在一起。

如果一张幻灯片中有多幅图片，那就需要对这几幅图片的摆放位置、顺序等进行调整，除了需要将图片摆放得有规律、整齐统一外，一般还将需要重点展示的图片放置在明显或靠前的位置。如下面左图所示的幻灯片中的图片排列得很凌乱，让人不适；右图所示的幻灯片中对图片进行了整齐地排列，产生了良好的视觉效果。

5. 演示文稿统一原则

制作好每一张幻灯片并不表示整个演示文稿也制作成功了，还需要从整体上统一图片的风格。尽量一个演示文稿选择同一种类型的图片，不要随意使用多种图片，出现风格不一致、表达混乱的情况。如下面左图所示演示文稿中第 1 张幻灯片使用 PNG 图标，第 2 张幻灯片中使用动漫图片；右图所示演示文稿则统一了图片的风格类型，使整个演示文稿显得协调、自然。

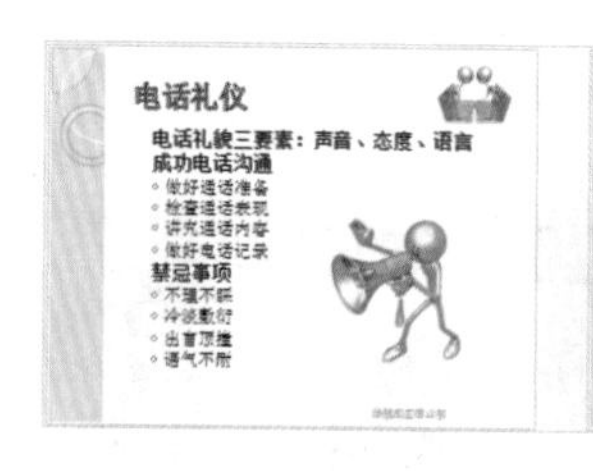

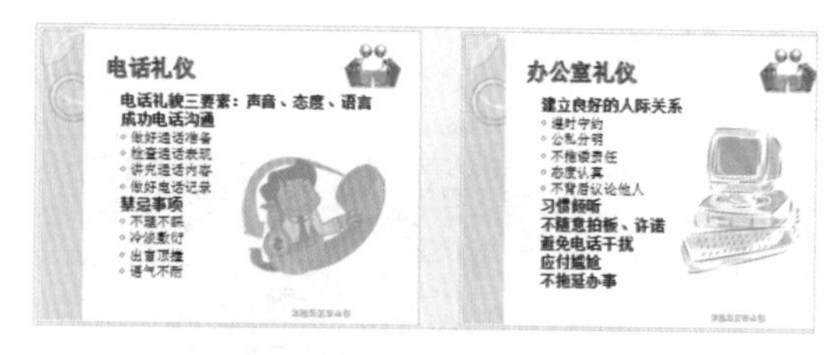

11.2.2 图片与文字的设计

大多数演示文稿的制作都离不开文字和图片，在一张幻灯片中，不管是只使用图片还是只添加文字，都会显得呆板、无新意。若是整个演示文稿都采用这种版式，会让观众产生视觉疲劳，从而不利于演示文稿的信息传递。所以就需要对幻灯片中的图片与文字进行处理。下面对常用的几种图片和文字的处理方法进行讲解。

- 突出文字：为文字内容添加一个色块是突出文本最常用和最简单的方法，但是为了保证使整个幻灯片画面统一，色块颜色最好选用与图片或幻灯片背景相同或相近的颜色。如下面左图所示的幻灯片是未为文本添加色块背景的效果；右图所示幻灯片是为文本填充色块背景后的效果。

- 突出图片主题：为了突出图片的主题部分，一般可通过裁剪的方法去掉不要的部分或通过设置透明色去掉不要的背景。如果图片的背景为纯色，可在PowerPoint中将图片的背景设置为透明色。如果不是纯色，可通过删除背景的方法来删除不需要的图片背景，也可使用其他专业的图形处理软件抠图。如下图所示分别为去掉图片背景前后的效果图。

- 调整图片样式：为了使版面整体显得更加立体、生动，用户还可以通过改变图片的样式来改变图片的显示方式。如下图所示分别为应用图片样式前后的效果图，从右图可以看出应用了图片样式后，整个幻灯片版面变得立体、生动起来。

- 修改图片文字：若是插入幻灯片中的图片上有文字但与主题并不相符，就可以直接去掉不需要的文字，然后在图片相应的位置插入文本框并输入所需的文字；若图片上没有文字，就可直接在图片上的空白处添加所需的文本。如下图所示即为将图片中的文本修改为与当前幻灯片的主题相符的文本。

11.2.3 表格中的凸显设计

若幻灯片中插入的表格内容信息量比较大，又要让观众在短时间里查看到其中重要的内容并进行记忆或理解，此时就需要将表格中重要的内容突显出来。一般使用加粗、加大字号以及改变字体颜色等方法来突出显示表格中的重要内容。此外，为关键数据加提示圈也是比较常用的方法。

若想增加视觉上的强调效果，还可以为关键信息所在的表格添加三维效果，从而使需要强调的表格内容看起来更加立体、清晰、有冲击力。如下图所示分别为不凸显表格重要内容和凸显表格重要内容的效果图。

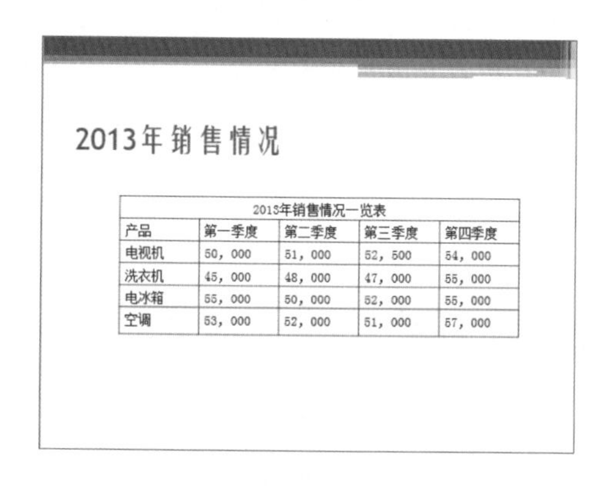

2013年销售情况一览表				
产品	第一季度	第二季度	第三季度	第四季度
电视机	50，000	51，000	52，500	54，000
洗衣机	45，000	48，000	47，000	55，000
电冰箱	55，000	50，000	52，000	55，000
空调	53，000	52，000	51，000	57，000

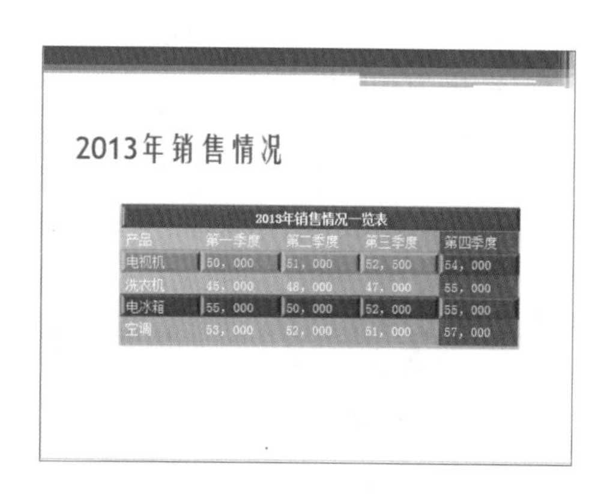

2013年销售情况一览表				
产品	第一季度	第二季度	第三季度	第四季度
电视机	50，000	51，000	52，500	54，000
洗衣机	45，000	48，000	47，000	55，000
电冰箱	55，000	50，000	52，000	55，000
空调	53，000	52，000	51，000	57，000

11.2.4 图表的巧用

在应用 PowerPoint 提供的图表时，需要根据不同的内容、不同的场合来决定选用何种类型的图表。如下图所示即为常用的几种类型的图表。

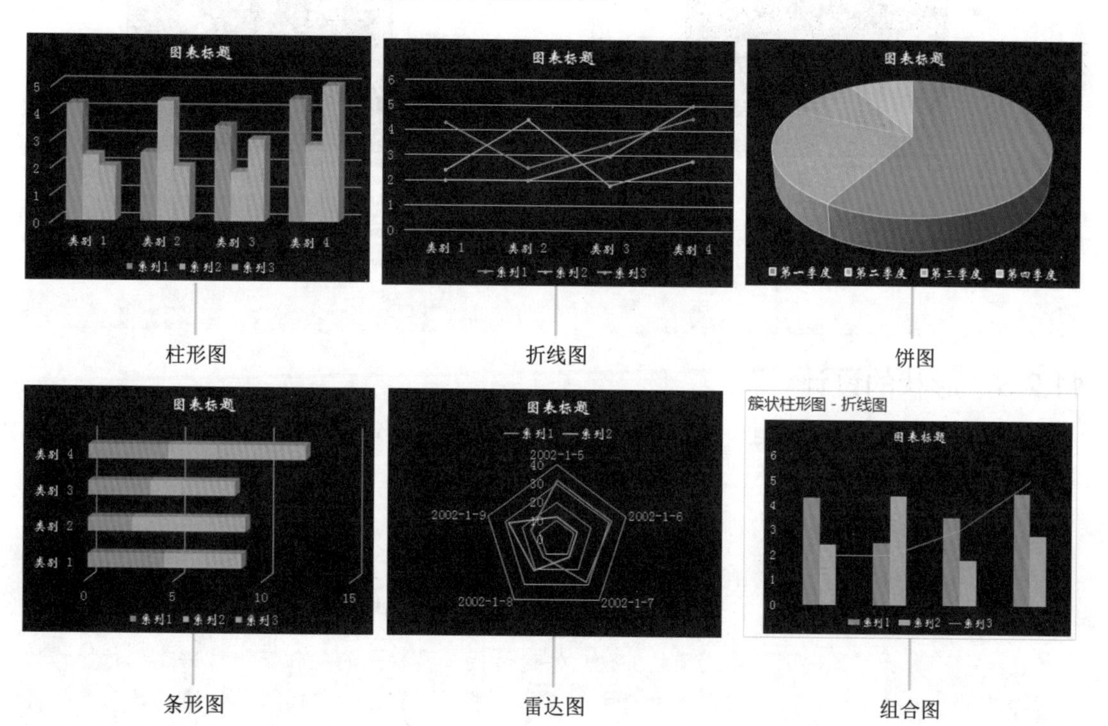

柱形图　折线图　饼图

条形图　雷达图　组合图

下面就对上述几种图表的应用场合进行介绍。

- 柱形图和条形图：柱形图和条形图很相似，其应用场合也基本相同，主要用于表示数据的变化，用于需要对各种数据进行对比分析的场合。
- 折线图：在折线图中，横坐标表示类别数据，且其沿横坐标呈均匀分布。各数据值沿纵坐标轴均匀分布，不同系列用不同颜色的折线表示。一般将折线图用于显示随时间而变化的连续数据。
- 饼图：从饼图中可以看到各部分占总量的多少，用百分比表示，且各项的百分比总和为 1。所以在幻灯片中使用饼图时，要保证饼图中各数据总和为 1，而且各部分应具有相同的属性。
- 雷达图：又可称为戴布拉图、蜘蛛网图，从图中可以看到其是对同一对象的多个指标进行描述和评价，是财务分析报表的一种。雷达图主要应用于商业型企业的运营分析，如生产性、收益性、流动性、安全性和增值性的评价。
- 组合图：组合图是将 2 种常用的图表进行组合，也就是一张图上显示了 2 种图表数据，一般用于需要对数据进行统筹分析的场合。用户可以通过此方法来使用组合图：在“插入图表”对话框中选择“组合”选项卡后，在“为您的数据系列选择图表类型和轴”栏的相应系列的“图表类型”下拉列表框中选择需要的图表类型，或继续选中“次坐标轴”栏的复选框以显示次坐标轴的系列数据。如下图所示即为改变系列 1 的图表类型又同时选中系列 1 的次坐标轴复选框的组合图表。

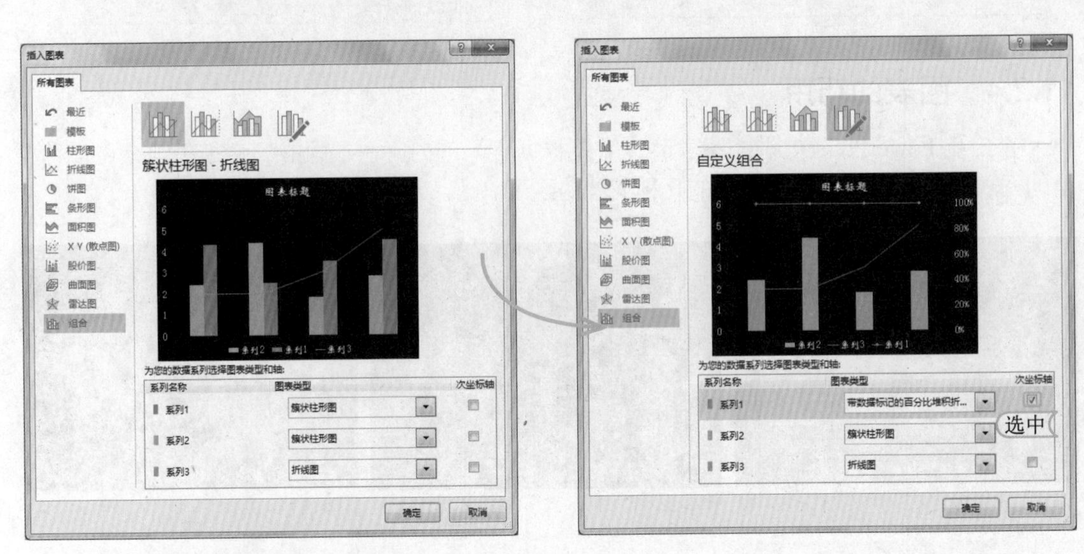

11.2.5 形状的设计

形状能表达出制作者的思想，用户也可以根据需要随意绘制出符合需要的形状。下面就对形状的运用进行讲解。

1. 形状的快速绘制

PowerPoint 的“插图”组中提供的形状很多，在选择形状时就比较费时，而且也不一定能绘制出令人满意的形状。下面就来介绍快速绘制形状的技巧。

- 将绘图工具添加到快速访问工具栏：使用快速访问工具栏中的按钮是一种快速进行操作的方法。一般情况下，PowerPoint 中的快速工具栏中并没有显示绘图工具，所以就需要将其添加到快速访问工具栏。其方法为：在【插入】/【插图】组中将鼠标定位到“形状”按钮上，单击鼠标右键，在弹出的快捷菜单中选择“添加到快速访问工具栏”命令即可。如下图所示即为将绘图工具添加到快速访问工具栏。

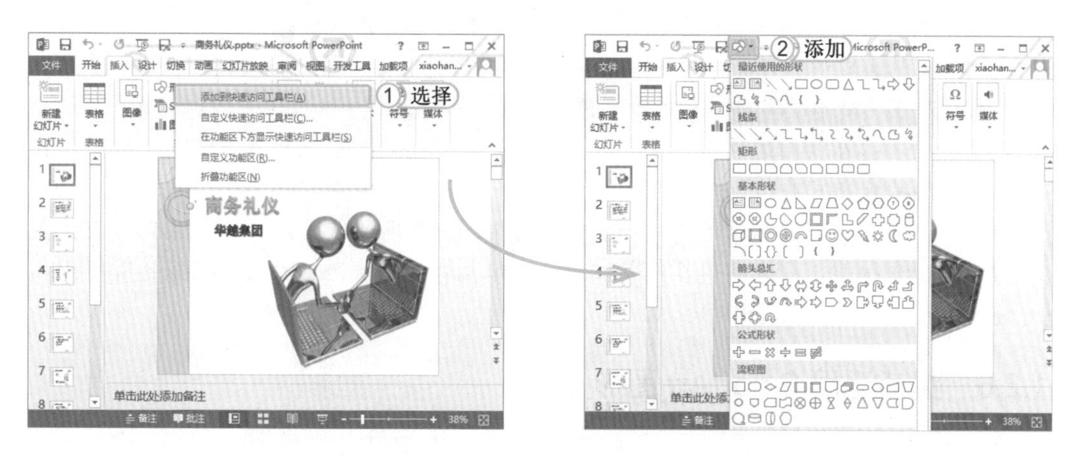

- 快速绘制标准形状：通常在绘制形状时会遇到线画不直、对不准角度和易拉伸变形等问题，这时就可以使用Shift键来进行绘制。其方法为：在选择需要绘制的形状后，按住Shift键并在相应的位置处拖动鼠标即可绘制出直线或其他标准的形状，如正多边形等；在选择绘制的形状后，按住Shift键并拖动鼠标即可将形状进行等比例缩放，而不会出现变形等问题。
- 巧妙运用参考线和网格线：为了便于绘制对齐、标准的形状，就可以将参考线和网格线显示出来，然后根据需要添加和调整参考线和网格线。

2. 形状的完美填充

若要为绘制的形状制作出比较完美的填充效果，除了单纯地使用纯色、渐变、图片、纹理或图形进行填充外，还需注意以下几点。

- 纯色填充：使用纯色可以制作出简洁、质朴、严谨的填充效果，正是因为纯色具有这些特点，所以在有纯色背景的幻灯片中填充绘制的形状时，就必须要注意使用与之协调统一的纯色。
- 渐变填充：渐变分为同色渐变和异色渐变两种。同色渐变就是一种颜色由深到浅发生渐变，就好像光线由强到弱照射而产生的效果；异色渐变就是不同颜色间的变化，最常见的就是七色彩虹。在使用渐变的时候要注意结合PPT画面的生动性和立体感，特别是要慎用异色渐变。如下图所示分别为同色和异色渐变填充的效果。

3. 形状的独特设计

一张幻灯片中一般有多个形状，一般将形状分为主要与次要形状、前景与背景形状，以及对比与衬托形状等。对形状进行分类调整、合理布局后才能形成一幅极具美观性的幻灯片画面。下面就对形状设计过程中的一些要领进行讲解。

- 形状的分类：在绘制形状后，就要对其进行分类，将主要形状放在显眼、靠前的位置，将次要形状放在主要形状之后。
- 形状的层次：若形状有前景与背景或衬托之分，就需要将背景或作为衬托的形状放在前景形状的下一层，最好使用较浅或较淡色来填充背景形状，使用较为明显的填充色来填充前景形状或需要被突出的形状。

11.2.6 灵活运用 SmartArt 图形

PowerPoint 2013 提供了多种类型的 SmartArt 图形。SmartArt 图形就相当于一个图形的群组，调整整个图形的大小，其包含的所有的图形都会按照统一的比例进行变化。所以在对 SmartArt 图形进行操作时，要特别注意整个图形画面的协调。

在部分 SmartArt 图形中，不仅可以编辑文本，还可以插入图片来形象说明要表达的信息。SmartArt 图形的种类繁多，通常需要根据所表达内容的逻辑关系来选择其类型。下面就对常用的几种 SmartArt 图形类型的应用进行介绍。

- 列表型：列表型的 SmartArt 图形，一般没有层次之分，基本以同一级别的形状来表达需要的信息，所以其一般用于表达具有并列关系的内容。如下图所示即为两种列表型的 SmartArt 图形。

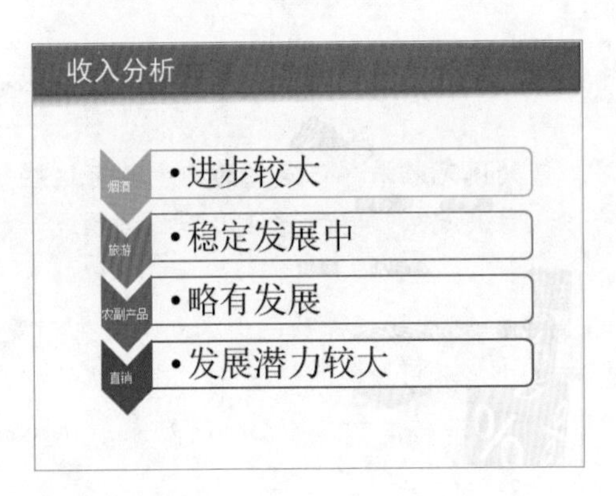

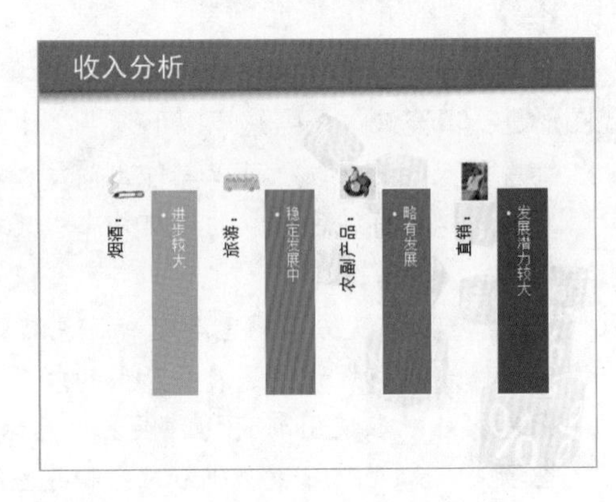

- 流程型：流程型的 SmartArt 图形，都含有指向性的箭头形状，而且大部分流程的指向均为一个方向，所以其一般用于表达具有循序渐进关系的内容。如下图所示即为两种流程型的 SmartArt 图形。

循环型：循环型的 SmartArt 图形，虽然也含有指向性的箭头形状，但箭头传递的最终指向大都会返回第一个形状，也就是会回到起点。其一般用于表达具有循环关系的内容。如下图所示即为两种循环型的 SmartArt 图形。

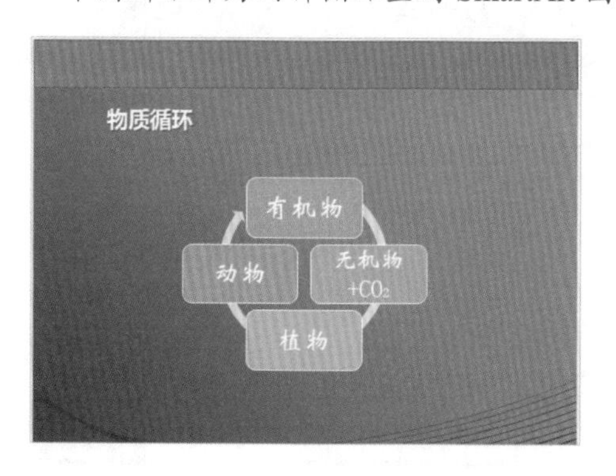

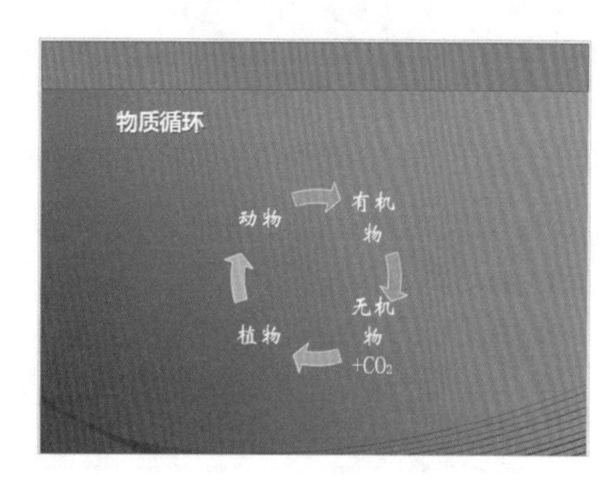

层次结构型：层次结构型的 SmartArt 图形，用于显示组织中的分层信息或隶属关系。如下图所示即为两种层次型的 SmartArt 图形。

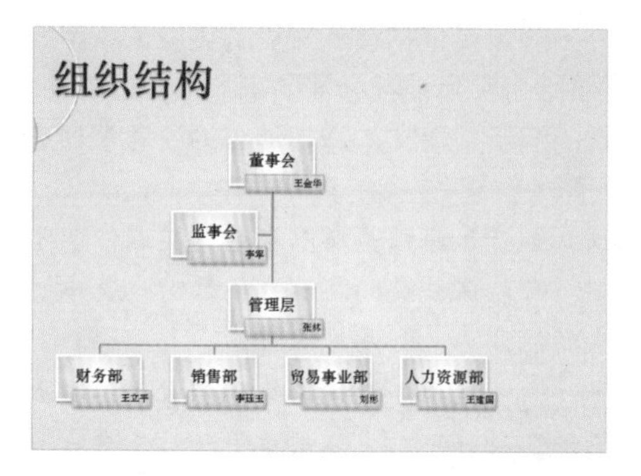

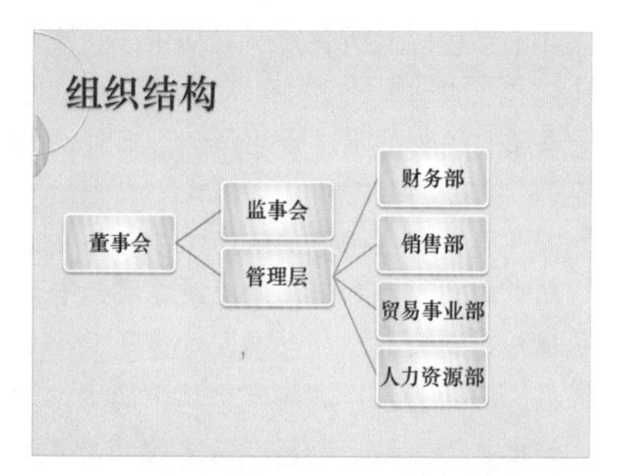

棱锥型：棱锥型的 SmartArt 图形，其整体形状呈三角形或倒三角形，一般用于显示具有比例关系、互连关系和层次关系的内容。如下图所示即为两种棱锥型的 SmartArt 图形。

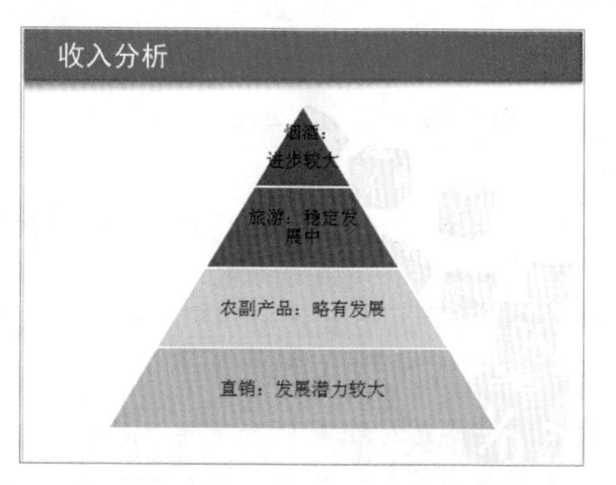

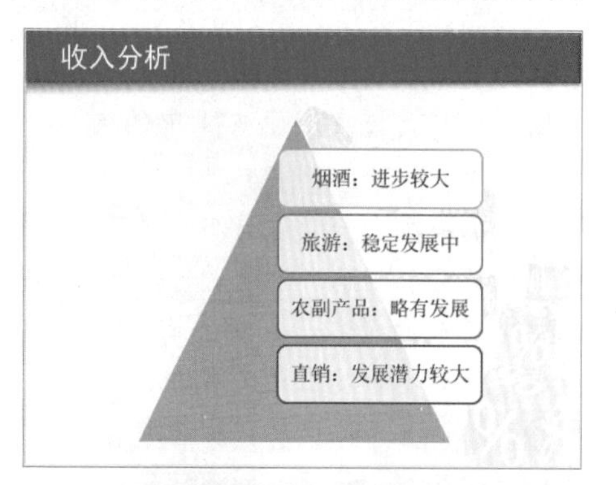

经验一箩筐——其他类型的 SmartArt 图形

除了上面介绍的 5 种 SmartArt 图形类型外，在 PowerPoint 2013 中还提供了关系、矩阵、图片和 Office.com 4 种类型的 SmartArt 图形。关系型的 SmartArt 图形主要用于表达具有关联性的内容；矩阵型的 SmartArt 图形主要以象限的形式来表达部分与整体的关系；图片型的 SmartArt 图形主要用于显示图片信息和相应级别的文本；在不能满足用户使用 SmartArt 图形的需要时，可以用 Office.com 型的 SmartArt 图形来进行补充。

11.3 学习1小时：奇幻的动画设计

动画能够让演示文稿中的所有对象“活”起来。好的动画能迅速吸引观众的眼球，将整个演示过程变得生动起来，提高演示文稿信息的传递效果。所以在制作演示文稿时一定要记得添加适量且合适的动画。为了制作出精美的动画效果，需要根据演示文稿的用途以及设置动画的对象来选择合适的动画类型。下面将对动画设计相关技巧进行介绍。

学习目标

- 熟悉要添加动画效果的各个对象。
- 了解为文本、图形添加动画，以及为幻灯片添加切换动画的技巧。

11.3.1 文本动画设计

并不是可以为所有演示文稿中的文本添加动画，一般需要根据演示文稿的类型来决定是否为其文本添加动画。在为文本添加动画的时候，一定要结合实际情况和需要来添加合适的动画，切记添加的动画不要过于花哨。下面就对为不同类型的演示文稿文本添加动画的注意事项进行介绍。

- 课件类：有些课件类演示文稿并不适合添加动画，如音乐课件，所以在为这类课件演示文稿中的文本添加动画时，就需要结合课件的类型；有些课件类的演示文稿只需对其中的关键知识点文本添加动画，加多了反而会分散学生的注意力，如物理课件。
- 推广类：为推广类演示文稿中的文本添加动画时，需要根据观看演示文稿的客户类型，制作出画面生动、令客户满意的动画效果。但在添加各种动画前，还需要进行综合考虑。一般在为普通文本添加动画时，可以添加一些进入动画。在为重要文本添加动画时，可以添加一些强调动画。
- 培训类：一般培训类演示文稿中所包含的文字都比较多，若添加大量的文本动画，不但会让整个幻灯片画面看起来很乱，而且还会分散受训人员的注意力，进而降低培训的效果。因此，在为这类演示文稿中的文本添加动画时，可以只为标题文本添加一些简单的进入动画。
- 决策提案类：一般这类演示文稿都比较有创意，所以，就需要在演示文稿开始放映时就体现出新奇和创意，也就是可以为其幻灯片首页中的文本添加一些有创意的动画。但并不是要求所有的文本动画都要有创意，建议为正文幻灯片的标题文本添加一些简单的进入动画，最好不为其正文文本添加动画。
- 会议类：如年终报告、销售报告等会议类演示文稿，主要是对相关的工作进行汇报总结，所以需要将演示文稿制作得简洁明了。通常情况下不会为其幻灯片中的文本添加动画，除非演示文稿中的文本内容较多时，就可为其中重要的内容添加一些强调动画，但是也要注意动画要尽量简单。

11.3.2 图形对象动画设计

在演示文稿中运用图形就是为了让要表达的信息更加形象化和生动化。幻灯片中的图形包括图片、形状、表格、SmartArt 图形以及图表等对象。通过使用这些图形对象，可以使制作出的演示文稿更加专业、画面更加美观。因此，在制作过程中，需要为这些图形对象添加合理的动画。一般对图形的动画设计有如下要求。

- 图片：一般在制作如产品展示类型的演示文稿中，会添加大量的图片，若是对每种产品的图片进行一一展示，不但显得呆板没有新意，让演示文稿显得冗长，而且也会降低观众对产品的印象。所以，此时就需要为图片添加适当的动画，来吸引观众、增强宣传的效果。如下图所示即为为幻灯片中的图片添加动画效果。

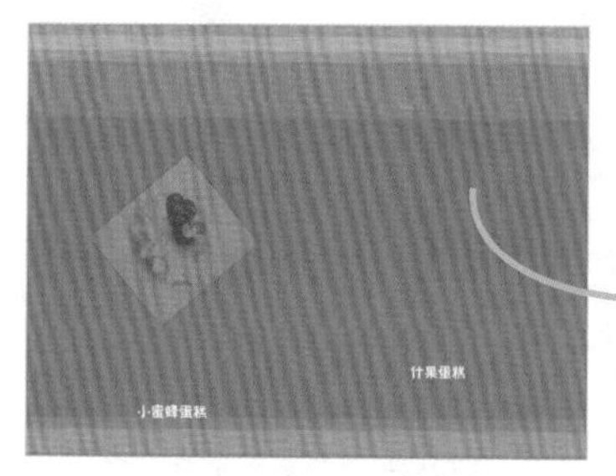

- 形状：在设置形状的动画时，尽量不要选择太炫的动画，如陀螺旋、弹跳等。而且在添加动画前，要结合整个幻灯片中的其他对象，以及动画的连贯性，再为其添加合适的动画，然后对添加的动画进行设置。如下图所示即为为形状设置动画效果。

美食有奖活动

- 表格：若表格中包含的内容较多且过于复杂，直接放映这类表格，将会使幻灯片看起来比较拥挤、凌乱，这时就可为表格添加合适的动画。需要注意的是，表格的动画要尽量简洁，不要太炫、太多，否则反而不利于传递表格中的内容。如下图所示即为为表格设置动画效果。

2013年产品年度销量统计

2013年产品年度销量统计

时间 / 产品	一季度	二季度	三季度	四季度
苹果	25.6万吨	35.6万吨	16.5万吨	23.2万吨
香蕉	20.5万吨	18.2万吨	25.6万吨	30.6万吨
橙子	18万吨	22.6万吨	12.5万吨	22万吨
葡萄	33.5万吨	19.3万吨	18.9万吨	26.6万吨

- SmartArt 图形：为 SmartArt 图形添加动画时，最好是对不同类别的形状设置有先后播放顺序的动画，这样才能将不同的数据清晰地展示出来。如下图所示即为为 SmartArt 图形添加动画。

- 图表：若是直接使用图表，会使放映中的幻灯片画面看起来比较枯燥、呆板，若是为其设置合适的动画后，就会让枯燥的图表看起来形象生动。但是为图表设置的动画持续时间不宜太长，一般选择比较轻松的演示或用于画面的进入动画，而且在正规场合，图表的动画也要尽量简洁大方。如下图所示即为为图表设置的动画效果。

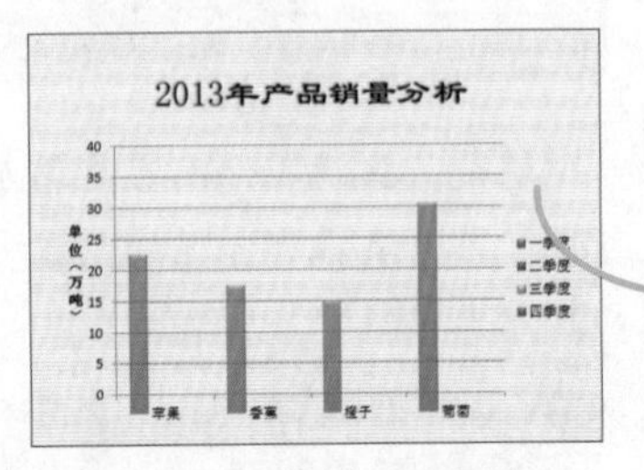

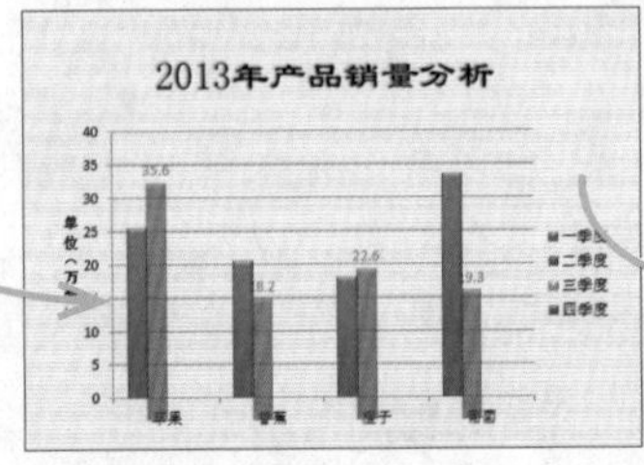

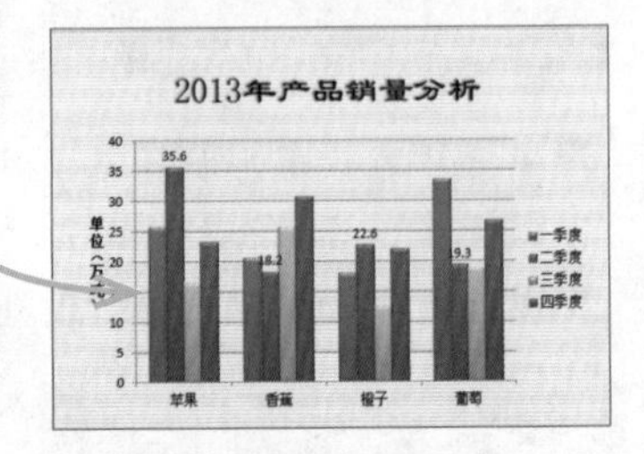

11.3.3 切换动画设计

设置幻灯片切换动画后，可以增加动画的连贯性，让整个演示文稿的放映更加自然。一般需要根据演示的内容和对象来设置幻灯片的切换动画。为了保持幻灯片整体的统一性，就可以将所有的幻灯片设置为相同的切换动画，但是在对动画要求较高的演示文稿中，就需要对每张幻灯片设置不同的切换动画，而且在设置切换动画的时候还需要兼顾整个演示文稿动画的连贯性和自然性。

11.4 学习 1 小时：协调的版面设计

幻灯片的版面设计就是要对整个幻灯片的协调性和美观性进行统一设计，包括先对每个元素进行单独设计，然后再对幻灯片中所有的对象进行统一设计。

幻灯片版面的设计主要包括文字型、图文并茂型和全图型几种设计方式，下面就分别对它们的设计方法进行讲解。

学习目标

- 熟悉不同类型的幻灯片版面设计方法。
- 掌握设计文字型、图文并茂型、全图型幻灯片版面的方法。

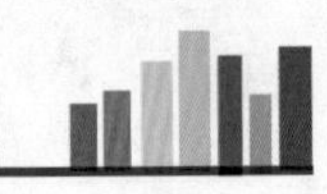

11.4.1 文字型幻灯片版面设计

文字型幻灯片即指只包含文字对象的幻灯片，所以其版面设计就主要包括对字体与段落格式、排列方式等的设计。

通常需要根据文本内容的多少来决定幻灯片版面的设计，主要分为通栏型和左右型两种类型的设计。通栏型即指整个幻灯片版面中只有一栏文字；左右型即指将幻灯片中的文字进行左右两栏排列。特别要注意在文字比较多的情况下，可对文字的间距和行距进行合理的调整，也可为相应的段落设置合适的项目符号，将各段文本更清晰地显示出来。如下图所示分别为通栏型和左右型的幻灯片版面设计。

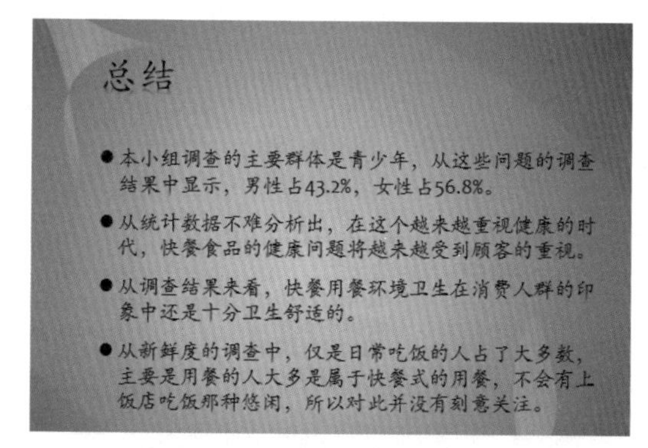

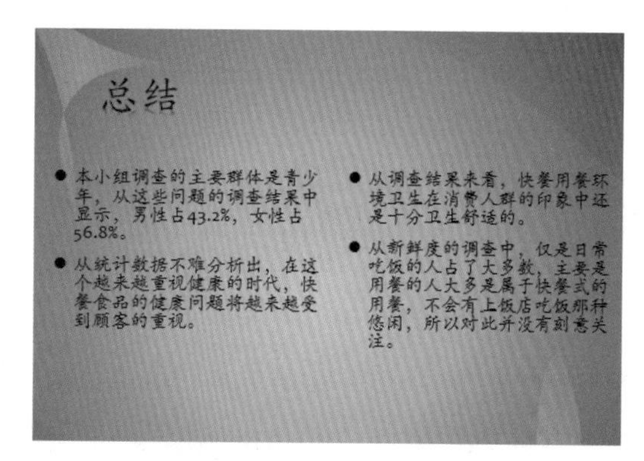

11.4.2 图文并茂型幻灯片版面设计

对于图文并茂型的幻灯片，一般其版面设计分为上下型、左右型和中间型 3 种。下面就对这几种类型的版面设计进行讲解。

- 上下型：上下型的版面设计是比较常用的一种幻灯片版面设计。这类版面需要根据文字的多少、排列方式等来设计文字和图片的位置、间距和大小等，以制作出更加协调的幻灯片画面。如下图所示即为上下型的幻灯片版面。

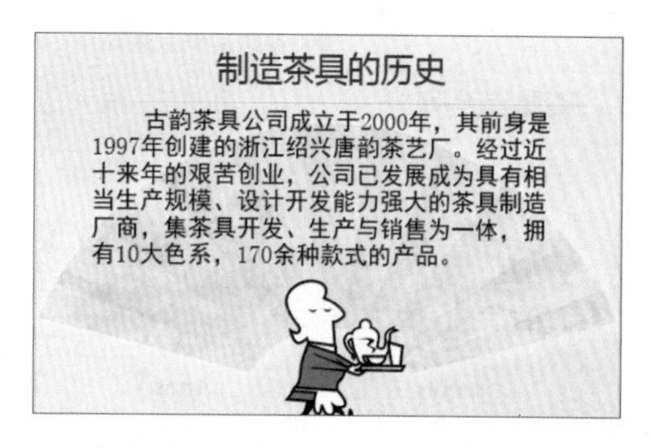

- 左右型：左右型的版面设计是图文并茂型幻灯片最常用的一种，这类版面不仅能够使图片与文字清晰地表现出来，而且也更加符合观众的视线流动顺序，可以提高演示文稿信息的传递率。左右型版面主要包括左图右文型和左文右图型两类。如下图所示即为左右型的幻灯片版面。

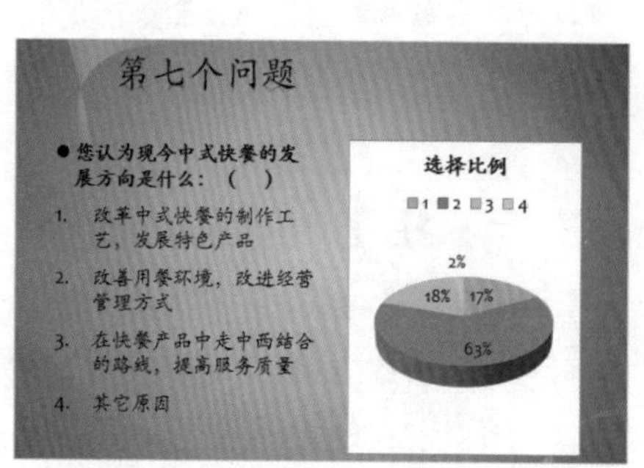

- 中间型：中间型的版面设计是比较少用的一种幻灯片版面设计，一般都是在为了表现出某种特殊效果的幻灯片中使用。其排列方式一般是将图片放在幻灯片中间，文字分别位于图片两侧。在设计这类型的版面时一定要注意图片与文字的搭配，所使用的图片必须与文字的主题相符，而且为了制作出良好的视觉效果，左右文字需以图片为轴尽量保持对称，这样才能制作出更加协调的图文型幻灯片版面。如下图所示即为中间型的幻灯片版面。

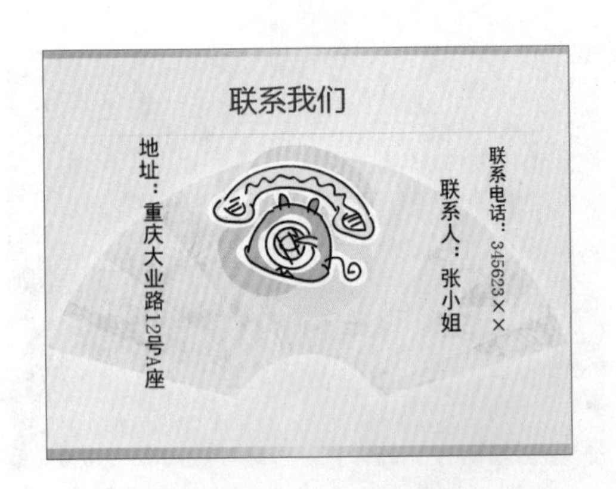

11.4.3 全图型幻灯片版面设计

全图型的幻灯片一般用于产品展示类的演示文稿，或是用于演示文稿的首页。因此，在对其版面进行设计时，就需要特别注意图片的选用和排列，且幻灯片中的文本内容尽量要少，一般只作为标题使用。使用全图型幻灯片版面设计出的幻灯片，整个画面比较美观，一般都会带给观众比较强烈的视觉冲击力，相应的其内容也会更容易被理解和记忆。如下图所示即为全图型的幻灯片版面。

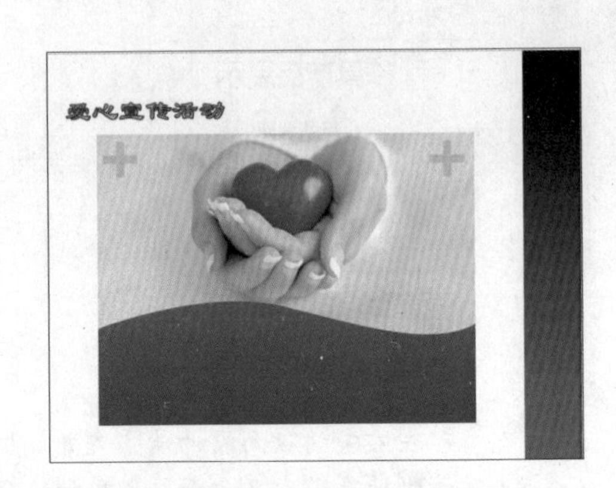

经验一箩筐——版面设计原则

不管制作何种类型的版面，保证整个幻灯片的版面简洁、对象的有序排列，都是一个必要的前提。只有这样才能制作出结构清晰、画面美观的幻灯片版面。

11.5 学习 1 小时：幻灯片的演示设计

虽然放映幻灯片很简单，但并不是说会放映就代表会演示。演示是一项有一定难度、比较复杂的工作，需要演讲者结合一定的演讲技巧和专业知识。一般在演示前要做的准备工作包括明确此次演讲的目的、好的开场和结尾、吸引人的演讲过程以及了解演讲的要求等。

学习目标

- 熟悉演示前的准备工作。
- 了解吸引观众的演示技巧和对演讲者的相应要求。

11.5.1 明确的演讲目的

明确的演讲目的是成功进行演示的必要前提，只有有了明确的演讲目的，才能选择出合适的演讲方式，在演示过程中也会更加得心应手。用户可以通过制作内容提要来帮助自己明确演示目的，还可将其打印出来以便查阅。内容提要一般包括：为什么要举办这次演讲、演示文稿的类型、演讲要采取的方式等内容。

11.5.2 好的开场和结尾

好的开场能迅速吸引观众的注意力，拉近观众与演讲者之间的距离，也就相当于演讲成功了一半。而好的结尾能够让观众印象深刻，所以最好是以一种轻松幽默的方式来结束演讲。

下面就对几种良好的演讲开场白所采取的方式进行介绍。

- 提问：通过提问可以引导观众发散思维，进而引出接下来的演讲内容，这是一种常用的吸引观众注意力的方法。
- 故事或游戏：以一个小故事或小游戏来作为演讲的开场白，可以迅速吸引观众注意力。
- 亲切称谓：亲切的称谓或是其他套近乎的方法均可以拉近演讲者和观众之间的关系，从而建立一个良好的氛围。

11.5.3 吸引人的演讲技巧

有好的开端并不代表演讲就成功了，因为演讲过程中的内容才是演讲的重点，因此，在演讲过程中要特别注意使用相应的技巧来引起观众对演讲内容的兴趣和注意力。下面就对几种可以激发观众兴趣的方法进行讲解。

- 给观众机会：若是整个演讲过程只有演讲者一个人在滔滔不绝地演讲，难免会引起观众的视觉和听觉疲劳，所以就需要适时、适当地给观众留下发言的时间和机会。
- 变换话题：较长的演讲会使观众的注意力有所分散，这时，可以变换一个有趣的话题或故事来吸引观众的注意力。这样就可以将观众的注意力重新集中到演讲者身上，进而自然而然地回到演讲的主题中。
- 适时提问：演讲者适时地向观众提出具有针对性和启发性的问题，可以让观众也成为演示的参与者，调动观众的听讲热情，从而让演讲生动起来。
- 制造悬念：悬念能够激发人的好奇心，所以适时地在演讲过程中制造悬念，可以将观众的注意力再次集中在演讲者身上，同时还可以活跃现场气氛，更好地将演讲内容传递给观众。

11.5.4 对演讲者的要求

演讲者在演讲前要先做好各方面的准备，着装要尽量正式，不要穿太过花哨或令人炫目的衣服。演讲过程中不要紧张，最好提前熟悉演讲环境。演讲时声音要洪亮、吐字要清晰、语言要流畅、语速要适中，可通过短时间暂停来吸引观众的注意。在演讲时还可以适当配以肢体语言，如自然的手势、诚恳的眼神等，最重要的一点就是演讲态度一定要端正，要能够听取观众的意见，还要做好临场应变的准备。

11.6 练习 1 小时

本章主要介绍了演示文稿设计的相关知识，包括文字、图形、动画、版面和演示的设计。用户若是想熟练使用它们，还需要进行巩固练习。下面就通过制作一张奖状和一个循环图表来对这些知识进行巩固。

1. 制作奖状

本例将制作"出勤奖.pptx"演示文稿。首先新建一个空白演示文稿，将"图片 1.png"用作幻灯片背景。然后在其中添加文本和形状，并对添加的文本和形状进行设置。最后为该幻灯片中的对象添加动画。最终效果如下图所示。

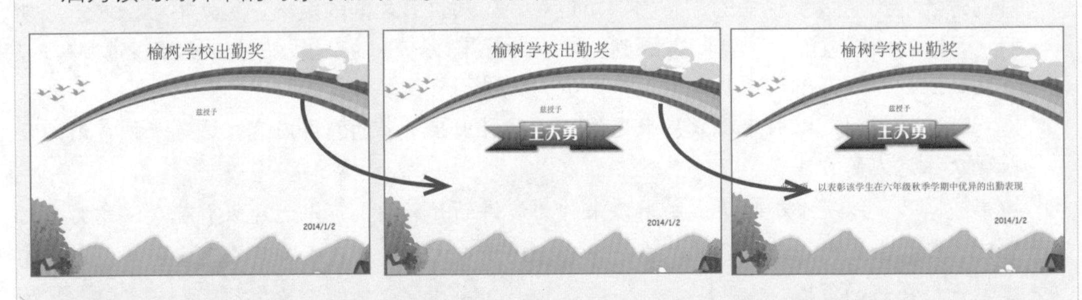

光盘文件
素材 \ 第 11 章 \ 图片 1.png
效果 \ 第 11 章 \ 出勤奖 .pptx
实例演示 \ 第 11 章 \ 制作奖状

2. 制作循环图表

本例将制作"循环图表 .pptx"演示文稿。首先新建一个空白演示文稿，在幻灯片母版视图中为其应用渐变填充背景，并添加形状到底层作为背景。然后返回幻灯片普通视图模式，在其中添加形状，并为圆形的形状添加文本。最后对添加的形状进行设置并为其添加动画。最终效果如下图所示。

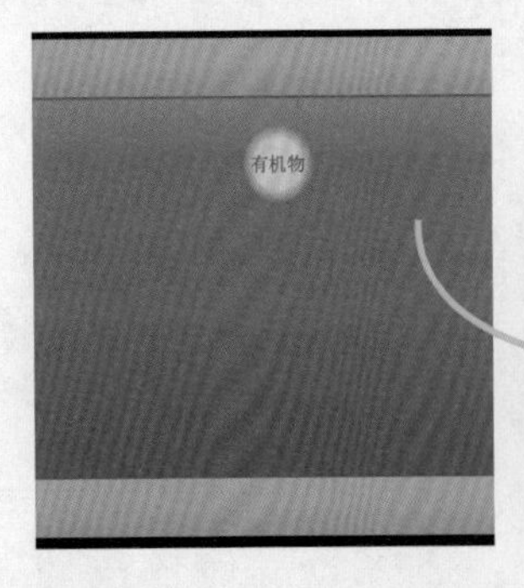

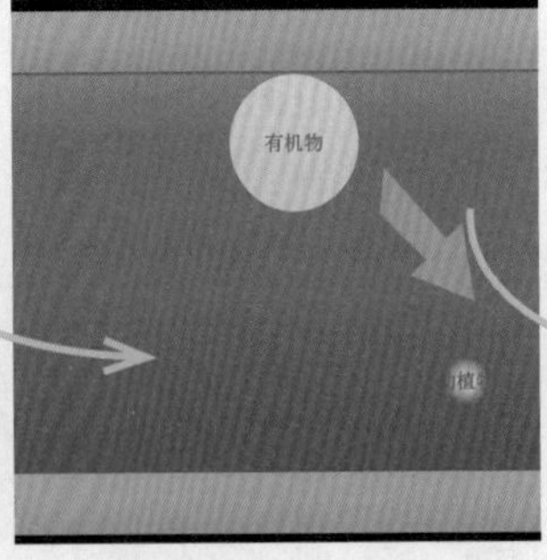

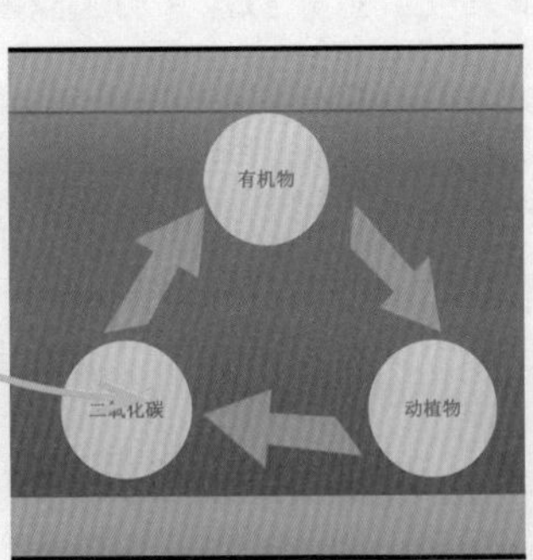

光盘文件
效果 \ 第 11 章 \ 循环图表 . pptx
实例演示 \ 第 11 章 \ 制作循环图表

第12章 综合实例演练

上机 4小时

- 制作“营销策划”演示文稿
- 制作“板书设计”演示文稿

在掌握了如何制作各种类型的演示文稿后，还需要对其方法进行巩固练习。本章将通过制作“营销策划”演示文稿和“板书设计”演示文稿两个实例，进一步对演示文稿的编辑方法进行巩固和练习，使用户熟练掌握前面各章节所讲的操作方法和注意事项。

12.1 上机 1 小时：制作“营销策划”演示文稿

营销策划主要是以文本为主，对如何销售进行全面而系统的介绍。如果演示文稿中全部都使用文字，那即使为幻灯片添加了切换效果和动画效果，也不能掩盖其内容的枯燥。此时，我们可以考虑利用 SmartArt 图形对文本内容进行编辑，使其不再单一，这样便能很好地解决这个问题。

12.1.1 实例目标

通过对“营销策划 .pptx”演示文稿的制作，全面巩固 PowerPoint 2013 的使用方法，主要包括主题的应用、幻灯片的新建与编辑、SmartArt 图形的插入与编辑、艺术字的使用、超级链接的创建、幻灯片切换效果的设计、幻灯片动画效果的添加以及幻灯片放映等知识，完成后的最终效果如下图所示。

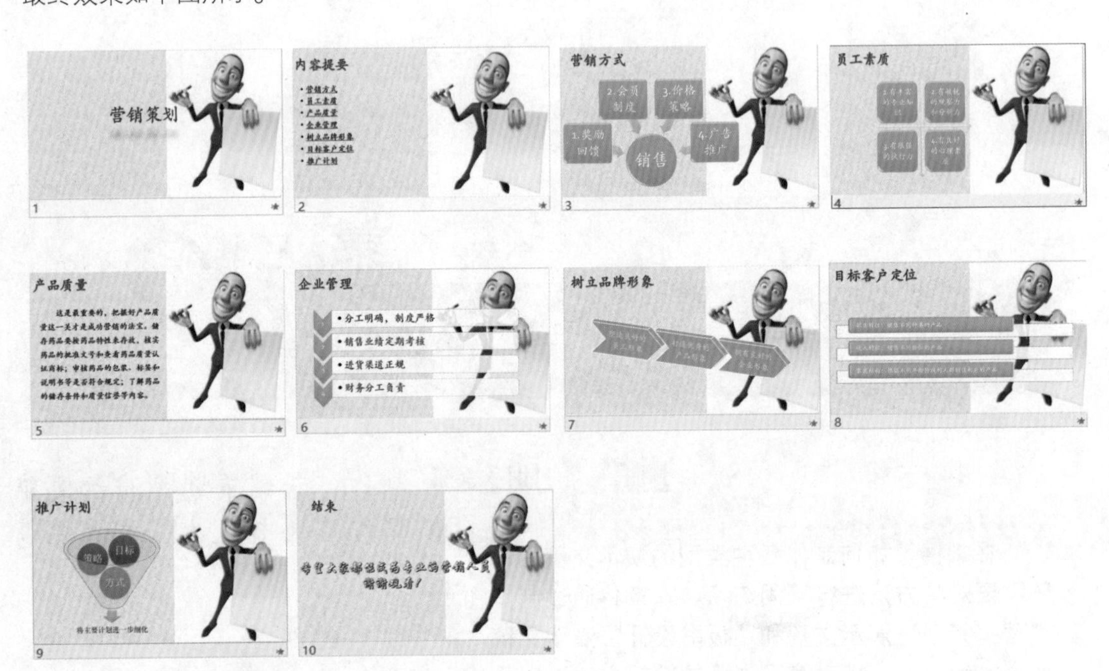

12.1.2 制作思路

本演示文稿的制作思路大致可分为三个部分，第一部分是应用主题并建立整个演示文稿的总体框架，第二部分是为每张幻灯片添加或编辑具体的内容，第三部分是为幻灯片应用切换效果和添加动画效果，最后保存并放映。

12.1.3 制作过程

下面详细讲解“营销策划 .pptx”演示文稿的制作过程。

光盘文件
素材 \ 第 12 章 \ 营销策划 .jpg
效果 \ 第 12 章 \ 营销策划 .pptx
实例演示 \ 第 12 章 \ 制作“营销策划”演示文稿

1. 建立演示文稿整体框架

下面启动 PowerPoint 2013，为自动新建的空白演示文稿应用样式，并设计幻灯片母版，然后新建 9 张幻灯片并设置相应的幻灯片标题，其具体操作如下：

STEP 01：应用主题

启动PowerPoint 2013并新建一个空白演示文稿，在【设计】/【主题】组中单击样式列表框右下角的按钮，在弹出的下拉列表框中选择“花纹”选项。

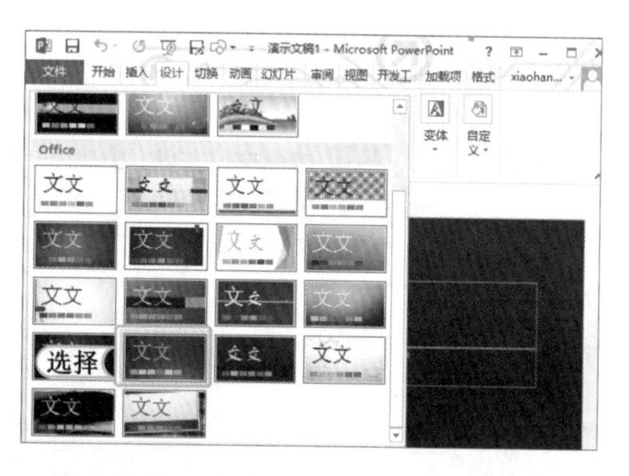

提个醒
用户也可以在主题样式列表框中选择其他合适的主题样式，包括自己保存的主题样式。

STEP 02：准备设置幻灯片母版背景样式

进入幻灯片母版编辑状态，然后在【幻灯片母版】/【背景】组中单击背景样式按钮，在弹出的下拉列表中选择“设置背景格式”选项，打开“设置背景格式”窗格。

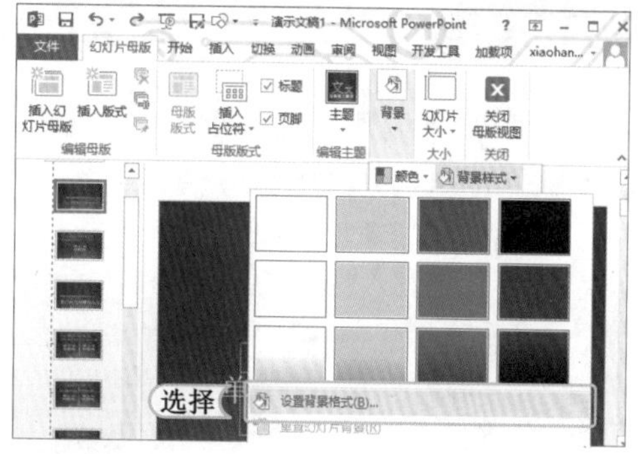

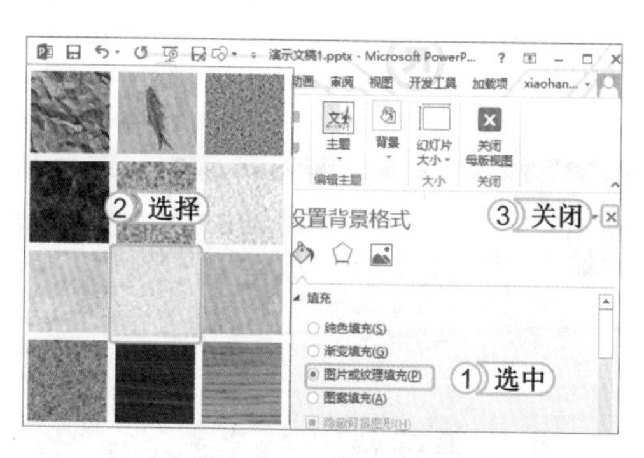

STEP 03：设置背景

1. 在打开的“设置背景格式”窗格中选中 图片或纹理填充(P) 单选按钮。
2. 单击“纹理”栏右侧的按钮，在弹出的下拉列表中选择“蓝色面巾纸”的纹理样式选项。
3. 单击 全部应用(L) 按钮并关闭“设置背景格式”窗格。

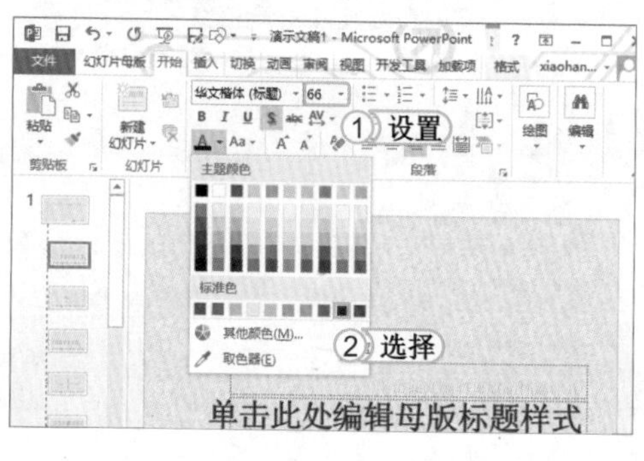

STEP 04：设置幻灯片母版标题样式

1. 返回幻灯片编辑区，默认选择第 2 张幻灯片，将母版标题样式的字号设置为“66”。在开始/【字体】组中单击“字体颜色”按钮右侧的下拉按钮。
2. 在弹出的下拉列表中选择“标准色”栏中的“深蓝”色块选项。最后为其设置加粗文本效果。

STEP 05： 插入图片

1. 在左边窗格中选择第 1 张幻灯片版式，在【插入】/【图像】组中单击“图片”按钮，打开“插入图片”对话框。
2. 在打开的对话框中找到并选择要插入的图片“营销策划 .jpg”。
3. 单击插入(S)按钮，完成图片的插入。

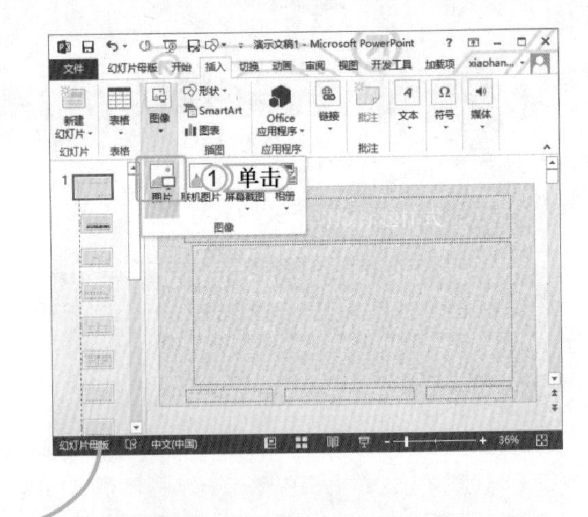

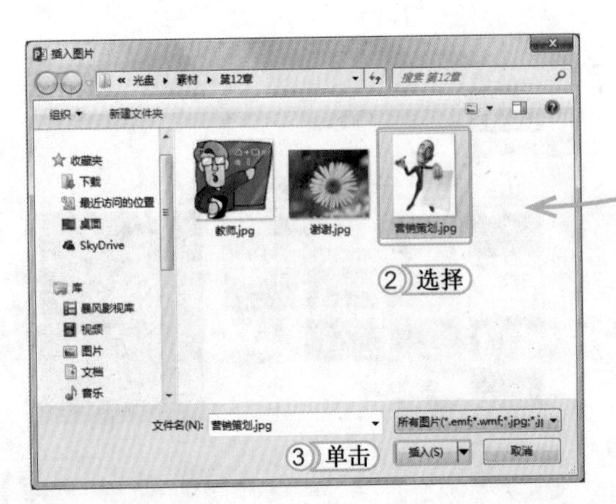

提个醒

此步骤中还可双击需要插入的图片直接将图片插入到幻灯片中。若用户可以联网，也可以插入合适的联机图片。

STEP 06： 调整插入的图片

调整插入的图片的大小和位置，然后单击鼠标右键，在 弹出的快捷菜单中选择【置于底层】/【置于底层】命令，将插入的图片置于幻灯片的最底层。

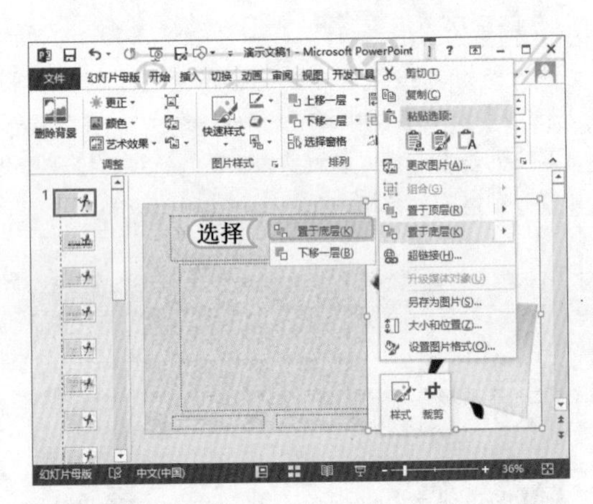

提个醒

将图片置于底层是为了将其作为背景图片，同时又避免在操作其他对象时将其更改。

STEP 07： 设置文字

1. 选择母版视图中的第 1 张幻灯片。
2. 设置标题文本的字号为 48，颜色与步骤 4 中相同，再为其添加加粗和阴影的文本效果。
3. 然后将正文文本字体格式设置为“黑色、华文楷体、28 号、加粗字体”。

STEP 08： 新建并编辑幻灯片标题

1. 关闭幻灯片母版，返回幻灯片普通视图中，然后在“幻灯片”窗格中单击鼠标，按 9 次 Enter 键新建 9 张幻灯片。
2. 选择第 1 张幻灯片，删除副标题占位符，然后在标题占位符中输入相应的文本，调整其位置和文本框的大小。
3. 分别在剩余 9 张幻灯片的标题占位符中输入相应的标题文本完成演示文稿框架的创建。

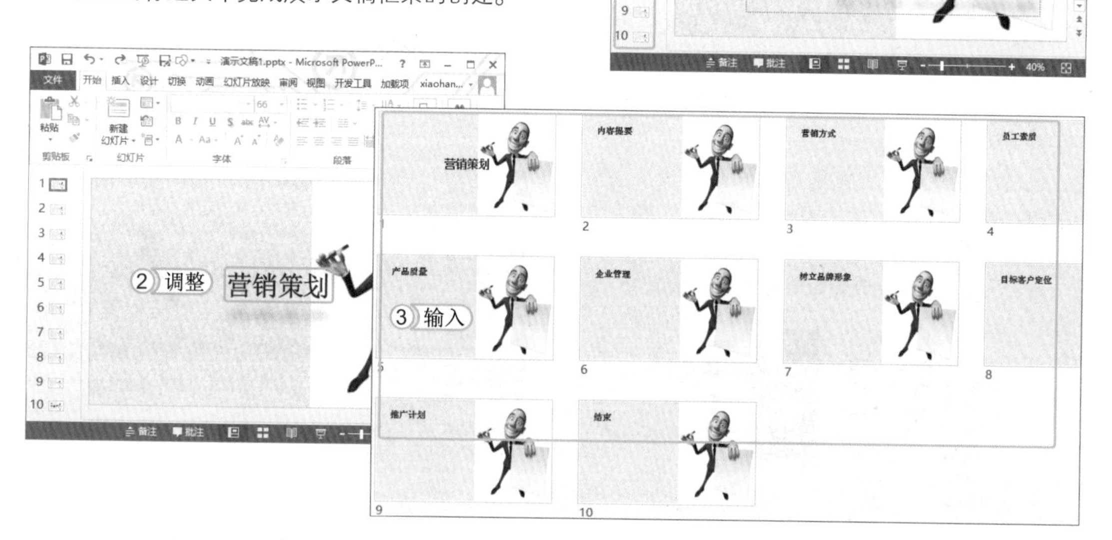

2. 编辑幻灯片内容

下面分别对新建的各张幻灯片进行编辑，其中将主要运用到超级链接的创建、SmartArt 图形的插入与美化以及艺术字的使用等知识，其具体操作如下：

STEP 01： 编辑第 2 张幻灯片

在第 2 张幻灯片的正文占位符中单击鼠标，并输入相应的文本，然后用相同的方法输入其他幻灯片中的正文文本。

STEP 02： 插入超级链接

1. 选择第 2 张幻灯片中的“营销方式”正文文本。单击鼠标右键，在弹出的快捷菜单中选择“超链接”命令，然后在打开的对话框中单击“本文档中的位置”按钮。
2. 在列表框中选择第 3 张幻灯片对应的选项。
3. 单击 确定 按钮。

STEP 03：设置其他超级链接

用相同方法将第 2 张幻灯片中的正文文本链接到对应的幻灯片。

STEP 04：设置超级链接颜色

1. 选择【设计】/【变体】组，单击变体列表框右侧的按钮，在弹出的下拉列表框中选择"颜色"/"自定义颜色"选项，打开"新建主题颜色"对话框。
2. 在打开的对话框中设置超级链接颜色为"黑色，背景 1"，已访问的超级链接颜色为"黑色，背景 1，淡色 50%"。
3. 单击按钮完成超级链接颜色的设置。

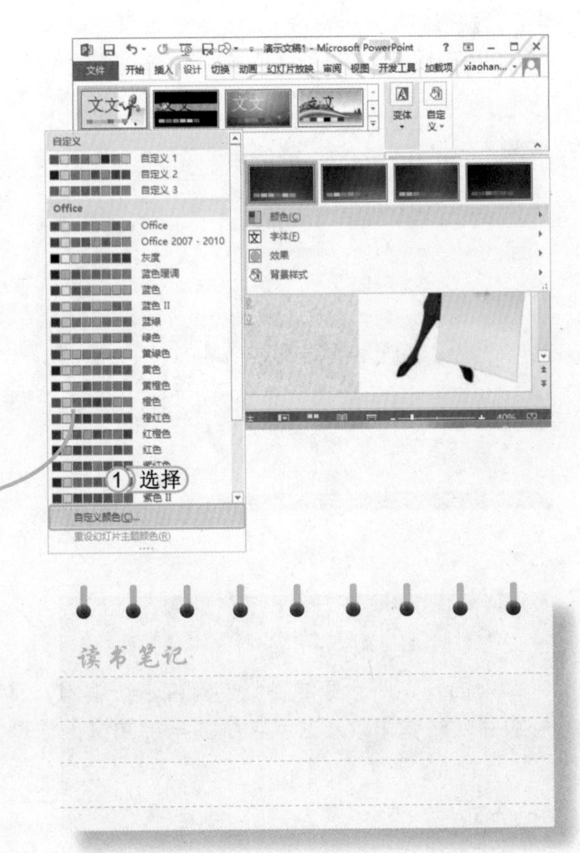

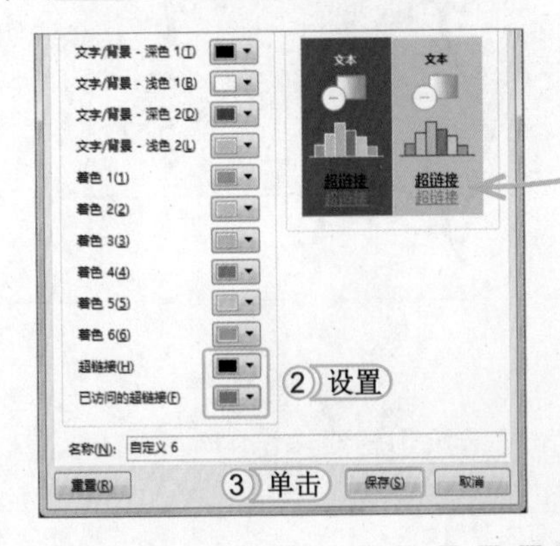

读书笔记

STEP 05：查看超级链接

返回到幻灯片编辑区中，可查看到设置的超级链接颜色。

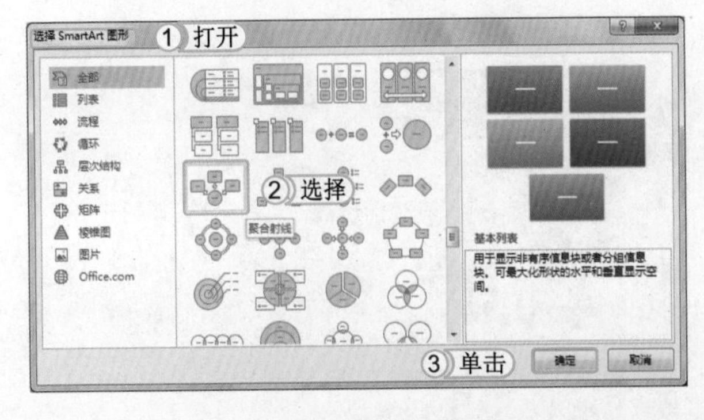

STEP 06：编辑第 3 张幻灯片

1. 切换到第 3 张幻灯片，单击占位符中的"插入 SmartArt 图形"按钮，打开"选择 SmartArt 图形"对话框。
2. 在打开的对话框中选择"聚合射线"的 SmartArt 图形。
3. 单击按钮。

STEP 07： 添加形状并输入文本

选择【设计】/【创建图形】组，单击添加形状按钮，为插入的 SmartArt 图形添加形状。在 SmartArt 图形的各个形状中输入相应的文本内容。

提个醒 在操作此步骤时，要在添加的形状中输入文本，需要单击鼠标右键，然后在弹出的快捷菜单中选择"编辑文字"命令，才能将文本插入点定位到形状中。

STEP 08： 设置并调整图形

选择【设计】/【SmartArt 样式】组，单击"更改颜色"按钮，为图形应用"彩色"栏中的"彩色范围-着色2至3"样式。通过【设计】/【SmartArt 样式】组中的样式列表为图形应用"金属场景"样式。最后调整图形的大小。

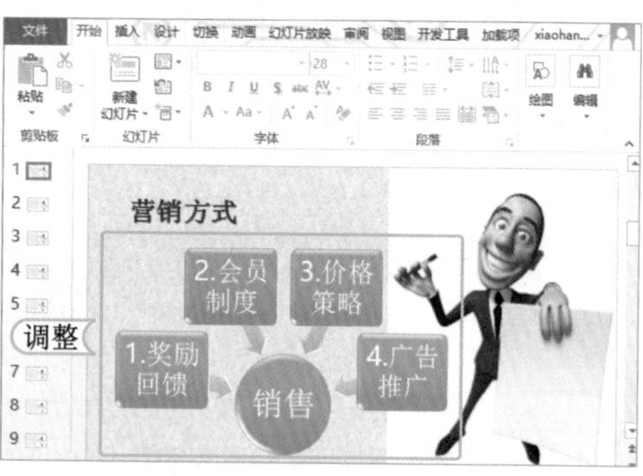

STEP 09： 编辑第 4 张幻灯片

按照相同的思路为第 4 张幻灯片插入如图所示的 SmartArt 图形，并应用合适的样式和颜色。然后在其中添加如图所示的文本。

读书笔记

STEP 10： 编辑第 5 张幻灯片

在第 5 张幻灯片的正文占位符中单击鼠标，输入如图所示的文本，然后设置其段落格式为"无项目符号、首行缩进 2 厘米、1.5 倍行距"。最后调整文本框的大小。

STEP 11： 编辑第 6 张幻灯片

按照前面的方法为第 6 张幻灯片插入如图所示的 SmartArt 图形，并应用合适的样式和颜色。

> **提个醒** 此步骤中需要先添加一个形状，然后再删除前 3 个形状中不需要的段落，最后对形状的位置和大小进行一定的调整。

STEP 12： 编辑第 7 张幻灯片

继续在第 7 张幻灯片中插入如图所示的 SmartArt 图形，然后在其中输入如图所示的文本，并进行颜色和样式的美化。

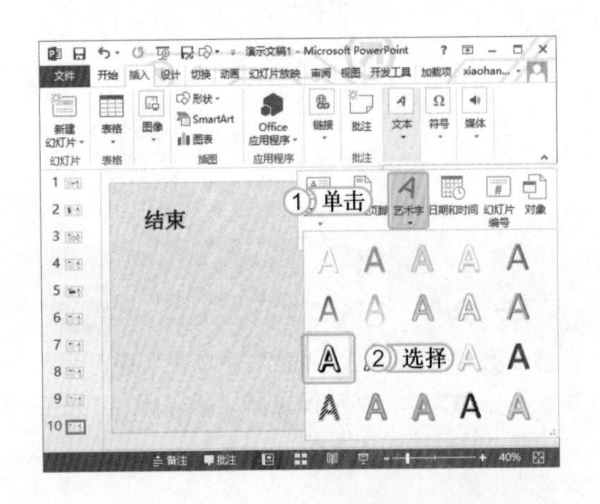

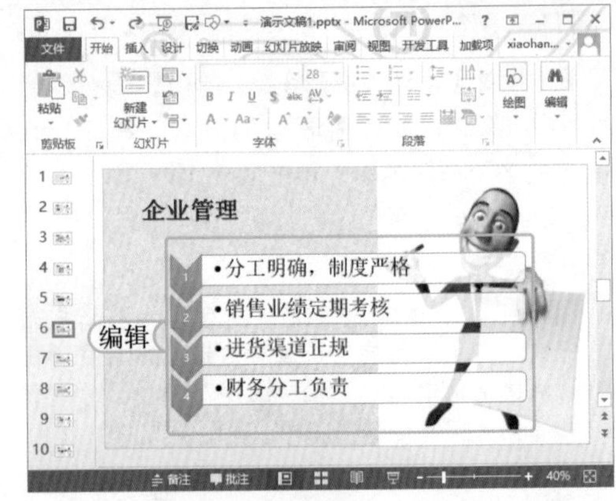

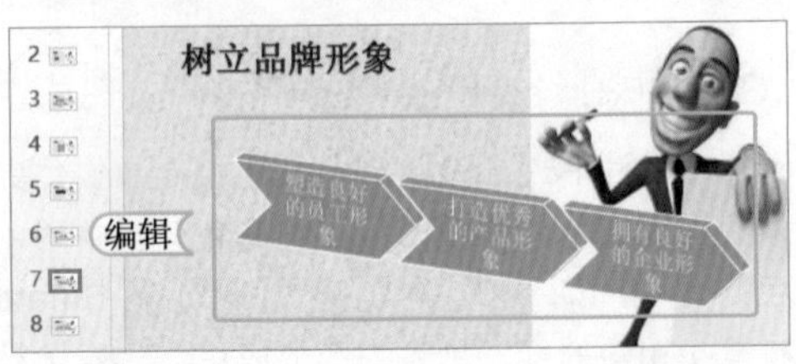

STEP 13： 编辑第 8、9 张幻灯片

1. 接着在第 8 张幻灯片中插入如图所示的 SmartArt 图形，然后在其中输入相应的文本，并进行颜色和样式的美化。
2. 切换到第 9 张幻灯片，插入如图所示的 SmartArt 图形，然后在其中输入相应的文本，并进行颜色和样式的美化。

> **提个醒** 在此步骤中，用户可以根据需要对形状中的字体进行设置，这里设置第 9 张幻灯片图形中的字体为宋体、最后一排文本为黑色字体。

STEP 14： 编辑第 10 张幻灯片

1. 选择第 10 张幻灯片的正文占位符，按 Delete 键将其删除。在【插入】/【文本】组中单击“艺术字”按钮。
2. 在弹出的下拉列表中选择“填充 - 白色，文本 1，轮廓 - 背景 1，清晰阴影 - 背景 1”选项。

> **提个醒** 在选择艺术字样式时，需要结合其他幻灯片中各对象的主题色和与背景的对比度进行选择。

STEP 15: 输入并设置艺术字

在插入的“请在此放置你的文字”文本框中输入如图所示的文本。在【开始】/【字体】组中将艺术字的字号设置为“44”，字体设置为“华文行楷”。最后适当调整文本框的大小和位置。

3. 设置并放映动画

下面首先对幻灯片的切换效果进行设置，然后对各种幻灯片中的对象进行动画设置，最后保存并放映幻灯片，其具体操作如下：

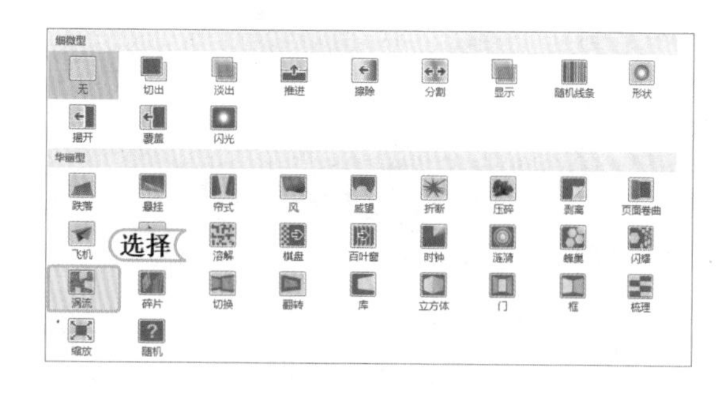

STEP 01: 选择切换动画

在【切换】/【切换到此幻灯片】组中单击样式列表框右下角的按钮，在弹出的下拉列表中选择“涡流”选项。

STEP 02: 设置并运用切换动画

1. 在【切换】/【计时】组的“声音”下拉列表框中选择“风铃”选项。设置其持续时间为1秒。
2. 单击 全部应用 按钮为所有幻灯片应用相同的切换动画。

STEP 03: 添加并设置第 2 张幻灯片动画

1. 选择第 2 张幻灯片的正文占位符。在【动画】/【动画】组中为其应用“进入”栏中的“飞入”动画效果。
2. 在【动画】/【计时】组的“持续时间”数值框中将数字设置为“00.20”，表示该动画播放时长为 0.2 秒。

提个醒 为幻灯片中的对象设置切换动画效果时，为了避免观众出现视觉疲劳，一方面不宜设置重复单调的切换动画，另一方面不宜设置效果过于让人眼花缭乱的动画。

STEP 04：设置第 3 张幻灯片动画

1. 切换到第 3 张幻灯片，选择其中的 SmartArt 图形。
2. 在【动画】/【动画】组中为其应用“进入”栏中的“浮入”动画效果。
3. 保持 SmartArt 图形的选择状态，选择【动画】/【动画】组，单击“效果选项”按钮，将其播放效果设置为“逐个”播放。

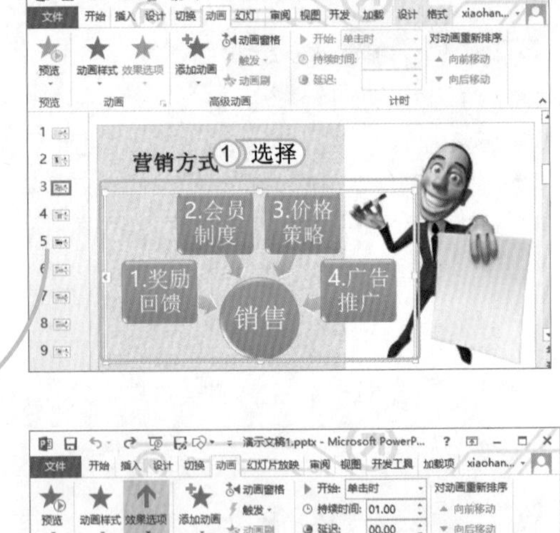

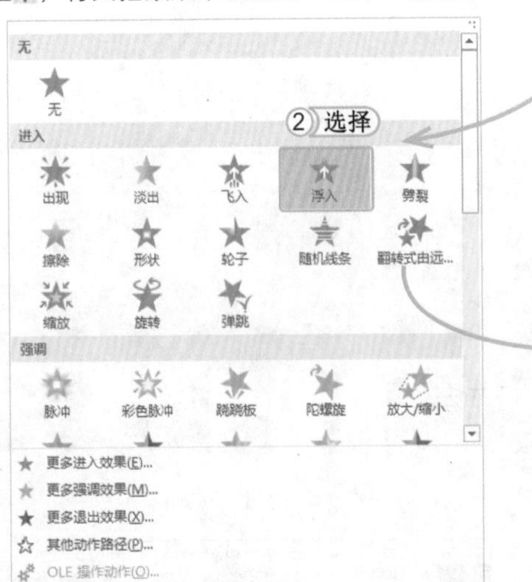

STEP 05：设置第 4 张幻灯片动画

按照相同的方法为第 4 张幻灯片中的 SmartArt 图形添加“形状”的进入动画，然后将效果选项设置为“菱形”、“逐个”，最后将其持续时间设置为 3 秒。

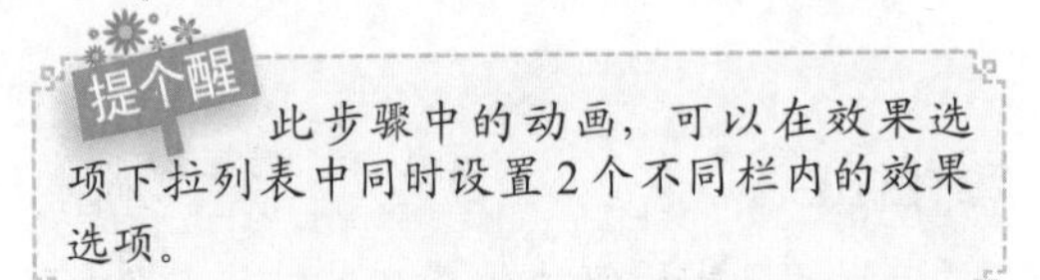

提个醒

此步骤中的动画，可以在效果选项下拉列表中同时设置 2 个不同栏内的效果选项。

STEP 06：设置第 5 张幻灯片动画

按照相同的方法为第 5 张幻灯片中的正文文本添加“劈裂”的进入动画，然后将效果选项设置为“左右向中央收缩”，最后将其持续时间设置为 5 秒。如左图所示为预览效果。

STEP 07： 设置第 6 张幻灯片动画

按照相同的方法为第 6 张幻灯片中的 SmartArt 图形添加“轮子”的进入动画，然后将效果选项设置为“2 轮幅图案”、“逐个”，最后将其持续时间设置为 3 秒，预览动画效果。

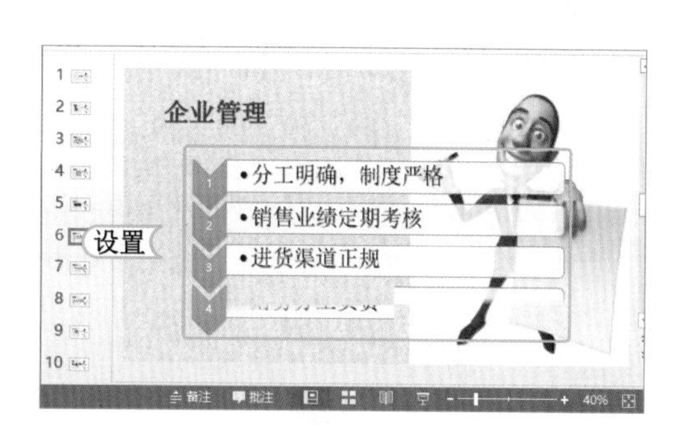

STEP 08： 设置第 7 张幻灯片动画

按照相同的方法为第 7 张幻灯片中的 SmartArt 图形添加“劈裂”的进入动画，然后将效果选项设置为“中央向左右展开”、“逐个”，最后将其持续时间设置为 3 秒。

STEP 09： 设置第 8 张幻灯片动画

按照相同的方法为第 8 张幻灯片中的 SmartArt 图形添加“擦除”的进入动画，然后将效果选项设置为“自左侧”、“逐个”，最后将其持续时间设置为 3 秒。

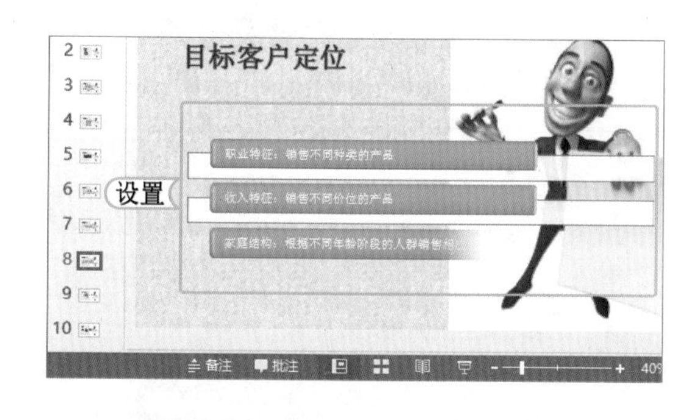

STEP 10： 设置第 9 张幻灯片动画

按照相同的方法为第 9 张幻灯片中的 SmartArt 图形添加“进入 - 飞入”的动画，然后将效果选项设置为“自顶部”、“逐个”，最后将其持续时间设置为 3 秒。

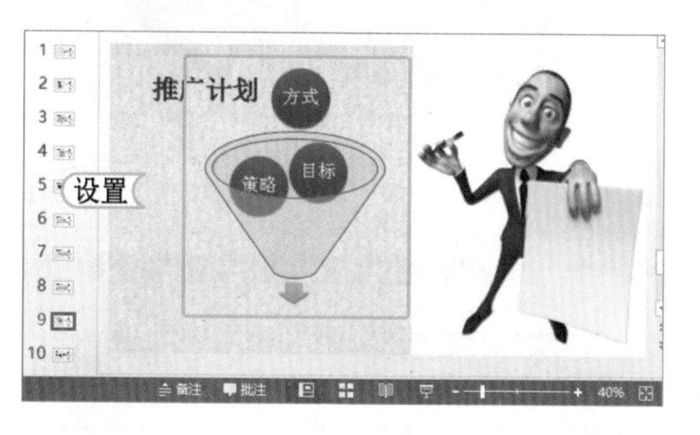

STEP 11： 设置第 10 张幻灯片动画

按照相同的方法为第 10 张幻灯片中的艺术字添加“翻转式由远及近”的进入动画，然后将效果选项设置为“按段落”，最后将其持续时间设置为 5 秒。

STEP 12： 保存演示文稿

1. 完成演示文稿的设置后，按 Ctrl+S 组合键，在打开的界面的“另存为”栏中双击 计算机 按钮打开“另存为”对话框，然后在其中设置文件的保存位置，在其文件名称文本框中输入“营销策划”。
2. 最后单击 保存(S) 按钮将其保存。

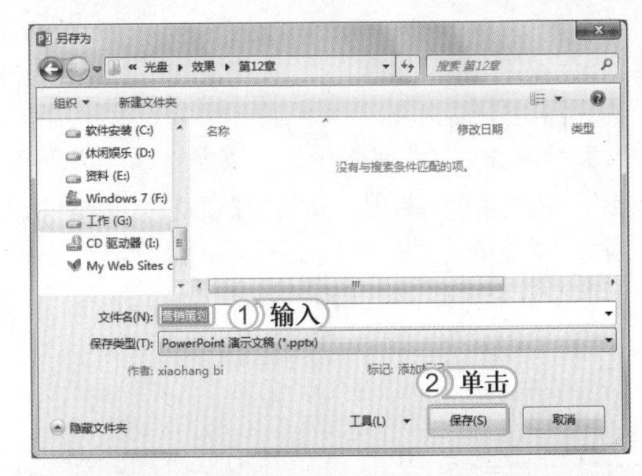

提个醒 当然用户也可以在最初新建演示文稿时就执行保存操作，这样就可以在制作过程时按 Ctrl+S 组合键直接进行保存操作，避免因断电等突发事件引起的不必要的损失。

STEP 13： 放映并退出演示文稿

1. 按 F5 键进入幻灯片放映状态，通过单击鼠标观看幻灯片放映。
2. 放映完成后单击鼠标退出放映状态。
3. 关闭 PowerPoint 2013，完成本例的制作。

经验一箩筐——快速退出放映状态

在幻灯片放映过程中，若是想快速退出放映状态，可以采用以下方法。

- 使用快捷菜单退出：在放映过程中的任意一张幻灯片上单击鼠标右键，在弹出的快捷菜单中选择“结束放映”命令即可马上停止放映。
- 使用快捷键退出：在放映过程中按 Esc 键即可快速退出放映状态。

12.2 上机 1 小时：制作“板书设计”演示文稿

板书设计是教师上课前制订的在黑板上书写的计划，一般包含板书的方法、要求、内容以及类型等项目，在制作演示文稿时文本方面的内容稍多一点，图形部分相对较少，也可适当添加一些切换和动画效果。

12.2.1 实例目标

通过对“板书设计 .pptx”演示文稿的制作，全面巩固 PowerPoint 2013 的使用方法，主要包括母版设计、动作按钮的添加，插入图片、自选图形、表格，以及添加切换和动画效果、设置排练计时、添加标记与打包演示文稿等知识。完成后的效果如下图所示。

12.2.2 制作思路

本演示文稿的制作思路大致可分为三个部分，第一部分是应用主题并建立整个演示文稿的总体框架，第二部分是为每张幻灯片添加或编辑具体的内容，第三部分是放映并打包演示文稿，最后保存演示文稿。

12.2.3 制作过程

下面详细讲解“板书设计 .pptx”演示文稿的制作过程。

光盘文件
素材\12章\教师.jpg、谢谢.jpg、背景音乐.wma
效果\12章\板书设计\
实例演示\12章\制作"板书设计"演示文稿

1. 建立演示文稿整体框架

下面启动 PowerPoint 2013，新建一个空白演示文稿并为其应用主题样式，然后编辑母版，新建多张幻灯片并设置幻灯片标题，其具体操作如下：

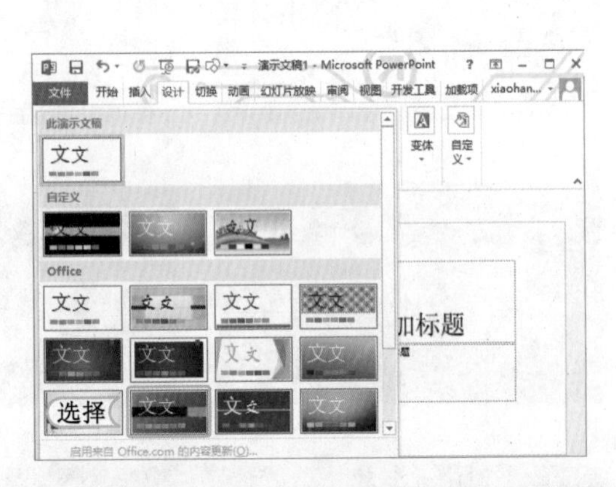

STEP 01：新建演示文稿

启动 PowerPoint 2013，在【设计】/【主题】组中单击样式列表框右下角的按钮，在弹出的下拉列表框中选择"柏林"的主题样式。

STEP 02：应用主题变体并查看

1. 单击"变体"样式列表右下角的按钮，在弹出的下拉列表框中选择"颜色"选项。
2. 在其子列表框中选择"Office"栏中的"橙色"颜色方案选项。
3. 查看应用的变体样式。

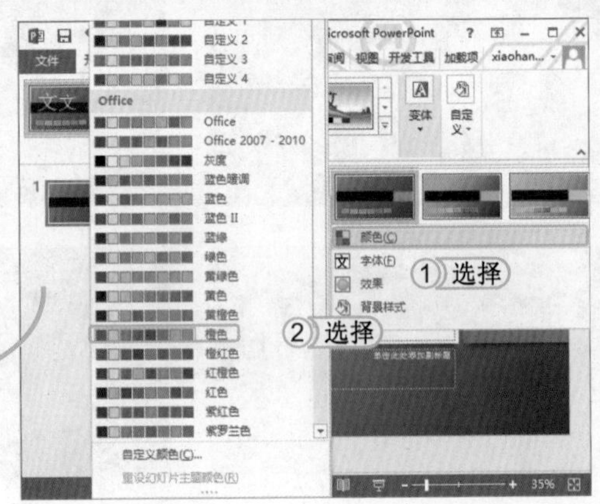

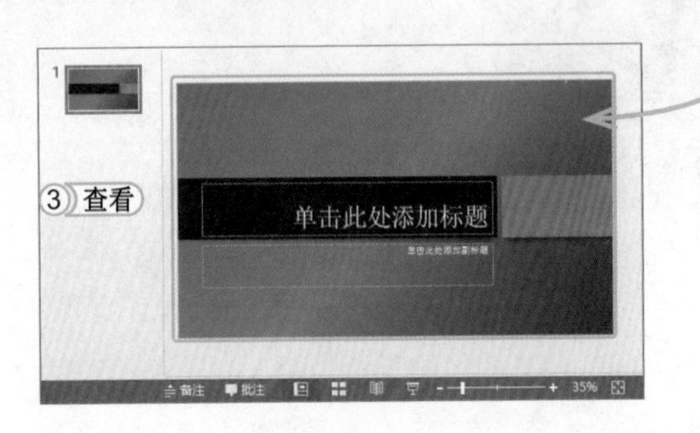

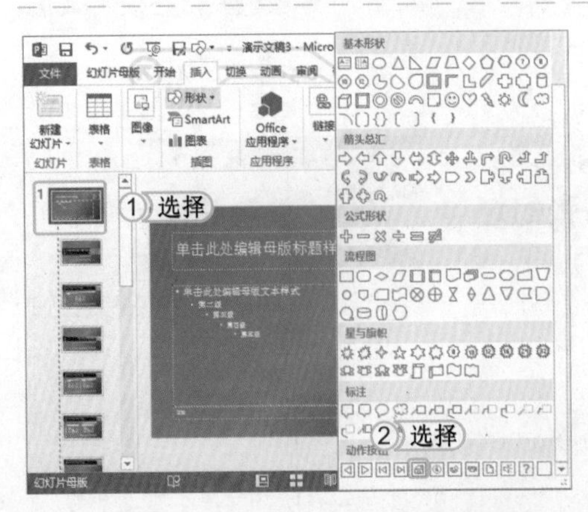

STEP 03：选择动作按钮

1. 进入母版编辑状态，选择第1张幻灯片。
2. 在【插入】/【插图】组中单击形状按钮，在弹出的下拉列表中选择"动作按钮：第一张"选项。

提个醒 若是在快速工具栏中添加了形状按钮，用户也可以直接单击其中的按钮，然后在弹出的下拉列表中选择需要的动作按钮。

STEP 04： 绘制动作按钮

当鼠标指针变为+形状时，按住鼠标左键不放在幻灯片的左下角拖动鼠标绘制一个适当大小的按钮，然后释放鼠标，在打开的对话框中单击 确定 按钮。

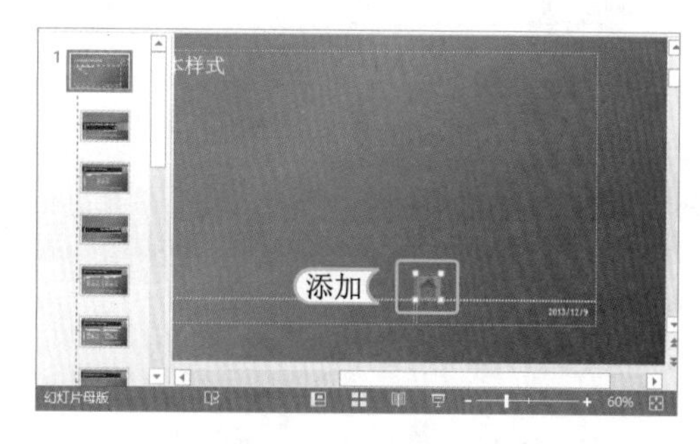

STEP 05： 添加其他动作按钮

用相同的方法在第 1 张幻灯片添加“动作按钮：后退或前一项”、“动作按钮：前进或后一项”和“动作按钮：结束”3 个动作按钮。

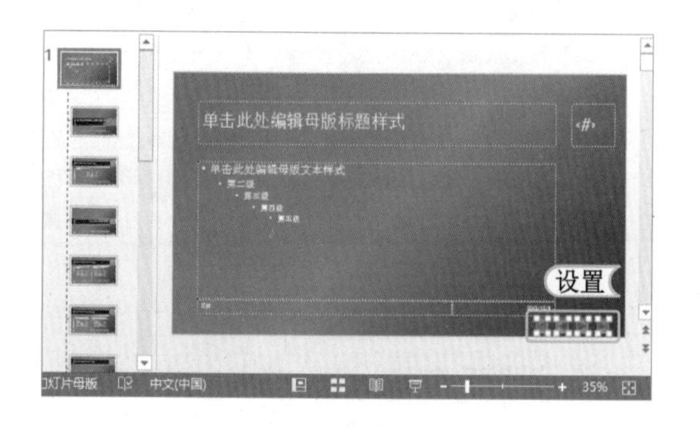

STEP 06： 设置动作按钮

选择所有的动作按钮，在【格式】/【大小】组中将形状宽度设置为“0.8”，在【格式】/【排列】组中将对齐方式设置为“横向分布”。最后对添加的动作按钮位置进行调整。

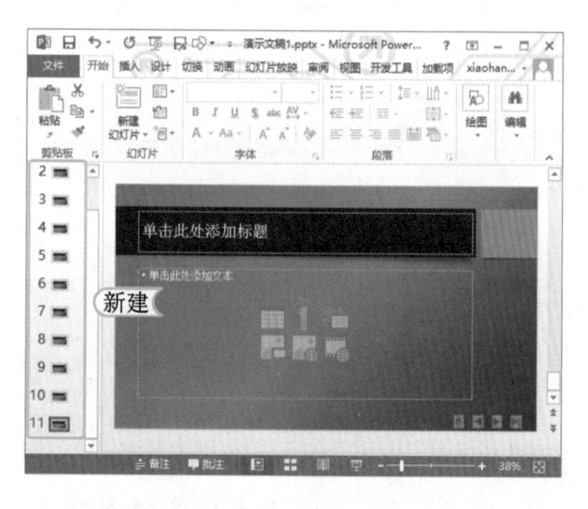

STEP 07： 新建幻灯片

关闭幻灯片母版，单击“幻灯片”窗格中的缩略图，按 10 次 Enter 键新建 10 张幻灯片。

STEP 08： 输入标题与副标题

选择第 1 张幻灯片，分别在标题占位符和副标题占位符中输入相应的文本。

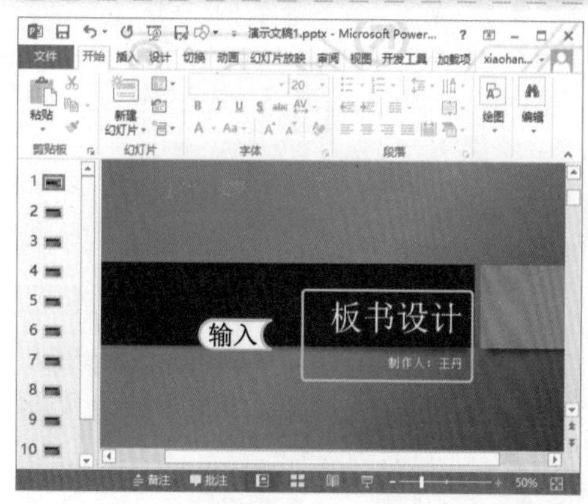

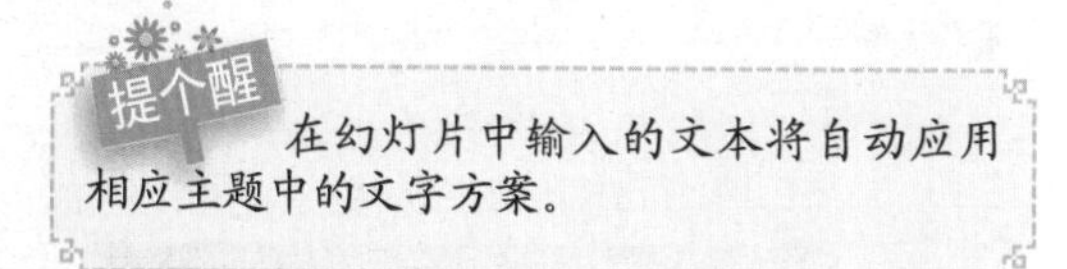
提个醒

在幻灯片中输入的文本将自动应用相应主题中的文字方案。

STEP 09： 更改第 2 张幻灯片版式

选择第 2 张幻灯片，在【开始】/【幻灯片】组中单击“版式”按钮，在弹出的下拉列表中选择“空白”选项。

STEP 10： 更改其他幻灯片版式

用相同的方法将第 3 张幻灯片的版式设置为“仅标题”，第 10 张幻灯片的版式设置为“两栏内容”，最后 1 张幻灯片的版式设置为“空白”。

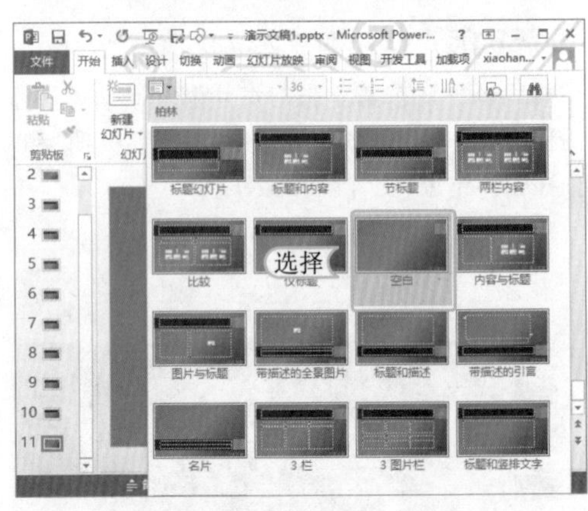

> **提个醒** 用户也可以在需更改布局的幻灯片上单击鼠标右键，在弹出的快捷菜单中选择“版式”命令，然后在弹出的子菜单中选择所需命令后，也可更改当前幻灯片的版式布局。

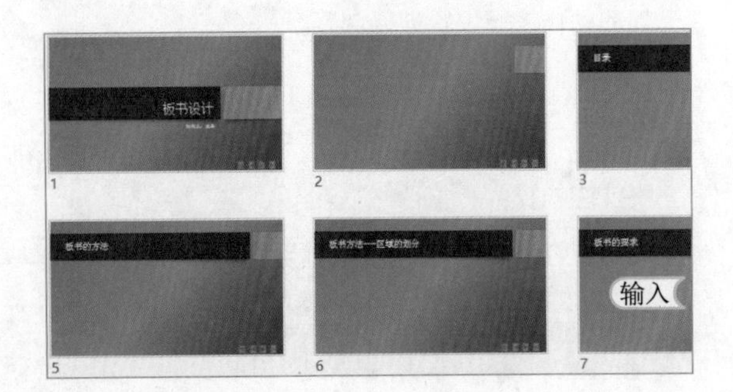

STEP 11： 输入各张幻灯片标题

分别在 2 ~ 10 张幻灯片的标题占位符中输入相应的标题文本完成演示文稿框架的创建。

2. 制作每张幻灯片

下面分别对新建的各张幻灯片进行编辑，其中将主要运用到自选图形、表格、艺术字、SmartArt 图形和图片的插入与美化以及切换和动画的添加等知识，其具体操作如下：

STEP 01： 编辑第 1 张幻灯片

选择第 1 张幻灯片，然后在【插入】/【媒体】组中单击“音频”按钮，在弹出的下拉列表中选择“PC 上的音频”选项。

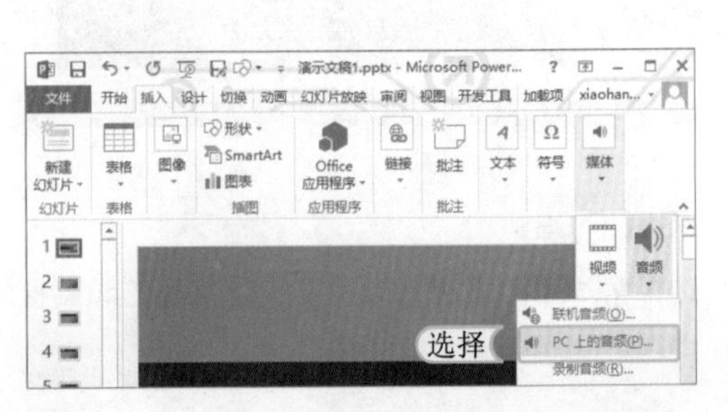

STEP 02： 插入音频文件

打开“插入音频”对话框，在“查找范围”下拉列表中选择文件所在位置，在中间的列表框中选择文件“背景音乐 .wma”，然后单击插入(S)按钮。最后调整插入的音频文件位置。

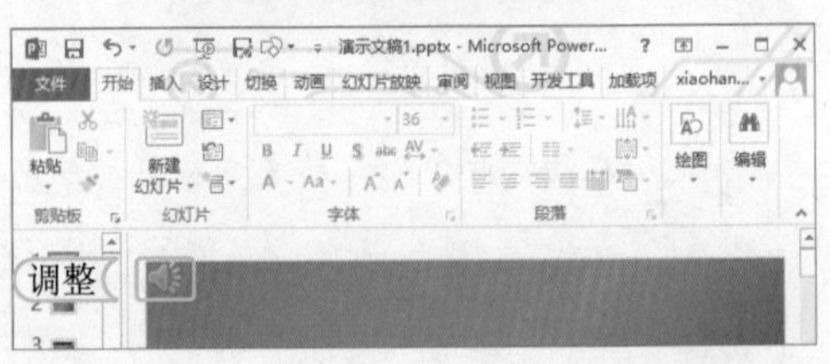

STEP 03: 设置播放选项

选择插入的音频文件，然后在【播放】/【音频选项】组中选中 ☑ 跨幻灯片播放 复选框，同时选中 ☑ 放映时隐藏 复选框。

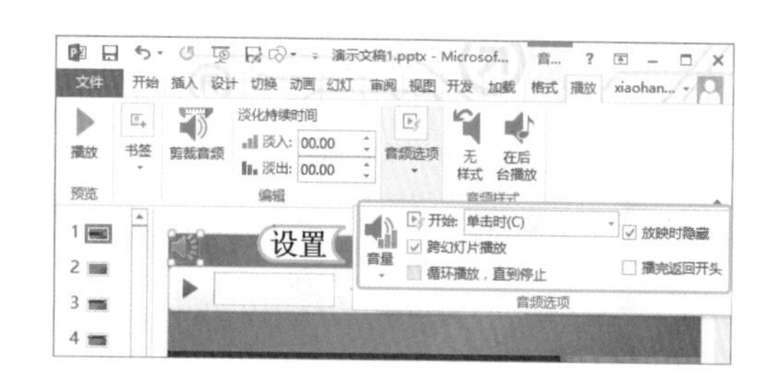

STEP 04: 编辑第 2 张幻灯片

1. 在【插入】/【图像】组中单击“图片”按钮，打开“插入图片”对话框。
2. 在打开的对话框中找到文件所在的位置，并选择需要插入的图片文件“教师.jpg”。
3. 单击 插入(S) 按钮将图片插入到幻灯片中。

STEP 05: 设置插入的图片的样式

保持插入图片的选择状态，然后在【格式】/【图片样式】组中的“快速样式”列表框中选择“金属框架”选项并适当调整图片大小和位置。

STEP 06: 插入文本框并编辑文本

选择【插入】/【文本】组，单击“文本框”按钮，在弹出的下拉列表中选择“横排文本框”选项，然后在幻灯片中绘制 1 个文本框，并在其中输入如图所示的文本。

STEP 07: 设置文本

选择输入的文本“前言”，将其字号设置为“28”并加粗字体，再将颜色设置为“橙色，着色 1，深色 50%”。选择其余文本，将其设置为首行缩进 1.5 厘米。选择所有文本，将其段落格式设置为 1.5 倍行距。最后调整文本框的位置和大小。

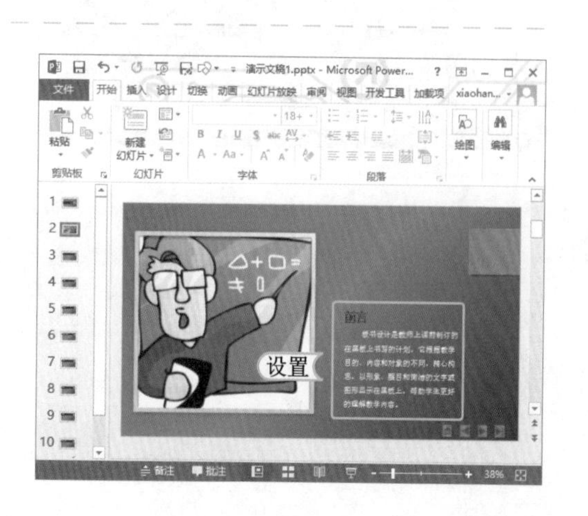

62 Hours
52 Hours
42 Hours
32 Hours
22 Hours
12 Hours

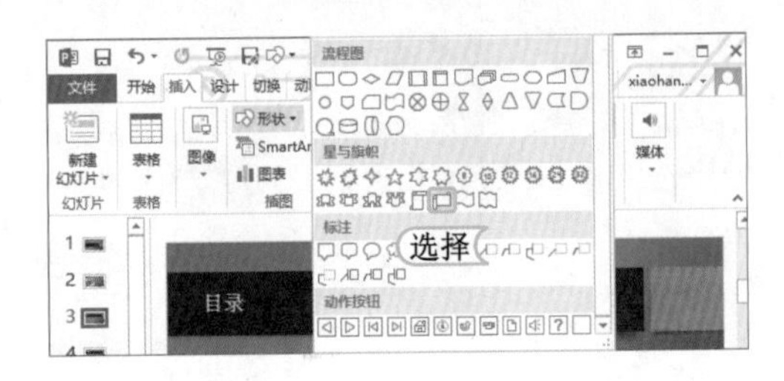

STEP 08：编辑第 3 张幻灯片

切换到第 3 张幻灯片，单击【插入】/【插图】组中的形状按钮，在弹出的下拉列表的“星与旗帜”栏中选择“横卷形”选项。

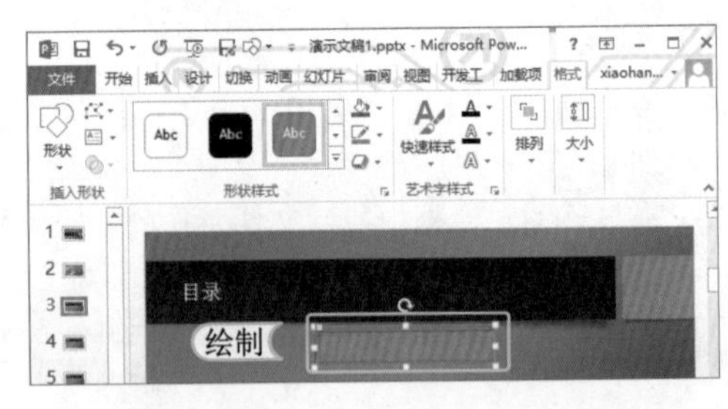

STEP 09：绘制形状

当鼠标光标变为+形状时，将其移至幻灯片中，在如图所示的位置处按住鼠标左键不放并拖动鼠标进行绘制，至合适大小后释放鼠标。

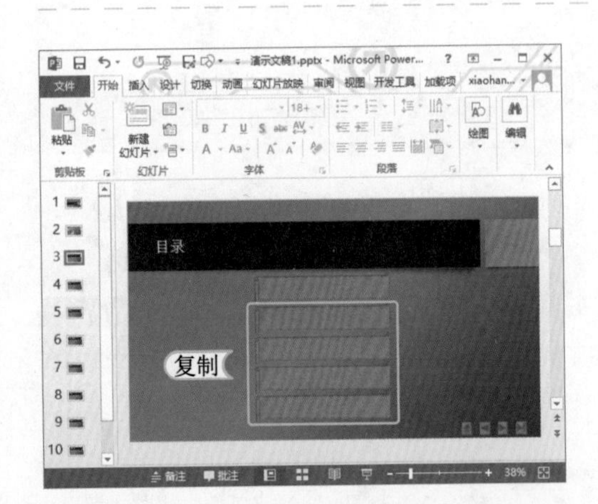

STEP 10：复制形状

保持形状的选择状态，按 Ctrl 键并拖动鼠标在相应的位置处复制 1 个相同的形状，按照相同的方法复制出其余 3 个大小相同的自选图形，然后通过“绘图工具”下的【格式】/【排列】组，将形状进行横向和纵向对齐。

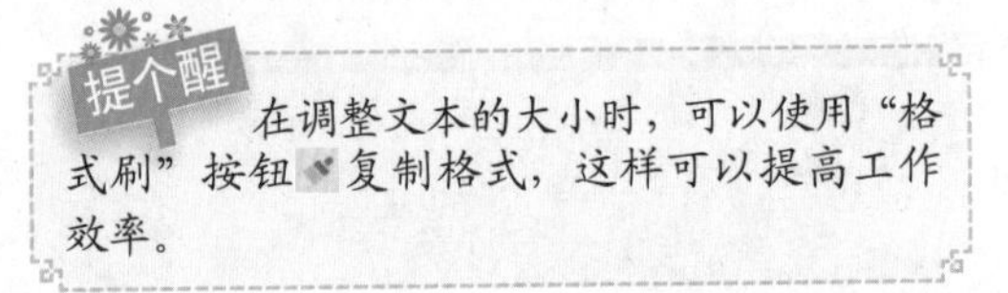

提个醒 此步骤中可通过智能参考线的提示控制形状间距。

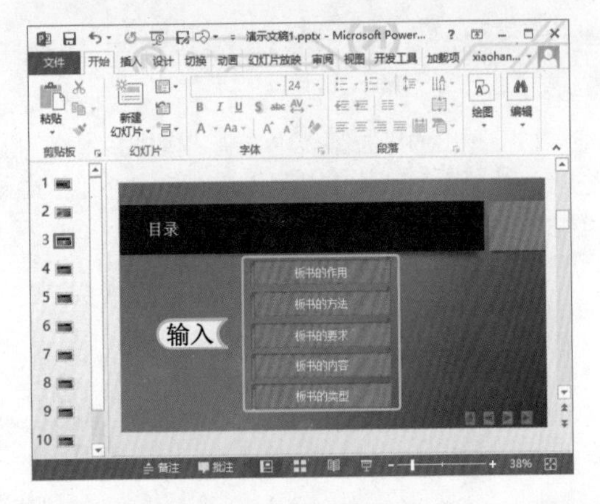

STEP 11：输入并编辑文本

在形状上单击鼠标右键，在弹出的快捷菜单中选择“编辑文字”命令，此时鼠标光标呈闪烁状态显示在形状中，在其中输入所需文本。最后将所有文本大小设置为“24”。

提个醒 在调整文本的大小时，可以使用“格式刷”按钮复制格式，这样可以提高工作效率。

STEP 12：编辑第 4 张幻灯片

在第 4 张幻灯片的正文占位符中单击鼠标，结合 Enter 键输入各个段落文本。选择所有段落文本，在【开始】/【段落】组中单击“项目符号”按钮旁边的下拉按钮，在弹出的下拉列表中选择“项目符号和编号”选项，更改项目符号样式并对其颜色进行设置。

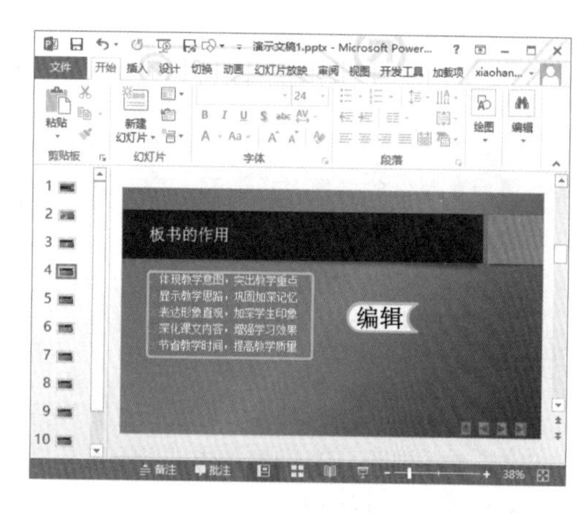

提个醒　为了制作出更精美的幻灯片效果，用户也可以使用图片来作为项目符号。

STEP 13：编辑第 5 张幻灯片

选择第 5 张幻灯片，单击“SmartArt 图形”按钮，在打开的“选择 SmartArt 图形”对话框中选择“垂直项目符号列表”的 SmartArt 图形选项，然后单击 确定 按钮。

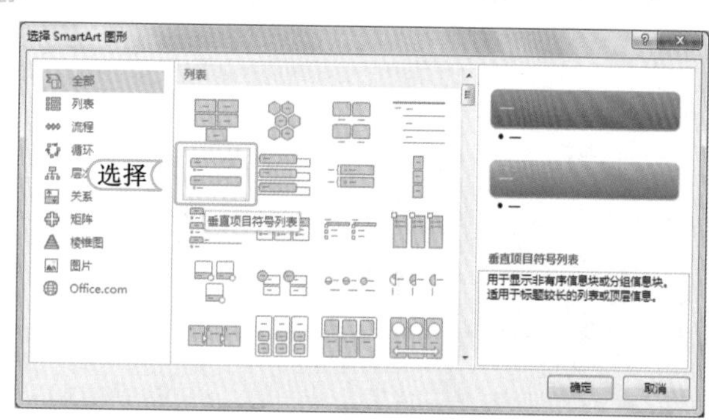

STEP 14：添加形状并输入文本

选择【设计】/【创建图形】组，单击 添加形状 按钮，为插入的 SmartArt 图形添加形状。在 SmartArt 图形的各个形状中输入相应的文本内容（添加的形状需通过鼠标右键来编辑文本）。

STEP 15：设置图形样式

选择插入的 SmartArt 图形，通过【设计】/【SmartArt 样式】组中的快速样式列表框中为图形应用“优雅”样式，然后为其应用“彩色范围 - 着色 2 至 3”的颜色方案。

STEP 16：编辑第 6 张幻灯片

选择第 6 张幻灯片，在占位符中单击“插入表格”按钮，打开“插入表格”对话框，在“列数”和“行数”数值框中分别输入“3”和“1”，然后单击 确定 按钮。

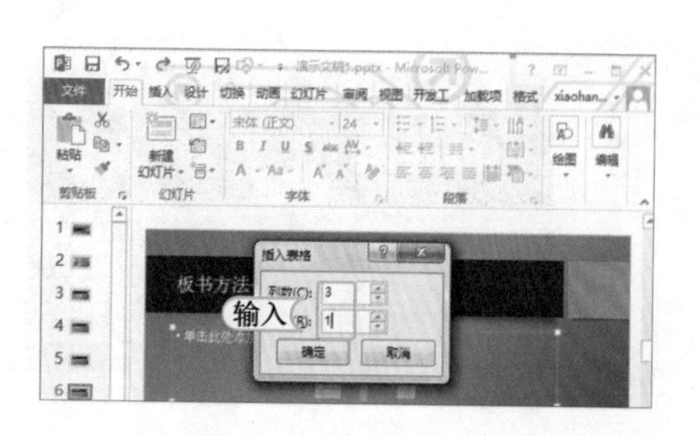

STEP 17： 编辑表格

在表格中输入文本，然后根据表格边框线拖动鼠标来调整表格大小，并将文本设置为中部居中对齐，最后对表格的位置进行调整，完成后的效果如图所示。

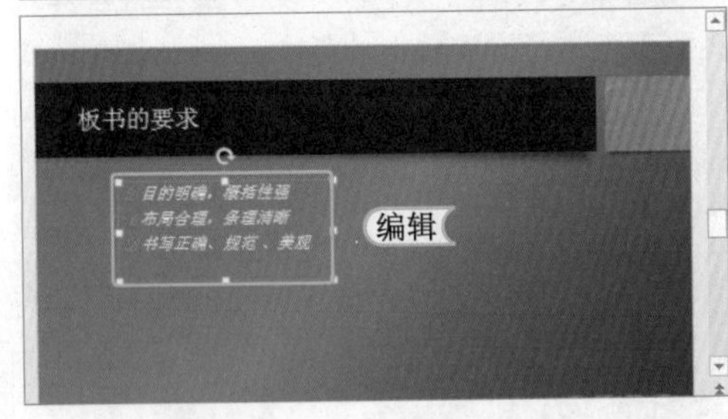

STEP 18： 编辑第 7 张幻灯片

在第 7 张幻灯片的占位符中单击鼠标并输入相应的文本。然后按照步骤 12 中的方法，设置与之相同的项目符号，并调整文本框的位置和大小。

板书的要求

编辑

STEP 19： 插入联机图片

1. 在【插入】/【图像】组中单击“联机图片”按钮，打开“插入图片”对话框。在“插入图片”对话框的“Office.com 剪贴画”栏的文本框中输入文本“写”，按 Enter 键进行搜索。
2. 在搜索到的图片列表框中选择需要的图片后，单击 插入 按钮将其插入到幻灯片中。
3. 调整插入图片的大小和位置。

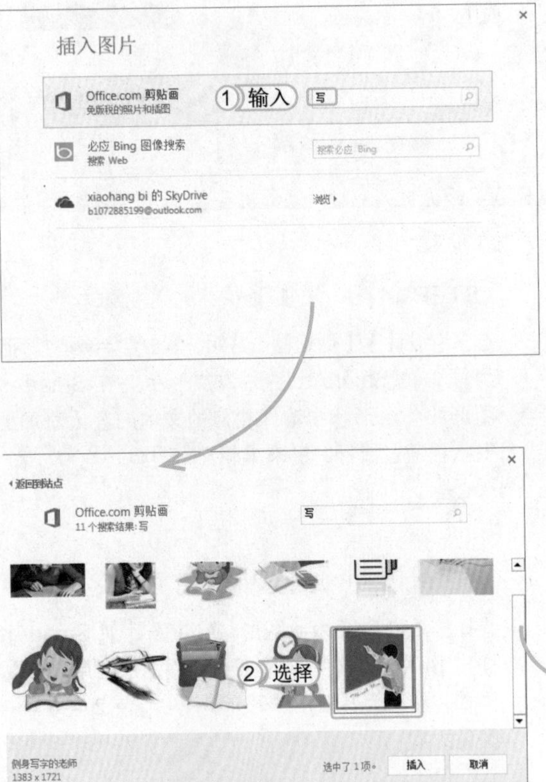

STEP 20： 编辑第 8 张幻灯片

切换到第 8 张幻灯片，在正文占位符中输入下图所示的文本。然后按照相同的方法设置其项目符号。

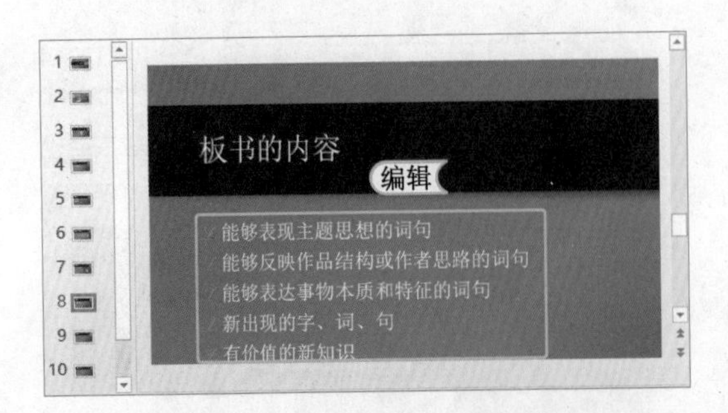

STEP 21： 编辑第 9 张幻灯片

按照前面介绍的方法为第 9 张幻灯片插入“层次结构列表”SmartArt 图形，并应用“砖块场景”的样式和“彩色范围 - 着色 2 至 3”的颜色方案。最后在其中输入如图所示的文本内容，然后调整整个图形的大小和位置。

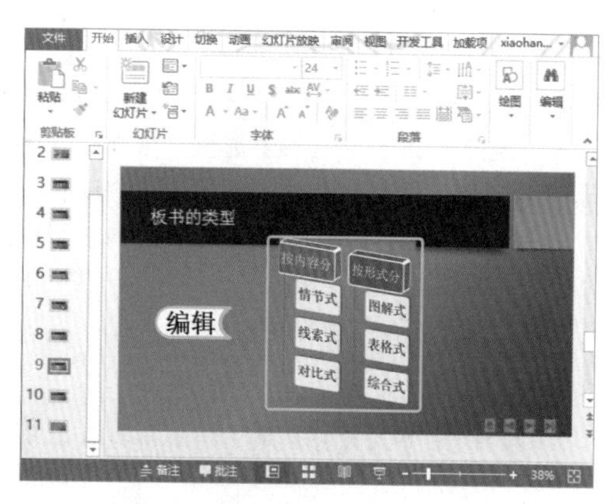

STEP 22： 编辑第 10 张幻灯片

首先在幻灯片的两个正文占位符中输入如图所示的文本，然后按照相同的方法设置其项目符号。最后按照前面介绍的绘制形状的方法，绘制如图所示的形状。

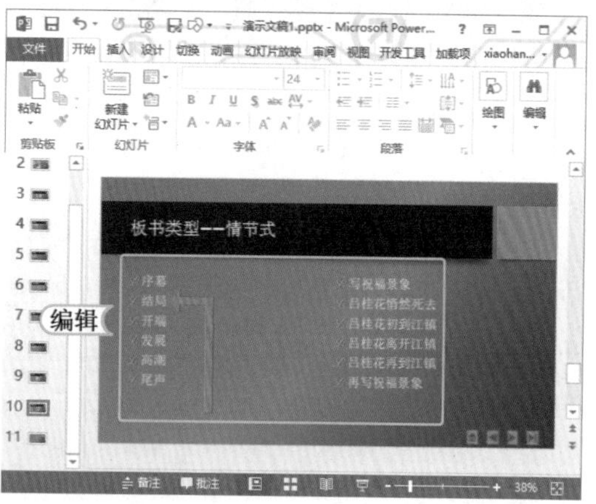

提个醒 在绘制该步中的直角箭头形状时，需要注意两点：一点是绘制直角箭头形状后需要旋转形状；二是绘制后，需要使用 Shift 键结合黄色控制点，调整形状的外形，才能得到右图所示的形状。

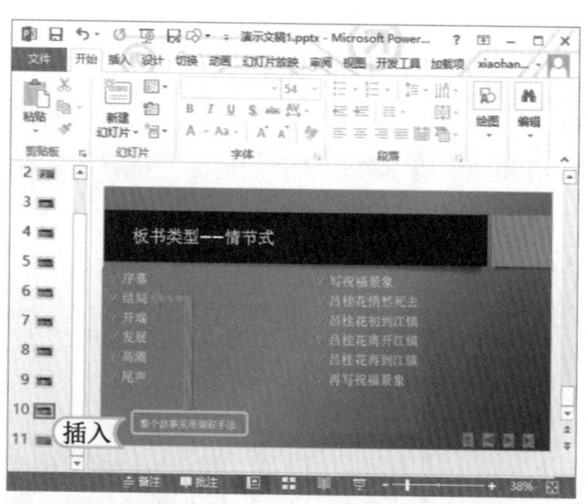

STEP 23： 插入文本框

仍然选择第 10 张幻灯片，通过【插入】/【文本】组，在如图所示的位置处插入一个横排文本框并输入文本。

读书笔记

STEP 24： 编辑第 11 张幻灯片

用前面介绍的插入图片的方法在最后一张幻灯片中插入如左图所示的图片，对其进行裁剪，调整其位置和大小。

STEP 25: 插入艺术字并编辑

在【插入】/【文本】组中单击"艺术字"按钮，在弹出的下拉列表中选择"填充-白色，着色1-轮廓，阴影"选项。然后在其中输入如图所示的艺术字内容，最后将文本排列方式调整为竖排，并调整文本的位置。

提个醒 对于插入的艺术字，系统默认其文本方向为横排，若需更改文本方向则可以通过【开始】/【段落】组中的"文字方向"按钮来实现。

STEP 26: 添加切换动画

1. 在【切换】/【切换到此幻灯片】组中选择"随机线条"选项，设置其"持续时间"为1.5秒。
2. 单击【切换】/【计时】组中的全部应用按钮。

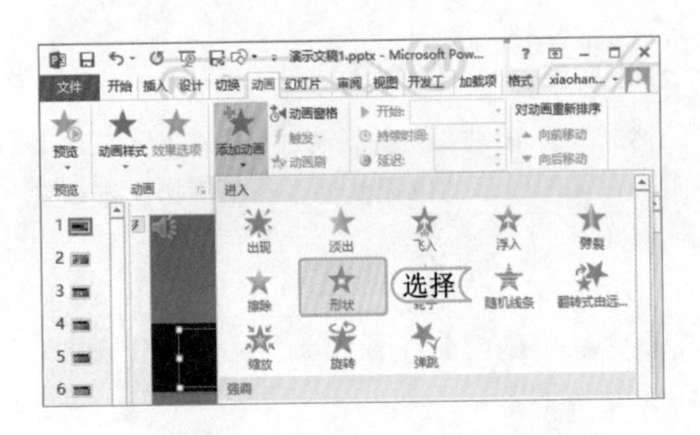

STEP 27: 添加动画效果

选择第1张幻灯片中的标题占位符，然后在【动画】/【高级动画】组中单击"添加动画"按钮，在弹出的下拉列表中选择"形状"选项，添加"形状"进入动画。

STEP 28: 复制动画

选择【动画】/【高级动画】组，单击动画刷按钮，为幻灯片中的文本、图片和图形添加"形状"进入动画效果，完成幻灯片制作。最后进行预览。

提个醒 单击一次动画刷按钮，只能执行一次复制操作。若要为多个对象添加相同动画，则需双击动画刷按钮，要取消操作则按Esc键。用户也可以在复制动画后，为内容较多的文本动画设置较长的持续时间。

3. 放映并打包演示文稿

下面首先对幻灯片进行排练计时，然后对自定义放映幻灯片和放映过程中的控件进行设置，最后将演示文稿打包到文件夹并保存，其具体操作如下：

STEP 01： 设置排练计时

在【幻灯片放映】/【设置】组中单击 排练计时 按钮，记录下每张幻灯片的放映时间，排练结束后在弹出的对话框中单击 是(Y) 按钮。

STEP 02： 准备设置自定义放映

在【幻灯片放映】/【开始放映幻灯片】组中单击 自定义幻灯片放映 按钮，在弹出的下拉列表中选择“自定义放映”选项。

STEP 03： 选择自定义放映的幻灯片

1. 打开“自定义放映”对话框，单击 新建(N)... 按钮，打开“定义自定义放映”对话框，在“幻灯片放映名称”栏中输入文本“板书主要内容”。
2. 在打开的“定义自定义放映”对话框中选择需要定义放映的幻灯片。单击 添加(A) 按钮将其添加到右边的“在自定义放映中的幻灯片”栏的列表框中。
3. 单击 确定 按钮完成自定义放映幻灯片设置。

STEP 04： 放映自定义的幻灯片

返回“自定义放映”对话框，在其中单击 放映(S) 按钮，演示文稿将按设置的方式开始放映。

STEP 05： 选择并设置荧光笔

1. 放映到第2张幻灯片时，在其上单击鼠标右键，在弹出的快捷菜单中选择【指针选项】/【荧光笔】命令。然后再单击鼠标右键，在弹出的快捷菜单中选择【指针选项】/【墨迹颜色】命令。
2. 在弹出的颜色列表中选择“浅蓝”色块选项。

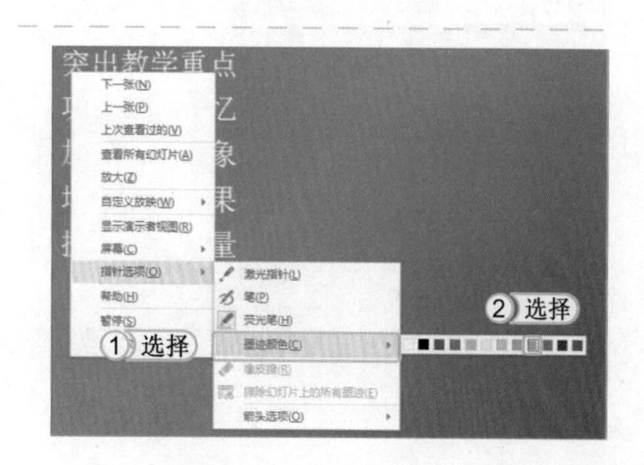

STEP 06： 保存标记

在幻灯片中对重要内容进行标记，放映结束后，单击鼠标退出放映状态时会弹出一个提示对话框，在其中单击 保留(K) 按钮。保留在幻灯片中所添加的标记。

> **提个醒** 在设置荧光笔后，需要再次单击鼠标右键将鼠标指针设置为箭头，这样才能通过单击鼠标来显示下一项需要播放的动画对象。

STEP 07： 准备打包演示文稿

1. 选择【文件】/【导出】命令，打开“导出”界面。
2. 在“导出”栏中双击“将演示文稿打包成CD”按钮，打开“打包成CD”对话框。

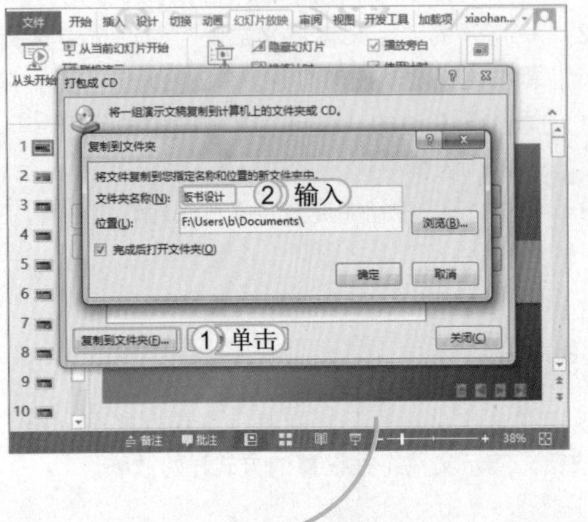

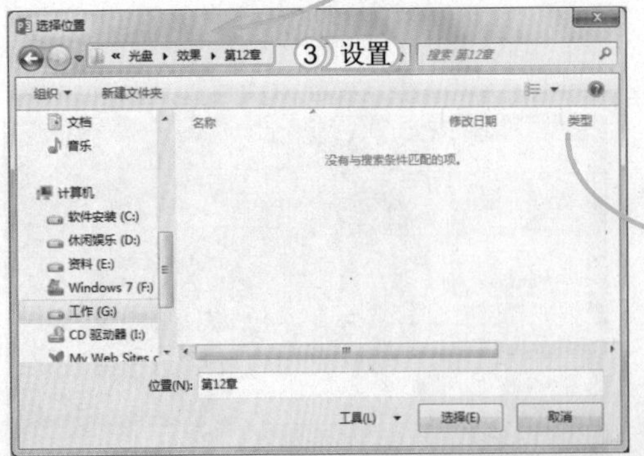

STEP 08： 复制到文件夹

1. 在打开的对话框中单击 复制到文件夹(F)... 按钮。
2. 打开“复制到文件夹”对话框，在“文件夹名称”文本框中输入“板书设计”。
3. 单击 浏览(B)... 按钮，打开“选择位置”对话框，在其中设置文件的保存位置，然后单击 选择(E) 按钮，返回“复制到文件夹”对话框。
4. 单击 确定 按钮。

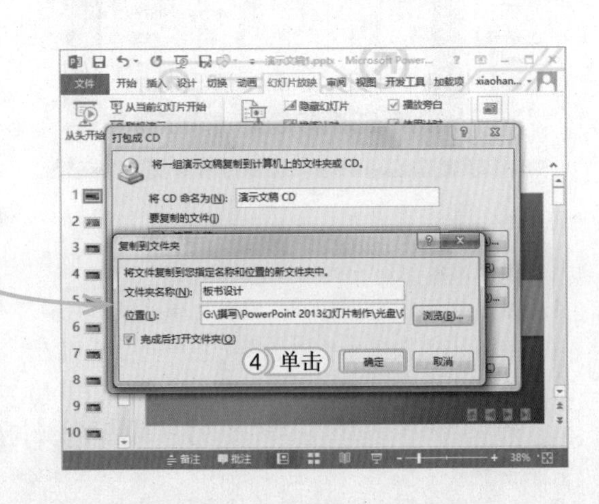

提个醒

其实在步骤8的最后一步单击[确定]按钮后，将弹出"Microsoft PowerPoint"提示对话框，提示用户是否信任链接文件，单击[是(Y)]按钮，继续弹出提示对话框，提示数据包不包括批注和墨迹注释等信息，单击[继续(C)]按钮，这才完成了文件的整个打包操作，且最后会打开文件所在位置的对话框，关闭该对话框即可。

STEP 09：保存演示文稿并退出

完成打包后关闭"打包成CD"对话框，然后将演示文稿以"板书设计"为名进行保存，最后关闭演示文稿退出PowerPoint 2013。

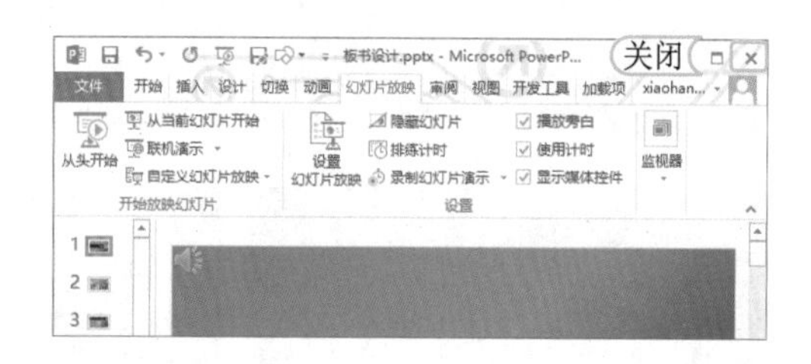

12.3 练习2小时

本章主要通过两个例子综合学习PowerPoint 2013的操作方法，用户要想在日常工作中熟练使用它们，还需再进行巩固练习。下面将通过制作"市场调查报告.pptx"演示文稿和"化妆品展示.pptx"演示文稿，再一次巩固关于PowerPoint 2013的母版设计、插入图表、剪贴画和图片、更改幻灯片布局，以及添加切换和动画效果等相关知识。

1. 练习1小时：制作"市场调查报告"演示文稿

本例将制作"市场调查报告.pptx"演示文稿，其中重点需要练习的操作主要包括幻灯片母版设计、插入联机图片、图表的插入与美化、切换和动画效果的添加与设置、自定义放映幻灯片、添加标记以及插入与美化艺术字等内容。制作的最终效果如下图所示。

光盘文件

效果\第12章\市场调查报告.pptx

实例演示\第12章\制作"市场调查报告"演示文稿

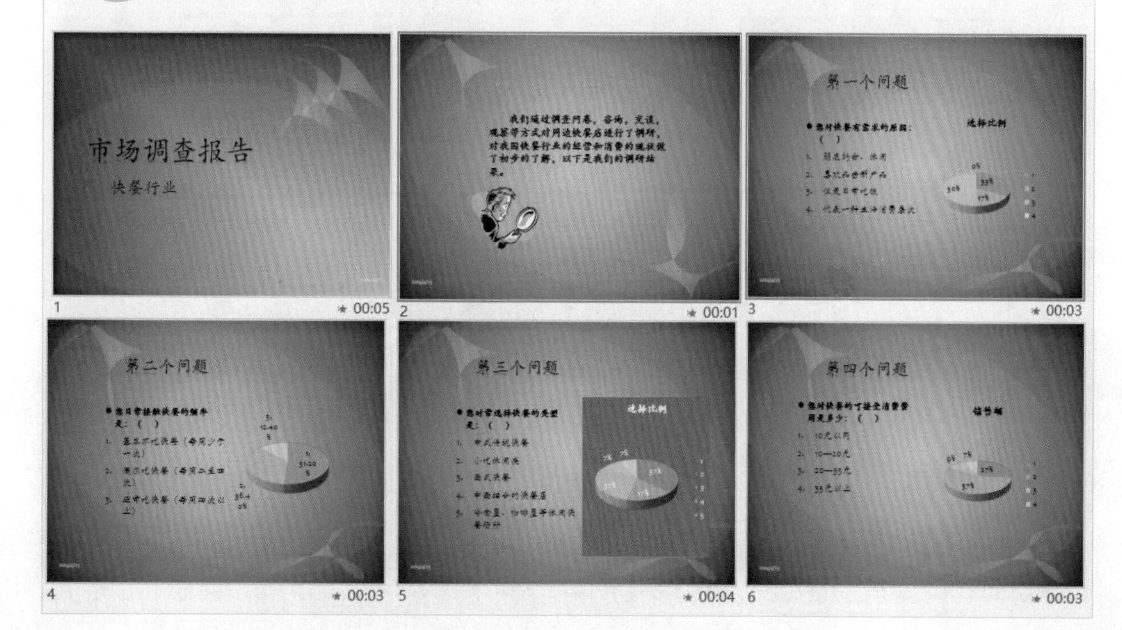

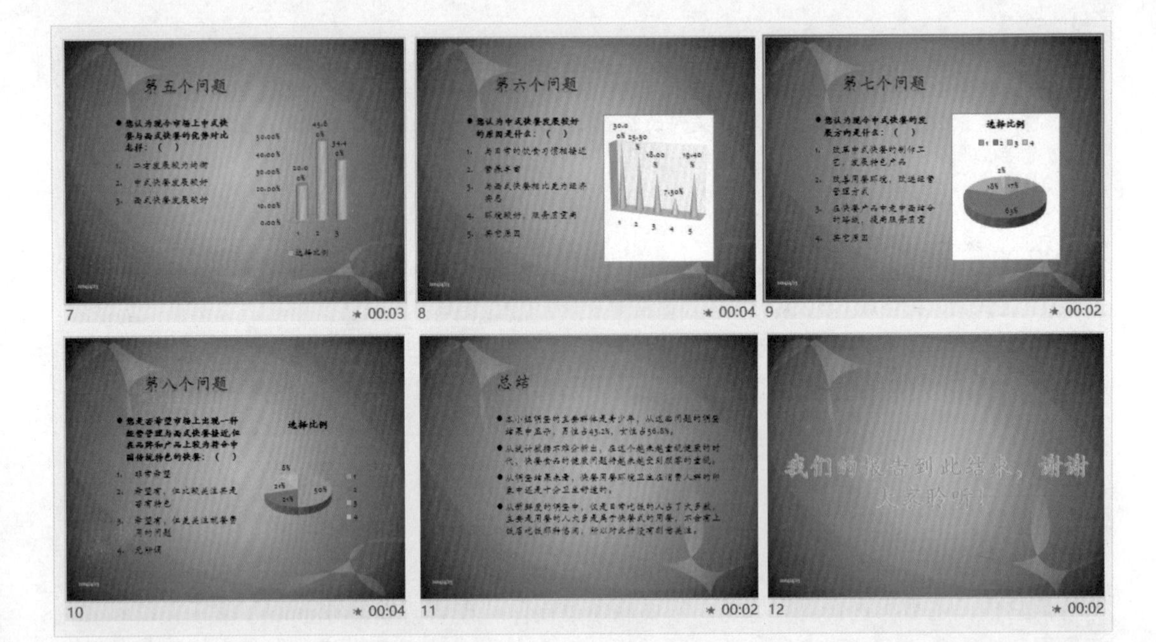

2. 练习 1 小时：制作“化妆品展示”演示文稿

本例将通过对“化妆品展示 .pptx”演示文稿的制作，重点练习在 PowerPoint 2013 中更加形象生动地展示产品内容的方法，其中主要包括主题的应用、形状的绘制、图片的插入、艺术字的插入以及添加切换和动画效果等。最终效果如下图所示。

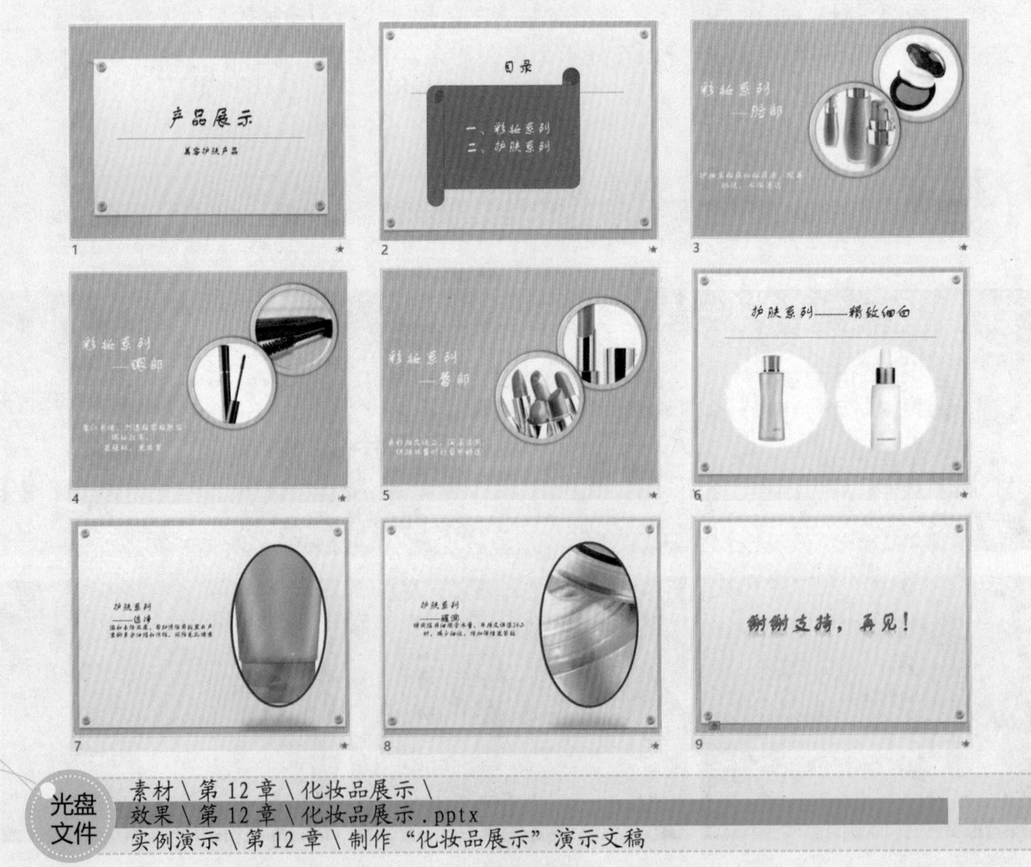

光盘文件

素材 \ 第 12 章 \ 化妆品展示 \
效果 \ 第 12 章 \ 化妆品展示 .pptx
实例演示 \ 第 12 章 \ 制作“化妆品展示”演示文稿

秘技连连看

一、PowerPoint 2013 基本操作技巧

1. 在幻灯片中添加多个占位符

一般系统默认幻灯片中只包含一个标题占位符与正文占位符，若是需要在幻灯片中输入更多文本时，就可通过插入文本框的方法插入多个文本占位符。其方法为：选择需要插入文本框的幻灯片，选择【插入】/【文本】组，单击文本框按钮，在弹出的下拉列表中选择需要的文本框选项即可。

2. 根据内容自动调整文本框

为了避免因为输入过多文本出现文字溢出的情况，用户可对文本框格式进行设置，使其根据内容自动调整文本框大小，从而制作出更加美观的幻灯片。其方法为：选择文本框或占位符，单击鼠标右键，在弹出的快捷菜单中选择“设置形状格式”命令，打开“设置形状格式”窗格。选择右侧的“文本选项”选项卡，在“文字方向”栏中选中◉ 根据文字调整形状大小(F) 单选按钮，最后关闭该窗格完成设置。

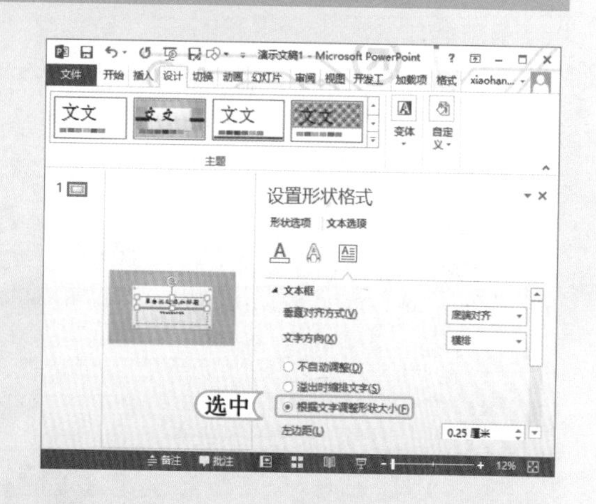

3. 设置演示文稿的保存格式

若是要在较低版本中快速打开较高版本的 PowerPoint 演示文稿，需要将高版本的演示文稿保存为低版本的演示文稿。其方法有以下两种：

- 选择【文件】/【导出】命令，在打开的界面中单击“导出”栏中的“更改文件类型”按钮，再选择右侧的“PowerPoint 97-2003 演示文稿 (*.ppt)”选项，将打开“另存为”对话框，用户在其中设置文件的保存位置和名称后，单击保存(S)按钮，关闭该对话框即可。

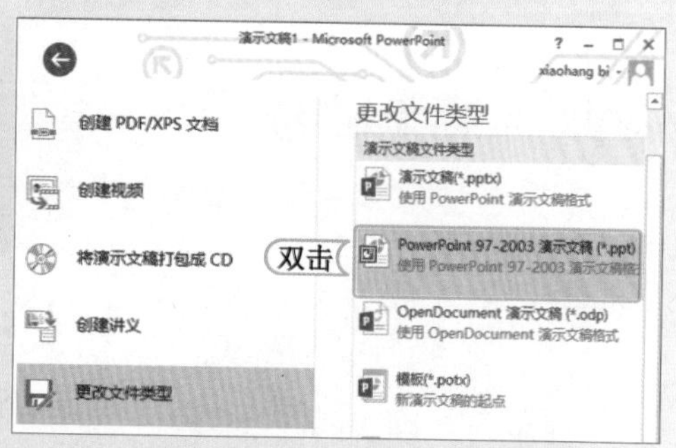

- 选择【文件】/【另存为】命令，在打开界面中的“另存为”栏中双击相应的文件位置按钮，打开“另存为”对话框，在其中设置文件的保存名称并在“保存类型”下拉列表框中选择“PowerPoint97-2003 演示文稿”选项，最后单击保存(S)按钮即可。

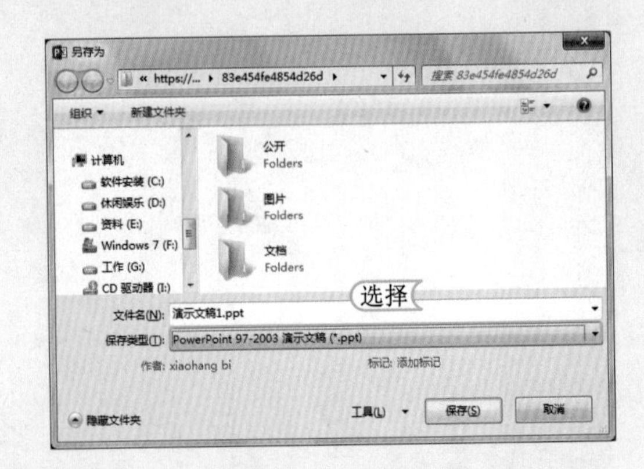

二、应用图片和图表技巧

1. 为幻灯片首页设置图片背景

新建的幻灯片默认背景为白色，若要为其添加图片背景，可以采用以下 4 种方法。

- 通过“幻灯片”窗格：在“幻灯片”窗格中的某张幻灯片上单击鼠标右键，在弹出的快捷菜单中选择“设置背景格式”命令，将快速打开“设置背景格式”窗格，然后在其中选中 ◉ 图片或纹理填充(P) 单选按钮，在“插入图片来自”栏中插入电脑中的或联机图片，即可设置图片背景。
- 通过幻灯片编辑区：在幻灯片编辑区空白处单击鼠标右键，然后在弹出的快捷菜单中选择“设置背景格式”命令，也可快速打开“设置背景格式”窗格，后面的设置方法与上一方法相同。
- 通过“变体”组：选择【设计】/【变体】组，单击“变体样式”列表框右侧的按钮，然后在其下拉列表中选择“背景样式”选项，在其子列表中选择“设置背景格式”选项，将快速打开“设置背景格式”窗格，后面的设置方法与第一种方法相同。
- 通过“自定义”组：选择【设计】/【自定义】组，单击“设置背景格式”按钮，将快速打开“设置背景格式”窗格，后面的设置方法与第一种方法相同。

2. 快速切换到“格式”选项卡

一般直接插入幻灯片中的图片并不符合制作需要，此时，用户便可根据需要对图片进行设置，如裁剪图片、设置图片样式和调整图片等，使其更加美观。图片的设置都需要在“格式”选项卡中进行，若要快速切换到“格式”选项卡，可以单击选择图片，即可快速切换到“格式”选项卡，然后在其中对图片进行设置即可。

3. 快速将 PowerPoint 幻灯片转换为图片

完成演示文稿的制作后，可将整个演示文稿中或其中的某些幻灯片转换为图片，这样就可以使用图片浏览器来查看幻灯片。其方法为：打开需要保存为图片的演示文稿，选择“文件”选项卡，在打开的界面中的“导出”栏中单击“更改文件类型”按钮，然后再选择右侧“演示文稿文件类型”栏中的“PowerPoint 图片演示文稿 (*.pptx)”选项，将快速打开“另存为”对话框。在打开的对话框中设置文件的保存位置和名称，最后单击保存(S)按钮，完成图片的转换。如下图所示即为将幻灯片转换为图片的操作示意图。

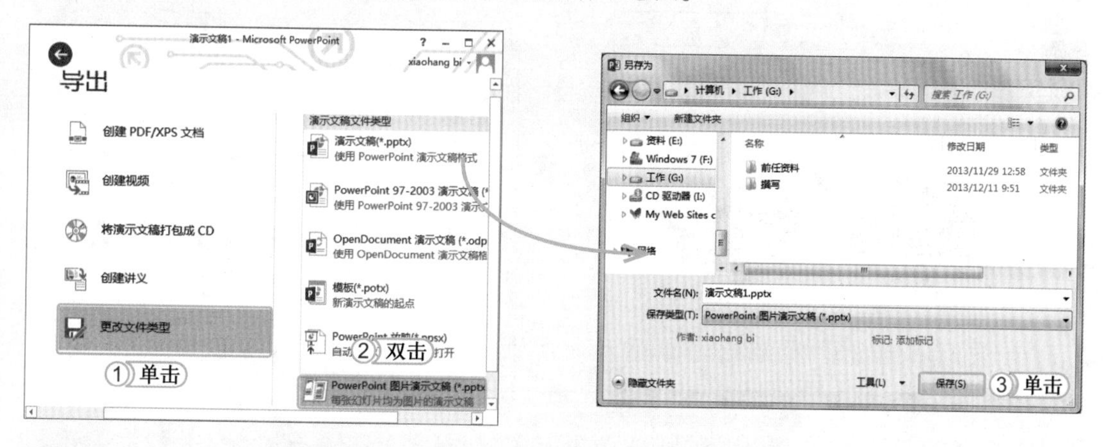

4. 对齐图形

一般在幻灯片中插入了多个图形之后，这些图形都不是整齐排列的。此时，就可以通过PowerPoint的对齐功能，快速将这些图形对齐。其方法为：按住Shift键不放，将鼠标光标移动到需要对齐的图形上，依次单击鼠标选择需要对齐的图形。选择【格式】/【排列】组，单击“对齐”按钮，在弹出的下拉列表中选择需要的对齐选项，即可将所有选择的图形按照所选的方式对齐显示。需要注意的是，在“对齐”下拉列表中提供了10种对齐选项，包括“左对齐”、“左右居中”、“右对齐”、“顶端对齐”、“上下居中”、“底端对齐”、“横向分布”、“纵向分布”、“对齐幻灯片”和“对齐所有对象”。用户需要了解这10种对齐方式的作用，然后才能熟练地进行对齐操作。

5. 将图片恢复到插入时的效果

插入一张图片，对它执行各种编辑操作后，有时需要将它恢复到编辑修改前的效果，此时只需一步操作便可解决，其方法是：选择该图片后，选择【格式】/【调整】组，单击“重设图片”按钮或单击其右侧的下拉按钮，然后在弹出的下拉列表中选择“重设图片”选项，即可将图片还原到刚插入时的样式和效果。若是需要将图片完全还原到刚插入时的状态，就需要单击“重设图片”按钮右侧的下拉按钮，然后在弹出的下拉列表中选择“重设图片和大小”选项。

6. 快速替换图片内容

在制作幻灯片时经常需要在已有的幻灯片模板基础上通过修改文字和图片来快速制作出新的幻灯片，对于已设置或应用了样式的图片，如果将其删除后再插入图片进行设置就比较费时，其实只需简单的操作，即可快速替换图片内容，而保持原样式和位置等不变。其方法有以下两种：

- 在要替换的图片上单击鼠标右键，在弹出的快捷菜单中选择“更改图片”命令，在打开的对话框中选择新的图片，再单击 插入(S) 按钮即可完成替换。
- 选择需要替换的图片，在【格式】/【调整】组中单击“更改图片”按钮，然后在打开的对话框中选择需要的图片后再单击 插入(S) 按钮即可完成替换。如下图所示即为替换图片的操作示意图。

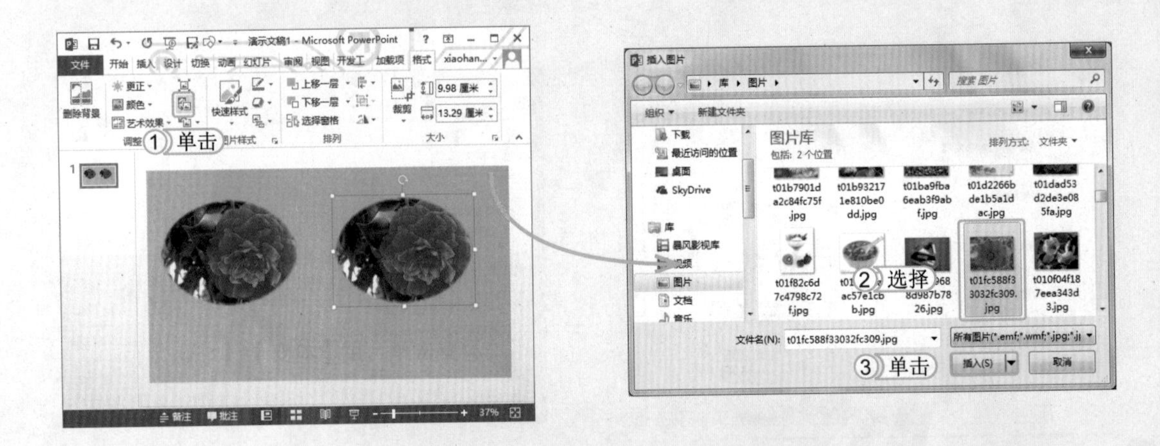

三、添加音频和视频文件技巧

1. PowerPoint 2013 支持的多媒体文件类型

PowerPoint 2013 中支持插入的多媒体文件类型包括 .wav 声音文件、.wma 媒体播放文件、MP3 音频文件（.mp3、.m3u 等）、AIFF 音频文件（.aif、.aiff 等）、AU 音频文件（.au、.snd 等），MP4、MOV 与 H.264 视频，MIDI 文件（.midi、.mid 等），以及高级音频编码（AAC）音频等。在制作演示文稿过程中要插入声音文件时，一定要选择这些格式的多媒体文件。

2. 在幻灯片中插入音频文件

在制作演示文稿时，很多时候都会使用到音频文件，如制作音乐课件时，就需要添加音乐来进行讲解和演示等，此时就可通过在幻灯片中插入音频文件来增加演示文稿的可读性。其方法为：选择要插入音乐的幻灯片，选择【插入】/【媒体】组，单击“音频”按钮，在弹出的下拉列表中选择“联机音频”或“PC 上的音频”选项，打开“插入音频”对话框，然后在其中找到并选择要插入的音频文件，单击插入(S)按钮或插入按钮完成音频文件的插入。除此之外，还可以在音频下拉列表中选择“录制音频”选项，打开“录制声音”对话框，然后在其中完成声音的录制后单击确定按钮，完成音频文件的插入。如下图所示即为插入 PC 上的音频文件的操作示意图。

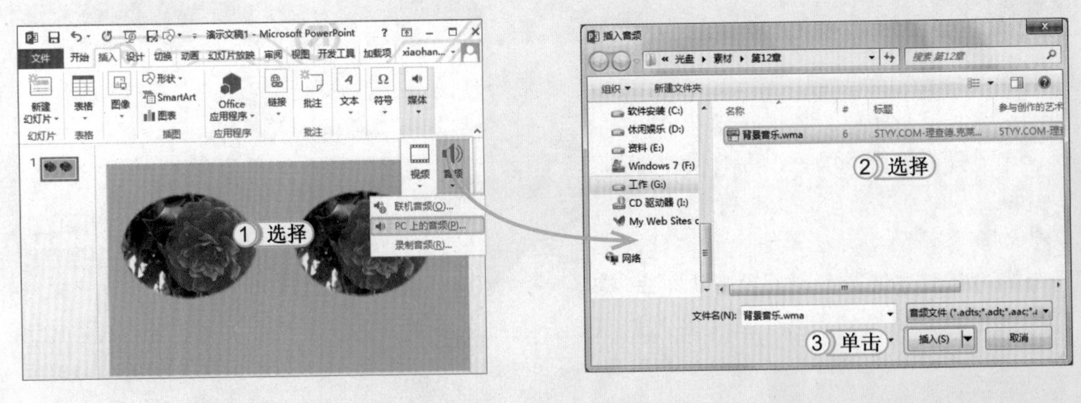

3. 设置放映时隐藏声音图标

在幻灯片中插入音频文件后，将会在幻灯片中显示出一个小喇叭形状的声音图标。若是保持默认设置不变，在放映幻灯片时也会显示该图标，若是需要将其设置为在播放时不显示，就可将其隐藏。其方法为：选择需要隐藏的声音图标，在【播放】/【音频选项】组中选中 ☑放映时隐藏 复选框，即可将该图标设置为在放映演示文稿时不显示。

4. 设置声音音量

在 PowerPoint 中还可以调节多媒体文件的音量，也就是说可根据需要设置音频文件或视频文件的音量大小。而且，若是未设置播放时隐藏多媒体文件图标，还可在放映过程中对声音进行调节。设置音频文件和视频文件音量的方法基本相同，这里以设置音频文件的音量为例进行讲解，其方法为：选择需要设置音量的声音图标，单击声音控制条中的 🔈 按钮，然后在出现的音量控制标签上拖动鼠标调整音量即可。如下图所示即为通过声音控制条设置声音的音量。

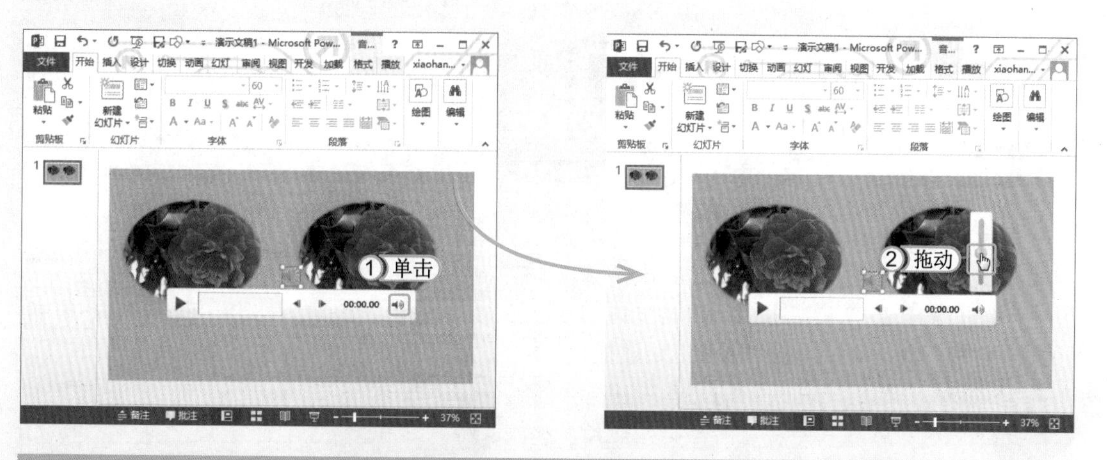

5. 控制视频文件的播放

在幻灯片中插入视频文件后，用户可通过设置视频文件以满足不同的需要。主要包括设置淡化持续时间、播放方式、音量与视频图标等。但是其中最重要的设置就是控制视频的播放方式，其方法为：选择插入到幻灯片中的视频文件，在【播放】/【视频选项】组中进行相应的设置即可，最常用的设置是在“开始”下拉列表框中选择“自动”选项，然后选中 ☑循环播放，直到停止 和 ☑播完返回开头 复选框，将视频文件设置为自动循环播放。

四、版式设置技巧

1. 设置幻灯片母版

如果希望将演示文稿中文字的大小、颜色、字体和项目符号等都设置为统一的样式，就可通过设置幻灯片母版样式来实现。其方法为：打开需要设置的演示文稿，选择【视图】/【母版视图】组，单击 幻灯片母版 按钮，切换到“幻灯片母版视图”中。选择占位符中的文本，在“开始”选项卡中对字体、字号、文字颜色和项目符号等进行设置即可。

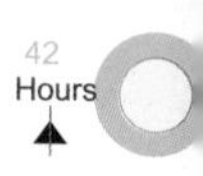

2. 更改幻灯片版式

系统默认新建的幻灯片版式为“标题和内容”，当然用户也可根据需要插入不同版式的幻灯片，或更改现有幻灯片的版式。

插入指定版式的幻灯片的方法为：选择【开始】/【幻灯片】组，单击“新建幻灯片”按钮，在弹出的下拉列表中选择需要的幻灯片版式选项，即可快速新建一张相应版式的幻灯片。

更改幻灯片版式的方法为：选择需更改版式的幻灯片后，选择【开始】/【幻灯片】组，单击“幻灯片版式”按钮，在弹出的下拉列表中选择需要的幻灯片版式选项即可。

3. 在母版中添加页脚和日期占位符

有些幻灯片母版中只包含标题占位符和正文占位符，若要插入页脚和日期等信息，就可在幻灯片母版中添加相应的占位符。其方法为：选择【视图】/【母版视图】组，单击幻灯片母版按钮，切换到幻灯片母版视图模式，在【幻灯片母版】/【母版版式】组中单击“母版版式”按钮。打开“母版版式”对话框，在其中选中☑页脚(F)复选框和☑日期(D)复选框。单击确定按钮，将快速在母版中添加页脚占位符和日期占位符，然后对其大小和位置进行调整即可。用同样的方法也可为幻灯片母版添加幻灯片编号占位符。

4. 在母版中添加页脚信息

在母版中添加了“页脚”占位符后，用户就可在其中添加需要的页脚信息。其方法为：选择【插入】/【文本】组，单击“页眉和页脚”按钮。打开“页眉和页脚”对话框，选中☑页脚(F)复选框，在其下的文本框中输入需要的文本即可。需要注意的是，标题幻灯片中一般不需要显示页脚信息，因此需要选中☑标题幻灯片中不显示(S)复选框，然后单击全部应用(Y)按钮，返回到幻灯片母版视图中可看到幻灯片的下方显示了设置的页脚内容。如图所示即为在“页眉和页脚”对话框中设置页脚信息。

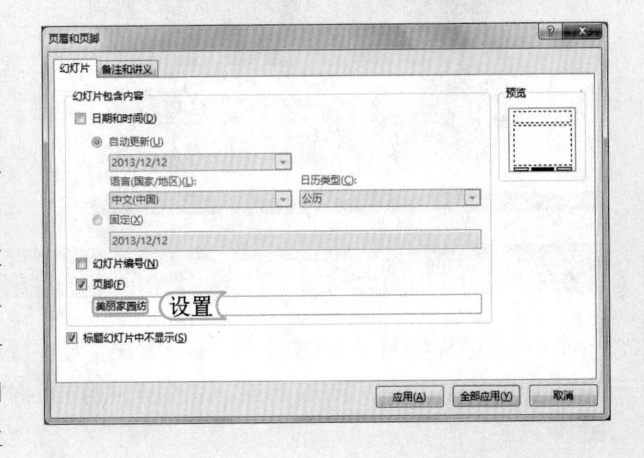

5. 插入自动更新的日期和时间

在幻灯片母版中，还可插入自动更新的日期和时间，方法和插入页脚的方法相似。其方法为：在“页眉和页脚”对话框中选中☑日期和时间(D)复选框，然后选中◉自动更新(U)单选按钮，最后单击全部应用(Y)按钮完成设置即可。

6. 自定义幻灯片大小

在不同场合放映幻灯片时，可能也要求设置幻灯片的页面。这时，用户就可根据需要自定义幻灯片页面的大小及方向。其方法为：选择【设计】/【自定义】组，单击“幻灯片大小”

按钮，然后在其下拉列表中选择“自定义幻灯片大小”选项，打开“幻灯片大小”对话框。在“幻灯片大小”栏的下拉列表框中选择“自定义”选项，在“宽度”和“高度”数值框中分别输入需要的数值，最后单击确定按钮关闭对话框即可。如下图所示即为自定义幻灯片大小。

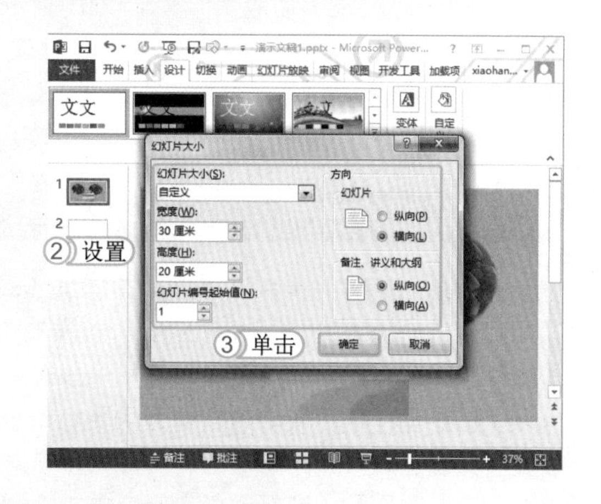

五、动画设计技巧

1. 自定义动画效果

在PowerPoint中添加动画是非常重要的操作，为幻灯片中的各对象应用不同的动画效果后，可以将幻灯片变得栩栩如生。添加动画的操作比较简单，主要有以下两种方法：

- 首先选择需要添加动画效果的对象，选择【动画】/【动画】组，单击“动画样式”列表框右侧的按钮，在弹出的下拉列表中选择带有“更多”2字的选项或是“其他动作路径”选项，打开相应的对话框，然后在其中选择需要的动画选项，最后单击确定按钮，即可为所选的对象应用自定义的动画效果。
- 首先选择需要添加动画效果的对象，选择【动画】/【高级动画】组，单击“添加动画”按钮，在弹出的下拉列表中选择带有“更多”2字的选项或是“其他动作路径”选项，打开相应的对话框，然后在其中选择需要的动画选项，最后单击确定按钮，即可为所选的对象应用自定义的动画效果。

2. 逐行显示文字

为了提高文本动画的灵活性，可以制作文字逐行显示的动画效果，这是在演示文稿中比较常用的方法之一，其方法为：选择添加了动画效果的文本段落，依次将光标定位到需要逐行显示的每一行文本的最后或是最前，按Enter键把每行分作一段。选择【动画】/【动画】组，单击“效果选项”按钮，在弹出的下拉列表中选择“按段落”选项，即可将该段落文本逐行显示。

3. 制作星星闪烁效果

利用PowerPoint 2013制作演示文稿时，可以利用动画效果来强调某些特别部分，如通过

改变对象颜色、为对象填充颜色等动画强调对象等。但如果能使重点对象不断闪烁，则强调效果会更加明显。在 PowerPoint 2013 的“添加强调效果”对话框中有一个“闪烁”功能，但只能闪一次，不过，通过对该动画进行设置可实现多次闪烁效果。其方法为：首先绘制一个五角星，然后打开“添加强调效果”对话框，为该对象添加“闪烁”动画。打开“闪烁”对话框，在“效果”选项卡中将“动画播放后”设置为黄色；在“计时”选项卡中将“期间”设置为慢速（3 秒），然后单击 确定 按钮完成设置。接着选择并复制五角星，注意需要闪烁几次就复制几次，然后利用【动画】/【计时】组，设置动画何时开始播放和动画闪烁发生的时间间隔，完成后单击“动画窗格”窗格中的 全部播放 按钮即可查看闪烁效果。

4. 触发器的妙用

触发器通常应用于制作课件类的演示文稿中，通过它可以帮助老师与学生进行双向互动，激励师生进行思考、学习和总结等。触发器仅仅是 PowerPoint 2013 幻灯片中的一项，它可以是图片、图形或按钮，甚至可以是一个段落或文本框。单击触发器时它会触发一个操作，该操作可以是声音、电影或动画，而且只要在幻灯片中包含动画效果、电影或声音，就可为其设置触发器。设置触发器的方法为：首先为单击对象和需触发对象添加相应的动画效果，然后选择对象，在【动画】/【高级动画】组中单击 触发 按钮，在弹出的下拉列表中选择“单击”选项，在其子列表中选择相应的触发对象即可，此时添加了触发器的对象就会显示图标。需要注意的是，为不同对象添加触发器时，在弹出的子列表中会显示不同的选项。如下图所示即为在放映时单击图片就会自动触发右侧的文本框的动画效果。

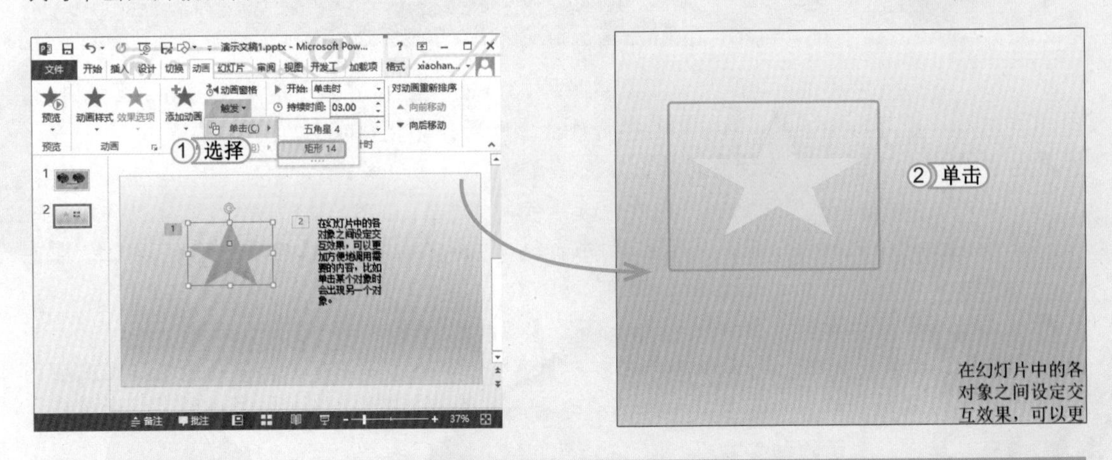

5. 演示时不播放动画

若是添加了过多的动画效果，会让人觉得眼花缭乱，影响演示文稿的放映，此时就可以将不需要的动画进行隐藏，其方法为：选择【幻灯片放映】/【设置】组，单击“设置幻灯片放映”按钮。打开“设置放映方式”对话框，在“放映选项”栏中选中 放映时不加动画(S) 复选框。单击 确定 按钮即可。

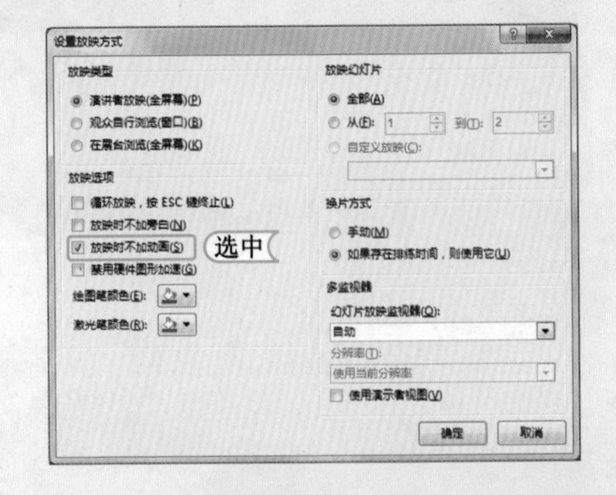

6. 将鼠标光标指向对象后发出声音

在放映幻灯片时，为了强调某些重要或关键的对象，可以通过动作功能，设置鼠标光标指向该对象时自动发出提示音，以引起观众的注意。其方法为：选择需要强调的对象，选择【插入】/【链接】组，单击“动作”按钮。打开“操作设置”对话框，选择“单击鼠标”选项卡，选中 播放声音(P): 复选框，然后在其下拉列表框中选择需要的声音类型。最后单击 确定 按钮即可。如下图所示即为为文本对象设置风铃提示音。

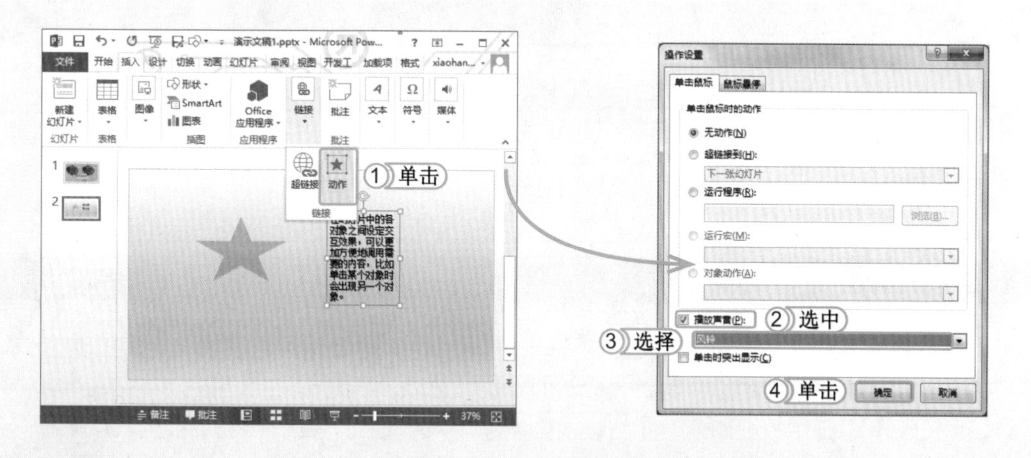

7. 单击对象运行特定程序

使用动作功能不仅可为对象制作放映时的提示音，还可设置在单击某个幻灯片中的对象时直接启动计算机中已安装的指定程序。其设置方法为：选择【插入】/【链接】组，单击“动作”按钮。打开“操作设置”对话框，选择“单击鼠标”选项卡，选中 运行程序(R): 单选按钮，单击 浏览(B)... 按钮。打开“选择一个要运行的程序”对话框，在其中选择指定的程序，单击 确定 按钮。返回“操作设置”对话框，单击 确定 按钮即可。如下图所示即为设置单击对象运行指定程序的操作示意图。

六、幻灯片的放映与输出技巧

1. 导入其他影像和图表

不要把演示内容限制在 PowerPoint 提供的范围以内，适当地使用外部影像和图表，如视频等，可以增强演示的多样性和视觉吸引力。一般来说在整个演示过程中加入一到两个简单的视频剪辑，这将有助于制造幽默效果、传达信息和活跃气氛。

2. 设置展台前浏览幻灯片

设置展台浏览（全屏幕）的放映幻灯片类型，不但可以使演示文稿循环放映，还可以防止演示文稿被恶意更改。其方法为：选择【幻灯片放映】/【设置】组，单击“设置幻灯片放映”按钮，打开“设置放映方式”对话框，在“放映类型”栏中选中 在展台浏览(全屏幕)(K) 单选按钮，最后单击 确定 按钮即可。

3. 复制并编辑自定义放映

如果用户需要对已创建的自定义放映重新进行设置，又需要保留原有的自定义放映，此时，就可在“自定义放映”对话框中复制一个新的自定义放映，再对其进行更改。其方法为：选择【幻灯片放映】/【开始放映幻灯片】组，单击 自定义幻灯片放映 按钮，在弹出的下拉列表中选择“自定义放映”选项。打开“自定义放映”对话框，选择已创建的自定义放映选项，单击 复制(Y) 按钮。选择复制的自定义放映，单击 编辑(E)... 按钮，打开“定义自定义放映”对话框，在“幻灯片放映名称”栏的文本框中输入新的幻灯片放映名称，如“自定义放映 2”。在“在演示文稿中的幻灯片”列表框中选择需要添加的幻灯片，单击 添加(A) 按钮，将其添加到“在自定义放映中的幻灯片”列表框中，单击 确定 按钮返回“自定义放映”对话框，关闭该对话框即可完成操作。如下图所示即为复制并编辑自定义放映的操作示意图。

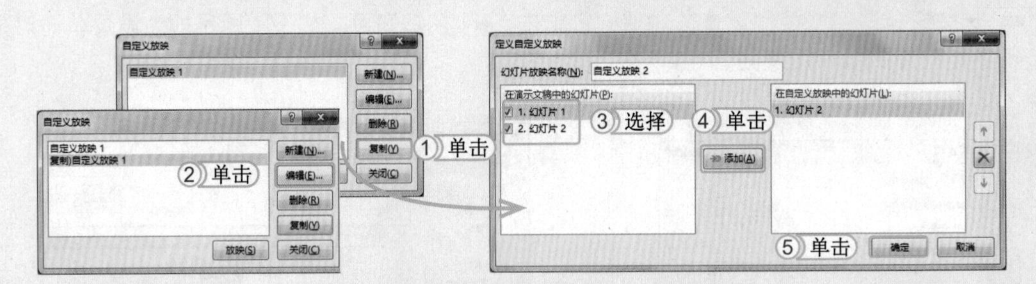

4. 隐藏不需要播放的幻灯片

若是使用“自定义放映”功能将某些幻灯片设置为不放映，会比较繁琐，其实用户也可将不需要放映的幻灯片隐藏，在播放时就不会出现这些幻灯片了。其方法为：选择需要隐藏的幻灯片。选择【幻灯片放映】/【设置】组，单击 隐藏幻灯片 按钮即可，此时被隐藏的幻灯片在“幻灯片”窗格中呈半透明状，且左上角显示隐藏标记。

5. 使用画笔做标记

在幻灯片放映过程中，有时需要对幻灯片上重要的内容进行圈点，如在字词下面加下划线、加着重号或为其添加圈等，此时就可使用 PowerPoint 的笔标记功能，在演示的同时对幻灯片内容作标记。其方法为：播放到需要添加标记的幻灯片时，单击鼠标右键，在弹出的快捷菜单中选择【指针选项】/【荧光笔】或【指针选项】/【笔】命令，在需要进行标记的位置按住并拖动鼠标进行标注、书写等操作。

6. 更改墨迹颜色

直接使用 PowerPoint 提供的标记笔，有时其颜色并不是十分明显，这时，就需要对其颜色进行设置，即更改墨迹颜色。更改墨迹颜色的方法为：在设置了鼠标光标为相应的标记笔后，再单击鼠标右键，在弹出的快捷菜单中选择【指针选项】/【墨迹颜色】命令，在弹出的子菜单中选择一种合适的颜色即可。

七、获取帮助和素材

1. 巧用 PowerPoint 的帮助功能

作为初学者，在制作幻灯片的过程中总会遇到各种问题，PowerPoint 2013 自带的帮助功能可以帮助初学者解决疑难问题。下面打开“PowerPoint 帮助”窗口，通过帮助系统搜索插入艺术字的方法，其方法为：在打开演示文稿后，单击其工作界面中右侧的“帮助”按钮 ? 或按 F1 键，打开“PowerPoint 帮助”窗口，在上方的搜索文本框中输入需要帮助的关键字文本后，按 Enter 键进行搜索。其搜索到的结果会显示在搜索文本框的下方，用户在其中选择需要的帮助信息进行查看即可。需要注意的是，联机与不联机状态下的“PowerPoint 帮助”窗口是不一样的，但是其获取帮助的操作是相同的。如下图所示即为联机状态下通过“PowerPoint 帮助”窗口获取相应的帮助。

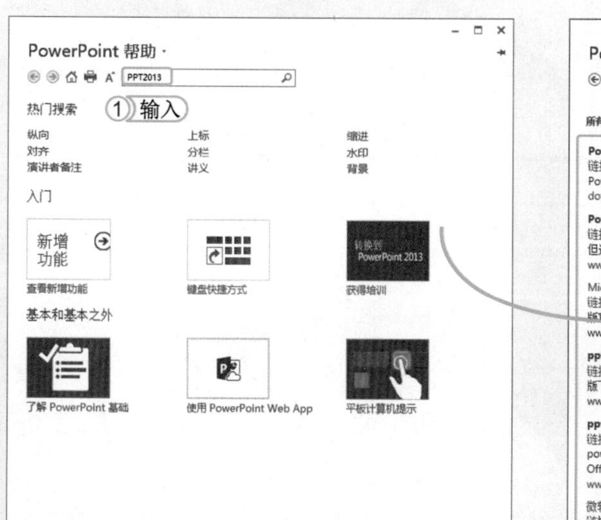

2. 连接到官方网站

如果在联机状态下，用户还可以通过连接到 Office 官方网站，查询更多的帮助信息。其方法为：打开相应的浏览器，在搜索框中输入文本“Microsoft 官网”，按 Enter 键进行搜索，然后在搜索结果中单击 Microsoft 官网的超级链接，将打开“Microsoft US | Devices and Services”网页。最后在打开的网页中进行帮助信息的搜索即可。如下图所示即为打开“Microsoft US | Devices and Services”网页。

3. 获取素材

用户可以拓宽视野，使用更多的素材来制作极具个性又精彩美观的演示文稿。常用的 PowerPoint 素材网站有：锐普 PPT、站长之家、无忧 PPT、PPT 资源之家、三联素材、PPT 宝藏、17PPT 模板网、Word 联盟、扑腾 PPT 与 PPT 学习网等。用户可以根据需要在这些网站中搜索合适的素材来制作演示文稿。

附录B 常用快捷键

“文件”菜单命令快捷键

菜单命令	快捷键
新建演示文稿	Ctrl+N
打开演示文稿	Ctrl+O
关闭当前演示文稿	Ctrl+F4
关闭当前演示文稿	Ctrl+W
关闭全部	Alt+Ctrl+W
存储	Ctrl+S
存储为	Shift+Ctrl+S
打开“另存为”对话框	F12
打印	Ctrl+P
退出 PowerPoint 程序	Ctrl+Q

“编辑”菜单命令快捷键

菜单命令	快捷键
（取消）加粗文本	Ctrl+B
还原操作	Ctrl+Z
渐隐	Shift+Ctrl+F
剪切	Ctrl+X
生成副本	Ctrl+D
段落居中对齐	Ctrl+E
段落右对齐	Ctrl+R
应用下划线	Ctrl+U
应用上标格式	Shift+Ctrl+ 加号（+）
复制	Ctrl+C
复制对象格式	Shift+Ctrl+C
更改字体	Shift+Ctrl+F
组合对象	Ctrl+G
取消组合	Shift+Ctrl+G
增大字号	Shift+Ctrl+<
减小字号	Shift+Ctrl+>
更改字号	Shift+Ctrl+P
粘贴对象格式	Shift+Ctrl+V

续表

菜单命令	快捷键
重复最后一次查找	Shift+F4
插入图片	Alt+I+P+F
放大（缩小）	Alt+V+Z
段落两端对齐	Ctrl+J
段落左对齐	Ctrl+L
激活“查找”对话框	Ctrl+F
（取消）文本倾斜	Ctrl+I
粘贴	Ctrl+V
更改字母大小写	Shift+F3
新建幻灯片	Ctrl+M
应用下标格式	Ctrl+ 等号（=）
重复最后操作	Ctrl+Y
重复最后一次操作	F4
检查拼写	F7
显示功能组的快捷键	F10

演示控制快捷键

菜单命令	快捷键
进入放映状态	F5
退出放映状态	Esc
执行下一步演示操作	N
执行下一步演示操作	PageDown
执行下一步演示操作	Enter
执行下一步演示操作	右箭头→
执行下一步演示操作	下箭头↓
执行下一步演示操作	空格键
执行上一步演示操作	P
执行上一步演示操作	PageUp
执行上一步演示操作	左箭头←
执行上一步演示操作	上箭头↑
执行上一步演示操作	Backspace

续表

菜单命令	快捷键
黑屏或从黑屏返回幻灯片放映	B或句号。
白屏或从白屏返回幻灯片放映	W或逗号，
停止或重新启动自动幻灯片放映本	S或加号+
重新显示隐藏的指针或将指针改变成绘图笔	Ctrl+P
重新显示隐藏的指针和将指针改变成箭头	Ctrl+A
立即隐藏指针和按钮	Ctrl+H
15秒内隐藏指针和按钮	Ctrl+U
查看任务栏	Ctrl+T
转到幻灯片上的最后一个或上一个超级链接	Shift+Tab
显示右键快捷菜单	Shift+F10
擦除屏幕上的注释	E

续表

菜单命令	快捷键
到下一张隐藏幻灯片	H
排练时使用原设置时间	O
快速切换到该张幻灯片	键入编号后按Enter
使用新设时间	T
使用预设时间	O
重新记录幻灯片旁白和计时	R
播放/暂停媒体文件	Alt+P
停止播放媒体文件	Alt+Q
将指针更改为激光指针	Ctrl+L
将指针更改为荧光笔	Ctrl+J
将指针更改为橡皮擦	Ctrl+E
显示/隐藏墨迹标记	Ctrl+M

“帮助”菜单命令快捷键

菜单命令	快捷键
PowerPoint帮助	F1

附录C 72小时后该如何提升

在创作本书时，虽然我们已尽可能设身处地为您着想，希望能解决您遇到的所有与演示文稿制作相关的问题，但仍不能保证面面俱到。如果您想学习到更多的知识，或在学习过程中遇到了困惑，还可以采取下面的渠道。

1. 加强实际操作

俗话说："实践出真知。"在书本中学到的理论知识未必能完全融会贯通，此时就需要按照书中所讲的方法，进行上机实践，在实践中巩固基础知识，加强自己对知识的理解。以将其运用到实际的工作生活中。

2. 总结经验和教训

在学习过程中，难免会因为对知识不熟悉而造成各种错误，此时可将易犯的错误记录下来，并多加练习，增加对知识的熟练程度，减少以后操作的失误，提高日常工作的效率。

3. 加深对 PowerPoint 的学习

PowerPoint 2013 也是众多办公软件中的一种，它与其他办公软件的最大区别在于，可以通过添加各种对象来制作演示文稿。与之前版本的 PowerPoint 相比，其功能也更加强大，操作也更加方便。用户可以通过 PowerPoint 2013 添加各种静态或动态的对象，或制作交互式的幻灯片，来制作应用于各行业的演示文稿。在学习本书的过程中，不仅要对这些功能和操作进行重点学习，还要对这些知识进行深入的探索与研究，从而实现真正的办公自动化。如以下列举的问题就需要用户深入研究并进行掌握：

- 如何设计统一协调的幻灯片版面。
- 怎样为各种对象设置精美的放映效果。
- 哪种场合适合哪种演示文稿。
- 什么类型的主题适合使用动画和切换动画。

4. 吸取他人经验

学习知识并非一味地死学，若在学习过程中遇到了不懂或不易处理的内容，可多看看专业的 PPT 制作人士制作的演示文稿模板，借鉴他人的经验进行学习，这不仅可以提高自己制作演示文稿的速度，更能增加演示文稿的专业性，提高自己的专业素养。

5. 加强交流与沟通

俗话说："三人行，必有我师焉"，若在学习过程中遇到了不懂的问题，不妨多问问身边的朋友、前辈，听取他们对知识的不同意见，拓宽自己的思路。同时，还可以在网络中进行交流或互动，如加入 PowerPoint 的技术 QQ 群、在百度知道或搜搜中提问等。

6. 学习其他的办公软件

PowerPoint 是 Microsoft 办公软件中的组件之一，它常被用于制作各种演示文稿，但在实际的办公过程中，往往还会涉及其他软件的使用，如 Word 文档和 Excel 电子表格的制作等，此时可以搭配这些软件一起进行学习，提高自己办公的能力。

7. 上技术论坛进行学习

本书已将 PowerPoint 2013 的功能进行了全面介绍，但由于篇幅有限，仍不可能面面俱到，此时读者可以采取其他方法获得帮助。如在专业的 PowerPoint 学习网站中进行学习，包括锐普 PPT、三联素材、Word 联盟、站长之家、无忧 PPT、PPT 资源之家等。这些网站各具特色，能够满足不同 PowerPoint 用户的需求。下面就对其中两个网站进行介绍。

锐普 PPT

网址：http://www.rapidppt.com

特色：锐普 PPT 拥有中国最强的 PPT 创作团队，经验相当丰富。该网站可以提供免费的 PowerPoint 模板、图表、图片、声音等素材，以及原创 PPT 作品、相关软件的应用技巧教程等。锐普 PPT 制作的原创 PPT 动画模板非常适合广大用户借鉴，越来越受到用户们的喜爱。

无忧 PPT

网址：http://www.51ppt.com.cn

特色：无忧 PPT 是中国较早提供 PPT 素材的网站，该网站提供的 PPT 素材不仅类型丰富、来源广阔，而且其搜索和更新速度快、内容新颖。其独特的灵活性和扩展性，为用户提供了各种各样丰富的素材。此外，该网站还可以联合使用百度搜索，扩大查询范围，为用户提供更加方便的搜索方法。

8. 还可以找我们

本书由九州书源组织编写，如果在学习过程中遇到了困难或疑惑，可以联系九州书源的作者，我们会尽快为您解答，关于九州书源的联系方式已经在前言中进行了介绍，这里不再赘述。